つくる
デザイン
Illustrator

井上のきあ

エムディエヌコーポレーション

1 CIRCLE & SQUARE

01 円を描く

02 正方形を描く

03 正多角形を描く

04 水平線を描く

2 SIMPLE SHAPE

05 半円を描く

06 1/4円を描く

07 ドーナツ円を描く

08 扇面を描く

09 二等辺三角形を描く

10 菱形を描く

11 平行四辺形を描く

12 台形を描く

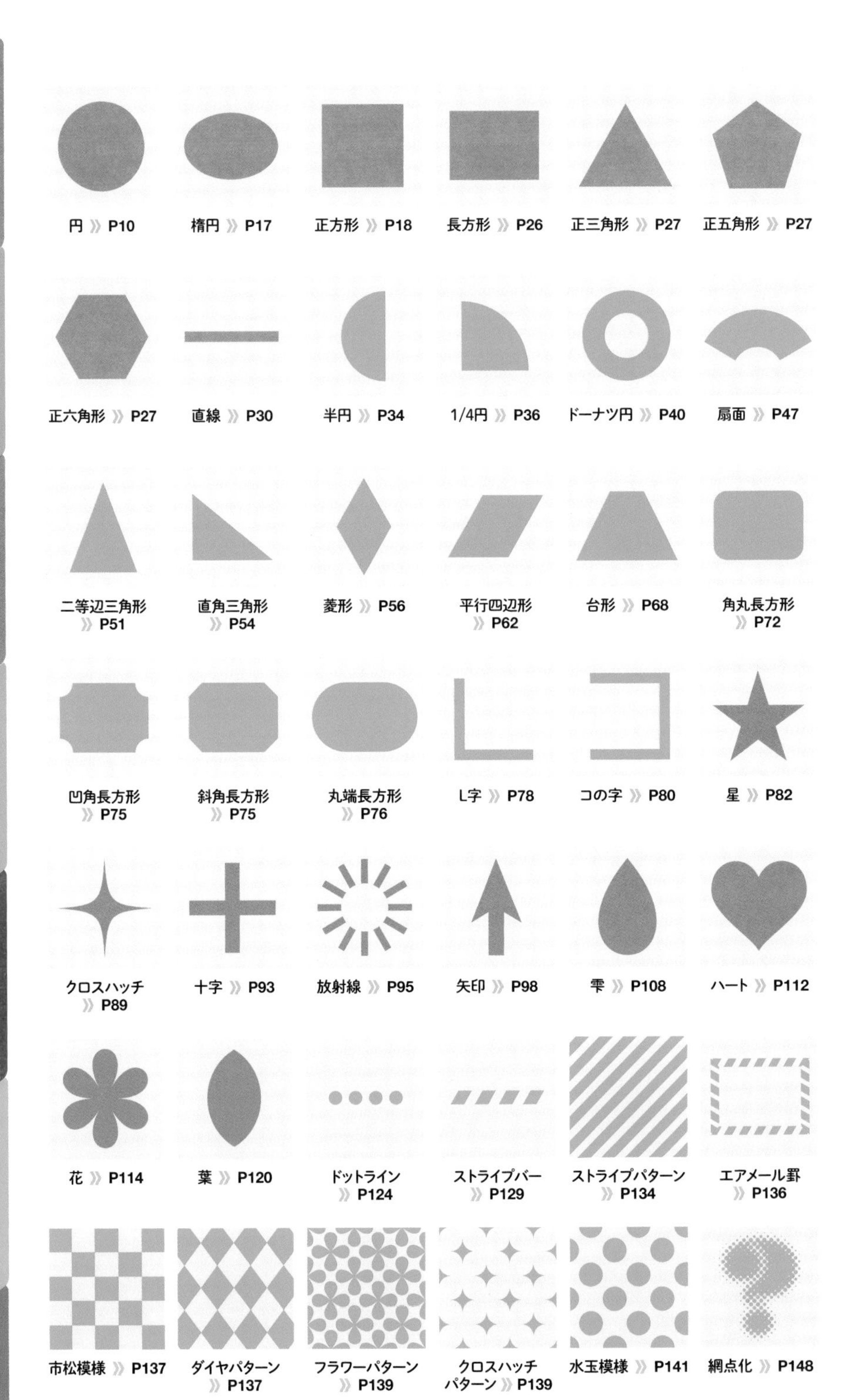
CIRCLE & SQUARE
SIMPLE SHAPE
COMPLEX SHAPE
SIMPLE PATTERN
DESIGN OBJECT
PATTERN & GRADATION
TEXT & PRINTING
円 » P10
楕円 » P17
正方形 » P18
長方形 » P26
正三角形 » P27
正五角形 » P27
正六角形 » P27
直線 » P30
半円 » P34
1/4円 » P36
ドーナツ円 » P40
扇面 » P47
二等辺三角形 » P51
直角三角形 » P54
菱形 » P56
平行四辺形 » P62
台形 » P68
角丸長方形 » P72
凹角長方形 » P75
斜角長方形 » P75
丸端長方形 » P76
L字 » P78
コの字 » P80
星 » P82
クロスハッチ » P89
十字 » P93
放射線 » P95
矢印 » P98
雫 » P108
ハート » P112
花 » P114
葉 » P120
ドットライン » P124
ストライプバー » P129
ストライプパターン » P134
エアメール罫 » P136
市松模様 » P137
ダイヤパターン » P137
フラワーパターン » P139
クロスハッチパターン » P139
水玉模様 » P141
網点化 » P148

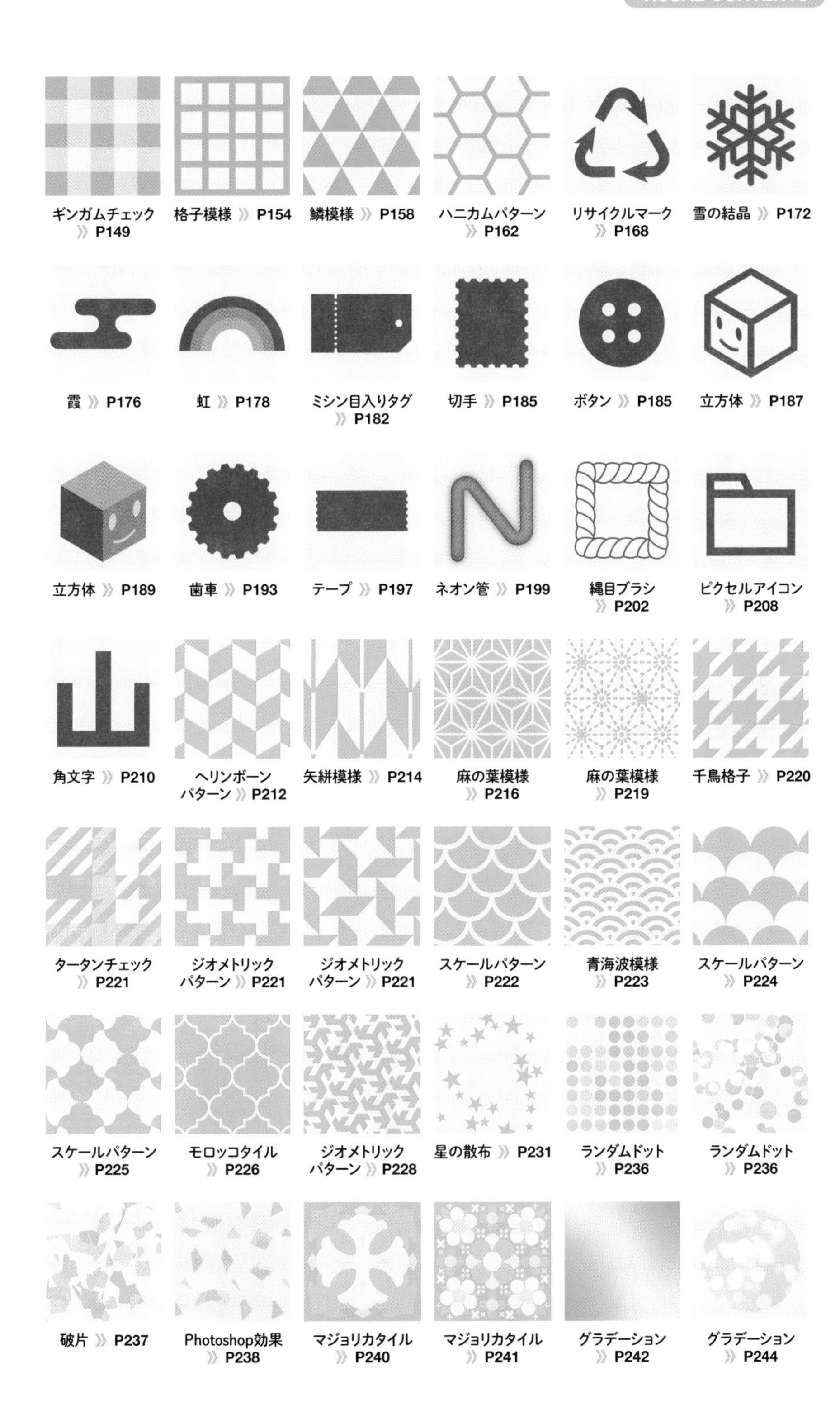
ギンガムチェック 》P149
格子模様 》P154
鱗模様 》P158
ハニカムパターン 》P162
リサイクルマーク 》P168
雪の結晶 》P172
霞 》P176
虹 》P178
ミシン目入りタグ 》P182
切手 》P185
ボタン 》P185
立方体 》P187
立方体 》P189
歯車 》P193
テープ 》P197
ネオン管 》P199
縄目ブラシ 》P202
ピクセルアイコン 》P208
角文字 》P210
ヘリンボーンパターン 》P212
矢絣模様 》P214
麻の葉模様 》P216
麻の葉模様 》P219
千鳥格子 》P220
タータンチェック 》P221
ジオメトリックパターン 》P221
ジオメトリックパターン 》P221
スケールパターン 》P222
青海波模様 》P223
スケールパターン 》P224
スケールパターン 》P225
モロッコタイル 》P226
ジオメトリックパターン 》P228
星の散布 》P231
ランダムドット 》P236
ランダムドット 》P236
破片 》P237
Photoshop効果 》P238
マジョリカタイル 》P240
マジョリカタイル 》P241
グラデーション 》P242
グラデーション 》P244

丸数字 》P246

警告アイコン 》P248

値引きシール 》P248

テキスト背景 》P250

ラベル 》P251

袋文字 》P252

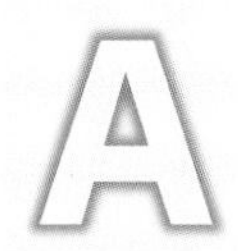

ドロップシャドウ 》P253

湾曲テキスト 》P254

吹き出し 》P256

吹き出し 》P259

原稿用紙 》P260

版ずれ 》P262

版ずれ 》P264

かすれ文字 》P265

筆の丸 》P265

スタンプ 》P269

➡ 作業環境やドキュメントの設定について

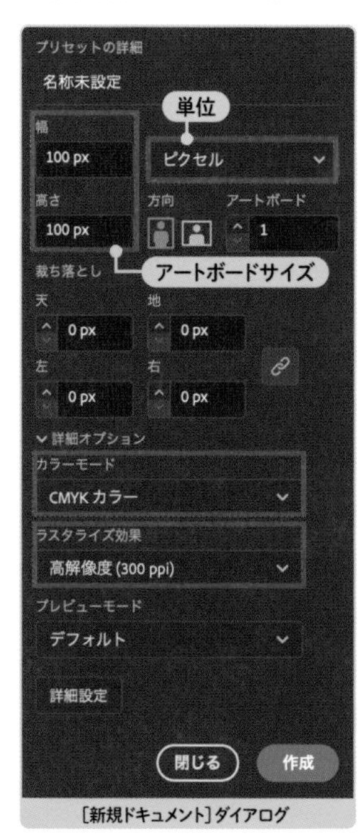

[新規ドキュメント]ダイアログ

本書では、[単位:ピクセル][カラーモード:CMYKカラー]を前提に作業をすすめています。また、作成するオブジェクトはほとんどが60px角程度です。[新規ドキュメント]ダイアログでアートボードサイズを[幅:100px][高さ:100px]に設定すると、作成したオブジェクトがおさまりやすいです。アートボードの数は、適宜設定してください。

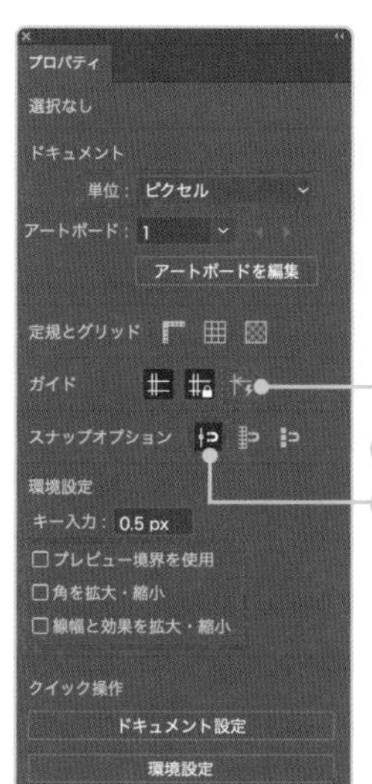

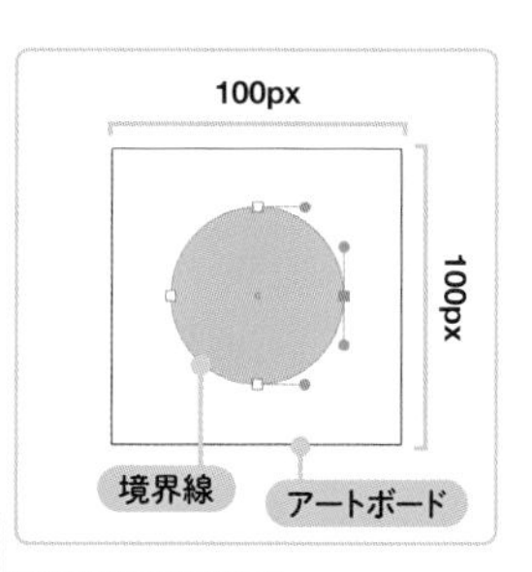

[選択ツール]選択時にオブジェクト非選択でプロパティパネルを開くと、各種設定を変更できます。このほか、[バウンディングボックス:非表示][コーナーウィジェット:(使用時のみ)表示][境界線:表示]に設定します。これらは、[表示]メニューで切り替えできます。

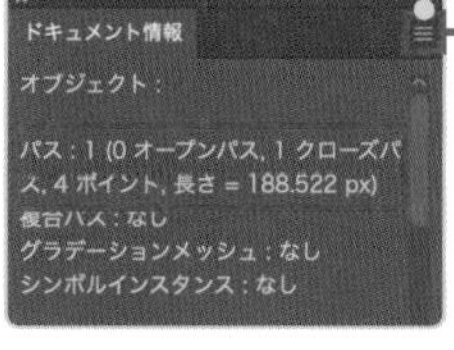

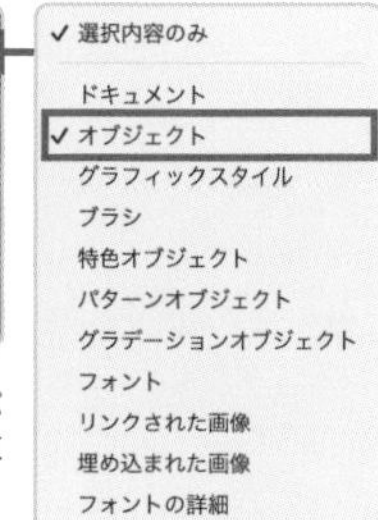

ドキュメント情報パネルでは、パスの種類やアンカーポイントの数などを確認できます(P168)。

01-04
1
CIRCLE & SQUARE

01 円を描く

Illustratorで円を描く方法には、さまざまなものがあります。[楕円形ツール]などの描画ツールを使う、他の図形を変形する、[線]の設定を使う、文字から取り出すなど、いろいろなルートを知っておくと、状況に応じて使い分けできます。

★

01 A [楕円形ツール]で描く

楕円形シェイプ

STEP 1 ツールバーで[楕円形ツール]を選択します 1 2

STEP 2 [shift]キーを押しながらドラッグします 3

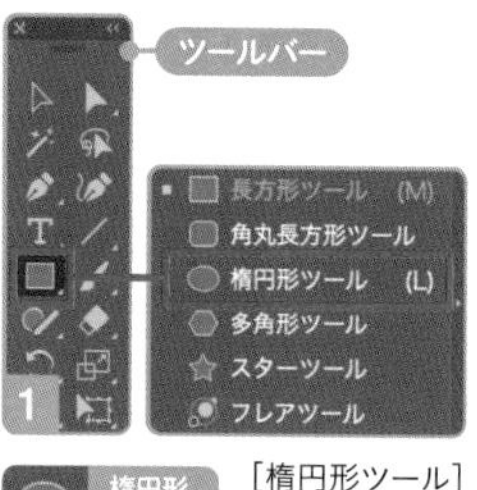

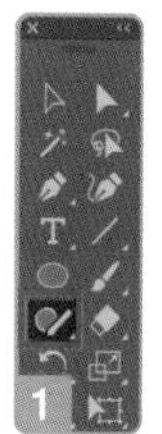

[楕円形ツール]がツールバーに表示されていないときは、[長方形ツール]などを長押ししてメニューを開き、選択します。

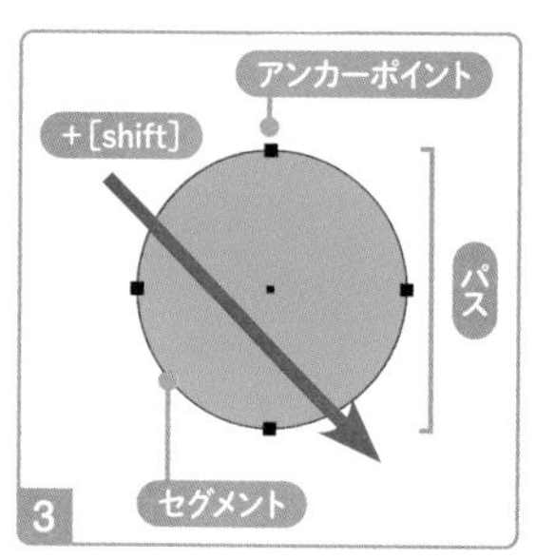

[楕円形ツール]で描いた円は、「パス」になります。パスはアンカーポイントとそれをつなぐセグメントで構成されます。Illustratorのツールで描画するオブジェクトの大半は、パスです。色はツールバーの設定が反映されますが、描画後に変更できます。

[楕円形ツール]は、円や楕円を描くツールです。[shift]キーを押さずにドラッグすると、楕円になります。[option(Alt)]キーを押しながらドラッグすると、中心から描画できます。

[楕円形ツール]で描いた円や楕円は、パスであると同時に「楕円形シェイプ」に分類され、角度の指定で扇形に変換できます。

》P35 半円

★

01 B [Shaperツール]で描く

楕円形シェイプ

STEP 1 ツールバーで[Shaperツール]を選択します 1

STEP 2 円を描くようにドラッグします 2 3

[Shaperツール]は、長方形や正多角形、直線も描けます。ツールを切り替えずにいろいろな図形を描けるメリットがあります。

ツールバーや各種パネルが見当たらないときは、[ウィンドウ]メニューから[ツールバー]やパネル名を選択して開きます。

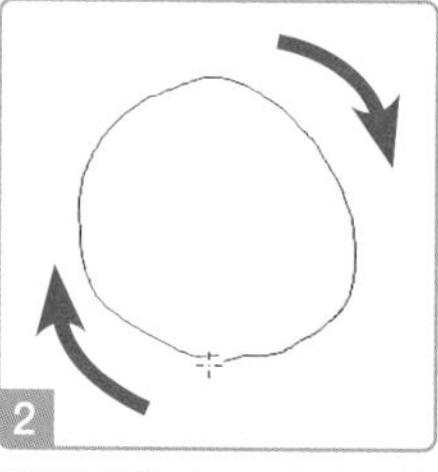

縦横比がだいたい1：1になるように丸くドラッグします。極端につぶれた丸を描くと、楕円になります。

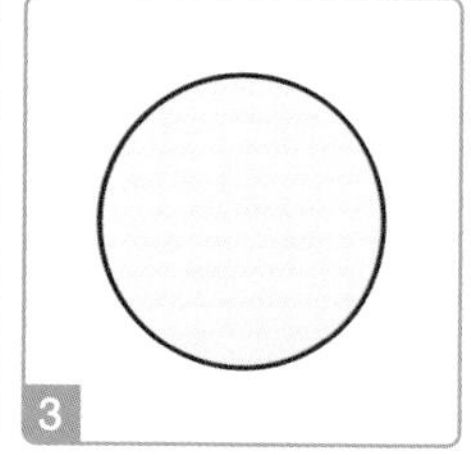

円と認識されると変換されます。[Shaperツール]で描いた円も楕円形シェイプです。描画直後の色は、[塗り:グレー][線:黒]になります。

★★

01 C サイズを指定して描く

楕円形シェイプ

STEP 1 ツールバーで［楕円形ツール］を選択し、ワークエリアでクリックします

STEP 2 ダイアログで［幅］と［高さ］に同じ値を入力して、［OK］をクリックします 1 2

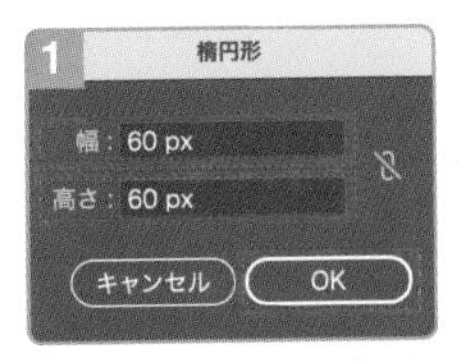

［幅］は横の長さ、［高さ］は縦の長さを指します。［幅］を［W］、［高さ］を［H］とも呼びます。異なる値を入力すると、楕円になります。

［長方形ツール］などの他の図形描画ツールも、ワークエリアでクリックすると、サイズ指定のダイアログが開きます。「ワークエリア」は作業用ウィンドウの内側を指します。

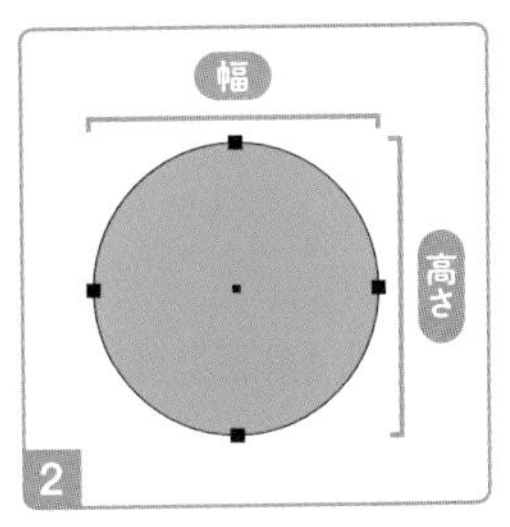

［OK］をクリックすると、指定したサイズの円が描画されます。これも楕円形シェイプです。

★★

01 D ［同心円グリッドツール］で描く

同心円グリッド

STEP 1 ツールバーで［同心円グリッドツール］を選択し、ワークエリアでクリックします 1

STEP 2 ダイアログで［サイズ］の［幅］と［高さ］に同じ値を入力し、［同心円の分割］と［円弧の分割］を［線数:0］に変更します 2

STEP 3 ［グリッドの塗り:オン］に変更して、［OK］をクリックします 3

［同心円グリッドツール］がツールバーに表示されていないときは、［直線ツール］などを長押ししてメニューを開き、選択します。

おもな図形描画ツールは、［長方形ツール］と、［直線ツール］のグループに分かれて収納されています。ツールバーには最後に使用したツールが表示されます。この2つのグループの内容を覚えておくと、スムーズに探せます。

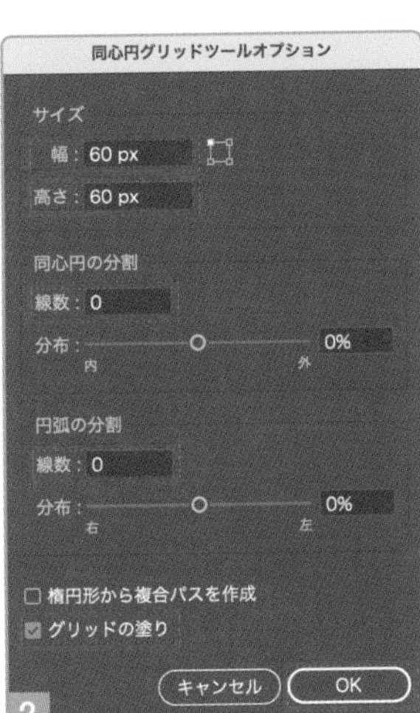

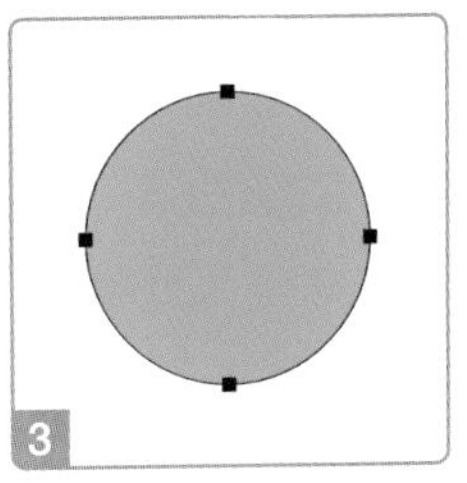

［OK］をクリックすると、円が描画されます。こちらは楕円形シェイプではありません。

［同心円の分割］は同心円の数を、［円弧の分割］は円を分割する半径の数を設定します。［グリッドの塗り:オン］に変更すると、［塗り］に色が設定されます。

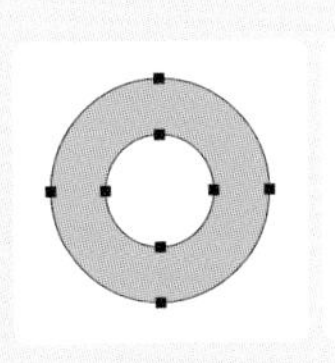

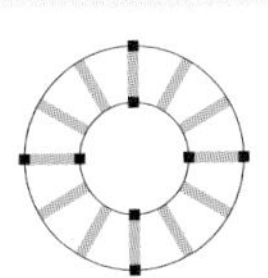

［同心円グリッドツール］は、同心円と半径を一度の操作で描けるツールです。これを利用すると、ドーナツ円や放射線などを手早く描けます。

P40 ドーナツ円
P96 放射線

★★★

01 E　変形パネルで正多角形の角を丸める

ライブコーナー

STEP 1　ツールバーで［多角形ツール］を選択し、ドラッグして正多角形を描きます 1 2

STEP 2　変形パネルで［角丸の半径］の入力欄にカーソルを挿入し、［shift］キーを押しながら［↑］キーを数回押して、最大値に変更します 3 4

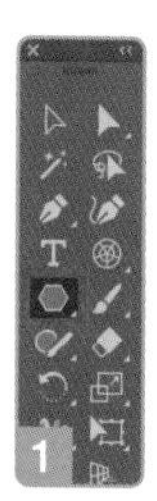

多角形ツール

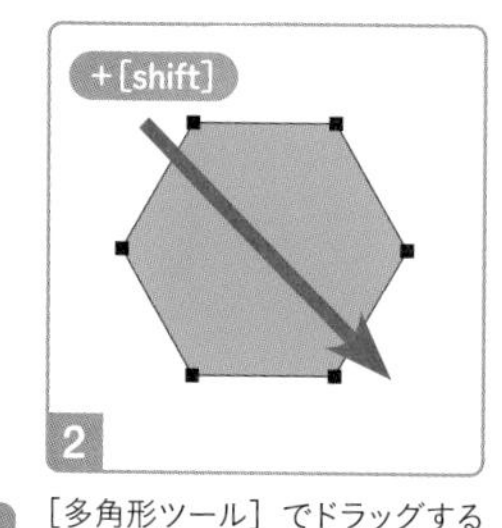

［多角形ツール］でドラッグすると、直前に描いた［辺の数］の正多角形になります。

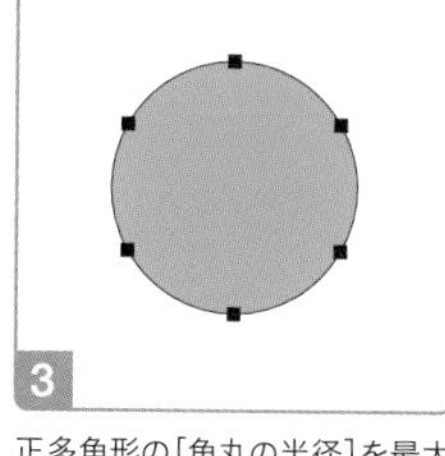

正多角形の［角丸の半径］を最大値にすると、円になります。［辺の数］が異なる正多角形でも、同様の操作が可能です。

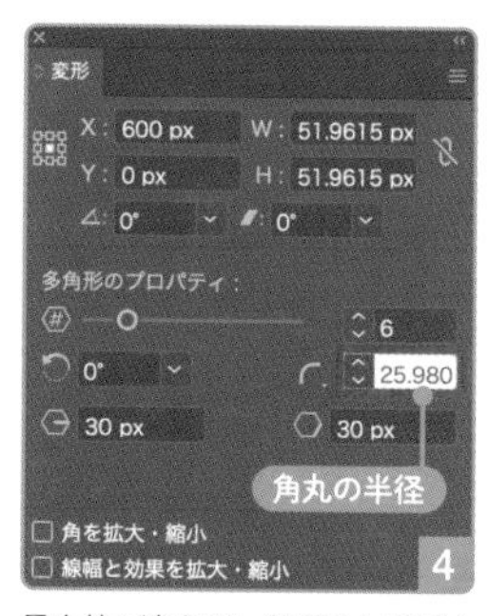

最大値に達すると、数値の上昇が止まります。［角丸の半径］は随時変更可能で、［0］にすると正多角形に戻ります。

P36 1/4円

P72 角丸長方形

入力欄で［shift］キーを押しながら［↑］キーや［↓］キーを押すと、10刻みで数値を増減できます。

★★★

01 F　コーナーウィジェットで正多角形の角を丸める

ライブコーナー

STEP 1　**01E**の**STEP1**の操作で、正多角形を描きます

STEP 2　ツールバーで［ダイレクト選択ツール］を選択し、コーナーウィジェットにカーソルを合わせて、正多角形の中心へドラッグします 1 2 3 4

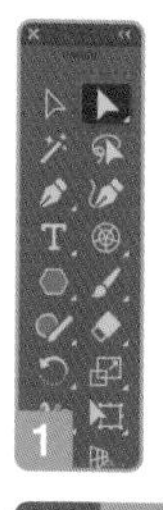

ダイレクト選択ツール

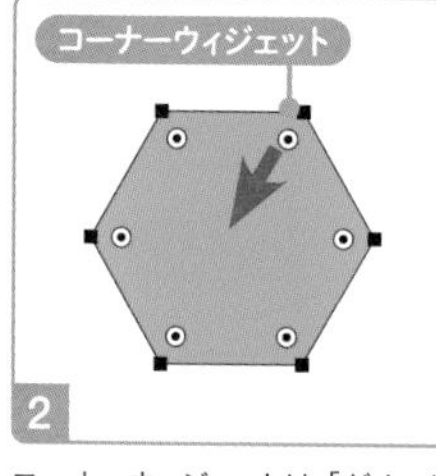

コーナーウィジェットは［ダイレクト選択ツール］選択時のみ表示されます。オブジェクト全体を選択したあとで［ダイレクト選択ツール］を選択すると、すべてのコーナーウィジェットが表示されます。表示されない場合は、［表示］メニュー→［コーナーウィジェットを表示］を選択します。

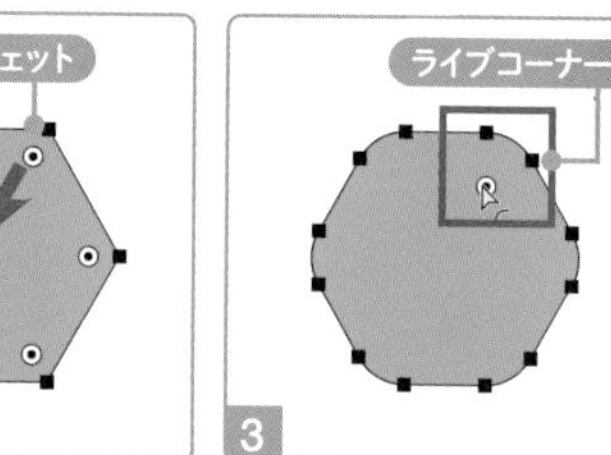

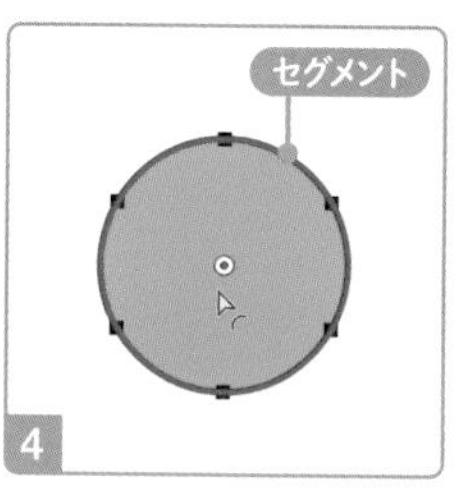

［コーナーの半径］が最大値に達すると、セグメントやコーナーウィジェットが赤色表示になります。この値は変形パネルの［角丸の半径］とも連携します。**01E**と**01F**は同じ操作になります。

コーナーウィジェットや変形パネルで動的に変更できる角を、「ライブコーナー」と呼びます。コーナーウィジェットはすべてのコーナーポイントに表示され、誤操作を招くこともあるため、使わないときは非表示にしておくことをおすすめします。

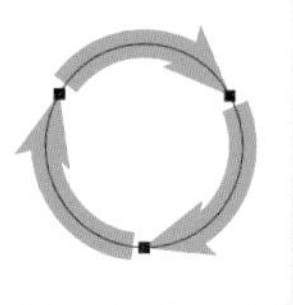

正多角形の［角丸の半径］を最大値にすると、内接円になります。この方法で、最小限アンカーポイント（2ポイント）の円弧で構成された円をつくれます。

P169 リサイクルマーク

★★★

01 G 正方形に［角を丸くする］効果を適用する

アピアランス

STEP 1 ツールバーで［長方形ツール］を選択し、［shift］キーを押しながらドラッグして正方形を描きます 1 2

STEP 2 ［効果］メニュー→［スタイライズ］→［角を丸くする］を選択します

STEP 3 ダイアログで［半径］の入力欄にカーソルを挿入し、［shift］キーを押しながら［↑］キーを数回押して、正方形の辺の半分以上の値に変更し、［OK］をクリックします 3 4 5

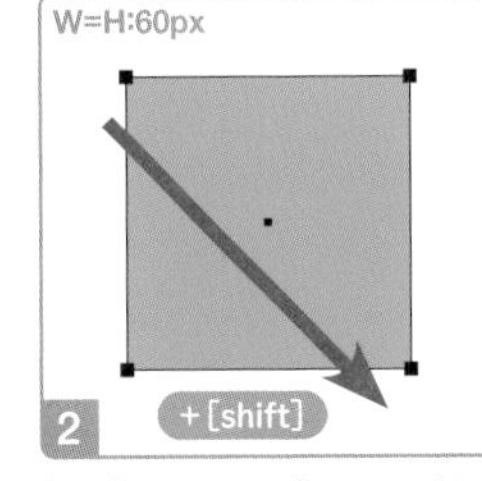

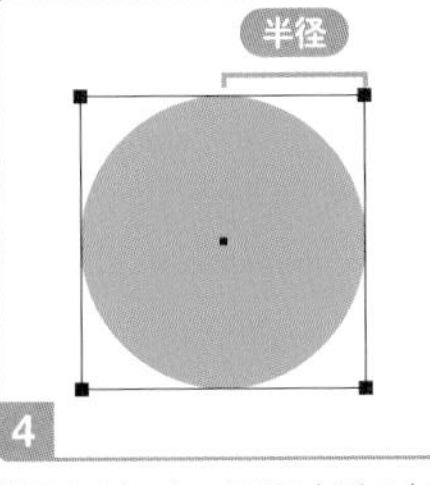

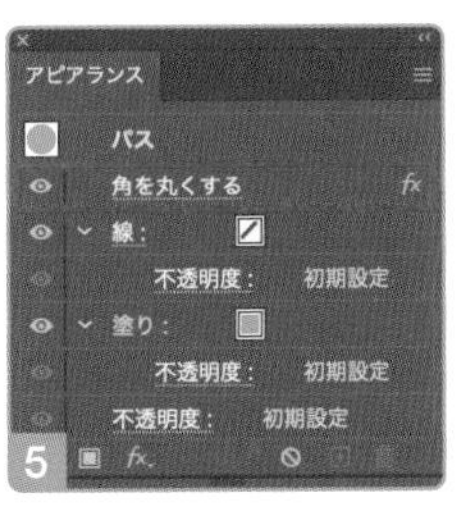

長方形ツール

［長方形ツール］は、［楕円形ツール］や［多角形ツール］と同じグループにあります。

［shift］キーを押さずにドラッグすると、長方形になります。

適用すると、ちょうど正方形の内接円になります。この方法で円になるのは正方形に限られます。正多角形に適用すると、歪みが生じます。

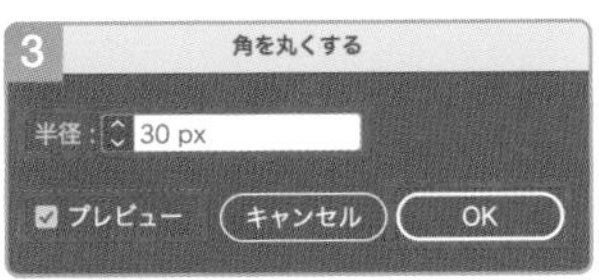

［半径：正方形の辺の半分以上］になると、円になります。［プレビュー：オン］にすると、変更の結果を確認できます。

［角を丸くする］効果は、変形に強いメリットがあります。

» P72 角丸長方形 » P176 霞

★★

01 H 楕円の縦横比を1:1にする

楕円形シェイプ

STEP 1 ツールバーで［楕円形ツール］を選択し、ドラッグして楕円を描きます 1

STEP 2 変形パネルで［W］と［H］を同じ値に変更します 2 3

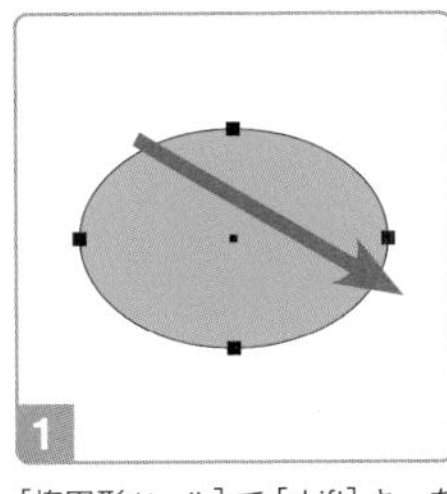

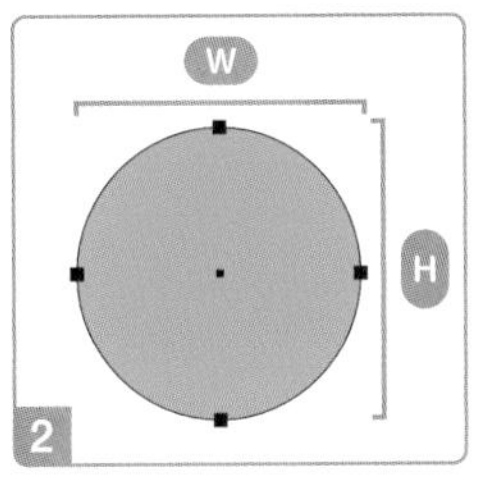

［楕円形ツール］で［shift］キーを押さずにドラッグすると、楕円になります。

［W］は「Width」で［幅］、［H］は「Height」で［高さ］と同じ設定項目です。

楕円形シェイプ（拡張したものも含む）は、縦横比を1：1にすると円になります。描画時に［shift］キーを押し忘れても、この方法で円に変更できます。［W］と［H］を異なる値に変更すると、楕円になります。このように円と楕円は入れ替え可能です。

01Cのダイアログのほかに、円のサイズを指定する方法としても使えます。

★★★

01 I ［楕円形］効果を適用する

アピアランス

STEP 1 ツールバーで［選択ツール］を選択し、オブジェクトを選択します 1 2

STEP 2 ［効果］メニュー→［形状に変換］→［楕円形］を選択します

STEP 3 ダイアログで［サイズ：値を指定］に変更し、［幅］と［高さ］を同じ値に変更して、［OK］をクリックします 3 4 5

STEP 4 ［オブジェクト］メニュー→［アピアランスを分割］を選択します 6 7

選択ツール

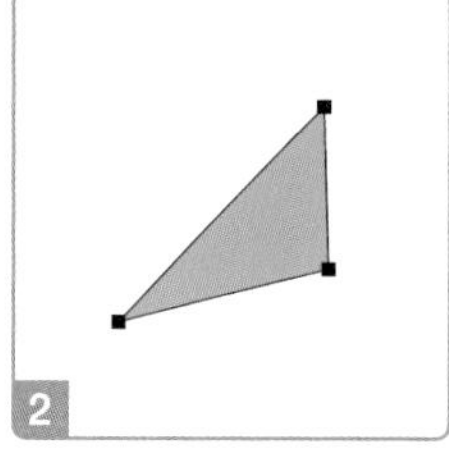

オブジェクトはどんなかたちでもかまいません。

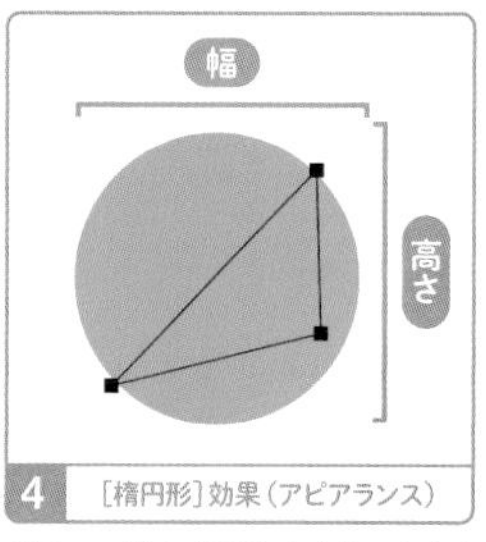

4 ［楕円形］効果（アピアランス）

ダイアログで［OK］をクリックすると、指定したサイズの円に変わります。このような見た目を変える機能を「アピアランス」と呼びます。01Gの［角を丸くする］効果もアピアランスです。

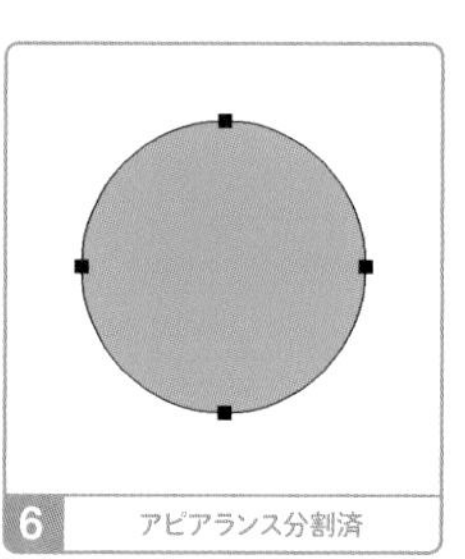

6 アピアランス分割済

見た目と、オブジェクトのパスの形状が一致します。この操作を「アピアランスの分割」と呼びます。01Gにも同様の操作が可能です。なお、この操作は省略してもかまいません。

選択しているオブジェクトや部位によって、結果が大きく変わります。作業が終了したら、［選択ツール］を選択し、ワークエリアの空白をクリックして選択解除する習慣をつけておくと、次の操作がスムーズです。

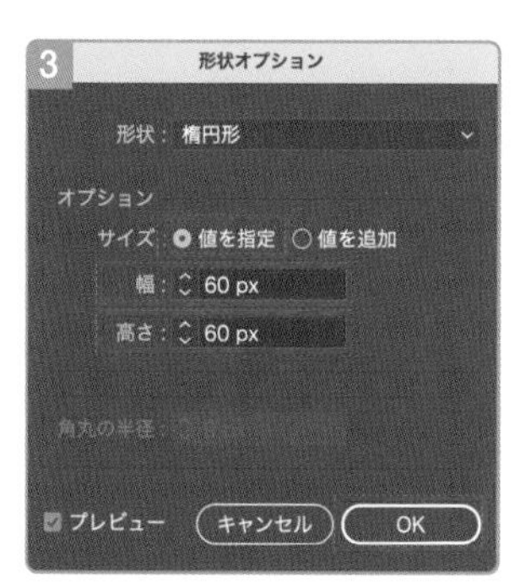

［幅］と［高さ］の値が異なる場合、楕円になります。なお、［値を追加］を選択すると、オブジェクトのサイズの影響を受けます。

オブジェクトに適用された効果は、アピアランスパネルで確認できます。

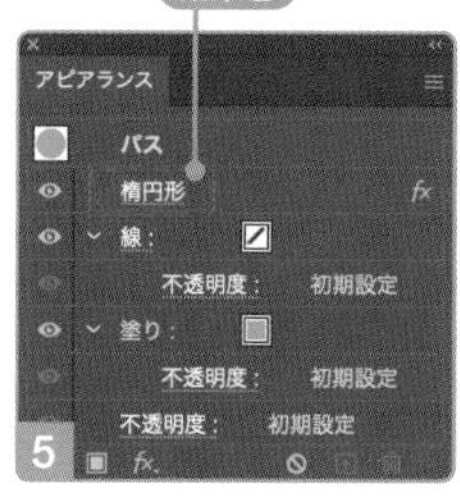

アピアランスは、元の状態に戻せたり、設定を変更できるメリットがあります。アピアランスパネルで効果名をクリックするとダイアログが開き、設定を変更できます。

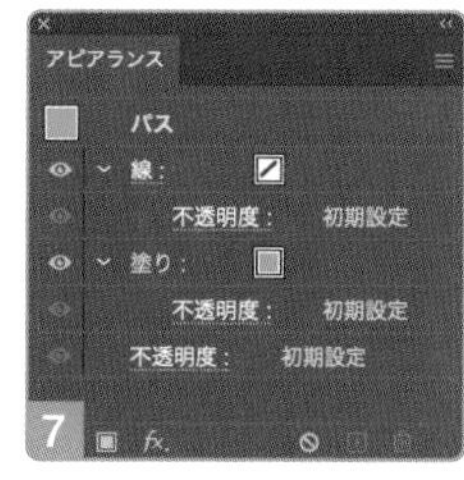

アピアランスを分割すると、効果名は消滅します。

［楕円形］効果を適用すると、任意の場所に円を出現させることができます。ただ、直接円を描いたほうが構造がシンプルになったり、調整しやすいこともあります。適度な使い分けをおすすめします。

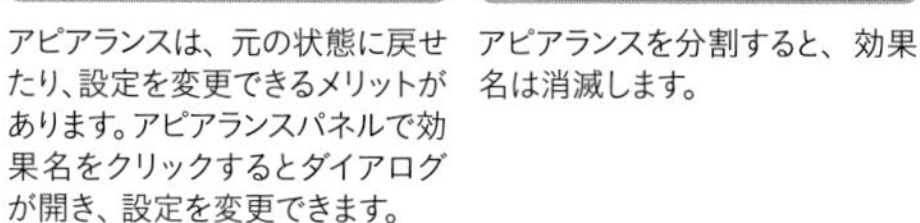
» P236 ランダムドット
» P246 丸数字

★★★

01 J [線]に[矢印21]を設定する

矢印

STEP 1 ツールバーで[直線ツール]を選択し、ワークエリアでドラッグします 1 2
STEP 2 線パネルで[矢印:矢印21][先端位置:パスの終点に配置]に変更します 3 4
STEP 3 [線幅]で円のサイズを調整します 5

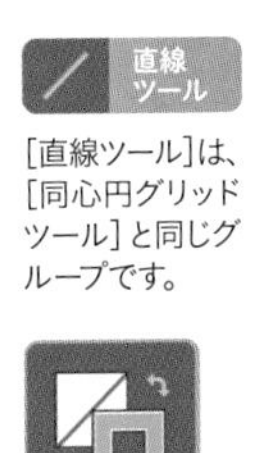

[直線ツール]は、[同心円グリッドツール]と同じグループです。

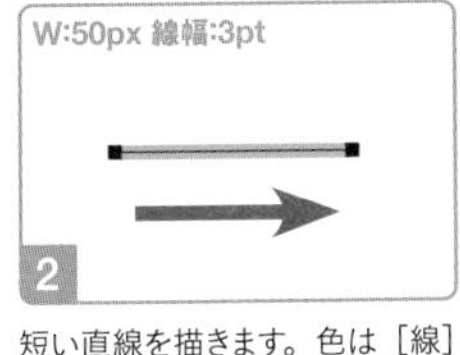

短い直線を描きます。色は[線]の色が反映されます。円も[線]の色になります。

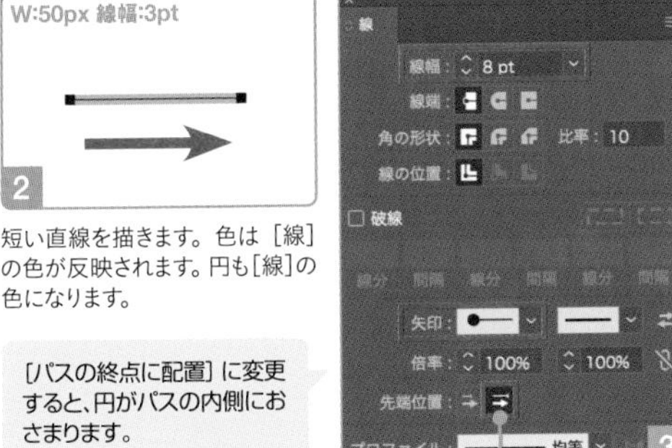

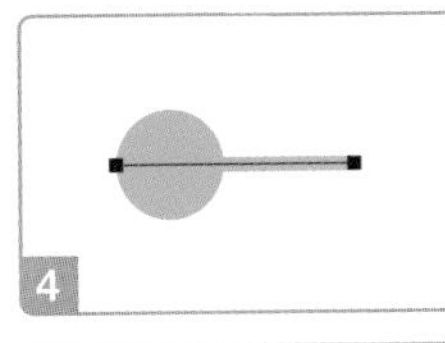

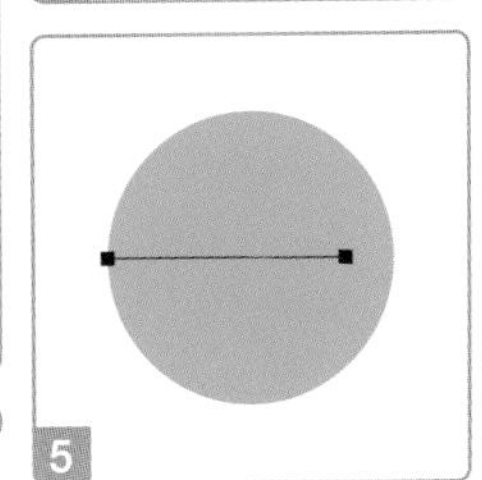

[線幅]を太くすると円のサイズも大きくなり、直線が隠れます。

» P98 矢印
» P174 矢印の雪花

★★★

01 K [丸型線端][線分:0]の破線にする

破線

STEP 1 01JのSTEP1の操作をおこないます 1
STEP 2 線パネルで[線端:丸型線端][破線:オン][正確な長さを保持][線分:0]に変更します 2 3
STEP 3 [線幅]で円のサイズを調整し、円がひとつになるまで[間隔]を調整します 4 5 6

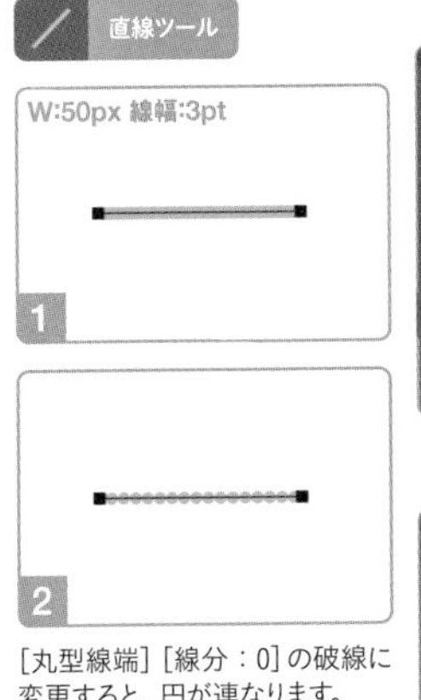

[丸型線端][線分:0]の破線に変更すると、円が連なります。

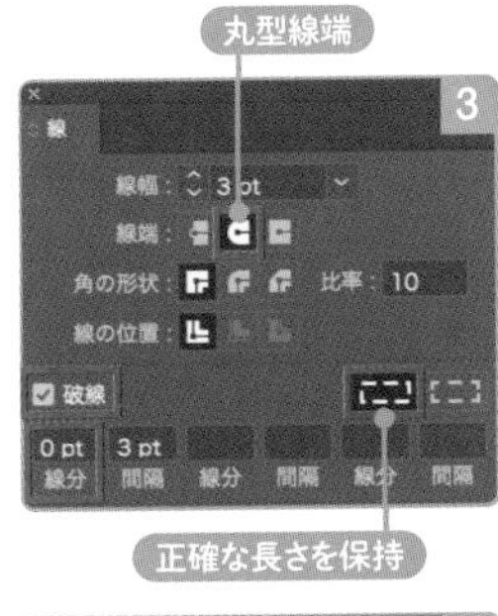

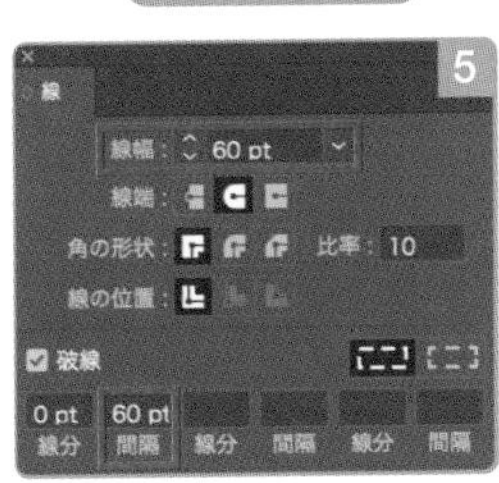

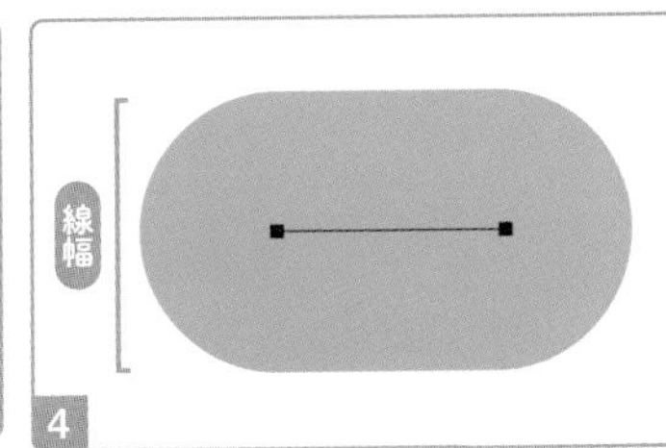

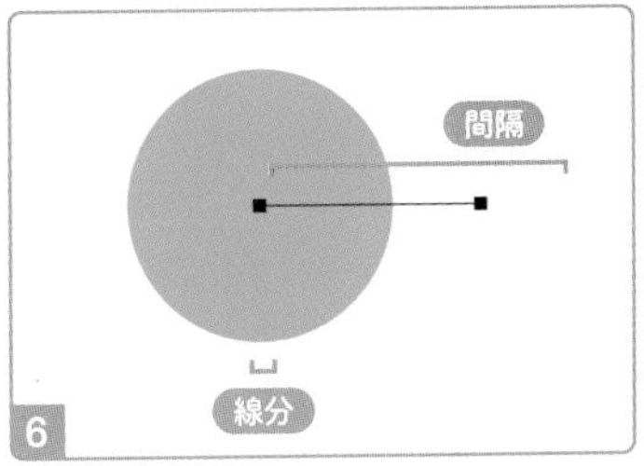

[間隔]を広げる(値を大きくする)と、端の円が押し出されて、最終的に円がひとつ残ります。

» P114 花

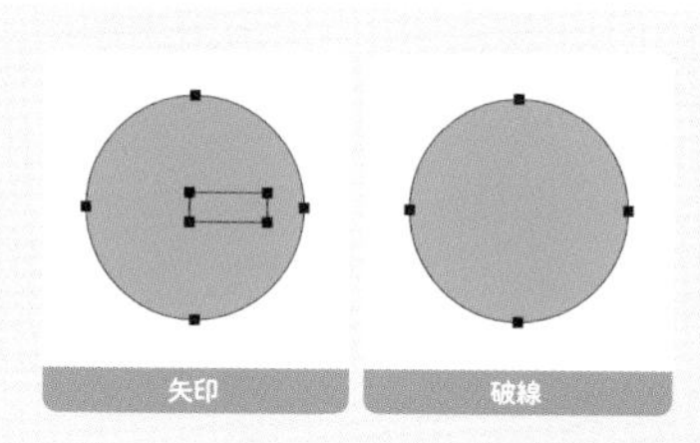

[矢印]や[破線]で描画した円は、パスに変換できます。オブジェクトを選択して[オブジェクト]メニュー→[パス]→[パスのアウトライン]を選択すると、パスに変換されます。ただしこれらの円は、[オブジェクト]メニュー→[シェイプ]→[シェイプに変換]を適用しても、楕円形シェイプに変換できません。

★★

01 L テキストをアウトライン化する

文字

STEP 1 ツールバーで[文字ツール]を選択し、ワークエリアでクリックします 1

STEP 2 「まる」と入力して、「●」に変換します 2

STEP 3 [esc]キーを押して入力を終了します 3

STEP 4 [書式]メニュー→[アウトラインを作成]を選択します 4

T 文字ツール

[文字ツール]でクリックすると、入力カーソルが表示され、キーボードから文字を入力できます。色は[塗り:黒][線:なし]になります。

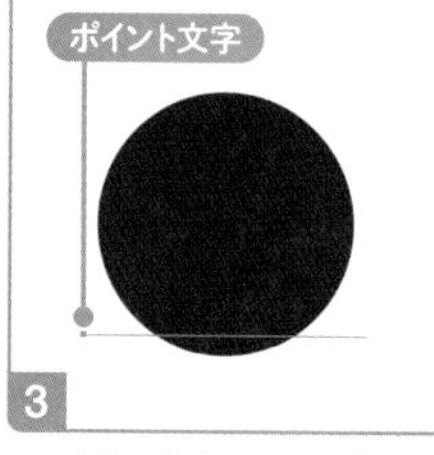

この方法で作成したものを「ポイント文字」と呼び、ベースラインの位置にポイントと線が表示されます。

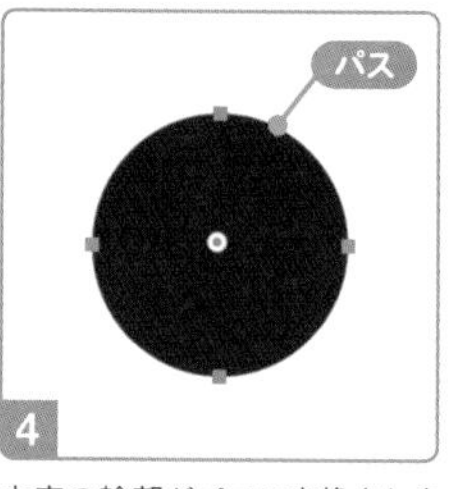

文字の輪郭がパスに変換されます。この操作を「アウトライン化」と呼びます。

「■(しかく)」や「★(ほし)」なども、この方法でパスに変換できます。

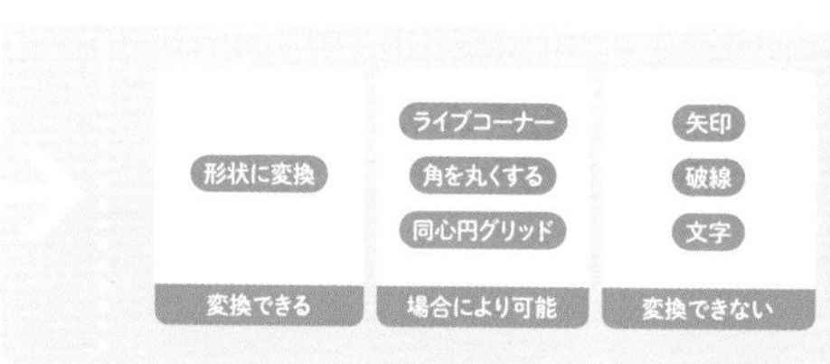

ここで描いた円には、楕円形シェイプに変換できるものとできないものがあります。一部はパスファインダーパネルで[合体]を適用すると、可能になることもありますが、不確実です。楕円形シェイプのメリットは扇型化できる点にあり、これを使う可能性があれば、楕円形シェイプで描いておくとよいでしょう。

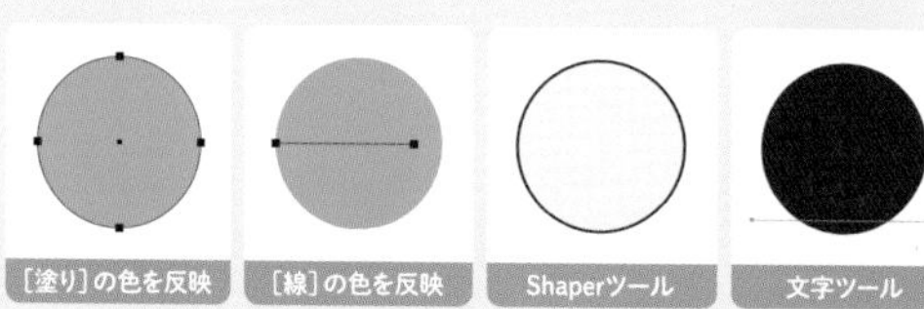
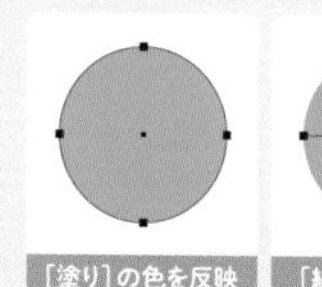
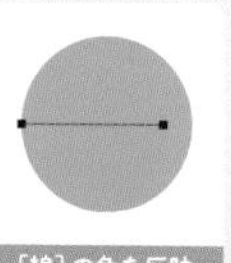

オブジェクトには、ツールバーの[塗り]と[線]の色が反映されます。ただし、[Shaperツール]は黒とグレー、[文字ツール]は黒になるため、必要に応じて描画後に変更します。

POINT

➡ 円と楕円

- [ ] **[楕円形ツール]** で **[shift] キー**を押しながらドラッグすると、円を描ける
- [ ] **[Shaperツール]** でドラッグすると、円を描ける
- [ ] **[楕円形ツール]** と **[Shaperツール]** で描いた円は、**楕円形シェイプ**になる
- [ ] 円のサイズは **[楕円形] ダイアログ**と**変形パネル**で指定・変更できる
- [ ] **[同心円グリッドツール]** で [幅] と [高さ] を同じ値にし、**[線数:0]** にすると、円になる

➡ ライブコーナーと [角を丸くする] 効果

- [ ] コーナーウィジェットは **[ダイレクト選択ツール]** で選択できる
- [ ] **変形パネル**や**コーナーウィジェット**で、**正多角形を [角丸の半径:最大値]** にすると、円になる
- [ ] **[角丸の半径]** と **[コーナーの半径]** (コーナーウィジェット) は**連動**し、どちらで変更しても同じ結果になる
- [ ] 正方形に **[角を丸くする] 効果**を **[半径:辺の半分以上]** で適用すると、見た目は円になる

➡ その他の操作

- [ ] オブジェクトは **[選択ツール]** で選択できる
- [ ] **[楕円形] 効果**を適用すると、見た目を円や楕円に変換できる
- [ ] [角を丸くする] 効果や [楕円形] 効果は**アピアランス**で、元の状態に戻したり、設定の変更が可能
- [ ] **[矢印:矢印21]** は、線端に円を追加できる
- [ ] **[線端:丸型線端]** で **[線分:0]** の**破線**に変更すると、円の連なりになる
- [ ] **[文字ツール]** でクリックすると、文字を入力できる
- [ ] テキストは**アウトライン化**でパスに変換できる

応用 | 楕円を描く

- [楕円形ツール] で [shift] キーを押さずにドラッグする
- [Shaperツール] で縦または横につぶれた丸を描くようにドラッグする 1 2
- [同心円グリッドツールオプション] ダイアログで [幅] と [高さ] に異なる値を入力する
- 円を選択し、変形パネルで [W] と [H] を異なる値に変更する
- 長方形を選択し、[スタイライズ 角を丸くする] 効果で [半径:長辺の半分以上] に変更する 3
- [形状に変換 楕円形] 効果を [幅] と [高さ] を異なる値で適用する 4

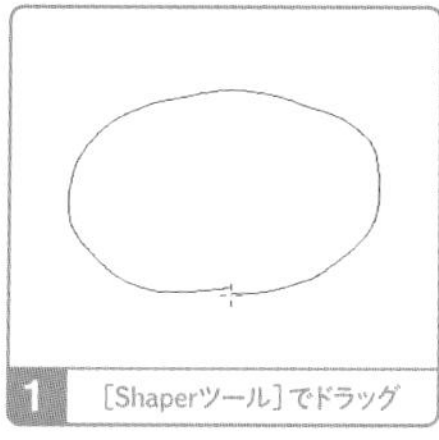
1 [Shaperツール] でドラッグ

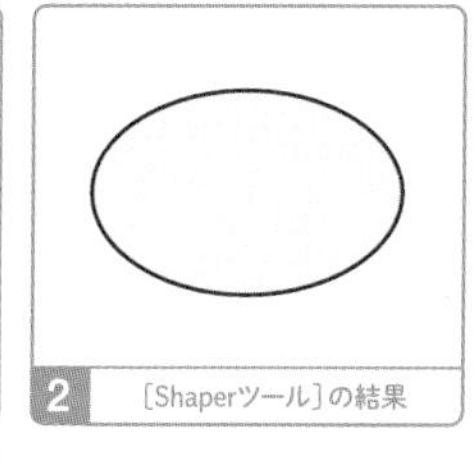
2 [Shaperツール] の結果

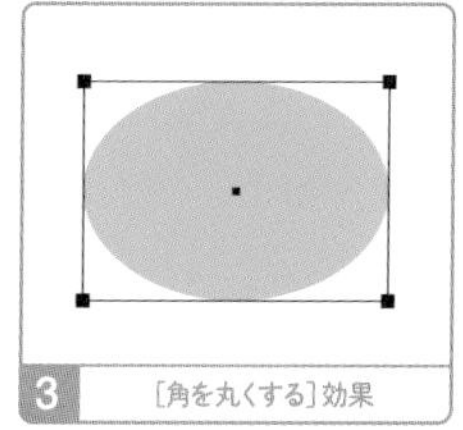
3 [角を丸くする] 効果

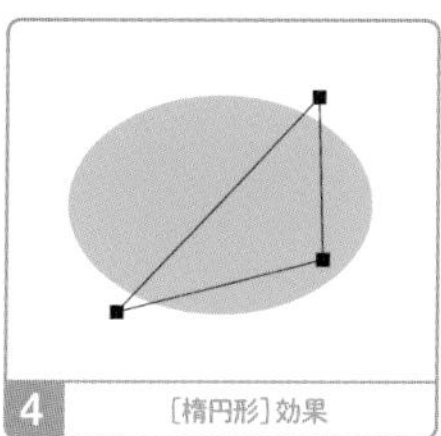
4 [楕円形] 効果

コーナーウィジェットや変形パネルで長方形を [角丸の半径:最大値] にしても、楕円形にはならず、丸端長方形になります (P76)。長方形が楕円になるのは、[角を丸くする] 効果だけです。

02 正方形を描く

正方形や長方形は、そのままで枠や色面、背景として使えるほか、配置画像のマスクやテキストを流し込むためのフレームなど、レイアウト作業にも欠かせない図形です。[長方形ツール]でドラッグするだけで簡単に描けますが、他にもいろいろな描きかたがあります。

★

02 A [長方形ツール]で描く

長方形シェイプ

STEP 1 ツールバーで[長方形ツール]を選択します

STEP 2 [shift]キーを押しながらドラッグします 1 2

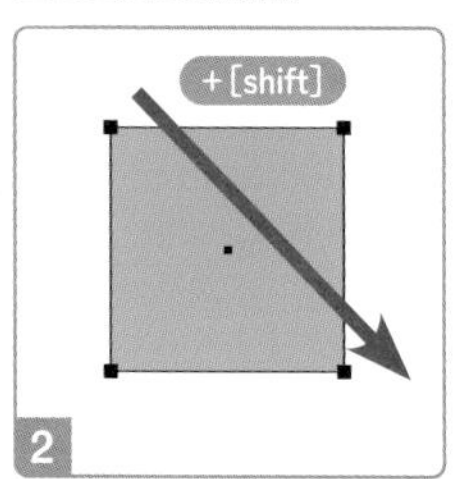

[長方形ツール]でドラッグすると、辺が水平／垂直な長方形になります。[長方形ツール]で描いたものは、すべて長方形シェイプになります。

[shift]キーには、縦横比を1：1にする効果があります。[shift]キーに加えて[option(Alt)]キーも押すと、描画が正方形の中心から開始します。

★

02 B [Shaperツール]で描く

長方形シェイプ

STEP 1 ツールバーで[Shaperツール]を選択します

STEP 2 正方形を描くようにドラッグします 1 2

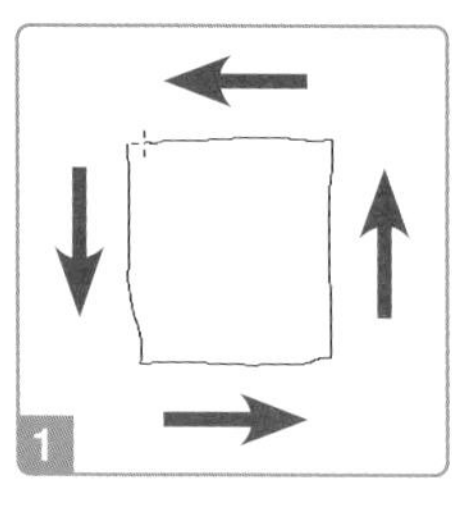

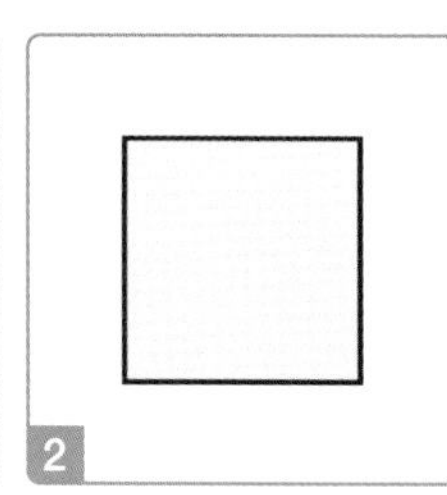

縦横の長さがだいたい同じになるように、四角くドラッグします。縦横の長さに大きく差をつけると、長方形になります。

[Shaperツール]で描いた正方形や長方形は、長方形シェイプになります。

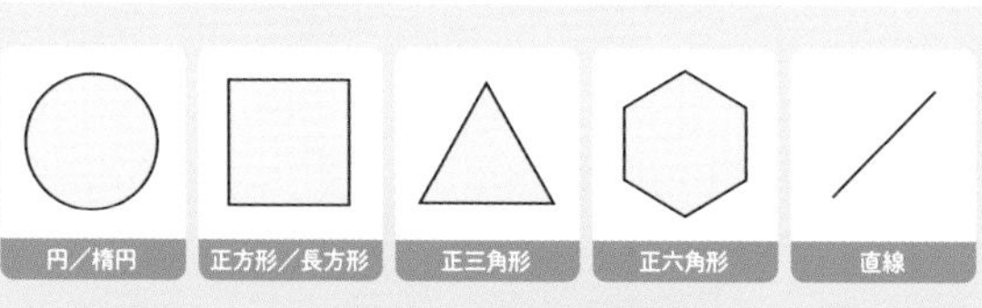

これらは、[Shaperツール]で描ける図形です。正三角形と正六角形以外の多角形は、描画後に変形パネルで[多角形の辺の数]を変更してつくります。正多角形の向きは、ドラッグの軌跡で変えられます。

★★

02 C サイズを指定して描く

長方形シェイプ

STEP 1 ツールバーで［長方形ツール］を選択し、ワークエリアでクリックします

STEP 2 ダイアログで［幅］と［高さ］に同じ値を入力して、［OK］をクリックします 1 2 3

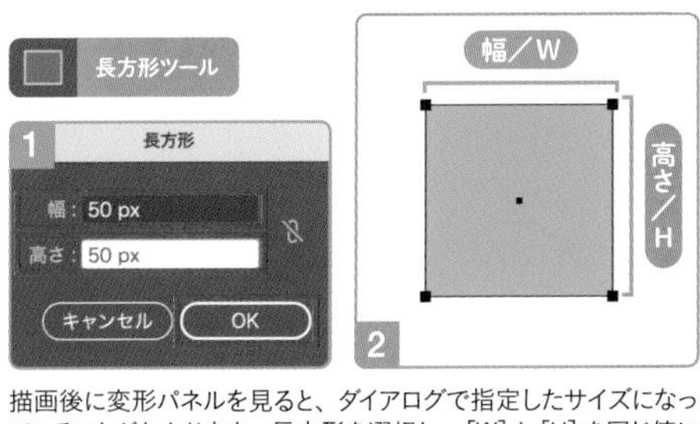

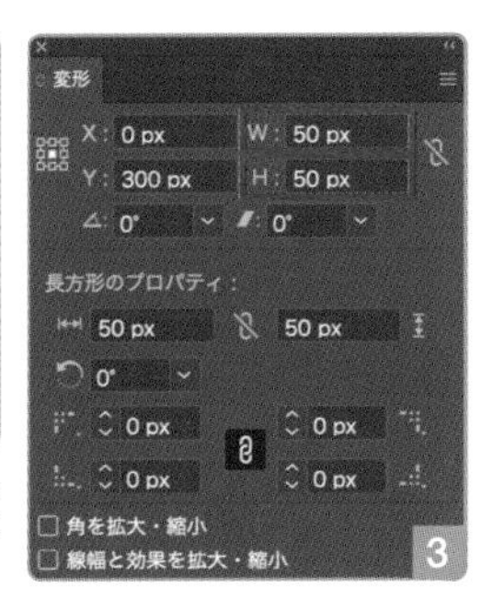

描画後に変形パネルを見ると、ダイアログで指定したサイズになっていることがわかります。長方形を選択し、［W］と［H］を同じ値に変更して、正方形にすることも可能です。

★★

02 D ［長方形グリッドツール］で描く

長方形グリッド

STEP 1 ツールバーで［長方形グリッドツール］を選択し、ワークエリアでクリックします

STEP 2 ダイアログで［サイズ］の［幅］と［高さ］に同じ値を入力し、［水平方向の分割］と［垂直方向の分割］を［線数:0］に変更します 1 2

STEP 3 ［外枠に長方形を使用:オン］に変更して、［OK］をクリックします 3

長方形グリッドツール

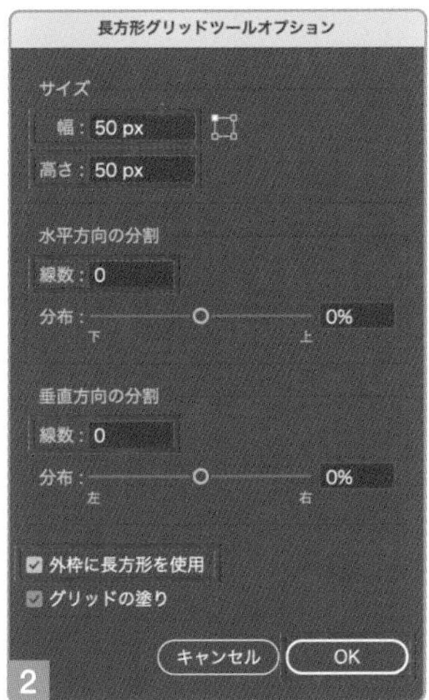

［線数:0］に変更すると、外枠だけが描画されます。なお、［外枠に長方形を使用:オフ］に設定すると、外枠は直線で構成され、長方形になりません。

［長方形グリッドツール］をダブルクリックすると同じ内容のダイアログが開きますが、［OK］をクリックしても何も描画されません。ツールのダブルクリックで開くダイアログは、ツールの設定を変更するもので、描画のためのものではありません。

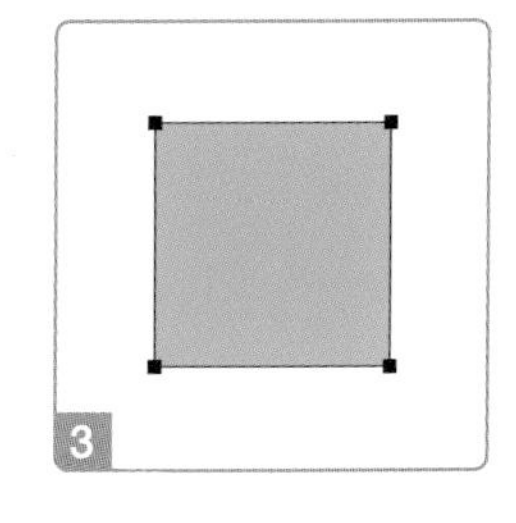

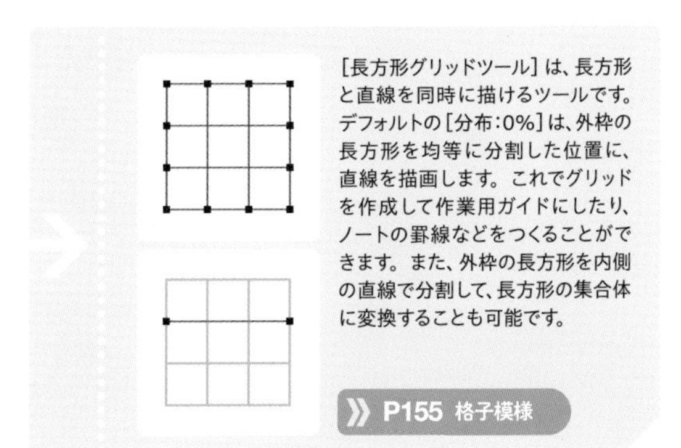

★★

02 E 多角形シェイプを［辺の数:4］に変更する

多角形シェイプ

STEP 1 ツールバーで［多角形ツール］を選択します

STEP 2 ［shift］キーを押しながらドラッグして、正多角形を描きます 1

STEP 3 変形パネルで［多角形の辺の数:4］に変更します 2 3

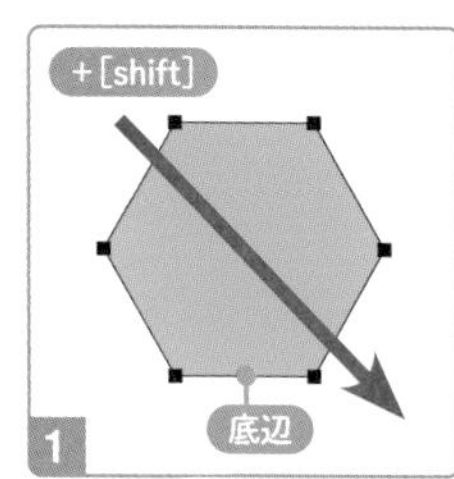

［shift］キーを押すと、底辺が水平な正多角形になります。ツールの［辺の数］の設定によって、正多角形の種類は変わります。

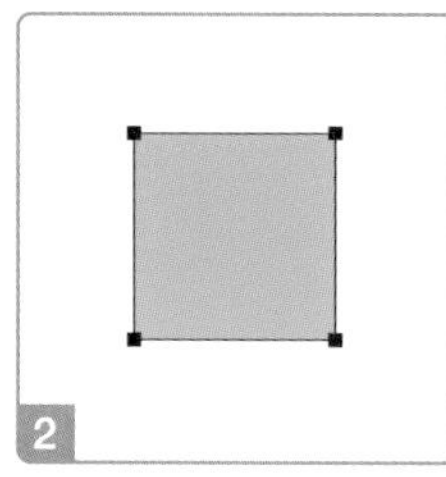

［辺の数：4］の正多角形になります。見た目は正方形ですが、多角形シェイプに分類されます。

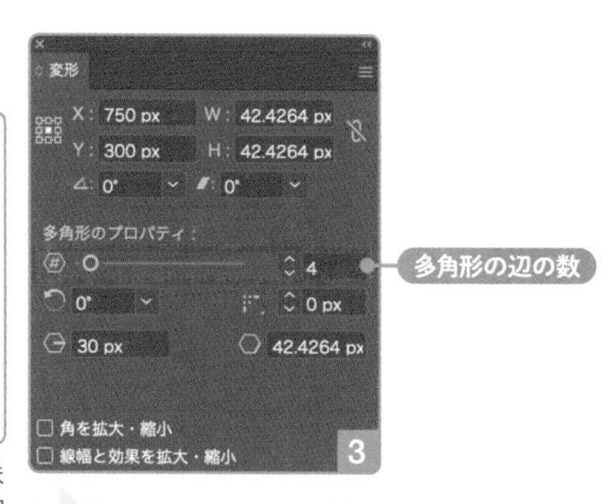

長方形シェイプに変換するには、［オブジェクト］メニュー→［シェイプ］→［シェイプを拡張］で通常のパスに変換したあと、［オブジェクト］メニュー→［シェイプ］→［シェイプに変換］を選択します。

★★★

02 F 多角形シェイプ変換後に辺の長さを揃える

多角形シェイプ

STEP 1 ツールバーで［ペンツール］を選択します

STEP 2 間隔を空けて4箇所クリックしたあと、最初に作成したアンカーポイントをクリックして、パスを閉じます 1 2

STEP 3 ［オブジェクト］メニュー→［シェイプ］→［シェイプに変換］を選択します

STEP 4 変形パネルで［辺の長さを等しくする］をクリックします 3 4

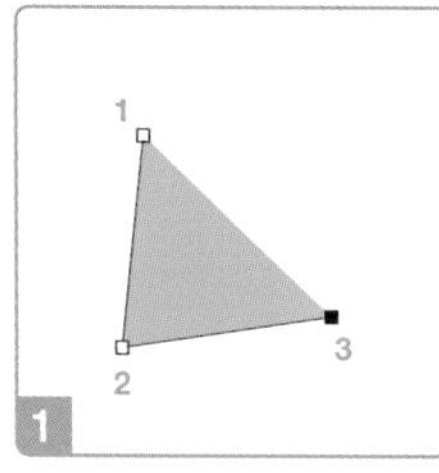

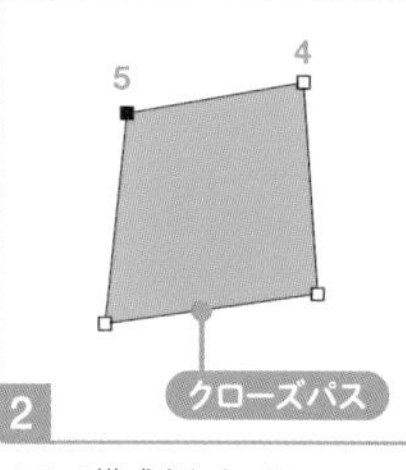

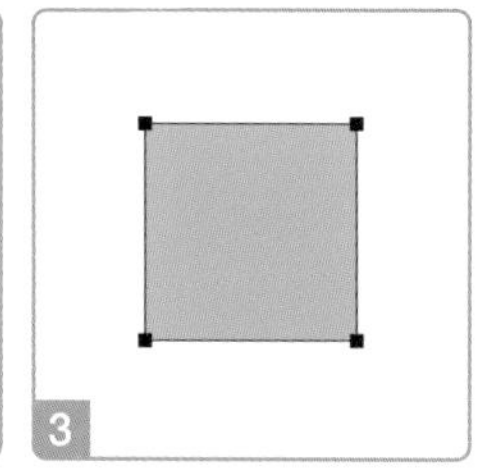

ハンドルを持たないコーナーポイントのみで構成されたパスは、多角形シェイプに変換できます。変換直後は、見た目の変化はありません。多角形シェイプに変換できない場合は、クローズパスになっているか、スムーズポイントが混入していないか確認してください。

端点のない環状のパスを「クローズパス」と呼びます。最初に作成したアンカーポイントを最後にクリックすると、環状になります。これまでに描画した円や正方形も、クローズパスです。

［辺の長さを等しくする］をクリックすると、底辺が水平な正多角形になります。こちらも見た目は正方形ですが、多角形シェイプに分類されます。

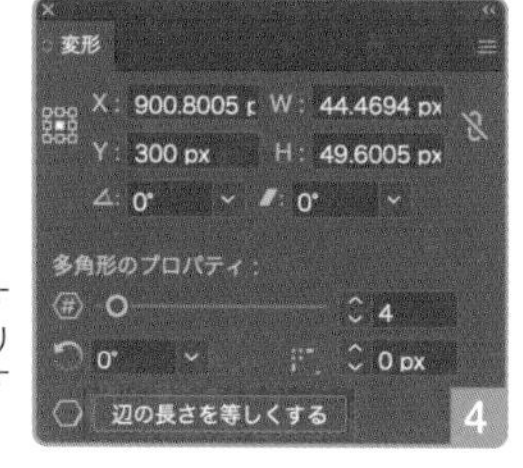

★★★
02 G [長方形] 効果を適用する

アピアランス

STEP 1 ツールバーで [選択ツール] を選択し、オブジェクトを選択します 1
STEP 2 [効果] メニュー→ [形状に変換] → [長方形] を選択します
STEP 3 ダイアログで [サイズ：値を指定] に変更し、[幅] と [高さ] を同じ値に変更して、[OK] をクリックします 2 3 4

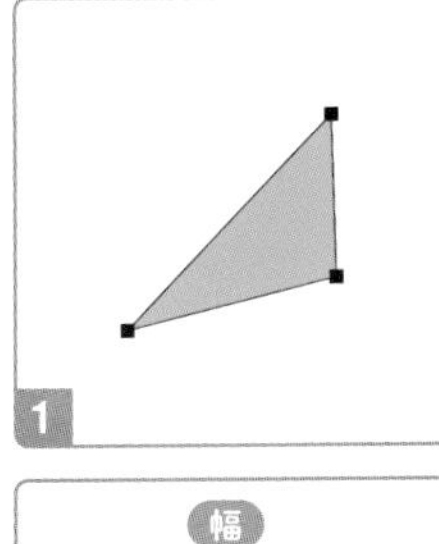
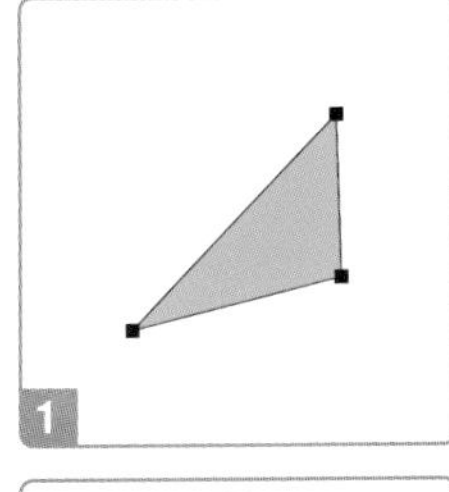

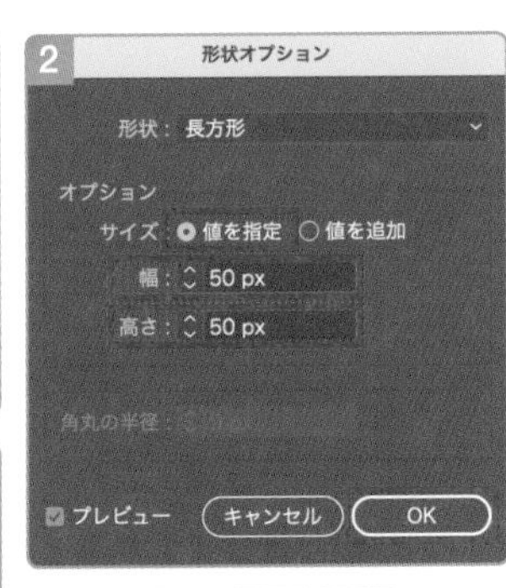

このダイアログは、**01I**（P14）と同じ内容です。[形状：楕円形] に変更すれば、**01I**と同じ結果になります。アピアランスパネルで [長方形] をクリックするとこのダイアログが再度開き、設定を変更できます。

この方法で長方形化すると、円や角丸長方形への変換が簡単というメリットがあります。

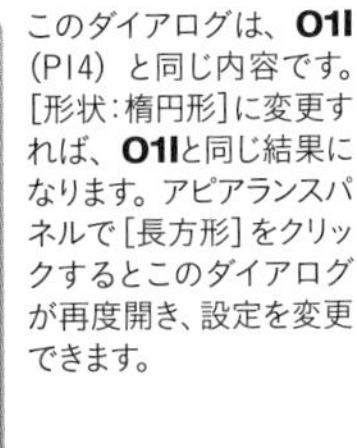
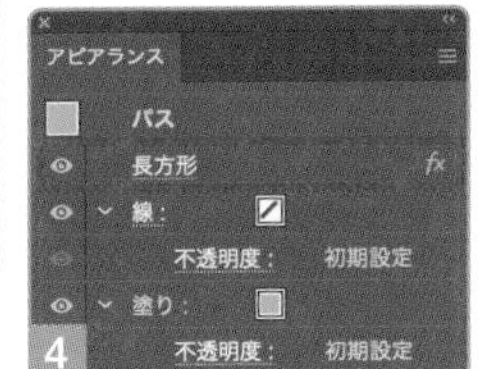

» P14 円
» P196 歯車
» P237 破片

★
02 H 直線の長さと [線幅] を揃える

線幅

STEP 1 ツールバーで [直線ツール] を選択し、[shift] キーを押しながら水平方向へドラッグして水平線を描き、線パネルで [線幅] を変更します 1 2
STEP 2 変形パネルで [W] を [線幅] と同じ値に変更します 3 4
STEP 3 [オブジェクト] メニュー→ [パス] → [パスのアウトライン] を選択します 5

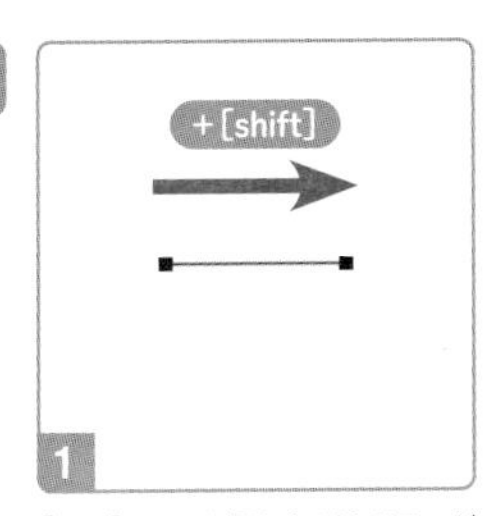

[shift] キーを押しながらドラッグすると、直線の角度を水平／垂直／45°に固定できます。

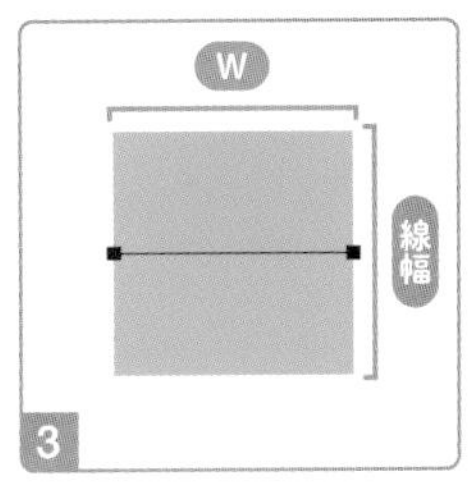

直線で正方形や長方形をつくると、[矢印] や [破線] など、[線] に対する設定を使えます。

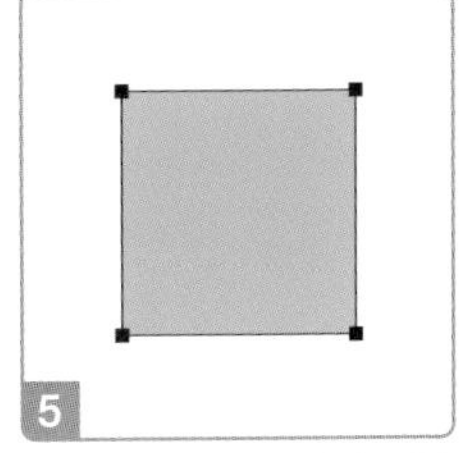

アウトライン化すると、[線] が [塗り] に変換されます。直線のままでよい場合、この操作は不要です。

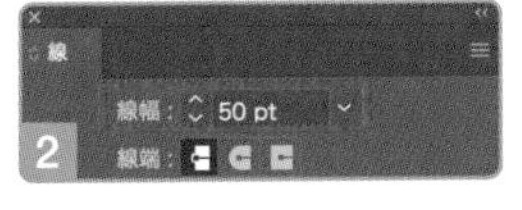

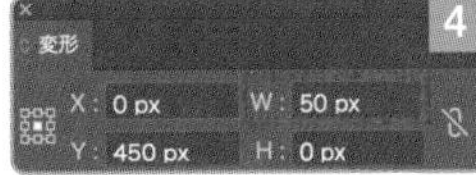

Illustratorでは、「pt（ポイント）」と「px（ピクセル）」は同じ長さになります。

» P16 円 » P93 十字 » P176 霞

★★★

02 I 円を正方形に変える

アンカーポイント

STEP 1 ツールバーで［選択ツール］を選択し、円を選択します

STEP 2 ［ダイレクト選択ツール］を選択し、［shift］キーを押しながらアンカーポイントをひとつクリックして、選択を解除します 1

STEP 3 コントロールパネルで［コーナーポイントに切り換え］をクリックします 2

STEP 4 残りのアンカーポイントを選択し、［コーナーポイントに切り換え］をクリックします 3

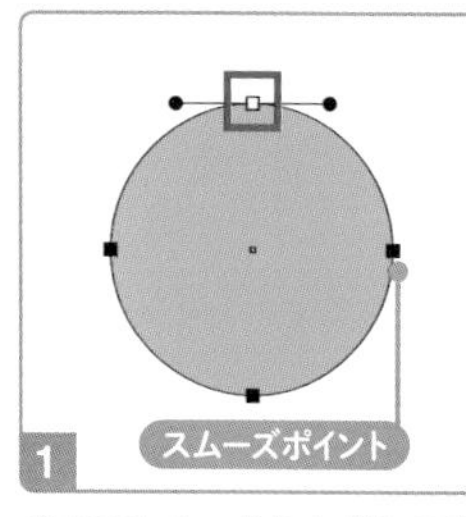

パスのアンカーポイントがすべて選択されていると、コントロールパネルに［コーナーポイントに切り換え］が表示されません。選択をひとつ解除すると、表示されます。

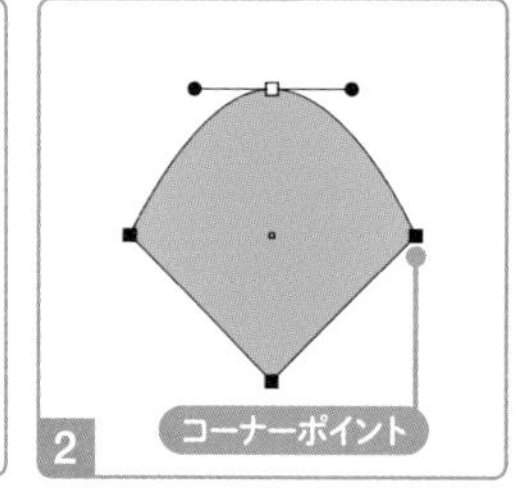

［コーナーポイントに切り換え］をクリックすると、スムーズポイントが、ハンドルを持たないコーナーポイントに変換されます。

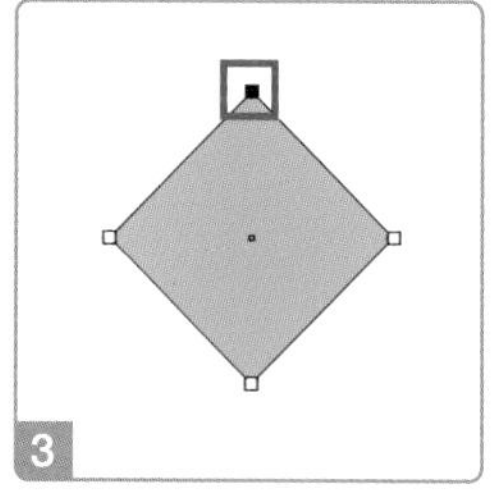

円のスムーズポイントをすべてコーナーポイントに変換すると、円に内接する正方形になります。このパスは長方形シェイプに変換できます。

» P121 葉

★★★

02 J ［シェイプ形成ツール］で領域をパスに変換する

シェイプ形成

STEP 1 ツールバーで［直線ツール］を選択し、［shift］キーを押しながらドラッグして、水平線と垂直線を井の字にそれぞれ2つ引きます

STEP 2 ［選択ツール］を選択し、水平線と垂直線をすべて選択します 1

STEP 3 ［シェイプ形成ツール］を選択し、井の内側をクリックします 2

STEP 4 ［選択ツール］で井の内側の長方形を選択し、変形パネルで［W］と［H］を同じ値に変更します 3

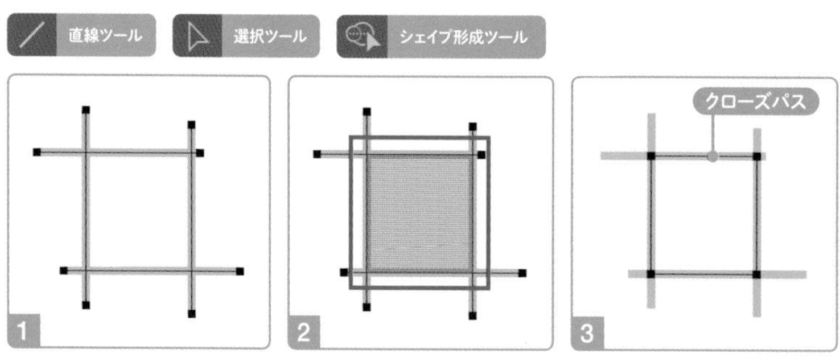

［シェイプ形成ツール］を選択し、複数のパスで囲まれた領域にカーソルを移動すると、アミ掛け表示になります。この状態でクリックすると、領域をクローズパスに変換できます。

» P84 星 » P226 モロッコタイル

★★★

02K ［ライブペイントツール］で領域を塗りつぶす

ライブペイント

STEP1 **02JのSTEP1**の操作で、水平線と垂直線を井の字に配置して選択します 1

STEP2 ツールバーで［ライブペイントツール］を選択し、［塗り］に色を設定して、井の内側をクリックします 2 3 4

STEP3 ［線：なし］に変更したあと、コントロールパネルで［拡張］をクリックします 5 6 7

STEP4 変形パネルで［W］と［H］を同じ値に変更します 8

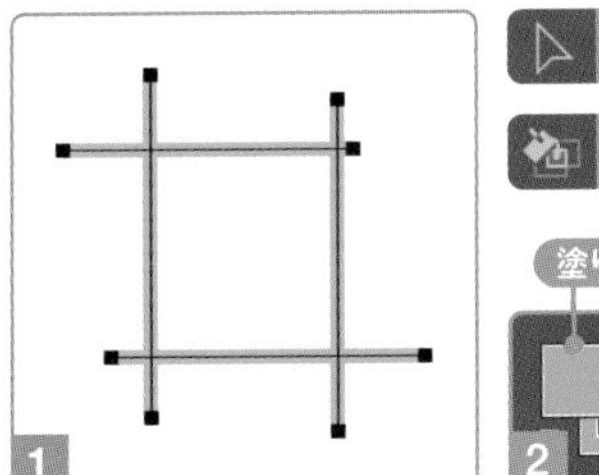

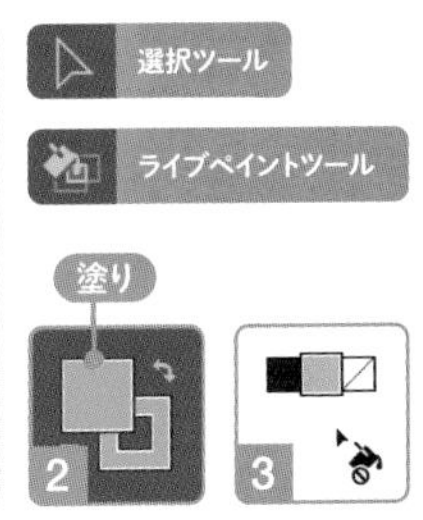

［ライブペイントツール］選択中は、スウォッチパネルなどで［塗り］や［線］の色を変更しても、選択中のオブジェクトに影響しません。［ライブペイントツール］選択中に［←］キーや［→］キーを押してスウォッチを切り替え、色を設定することもできます。

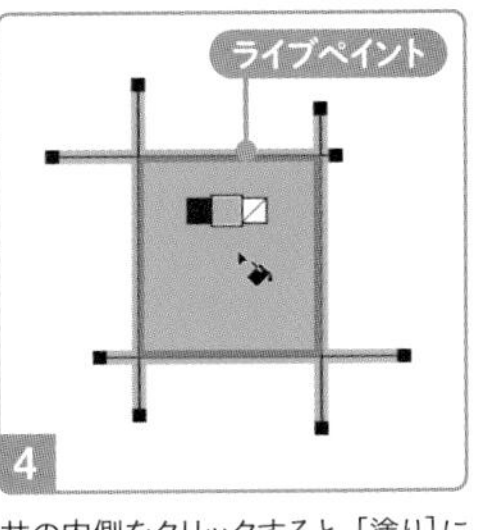

井の内側をクリックすると、［塗り］に設定した色で塗りつぶされると同時に、ライブペイントに変換されます。

色の設定は、スウォッチパネルやカラーパネルなどで変更できます。［塗り］と［線］のうち、変更するほうを選択（前面に表示）してから、色を変更します。

パスを移動すると、塗りつぶしの領域が変わります。これが、［シェイプ形成ツール］との違いです。

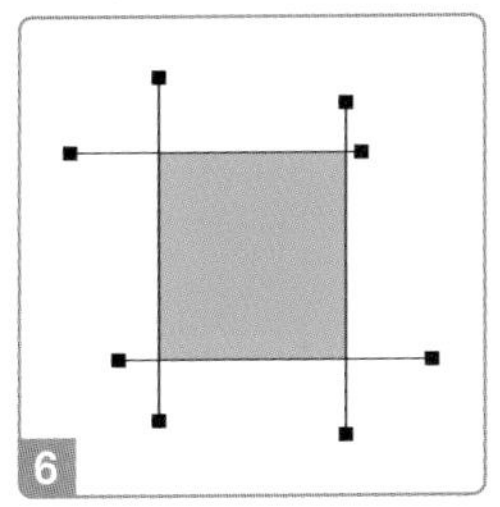

［線：なし］に変更すると、ライブペイントを構成するパスの［線］が透明になります。

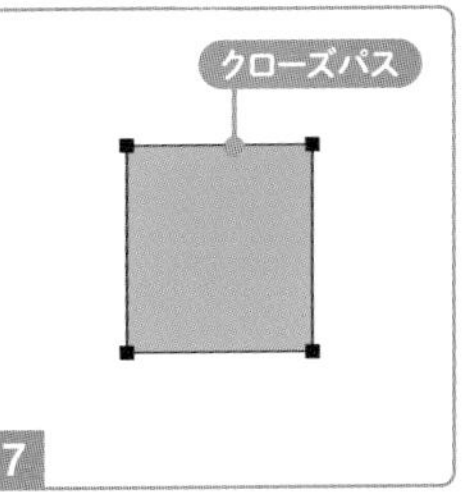

ライブペイントを拡張すると、［線：なし］の部分は削除され、［塗り］のある長方形だけが残ります。

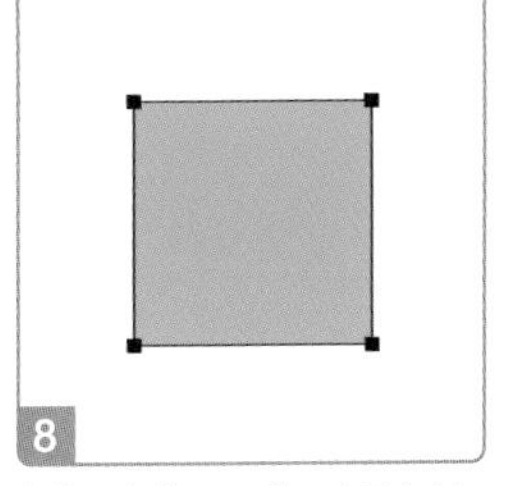

［W］と［H］を同じ値に変更すると、正方形になります。このパスは長方形シェイプに変換できます。

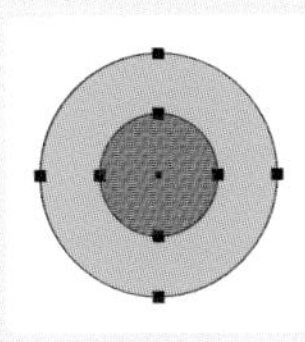

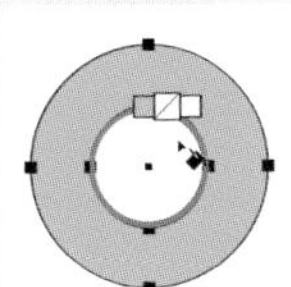

［シェイプ形成ツール］と［ライブペイントツール］はいずれも、パスを境界線としてオブジェクトを形成したり、色を塗り分けるツールです。似たような性質を持つためか、ツールバーでも同じグループに収納されています。これらはオブジェクトに穴をあける用途でも使え、**07F**と**07G**（P42）ではこれを利用してドーナツ円をつくります。

パスファインダーパネルでも同様の操作が可能ですが、状況によっては、［シェイプ形成ツール］や［ライブペイントツール］のほうが手軽なこともあります。

» P42 ドーナツ円

★★★

02 L 位置を揃えた平行線の端点を連結する

アンカーポイント

STEP 1 ツールバーで［直線ツール］を選択し、［shift］キーを押しながら水平線を描きます

STEP 2 ［選択ツール］を選択し、［option (Alt)］キーを押しながら水平線をドラッグして複製します 1

STEP 3 水平線を両方とも選択し、整列パネルで［水平方向中央に整列］をクリックしたあと、変形パネルで［H］を水平線の［W］と同じ値に変更します 2 3 4 5

STEP 4 ［ダイレクト選択ツール］を選択し、端のアンカーポイントを囲むようにドラッグして選択します 6

STEP 5 コントロールパネルで［選択した終点を連結］をクリックします 7

STEP 6 反対側のアンカーポイントも、同様の操作で連結します 8

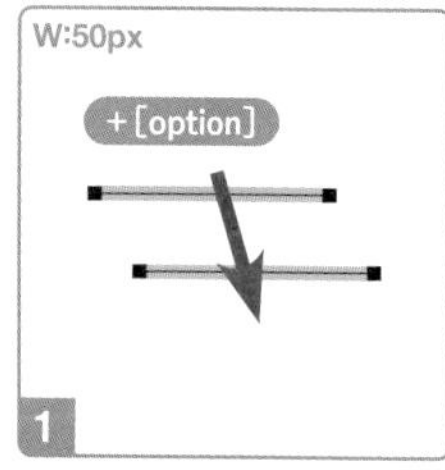

［選択ツール］で［option (Alt)］キーを押しながらドラッグすると、オブジェクトを複製できます。コピー＆ペーストでもかまいません。

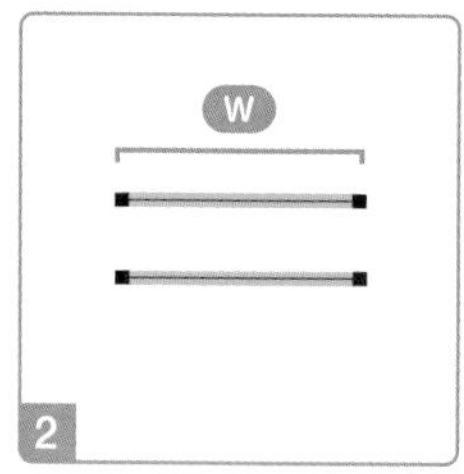

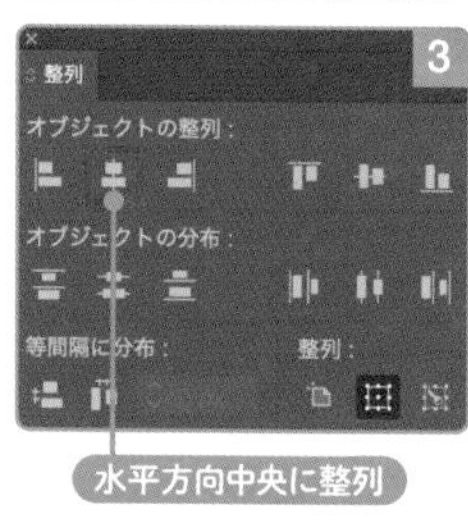

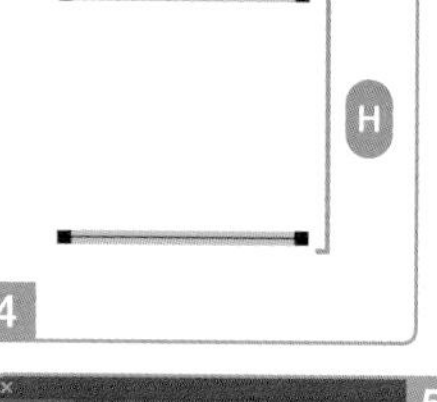

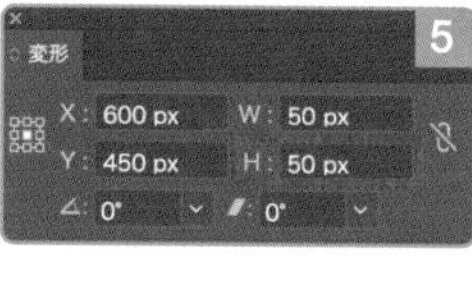

［選択した終点を連結］は、連結されていない2つのアンカーポイントが選択されているときに限り、適用できます。それ以外ではグレーアウトします。

ダイレクト選択ツール

選択した終点を連結

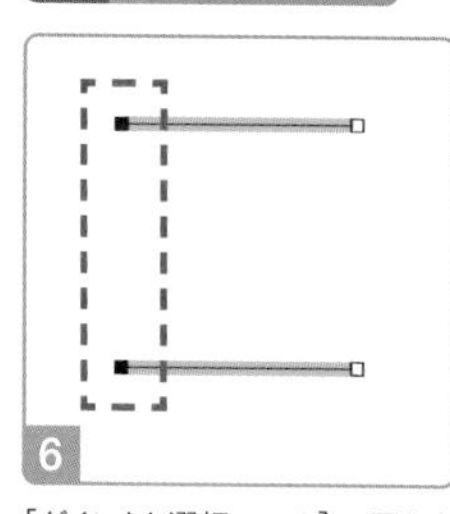

［ダイレクト選択ツール］で囲むようにドラッグすると、その内側にあるアンカーポイントがすべて選択状態になります。［shift］キーを押しながらアンカーポイントをクリックしても、複数選択できます。

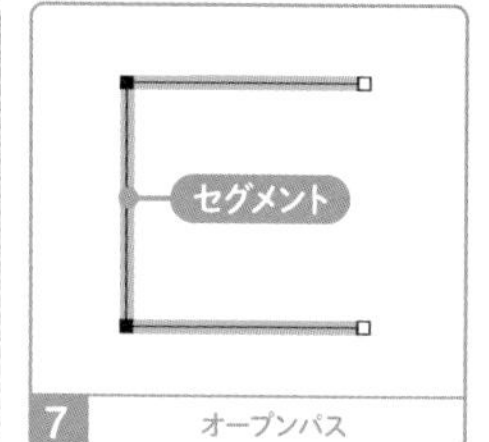

［選択した終点を連結］をクリックすると、アンカーポイントの間がセグメントでつながります。［ペンツール］でアンカーポイントを順にクリックして連結することもできます。

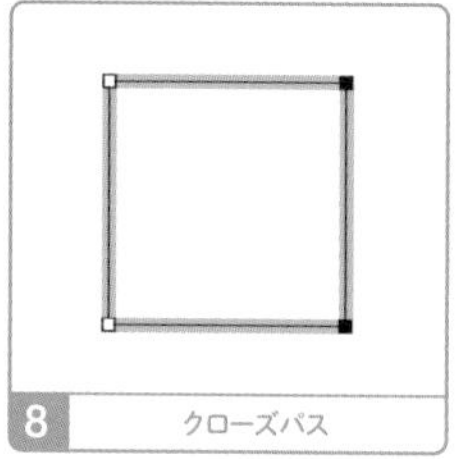

反対側も連結すると、クローズパスになります。このパスは長方形シェイプに変換できます。

» P63 平行四辺形

POINT

➡ 正方形と長方形

- □ **［長方形ツール］**で**［shift］キー**を押しながらドラッグすると、正方形を描ける
- □ **［Shaperツール］**でドラッグすると、正方形を描ける
- □ **［長方形ツール］**や**［Shaperツール］**で描いた正方形や長方形は、**長方形シェイプ**になる
- □ 正方形や長方形のサイズは、**［長方形］ダイアログ**や**変形パネルで**指定・変更できる
- □ 長方形を選択して、**変形パネル**で**［W］と［H］を同じ値**に変更すると、正方形になる
- □ **［長方形グリッドツール］**で［幅］と［高さ］を同じ値、**［線数:0］［外枠に長方形を使用:オン］**に変更すると、正方形を描ける
- □ **4つの直角**で構成されたパスは、長方形シェイプに変換できる

➡ 多角形

- □ **［多角形ツール］**で**［shift］キー**を押しながらドラッグすると、底辺が水平な正多角形を描ける
- □ 正多角形の多角形シェイプを**［多角形の辺の数:4］**に変更すると、正方形になる
- □ **［多角形ツール］**で描いた正多角形は、**多角形シェイプ**になる
- □ ハンドルを持たないコーナーポイントで構成されたパスは、**多角形シェイプ**に変換できる
- □ 多角形シェイプは、変形パネルの**［辺の長さを等しくする］**で正多角形に変換できる

➡ 直線

- □ **［直線ツール］**で**［shift］キー**を押しながらドラッグすると、角度を**水平／垂直／45°**に固定できる
- □ **直線**の**［線幅］**を、直線の長さと同じ値に変更すると、正方形になる
- □ ［線］は**アウトライン化**で［塗り］に変換できる

➡ パスの描画とアンカーポイント操作

- □ **［ペンツール］**で**クリック**すると、**コーナーポイント**で構成されたパスを描ける
- □ ［ペンツール］での描画の最後に、最初に作成したアンカーポイントをクリックすると、**クローズパス**になる
- □ **円**のすべてのスムーズポイントを、ハンドルを持たない**コーナーポイント**に変換すると、円に内接する正方形になる
- □ コントロールパネルの**［コーナーポイントに切り換え］**で、複数のアンカーポイントをまとめてコーナーポイントに変換できる
- □ コントロールパネルの［コーナーポイントに切り換え］は、**アンカーポイントがすべて選択されていると表示されない**
- □ **［ダイレクト選択ツール］**で複数のアンカーポイントを**囲むようにドラッグ**すると、まとめて選択できる
- □ コントロールパネルで**［選択した終点を連結］**をクリックすると、アンカーポイントを連結できる

➡ アピアランス

- □ **［長方形］効果**を適用すると、見た目を正方形や長方形に変換できる
- □ ［形状に変換］効果の**［形状］**は、**［長方形］［楕円形］［角丸長方形］**のいずれかを選択できる

➡ ［シェイプ形成ツール］と［ライブペイントツール］

- □ パスで囲まれた領域を**［シェイプ形成ツール］**でクリックすると、クローズパスを形成できる
- □ パスで囲まれた領域を**［ライブペイントツール］**でクリックすると、色で塗りつぶせる
- □ **ライブペイントを拡張**すると、色面がクローズパスに変換され、［線:なし］の部分は削除される

➡ その他の操作

- ☐ **[選択ツール]** で **[option (Alt)] キー**を押しながらオブジェクトをドラッグすると、複製できる
- ☐ **整列パネル**で **[水平方向中央に整列]** をクリックすると、縦の中心が揃う

応 用 ｜ 長方形を描く

- [長方形ツール] で [shift] キーを押さずにドラッグする 1
- [Shaperツール] で縦横に差をつけてドラッグする 2
- [長方形グリッドツールオプション] ダイアログで、[幅] と [高さ] に異なる値を入力する
- 正方形を選択し、変形パネルで [W] と [H] を異なる値に変更する
- [形状に変換 長方形] 効果を、[幅] と [高さ] を異なる値で適用する 3
- 水平線の [W] と [線幅] を、異なる値に変更する 4

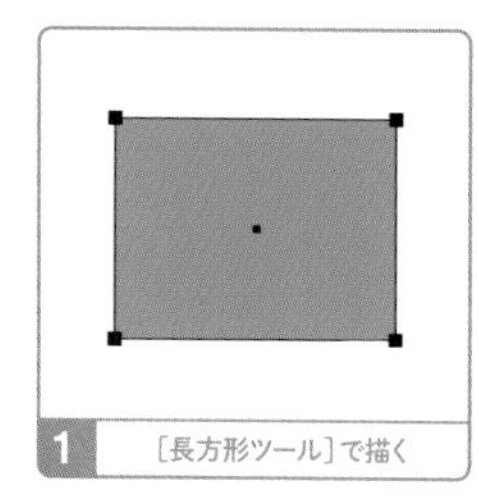
1 [長方形ツール] で描く

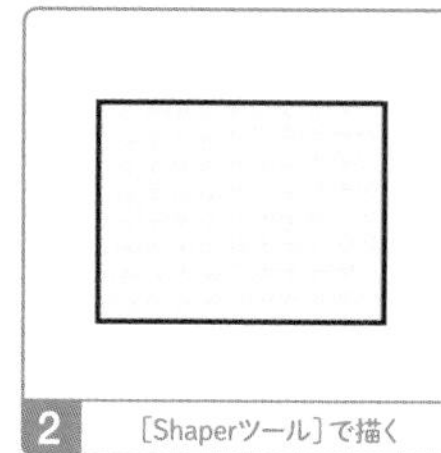
2 [Shaperツール] で描く

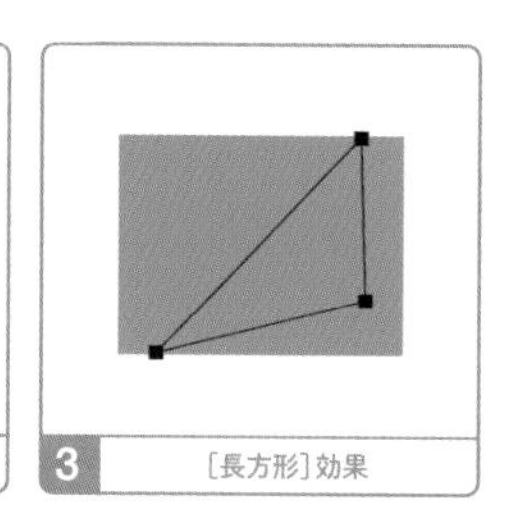
3 [長方形] 効果

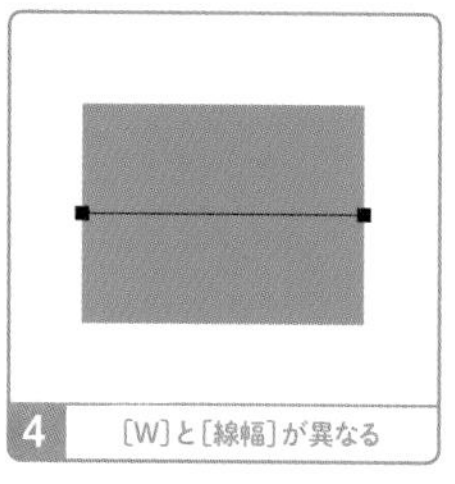
4 [W] と [線幅] が異なる

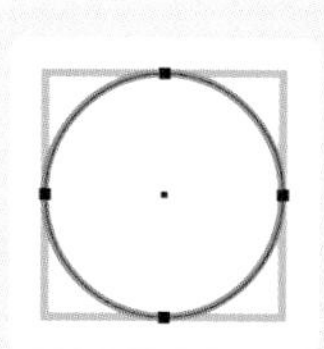
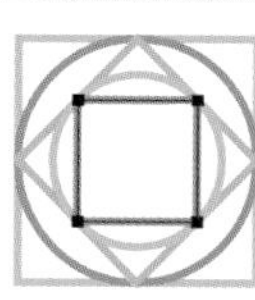

01F (P12) で正方形から円をつくり、その円を**02I**で正方形に変えると、内接しあう円と正方形をつくれます。円の8つのアンカーポイントは、[シェイプ形成ツール] で内側をクリックすると、4つに減らせます。

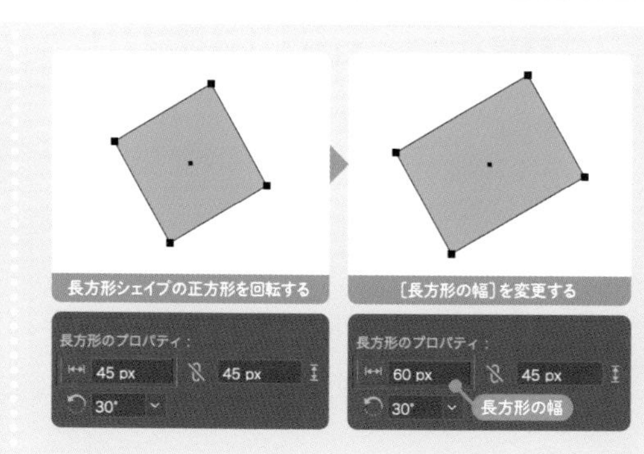

正方形や長方形は、「長方形シェイプ」と「多角形シェイプ」の両方で描けます。正方形の場合は、どちらも使い勝手にそれほど違いはありません。

長方形シェイプには、回転しても幅と高さを個別に変更できるメリットがあります。多角形シェイプの長方形の場合、いったん [多角形の角度：0°] に戻してから、[W] と [H] を変更する必要があります。

03 正多角形を描く

Illustratorでは、辺の数や半径を指定して、正多角形を描くことができます。ライブシェイプなら、正三角形を正五角形に、といった変更も簡単です。デザインに変更があっても、設定の調整で対応できます。

★★
03 A [多角形ツール] で描く

多角形シェイプ

STEP 1 ツールバーで [多角形ツール] を選択し、[shift] キーを押しながらドラッグします 1

STEP 2 変形パネルで [多角形の辺の数] や [多角形の半径] などを変更します 2 3

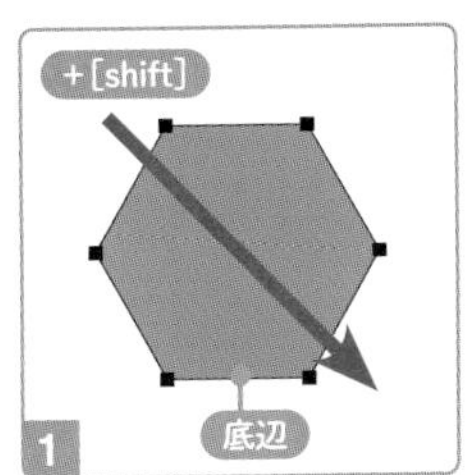

[shift] キーを押しながらドラッグすると、底辺が水平な正多角形になります。

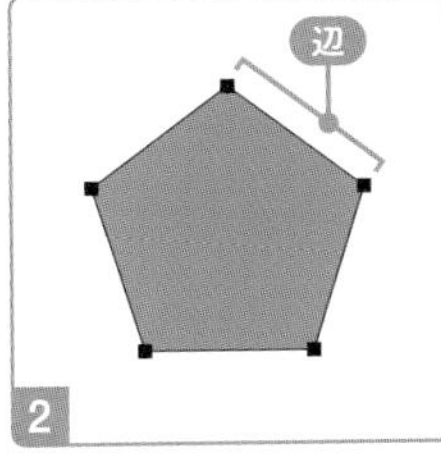

[多角形の辺の数：5] に変更すると、正五角形になります。

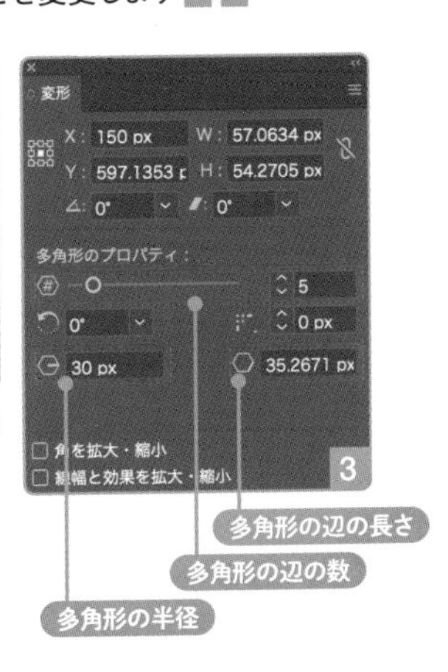

[多角形ツール] で描いたパスは、多角形シェイプになります。多角形シェイプは、[多角形の辺の数] [多角形の半径] [多角形の辺の長さ] などを動的に変更できる特殊なパスです。

★★
03 B [辺の数] を指定して描く

多角形シェイプ

STEP 1 ツールバーで [多角形ツール] を選択し、ワークエリアでクリックします

STEP 2 [辺の数] を入力して、[OK] をクリックします 1 2

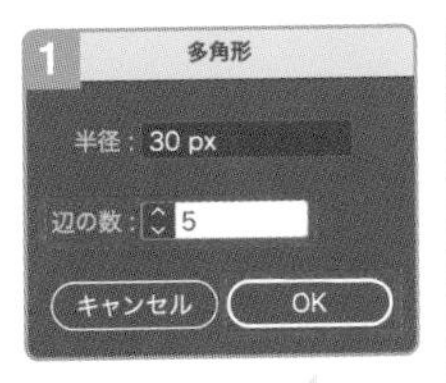

このダイアログで指定した [辺の数] は、[多角形ツール] のデフォルトになります。次に [多角形ツール] でドラッグして描く場合、[辺の数] はこの値が使われます。

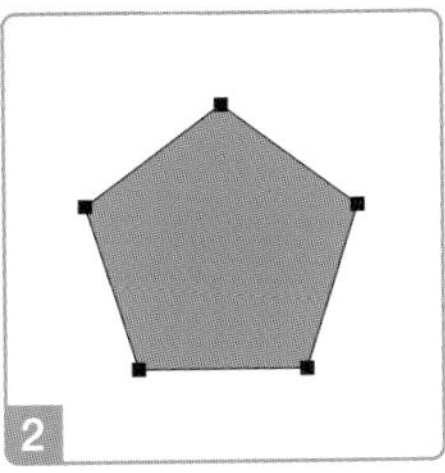

[OK] をクリックすると、ダイアログで指定した [辺の数] を持つ正多角形が描画されます。これも多角形シェイプです。

Illustratorでは、多角形の角の数は [辺の数] で調整します。

★★

03 C ［Shaperツール］で描く

多角形シェイプ

STEP 1 ツールバーで［Shaperツール］を選択し、三角形または六角形を描くようにドラッグします 1 2 3 4 5

STEP 2 変形パネルで［多角形の辺の数］を変更します 6 7

［Shaperツール］で描いた正多角形は、多角形シェイプになります。

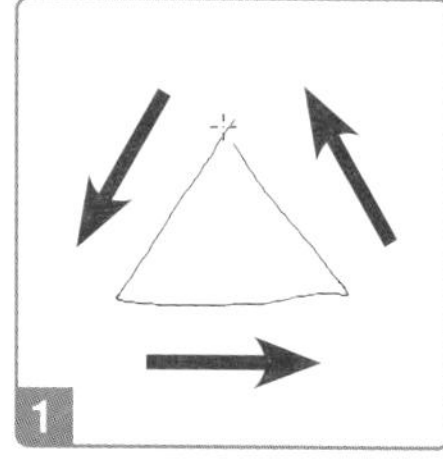

三角形の場合、3つの角をしっかり描くようにドラッグします。

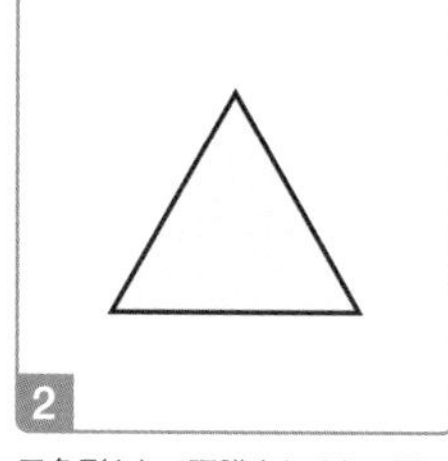

三角形として認識されると、正三角形に変換されます。

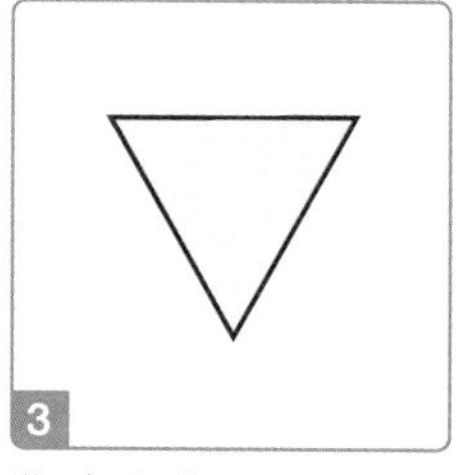

逆三角形を描くようにドラッグすると、下向きの正三角形に変換されます。ただし、変形パネルの［多角形の角度］は、上向きの正三角形と同じ［0°］です。

ドラッグの形状に丸みがあると、円に変換されます。その場合はやり直してください。

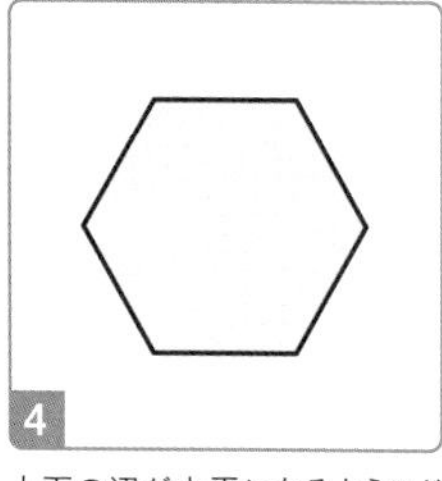

上下の辺が水平になるようにドラッグすると、［多角形の角度：0°］の正六角形に変換されます。

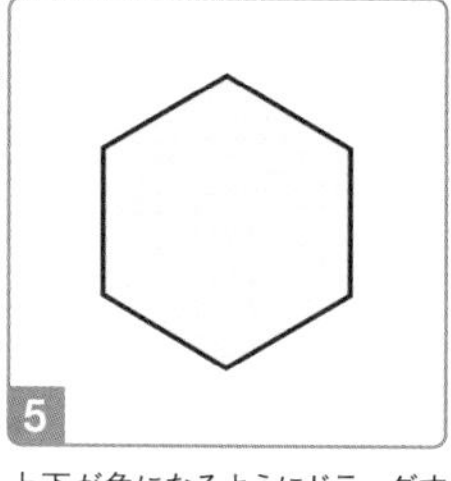

上下が角になるようにドラッグすると、［多角形の角度：90°］の正六角形に変換されます。

［Shaperツール］でパスをクリックすると、パスを選択できます。［多角形の辺の数］を変更するときに、［選択ツール］に切り替えずに済みます。

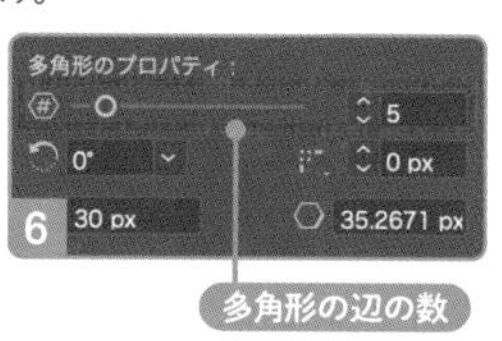

7 センターポイント

［多角形の辺の数：5］に変更すると、正五角形になります。［Shaperツール］で描いた多角形シェイプを選択すると、図形の中心にセンターポイントが表示されます。

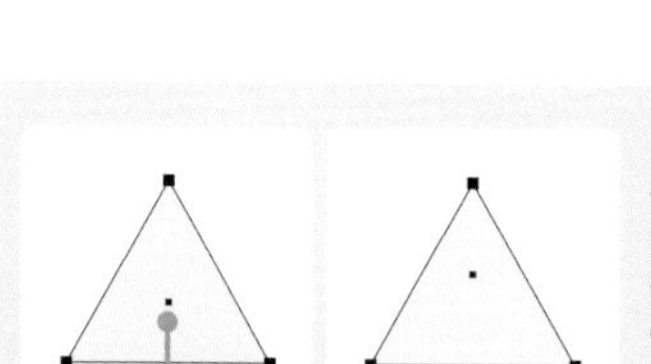

属性
塗りにオーバープリント
線にオーバープリント
中心を表示

［Shaperツール］で描いた正多角形を選択すると、中央付近にセンターポイントが表示されます。［多角形ツール］で描くとデフォルトは非表示ですが、属性パネルで［中心を表示］をクリックすると表示できます。それ以外のオブジェクトについても、この方法で表示に変更できます。

多角形シェイプのセンターポイントは、「オブジェクトの中央」ではなく「図形の中心」に表示されるため、円と正三角形の中心を揃えるなどの操作が簡単におこなえます。通常のパスの場合は、それが正三角形であっても、センターポイントはオブジェクトの中央に表示されます。図形の中心に表示するには、［オブジェクト］メニュー→［シェイプ］→［シェイプに変換］で多角形シェイプに変換する必要があります。

★★★
03 D 多角形シェイプ変換後に辺の長さを揃える

多角形シェイプ

STEP 1 ツールバーで［ペンツール］を選択します

STEP 2 間隔をあけて3箇所クリックしたあと、最初に作成したアンカーポイントをクリックして、パスを閉じます 1

STEP 3 ［オブジェクト］メニュー→［シェイプ］→［シェイプに変換］を選択します

STEP 4 変形パネルで［辺の長さを等しくする］をクリックしたあと、［多角形の辺の数］を調整します 2 3

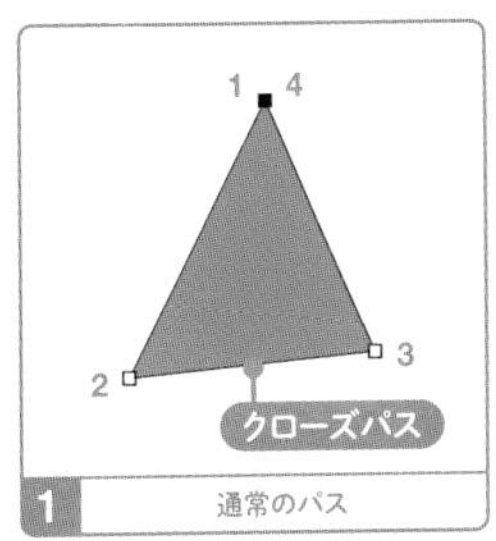

［ペンツール］で三角形を描きます。この段階では通常のパスです。

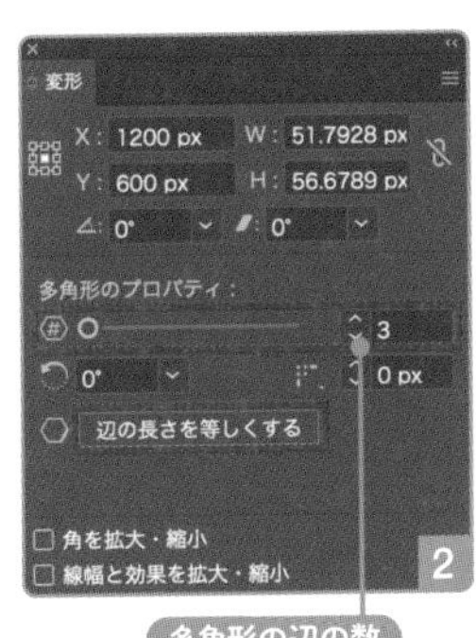

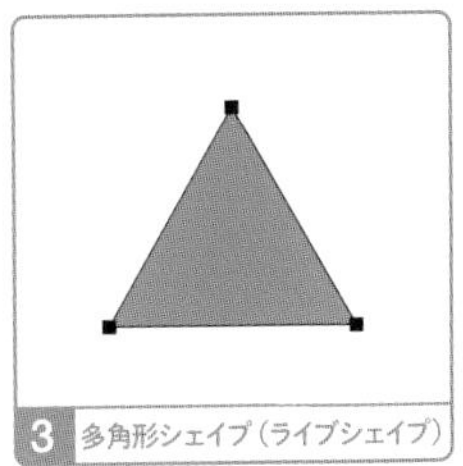

［辺の長さを等しくする］をクリックすると、［多角形の角度：0°］の正多角形になります。この段階では多角形シェイプです。

アンカーポイントが4つでも、角がすべて直角でない場合は、多角形シェイプに変換されます。

シェイプを拡張

楕円形シェイプや多角形シェイプなど、Illustratorの図形描画ツールで描いた図形は、「ライブシェイプ」に分類されます。これらを「通常のパス」に変換する（ライブシェイプ属性を削除する）場合は、［オブジェクト］メニュー→［シェイプ］→［シェイプを拡張］を適用します。このほか、パスファインダーパネルの［合体］の適用、アンカーポイントの追加などの操作でも、拡張されて通常のパスになります。

なお、ライブシェイプ導入以前のバージョンで保存されたファイルに含まれるオブジェクトは、すべて通常のパスです。これらも、条件が揃えば［シェイプに変換］でライブシェイプに変換できます。

POINT

- ☐ 多角形シェイプは、**変形パネル**で**［多角形の辺の数］**や**［多角形の半径］**などを変更できる
- ☐ **［多角形］ダイアログ**で、**［辺の数］**を指定できる
- ☐ ［多角形］ダイアログで指定した［辺の数］は、以降の**［多角形ツール］**の**デフォルト**になる
- ☐ **［Shaperツール］**で直接描ける正多角形は、**正三角形**と**正六角形**のみ
- ☐ ［Shaperツール］は**ドラッグ**の軌跡で図形の向きをコントロールできる
- ☐ ［Shaperツール］で描いた正多角形は、**多角形シェイプ**になる
- ☐ **センターポイント**は**属性パネル**で表示／非表示を切り替えできる

04 水平線を描く

直線は、そのままで罫線となるほか、ブラシを適用したり、矢印や破線に加工すると、何かと使えるデザインパーツに変化します。円や長方形などの図形と異なり、オープンパスに分類されます。

★

04 A [直線ツール] で描く

直線シェイプ

STEP 1 ツールバーで [直線ツール] を選択します

STEP 2 [shift] キーを押しながら水平方向へドラッグします 1 2

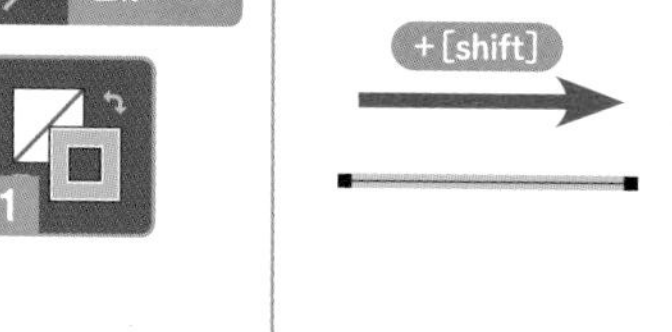

[shift] キーは、角度を水平／垂直／45°に固定するはたらきがあります。

[直線ツール] でドラッグすると、[塗り] に何らかの色が設定されていても、[塗り：なし] の直線シェイプになります。

★★

04 B [Shaperツール] で描く

直線シェイプ

STEP 1 ツールバーで [Shaperツール] を選択し、線を引くようにドラッグします 1 2

STEP 2 変形パネルで [線の角度：0°] に変更します 3 4

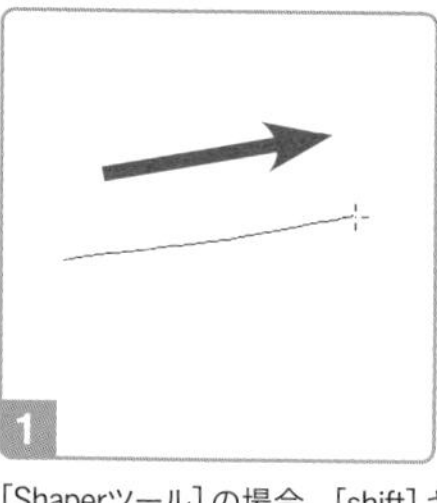

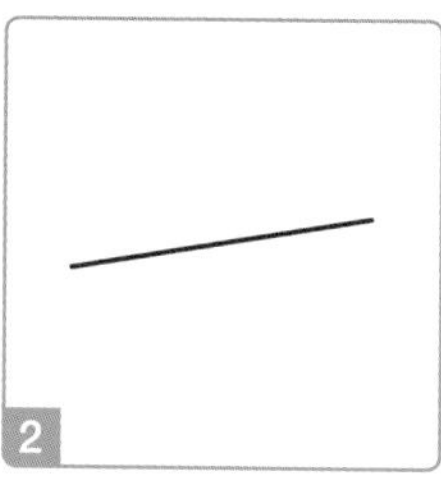

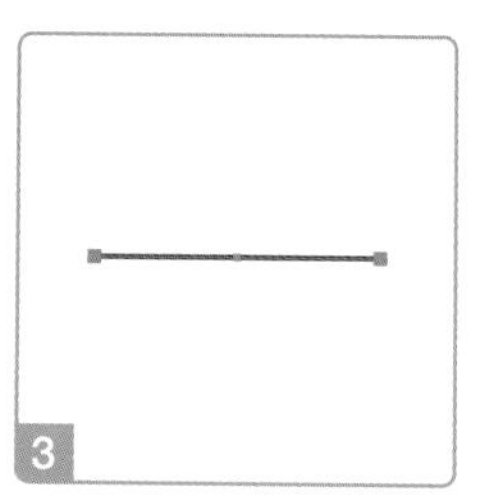

[Shaperツール] の場合、[shift] キーで角度を固定できません。水平や垂直を意識してドラッグすると、水平線や垂直線になることがありますが、念のため変形パネルで [線の角度] を確認することをおすすめします。

[Shaperツール] で描いた直線は、直線シェイプになります。直線シェイプは、変形パネルで [線の長さ] と [線の角度] を変更できます。

★★
04 C ［ペンツール］で描く

アンカーポイント

STEP 1 ツールバーで［ペンツール］を選択します

STEP 2 1箇所クリックしたあと、［shift］キーを押しながら水平方向に少し離れた地点をクリックします 1 2

STEP 3 ［return］キーを押して、描画を終了します

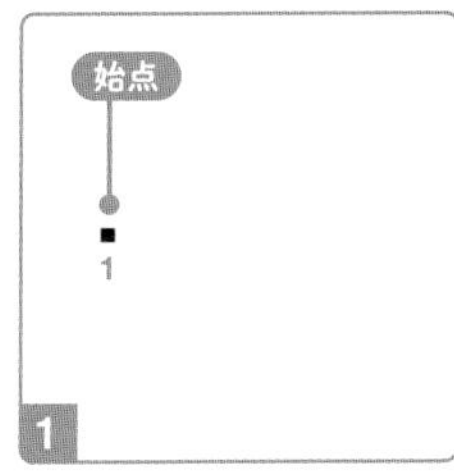

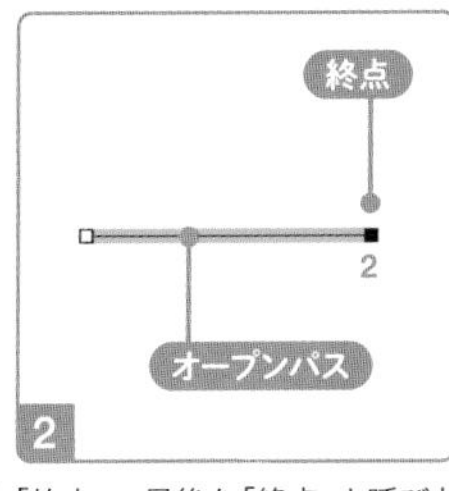

最初に作成したアンカーポイントを「始点」、最後を「終点」と呼びます。始点と終点を持つパスを「オープンパス」と呼びます。［直線ツール］や［Shaperツール］で描いた直線も、オープンパスです。

［shift］キーは、セグメントの角度を水平／垂直／45°に固定するはたらきがあります。

★★
04 D 長方形の辺をコピー&ペーストで取り出す

セグメント

STEP 1 ツールバーで［ダイレクト選択ツール］を選択し、長方形の水平なセグメントをクリックして選択します 1

STEP 2 ［編集］メニュー→［コピー］を選択したあと、［編集］メニュー→［ペースト］を選択します 2

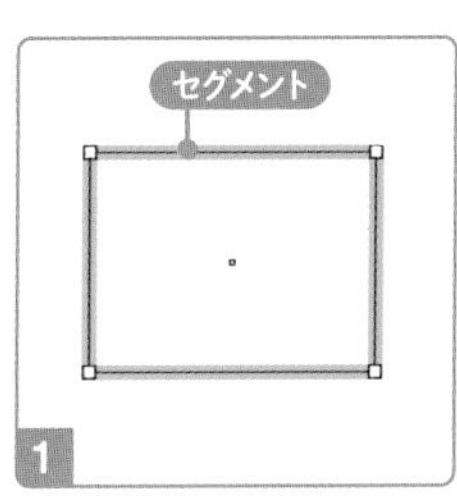

セグメントをドラッグで囲んで選択する方法もあります。

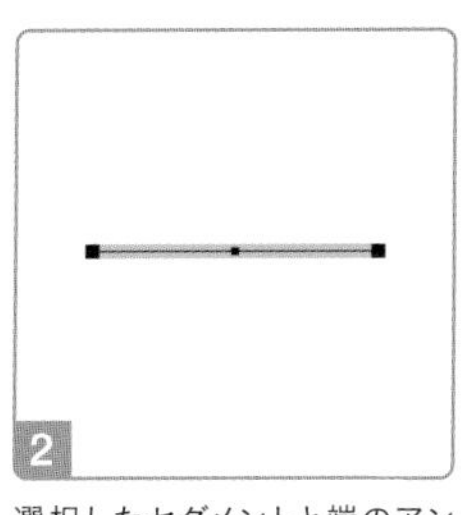

選択したセグメントと端のアンカーポイントが、コピー&ペーストされます。

P187 立方体

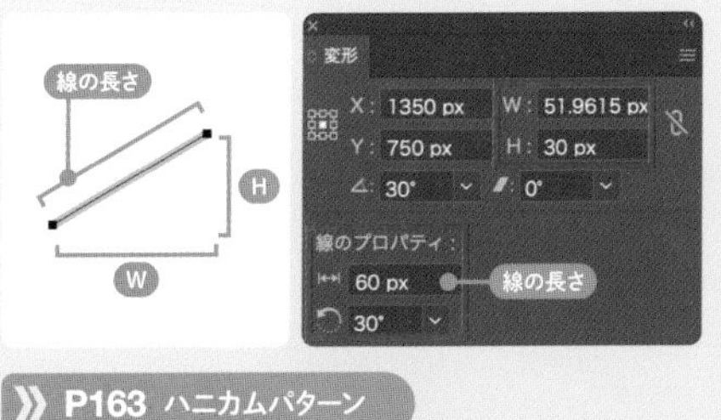

P163 ハニカムパターン
P228 ジオメトリックパターン

04Cと**04D**は、［オブジェクト］メニュー→［シェイプ］→［シェイプに変換］を選択すると、直線シェイプに変換できます。変換のメリットは、変形パネルで［線の角度］と［線の長さ］を取得・変更できるところにあります。［線の長さ］は、変形パネルの［基準点］に関係なく、直線の中心を固定した状態で変更されます。

この機能は、距離の測定にも使えます。直線のアンカーポイントをオブジェクトのアンカーポイントやセンターポイントにスナップさせると、正確な距離がわかります。

POINT

➡ 直線

- ☐ **[Shaperツール]** でドラッグすると、直線を描ける
- ☐ [Shaperツール] の場合、[shift] キーで角度を固定できないが、水平または垂直になるようにドラッグすると、水平線や垂直線になることがある
- ☐ **[直線ツール]** や **[Shaperツール]** で描いた直線は、**直線シェイプ**になる
- ☐ 直線の角度は、**変形パネル**で変更できる
- ☐ 長方形や多角形の**辺**も、直線として使える
- ☐ **ハンドルを持たない2つのアンカーポイント**で構成されたパスは、**直線シェイプ**に変換できる
- ☐ 直線シェイプに変換すると、**[線の長さ]** を取得·変更できる

➡ パスの描画

- ☐ [ペンツール] で描画中に **[shift] キー**を押しながらクリックすると、セグメントの角度を**水平**／**垂直**／**45°**に固定できる
- ☐ [ペンツール] で描画中に **[return] キー**を押すと、描画が終了し、**オープンパス**になる
- ☐ **セグメント**は **[ダイレクト選択ツール]** で選択できる

応用 ｜ 垂直線と45°の直線を描く

- [直線ツール] で [shift] キーを押しながら、垂直方向や斜めにドラッグする 1
- 変形パネルで直線シェイプの [線の角度] を [90°] や [45°] に変更する 2
- [ペンツール] で [shift] キーを押しながら、アンカーポイントの上または下をクリックすると垂直線、斜め上または下をクリックすると45°の直線になる
- 傾きのある直線を、[W:0] に変更すると垂直線、[H:0] で水平線、[W] と [H] を同じ値に変更すると45°の直線になる 3 4 5

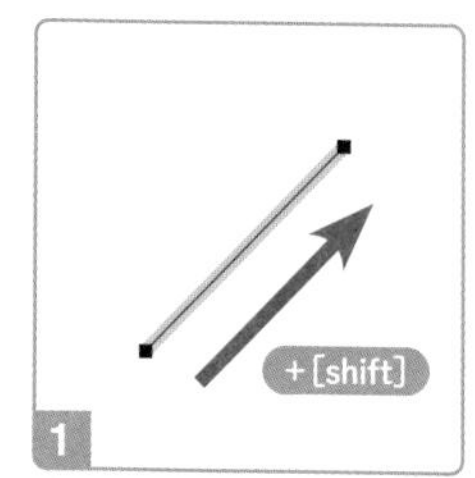

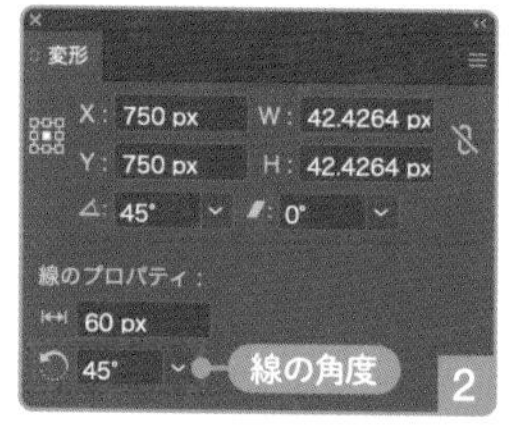

[線の角度:45°] のほか、[135°] [225°] [315°] も45°の直線になります。見た目は同じ角度でも、始点と終点の位置によって、角度が変わります。

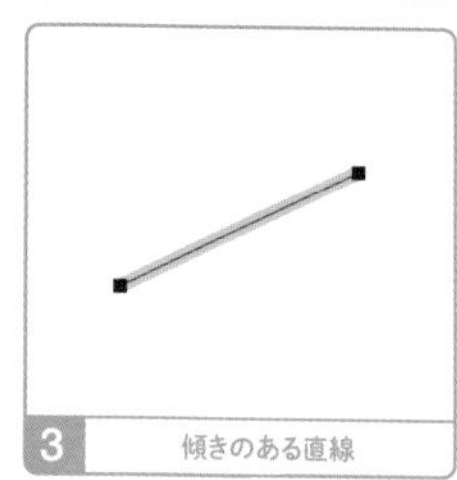

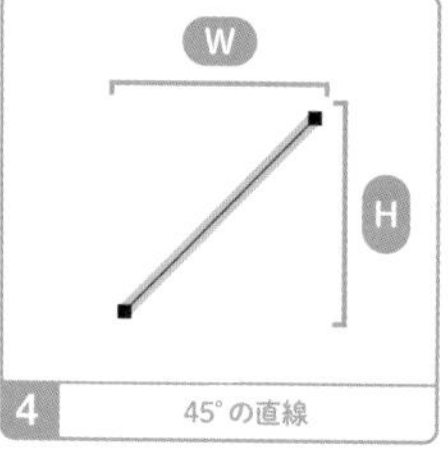

[W] と [H] を同じ値に変更すると、[線の角度:45°] になります。水平線や垂直線など、傾きのない直線の場合は、この方法で角度を変更できません。

05 半円を描く

本書では、半円を虹のかたちや、文字を流し込むベースとして使います。半円はこのほか、[変形]効果でつくる線対称モチーフの出発点としても使えます。円のアンカーポイントを削除するほか、楕円形シェイプを扇形に変える方法があります。

SIMPLE SHAPE

★

05 A 円のアンカーポイントを削除する

アンカーポイント

STEP 1 [ダイレクト選択ツール] を選択し、円の色のある部分をクリックします 1

STEP 2 円のアンカーポイントをひとつクリックします 2

STEP 3 [delete] キーを押します 3

ダイレクト選択ツール

アンカーポイントを選択すると、ハンドルも表示されます。

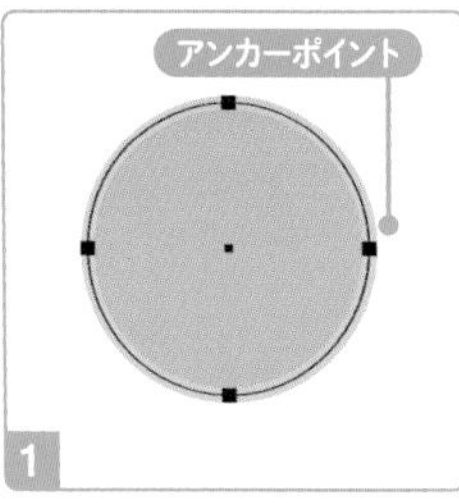

4つのアンカーポイントで構成される円に対して可能な操作です。

ハンドル

セグメント

2

[ダイレクト選択ツール] でアンカーポイントをクリックすると、アンカーポイントと両隣のセグメントを選択したことになります。

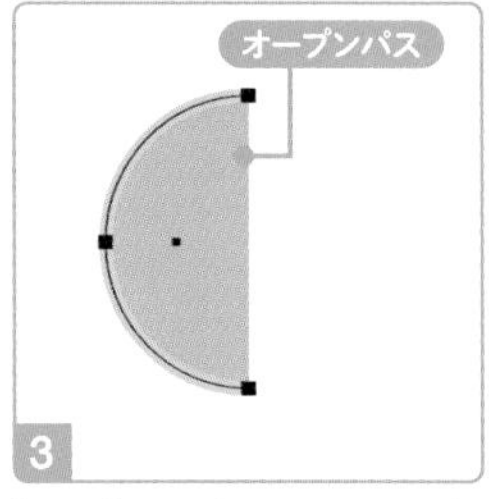

[delete]キーを押すと、アンカーポイントと両隣のセグメントが削除され、オープンパスになります。

[塗り] に色が設定されている場合、[ダイレクト選択ツール] でパスの内側(塗り)をクリックすると、パス全体を選択できます。パスの輪郭(線)をクリックすると、セグメントのみが選択状態になります。

》P178 虹

》P254 湾曲テキスト

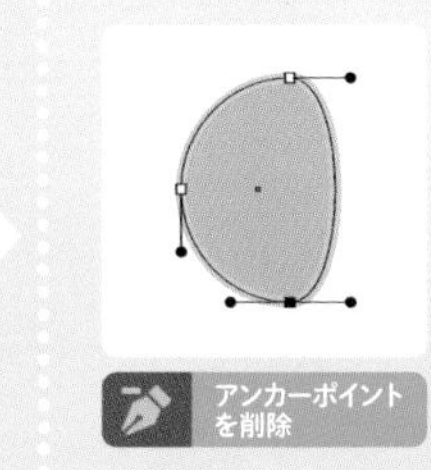

アンカーポイントを削除

アンカーポイントを選択すると、コントロールパネルに [アンカーポイントを削除] が表示されます。これは、アンカーポイントのみを削除する機能です。両隣のセグメントは残るため、丸みのある半円になります。[アンカーポイントの削除ツール] のクリックでも、同じ結果になります。

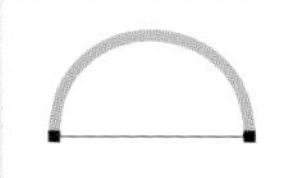

[(ワープ) 円弧] 効果で、水平線を半円に近いかたちにすることも可能です。

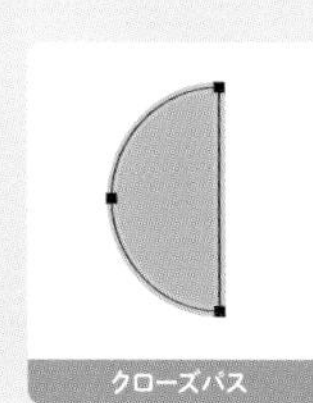

クローズパス

[delete] キーでアンカーポイントとセグメントを削除すると、オープンパスになり、[線] は途切れます。クローズパスにするには、コントロールパネルの [選択した終点を連結] でアンカーポイントを連結するか、パスファインダーパネルで [合体] を適用します。

★★

05 B 楕円形シェイプを扇形にする

楕円形シェイプ

STEP 1 楕円形シェイプを選択します 1

STEP 2 変形パネルで［扇形の開始角度］と［扇形の終了角度］の差が［180°］になるように変更します 2 3 4 5 6

扇形に変更しても、［開始］と［終了］を［0°］に変更すると、円に戻ります。

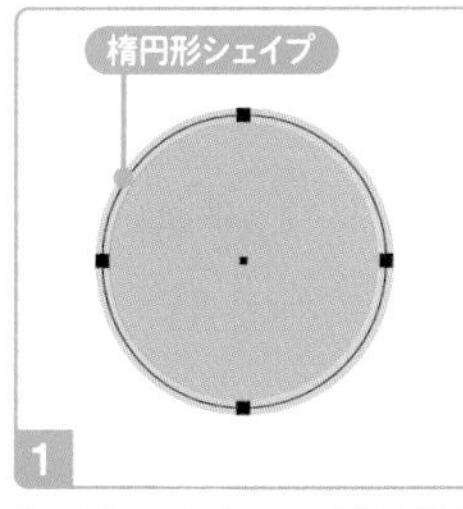

楕円形シェイプにのみ可能な操作です。［楕円形ツール］や［Shaperツール］で描画直後の円は、楕円形シェイプです。

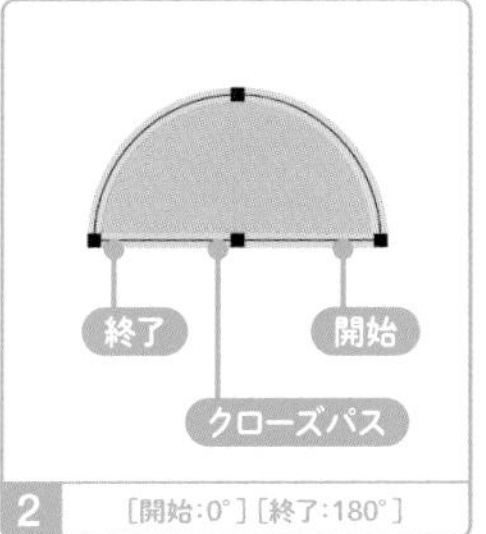

［開始：0°］［終了：180°］に変更すると、上向きの半円になります。

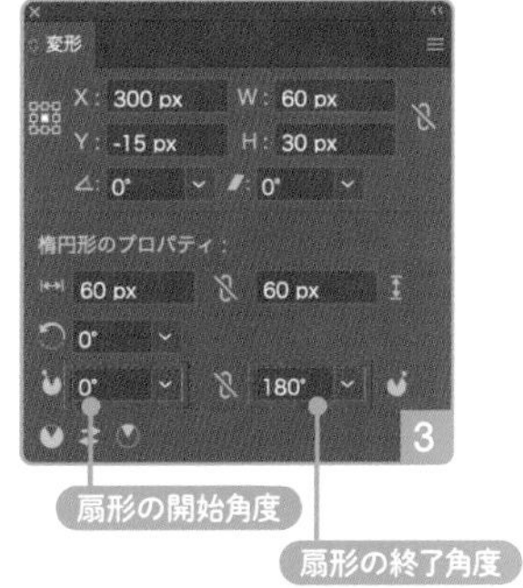

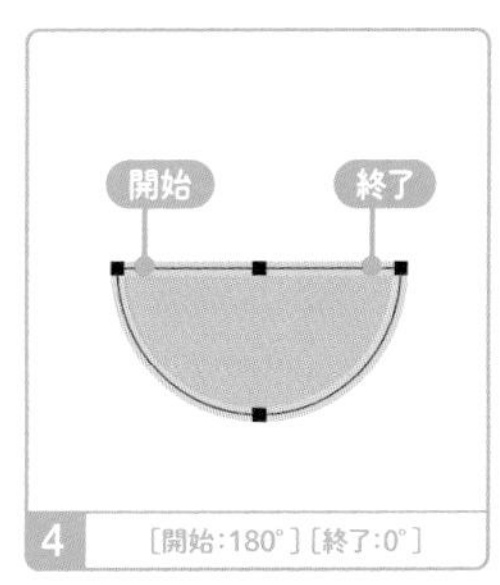

変形パネルで［扇形を反転］をクリックすると、［開始］と［終了］が入れ替わります。2 の状態でクリックすると、下向きの半円になります。

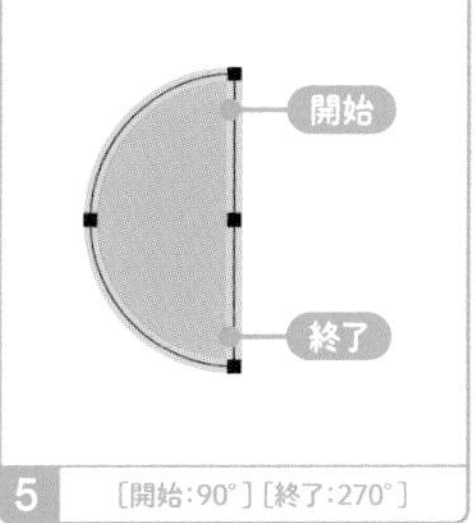

［扇形の角度を制限：オン］にし、［開始］［終了］のいずれかを変更すると、角度の差を保ったまま、もう片方が調整されます。［開始：90°］にすると、自動で［終了：270°］になります。

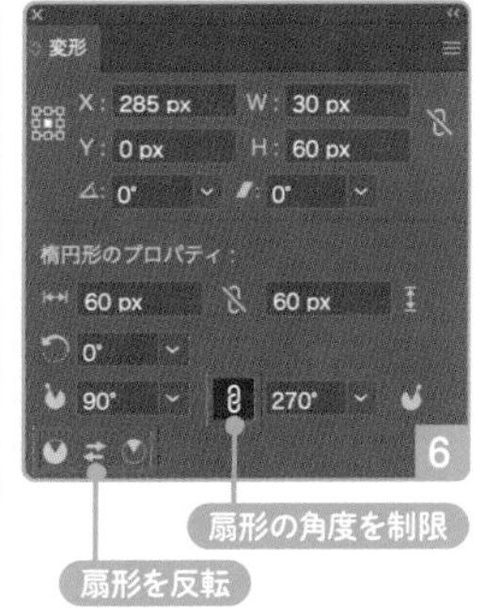

扇形の角度を制限：オフ

扇形の角度を制限：オン

» P36 1/4円　» P47 扇面　» P48 扇面　» P60 菱形

POINT

➡ オープンパスとクローズパス

- ☐ **［delete］キー**は、**アンカーポイントと隣接するセグメントを削除**するため、そこでパスが途切れる（クローズパスはオープンパスになる）
- ☐ コントロールパネルの**［アンカーポイントを削除］**は、**アンカーポイントのみを削除**するため、セグメントは残り、パスは途切れない（クローズパスは保持される）

➡ 楕円形シェイプでつくる扇形

- ☐ **楕円形シェイプ**は、変形パネルで角度を指定すると、**扇形**になる
- ☐ 扇形の角度は楕円形シェイプの属性を保持している限りは**変更可能**で、元の円にも戻せる
- ☐ **［扇形を反転］**で、円の欠けを反転できる
- ☐ **［扇形の角度を制限:オン］**にすると、角度を保ったまま扇形の向きを変えられる

06 1/4円を描く

半円も1/4円も、扇形の一種です。楕円形シェイプの扇形機能を利用すれば、どちらも角度の指定でつくれます。1/4円はライブコーナーや[円弧ツール]で描くことも可能です。従来の、円を直線で分割する方法もおさえておくと、柔軟に対応できます。

SIMPLE SHAPE

★★

06 A 楕円形シェイプを扇形にする

楕円形シェイプ

STEP 1 楕円形シェイプを選択します 1

STEP 2 変形パネルで[扇形の開始角度]と[扇形の終了角度]の差を[90°]に変更します 2 3

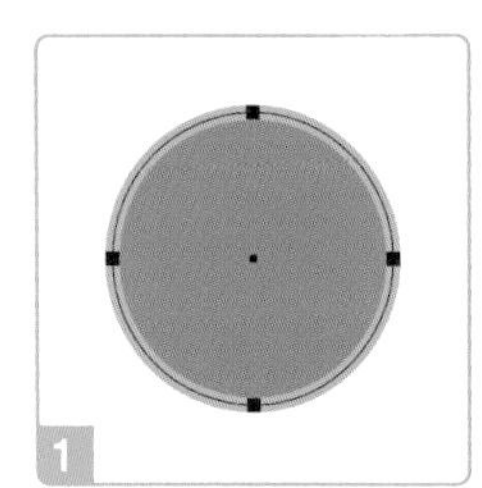

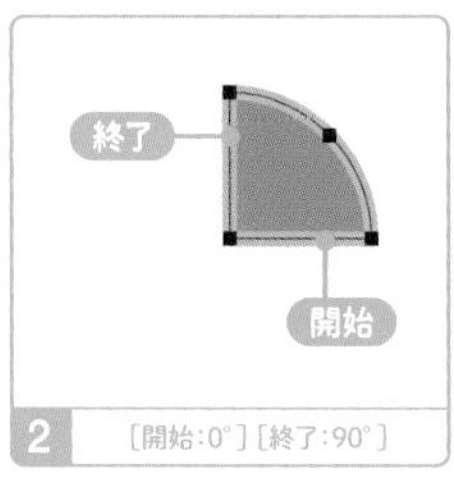

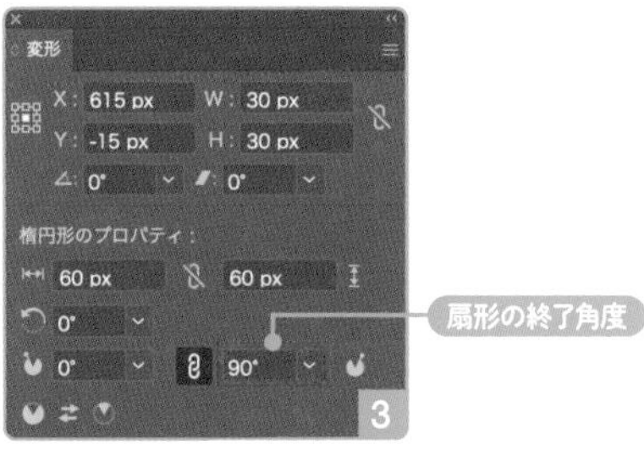

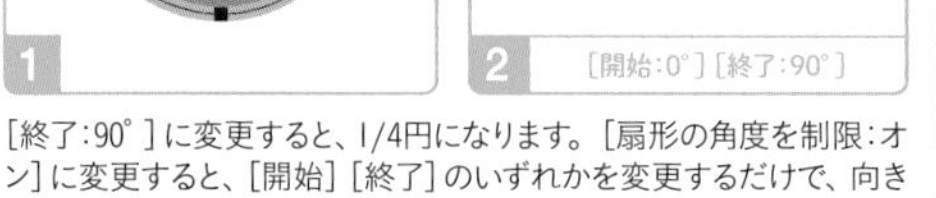

[終了:90°]に変更すると、1/4円になります。[扇形の角度を制限:オン]に変更すると、[開始][終了]のいずれかを変更するだけで、向きを調整できます。

扇形の角度を制限:オン

P35 半円

変形パネル上段の座標やサイズは、元の円ではなく、扇形の状態で計測した値に変わります。

★

06 B 正方形の角をひとつ丸める

ライブコーナー

STEP 1 [ダイレクト選択ツール]で正方形のアンカーポイントをひとつ選択します 1

STEP 2 コントロールパネルで[コーナーの半径]を正方形の辺の長さに変更します 2 3 4

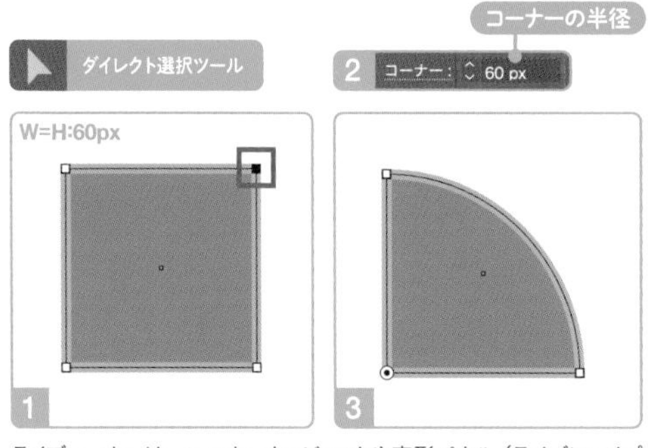

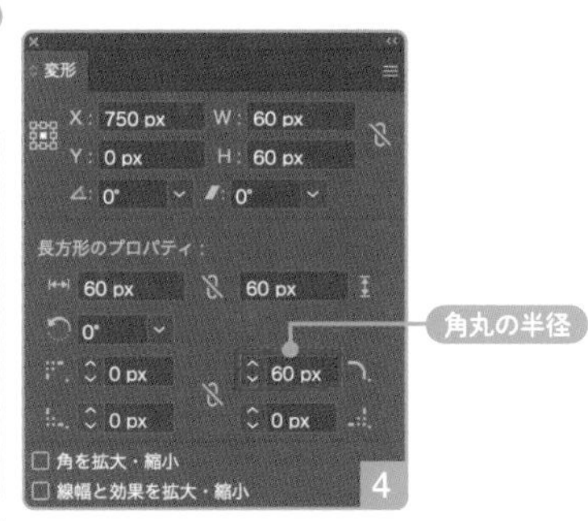

ライブコーナーは、コーナーウィジェットや変形パネル(ライブシェイプのみ)のほか、コントロールパネルでも調整できます。

長方形シェイプの場合、変形パネルで個別に変更できます。

P12 円
P112 雫

★★
06 C ［円弧ツール］で描く

円弧

STEP 1 ツールパネルで［円弧ツール］を選択し、ワークエリアでクリックします

STEP 2 ダイアログで［X軸の長さ］と［Y軸の長さ］を同じ値に変更し、［形状：クローズ］［勾配：50］に変更して、［OK］をクリックします 1 2

［勾配］を負の値に変更すると、正方形を1/4円でくり抜いたかたちになります。

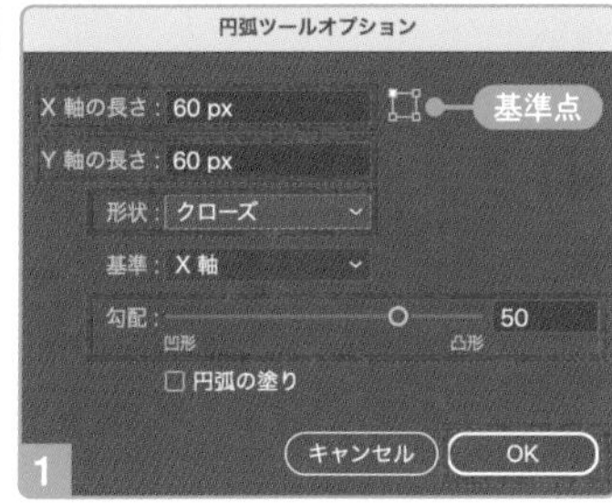

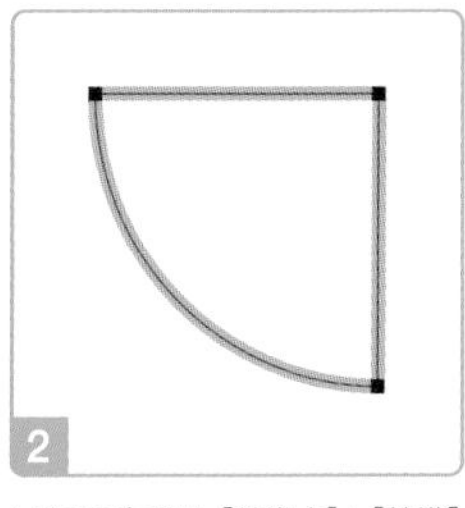

1/4円の向きは、［基準点］と［基準］で変わります。［形状：開く］は、円弧のみのオープンパスになります。

★★★
06 D 円を直線で分割する

パスファインダー

STEP 1 ［選択ツール］で、水平線と垂直線のアンカーポイントを円の中心にスナップします 1

STEP 2 すべてを選択し、パスファインダーパネルで［分割］をクリックします 2

STEP 3 ［オブジェクト］メニュー→［グループ解除］を選択したあと、3/4円を選択し、［delete］キーを押します 3 4

選択ツール　ポイントにスナップ

スナップされない場合は、［表示］メニュー→［ポイントにスナップ］を選択します。［選択ツール］選択&オブジェクト非選択状態でプロパティパネルを開き、［ポイントにスナップ］のクリックでも変更できます。

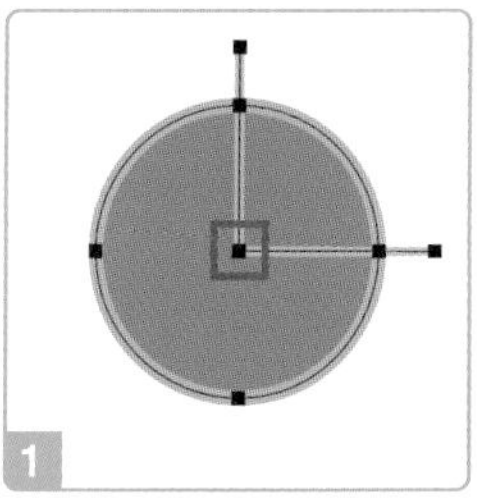

［分割］を適用するには、円に［塗り］を設定する必要があります。

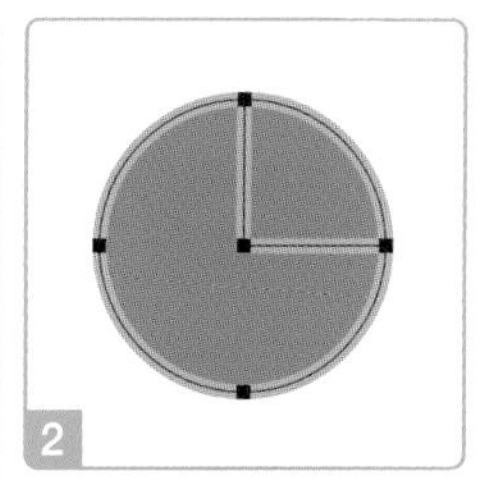

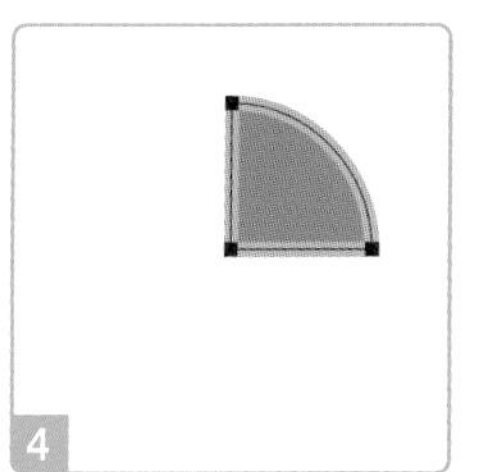

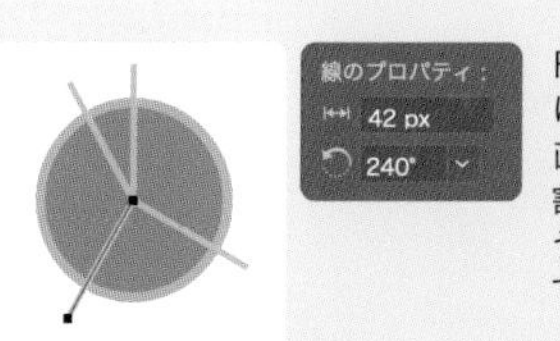

［分割］は、パスを、重なった他のパスで分割する機能です。結果は必ずクローズパスのグループになります。

P180 虹

線のプロパティ：
42 px
240°

円を複数の角度で分割する場合は、楕円形シェイプの扇形より、直線による分割が手軽です。分割の境界線に直線シェイプを使うと、角度を正確にコントロールできます。

★★

06 E ［円グラフツール］で描く

グラフ

STEP 1　［円グラフツール］を選択し、ワークエリアでクリックします

STEP 2　ダイアログで［幅］と［高さ］を同じ値に変更して、［OK］をクリックします 1

STEP 3　グラフデータウィンドウで4つのセルに［1］を入力し、［適用］をクリックします 2

STEP 4　グラフデータウィンドウを［閉じる］ボタンで閉じたあと、［オブジェクト］メニュー→［グループ解除］を選択します 3 4 5

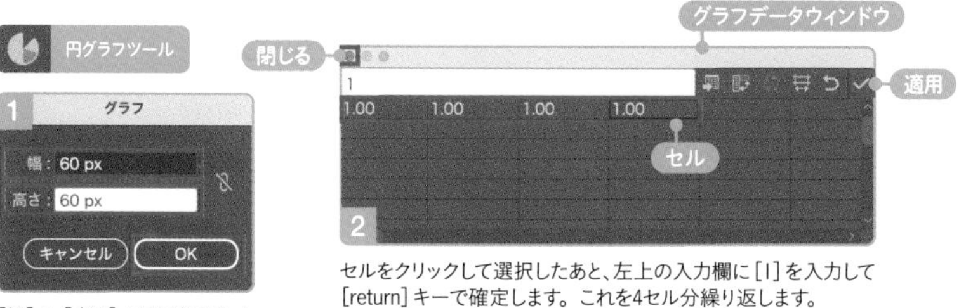

［幅］と［高さ］に同じ値を入力すると、円になります。

セルをクリックして選択したあと、左上の入力欄に［1］を入力して［return］キーで確定します。これを4セル分繰り返します。

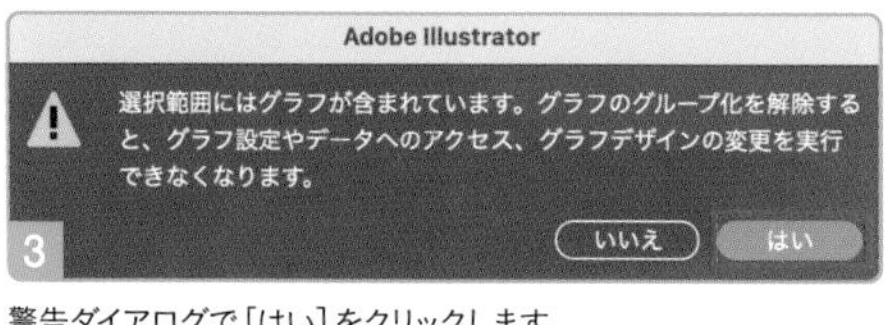

警告ダイアログで［はい］をクリックします。

［分割・拡張］ではなく［グループ解除］で、グラフの属性を取り除きます。

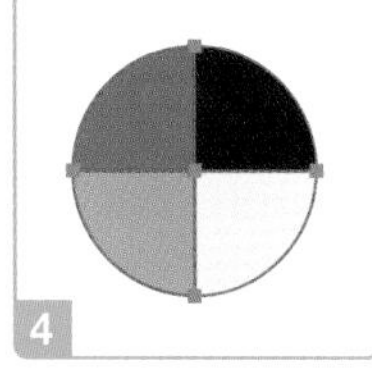

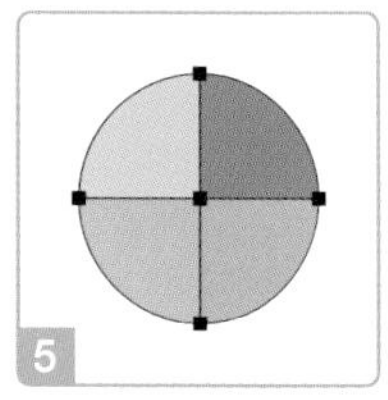

4等分された円が描画されます。このままでも［ダイレクト選択ツール］や［グループ選択ツール］で選択して色の変更が可能ですが、通常のパスとして取り扱うには、グループ解除が必要です。

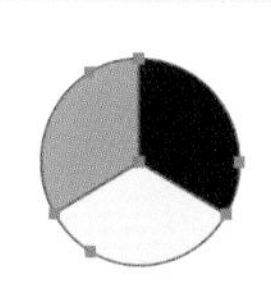

3つのセルに［1］を入力すると、円を3等分できます。2つのセルに［1］を入力すると、半円になります。比を調整すると、等分割以外も可能です。［円グラフツール］は本来、円グラフを描くためのツールですが、円の分割にも使えます。ただ、グループ解除後に不要なパスも排出されるため、オブジェクトの整理が必要です。

POINT

- ☐ ライブコーナーの調整は、**コントロールパネル**でも可能
- ☐ **［円弧ツール］**で［形状:クローズ］［勾配:50］に変更すると、1/4円になる
- ☐ パスファインダーパネルの**［分割］**は、**パスをパスで分割**できる
- ☐ グループは、**［オブジェクト］メニュー→［グループ解除］**で解除できる
- ☐ **［円グラフツール］**で比を指定して円を分割できる
- ☐ グラフオブジェクトは、**グループ解除**で属性を除去できる

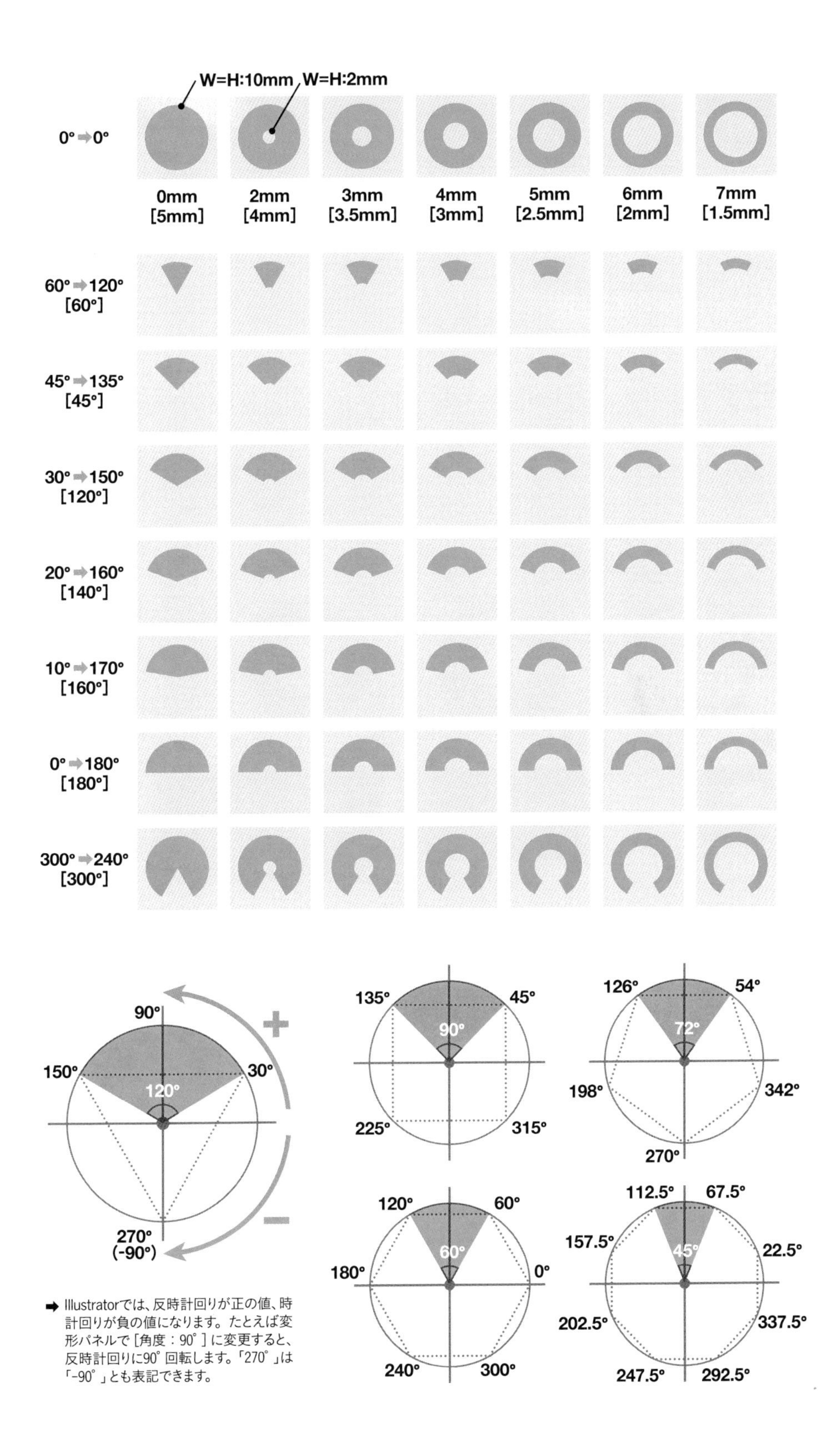

➡ Illustratorでは、反時計回りが正の値、時計回りが負の値になります。たとえば変形パネルで［角度：90°］に変更すると、反時計回りに90°回転します。「270°」は「-90°」とも表記できます。

07 ドーナツ円を描く

ドーナツ円をいろいろな方法で描いてみると、パスファインダーや複合シェイプから、複合パス、[シェイプ形成ツール]や[ライブペイントツール]、アピアランスや透明機能まで、ひととおり触れることができます。この課は、機能のガイドツアー的な役割を果たします。

★

07 A 円に[線]を設定する

線幅

STEP 1 円を選択して[塗り:なし]に変更し、[線]に色を設定します 1 2

STEP 2 線パネルで[線の位置:線を内側に揃える]に変更し、[線幅]を調整します 3 4

STEP 3 [オブジェクト]メニュー→[パス]→[パスのアウトライン]を選択します 5 6

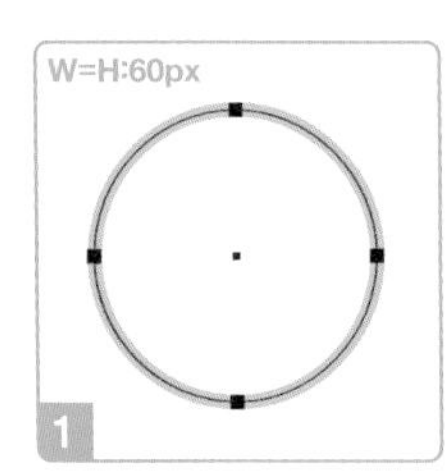

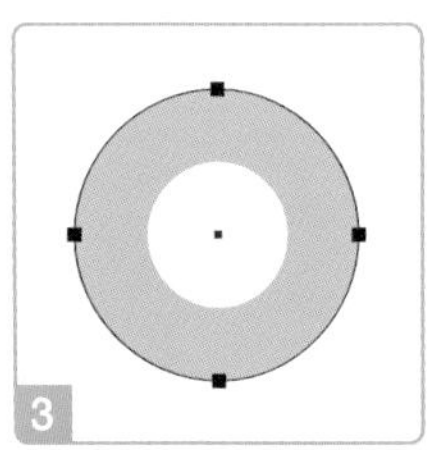

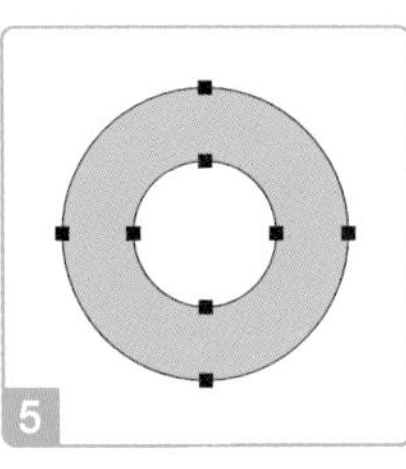

[線の位置]の変更や、[パスのアウトライン]は省略してもかまいません。[線を内側に揃える]にすると、[線幅]を変更してもサイズが変わらないメリットがあります。

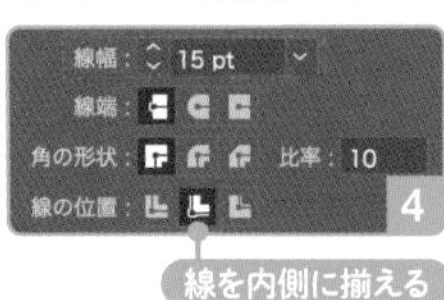

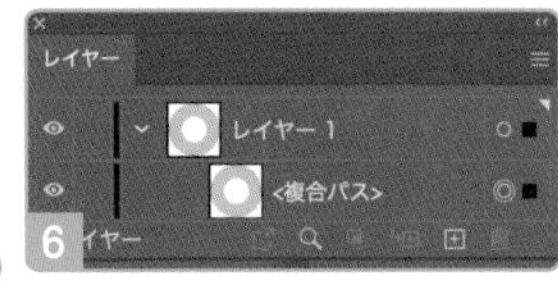

アウトライン化すると、複合パスになります。

★★

07 B [同心円グリッドツール]で描く

同心円グリッド

STEP 1 [同心円グリッドツール]を選択し、ワークエリアでクリックします

STEP 2 ダイアログで[幅]と[高さ]を同じ値、[同心円の分割][線数:1]、[円弧の分割][線数:0]、[楕円形から複合パスを作成:オン]に変更して、[OK]をクリックします 1 2 3

同心円グリッドツール

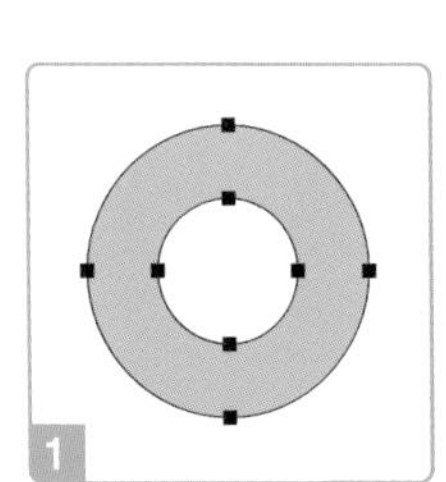

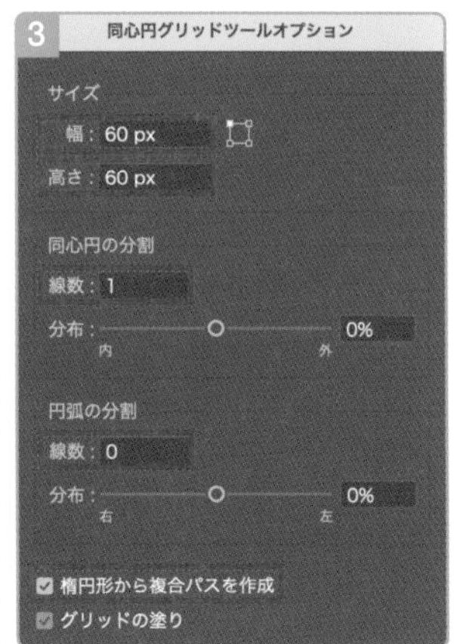

[同心円の分割][線数:1]に変更すると、円が2つ描画されます。

P11 円
P96 放射線

★

07 C パスファインダーで穴をあける

パスファインダー

STEP 1 小円のセンターポイントを大円のセンターポイントにスナップして重ねます 1 2

STEP 2 円を両方とも選択し、パスファインダーパネルで［中マド］または［前面オブジェクトで型抜き］をクリックします 3 4 5 6 7

選択ツール

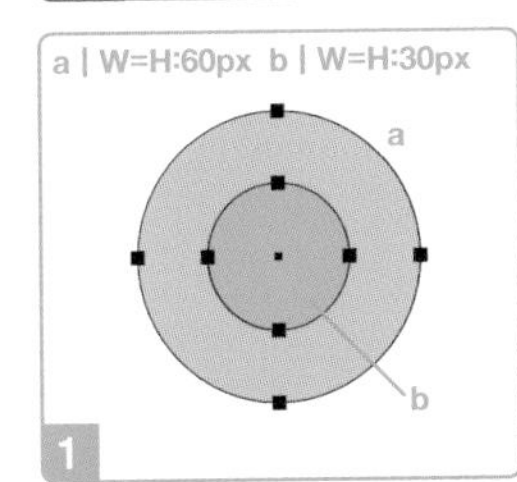

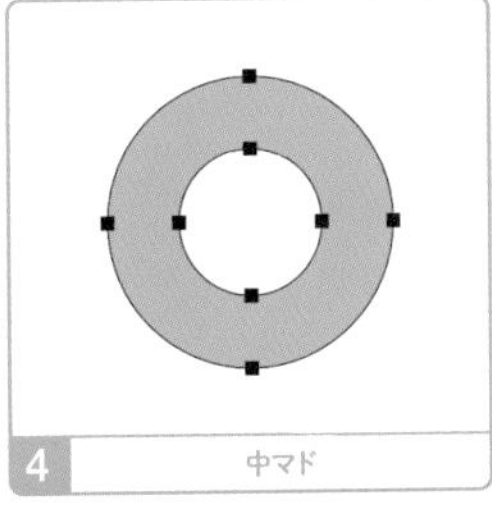

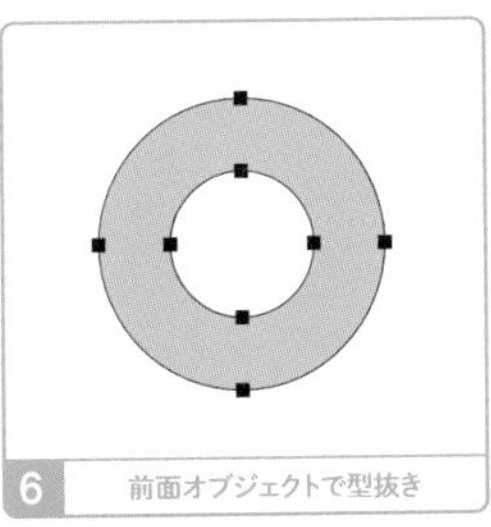

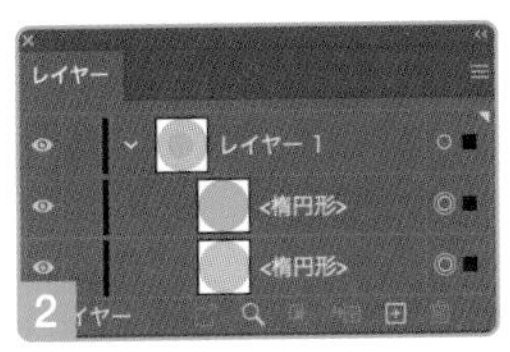

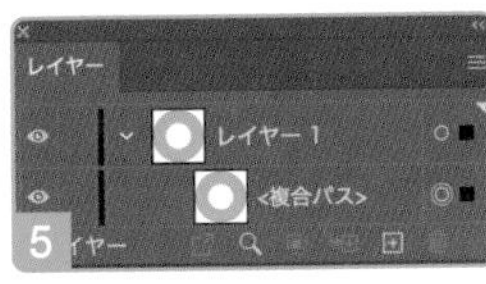

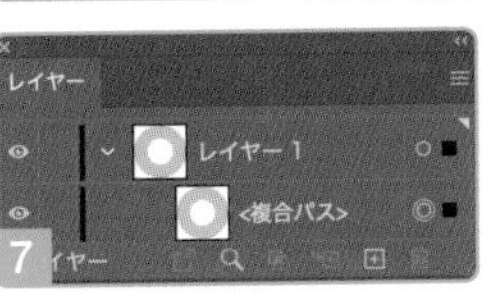

前面の小円（b）が穴になります。

適用すると複合パスになります。［中マド］と［前面オブジェクトで型抜き］で、オブジェクトの色が変わります。

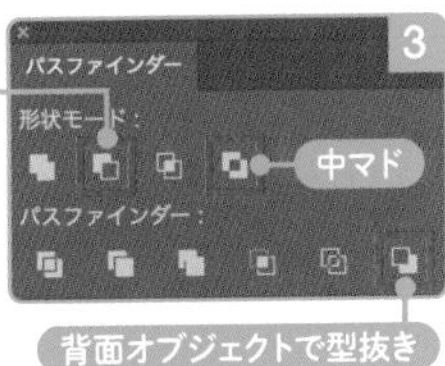

［中マド］は重なりを透明化、［前面オブジェクトで型抜き］は前面のオブジェクトで背面を型抜きします。「前面」は「最背面以外のすべて」を意味するため、パスの数によって結果が変わります。なお、穴の円が背面にある場合、［背面オブジェクトで型抜き］が［中マド］と同じ結果になります。

》P48 扇面 》P177 霞

★★

07 D 複合シェイプでパスファインダーを適用する

複合シェイプ

STEP 1 07CのSTEP1の操作で円を重ねて、両方とも選択します 1

STEP 2 パスファインダーパネルで［option（Alt）］キーを押しながら［中マド］をクリックします 2 3

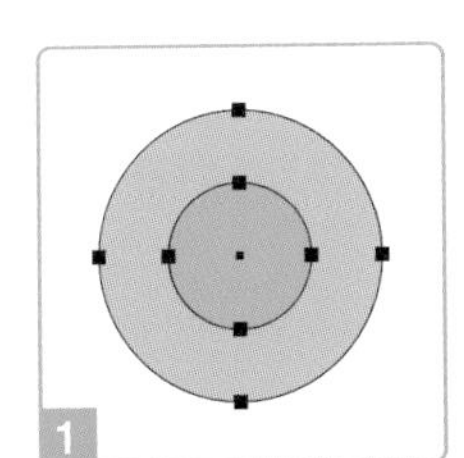

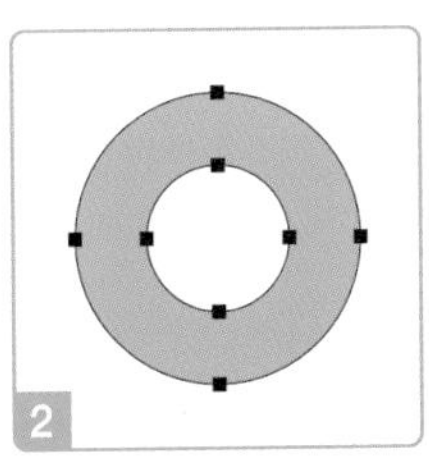

［中マド］のほか、［前面オブジェクトで型抜き］も使えます。

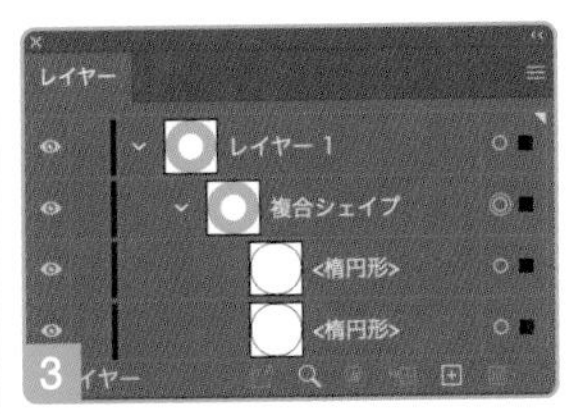

［合体］［前面オブジェクトで型抜き］［交差］［中マド］は、複合シェイプとして適用できます。設定を変更したり、［複合シェイプを解除］で元の状態に戻せます。

★

07 E 複合パスを作成する

複合パス

STEP 1　07CのSTEP1の操作で円を重ねて、両方とも選択します 1

STEP 2　[オブジェクト] メニュー→ [複合パス] → [作成] を選択します 2 3

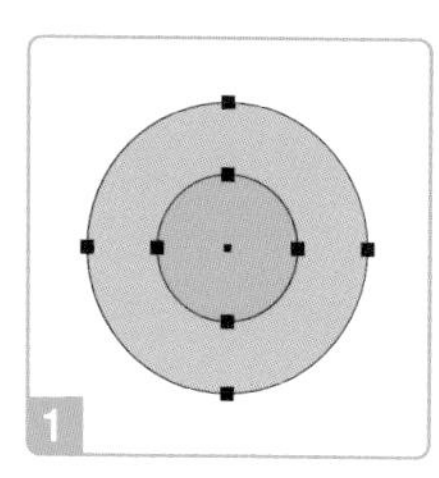

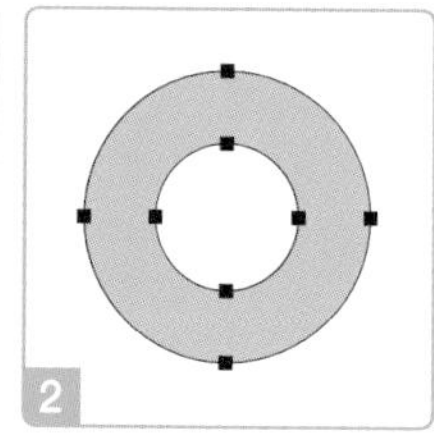

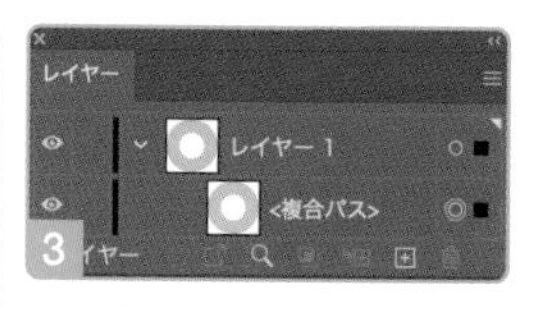

複数のパスで複合パスを作成すると、重なりは透明になります。重なりがなくても、レイヤーパネルにはひとつのパスとして表示されます。

★

07 F [シェイプ形成ツール] で削除する

シェイプ形成

STEP 1　07CのSTEP1の操作で円を重ねて、両方とも選択します

STEP 2　[シェイプ形成ツール] で、[option (Alt)] キーを押しながら小円をクリックします 1 2

[シェイプ形成ツール] を選択して [option (Alt)] キーを押すと、カーソルに「ー」が表示されます。この状態でクリックすると、アミ掛けの領域を削除できます。

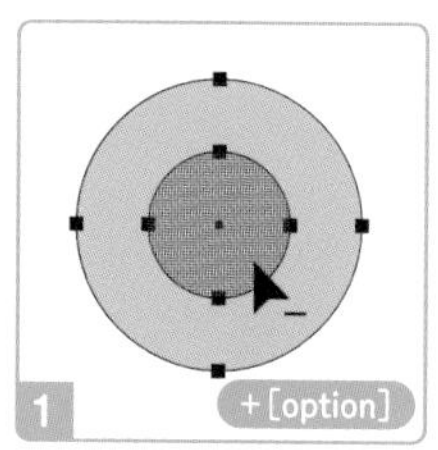

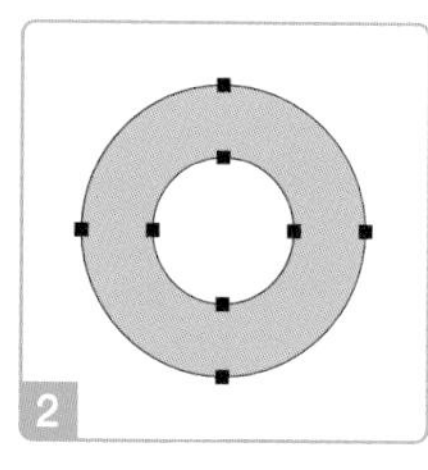

[シェイプ形成ツール] で穴をあけると、複合パスになります。

P69 台形　P197 テープ　P226 モロッコタイル

★★

07 G [ライブペイントツール] で [塗り:なし] にする

ライブペイント

STEP 1　07CのSTEP1の操作で円を重ねて、両方とも選択します 1

STEP 2　[塗り:なし] の [ライブペイントツール] で、穴の円をクリックします 2 3

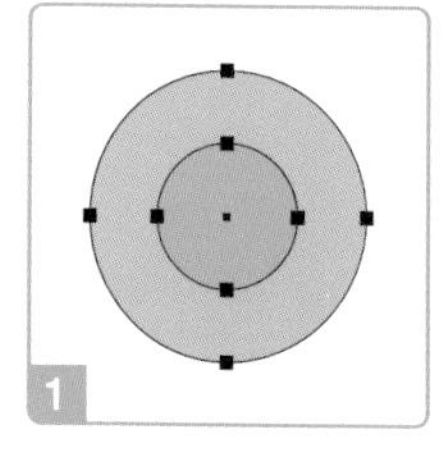

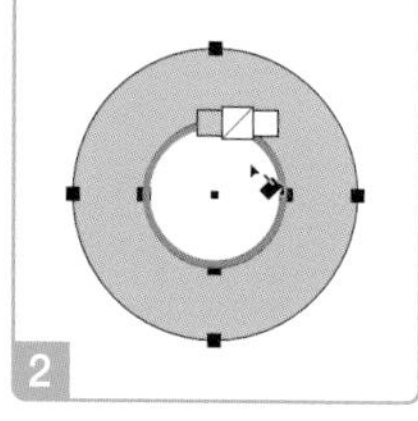

ライブペイントツール

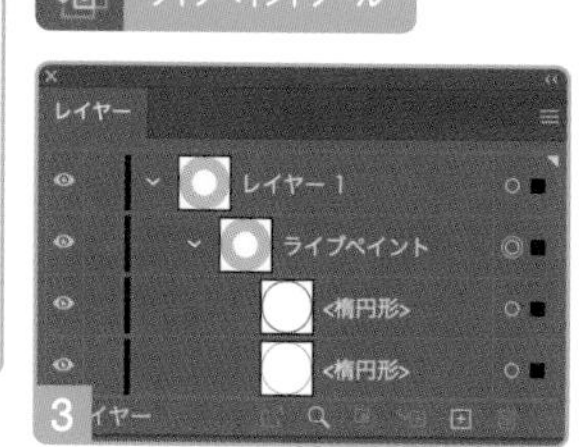

ライブペイントを拡張すると、この場合、複合パスになります。

P23 正方形

★★

07 H [パスファインダー] 効果で穴をあける

アピアランス

STEP 1 **07C**の**STEP1**の操作で円を重ねて、両方とも選択します 1

STEP 2 [オブジェクト] メニュー→ [グループ] を選択します 2

STEP 3 [効果] メニュー→ [パスファインダー] → [中マド] を選択します 3 4 5

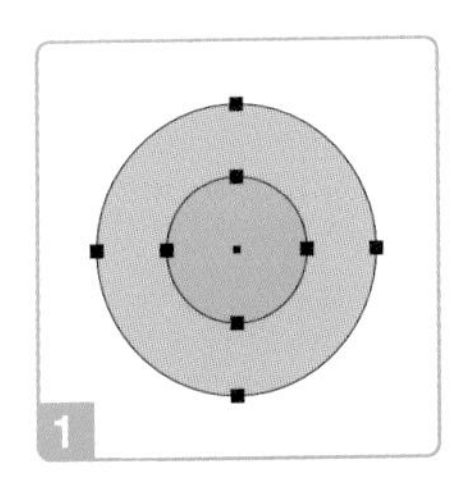

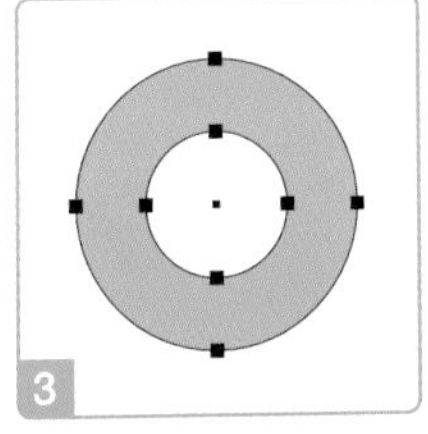

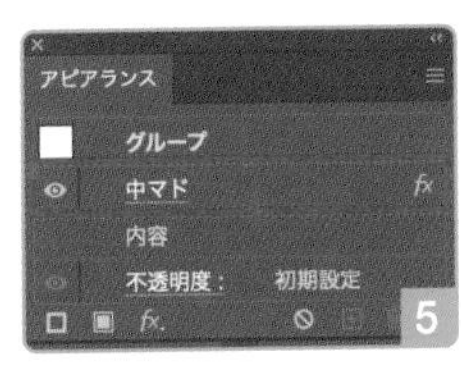

07C同様、[前面オブジェクトで型抜き] でも穴をあけられます。アピアランスパネルで効果名 [中マド] をクリックするとダイアログが開き、処理を変更できます。

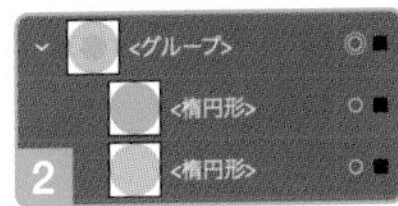

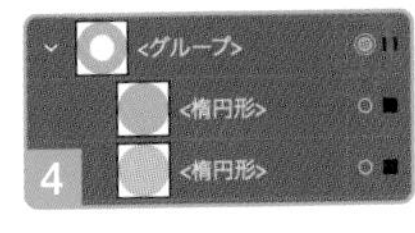

[パスファインダー] 効果をグループに適用すると、グループ内のオブジェクトが対象になります。

》P75 凹角長方形 》P182 タグ 》P194 歯車

★★★

07 I [塗り] を重ねて効果で穴をあける

アピアランス

STEP 1 円を選択し、アピアランスパネルで [新規塗りを追加] をクリックします 1

STEP 2 上の [塗り] を選択して、[効果] メニュー→ [パス] → [パスのオフセット] を選択し、ダイアログで [オフセット] に負の値を入力して、[OK] をクリックします 2 3 4

STEP 3 [オブジェクト] メニュー→ [グループ] を選択したあと、[効果] メニュー→ [パスファインダー] → [中マド] を選択します 5 6 7

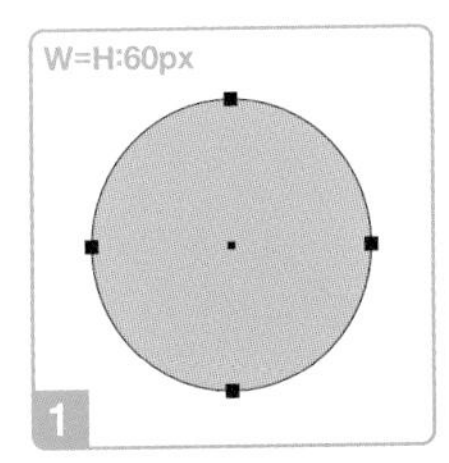

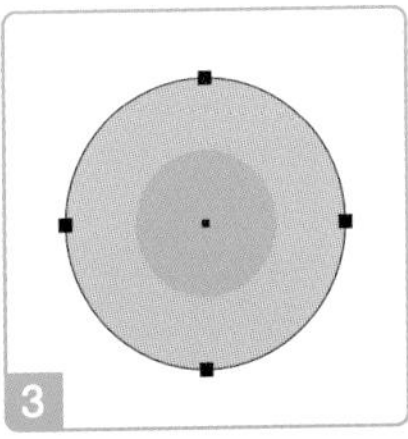

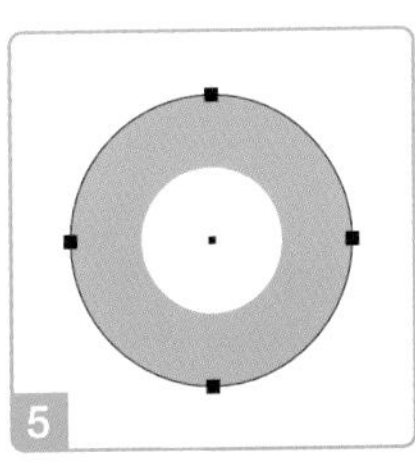

複数の [塗り] が対象となります。この場合、元の円 (下の [塗り]) と、[パスのオフセット] 効果で縮小した円 (上の [塗り]) が対象となり、後者が穴になります。

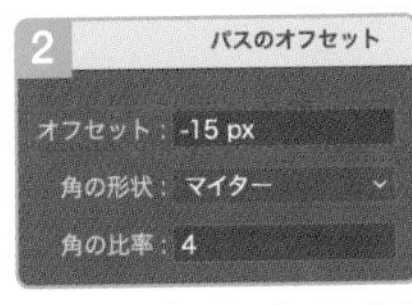

[オフセット] に負の値を入力すると、パスの輪郭が内側へ移動します。

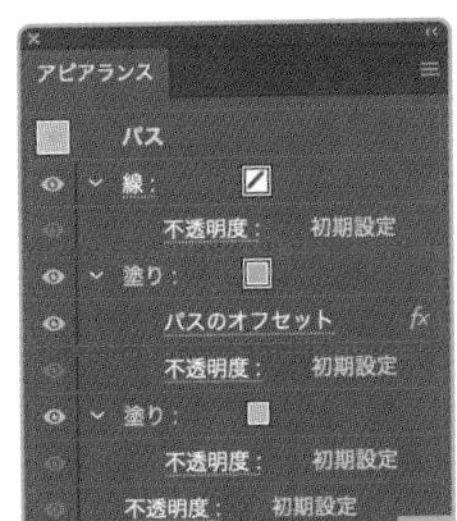

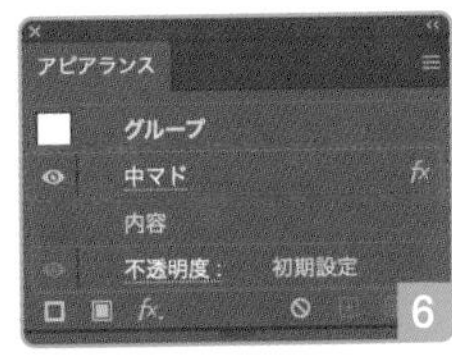

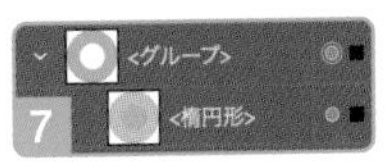

[新規塗りを追加] で、パスに [塗り] を追加できます。この操作で、同じ形状のパスを同じ位置に重ねたのと同じ状態になります。

》P195 歯車

★★★

07 J ［塗り］を内部で重ねて効果で穴をあける

アピアランス

STEP 1 円を選択し、アピアランスパネルで［塗り］を選択します 1

STEP 2 ［効果］メニュー→［パスの変形］→［変形］を選択し、ダイアログで［拡大・縮小］を［水平方向］［垂直方向］とも［50%］、［基準点：中央］［コピー：1］に変更して、［OK］をクリックします 2 3

STEP 3 ［効果］メニュー→［パスファインダー］→［中マド］を選択します 4 5

STEP 4 アピアランスパネルで［中マド］を［変形］の下へ移動します 6 7 8

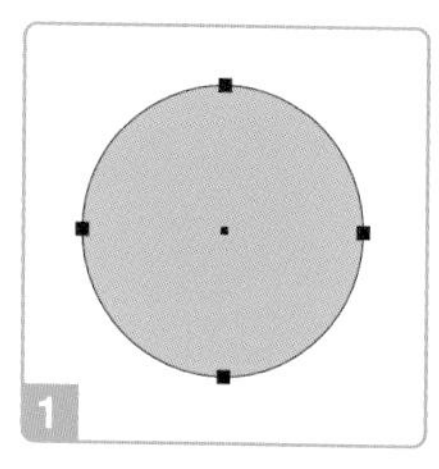

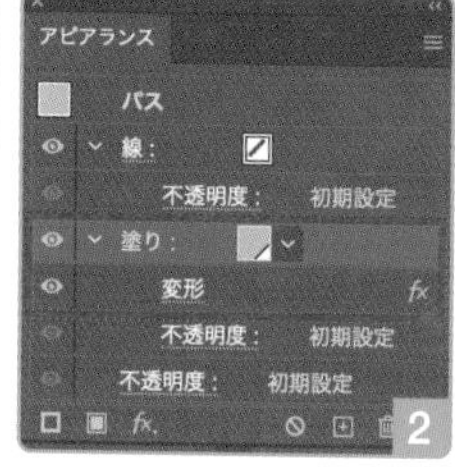

円の［塗り］に色を設定します。アピアランスパネルで［塗り］を選択した状態で、［変形］効果を適用します。

［変形］効果では、拡大・縮小、回転や反転、移動や複製が同時に可能です。使用頻度の高い効果のひとつです。

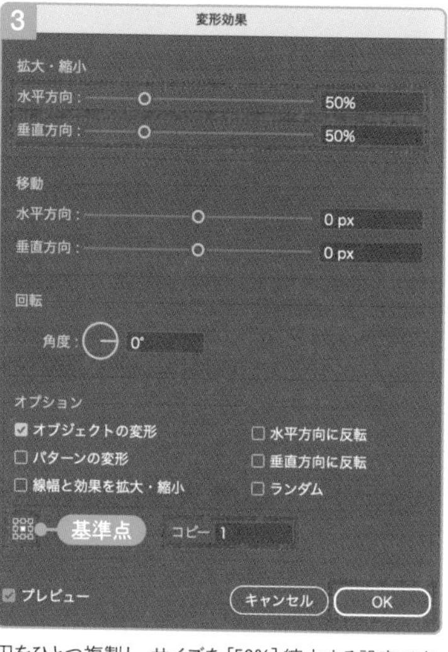

円をひとつ複製し、サイズを［50%］縮小する設定です。この円が穴となります。この設定で、同じ位置に大小2つの円が重なることになります。

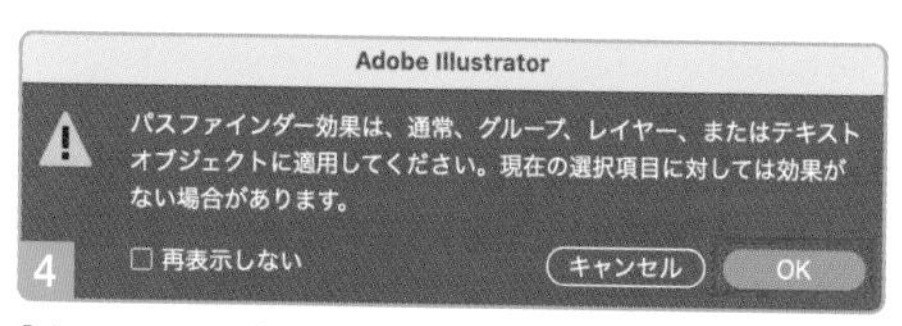

［パスファインダー］効果をパスに適用しようとすると、このような警告が出ますが、［OK］をクリックして次に進んでください。

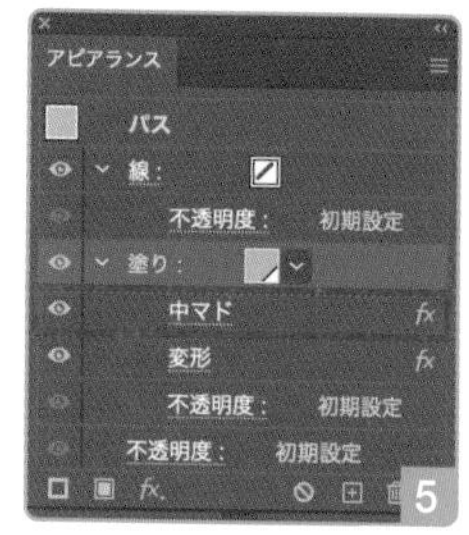

［中マド］は［変形］の上に追加されます。この時点では見た目の変化はありません。

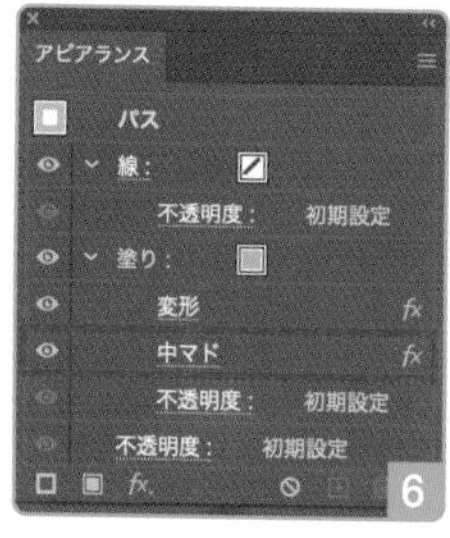

［中マド］をドラッグして［変形］の下へ移動すると、［変形］効果による円の複製と縮小のあとに［中マド］効果が適用されるため、円に穴があきます。この場合、［中マド］効果のほか、［背面オブジェクトで型抜き］効果も使えます。［前面オブジェクトで型抜き］効果でないのは、［変形］効果では、円が背面に複製されるためです。

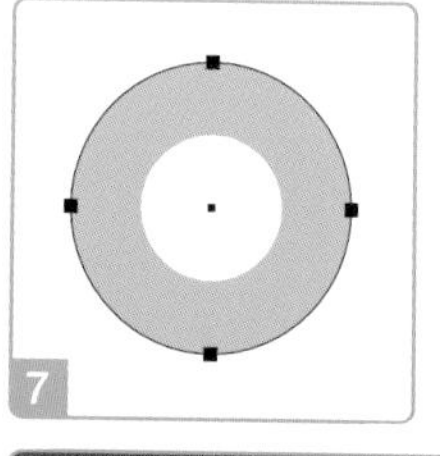

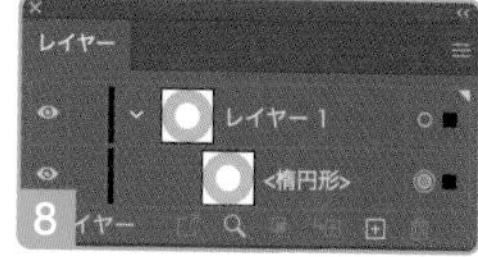

効果は、アピアランスパネルのリストの上から順に適用されます。適用直後はデフォルトの位置に追加されますが、項目のドラッグで移動できます。

» P122 月

SIMPLE SHAPE

★★★
07 K [グループの抜き]で透明にする

グループの抜き

STEP 1 07HのSTEP1から2までの操作をおこないます 1
STEP 2 グループを選択したあと、透明パネルで[グループの抜き:オン]に変更します 2
STEP 3 [グループ選択ツール]で小円を選択し、[不透明度:0%]に変更します 3 4 5 6

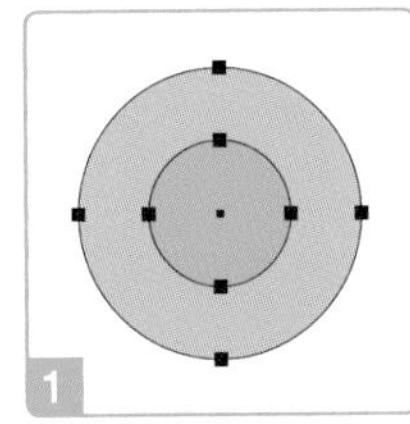

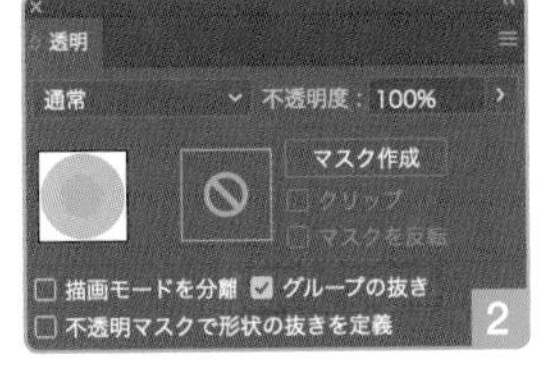

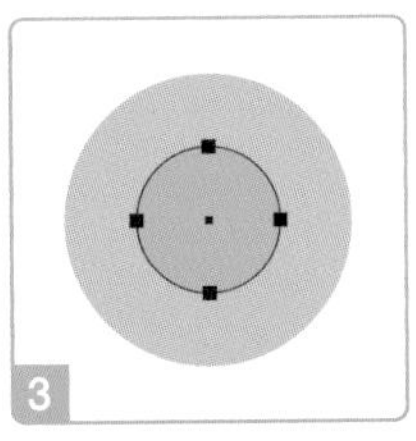

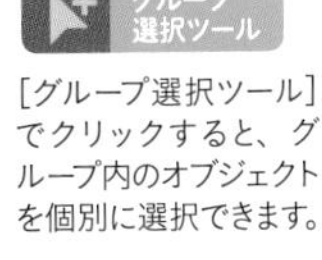

[グループ選択ツール]でクリックすると、グループ内のオブジェクトを個別に選択できます。

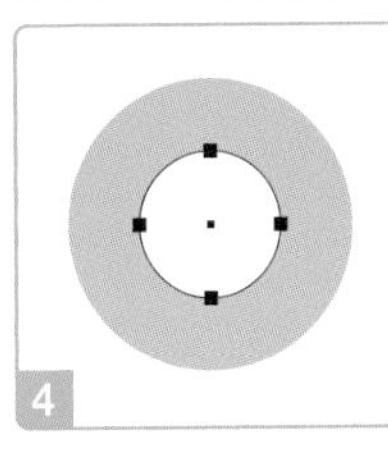

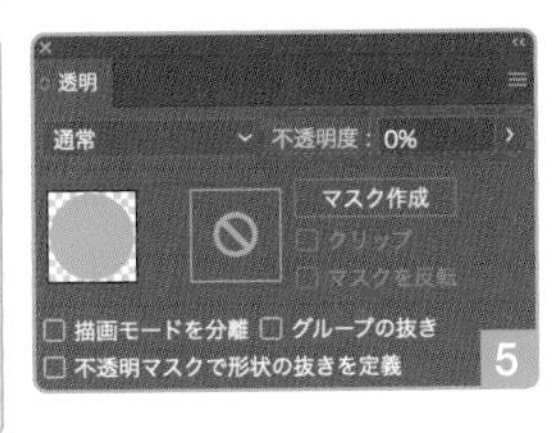

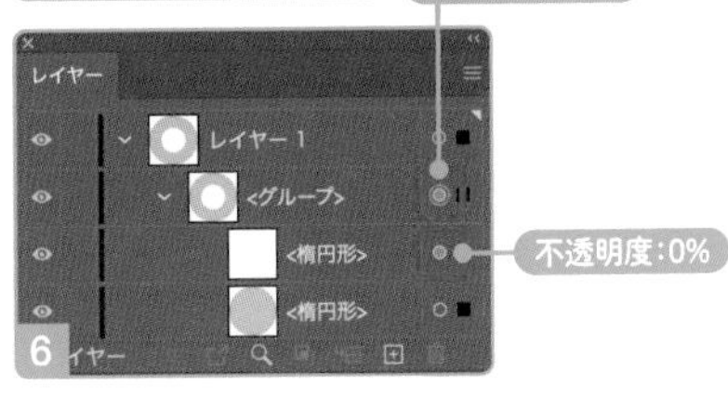

P131 ストライプバー
P183 タグ

★★★
07 L 不透明マスクで透明にする

不透明マスク

STEP 1 07CのSTEP1の小円を[塗り:黒]に変更し、[編集]メニュー→[カット]を選択します 1
STEP 2 大円を選択したあと、透明パネルで[マスク作成]をクリックします 2 3
STEP 3 不透明マスクサムネールをクリックして編集モードに切り替えたあと、[編集]メニュー→[同じ位置にペースト]を選択し、[クリップ:オフ]に変更します 4 5 6 7

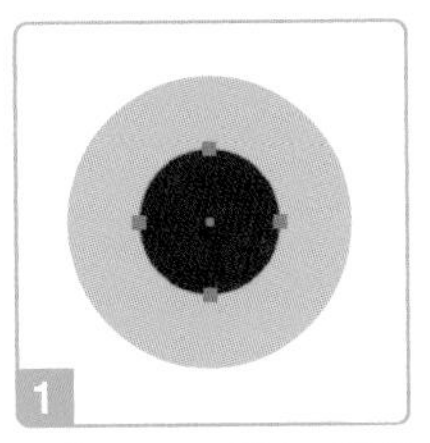

不透明マスクの[塗り:黒]が非表示(透明)、[塗り:白]が表示になります。

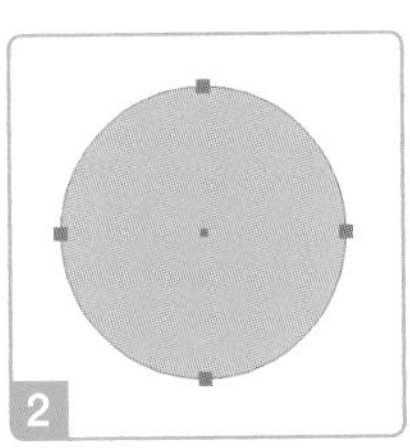

不透明マスクを作成するオブジェクト(大円)を選択します。

不透明マスクの同じ位置に、小円をペーストします。

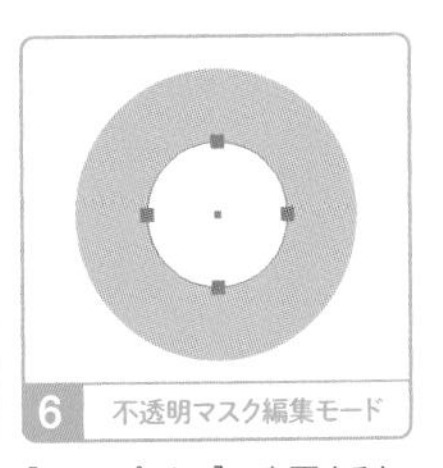

[クリップ:オフ]に変更すると、マスクが白地になり、大円が表示に戻ります。

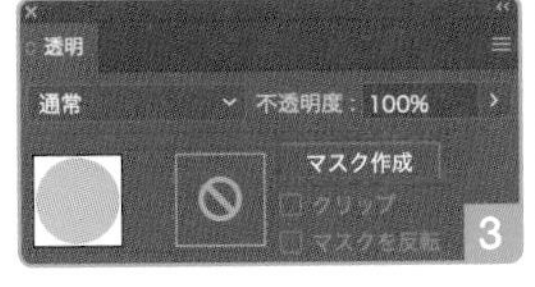

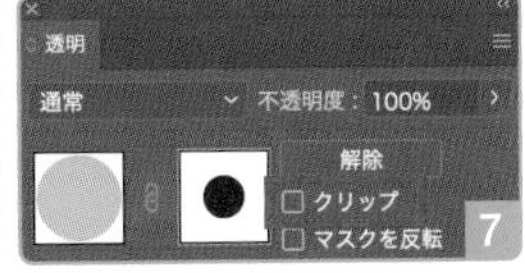

不透明マスク編集モードを終了するには、オブジェクトサムネールをクリックします。

P184 タグ
P266 かすれ文字
P269 スタンプ
P270 スタンプ

POINT

➡ パスファインダー

- ☐ パスファインダーパネルの **［中マド］** で、穴をあけることができる
- ☐ 条件によっては、パスファインダーパネルの **［前面オブジェクトで型抜き］** や **［背面オブジェクトで型抜き］** も、［中マド］と同じ結果になる
- ☐ ［中マド］と［前面オブジェクトで型抜き］は、**複合シェイプ**としても適用できる
- ☐ パスファインダーパネルと同じ処理は、アピアランスの **［パスファインダー］効果**でも可能
- ☐ ［パスファインダー］効果は、**グループに適用**できる
- ☐ **複数の［塗り］を持つパス**を**グループ化**すると、［パスファインダー］効果を適用できる
- ☐ **［塗り］の内部**に、［パスファインダー］効果を適用できる

➡ アピアランス

- ☐ アピアランスパネルで **［塗り］や［線］を複数重ねる**ことができる
- ☐ アピアランスパネルの**リストの項目は、ドラッグで移動**できる
- ☐ 効果は、アピアランスパネルのリストの**上から順に適用**される
- ☐ アピアランスパネルの**リストの順番**は、効果の発現に影響する
- ☐ **［パスのオフセット］効果**を負の値で適用すると、パスの輪郭が内側に移動する
- ☐ **［変形］効果**は、**拡大・縮小**、**回転**や**反転**、**移動**や**複製**などが同時に可能
- ☐ ［変形］効果の **［コピー］** は、［塗り］や［線］を**背面**に複製する

➡ 複合パス

- ☐ **［線幅］** で作成したドーナツ円をアウトライン化すると、**複合パス**になる
- ☐ **［同心円グリッドツール］** で2つの円が**複合パス**で描画されるように設定すると、ドーナツ円になる
- ☐ 2つのパスを重ねて複合パスを作成すると、**穴をあける**ことができる
- ☐ 複合パスは、複数のパスを**ひとつのパス**として扱える属性で、**重なりは穴**になる
- ☐ **テキスト**をアウトライン化すると、文字は**複合パス**に変換される

➡ ［シェイプ形成ツール］と［ライブペイントツール］

- ☐ ［シェイプ形成ツール］で **［option（Alt）］キー**を押しながら領域をクリックすると、削除できる
- ☐ **［塗り：なし］** に設定した［ライブペイントツール］でクリックすると、穴をあけることができる

➡ グループの抜き

- ☐ **［グループの抜き］** は、**透明パネル**で**グループ**に設定する
- ☐ グループ内のオブジェクトを **［不透明度：0%］** に変更すると、透明になる

➡ 不透明マスク

- ☐ **不透明マスク**は、**色の明るさ**で表示／非表示をコントロールする機能
- ☐ 不透明マスクは、オブジェクトを選択した状態で、**透明パネル**で作成する
- ☐ デフォルトでは、**黒い部分が非表示、白い部分が表示**になる
- ☐ 作成直後の不透明マスクは**黒地**のため、オブジェクトは**非表示**になる
- ☐ **［クリップ：オフ］** で**白地**に変わる
- ☐ 不透明マスク編集モードは、**透明パネルのサムネール**のクリックで切り替えできる
- ☐ 不透明マスクを作成しても、**不透明マスク編集モードには切り替わらない**ため、透明パネルでサムネールをクリックする必要がある

➡ 線

- ☐ 円の **［線幅］** を太めに変更すると、ドーナツ円になる
- ☐ 線パネルの **［線の位置］** で、［線］を描画する位置を、**パスの内側や外側**に変更できる

08 扇面を描く

扇面は、扇の骨に貼る紙のような、扇形の下部が丸くくり抜かれた図形です。扇形を円で切り抜く方法をまっさきに思いつきますが、それよりも簡単に描ける方法があります。

★

08 A [円弧] 効果で長方形を曲げる

アピアランス

STEP 1 長方形を選択し、[効果] メニュー→ [ワープ] → [円弧] を選択します 1

STEP 2 ダイアログで [変形] の [水平方向] と [垂直方向] を [0%] に変更し、[カーブ] を調整して、[OK] をクリックします 2 3 4

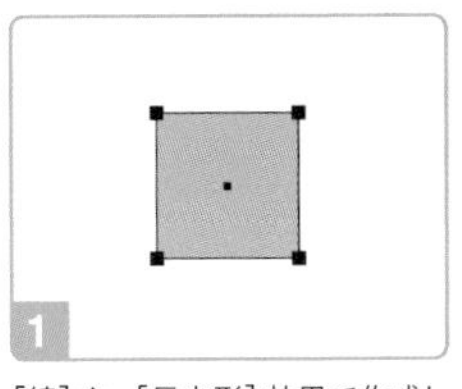

[線] や、[長方形] 効果で作成した長方形にも適用できます。

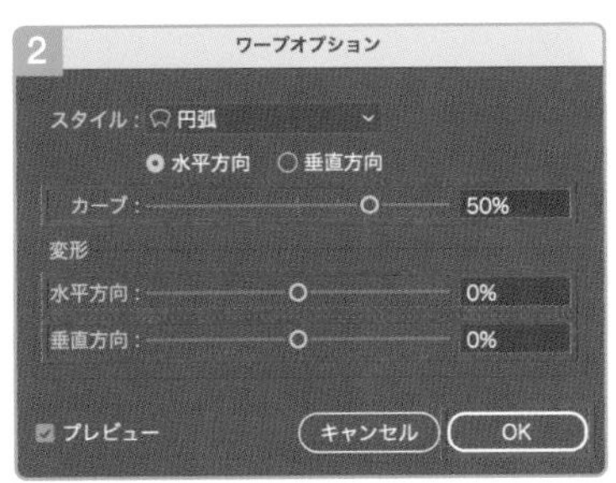

[カーブ]で扇面の曲がり具合を調整できます。アピアランスパネルで効果名[ワープ:円弧]をクリックするとこのダイアログが開き、設定を変更できます。

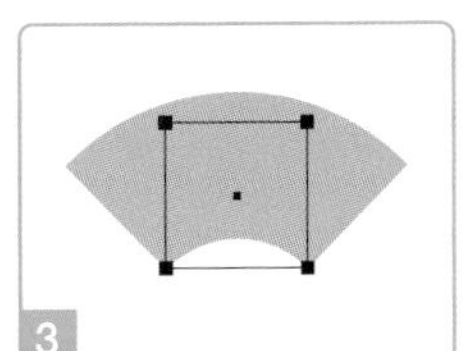

P254 湾曲テキスト

★

08 B 円弧に [線] を設定する

パス

STEP 1 円を選択し、変形パネルで [扇形の開始角度] と [扇形の終了角度] を変更します 1

STEP 2 [ダイレクト選択ツール] で扇形の角のアンカーポイントを選択して [delete] キーを押し、線パネルで [線幅] を太めに変更します 2 3 4

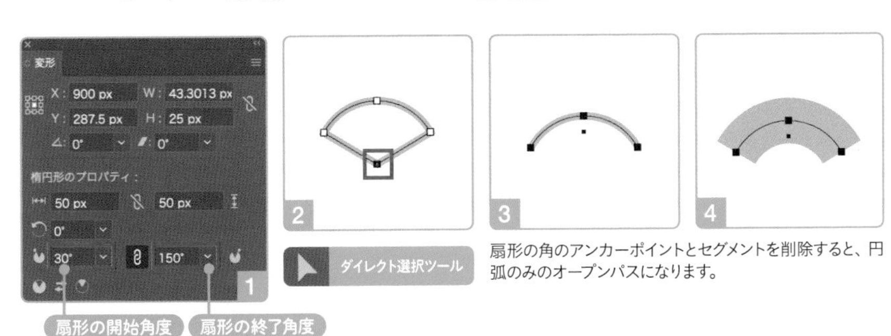

扇形の角のアンカーポイントとセグメントを削除すると、円弧のみのオープンパスになります。

★★
08 C ［前面オブジェクトで型抜き］でくり抜く

パスファインダー

STEP 1　変形パネルで大円の［扇形の開始角度］と［扇形の終了角度］を変更します 1

STEP 2　小円のセンターポイントを扇形の角にスナップし、両方を選択します 2 3

STEP 3　パスファインダーパネルで［前面オブジェクトで型抜き］をクリックします 4 5

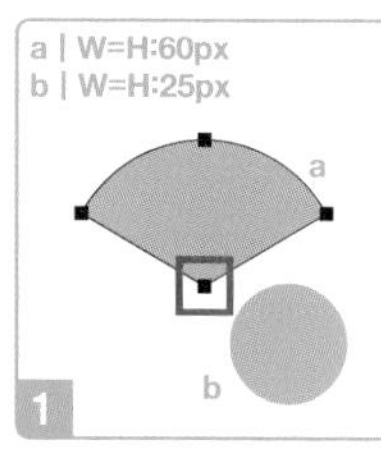

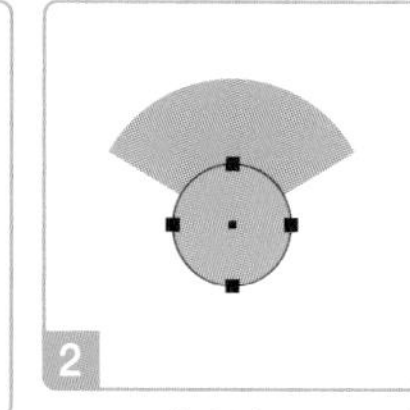

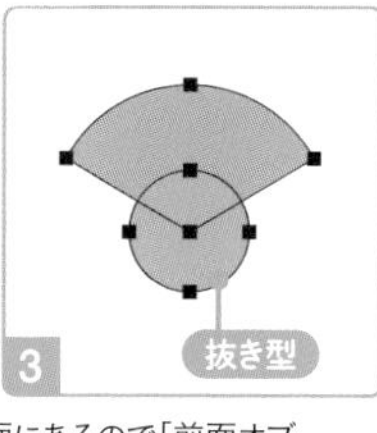

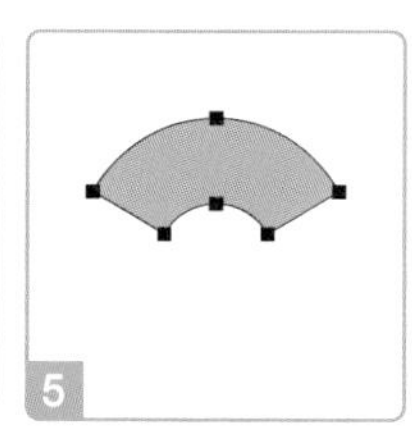

選択ツール

aは、円の状態でのサイズです。

ここでは、抜き型となる円が前面にあるので［前面オブジェクトで型抜き］を適用しますが、背面にある場合は［背面オブジェクトで型抜き］を適用します。

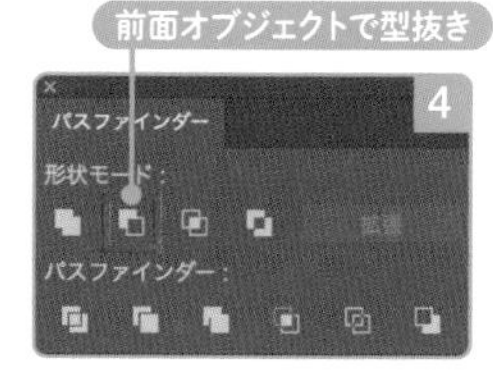

P35 半円

P41 ドーナツ円

P177 霞

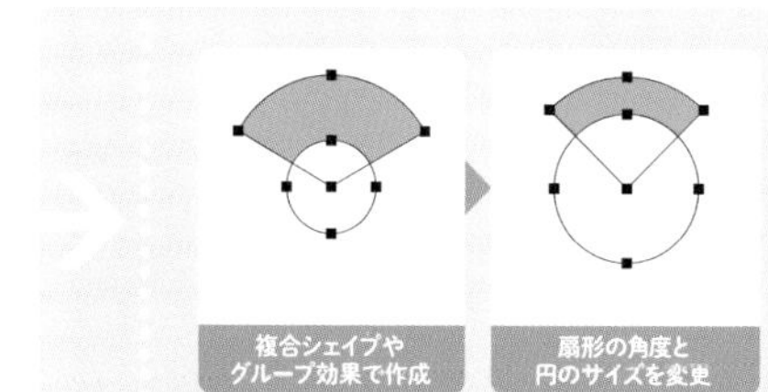

［前面オブジェクトで型抜き］は、複合シェイプとして適用したり、グループに効果としても適用できます。これらの場合、あとから扇形の角度や、抜き型の円のサイズを変更できるなどのメリットがあります。

P41 ドーナツ円
P43 ドーナツ円

★★
08 D ［シェイプ形成ツール］で扇形をくり抜く

シェイプ形成

STEP 1　**08C**の**STEP1**から**2**までの操作をおこないます

STEP 2　［シェイプ形成ツール］で［option (Alt)］キーを押しながら小円をクリックします 1 2

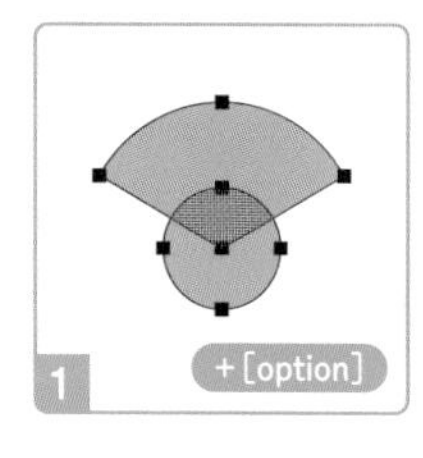

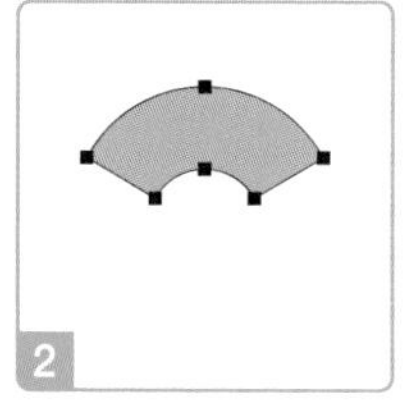

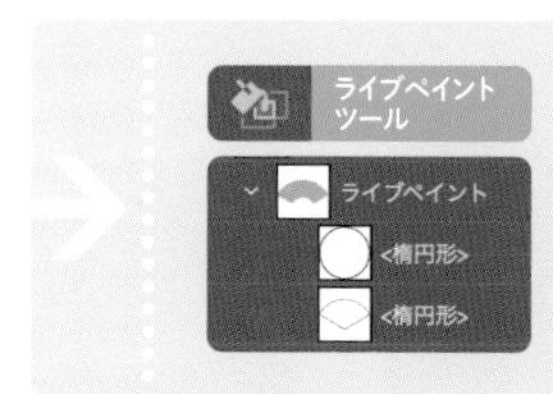

［塗り：なし］の［ライブペイントツール］で小円をクリックして、扇形の下部をくり抜くこともできます。

P42 ドーナツ円

★★

08 E ［同心円グリッドツール］を使う

同心円グリッド

STEP 1 ツールバーなどで［塗り］に色を設定したあと、［同心円グリッドツール］を選択し、ワークエリアでクリックします 1

STEP 2 ダイアログで［幅］と［高さ］を同じ値、［基準点：左上］、［同心円の分割］［線数：1］、［円弧の分割］［線数：3］、［楕円形から複合パスを作成：オン］［グリッドの塗り：オン］に変更して、［OK］をクリックします 2 3 4

STEP 3 ［シェイプ形成ツール］を選択し、［option（Alt）］キーを押しながら、下の扇面2つをクリックします 5 6

STEP 4 レイヤーパネルで半径のグループを選択して、［delete］キーを押します 7 8 9

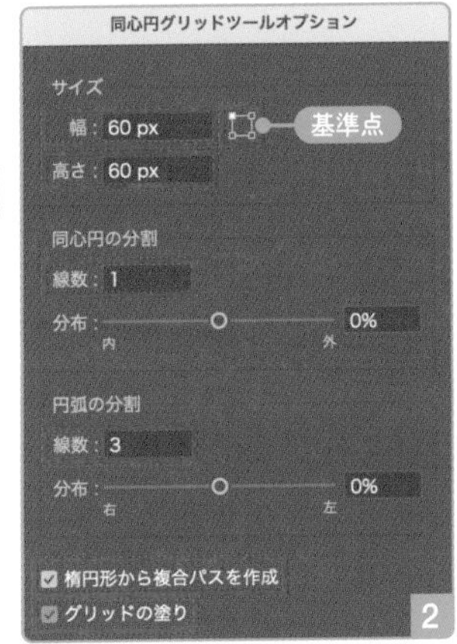

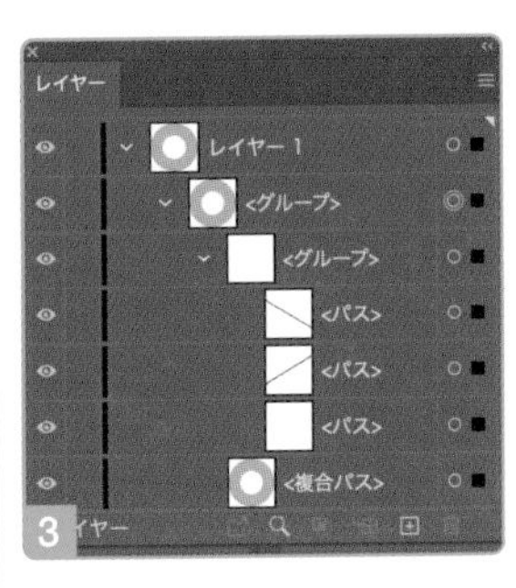

ドーナツ円と、それを3等分する半径の直線を作成します。［基準点］を下2つ（左下／右下）に変更すると、180°回転した状態になります。

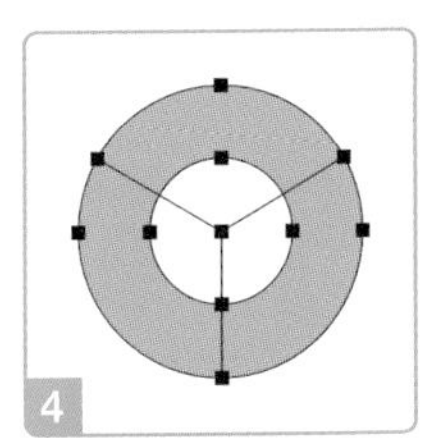

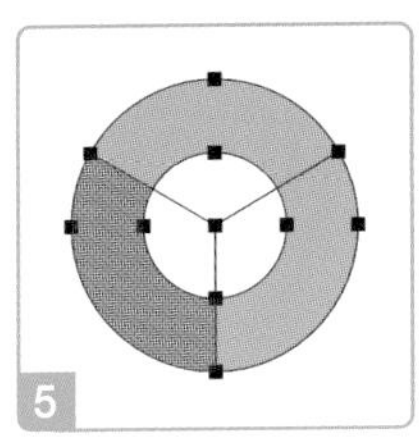

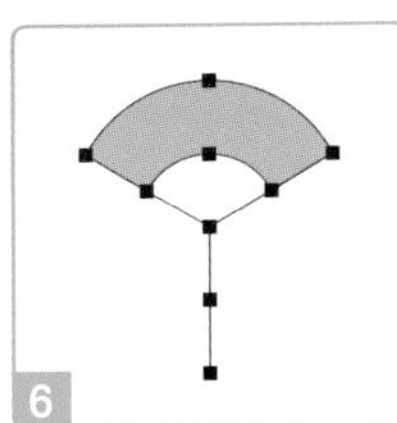

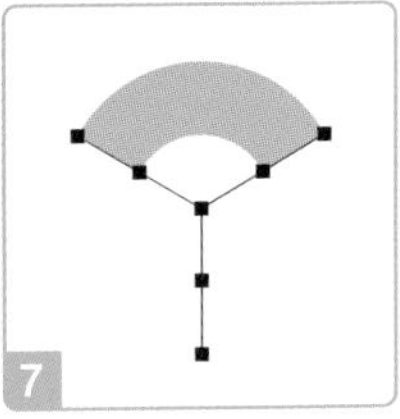

［シェイプ形成ツール］で［option（Alt）］キーを押しながらクリックして、下の扇面2つを削除します。

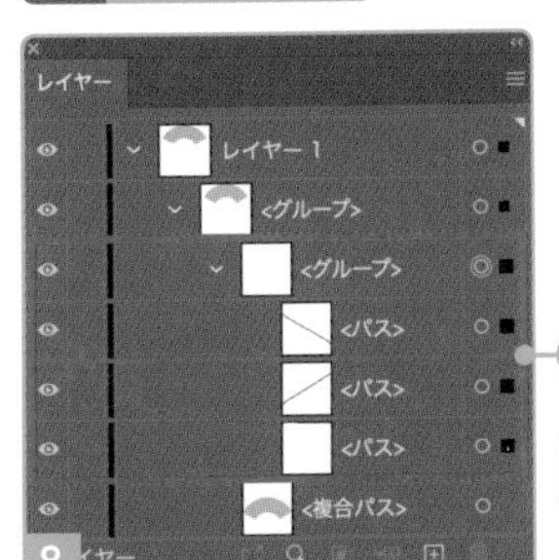

レイヤーパネルで半径のグループの○の隣の空欄をクリックしてグループを選択し、［delete］キーで削除します。

P40 ドーナツ円
P96 放射線
P180 虹

★★★

08 F クリッピングマスクでドーナツ円を切り抜く

クリッピングマスク

STEP 1 扇形を選択して［オブジェクト］メニュー→［重ね順］→［最前面へ］を選択したあと、ドーナツ円のセンターポイントに扇形の角をスナップします 1 2

STEP 2 両方を選択して、［オブジェクト］メニュー→［クリッピングマスク］→［作成］を選択します 3 4

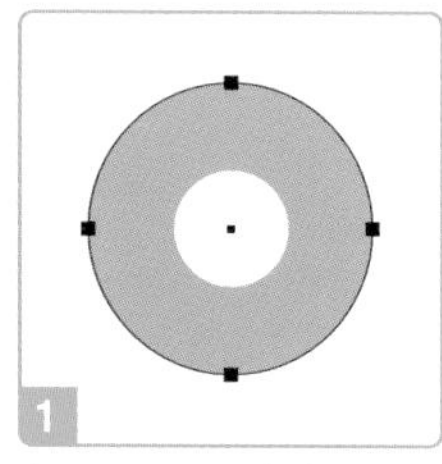

ドーナツ円はどの方法で描いてもかまいません。扇形は、ドーナツ円と同じかそれより大きい楕円形シェイプからつくります。

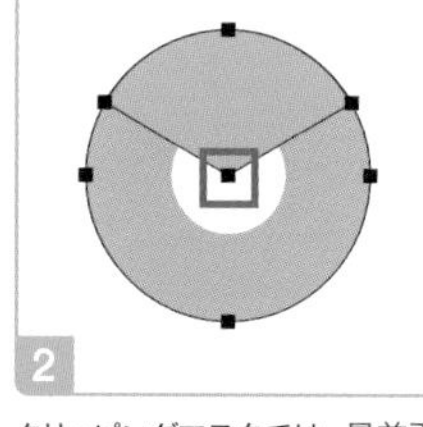

クリッピングマスクでは、最前面のパスが、クリッピングパス（マスク）になります。

ドーナツ円が扇形で切り抜かれます。扇形からはみ出たドーナツ円は覆い隠されただけなので、扇形の角度を変更すると露出します。

最前面／最背面は、［オブジェクト］メニュー→［重ね順］で調整できます。

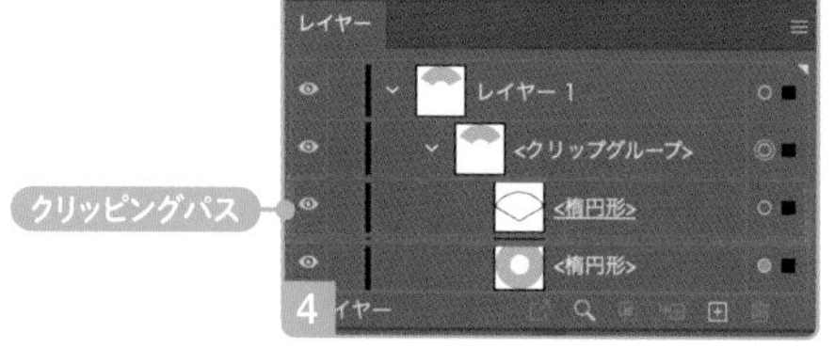

扇形とドーナツ円は、クリップグループ化されます。扇形を「クリッピングパス」と呼び、レイヤーパネルでは名前に下線が表示されます。扇形の楕円形シェイプの属性は保持されるため、角度の変更が可能です。扇形は［塗り：なし］［線：なし］になりますが、クリッピングマスク作成後に色を設定できます。

» P64 平行四辺形 » P70 台形 » P96 放射線 » P129 ストライプバー

POINT

➡ クリッピングマスク

- ☐ **クリッピングマスク**は、パスでオブジェクトをマスクする機能
- ☐ クリッピングマスクを作成すると、**最前面のパス**が**クリッピングパス**（マスク）になる
- ☐ クリッピングパスは**透明**なパスになるが、作成後に色を設定できる
- ☐ クリッピングマスクを作成したオブジェクトは、**クリップグループ**にまとめられる

➡ その他

- ☐ 長方形に**［円弧］効果**を適用すると、扇面になる
- ☐ 扇形の角を削除して円弧にし、［線幅］を太めに変更すると、扇面になる
- ☐ ［同心円グリッドツール］では、**［円弧の分割］**の**［線数］**だけ、**半径**の直線が描画される
- ☐ **レイヤーパネル**で○**の隣の空欄**をクリックすると、オブジェクトを選択できる

09 二等辺三角形を描く

二等辺三角形は、正三角形の幅を調整すると描けますが、[ワープ] 効果や可変線幅など、他方面からのアプローチも可能です。アンカーポイントの操作に便利な [平均] や [アンカーポイントの追加] も、この機会に試しておきましょう。

★

09 A 正三角形の幅や高さを変更する

パス／多角形シェイプ

STEP1 底辺が水平な正三角形を選択します 1

STEP2 変形パネルで [W] や [H] を変更します 2 3

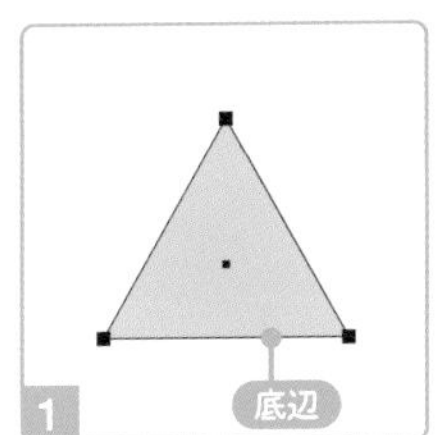

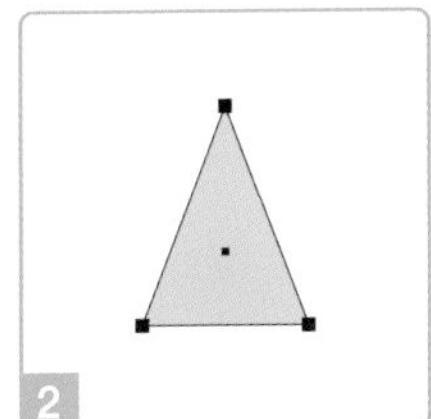

多角形シェイプは、回転したり角丸を設定した状態で [W] や [H] を変更しても、拡張されません。一方、長方形シェイプは拡張されます。[辺の長さを等しくする] をクリックすると、正三角形に戻せます。

★★

09 B [平均] で長方形のアンカーポイントを集める

アンカーポイント

STEP1 [ダイレクト選択ツール] で長方形の上辺のアンカーポイントを選択します 1

STEP2 [オブジェクト] メニュー→ [パス] → [平均] を選択し、ダイアログでデフォルトの [平均の方法:2軸とも] のまま、[OK] をクリックします 2 3 4

STEP3 パスファインダーパネルで [合体] をクリックします 5 6

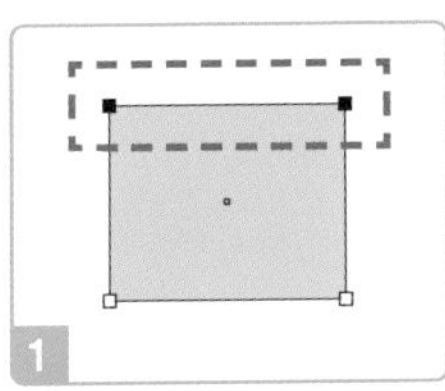

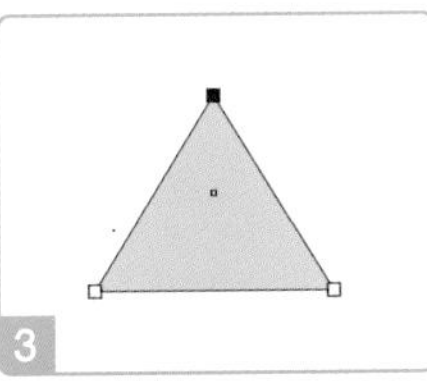

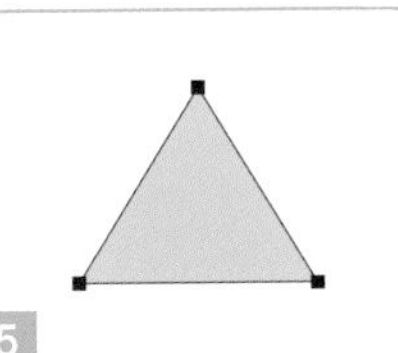

ダイレクト選択ツール

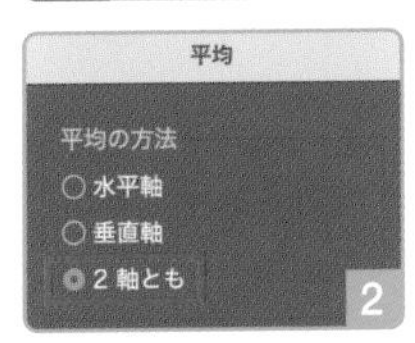

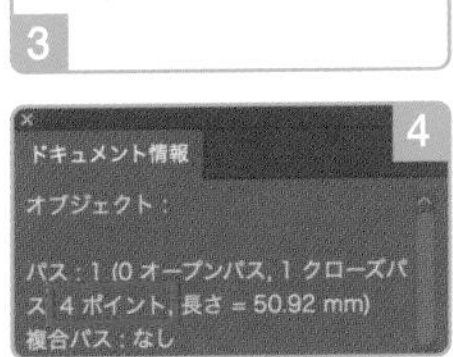

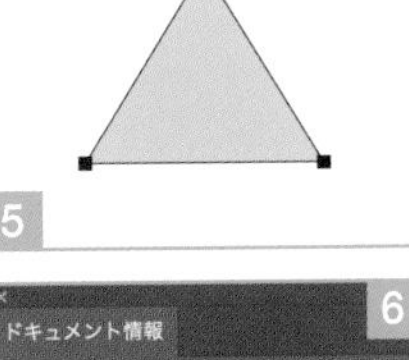

» P118 花

[平均] は、複数のアンカーポイントを中間地点に集めます。アンカーポイントが微妙に位置ずれしているときの調整にも使います。

アンカーポイントの数は、ドキュメント情報パネルで確認できます (P169)。合体すると、重なったアンカーポイントがひとつにまとまり、3ポイントになります。

★★
09 C ［ワープ］効果を長方形に適用する

アピアランス

STEP 1 長方形を選択し、［効果］メニュー→［ワープ］→［円弧］を選択します 1

STEP 2 ダイアログで［カーブ：0%］［水平方向：0%］［垂直方向：100%］に変更して、［OK］をクリックします 2 3 4

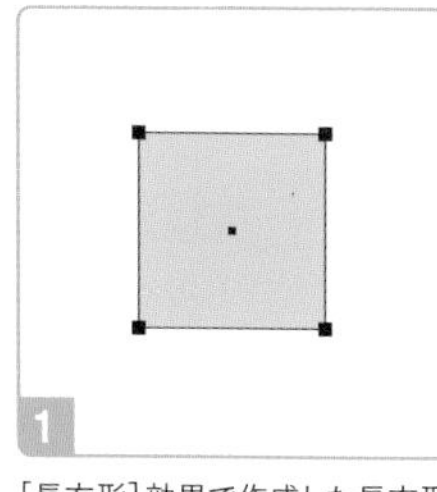

［長方形］効果で作成した長方形にも適用できます。

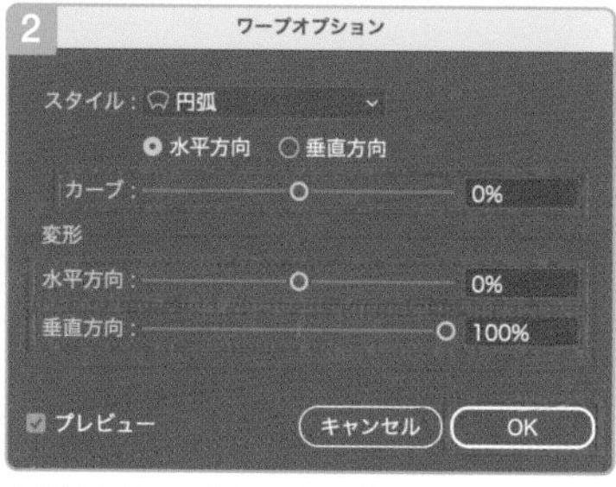

［下弦］や［アーチ］など、［円弧］以外でも同じ結果になります。［カーブ：0%］にし、［変形］の［水平方向］と［垂直方向］を［0%］と［100%（または-100%）］の組み合わせにすると、二等辺三角形になります。

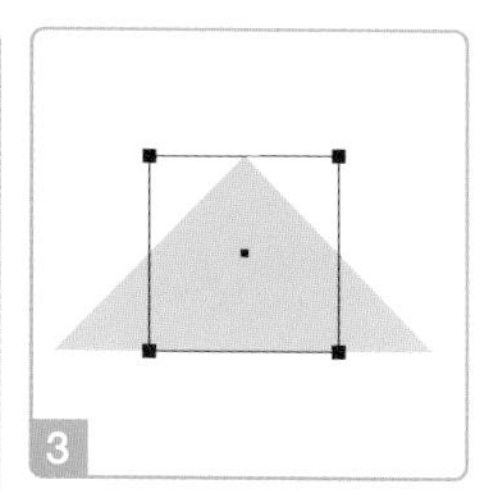

［長方形］効果と［ワープ］効果で、三角形を描画できます。アピアランスを利用した表現で、よく使う方法です。

P68 台形 P100 矢印 P248 警告アイコン P257 吹き出し

★★
09 D ［アンカーポイントの追加］を利用する

アンカーポイント

STEP 1 長方形を選択し、［オブジェクト］メニュー→［パス］→［アンカーポイントの追加］を選択します 1 2

STEP 2 ［ダイレクト選択ツール］で不要なアンカーポイントを選択し、コントロールパネルで［アンカーポイントを削除］をクリックします 3 4 5

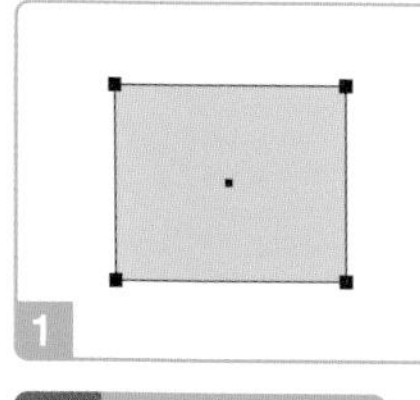
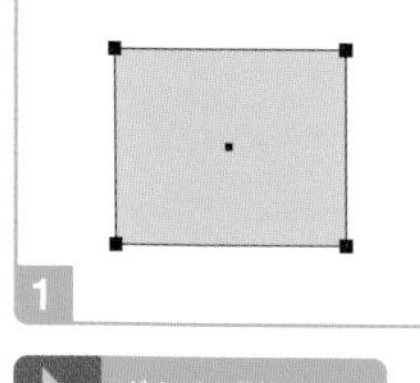

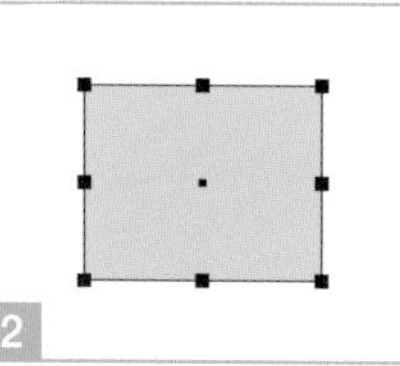

角のアンカーポイントを削除すると、菱形になります。

［アンカーポイントの追加］は、セグメントの中央にアンカーポイントを追加します。直線や円弧、多角形の辺の中央にアンカーポイントを追加するときに便利です。

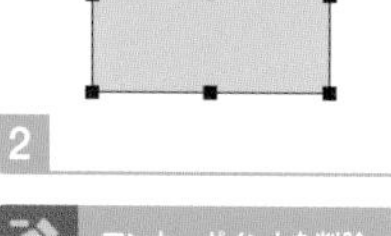

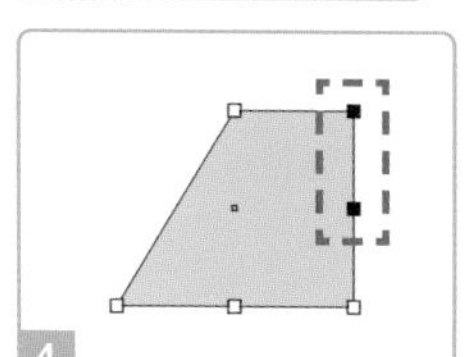

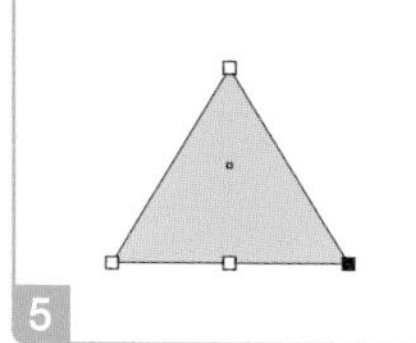

［ダイレクト選択ツール］のドラッグで、複数のアンカーポイントを選択できます。このほか、［アンカーポイントの削除ツール］でクリックしても削除できます。

★★
09 E [線幅プロファイル4] を直線に適用する

可変線幅

STEP 1 垂直線を選択します
STEP 2 線パネルで [プロファイル:線幅プロファイル4] に変更し、[線幅] を調整します 1 2 3 4

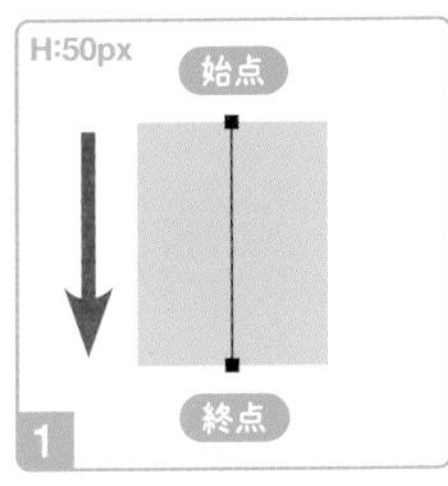

[直線ツール]で上から下へドラッグして描いた垂直線です。[ペンツール] でクリックして描いてもかまいません。

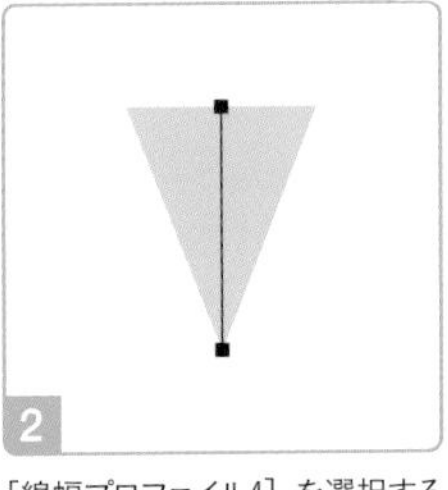

[線幅プロファイル4] を選択すると、始点と終点の関係で、逆三角形になります。

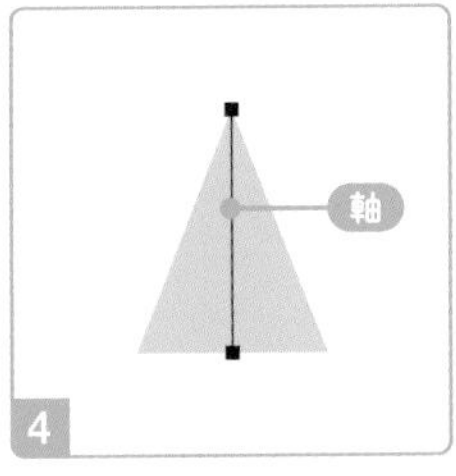

線パネルで [軸に沿って反転] をクリックすると、向きが逆になります。「軸」はセグメントを指します。

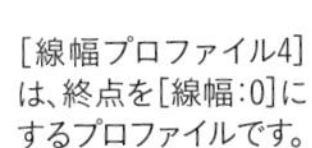

[線幅プロファイル4] は、終点を[線幅:0]にするプロファイルです。

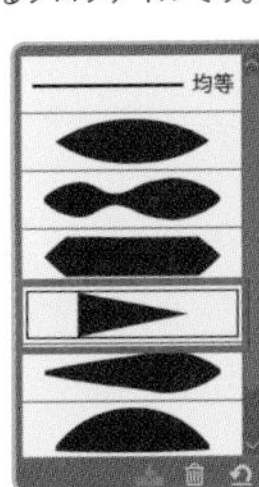

このパスをアウトライン化すると、4ポイントのクローズパスになります。見た目は三角形でも、頂角にアンカーポイントが2つ重なっています。

[線幅] は部分的に変えられます。これを「可変線幅」と呼び、[線幅] 設定の組み合わせをプリセット化したものが、[プロファイル] です。元の等幅に戻すには、[均等] を選択します。

» P71 台形 » P111 雫 » P115 花 » P122 葉

★
09 F 菱形のアンカーポイントをひとつ削除する

アンカーポイント

STEP 1 **10A** (P56) の**STEP1**の操作で、正方形を45°回転します 1
STEP 2 [アンカーポイントの削除ツール] で下のアンカーポイントをクリックします 2

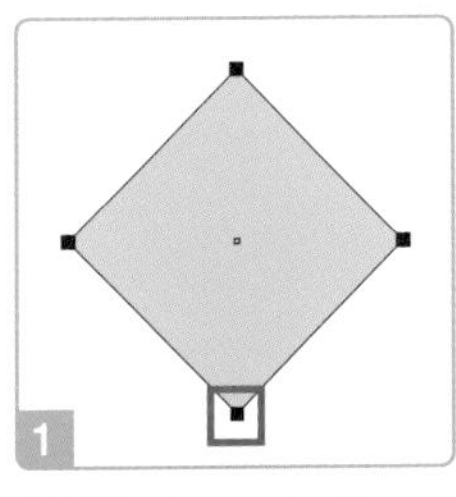

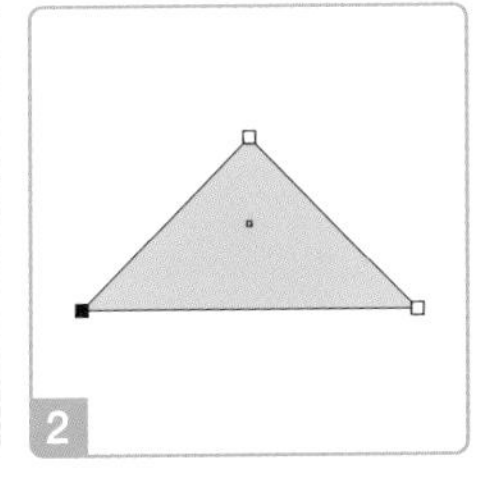

90° の角を持ち、2辺が等しい直角二等辺三角形になります。二等辺三角形と直角三角形、両方の性質を持つ図形です。

POINT

➡ アンカーポイントの操作

- ☐ **［平均］** は、複数のアンカーポイントを中間地点に集める機能
- ☐ 同じ位置に重なったアンカーポイントは、**パスファインダーの［合体］** でひとつにまとめることができる
- ☐ **［アンカーポイントの追加］** で、セグメントの中央にアンカーポイントを追加できる

➡ 可変線幅

- ☐ **可変線幅**は、［線幅］を部分的に変化させる機能
- ☐ 線パネルで **［プロファイル:均等］ 以外**に変更すると、［線幅］が部分的に変化する
- ☐ ［プロファイル］の見た目は、パスの**始点**と**終点**の割り振りによって変わる
- ☐ **［軸に沿って反転］** で、［プロファイル］の見た目を逆方向に変更できる

➡ その他

- ☐ **底辺が水平な正三角形**の幅や高さを変更すると、二等辺三角形になる
- ☐ 長方形に **［ワープ］ 効果**を **［カーブ:0%］**、［水平方向］［垂直方向］を **［0%］［100%］** のいずれかに変更して適用すると、二等辺三角形になる
- ☐ 正方形のアンカーポイントをひとつ削除すると、**直角二等辺三角形**になる

応用　直角三角形を描く

- 長方形のアンカーポイントを［アンカーポイントの削除ツール］でクリックする 1 2
- ［ペンツール］で［shift］キーを押しながら垂直方向に2箇所クリックし、水平方向に1箇所クリックしたあと、最初に作成したアンカーポイントをクリックする 3 4 5

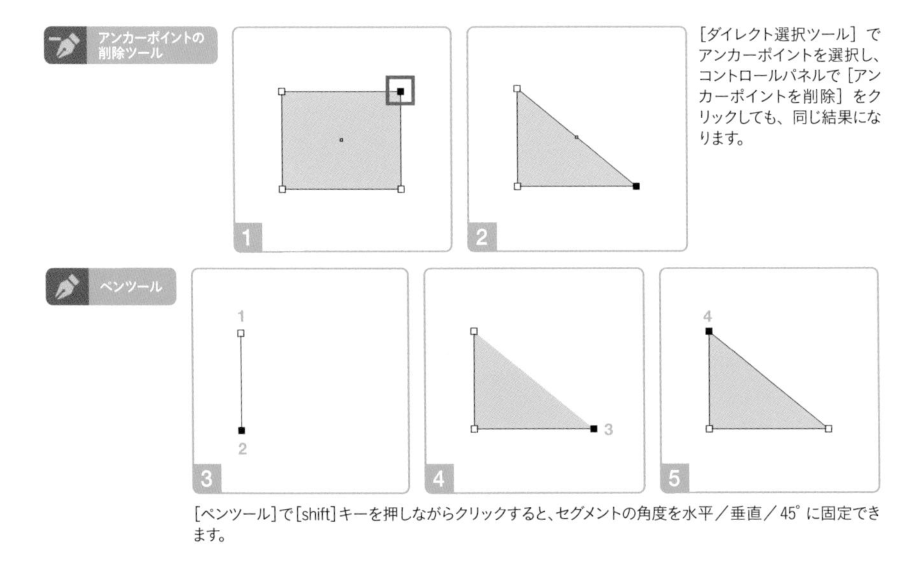

［ダイレクト選択ツール］でアンカーポイントを選択し、コントロールパネルで［アンカーポイントを削除］をクリックしても、同じ結果になります。

［ペンツール］で［shift］キーを押しながらクリックすると、セグメントの角度を水平／垂直／45°に固定できます。

» P59 菱形　» P66 平行四辺形　» P78 L字

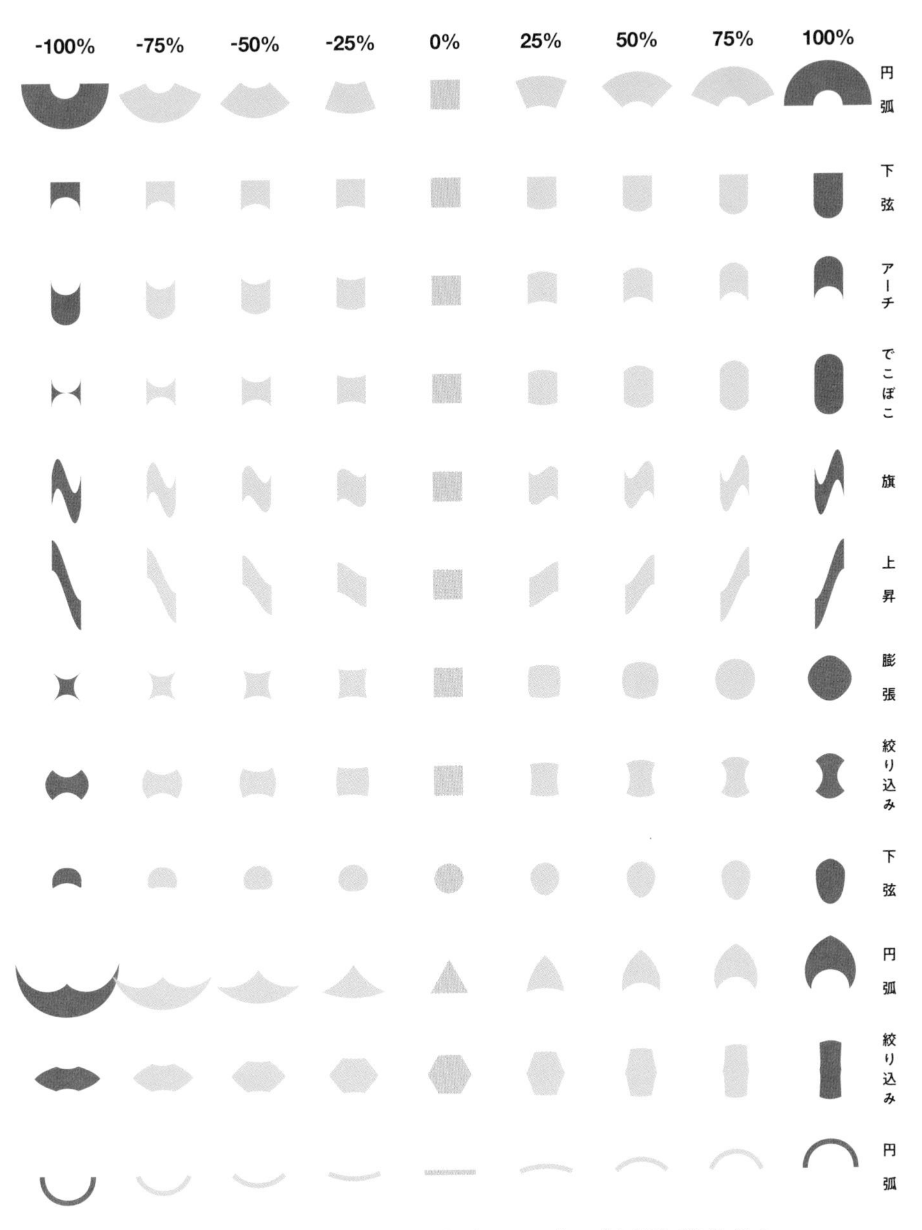

➡ [ワープ] 効果を、[変形] は [水平方向] [垂直方向] ともに [0%] に設定し、[カーブ] を変更して作成しました。

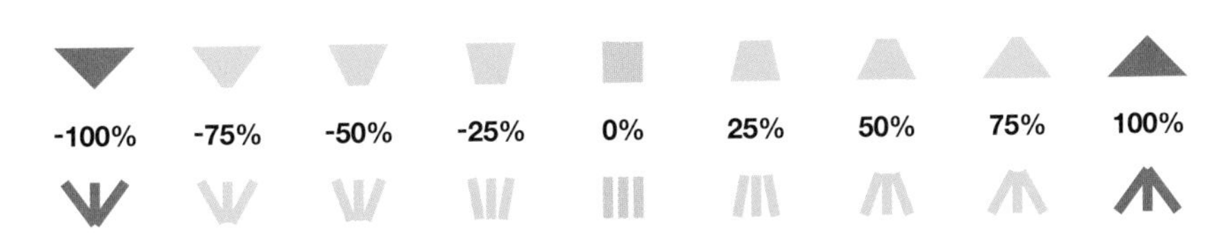

➡ [ワープ] 効果を、[カーブ:0%] [水平方向:0%] に設定し、[垂直方向] を変更して作成しました。上段は正方形、下段は3本の等間隔の垂直線です。[スタイル] はどれを選択しても同じ結果になります。

10 菱形を描く

45°回転した正方形から菱形をつくる方法を知っておくと、市松模様を活用できます(P137)。このほか、正三角形や直角三角形を反転コピーして合体する、交差直線の重なりを抜き出すなどの方法があります。

SIMPLE SHAPE

★

10 A 正方形を45°回転して幅や高さを変更する

回転

STEP 1 正方形を選択し、変形パネルで[長方形の角度:45°]に変更します 1 2

STEP 2 [W]や[H]を変更します 3

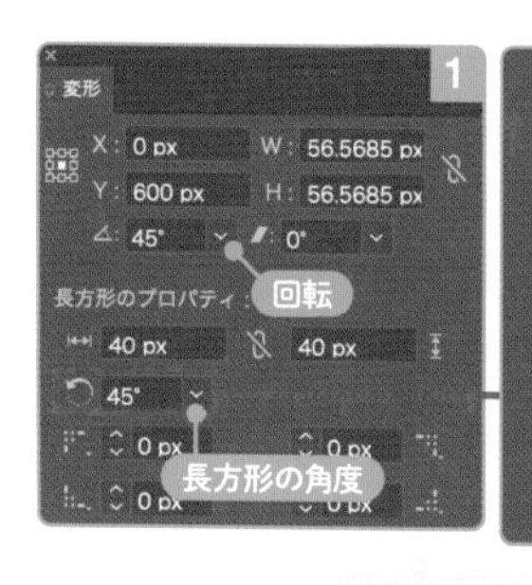

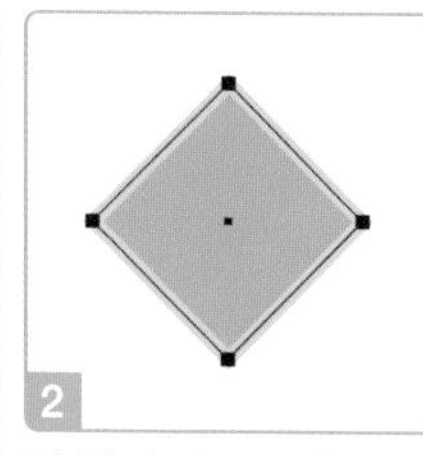

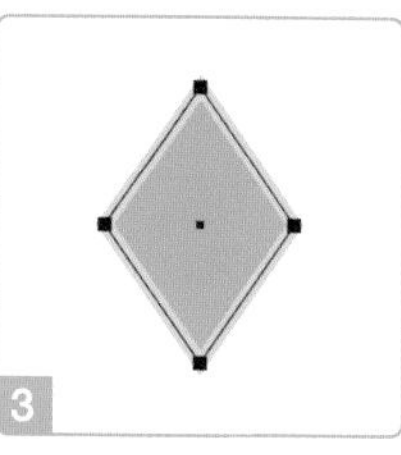

45°回転するため、正方形である必要があります。

ライブシェイプの向きは、[回転]とプロパティの[角度]の両方で変更できます。[角度]のメニューには[45°]があります。

★★

10 B 二等辺三角形を反転コピーする

反転コピー

STEP 1 底辺が水平な二等辺三角形を選択したあと[リフレクトツール]を選択し、[option(Alt)]キーを押しながら、底辺のアンカーポイントをクリックします 1

STEP 2 ダイアログで[リフレクトの軸:水平]に変更して、[コピー]をクリックします 2

STEP 3 すべてを選択して、パスファインダーパネルで[合体]をクリックします 3 4

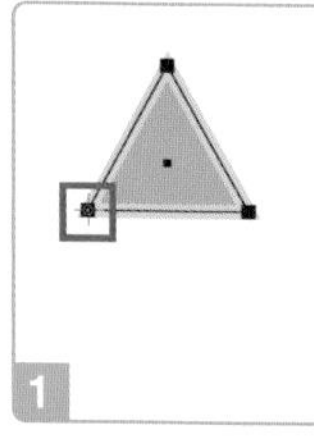

[option(Alt)]キーを押しながらクリックした地点(基準点)を通る直線が、リフレクトの軸になります。

リフレクトツール

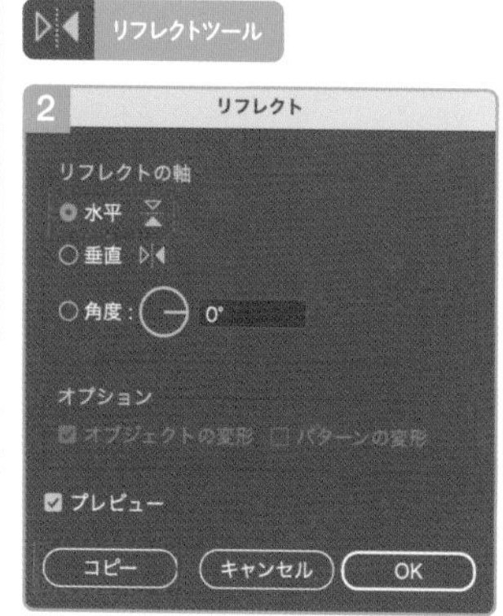

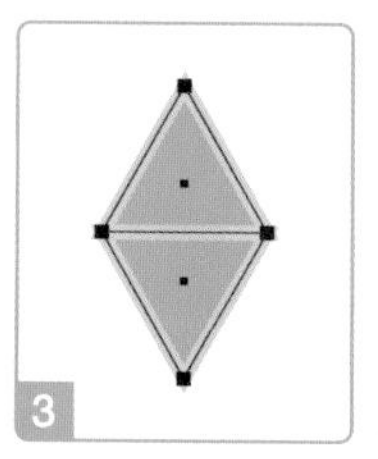

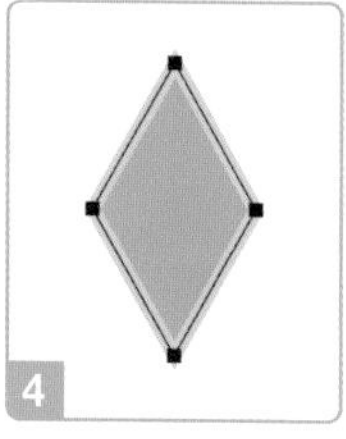

[option(Alt)]キーを押しながら[合体]をクリックすると、複合シェイプとして合体できます(P41)。

オブジェクトの複製と反転を同時におこなう操作を、本書では「反転コピー」と呼びます。

★★

10 C ［変形］効果で二等辺三角形を反転コピーする

アピアランス

STEP 1 底辺が水平な二等辺三角形を選択し、［効果］メニュー→［パスの変形］→［変形］を選択します 1

STEP 2 ダイアログで［垂直方向に反転：オン］［基準点：下辺］［コピー：1］に変更して、［OK］をクリックします 2 3 4

STEP 3 ［効果］メニュー→［パスファインダー］→［追加］を選択したあと、アピアランスパネルで［変形］を［追加］の上へ移動します 5 6 7 8

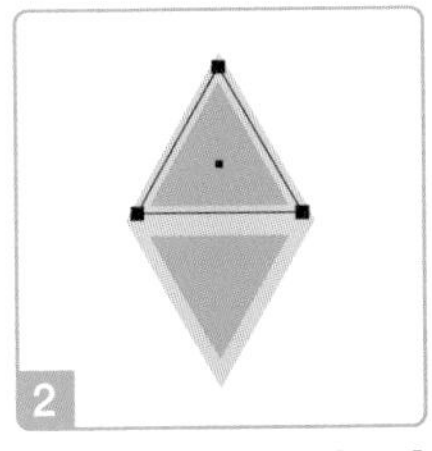

［変形］効果で垂直方向に反転コピーしても、［基準点］に［線幅］が影響するため、二等辺三角形の底辺がぴったりと隣り合った状態になりません。

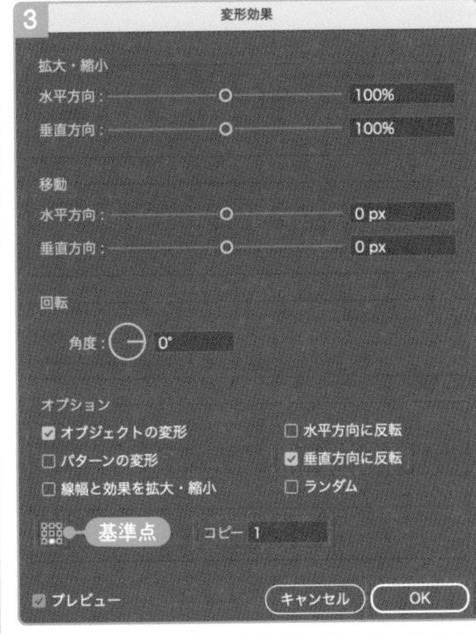

［基準点］は、左下角／下辺中央／右下角のどこでもかまいません。いずれかに設定すると、底辺を軸として反転コピーできます。

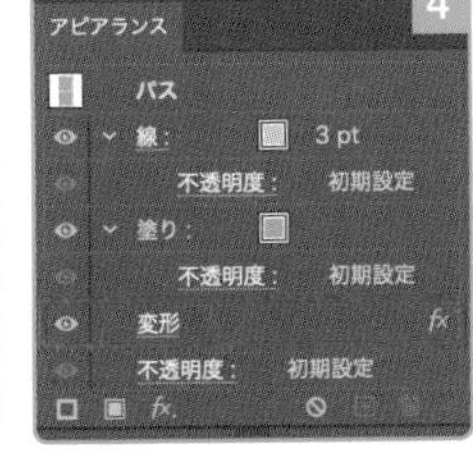

項目「変形」を［線］の上へ移動すると、［線幅］の［基準点］への影響を回避できます。［線］に色が設定されていなければ、この操作は不要です。

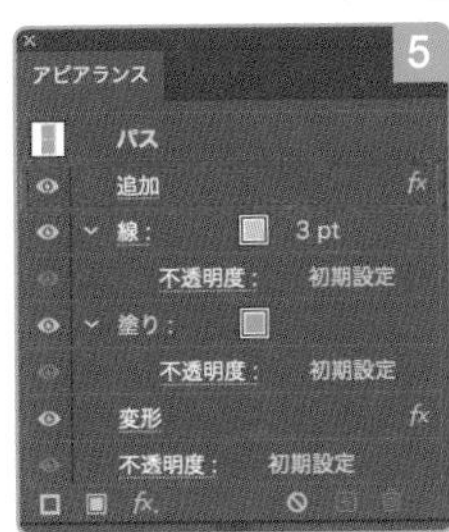

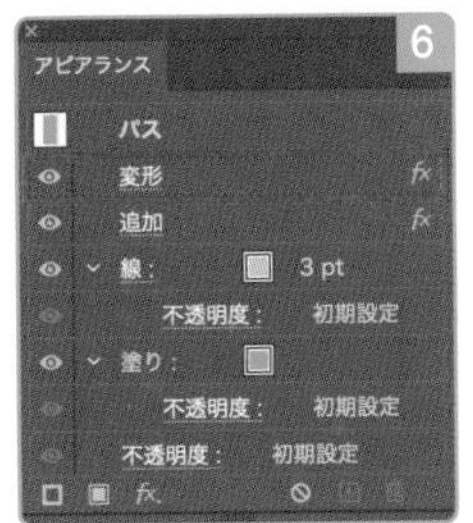

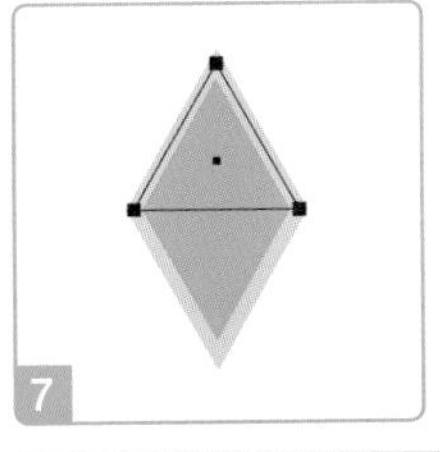

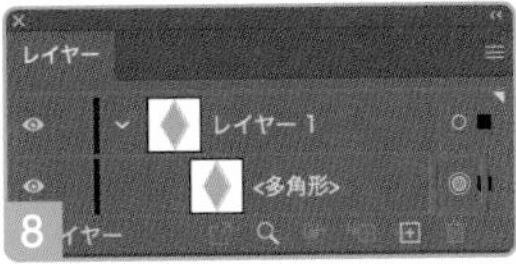

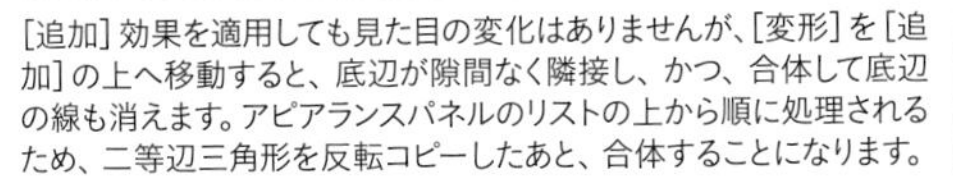

［追加］効果を適用しても見た目の変化はありませんが、［変形］を［追加］の上へ移動すると、底辺が隙間なく隣接し、かつ、合体して底辺の線も消えます。アピアランスパネルのリストの上から順に処理されるため、二等辺三角形を反転コピーしたあと、合体することになります。

P109 雫

［追加］効果は、パスファインダーパネルの［合体］と同じです。

★★★

10 D　グループに色を設定する

アピアランス

STEP 1　**10C**で作成した菱形を選択し、[塗り:なし] [線:なし] に変更したあと、[オブジェクト] メニュー→ [グループ] を選択します 1 2

STEP 2　アピアランスパネルで [新規塗りを追加] をクリックし、[塗り] と [線] に色を設定します 3 4 5

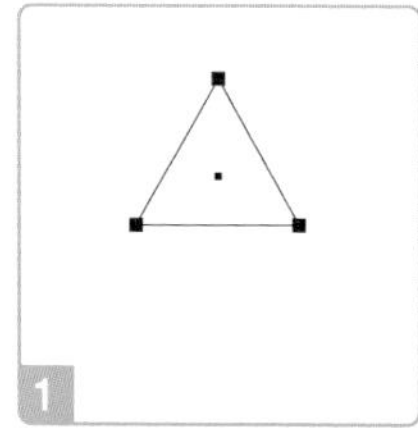

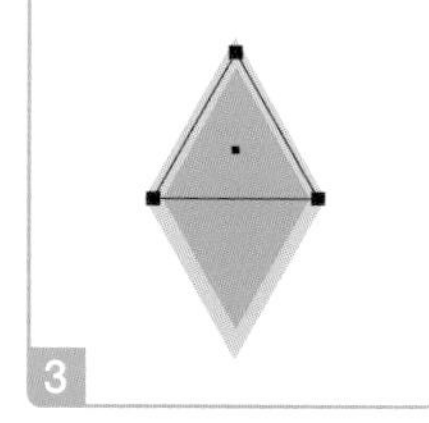

[新規塗りを追加] をクリックすると、[線] も追加されます。透明なパスで [線幅] の影響を受けずにかたちをつくり、グループに色を設定することで、内容ごとに作業を分けることができます。ただし、この設定では、アピアランスを分割したときに、同じパスが3つ重なった状態に変換されます (P61)。

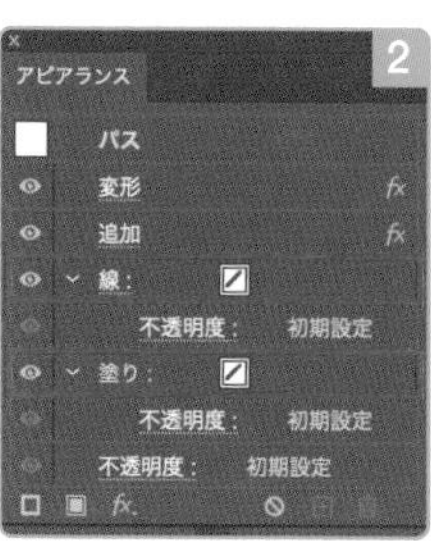

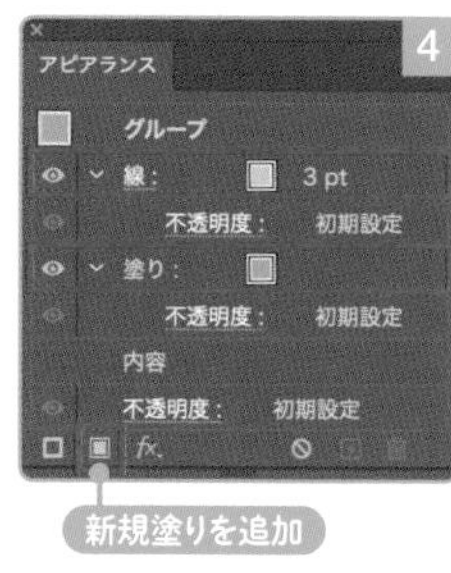

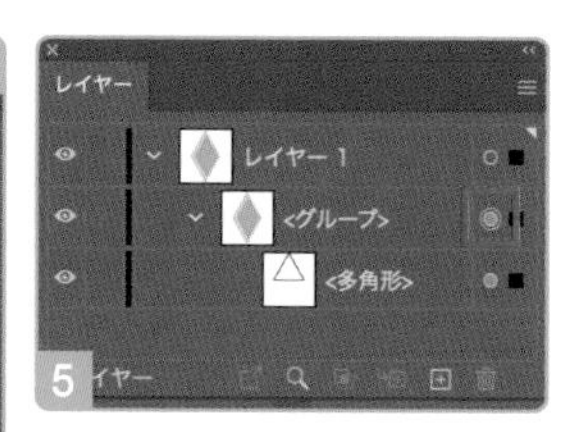

P194 歯車　P258 吹き出し

★★★

10 E　グループに [追加] 効果を適用する

アピアランス

STEP 1　**10D**の菱形を選択し、アピアランスパネルで [内容] をダブルクリックして、下の階層を開きます 1

STEP 2　[追加] を選択して、[選択した項目を削除] をクリックします 2

STEP 3　サムネールの上の [グループ] をクリックして上の階層に移動し、[効果] メニュー→ [パスファインダー] → [追加] を選択します 3 4

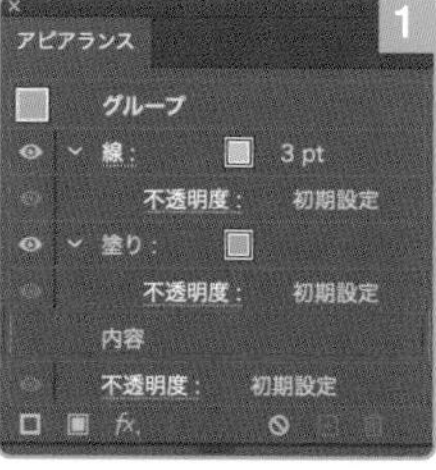

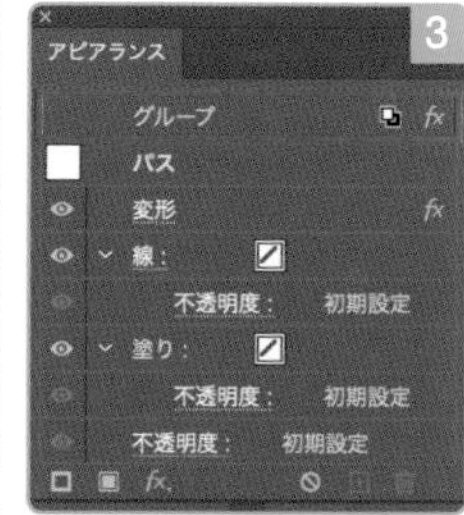

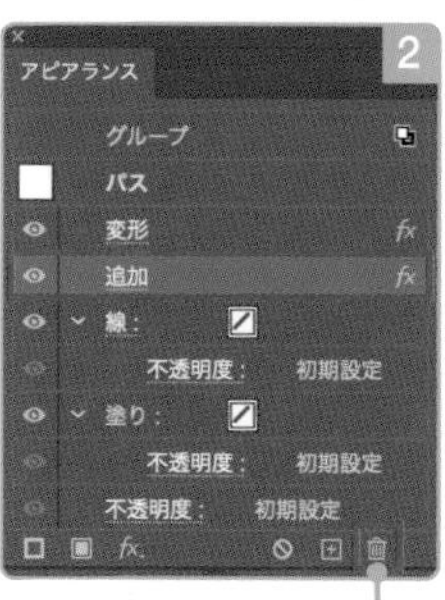

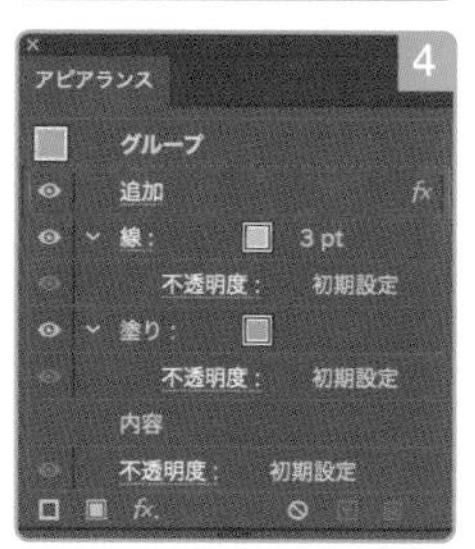

[内容] のダブルクリックや [グループ] のクリックで、階層を移動できます。

反転コピーを透明なパス、合体と色をグループに設定することになります。

★★★

10 F [変形] 効果で直角三角形を反転コピーする

アピアランス

STEP 1 底辺が水平な直角三角形を選択し、[効果] メニュー→ [パスの変形] → [変形] を選択します 1

STEP 2 ダイアログで [水平方向に反転:オン] [基準点:右辺] [コピー:1] に変更して、[OK] をクリックします 2

STEP 3 アピアランスパネルで [変形] をリストのいちばん上へ移動します 3

STEP 4 [効果] メニュー→ [パスの変形] → [変形] を選択し、ダイアログで [垂直方向に反転:オン] [基準点:下辺] [コピー:1] に変更して、[OK] をクリックします 4 5

STEP 5 追加した [変形] を、リストの上から2番目へ移動します 6

STEP 6 [効果] メニュー→ [パスファインダー] → [追加] を選択します 7 8

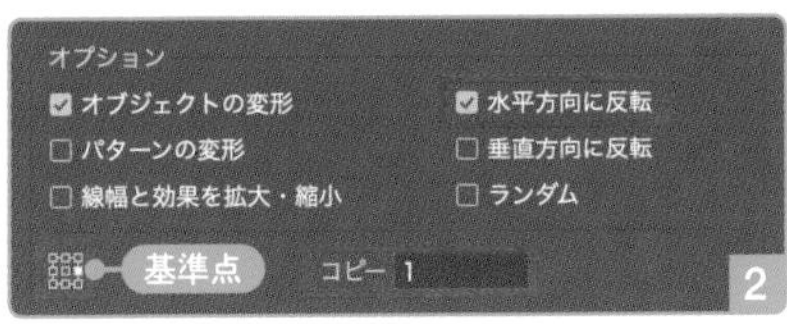

[基準点] は、右上角/右辺中央/右下角のどこでもかまいません。いずれかに設定すると、垂直な辺を軸として反転コピーできます。

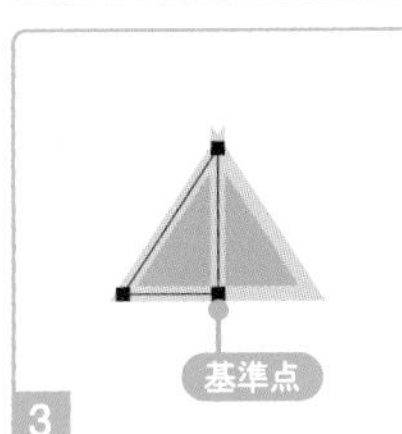

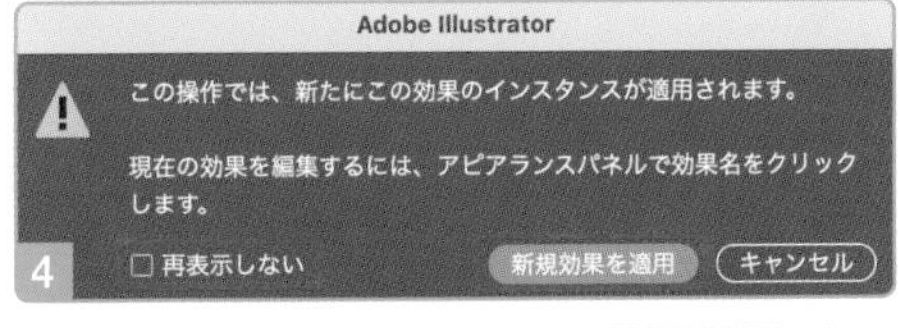

同じ効果を選択すると警告ダイアログが表示されますが、[新規効果を適用] で適用できます。[変形] 効果は複数適用が多いため、[再表示しない:オン] に変更します。

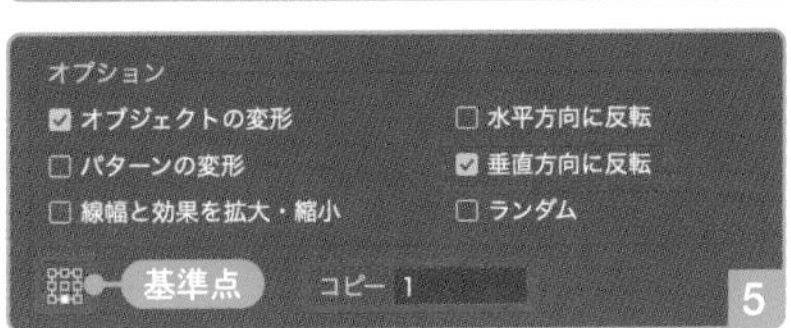

[基準点] は、左下角/下辺中央/右下角のどこでもかまいません。いずれかに設定すると、底辺を軸として反転コピーできます。

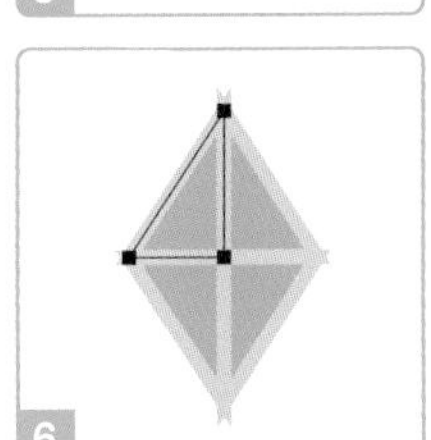

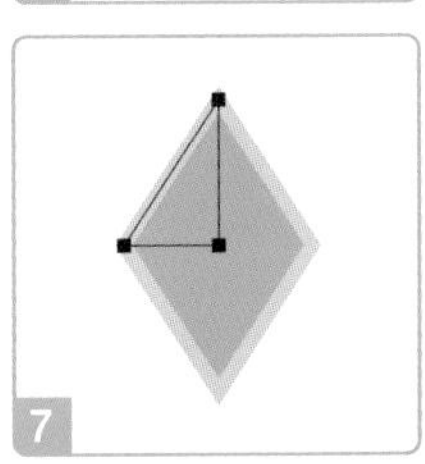

アピアランスパネルで [変形] を [線] の上へ移動すると、[線幅] の [基準点] への影響を回避できます。

アピアランスパネルには効果名のみが表示されるため、同じ効果を適用すると区別がつきません。左端の目のアイコンで表示/非表示を切り替えてみると、見分けがつきます。

この場合、[追加] は [変形] の下に追加されます。

» P91 クロスハッチ

★★
10 G　扇形を反転コピーする

パス

STEP 1　［ダイレクト選択ツール］で左右対称な扇形の円弧のアンカーポイントを選択して、［delete］キーを押します 1 2

STEP 2　［リフレクト］ツールを選択して、［option（Alt）］キーを押しながら端のアンカーポイントをクリックします 3

STEP 3　ダイアログで［リフレクトの軸：水平］に変更して、［コピー］をクリックします 4

STEP 4　すべてを選択して、パスファインダーパネルで［合体］をクリックします 5

リフレクトツール

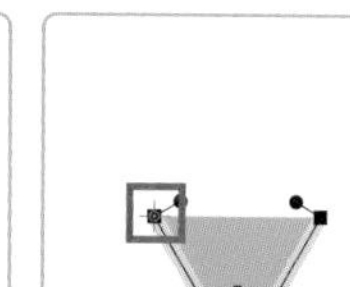

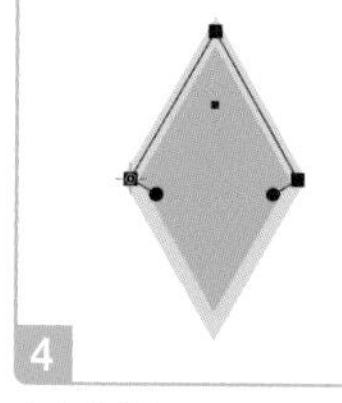

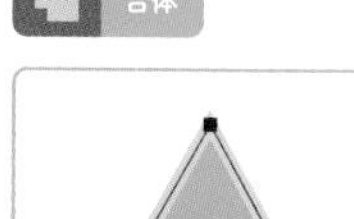

楕円形のプロパティ：
70 px　70 px
0°
60°　120°
2

扇形の円弧を削除すると、オープンパスの二等辺三角形になります。

左右対称な扇形をベースにすると、角度を正確に指定して菱形を描くことができます。

複合シェイプによる合体や、［変形］効果と［追加］効果の組み合わせで、菱形に仕上げることも可能です。

》 P35 半円

★★★
10 H　交差直線の重なりを［交差］効果で抽出する

アピアランス

STEP 1　傾きのある直線を選択し、アピアランスパネルで［線］を選択したあと、［効果］メニュー→［パス］→［パスのアウトライン］を選択します 1

STEP 2　［効果］メニュー→［パスの変形］→［変形］を選択し、ダイアログで［水平方向に反転：オン］［基準点：中央］［コピー：1］に変更して、［OK］をクリックします 2 3

STEP 3　［効果］メニュー→［パスファインダー］→［交差］を選択したあと、アピアランスパネルで［変形］の下へ移動します 4 5

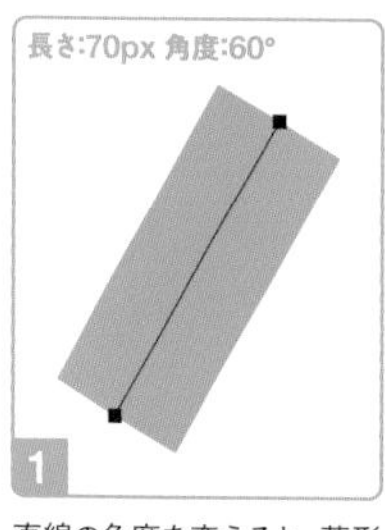

直線の角度を変えると、菱形のかたちも変わります。45°にすると、45°回転した正方形になります。

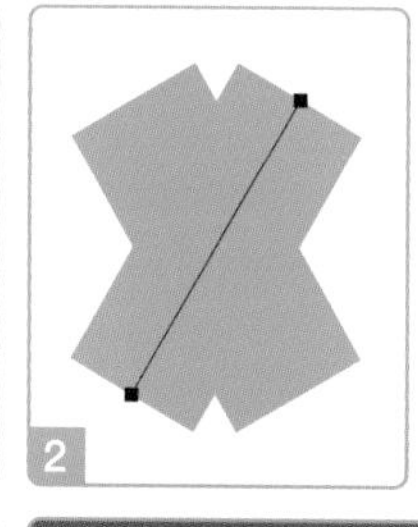

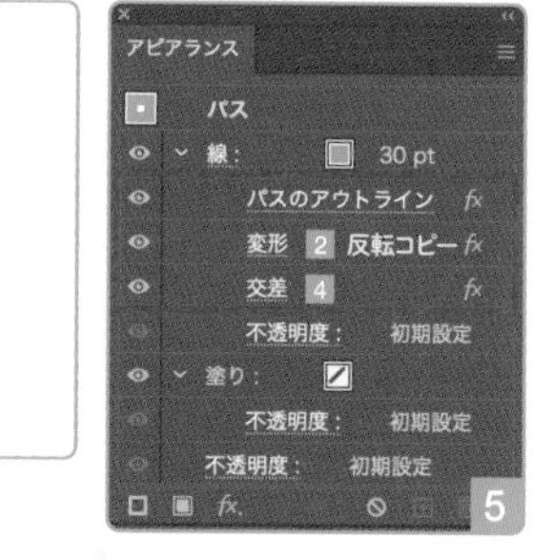

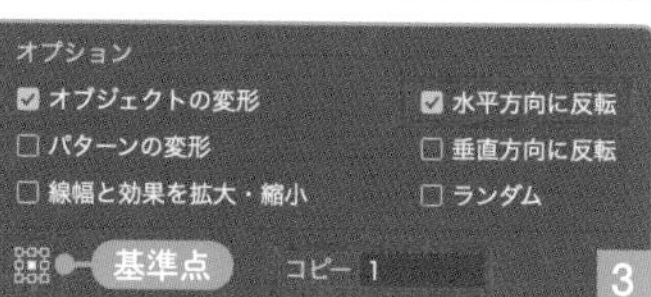

［パスのアウトライン］効果は、［線］を擬似的にアウトライン化するため、長方形として扱えるようになります。

》 P120 葉

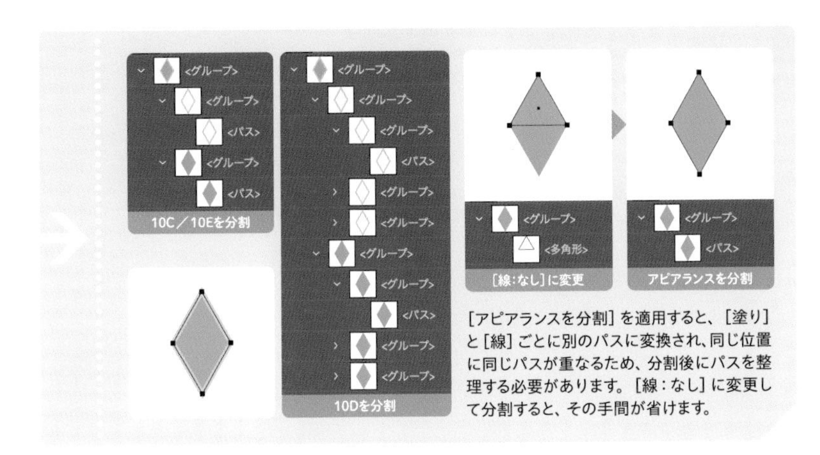

［アピアランスを分割］を適用すると、［塗り］と［線］ごとに別のパスに変換され、同じ位置に同じパスが重なるため、分割後にパスを整理する必要があります。［線：なし］に変更して分割すると、その手間が省けます。

POINT

➡ リフレクト（反転）

- ☐ **［リフレクトツール］**で、オブジェクトを反転できる
- ☐ ［リフレクトツール］で**［option（Alt）］キー**を押しながらクリックすると、**基準点**を指定でき、ダイアログが開く
- ☐ ［リフレクト］ダイアログの**［リフレクトの軸］**で、反転軸の角度を指定できる
- ☐ ［リフレクト］ダイアログで**［コピー］**をクリックすると、複製できる
- ☐ 正三角形や二等辺三角形を**底辺を軸**として反転コピーすると、**菱形**になる
- ☐ **［変形］効果**で**［基準点］**を指定して**反転コピー**できる
- ☐ ［変形］効果の［基準点］には**［線幅］**も影響する

➡ アピアランス全般

- ☐ アピアランスパネルで**［変形］を［線］の上へ移動**すると、［基準点］が［線幅］の影響を受けない
- ☐ 効果は、**［塗り:なし］［線:なし］**のパスに適用しても反映される
- ☐ **グループ**に**［塗り］**や**［線］**を設定できる
- ☐ アピアランスパネルで**［内容］**をダブルクリックすると、下の階層のアピアランスが表示される
- ☐ ひとつのオブジェクトに、**同じ効果を複数適用**できる
- ☐ **アピアランスを分割**すると、かたちが同じでも**［塗り］と［線］は別のパス**に変換される
- ☐ **［追加］効果**で合体できる
- ☐ **［パスのアウトライン］効果**で、［線］を擬似的にアウトライン化できる
- ☐ **［交差］効果**で、2つのオブジェクトの重なりだけを残せる

➡ その他

- ☐ 変形パネルの**シェイプのプロパティの［角度］**には、**［45°］**のメニューが用意されている
- ☐ **正方形を45°回転**すると、菱形になる
- ☐ 扇形の**円弧を削除**すると、二等辺三角形になる

11 平行四辺形を描く

平行四辺形は、ストライプバーやヘリンボーンパターン（矢絣模様）の最小単位となる図形です。長方形に歪みを加えるほか、傾きのある直線をマスクでトリミングする方法もあります。

★

11 A ［シアー］で長方形に歪みを加える

シアー

STEP 1 長方形を選択します 1

STEP 2 変形パネルで［シアー］のメニューから角度を選択します 2 3

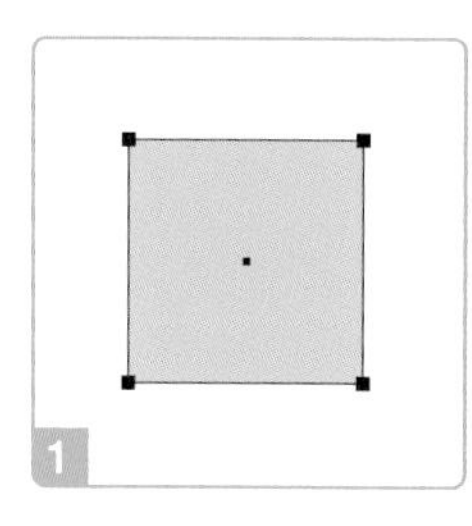

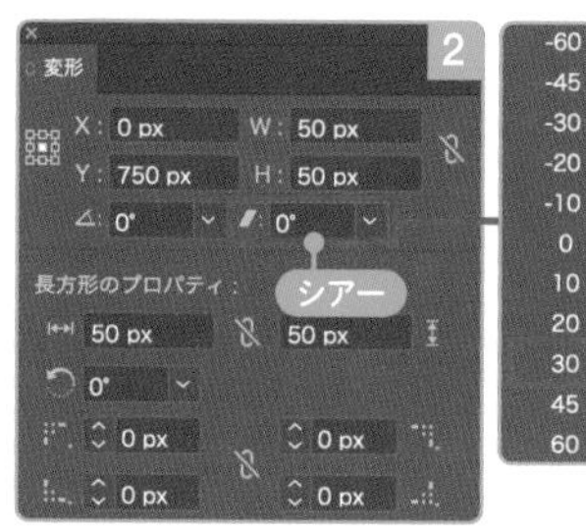

変形後、［シアー］の値は［0°］にリセットされます。元に戻すには、角度の正負を入れ替えた値を［シアー］に入力します。

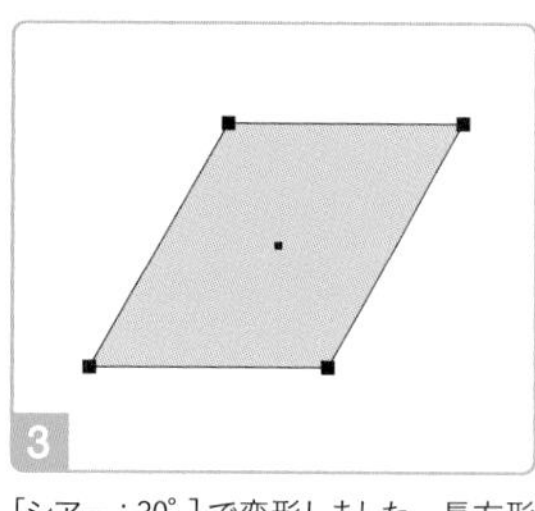

［シアー：30°］で変形しました。長方形シェイプの場合、この操作で拡張されますが、多角形シェイプは属性が保持されます。

》P129 ストライプバー

★★

11 B ［シアーツール］で長方形に歪みを加える

シアー

STEP 1 長方形を選択し、ツールバーで［シアーツール］をダブルクリックします 1

STEP 2 ［シアーの角度］と［方向］を変更して、［OK］をクリックします 2 3

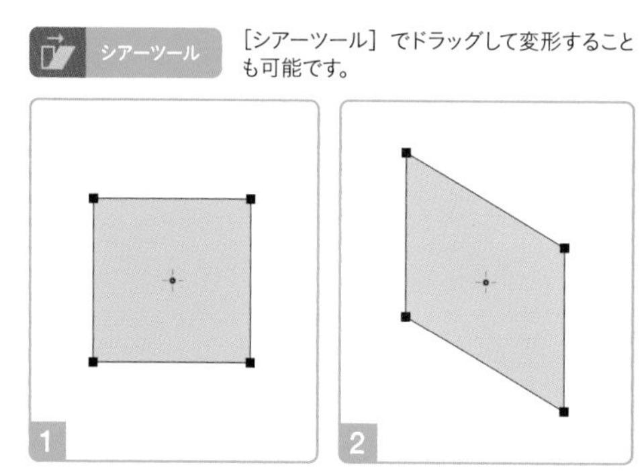

［シアーツール］でドラッグして変形することも可能です。

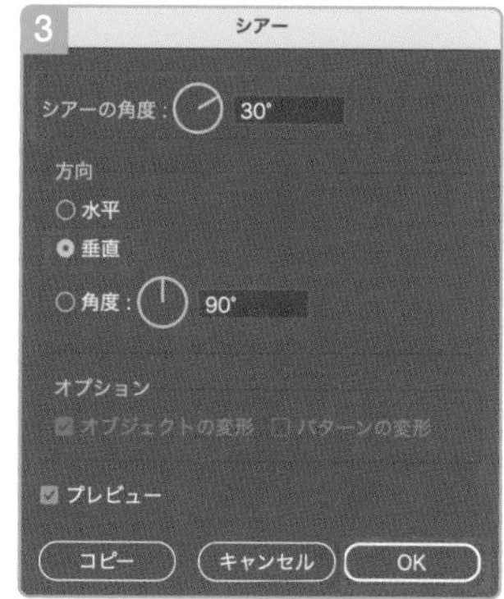

変形パネルは水平方向のみですが、ダイアログは垂直方向も選択できます。

》P212 ヘリンボーンパターン

★

11 C 長方形のセグメントを移動する

セグメント

STEP 1 [ダイレクト選択ツール] を選択し、長方形の上辺のアンカーポイントを選択します 1

STEP 2 [→] キーを押して右へ移動します 2

ダイレクト選択ツール

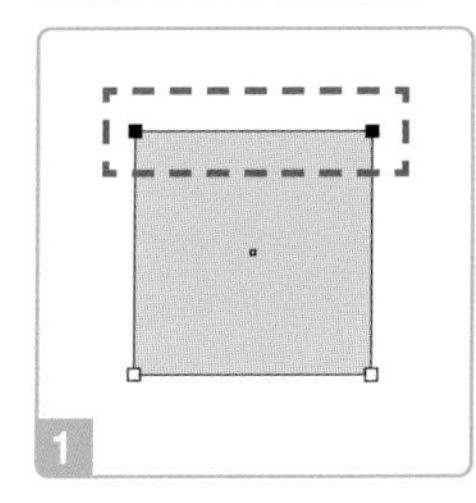

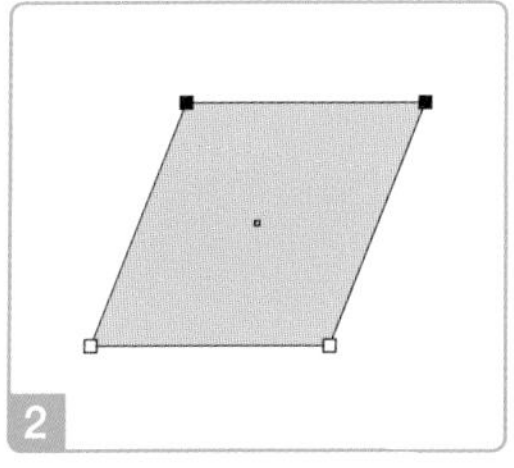

矢印キーの移動距離を細かい値に設定しておくと、微調整できます。[shift] キーを押しながら押すと、移動距離が10倍になります。

このほか、[ダイレクト選択ツール] でセグメントを直接ドラッグして、平行四辺形にすることもできます。微調整は矢印キー、大幅な変更はドラッグと使い分けると、効率よく変形できます。

» P129 ストライプバー　» P170 リサイクルマーク

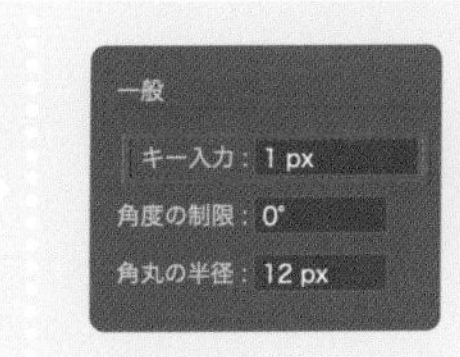

矢印キーの移動距離は、環境設定で変更できます。[Illustrator] メニュー→ [環境設定] → [一般] を選択し、ダイアログで [キー入力] を変更します。環境設定の [単位] と異なる単位を入力すると自動で換算されるので、先に [単位] を確認・変更してから入力するとよいでしょう。

★

11 D 2つの平行線の端点を連結する

アンカーポイント

STEP 1 [選択ツール] で [option (Alt)] キーを押しながら水平線をドラッグして複製します 1

STEP 2 [ダイレクト選択ツール] を選択し、端のアンカーポイントをそれぞれ選択します 2

STEP 3 コントロールパネルで [選択した終点を連結] をクリックします 3

STEP 4 反対側も同様の操作で連結します 4

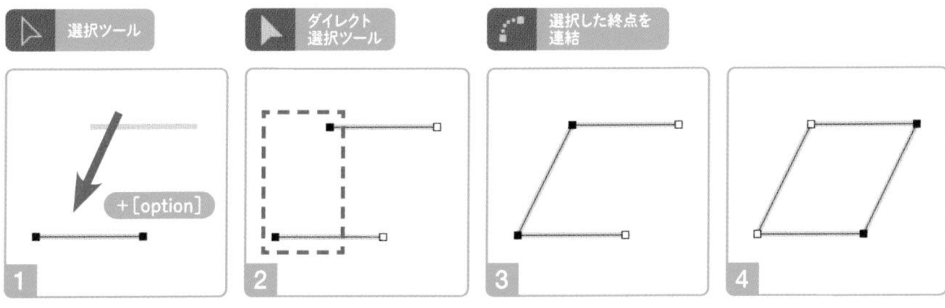

02L (P24) の正方形と同じ操作です。平行四辺形の場合、直線の位置を揃える必要がありません。

» P24 正方形

★★
11 E　クリッピングマスクで直線を切り抜く

クリッピングマスク

STEP 1　長方形を最前面へ移動したあと、長方形と傾きのある直線を選択します 1

STEP 2　[オブジェクト] メニュー→ [クリッピングマスク] → [作成] を選択します 2 3

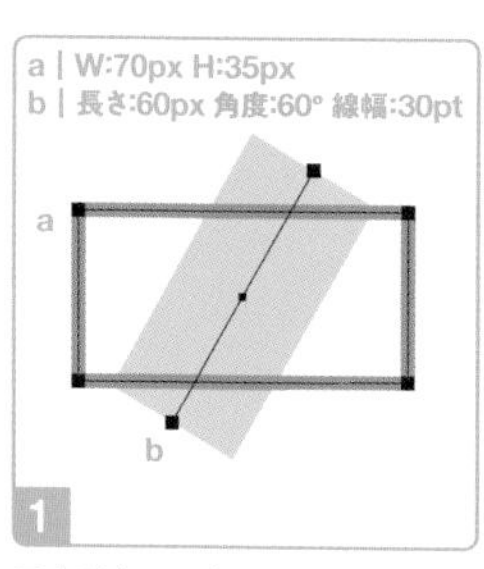

長方形（マスク）は、最前面に配置します。

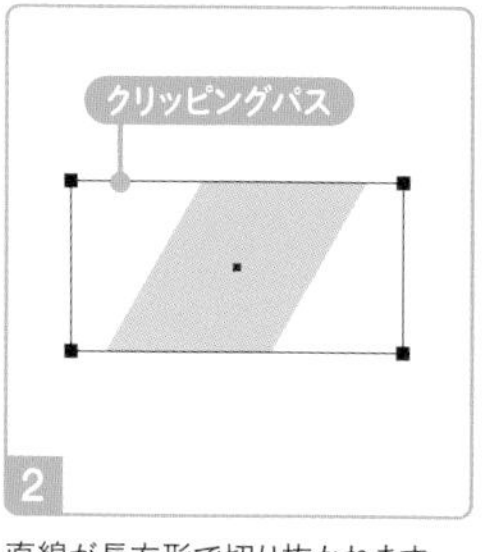

直線が長方形で切り抜かれます。

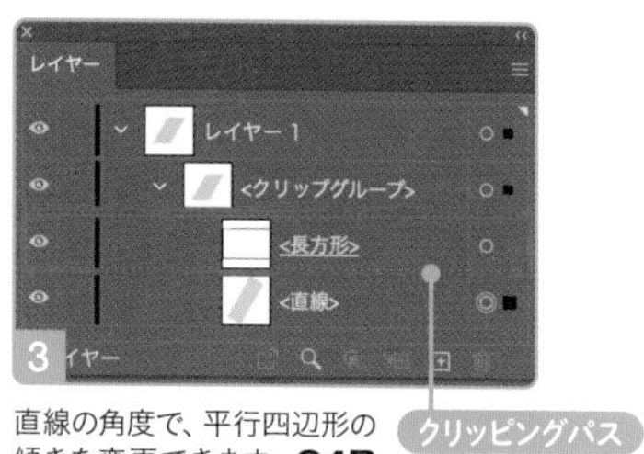

直線の角度で、平行四辺形の傾きを変更できます。**24B**（P129）では、この構造でストライプバーをつくります。

P50 扇面　P70 台形　P129 ストライプバー

★★★
11 F　回転した [塗り] を [切り抜き] 効果で切り抜く

アピアランス

STEP 1　長方形を選択し、アピアランスパネルで [塗り] を選択します 1 2

STEP 2　[効果] メニュー→ [パスの変形] → [変形] を選択し、ダイアログで [基準点:中央] に変更し、[角度] を調整して、[OK] をクリックします 3 4

STEP 3　アピアランスパネルで [塗り] の選択を解除したあと、[効果] メニュー→ [パスファインダー] → [切り抜き] を選択し、[切り抜き] を [塗り] の下へ移動します 5 6

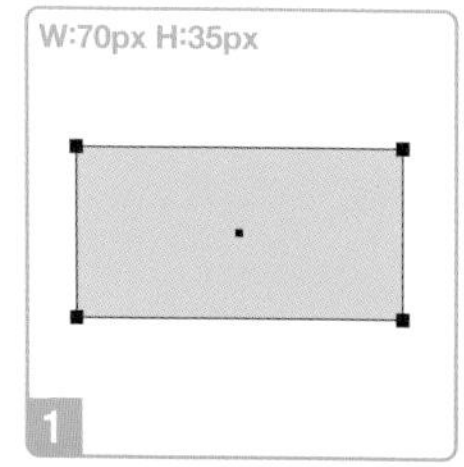

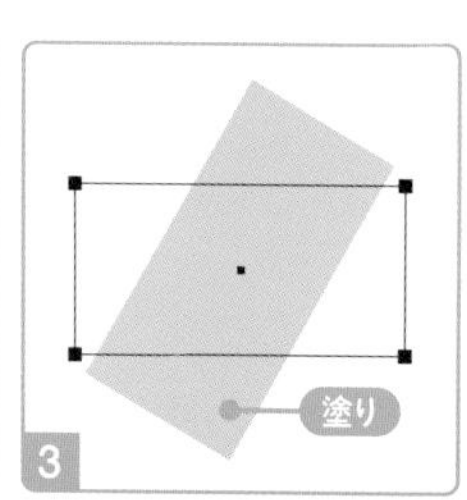

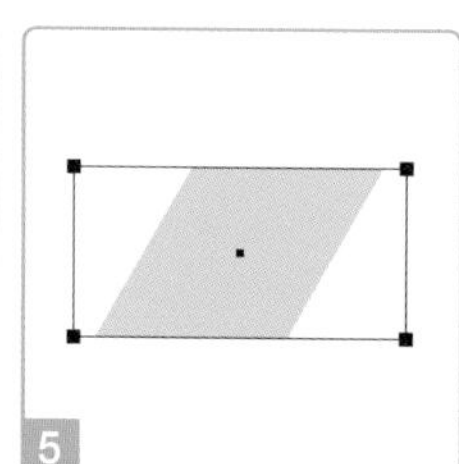

[切り抜き] 効果を適用すると、回転した [塗り]が、パスの形状（長方形）で切り抜かれます。

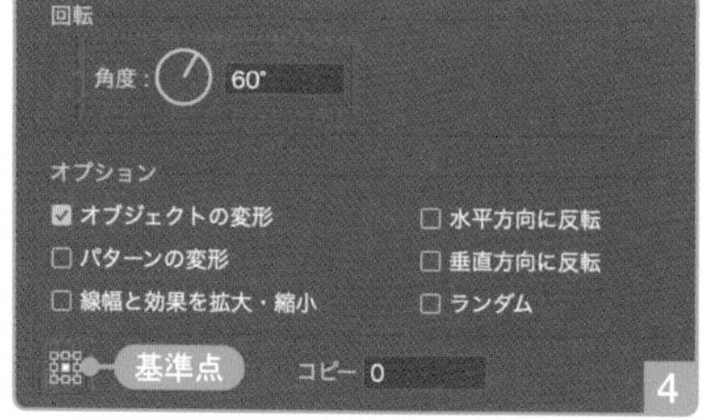

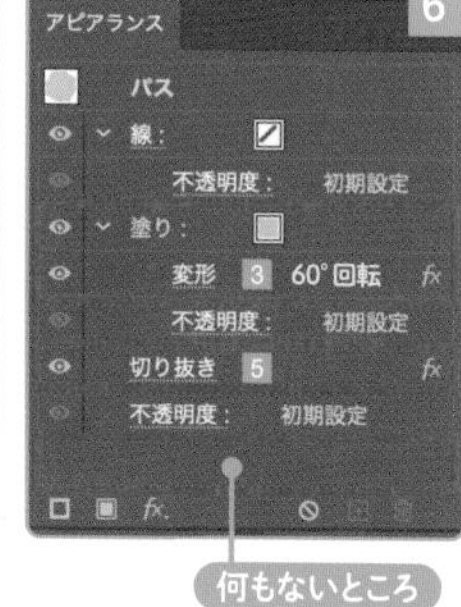

P70 台形
P130 ストライプバー
P195 歯車

[塗り] や [線] などの項目の選択を解除するには、[command (Ctrl)] キーを押しながら項目をクリックするか、アピアランスパネルの何もないところをクリックします。

SIMPLE SHAPE

★★★

11 G 直線の［塗り］を長方形化してマスクにする

アピアランス

STEP 1 傾きのある直線を選択し、アピアランスパネルで［塗り］を選択します 1

STEP 2 ［効果］メニュー→［形状に変換］→［長方形］を選択して、ダイアログで［サイズ：値を指定］に変更し、［幅］と［高さ］を調整して、［OK］をクリックします 2 3

STEP 3 アピアランスパネルで［塗り］を［線］の上へ移動したあと、［線］を選択して、［効果］メニュー→［パス］→［パスのアウトライン］を選択します 4 5

STEP 4 ［効果］メニュー→［パスファインダー］→［切り抜き］を選択したあと、［切り抜き］を［線］の下へ移動します 6 7

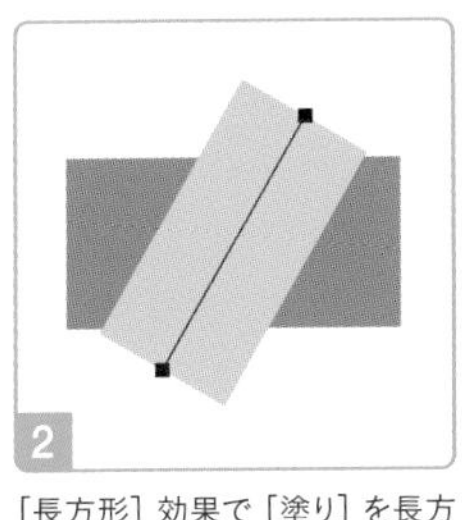

［長方形］効果で［塗り］を長方形化します。これがマスクになります。

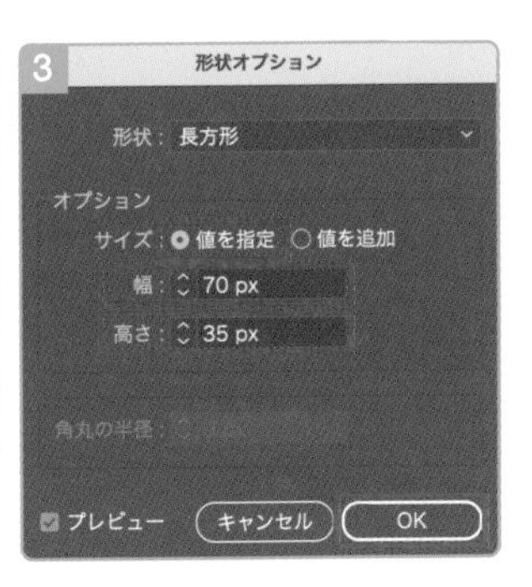

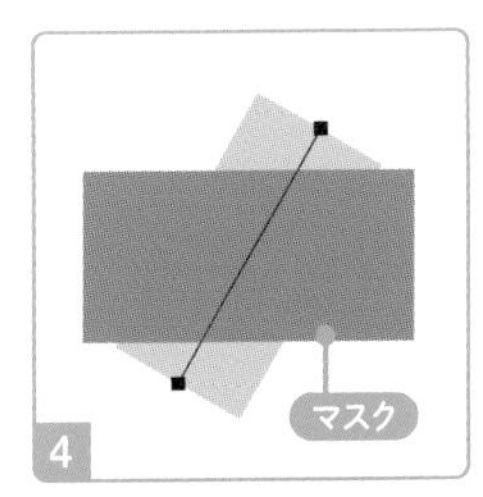

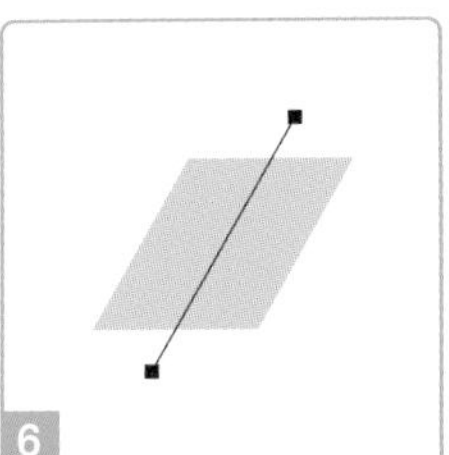

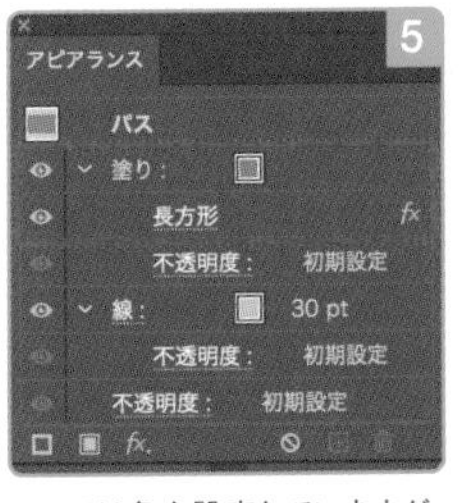

ここでは色を設定していますが、［塗り：なし］に変更しても、マスクとして機能します。

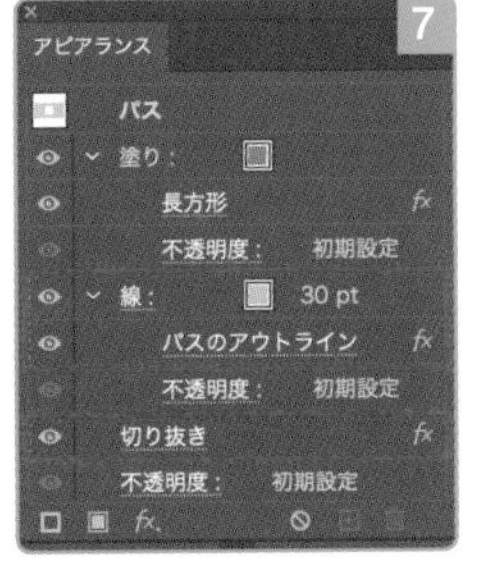

［パスのアウトライン］効果を適用すると直線が長方形として扱われるため、［切り抜き］効果によって、マスクで切り抜かれます。

［パスのアウトライン］効果は、［線幅］のほか、破線や矢印、可変線幅も擬似的にアウトライン化できます。

» P60 菱形 » P181 虹

★★

11 H　[変形] 効果で直角三角形を反転コピーする

アピアランス

STEP 1　直角三角形を選択し、[効果] メニュー→ [パスの変形] → [変形] を選択します 1

STEP 2　ダイアログで [水平方向に反転:オン] [垂直方向に反転:オン] [基準点:右辺] [コピー:1] に変更して、[OK] をクリックします 2

STEP 3　アピアランスパネルで [変形] を [線] の上へ移動します 3

STEP 4　[効果] メニュー→ [パスファインダー] → [追加] を選択します 4 5

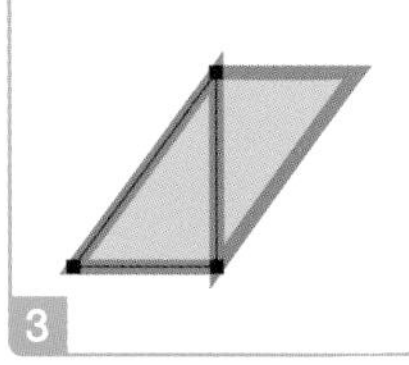

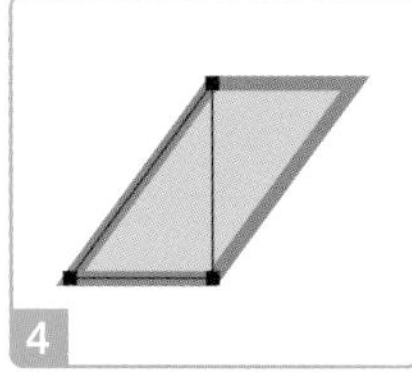

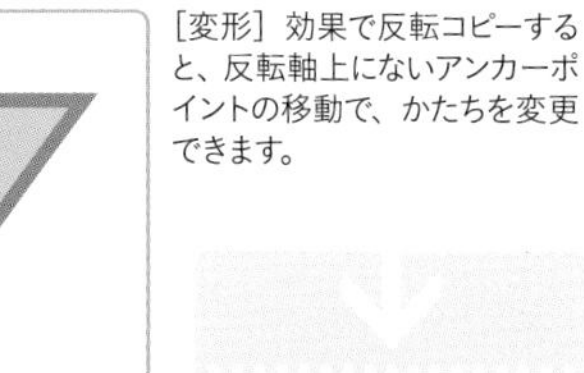

[変形] 効果で反転コピーすると、反転軸上にないアンカーポイントの移動で、かたちを変更できます。

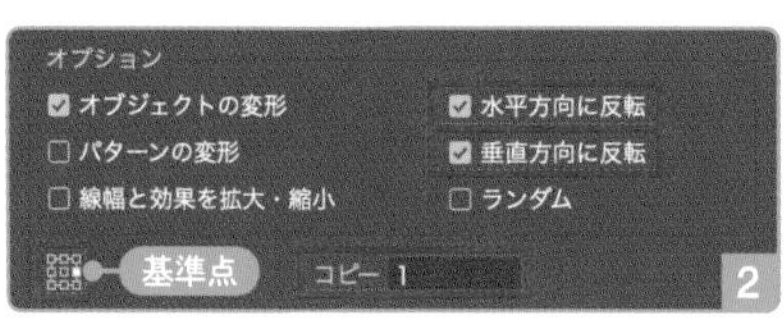

水平方向と垂直方向の反転が、ひとつの効果で設定できます。[基準点]は、右上角／右辺中央／右下角のどこでもかまいません。

》P57 菱形

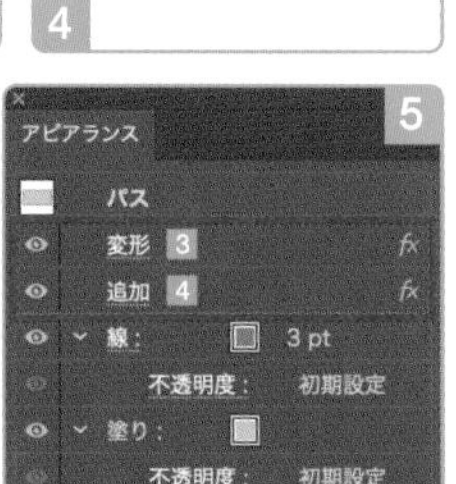

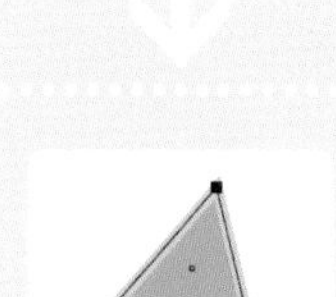

10C (P57) の菱形の [変形] 効果に [水平方向に反転：オン] を追加し、頂点を移動してつくることも可能です。

★★

11 I　アンカーポイントを整列する

整列

STEP 1　長方形を選択して回転します

STEP 2　[ダイレクト選択ツール] で上辺のアンカーポイントを、移動するもの、キーオブジェクトの順に選択し、整列パネルで [垂直方向下に整列] をクリックします 1 2

STEP 3　同様の手順で、下辺のアンカーポイントも整列します 3 4

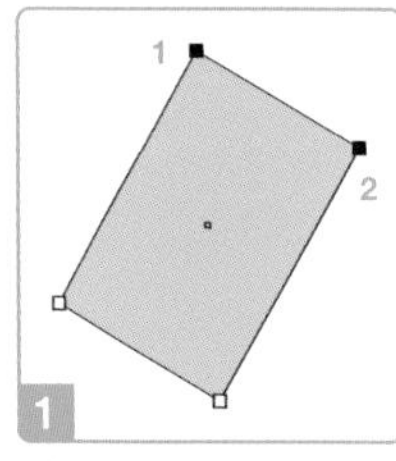

最後に選択したアンカーポイントが、キーオブジェクトになります。

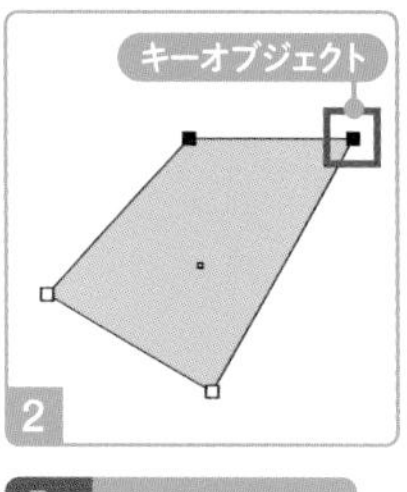

垂直方向下に整列

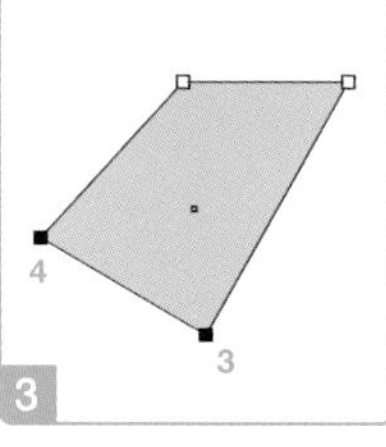

キーオブジェクト

4

垂直方向上に整列

底辺を水平にする操作にも使えます。

キーオブジェクトは、それ自体は動かず、整列の基準となるオブジェクトやアンカーポイントです。

》P173 雪の結晶

★
11 J 長方形の対角を［面取り］に変更する

ライブコーナー

STEP 1 ［ダイレクト選択ツール］で長方形の対角のアンカーポイントを選択します 1

STEP 2 コントロールパネルで［コーナーの半径：最大値］に変更したあと、［コーナー：面取り］に変更します 2 3 4 5

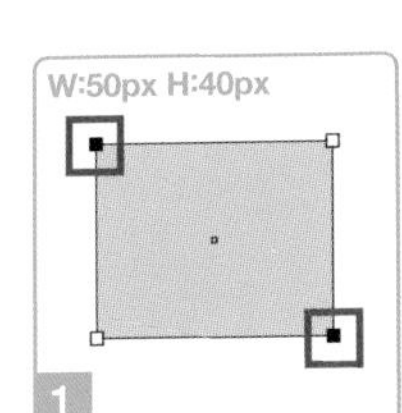

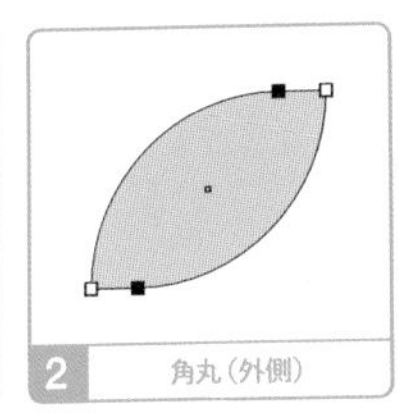

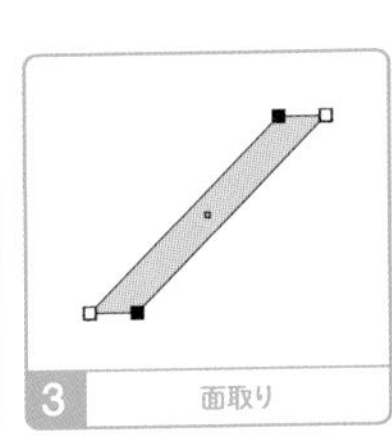

コントロールパネルで［コーナー］をクリックすると、このパネルが開きます。

［コーナー］＝［角の種類］、［半径］＝［コーナーの半径］＝［角丸の半径］です。本書では、機能を総括して指し示すときは、変形パネルの名称で統一します。

POINT

➡ シアー

- ☐ **長方形**を選択し、変形パネルで **［シアー］** の角度を変更すると、平行四辺形になる
- ☐ 変形パネルのメニューにない角度は、**［シアー］ダイアログ**で設定できる
- ☐ ［シアー］や［シアーツール］で変形すると、**長方形シェイプは拡張**される

➡ アンカーポイントの整列

- ☐ 特定のアンカーポイントを**キーオブジェクト**に設定して、**整列パネル**で整列できる
- ☐ **最後に選択したアンカーポイント**が、キーオブジェクトになる

➡ アピアランス

- ☐ **クローズパス**に **［切り抜き］効果**を適用すると、**パスの形状**で切り抜かれる
- ☐ **オープンパス**に［切り抜き］効果を適用すると、**アピアランスパネルのリストでいちばん上**にある［塗り］、または［パスのアウトライン］効果を適用した［線］の形状で切り抜かれる
- ☐ ［変形］効果では、**水平方向と垂直方向の反転**が同時に可能
- ☐ アピアランスパネルで［塗り］や［線］の選択を解除するには、パネル内の**何もないところをクリック**するか、**［command（Ctrl）］キー**を押しながら項目をクリックする

➡ 矢印キーを利用した移動

- ☐ 矢印キーでオブジェクトを**移動**できる
- ☐ 矢印キーの移動距離は、**環境設定**で変更できる
- ☐ **［shift］キー**を押しながら矢印キーを押すと、移動距離が**10倍**になる

➡ その他の操作

- ☐ **［角の種類］** は変更できる

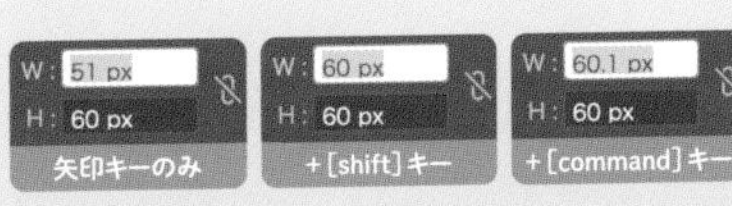

矢印キーは、数値の入力にも便利に使えます。入力欄にカーソルを挿入して［↑］［↓］キーを押すと、値が整数になります。［shift］キーを押しながら矢印キーを押すと、10の倍数で変化します。［command（Ctrl）］キーを押しながら矢印キーを押すと、0.1の倍数になります。このほか、オブジェクトの移動にも矢印キーが使えます。この場合、移動距離は環境設定の［キー入力］が反映されますが、［shift］キーを押すと、その10倍の距離を移動できます。

12 台形を描く

台形は、向かい合う2つの辺が平行な図形です。描きかたはおおむね、長方形の一辺を縮小する方法と、三角形の頂角を平にする方法に分かれます。このほか、二等辺三角形のように、可変線幅も利用できます。

★

12 A 長方形のセグメントを縮小する

セグメント

STEP 1 ［ダイレクト選択ツール］で長方形の上辺のアンカーポイントを選択します 1

STEP 2 ［拡大・縮小ツール］をダブルクリックし、ダイアログで［縦横比を固定］に比率を入力して、［OK］をクリックします 2 3

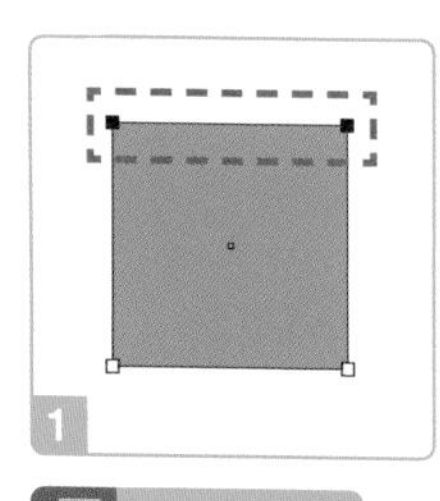

拡大・縮小ツール

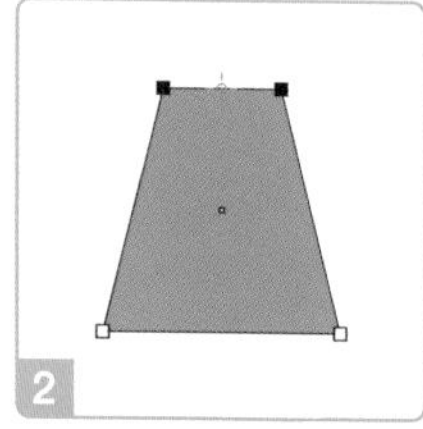

上辺のセグメントを縮小すると、台形になります。［拡大・縮小ツール］でドラッグして縮小することもできます。

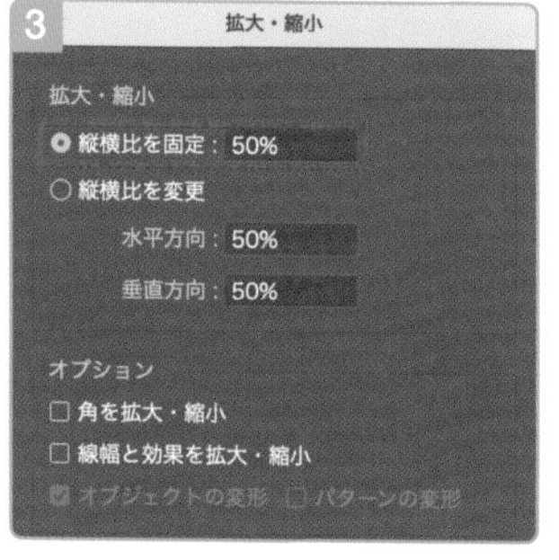

このダイアログは、［拡大・縮小ツール］選択後に［return］キーを押しても開きます。

》P83 星 》P90 クロスハッチ

★★

12 B ［ワープ］効果を長方形に適用する

アピアランス

STEP 1 長方形を選択し、［効果］メニュー→［ワープ］→［円弧］を選択します 1

STEP 2 ダイアログで［カーブ：0%］［水平方向：0%］に変更し、［垂直方向］で上辺と下辺の長さを調整して、［OK］をクリックします 2 3

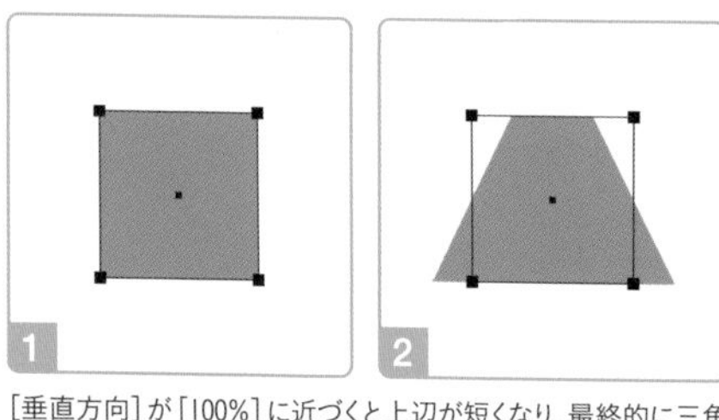

［垂直方向］が［100%］に近づくと上辺が短くなり、最終的に三角形になります。

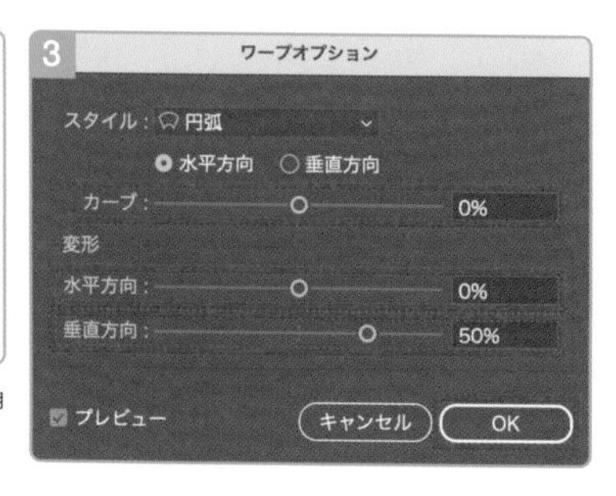

》P52 三角形

★

12 C 二等辺三角形の頂角を［面取り］に変更する

ライブコーナー

STEP 1 ［ダイレクト選択ツール］で、三角形の頂角のアンカーポイントを選択します 1

STEP 2 コントロールパネルで［コーナー］をクリックし、［コーナー：面取り］に変更して［半径］を調整します 2 3 4

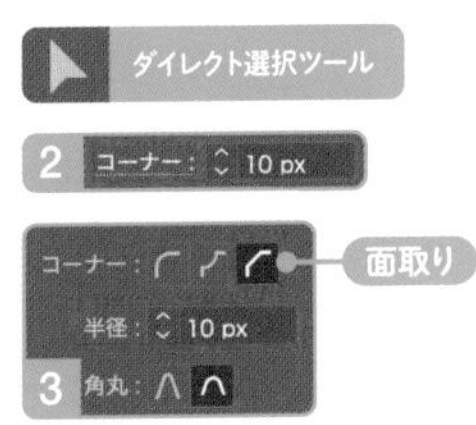

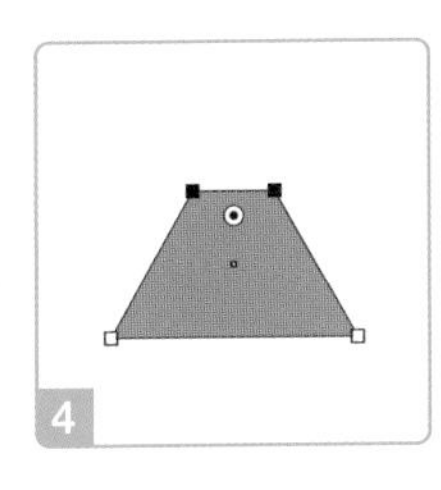

台形の高さは［半径］で調整できます。上辺の角をそれぞれ個別の角として扱う場合は、パスファインダーパネルで［合体］をクリックします。

》P67 平行四辺形 》P75 斜角長方形

★★

12 D 頂角を［シェイプ形成ツール］で削除する

シェイプ形成

STEP 1 三角形と水平線を選択し、［シェイプ形成ツール］で［option (Alt)］キーを押しながら、三角形の上半分をクリックします 1 2 3

STEP 2 水平線を選択して、［delete］キーを押します

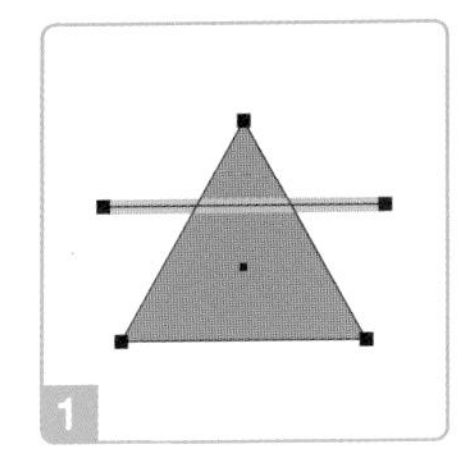

［塗り：なし］に設定した［ライブペイントツール］でも、三角形の上半分を削除できます。ライブペイントの場合、拡張前であれば水平線の位置で台形の高さを変更できます。

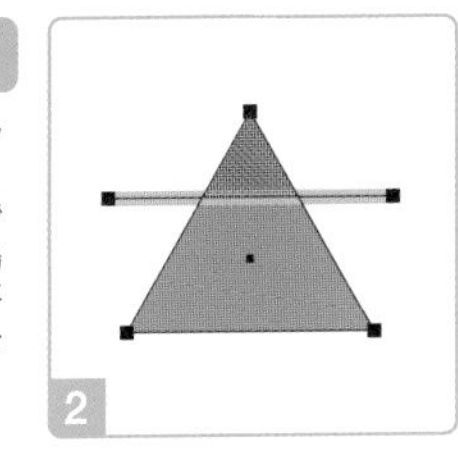

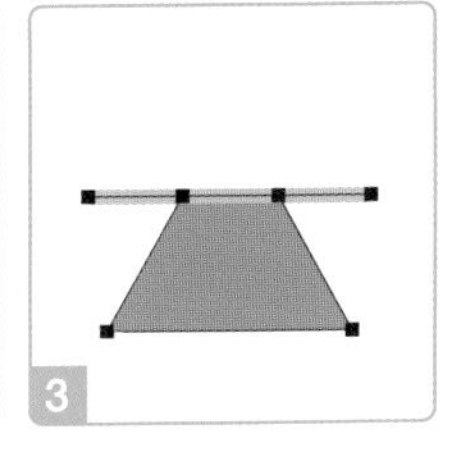

★★

12 E 三角形を底辺に水平な直線で分割する

パスファインダー

STEP 1 三角形と水平線を選択し、パスファインダーパネルで［分割］をクリックします 1

STEP 2 ［オブジェクト］メニュー→［グループ解除］を選択したあと、上の三角形を選択して、［delete］キーを押します 2 3 4

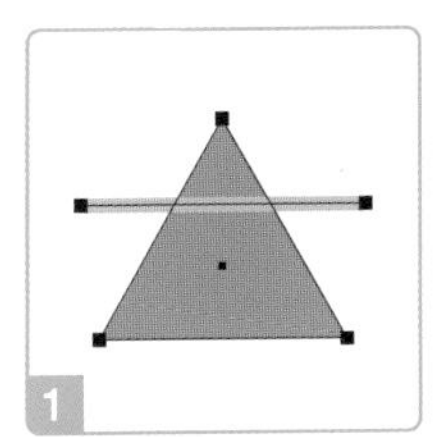

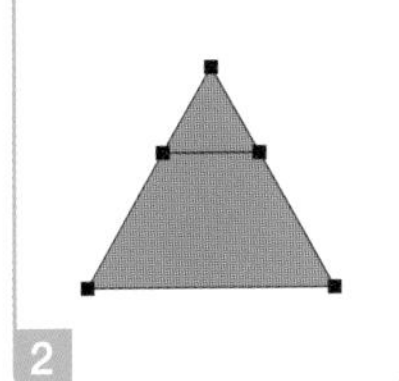

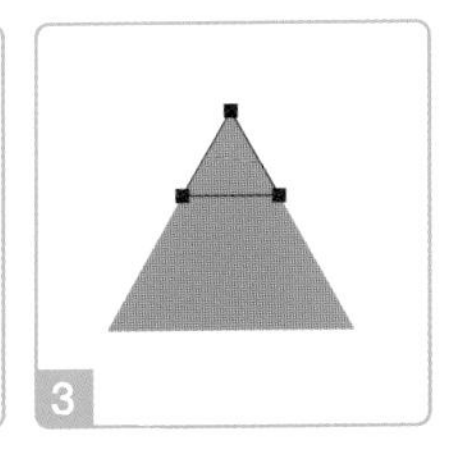

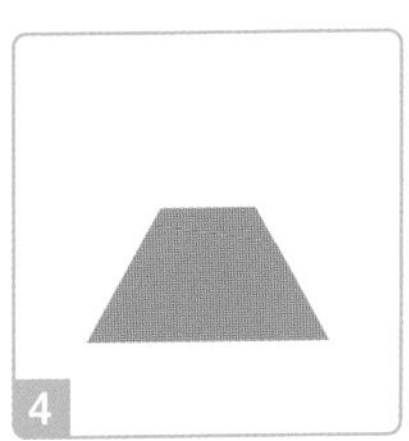

分割

パスファインダーパネルの［分割］を適用すると、分割されたパスはグループにまとめられます。

》P37 1/4円 》P180 虹

★★
12 F　クリッピングマスクで三角形を切り抜く

クリッピングマスク

STEP 1　長方形を最前面へ移動したあと、三角形と長方形を選択します 1

STEP 2　［オブジェクト］メニュー→［クリッピングマスク］→［作成］を選択します 2 3

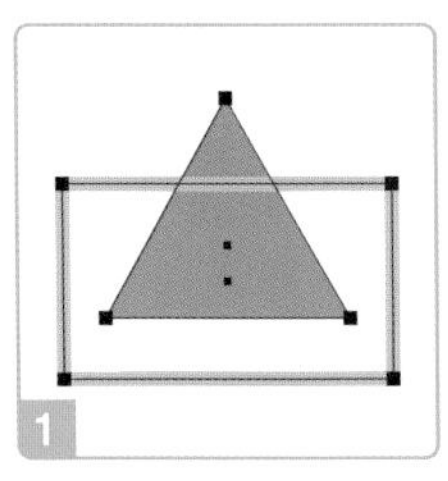

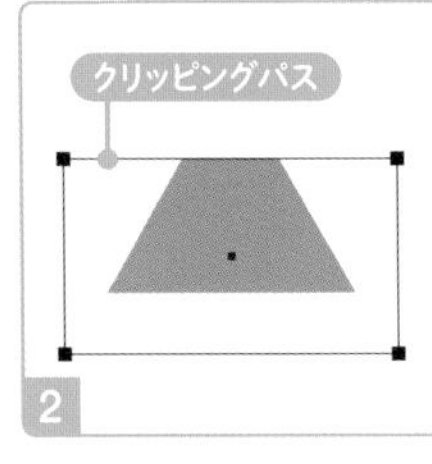

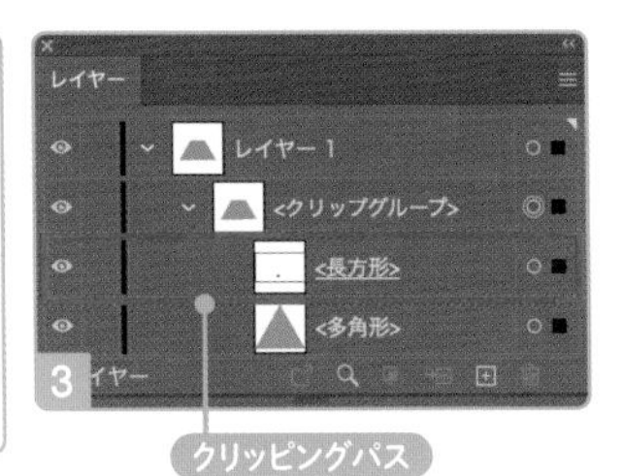

》P50 扇面　》P64 平行四辺形

★★★
12 G　［塗り］を［切り抜き］効果で切り抜く

アピアランス

STEP 1　三角形を選択し、アピアランスパネルで［塗り］を選択します 1

STEP 2　［効果］メニュー→［形状に変換］→［長方形］を選択し、ダイアログで［サイズ：値を指定］に変更し、［幅］と［高さ］を調整して、［OK］をクリックします 2 3

STEP 3　［効果］メニュー→［パスの変形］→［変形］を選択し、ダイアログの［移動］［垂直方向］で位置を調整します 4 5

STEP 4　［効果］メニュー→［パスファインダー］→［切り抜き］を選択したあと、アピアランスパネルで［切り抜き］を［塗り］の下へ移動します 6 7

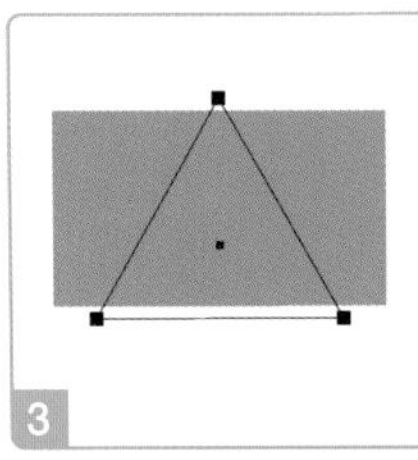

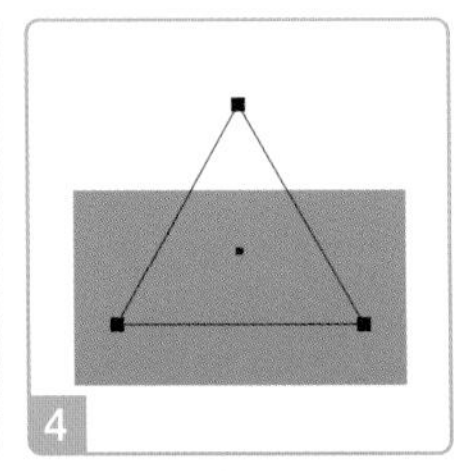

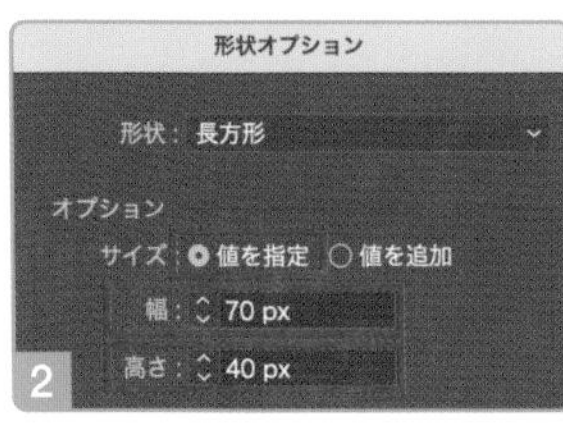

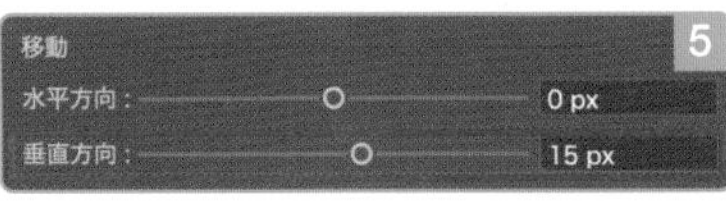

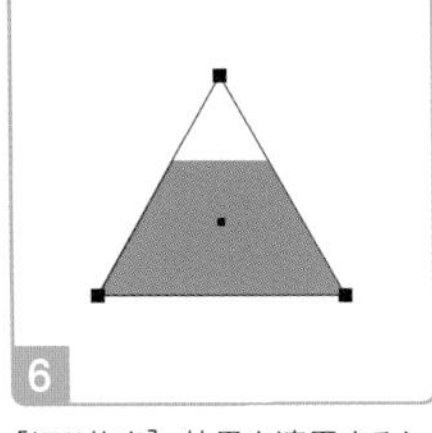

［切り抜き］効果を適用すると、長方形化した［塗り］が、パス（三角形）で切り抜かれます。

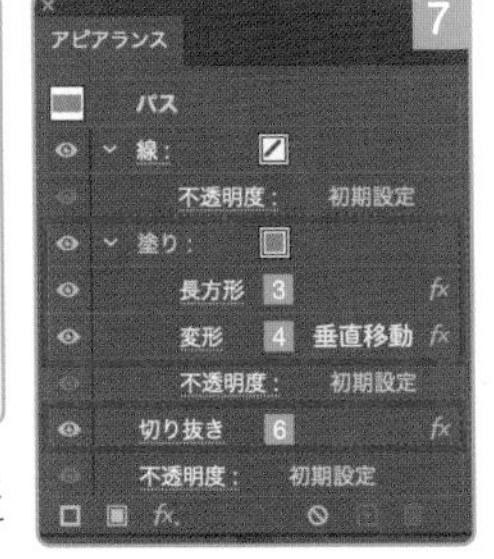

★★★
12 H 直線の端の［線幅］を変更する

可変線幅

STEP 1 垂直線を選択し、線パネルで［線幅］を太めに変更します 1
STEP 2 ［線幅ツール］を選択し、上のアンカーポイントをダブルクリックします
STEP 3 ダイアログで［全体の幅］を増減し、［OK］をクリックします 2 3 4

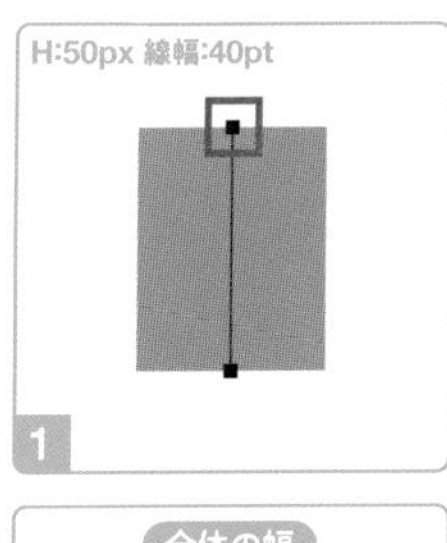

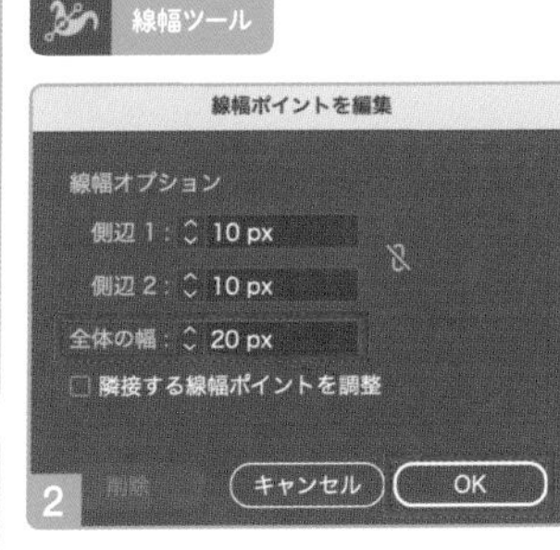

［線幅ツール］でセグメント上をダブルクリックすると、その地点に線幅ポイントが追加され、ダイアログが開きます。［線幅］は、セグメントにカーソルを合わせてドラッグで変更することもできます。

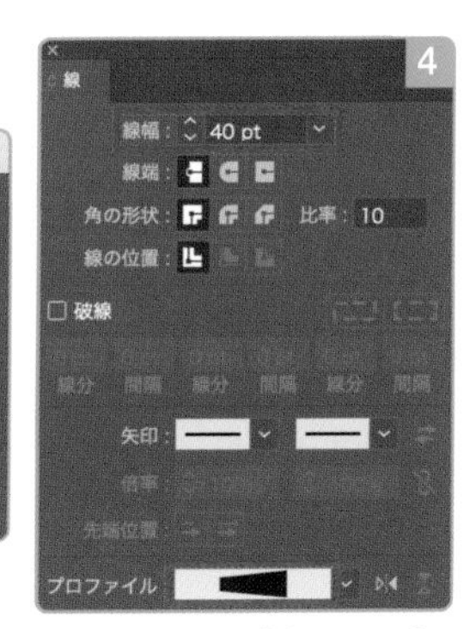

可変線幅を使うと、［プロファイル］に［線］の全体像が表示されます。メニューを開き、［プロファイルに追加］をクリックすると、［プロファイル］に追加できます。

» P53 三角形 » P115 花 » P122 葉

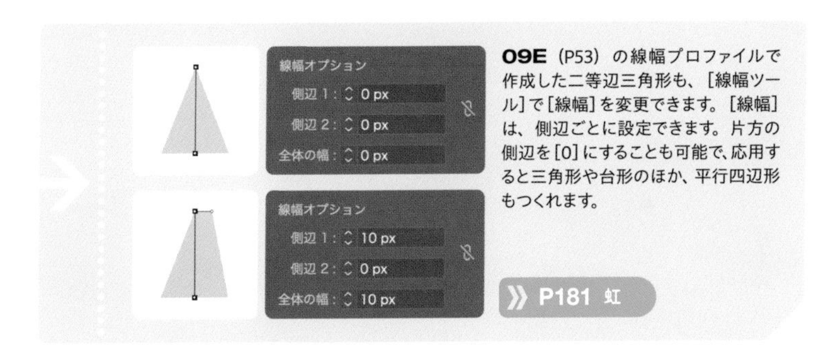

09E（P53）の線幅プロファイルで作成した二等辺三角形も、［線幅ツール］で［線幅］を変更できます。［線幅］は、側辺ごとに設定できます。片方の側辺を［0］にすることも可能で、応用すると三角形や台形のほか、平行四辺形もつくれます。

» P181 虹

POINT

- [ ] **［拡大・縮小ツール］**で**セグメントを縮小**できる
- [ ] ［拡大・縮小ツール］のダブルクリックでダイアログが開き、**比率を指定**できる
- [ ] **［ワープ］効果**で、長方形を台形に変換できる
- [ ] **［線幅ツール］**で［線幅］を部分的に変更できる
- [ ] ［線幅ツール］でアンカーポイントやセグメントを**ダブルクリック**するとダイアログが開き、［線幅］を［側辺］ごとに細かく指定できる

13 角丸長方形を描く

長方形の角を丸めると、角丸長方形になります。角がとれているぶん長方形より目に馴染みやすく、柔らかい印象になります。角の種類を変えれば、アンティークラベルのベースにも使えます。

★

13 A ライブコーナーで長方形の角を丸める

ライブコーナー

STEP1 長方形シェイプを選択します 1

STEP2 変形パネルで［角丸の半径値をリンク:オン］にして、［角丸の半径］を調整します 2 3

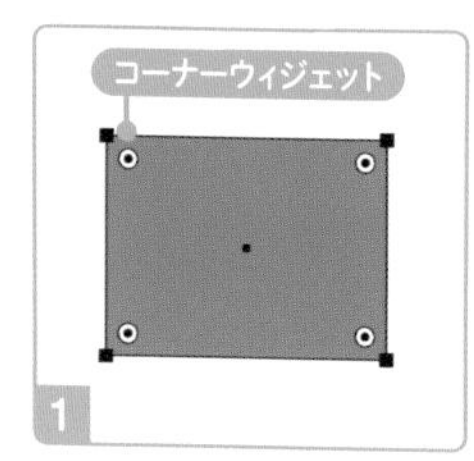

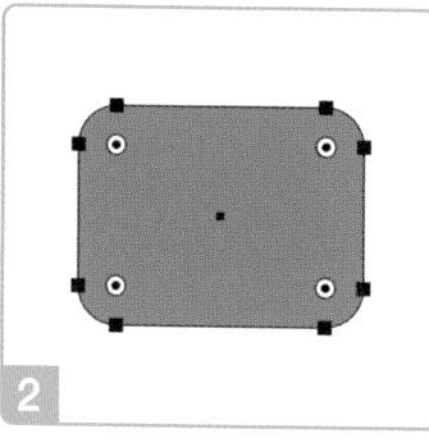

長方形シェイプでなくとも、コーナーウィジェットや、コントロールパネルの［コーナー］で角丸に変更できます。

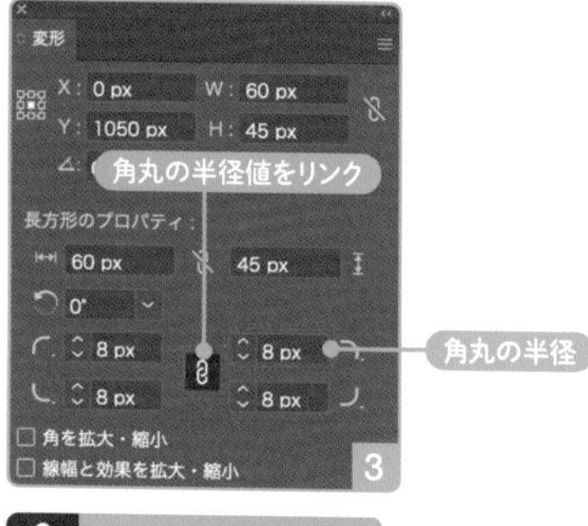

長方形シェイプの場合、変形パネルで角を個別に設定できます。

角丸の半径値をリンク:オン

角丸の半径値をリンク:オフ

» P12 円 » P108 雫 » P250 テキスト背景

★

13 B ［角を丸くする］効果を長方形に適用する

アピアランス

STEP1 長方形を選択して、［効果］メニュー→［スタイライズ］→［角を丸くする］を選択します 1

STEP2 ダイアログで［半径］を入力して、［OK］をクリックします 2 3

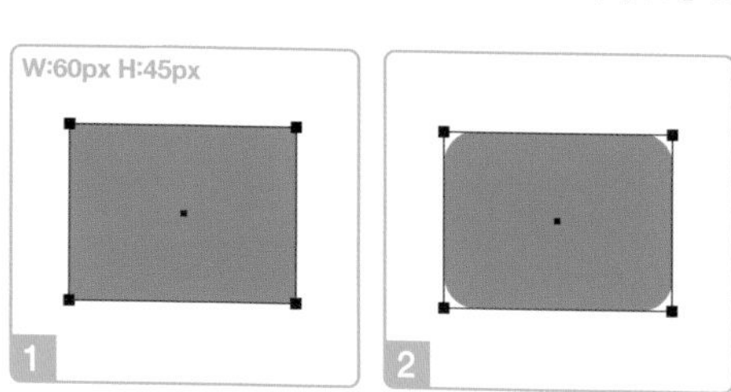

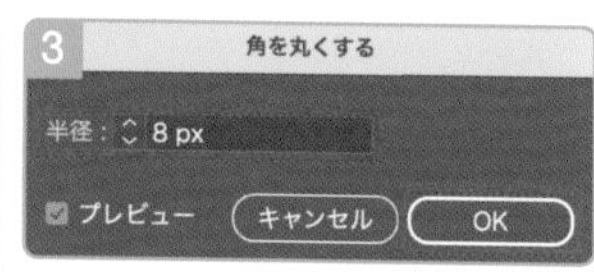

［半径］を長方形の短辺の半分に設定すると丸端長方形（P76）、それより大きい値に設定すると、楕円に近づきます（P17）。角丸長方形にするには、短辺の半分より小さい値に設定します。

» P13 円 » P176 霞

★★
13 C ［角丸長方形］効果を適用する

アピアランス

STEP 1 オブジェクトを選択し、［効果］メニュー→［形状に変換］→［角丸長方形］を選択します

STEP 2 ダイアログで［サイズ］［幅］［高さ］を変更し、［角丸の半径］を調整して、［OK］をクリックします 1 2 3

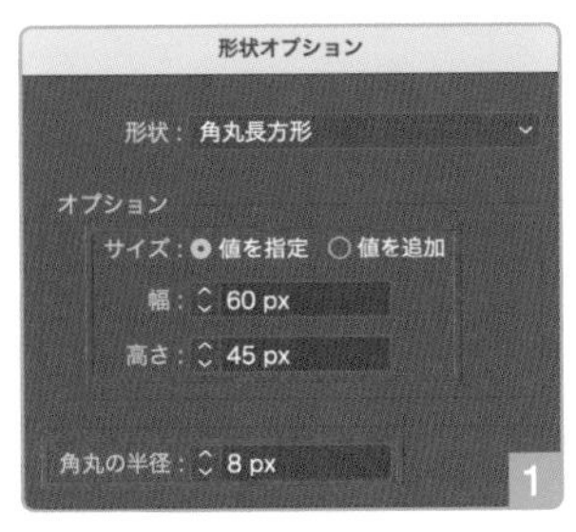

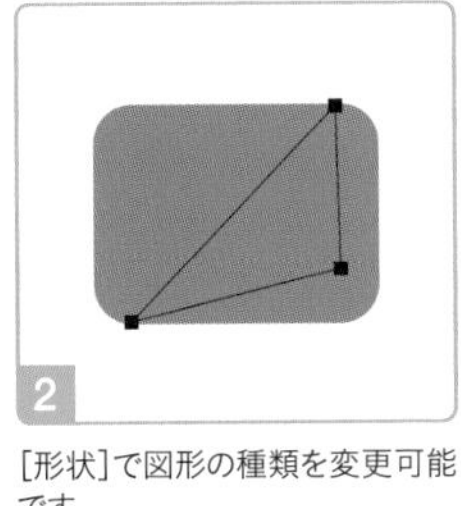

［形状］で図形の種類を変更可能です。

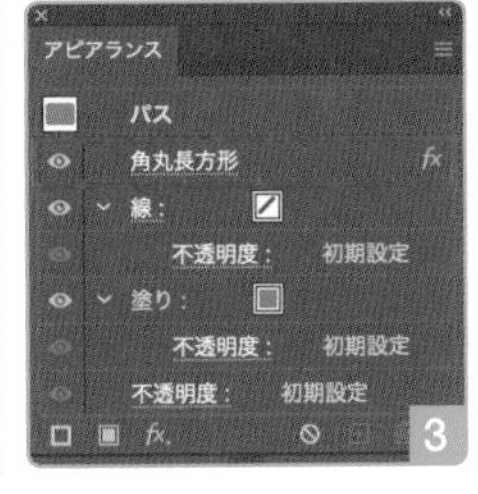

★
13 D 長方形の［線］を［ラウンド結合］に変更する

角の形状

STEP 1 長方形を選択し、線パネルで［線幅］を太めに変更します

STEP 2 ［角の形状：ラウンド結合］に変更します 1 2 3

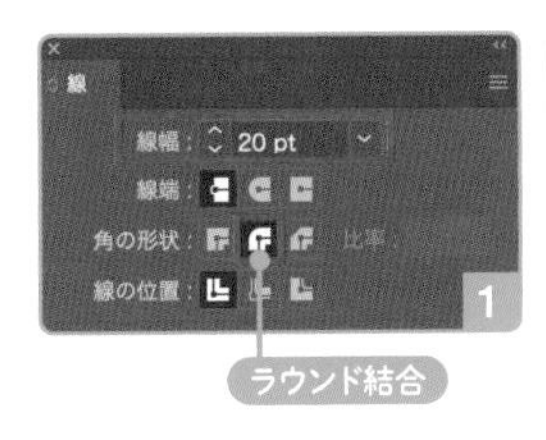

P188 立方体

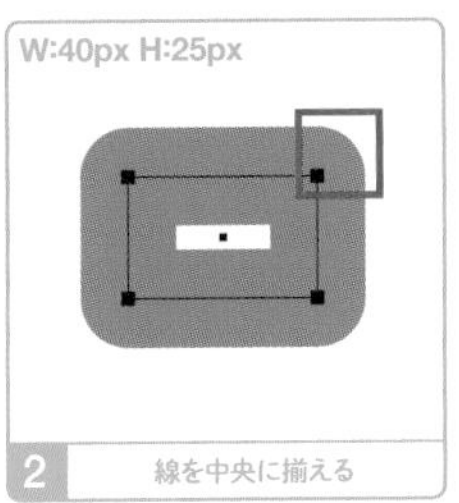

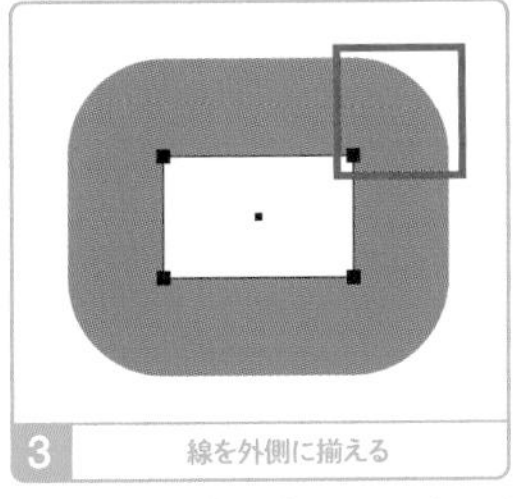

［線の位置］は、［中央］と［外側］のみ有効です。［外側］のほうが丸みが大きくなります。

★
13 E ［角丸長方形ツール］で描く

ライブコーナー

STEP 1 ［角丸長方形ツール］でドラッグして角丸長方形を描きます 1

STEP 2 変形パネルで［角丸の半径値をリンク：オン］にして、［角丸の半径］を調整します 2 3

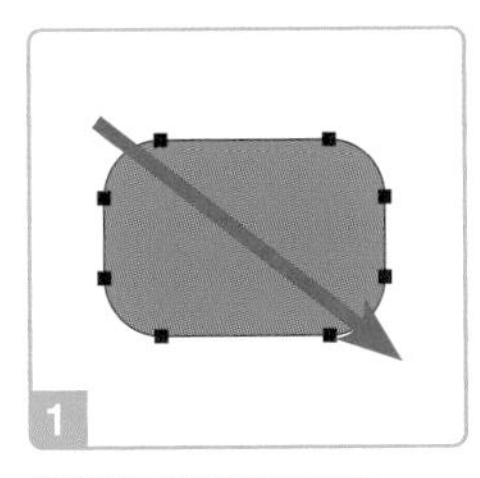

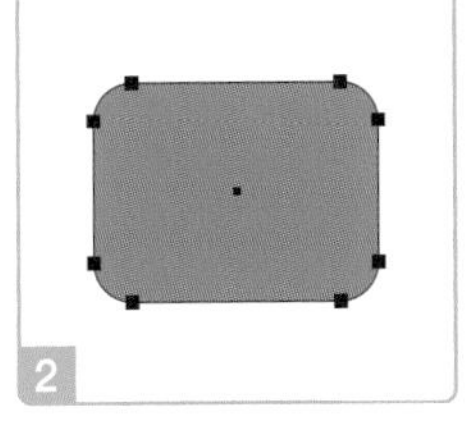

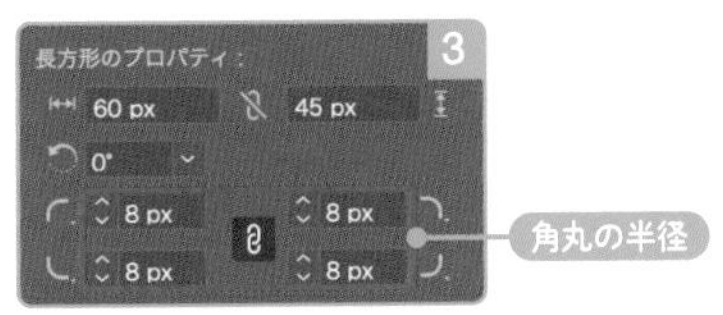

［角丸長方形ツール］を選択してワークエリアでクリックするとダイアログが開き、事前に［角丸の半径］を変更できます。

角丸長方形ツール

［角丸長方形ツール］で描いたパスは、長方形シェイプです。［角丸の半径:0］にすると長方形になります。

★★
13 F ［パスのオフセット］効果を長方形に適用する

アピアランス

STEP 1 長方形を選択し、［効果］メニュー→［パス］→［パスのオフセット］を選択します 1

STEP 2 ダイアログで［角の形状：ラウンド］に変更し、［オフセット］に正の値を入力して、［OK］をクリックします 2 3

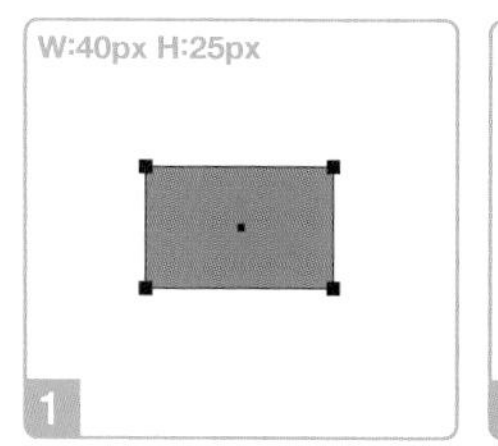

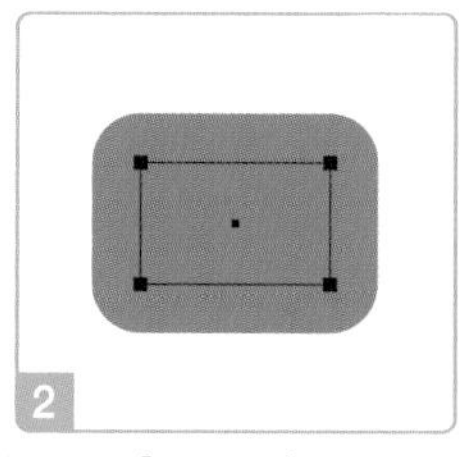

角丸の半径が［オフセット］の値になります。［オフセット］の値を大きくすると、サイズも丸みも大きくなります。

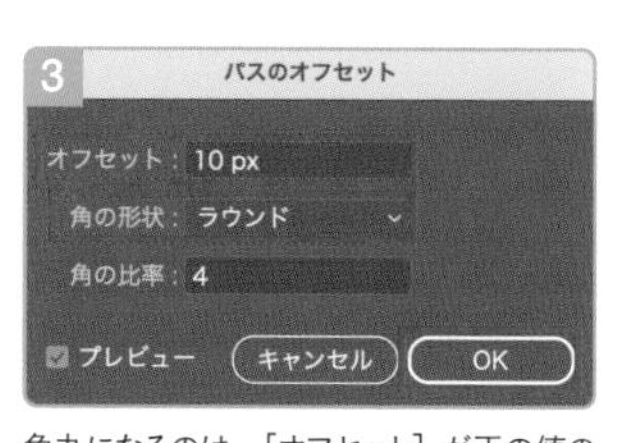

角丸になるのは、［オフセット］が正の値の場合に限られます。負の値ではデフォルトの［マイター］同様、丸みのない角になります。

P252 外フチ

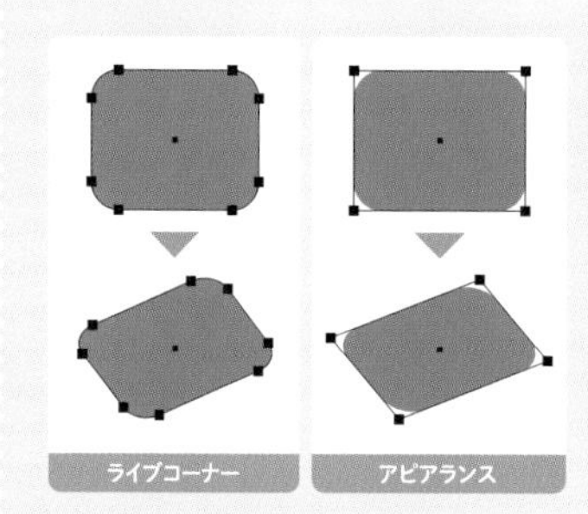

角丸加工には、変形に強いものとそうでないものがあります。［角を丸くする］効果や［パスのオフセット］効果などのアピアランスによるものは、変形の影響を受けません。

一方、変形パネルやコーナーウィジェットなど、ライブコーナーを利用したものは、変形方法によっては拡張されて、ライブコーナーの性質が失われます。たとえば角丸長方形を回転したあと、変形パネルで［H］のみ変更を加えると、ライブコーナーは拡張され、［角丸の半径］や［角の種類］を変更できなくなります。すべての角に同じ角丸処理を施す場合は、アピアランスのほうが融通がききます。

POINT

長方形シェイプ

- ☐ 長方形を **［角丸の半径:0］以外**に変更すると、角丸長方形になる
- ☐ **長方形シェイプ**の場合、変形パネルで4つの角を**個別に変更**できる
- ☐ **［角丸長方形ツール］**でドラッグすると、**長方形シェイプ**の角丸長方形を描ける

アピアランス

- ☐ 長方形に **［角を丸くする］効果**を適用すると、角丸長方形になる
- ☐ **［角丸長方形］効果**で、オブジェクトを角丸長方形に変換できる
- ☐ 長方形に **［パスのオフセット］効果**を **［角の形状:ラウンド］**で適用すると、角丸長方形になる

［線］の利用

- ☐ 長方形に **［線］**を設定し、線パネルで **［角の形状:ラウンド結合］**に変更すると、角丸長方形になる
- ☐ ［線］で角丸長方形にする場合、角の丸みは、**［線幅］**や **［線の位置］**である程度調整できる

SIMPLE SHAPE

応用　凹角長方形を描く

- [角の種類:角丸(内側)] に変更する 1 2
- 長方形に設定した [線端:丸型線端] [線分:0] [破線の先端を整列] の破線に [パス パスのアウトライン] 効果を適用し、[パスファインダー 前面オブジェクトで型抜き] 効果を適用する 3 4 5 6

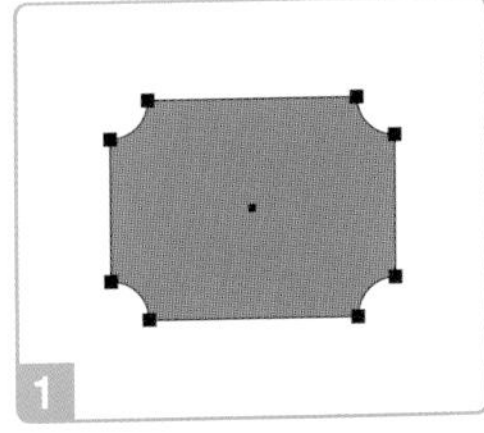

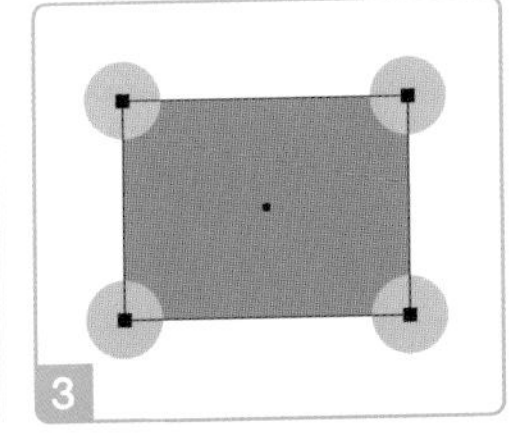

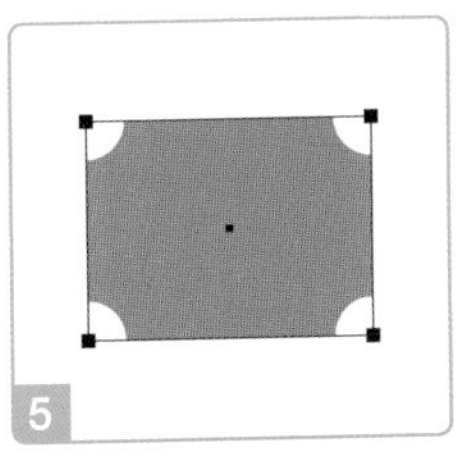

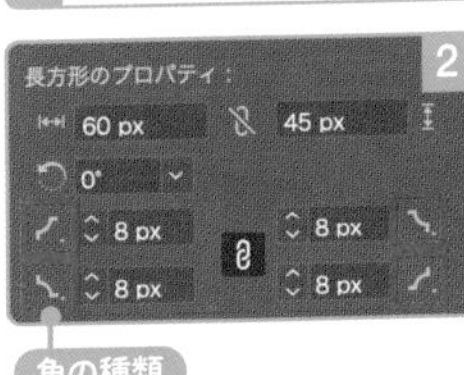

変形パネルでリンクできるのは [角丸の半径] のみです。[角の種類] はリンクしないため、個別に変更する必要があります。コントロールパネルの [コーナー] でパネルを開くと、まとめて変更できます。

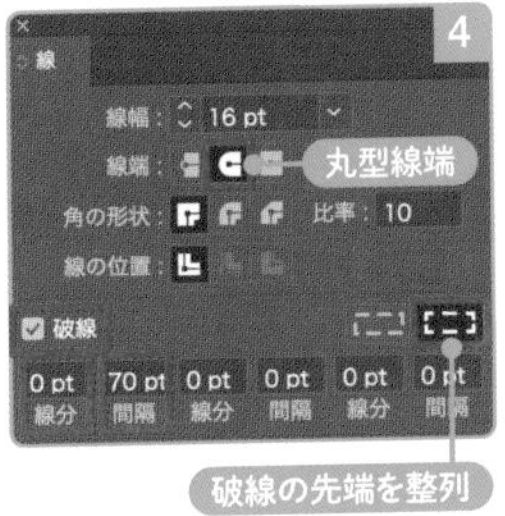

長方形の角に[線分]が配置されるよう、[間隔] を調整します。

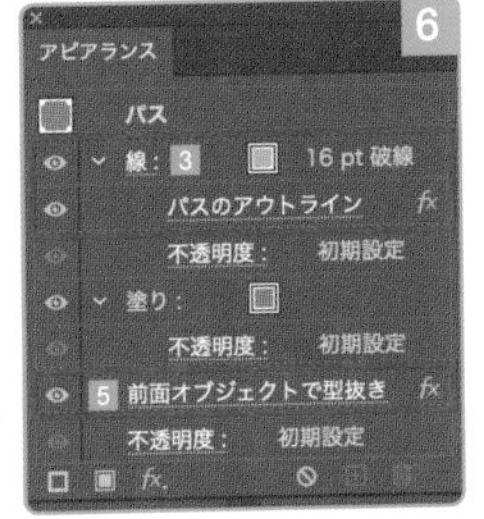

[前面オブジェクトで型抜き] 効果を適用すると、前面の破線で長方形が型抜きされます。

» P79 L字　» P185 切手

応用　斜角長方形を描く

- [角の種類:面取り] に変更する 1 2
- 線パネルで [角の形状:ベベル結合] に変更する 3 4
- [パスのオフセット] で [角の形状:ベベル] に変更する 5 6

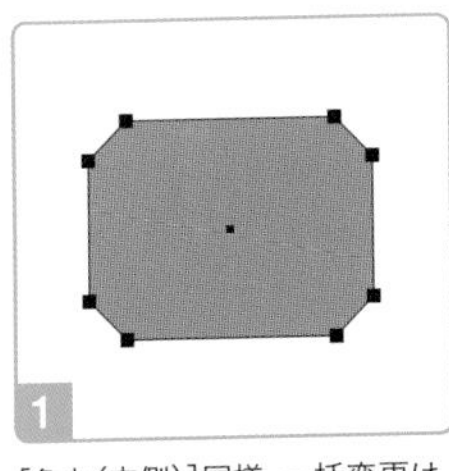

[角丸(内側)] 同様、一括変更は、コントロールパネルの [コーナー] で可能です。なお、[面取り] でもアンカーポイントにハンドルが追加されます。

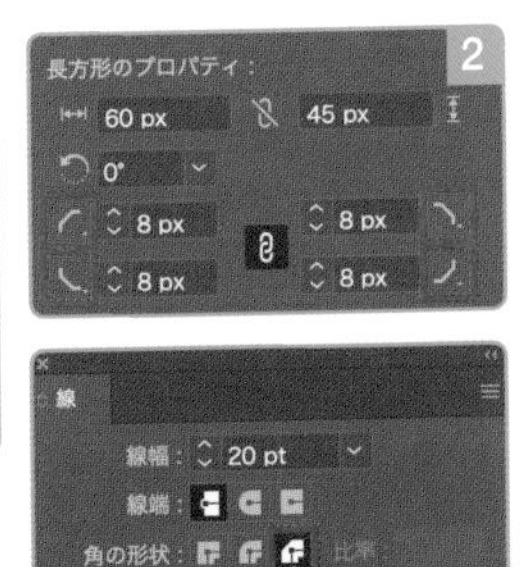

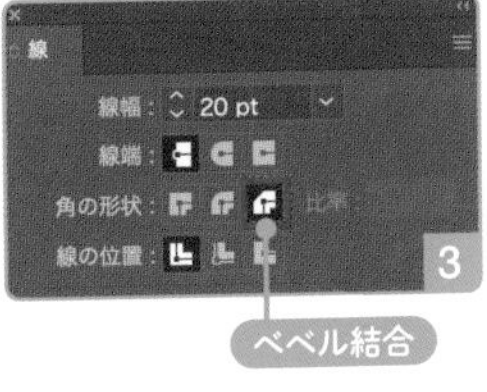

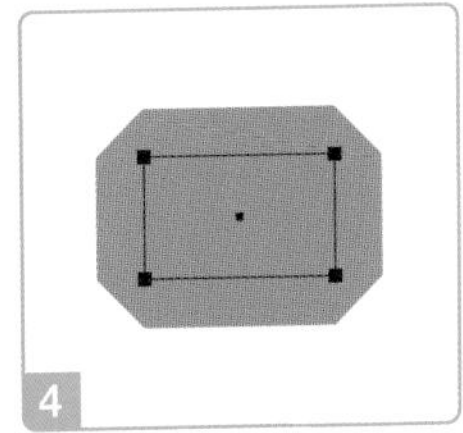

[ラウンド結合] 同様、[線の位置] は [中央] または [外側] に設定します。

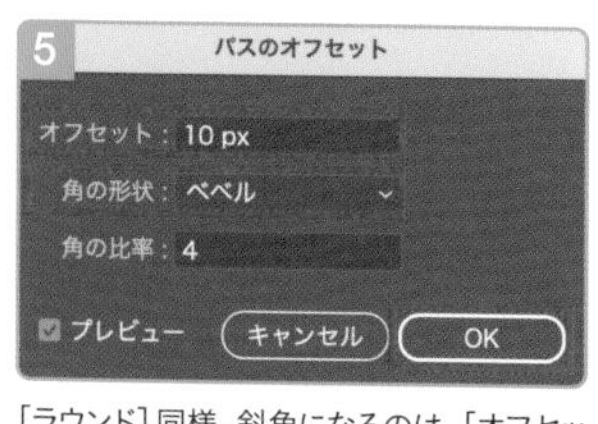

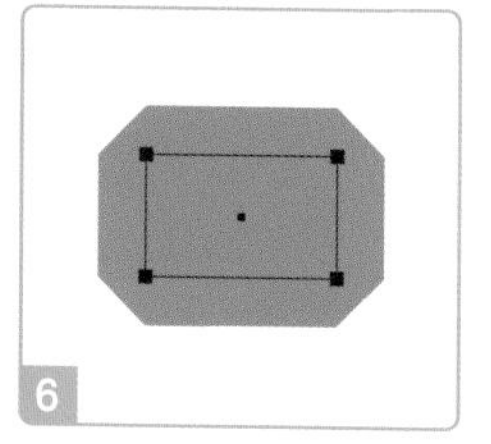

[ラウンド] 同様、斜角になるのは、[オフセット] が正の値のときに限られます。

》P69 台形 》P251 ラベル

応用 丸端長方形を描く

- 長方形を [角丸の半径：最大値] に変更する 1 2
- [スタイライズ 角を丸くする] 効果で、[半径：長方形の短辺の半分] に設定する 3
- 直線を [線端：丸型先端] に変更する 4 5

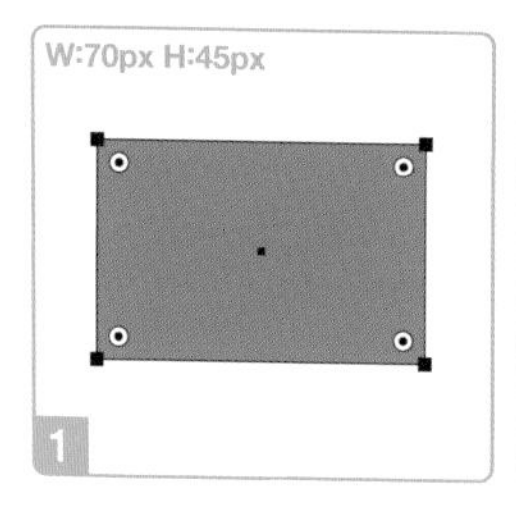

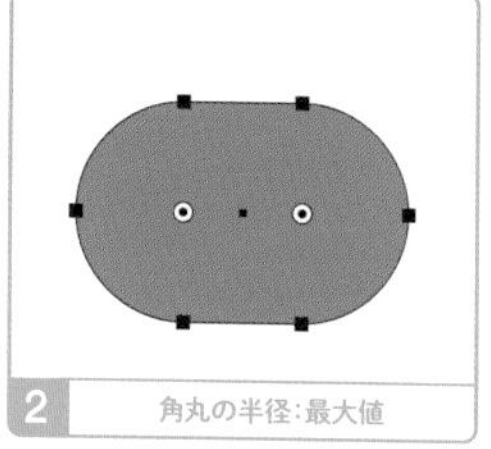

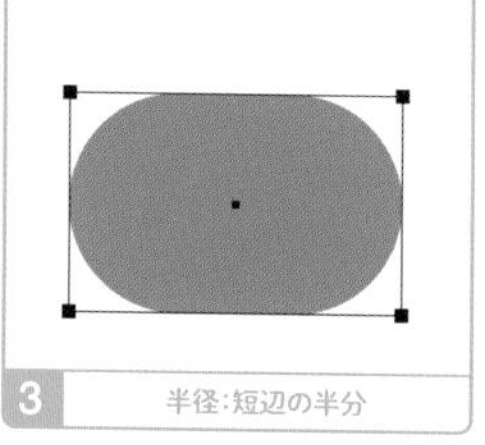

ライブコーナーの [角丸の半径] の最大値は長方形の「短辺の半分」で、丸端長方形になります。一方、[角を丸くする] 効果の [半径] の最大値は「長辺の半分」で、楕円になります。

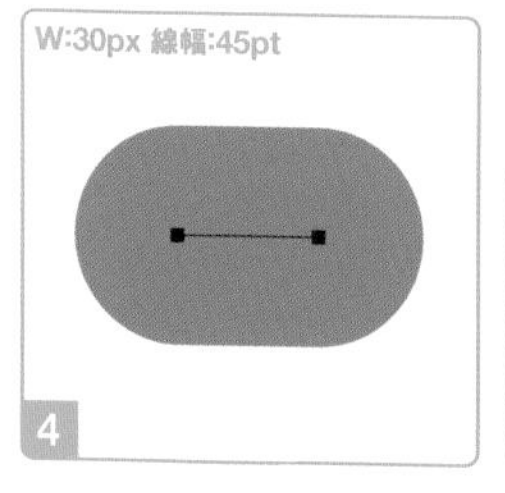

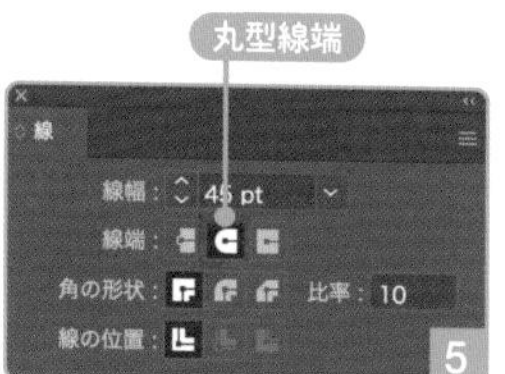

丸端長方形は、ドキュメントやWebサイト、ソフトウエアなどで、文字の背景やボタンなどに頻繁に使われる図形です。本書でも、図内の名称の背景などに使っています。いろいろなつくりかたを知っておくと、用途に応じて対応できます。

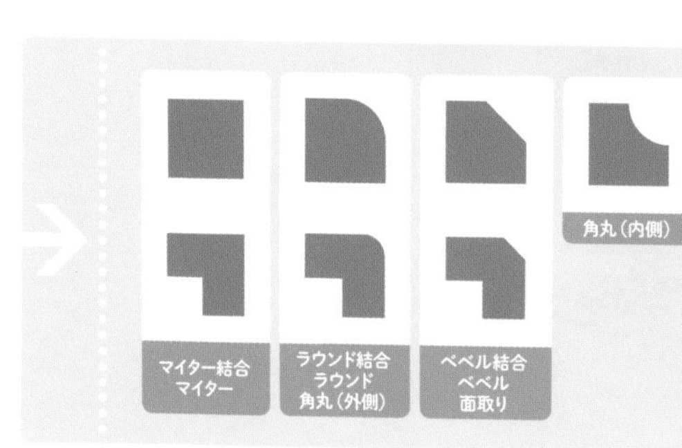

線パネルの [角の形状] は [ラウンド結合]、[パスのオフセット] 効果は [ラウンド]、変形パネルの [角の種類] は [角丸（外側）] など、角丸ひとつとっても、パネルや機能によって名称が異なります。角の状態と名称の対応を把握しておくと、作業がスムーズです。

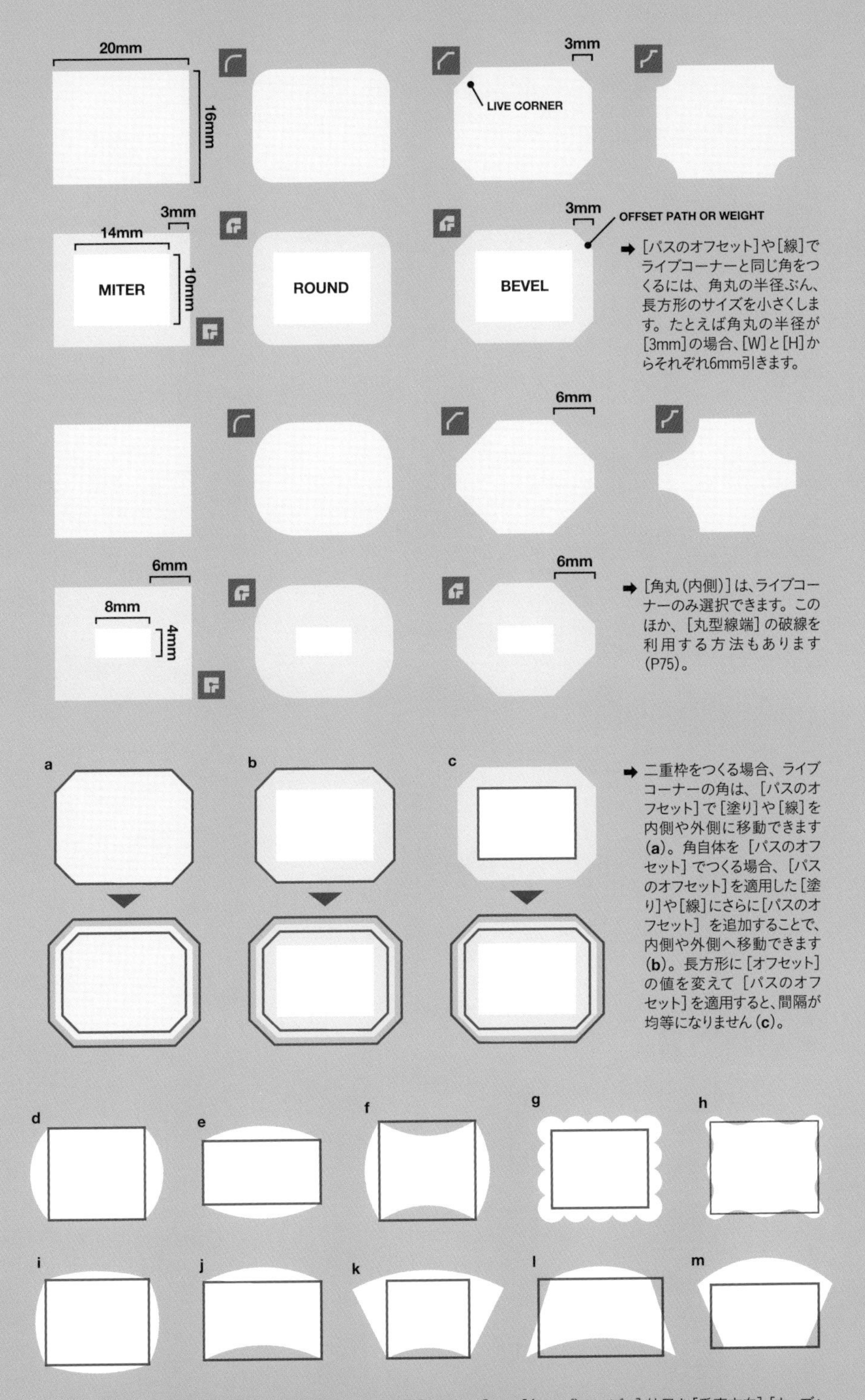

➡ [パスのオフセット]や[線]でライブコーナーと同じ角をつくるには、角丸の半径ぶん、長方形のサイズを小さくします。たとえば角丸の半径が[3mm]の場合、[W]と[H]からそれぞれ6mm引きます。

➡ [角丸(内側)]は、ライブコーナーのみ選択できます。このほか、[丸型線端]の破線を利用する方法もあります(P75)。

➡ 二重枠をつくる場合、ライブコーナーの角は、[パスのオフセット]で[塗り]や[線]を内側や外側に移動できます(**a**)。角自体を[パスのオフセット]でつくる場合、[パスのオフセット]を適用した[塗り]や[線]にさらに[パスのオフセット]を追加することで、内側や外側へ移動できます(**b**)。長方形に[オフセット]の値を変えて[パスのオフセット]を適用すると、間隔が均等になりません(**c**)。

➡ **d**:[(ワープ)でこぼこ]効果を[垂直方向][カーブ:50%][変形:0%]、**e**:[(ワープ)でこぼこ]効果を[垂直方向][カーブ:30%][変形:0%]、**f**:[(ワープ)絞り込み]効果を[垂直方向][カーブ:60%][変形:0%]、**g**:[丸型線端][破線:オン][線分:0]、**h**:[ジグザグ]効果を[大きさ:0.5mm][折り返し:3][滑らかに]、**i**:[(ワープ)膨張]効果を[カーブ:40%][変形:0%]、**j**:[(ワープ)アーチ]効果を[水平方向][カーブ:30%][変形:0%]、**k**:[(ワープ)円弧]効果を[水平方向][カーブ:30%][変形:0%]、**l**:[(ワープ)アーチ]効果を[水平方向][カーブ:30%][変形:(水平)0%|(垂直)20%]、**m**:[(ワープ)上弦]効果を[水平方向][カーブ:45%][変形:(水平)0%|(垂直)-25%]で適用しました。

14 L字を描く

L字は、既存の図形からアンカーポイントやセグメントを削除したり、コピー＆ペーストで取り出すなど、これまでの操作の応用でつくれます。矢印のベースになったり、タイトルやイラストを囲んだりと、デザイン作業で何かと使う図形です。

★

14 A 長方形のアンカーポイントを削除する

パス

STEP 1 ［ダイレクト選択ツール］で長方形のアンカーポイントを選択します 1

STEP 2 ［delete］キーを押します 2

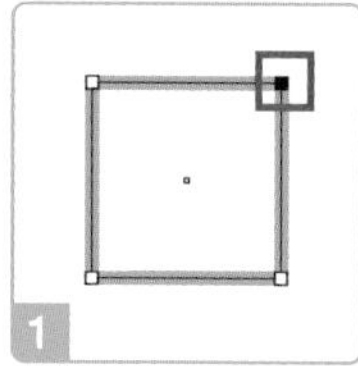

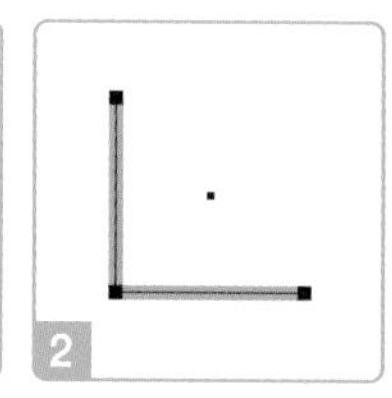

長方形同様、変形パネルの［W］で横の線、［H］で縦の線の長さを調整できます。［ペンツール］で［shift］キーを押しながら描くこともできますが、長方形からつくると手軽です。

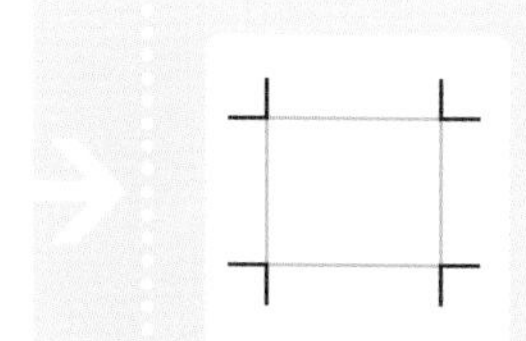

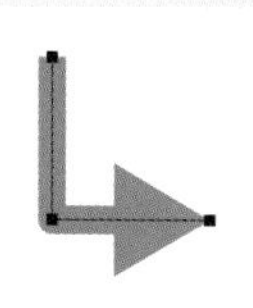

L型矢印のベースになったり、矢先のデザインになるほか、そのままで罫線や簡易印刷のトンボ（ただし入稿には使用不可）にもなります。L字は、デザインでは意外と使う図形です。

P98 矢印

★

14 B 扇形の円弧を削除する

パス

STEP 1 ［ダイレクト選択ツール］で扇形の円弧のアンカーポイントを選択します 1 2 3

STEP 2 ［delete］キーを押します 4

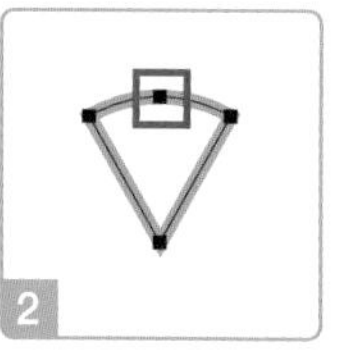

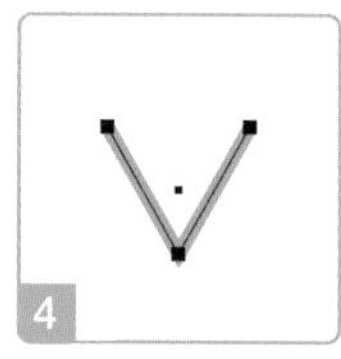

操作自体は、**10G**（P60）の**STEP1**と同じです。扇形を使うメリットは、角度を指定できる点にあります。

★

14 C 正多角形の角をコピー&ペーストする

パス

STEP 1 [ダイレクト選択ツール] で正多角形のアンカーポイントを選択します 1

STEP 2 [編集] メニュー→ [コピー] を選択したあと、[編集] メニュー→ [ペースト] を選択します 2

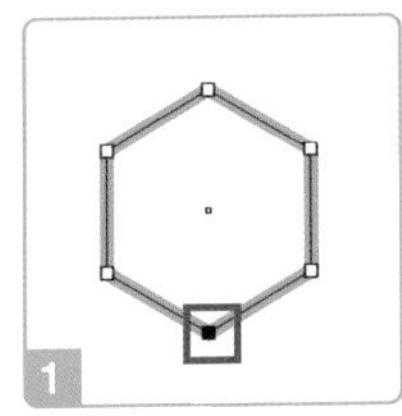

1 角が対称になるように、正多角形の向きを調整します。

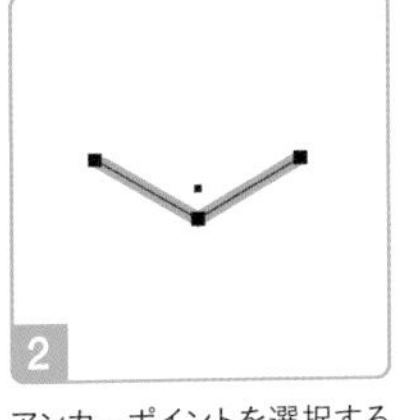

2 アンカーポイントを選択すると、アンカーポイントとその両隣のセグメントを選択したことになります。

[コピー] は [command (Ctrl)] + [C]、[ペースト] は [command (Ctrl)] + [V] キーでも可能です。

正六角形からつくるL字は、角度が120°です。雪の結晶をつくるときに便利です。

》P172 雪の結晶 》P187 立方体

★★★

14 D 破線の [線分] と [間隔] を調整する

破線

STEP 1 長方形を選択し、線パネルで [破線:オン] [破線の先端を整列] に変更します 1

STEP 2 [線分] と [間隔] で角のL字の長さを調整します 2 3 4

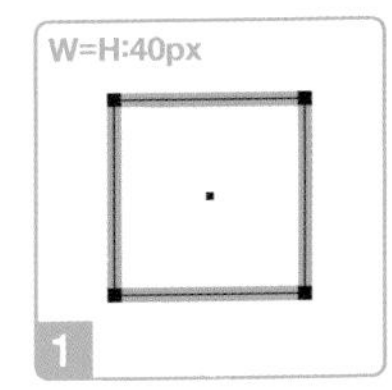

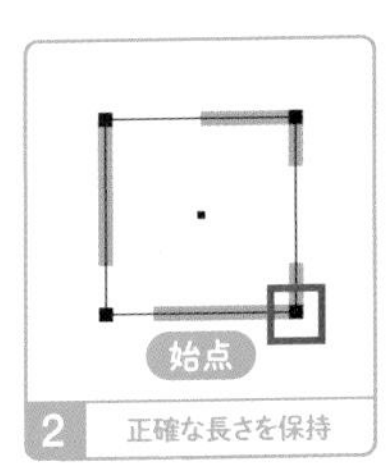

[正確な長さを保持] は、パスの始点から [線分] を配置します。

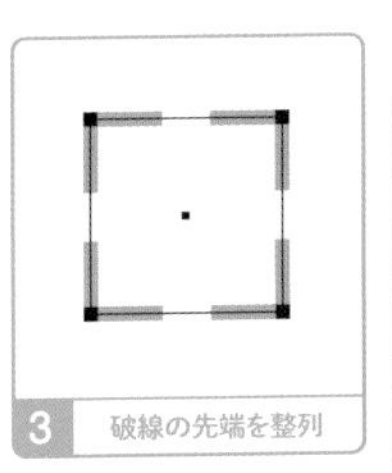

[破線の先端を整列] に変更すると、L字の角が長方形の角に揃います。

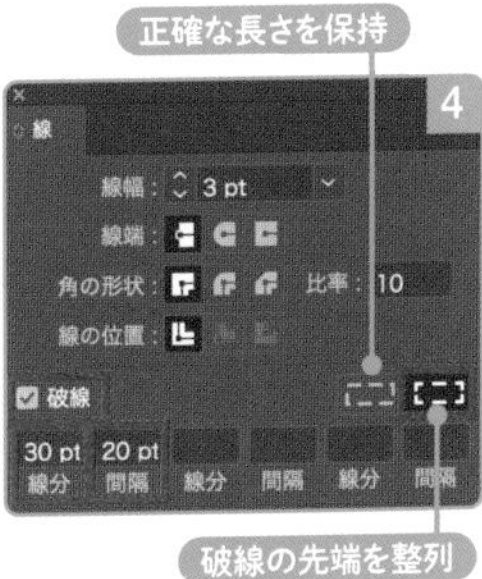

長方形のようなクローズパスでも、始点と終点に相当するアンカーポイントはあります。長方形の場合、デフォルトは右下角です。

》P75 凹角長方形
》P168 リサイクルマーク

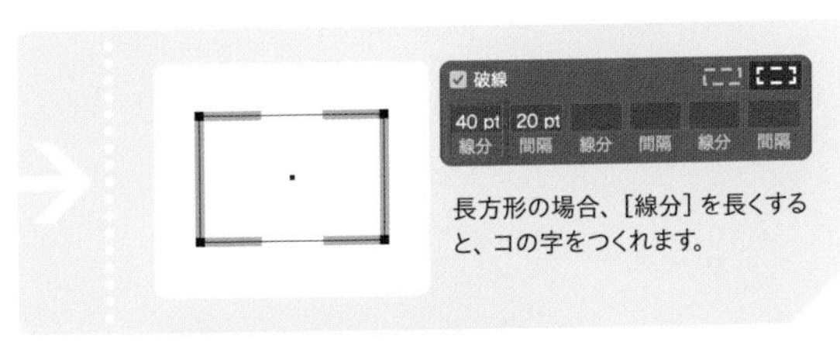

長方形の場合、[線分] を長くすると、コの字をつくれます。

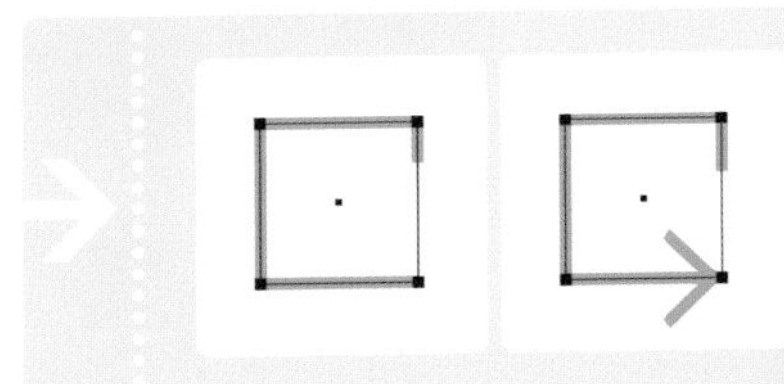

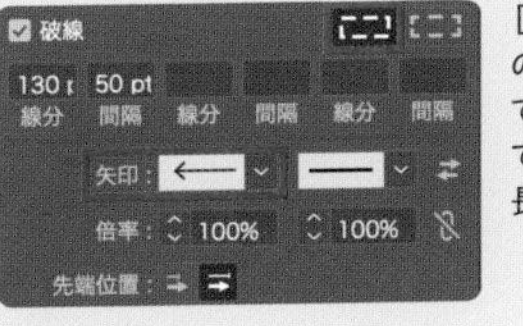

[線分] と [間隔] で [線] の見た目の長さを調整できます。**31A**(P168) では、これで矢印の軸の長さを調整しています。

POINT

➡ 破線

☐ **[破線] の [線分] と [間隔]** で、[線] の見た目の長さを調整できる

SIMPLE SHAPE

応用 コの字を描く

- [ダイレクト選択ツール] で長方形のセグメントを選択して [delete] キーを押したあと、変形パネルで [W] や [H] を調整する 1 2 3
- [ダイレクト選択ツール] で多角形の辺 (セグメントとアンカーポイント) を選択したあと、コピー&ペーストする 4 5 6

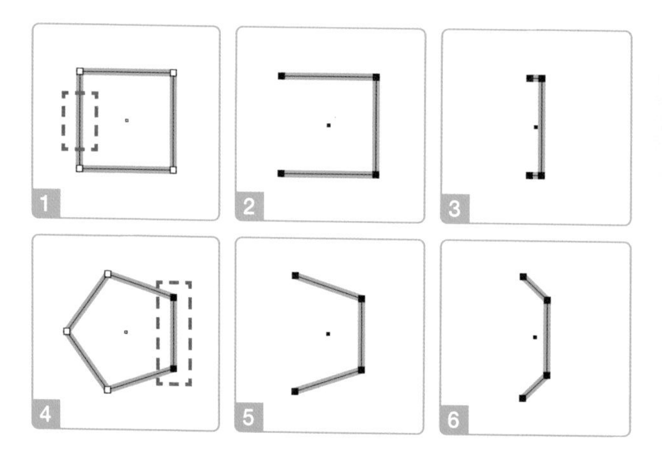

アンカーポイントやセグメントの選択は、[ダイレクト選択ツール] でのドラッグが確実です。少し離れた地点からドラッグを開始するので、誤って移動してしまうミスも防げます。ドラッグの矩形で囲めば、複数のアンカーポイントも選択できます。

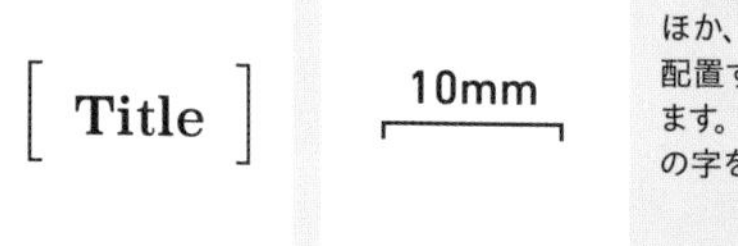

コの字は、長さや範囲の図示のほか、テキストの先頭と末尾に配置すれば、括弧類として使えます。本書でも範囲の図示にコの字を使っています。

15-22

3

COMPLEX SHAPE

15 星を描く

星を描くとなると［スターツール］が王道ですが、見かたを変えると、多角形の辺を凹ませる、三角形を回転コピーするなどの方法も考えられます。星は正多角形と密接な関係にあり、正多角形をスタート地点にして描くこともできます。

★★

15 A ［スターツール］で5ポイントの星を描く

パス

STEP 1 ［スターツール］を選択し、ワークエリアでクリックします

STEP 2 ダイアログで［点の数:5］に変更し、［OK］をクリックします 1

STEP 3 ［shift］キーや［option（Alt）］キーを押しながらドラッグします 2 3

［OK］をクリックすると、この設定で星が描画されます。不要な場合は、描画したあとで［delete］キーで削除します。

［点の数］は、以降の［スターツール］のデフォルトになります。変更する場合は、再度このダイアログを開きます。

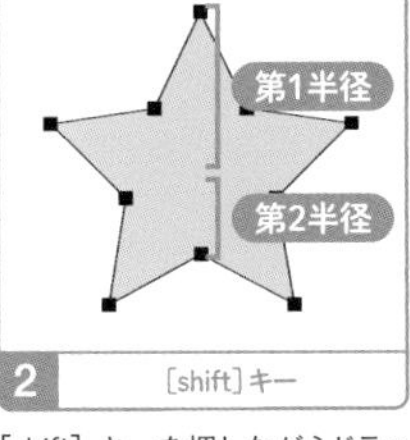

［shift］キーを押しながらドラッグすると、上向きの星になります。［第1半径］は［第2半径］の倍になります。

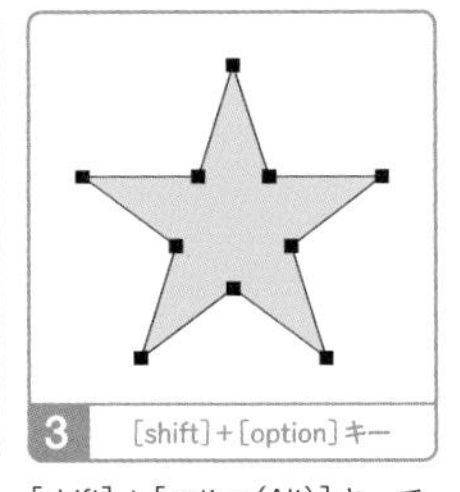

［shift］+［option（Alt）］キーで、肩が水平な上向きの星になります。

P219 麻の葉模様　P231 星の散布

描画中に［↑］［↓］キーを押すと、［点の数］を増減できます。

★★

15 B 正三角形を180°回転コピーする

多角形シェイプ

STEP 1 多角形シェイプの正三角形を選択します 1

STEP 2 ［option（Alt）］キーを押しながら、変形パネルで［多角形の角度:180°］に変更します 2 3

STEP 3 すべてを選択して、パスファインダーパネルで［合体］をクリックします 4

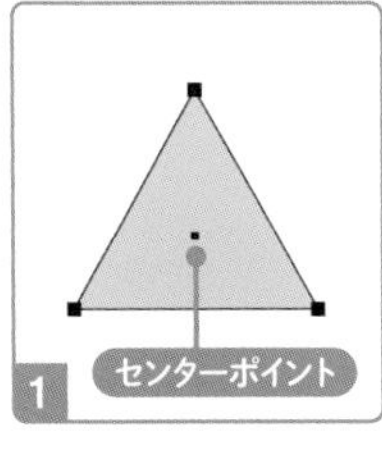

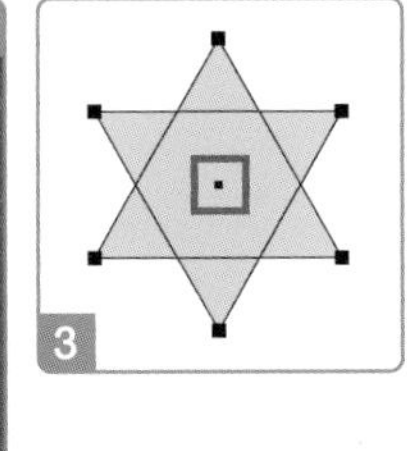

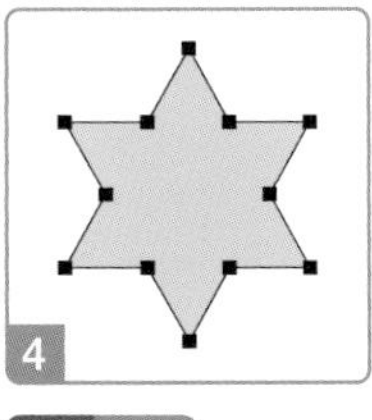

合体

［多角形の角度］は、センターポイントを［基準点］として回転します。［option（Alt）］キーを押しながら変更すると、複製になります。

★

15 C [ジグザグ] 効果を正多角形に適用する

アピアランス

STEP 1 正多角形を選択し、[効果] メニュー→ [パスの変形] → [ジグザグ] を選択します 1

STEP 2 ダイアログで [折り返し:1] [ポイント:直線的に] に変更し、[大きさ] を調整して、[OK] をクリックします 2 3 4

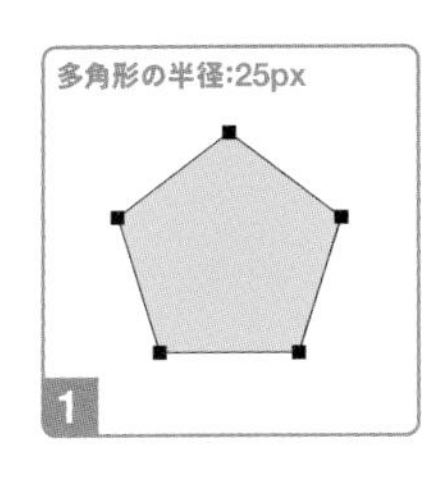

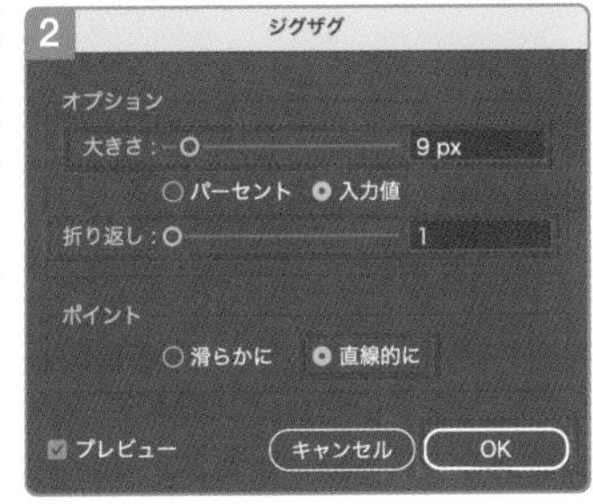

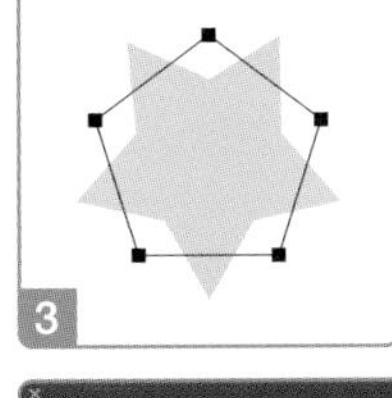

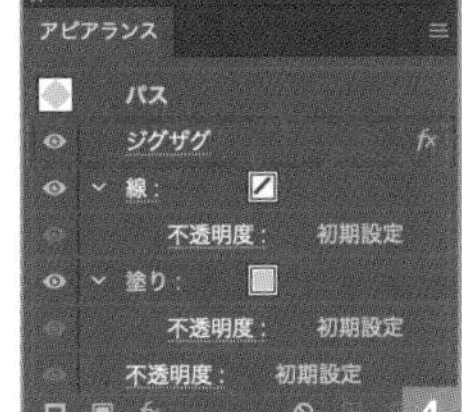

[辺の数]が奇数の場合は点対称とならず、歪みが多少発生しますが、手描きのようなカジュアルさがあります。

P193 歯車 P248 値引きシール

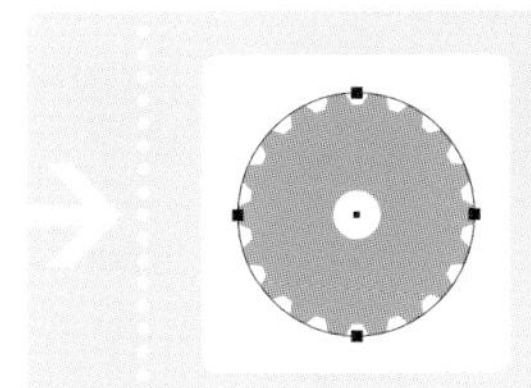

[ジグザグ] 効果は、セグメントを擬似的に折り曲げます。[ポイント：滑らかに] を選択すると、波線になります。歯車の刻みも、この効果でつくれます。

★★

15 D 正多角形のアンカーポイントを中心に寄せる

アンカーポイント

STEP 1 [ダイレクト選択ツール] で [shift] キーを押しながら、正十二角形のアンカーポイントをひとつおきに選択します 1

STEP 2 [拡大・縮小ツール] を選択し、[shift] キーを押しながらドラッグします 2

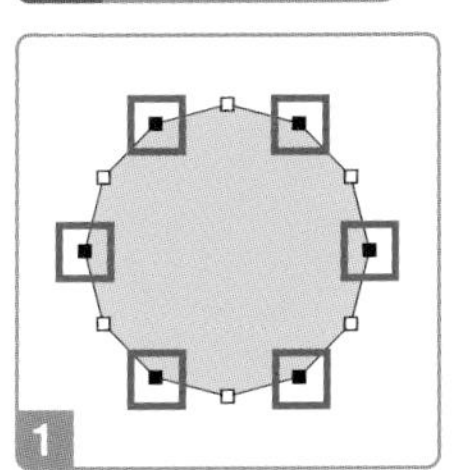

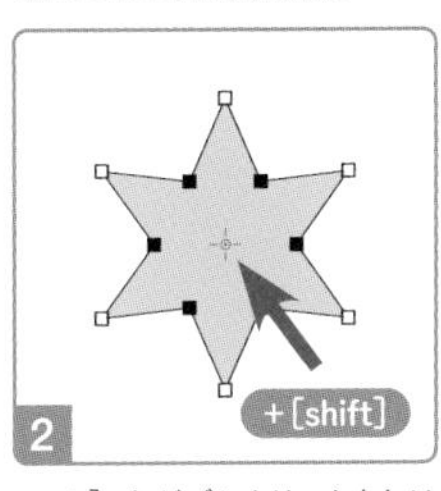

ドラッグではなく、[拡大・縮小ツール] をダブルクリックまたは [return] キーを押すと、ダイアログで比率を指定できます。

[辺の数] が4の倍数で、かつ8以上の正多角形である必要があります。たとえば正十角形の場合、ひとつおきに選択したアンカーポイントをつないだ形状は正五角形になり、拡大・縮小の [基準点] がずれるため、歪みが生じます。

P68 台形
P90 クロスハッチ

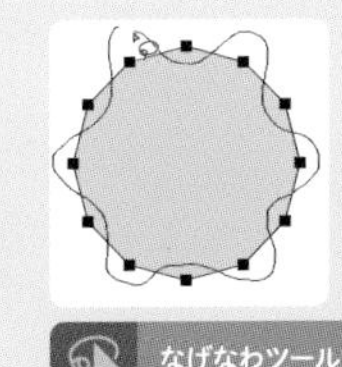

なげなわツール

[なげなわツール] でドラッグして、ひとつおきのアンカーポイントを選択する方法もあります。

★★★

15 E ［シェイプ形成ツール］で正五角形からつくる

シェイプ形成

STEP 1 ［選択ツール］で正五角形を選択したあと、［ダイレクト選択ツール］で［shift］キーを押しながらアンカーポイントをひとつクリックして、選択解除します 1

STEP 2 コントロールパネルで［アンカーポイントでパスをカット］をクリックします

STEP 3 **STEP1**で選択解除したアンカーポイントを選択し、コントロールパネルで［アンカーポイントでパスをカット］をクリックします 2

STEP 4 すべてを選択し、［オブジェクト］メニュー→［シェイプ］→［シェイプに変換］を選択します 3

STEP 5 直線をひとつ選択し、変形パネルで［線の長さ］の入力欄にカーソルを挿入し、［shift］+［↑］キーで長さを伸ばします 4 5

STEP 6 他の直線も、直線どうしが交わるように長さを調整します 6

STEP 7 すべてを選択したあと［シェイプ形成ツール］を選択し、直線で囲まれた領域をドラッグして合体します 7 8 9 10

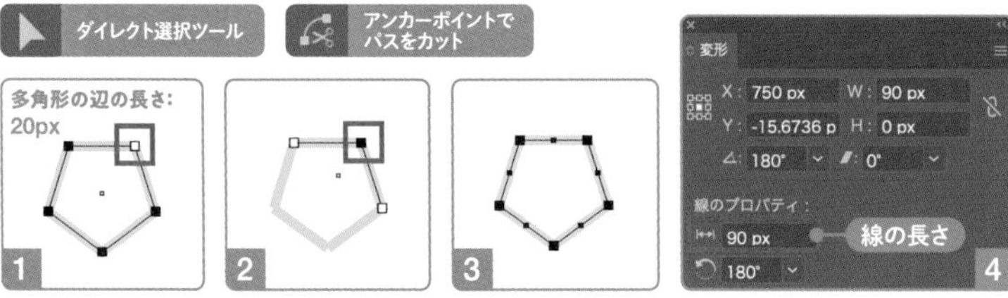

［アンカーポイントでパスをカット］は、パスのすべてのアンカーポイントが選択されていると表示されません。

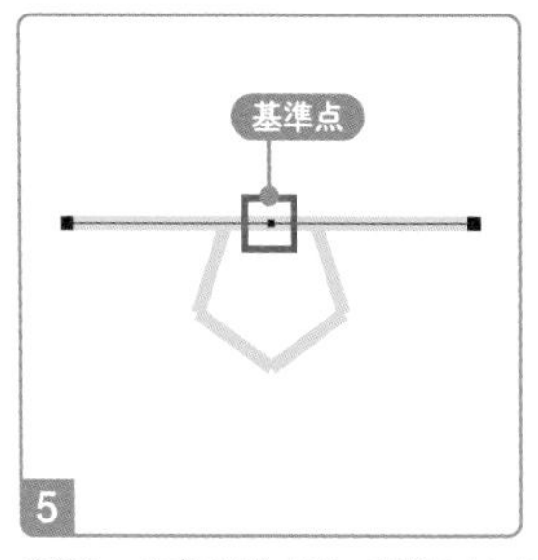

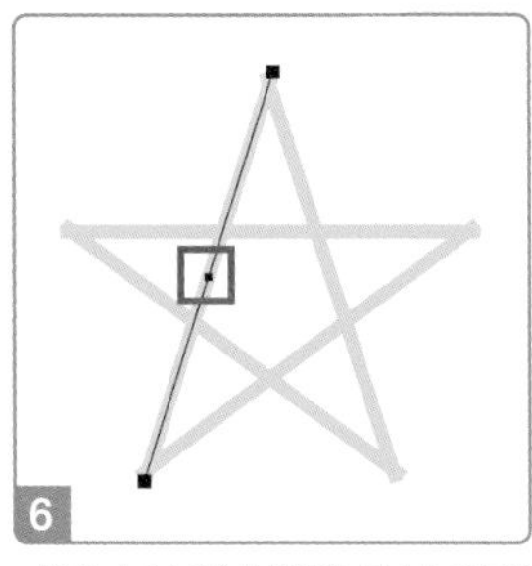

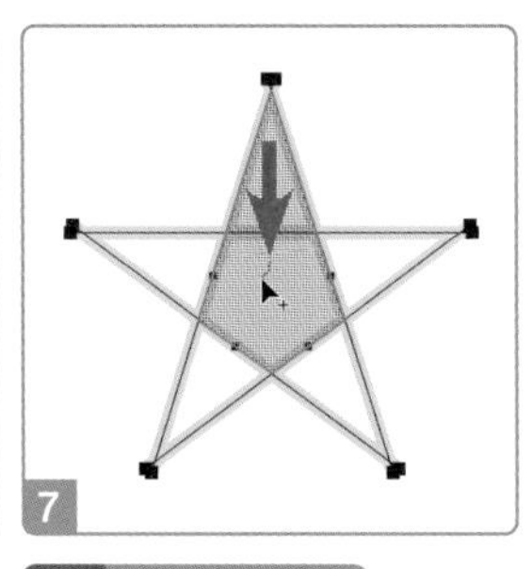

直線シェイプに変換すると、直線のセンターポイント（中央）を［基準点］として長さを変更できます。特に、傾きのある直線の長さの変更に便利です。

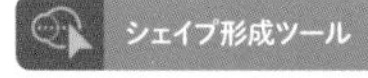

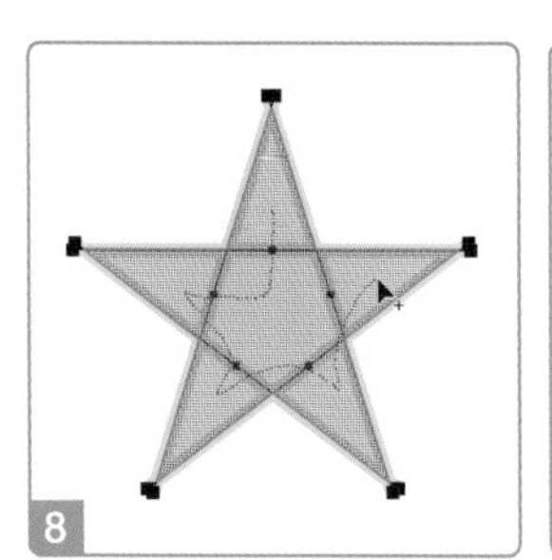

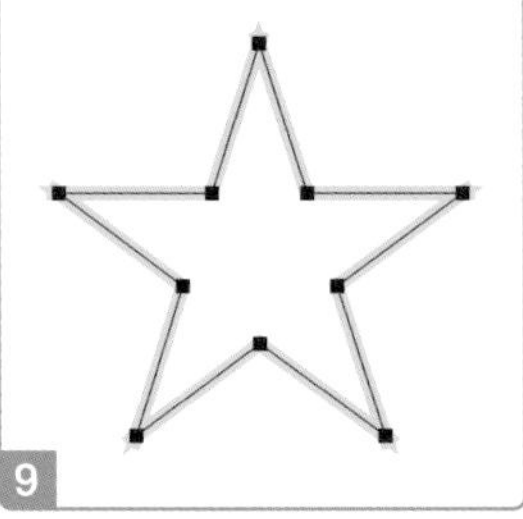

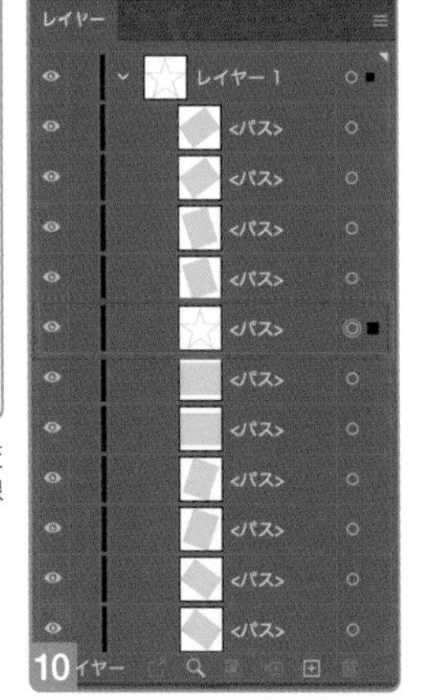

［シェイプ形成ツール］でドラッグすると、パスで囲まれた領域がクローズパスに変換されます。そのまま星の内側でドラッグし続けると、隣接の領域と合体します。線の端のパスは、選択して［delete］キーで削除します。

P22 長方形

P226 モロッコタイル

★★

15 F リピートラジアルで二等辺三角形を回転コピーする リピート

STEP 1 二等辺三角形を選択し、[オブジェクト] メニュー→ [リピート] → [ラジアル] を選択します 1 2

STEP 2 コントロールパネルで [インスタンス数:5] に変更し、中央の穴が埋まるように [半径] を調整します 3 4 5 6 7

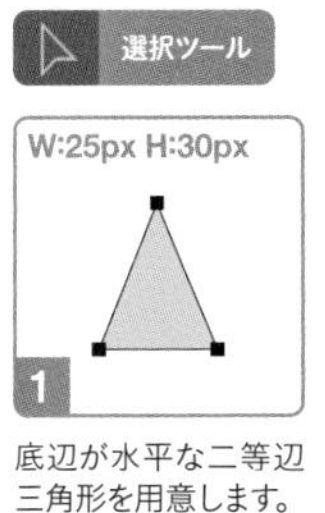

底辺が水平な二等辺三角形を用意します。

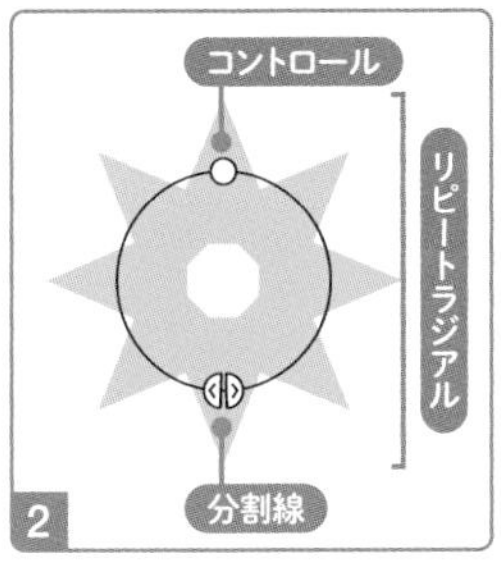

デフォルトの設定で、二等辺三角形が環状に複製されます。このオブジェクトを「リピートラジアル」と呼びます。

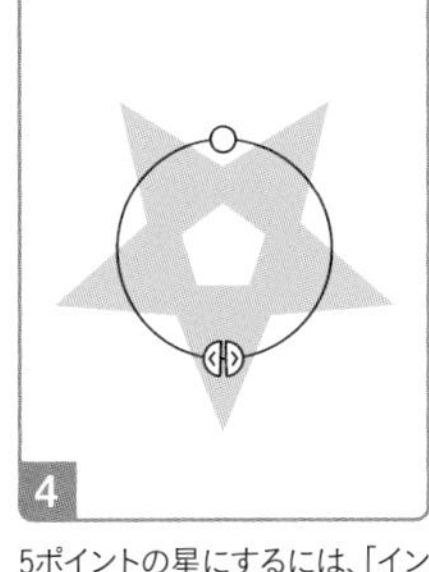

5ポイントの星にするには、[インスタンス数:5] に変更します。

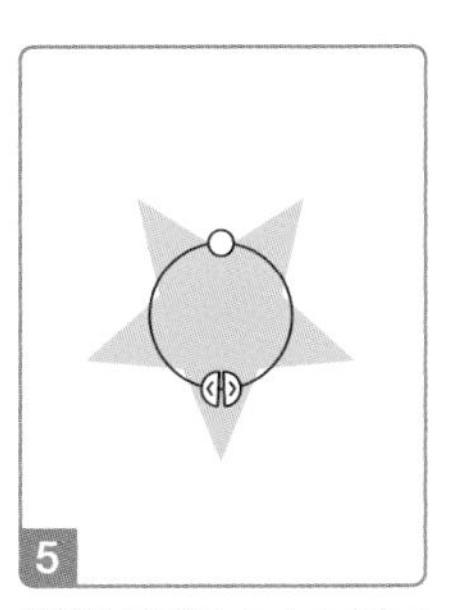

[半径] を調整して、中央の穴を埋めます。

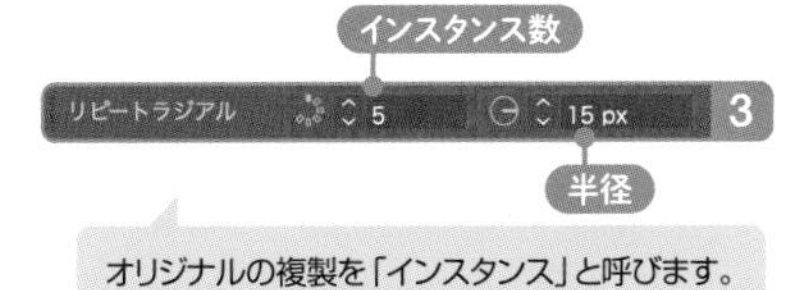

オリジナルの複製を「インスタンス」と呼びます。

[分割線] のクリックやドラッグで、[インスタンス数] を変更したり、インスタンスが途切れる区間を設定できます。また、[コントロール] のドラッグで、角度や [半径] を変更できます。ただし、これらで変更してしまうと、デフォルト([コントロール] と [分割線] が垂直線上に並んだ途切れのない環状) に戻すのが難しくなります。環状を保持する場合、基本的には、コントロールパネルでの変更が無難です。

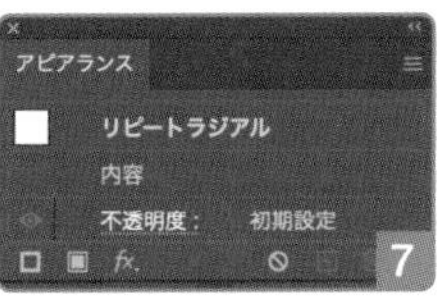

» P95 放射線 » P117 花 » P172 雪の結晶

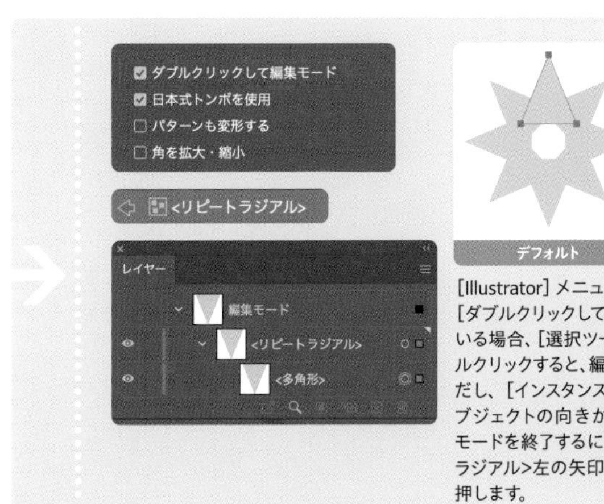

デフォルト

[インスタンス数] 変更

[Illustrator] メニュー→ [環境設定] → [一般] で、[ダブルクリックして編集モード：オン] に設定している場合、[選択ツール] でリピートラジアルをダブルクリックすると、編集モードに切り替わります。ただし、[インスタンス数] に変更を加えていると、オブジェクトの向きが変わることがあります。編集モードを終了するには、ウィンドウ左上の<リピートラジアル>左の矢印をクリック、または [esc] キーを押します。

★★★

15 G ［変形］効果で二等辺三角形を回転コピーする

アピアランス

STEP 1 二等辺三角形を選択し、［効果］メニュー→［パスの変形］→［変形］を選択します 1

STEP 2 ダイアログで［角度：72°］［基準点：下辺中央］［コピー：4］に変更して、［OK］をクリックします 2 3 4

STEP 3 アピアランスパネルで［変形］を［線］の上へ移動します 5 6

STEP 4 ［効果］メニュー→［パスファインダー］→［追加］を選択します 7 8

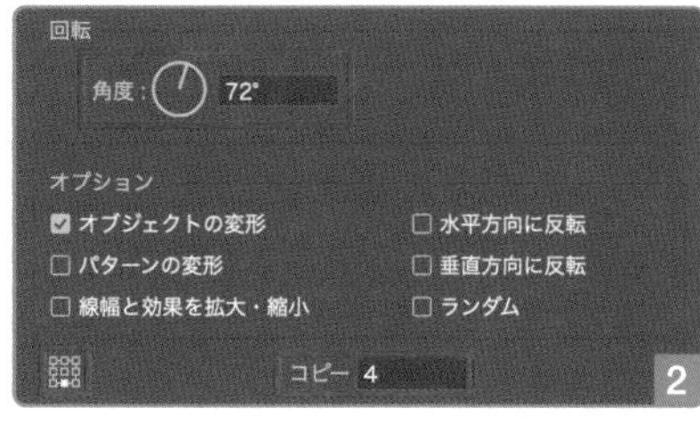

底辺の中央を［基準点］として、72°の回転コピーを4回繰り返す設定です。

オブジェクトの複製と回転を同時におこなう操作を、本書では「回転コピー」と呼びます。

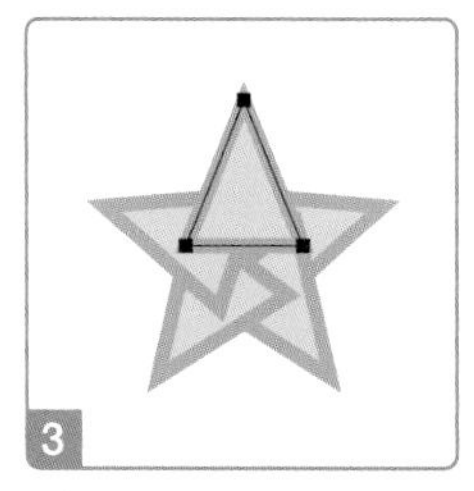

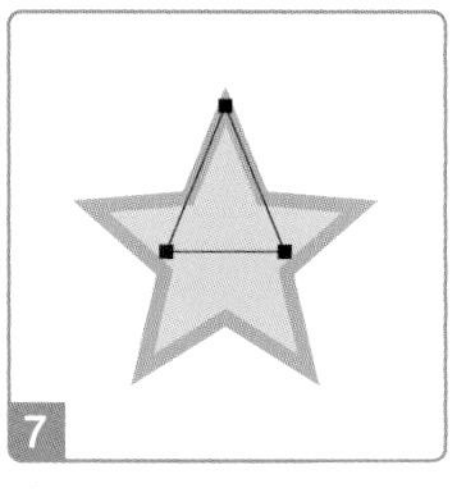

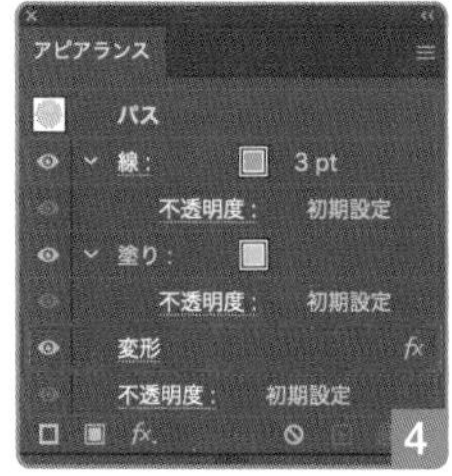

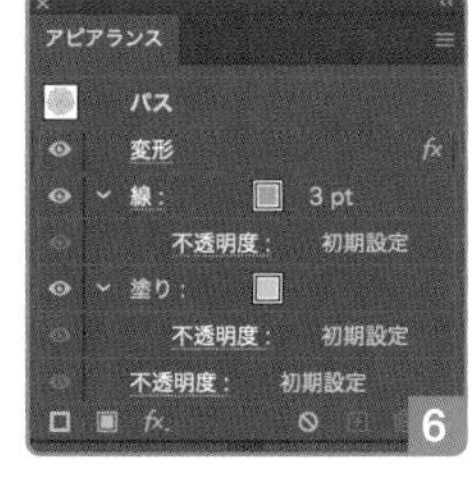

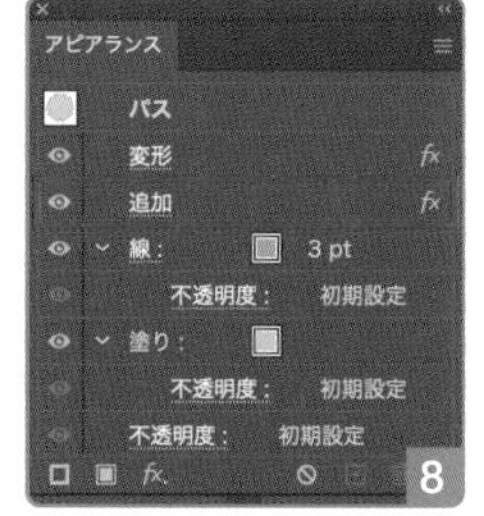

［線幅］の影響を回避するため、［変形］を［線］の上へ移動します。この状態で［追加］効果を適用すると、［追加］は［変形］の下に追加されます。

» P93 十字　» P116 花

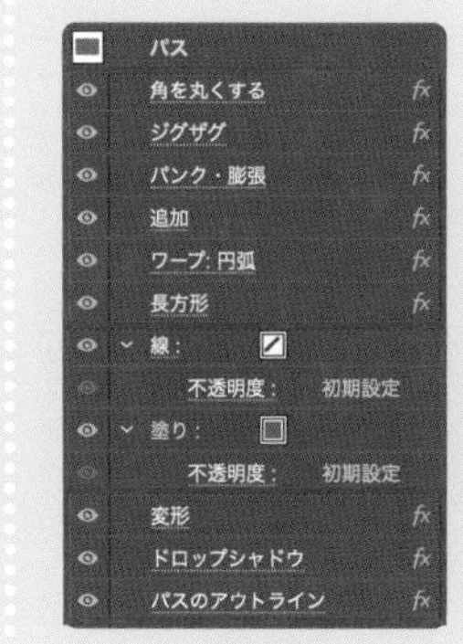

追加されるデフォルトの位置は、効果によって変わります。［パンク・膨張］効果や［形状に変換］効果などは［塗り］や［線］の上、［変形］効果や［ドロップシャドウ］効果などは下です。全体的に、セグメントを変形させるものは上、［塗り］や［線］を複製したり、それらの背面に描画するものは下に追加される傾向があります。

なお、特定の［塗り］や［線］を選択した状態で［効果］メニューから選択すると、選択した［塗り］や［線］の内部に追加されます。

効果は、項目のドラッグで任意の位置に移動できます。意図しない位置に追加されたときや、選択を間違えた場合も、対処できます。

POINT

➡ ［スターツール］

- ☐ **［スターツール］**で星を描くには、先にダイアログで**［点の数］を指定**する
- ☐ ［スターツール］で**［shift］キー**を押しながらドラッグすると、**上向き**で**［第1半径］と［第2半径］の比が2:1**の星になる
- ☐ ［スターツール］で**［shift］キー**と**［option（Alt）］キー**を押しながらドラッグすると、**肩が水平な**星になる
- ☐ ［スターツール］で描画中に**［↑］キー**や**［↓］キー**を押すと、［点の数］を増減できる

➡ 変形パネル

- ☐ **多角形シェイプ**を**変形パネルの［多角形の角度］**で回転すると、**センターポイント**を［基準点］とした回転になる
- ☐ 変形パネルで**［option（Alt）］キー**を押しながら値を変更すると、複製できる
- ☐ **直線シェイプ**に変換すると、変形パネルで直線のセンターポイント（中央）を［基準点］として、**［線の長さ］**を変更できる

➡ リピートラジアル

- ☐ **リピートラジアル**で**回転コピー**できる
- ☐ リピートラジアルは**［インスタンス数］**と**［半径］**を変更できる
- ☐ リピートラジアルの元のオブジェクトを編集するには、**環境設定**で**［ダブルクリックして編集モード:オン］**に設定しておく必要がある
- ☐ リピートラジアルを**［選択ツール］**でダブルクリックすると、**編集モード**に切り替わる
- ☐ 編集モードを終了するには、**ウィンドウ左上角の矢印**をクリックするか、**［esc］キー**を押す

➡ アンカーポイントでパスをカット

- ☐ コントロールパネルの**［選択したアンカーポイントでパスをカット］**で、アンカーポイントでパスを切断できる
- ☐ ［選択したアンカーポイントでパスをカット］は、パスの**すべてのアンカーポイントが選択**されていると表示されない

➡ その他

- ☐ **［ジグザグ］効果**で、セグメントを凹ませることができる
- ☐ **［シェイプ形成ツール］**でパスで区切られた複数の領域を横切るようにドラッグすると、領域をひとつのクローズパスに**合体**できる
- ☐ **［変形］効果**で**回転コピー**できる

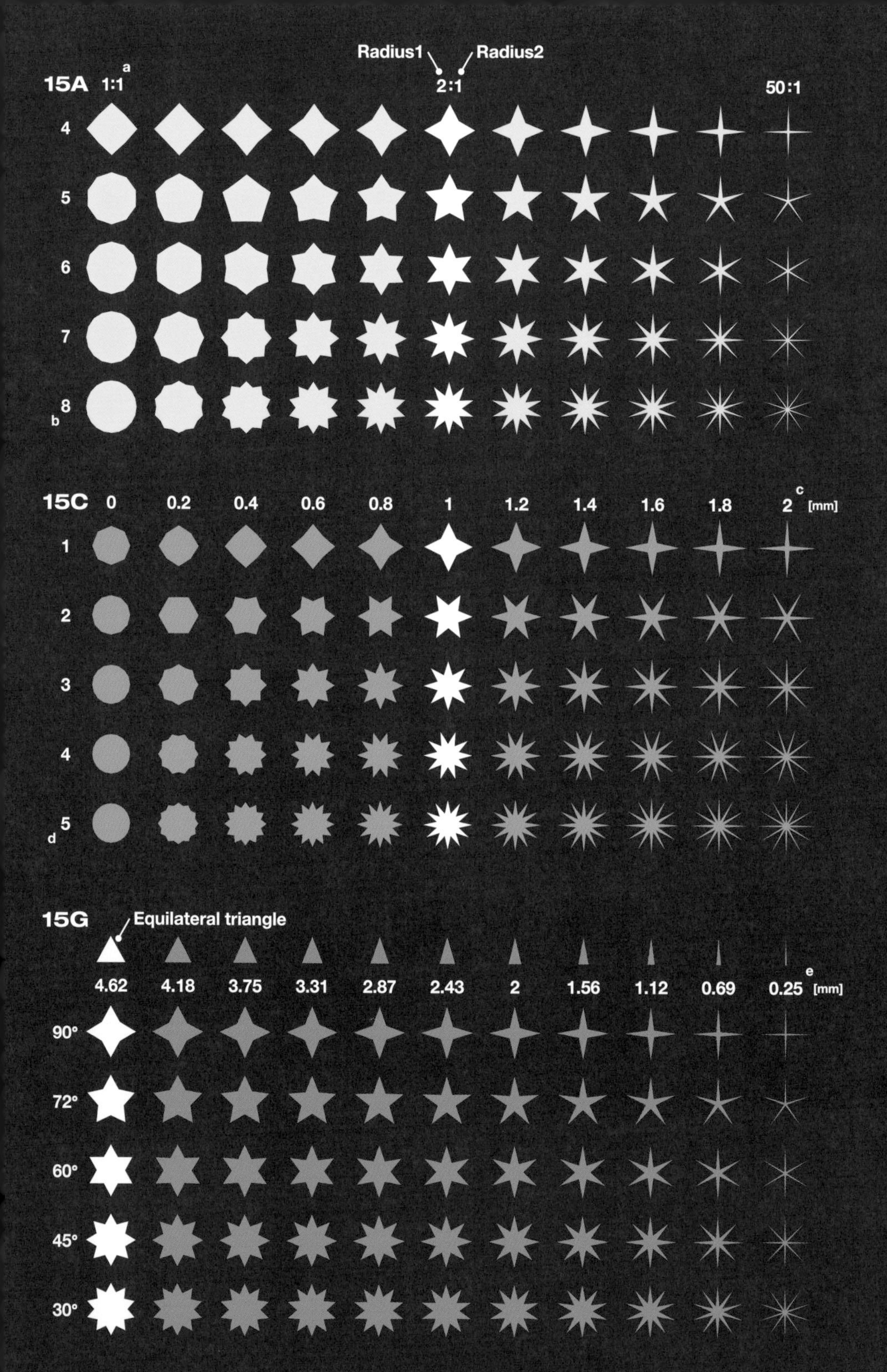

➡ a：［第1半径］と［第2半径］の比、b：［点の数］、c：［ジグザグ］効果の［大きさ］、d：［多角形の辺の数］、e：二等辺三角形の［W］（左端は正三角形）です。

16 クロスハッチを描く

クロスハッチは、輝きや煌めきを表現するときによく使われる、曲線状の凹みを持つ十字です。セグメントを凹ませる［パンク・膨張］効果や、角を丸く凹ませる［角丸（内側）］などが使えます。

★

16 A ［パンク・膨張］効果でセグメントを凹ませる

アピアランス

STEP 1 正方形を選択し、［効果］メニュー→［パスの変形］→［パンク・膨張］を選択します 1

STEP 2 ダイアログで［収縮：-80%］に変更し、［OK］をクリックします 2 3 4

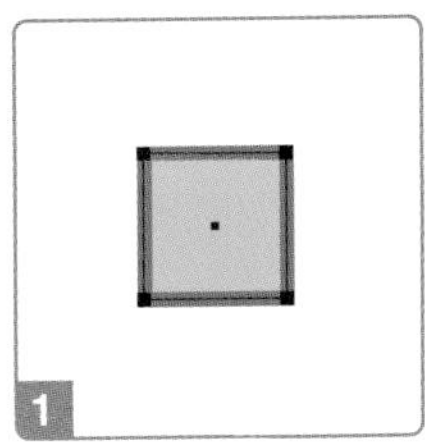

1 正方形のほか、円や菱形からもつくれます。上下左右対称な図形が最適です。

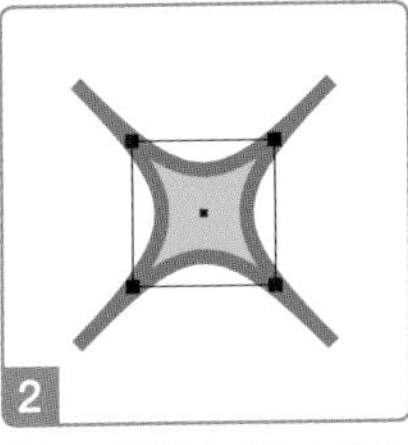

2 ［パンク・膨張］効果は、セグメントを凹ませたり膨らませる効果です。凹みや突起の数は、セグメントの数で変わります。

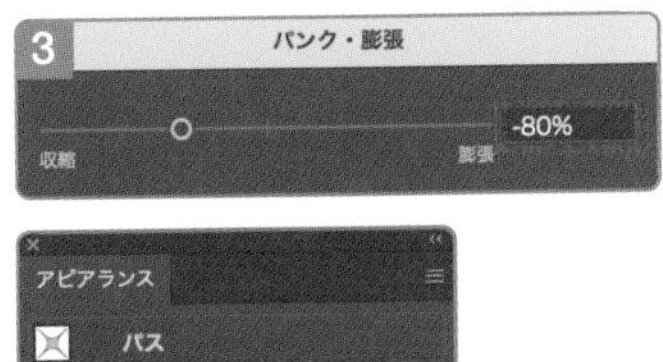

4
アピアランス
パス
パンク・膨張
線： 3 pt
不透明度： 初期設定
塗り：
不透明度： 初期設定
不透明度： 初期設定

［ジグザグ］効果は、ひとつのセグメントに作成する凹みや突起の数を設定できます。

》P114 花

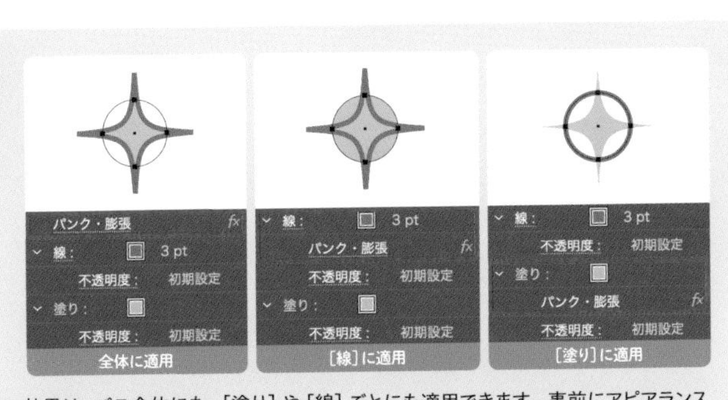

効果は、パス全体にも、［塗り］や［線］ごとにも適用できます。事前にアピアランスパネルで［塗り］や［線］を選択して適用しても、適用後にリストで効果を移動しても、同じ結果になります。

特定の［塗り］や［線］を選択せずに適用するとパス全体に適用され、アピアランスパネルでは［塗り］や［線］の外部（リストの上または下）に追加されます。本書では、とくにことわりがない場合、パス全体に適用します。

★
16 B [膨張]効果でセグメントを凹ませる

アピアランス

STEP 1 正方形を選択し、[効果]メニュー→[ワープ]→[膨張]を選択します 1

STEP 2 ダイアログで[カーブ:-75%]に変更し、[OK]をクリックします 2 3

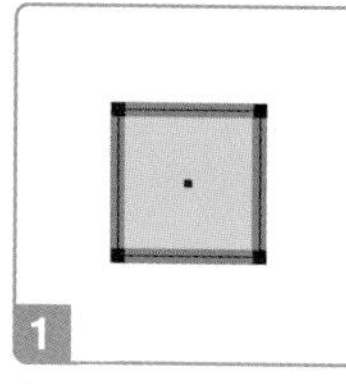
1
クロスハッチをつくる場合、正方形が最適です。それ以外の図形では、歪みが発生することがあります。

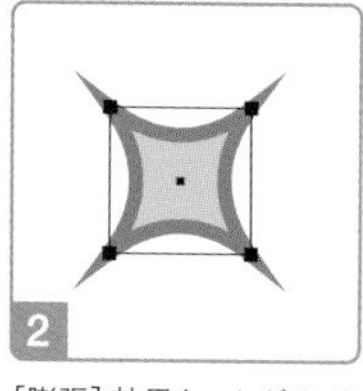
2
[膨張]効果も、セグメントを凹ませたり膨らませる効果です。

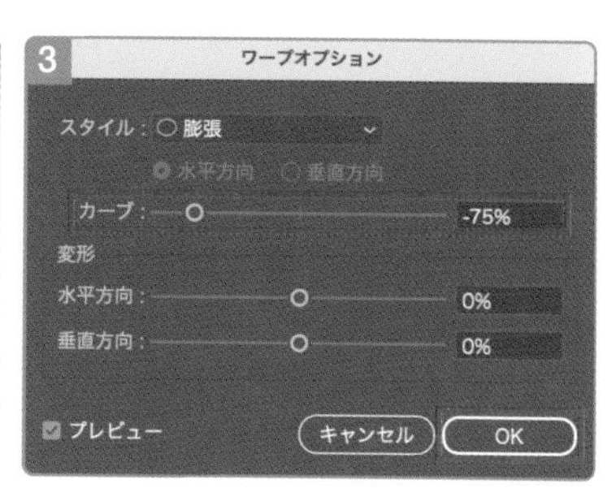

★★
16 C 星の凹みを曲線化する

アンカーポイント

STEP 1 [スターツール]で4ポイントの星を描き、[ダイレクト選択ツール]で凹みのアンカーポイントをすべて選択します 1

STEP 2 [拡大・縮小ツール]を選択し、[shift]キーを押しながら中心へドラッグします 2

STEP 3 コントロールパネルで[スムーズポイントに切り替え]をクリックします 3

ダイレクト選択ツール

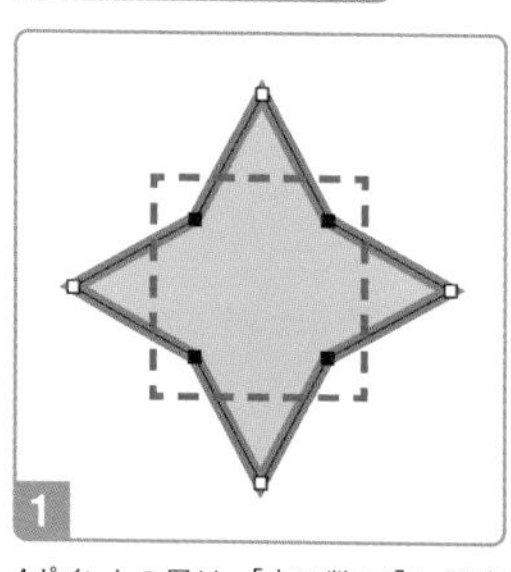
1
4ポイントの星は、[点の数:4]に設定した[スターツール]で描けます。凹みのアンカーポイントは、[ダイレクト選択ツール]で囲むようにドラッグすると簡単に選択できます。

拡大・縮小ツール

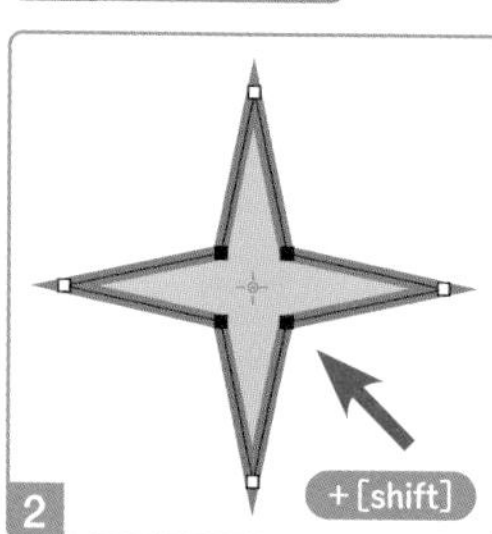

2
[shift]キーを押しながらドラッグすると、選択したアンカーポイントをつないでできる図形の縦横比を固定できます。

スムーズポイントに切り替え

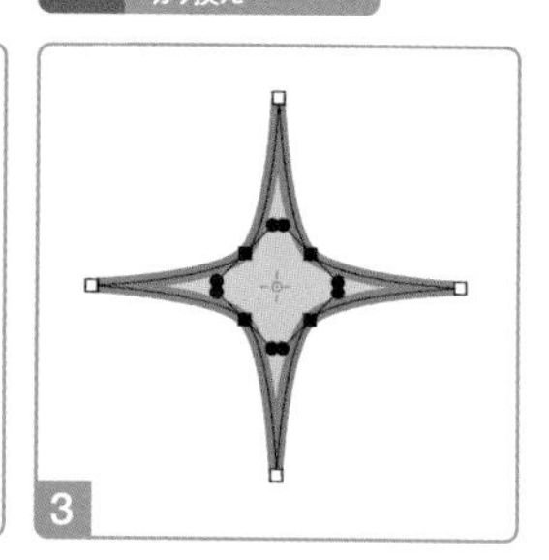
3
アンカーポイントが中心に近づきすぎると、セグメントにねじれが発生することがあります。

» P68 台形 » P83 星 » P111 雫

★
16 D ［角丸（内側）］で正方形の角を凹ませる

ライブコーナー

STEP 1 正方形を選択します 1
STEP 2 ［ダイレクト選択ツール］を選択し、コントロールパネルで［コーナー：角丸（内側）］［半径：最大値］に変更します 2 3

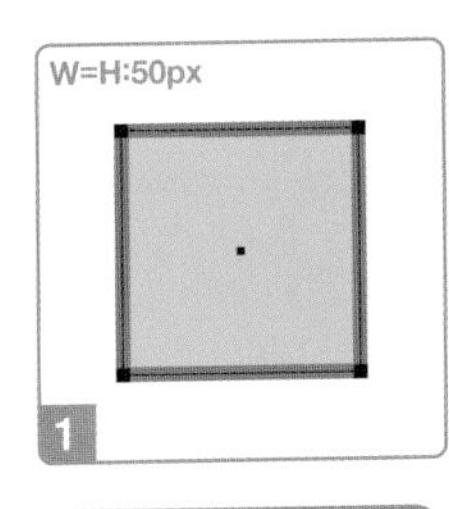

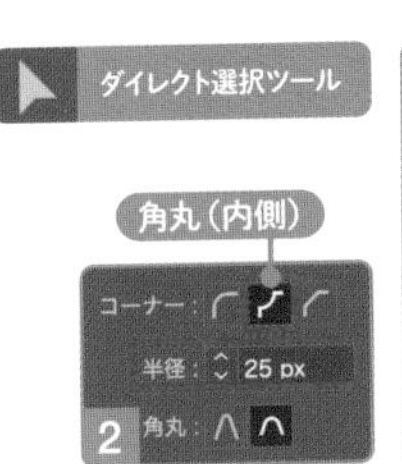

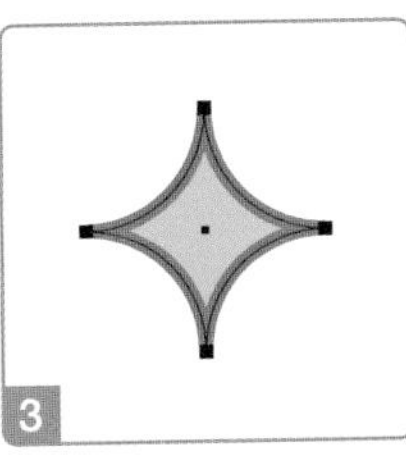

》P75 凹角長方形

コントロールパネルでは、［コーナー（角の種類）］を一括変更できます。

★★
16 E 菱形のセグメントを曲線にする

セグメント

STEP 1 **10F**（P59）の操作で菱形を描きます 1 2
STEP 2 ［アンカーポイントツール］を選択し、直角三角形の斜辺をドラッグします 3

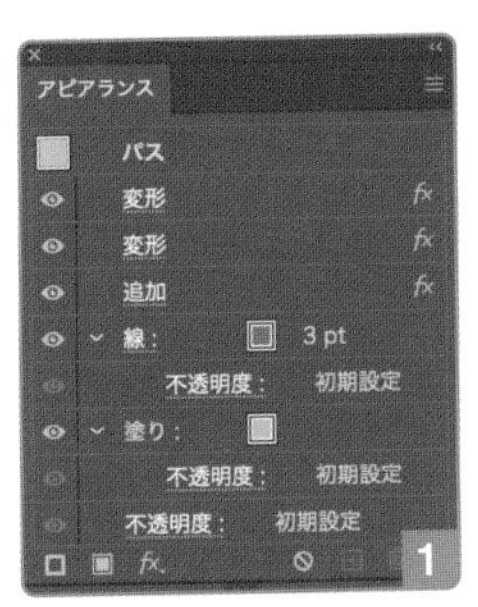

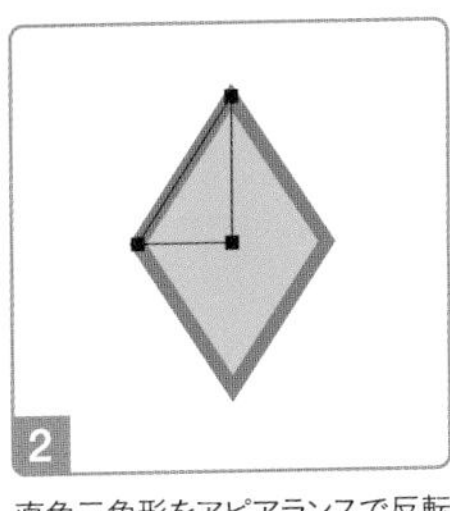

直角三角形をアピアランスで反転コピー＆合体して、菱形にします。

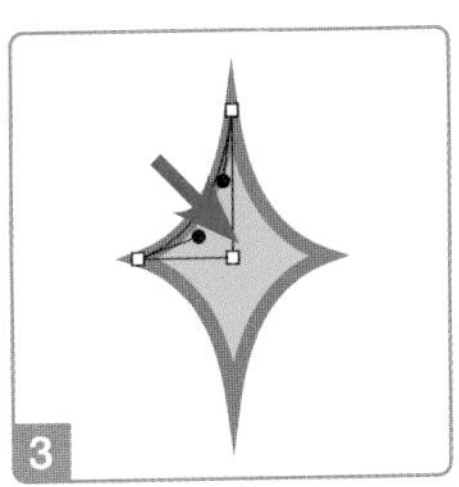

［アンカーポイントツール］で直線のセグメントをドラッグすると、曲線化できます。アピアランスで反転コピーしているため、他の辺も同時に変化します。

アンカーポイントツール

》P59 菱形

POINT

- ☐ **［パンク・膨張］効果**や**［（ワープ）膨張］効果**で、セグメントを凹ませることができる
- ☐ ［パンク・膨張］効果は**円や偶数角の正多角形**に適用しても点対称なかたちになるが、［（ワープ）膨張］効果を**正方形以外**に適用すると歪みが生じる
- ☐ **［アンカーポイントツール］**でドラッグすると、セグメントを曲線化できる
- ☐ コントロールパネルの**［スムーズポイントに切り替え］**で、コーナーポイントをスムーズポイントに変換できる
- ☐ 効果はパス全体のほか、個別の**［塗り］**や**［線］**にも適用でき、適用する部位で見た目も変わる

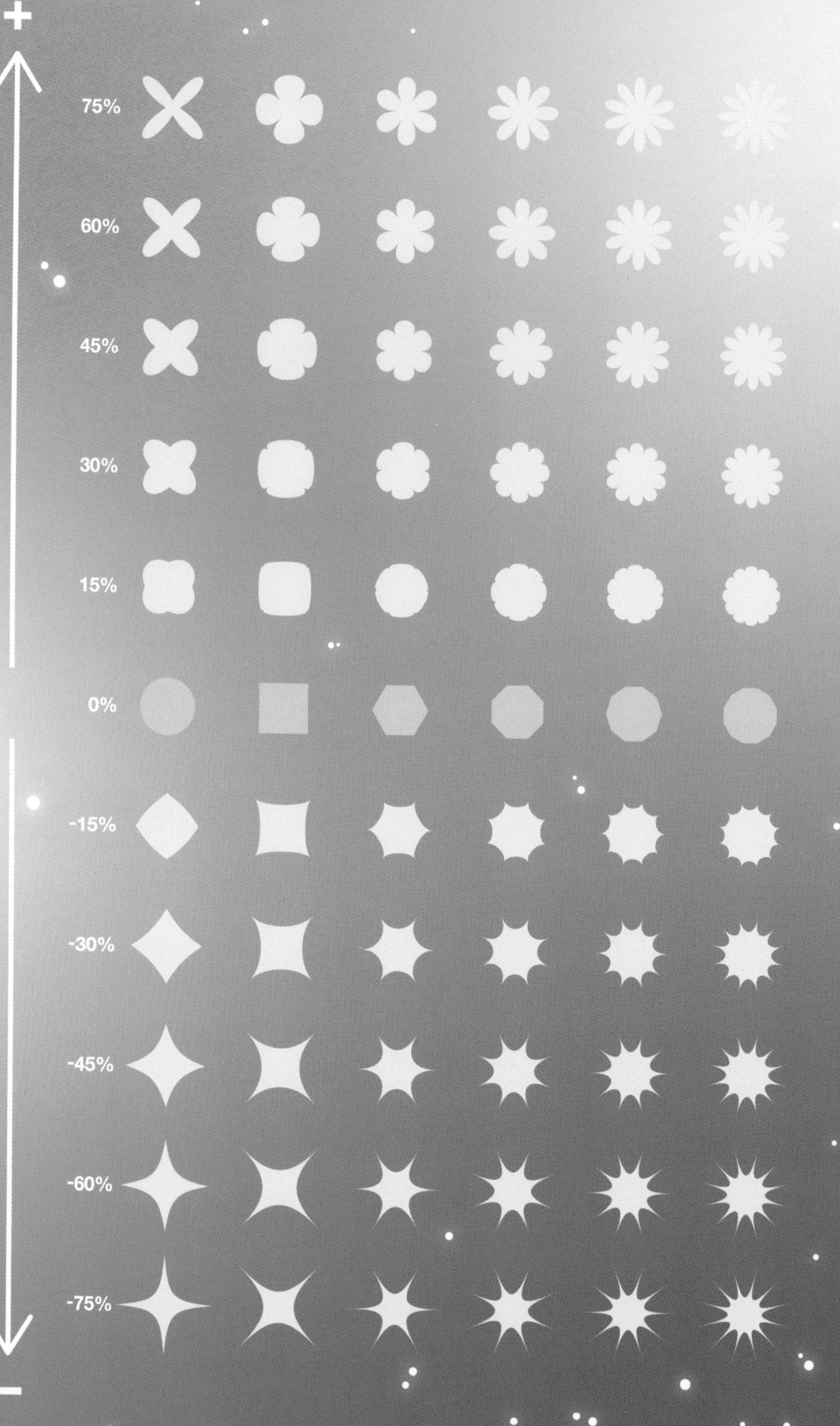

➡ 円や正方形、正多角形に［効果］メニュー→［パスの変形］→［パンク・膨張］を適用した結果です。正の値で花、負の値でクロスハッチになります。

17 十字を描く

十字は、2本の棒を交差してできる、シンプルな図形です。Illustratorの場合、これを[線]の直線でつくるか、[塗り]の長方形でつくるかで、その後の使い勝手が変わります。

★

17 A 直線を回転コピーする

回転コピー

STEP 1 水平線を選択し、[回転ツール]をダブルクリックします 1

STEP 2 ダイアログで[角度:90°]に変更して、[コピー]をクリックします 2 3

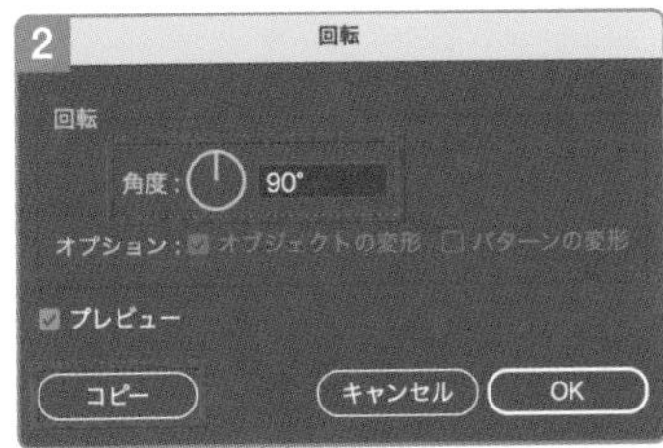

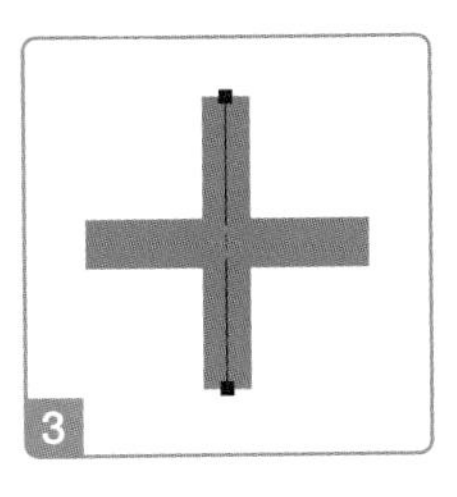

P82 星

15B(P82)のように、変形パネルの[線の角度]で、[option(Alt)]キーを押しながら[90°]を選択して回転コピーする方法もあります。

★★

17 B [変形]効果で直線を回転コピーする

アピアランス

STEP 1 水平線を選択し、[効果]メニュー→[パスの変形]→[変形]を選択します

STEP 2 ダイアログで[角度:90°][基準点:中央][コピー:1]に変更して、[OK]をクリックします 1 2 3

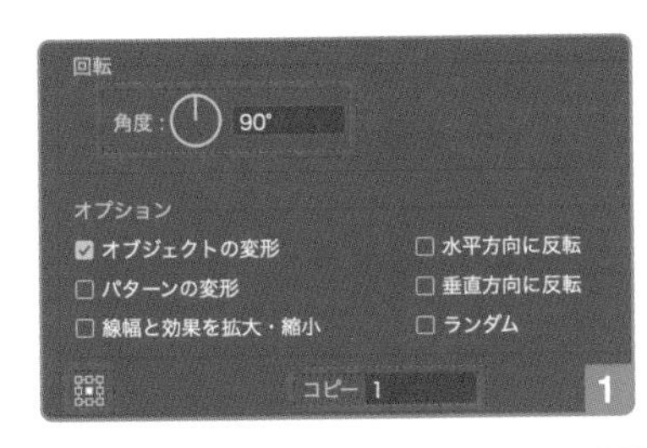

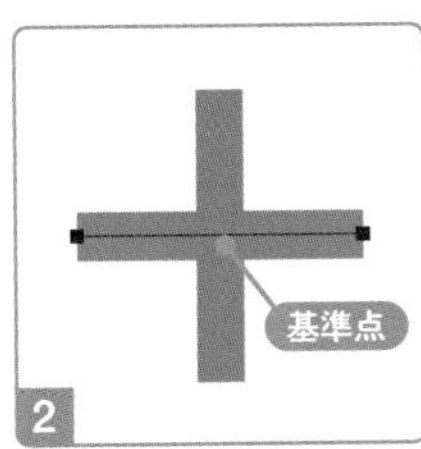

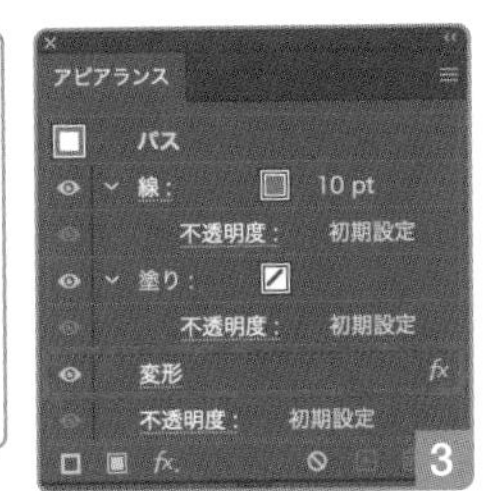

P86 星 P115 花 P174 矢印の雪花

★★★

17 C ［変形］効果で長さを変えて回転コピーする

アピアランス

STEP 1 水平線を選択し、［効果］メニュー→［パスの変形］→［変形］を選択します 1

STEP 2 ダイアログで［角度：90°］［基準点：中央］［コピー：1］に変更し、［拡大・縮小］［水平方向］で縦の長さ、［移動］［垂直方向］で位置を調整して、［OK］をクリックします 2 3 4

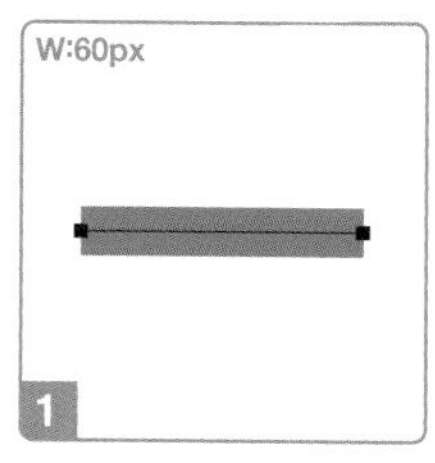

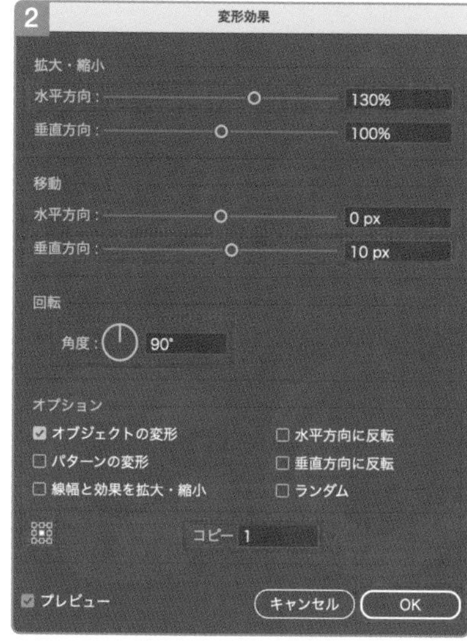

［線］を伸ばしたあと回転するため、［拡大・縮小］は［水平方向］を変更します。

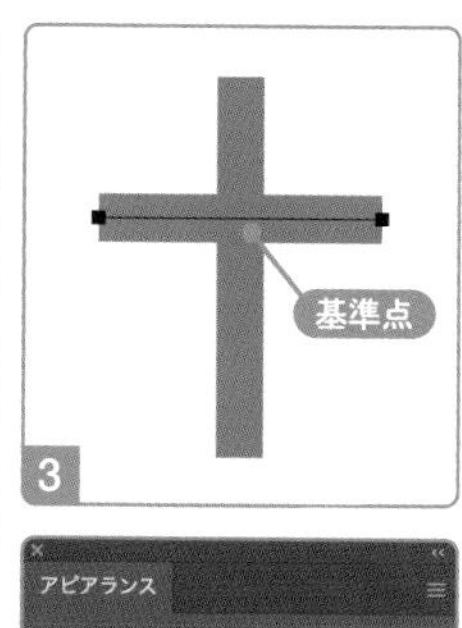

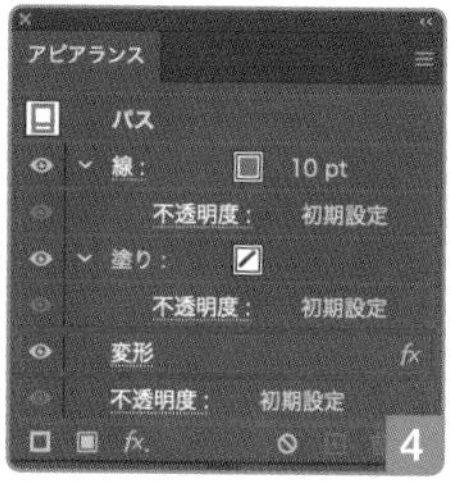

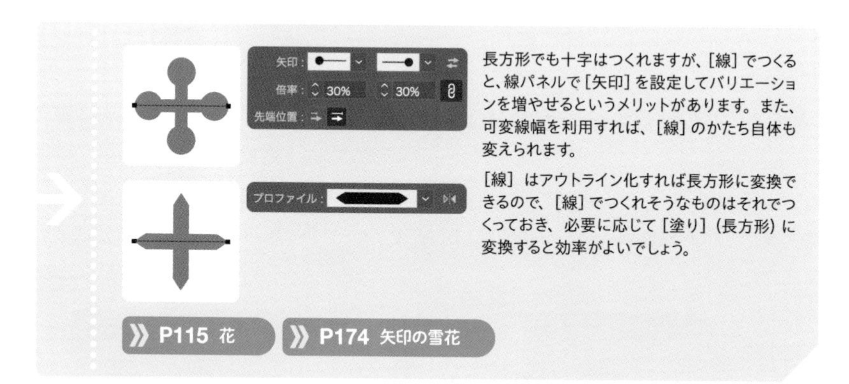

長方形でも十字はつくれますが、［線］でつくると、線パネルで［矢印］を設定してバリエーションを増やせるというメリットがあります。また、可変線幅を利用すれば、［線］のかたち自体も変えられます。

［線］はアウトライン化すれば長方形に変換できるので、［線］でつくれそうなものはそれでつくっておき、必要に応じて［塗り］（長方形）に変換すると効率がよいでしょう。

》P115 花　》P174 矢印の雪花

POINT

- ☐ ［回転ツール］をダブルクリックすると、ダイアログで**［角度］を指定して回転コピー**できる
- ☐ ［回転ツール］をダブルクリックすると、［基準点］は**オブジェクトの中央**に設定される
- ☐ ［線］で十字をつくると、**［矢印］**や**可変線幅**でバリエーションを増やせるメリットがある
- ☐ **［変形］**効果で**拡大・縮小**と**移動**、**回転**、**複製**が同時に可能

18 放射線を描く

放射線は古来より、聖人の背後や星、キーアイテムなどの周囲にあしらって、輝きや注目の表現に使われてきました。現代でも、ロゴやタイトルに放射線があしらわれていると、目を引きます。

★★

18 A リピートラジアルで直線を回転コピーする

リピート

STEP 1 垂直線を選択し、[オブジェクト] メニュー→ [リピート] → [ラジアル] を選択します 1 2

STEP 2 コントロールパネルで [インスタンス数] と [半径] を調整します 3 4

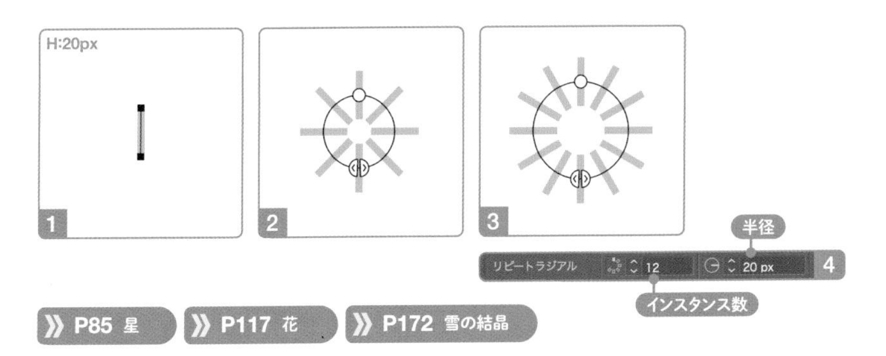

》P85 星 》P117 花 》P172 雪の結晶

★★

18 B 円の [線] を細かい破線にする

破線

STEP 1 円を選択し、[線] に色を設定します 1

STEP 2 線パネルで [破線：オン] [破線の先端を整列] に変更して、[線分] と [間隔] を調整します 2 3

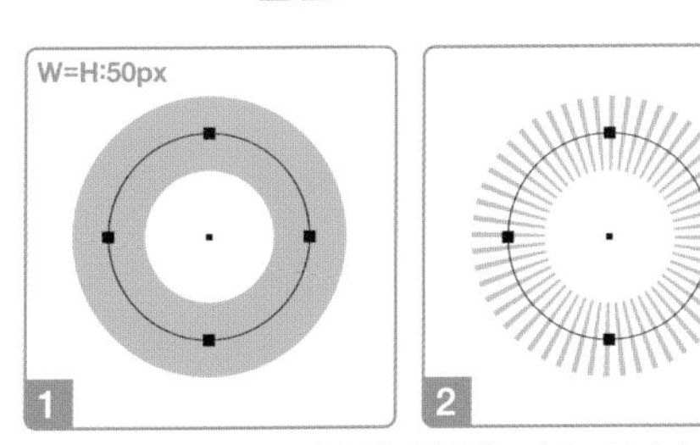

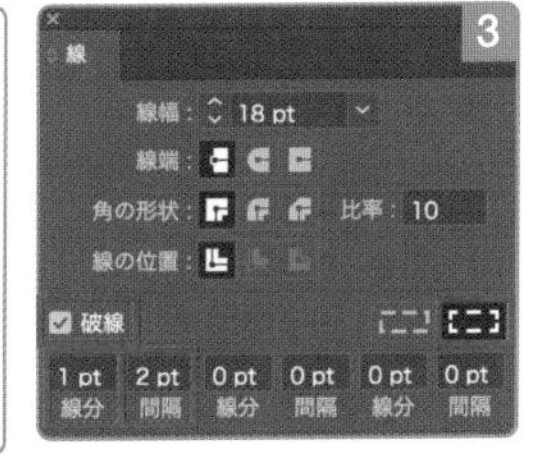

[線幅] が放射線の長さ、[線分] が放射線の太さになります。中心に近づくにつれ、放射線は細くなります。

》P114 花 》P126 ドットライン

★★★

18 C　放射線をドーナツ円で切り抜く

クリッピングマスク

STEP 1　[同心円グリッドツール] を選択して、ワークエリアでクリックします

STEP 2　ダイアログで [同心円の分割] [線数:1]、[円弧の分割] [線数:12]、[楕円形から複合パスを作成:オン] に変更して、[OK] をクリックします 1 2 3 4

STEP 3　ドーナツ円（複合パス）を最前面に移動して、クリッピングマスクを作成します 5 6 7

同心円グリッドツール

[塗り：なし] で [線] に色を設定したあと作業を開始すると、[線] に色がついて見やすいです。

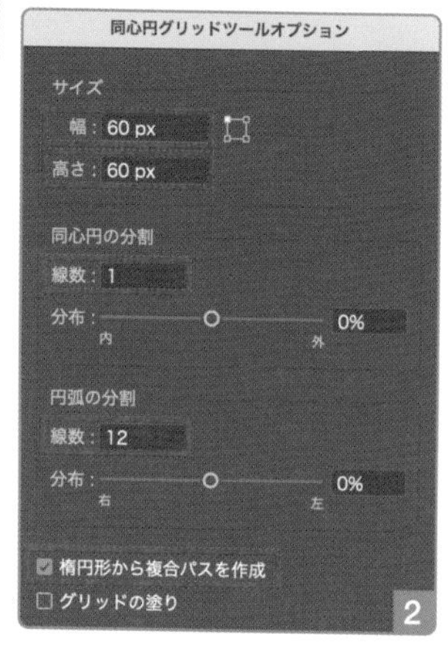

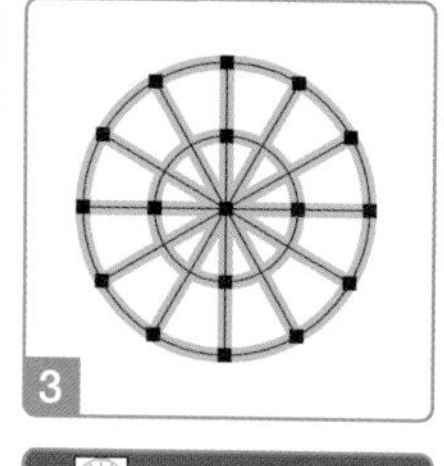

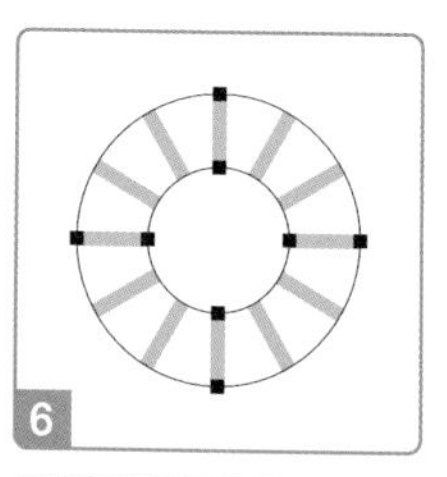

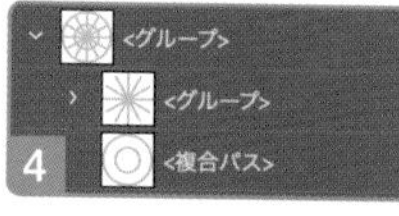

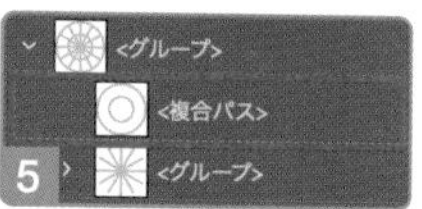

ドーナツ円をマスクとして使います。[グループ選択ツール] でドーナツ円に含まれる円を選択し、サイズを変更すると、放射線の長さを変えられます。

P40 ドーナツ円

P49 扇面　P50 扇面

★★★

18 D　[変形] 効果で透明枠つきで回転コピーする

アピアランス

STEP 1　垂直線と透明な正方形を選択し、整列パネルの [水平方向中央に整列] で縦の中心を揃えたあと、グループ化します 1 2

STEP 2　[効果] メニュー→ [パスの変形] → [変形] を選択し、ダイアログで [角度：30°] [基準点:中央] [コピー:11] に変更して、[OK] をクリックします 3 4 5

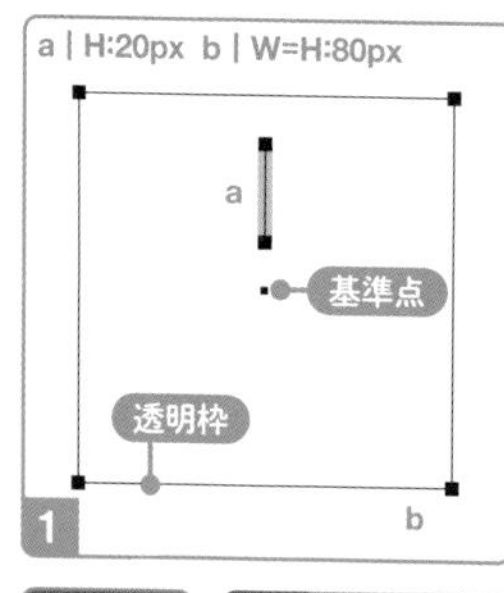

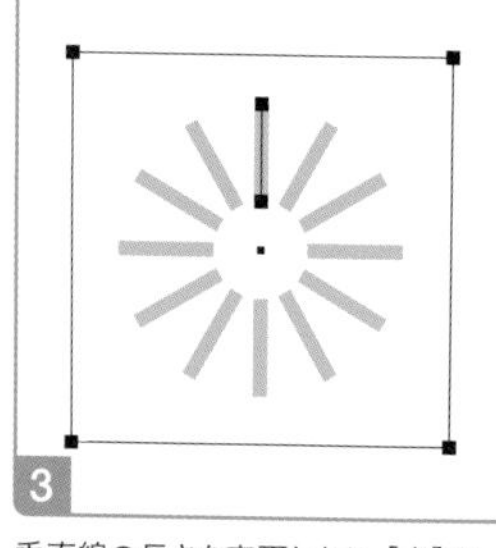

垂直線の長さを変更したり、[↑] キーや [↓] キーで垂直線の位置を変えると、全体の印象が変わります。

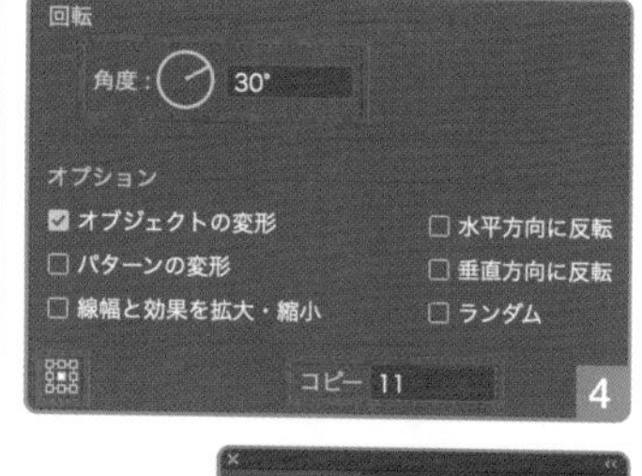

アピアランス
グループ
内容
変形
不透明度：初期設定
5

位置固定用の [塗り:なし] [線:なし] の透明な長方形を、本書では「透明枠」と呼びます。

P116 花　P172 雪の結晶

★★★

18 E 透明な［塗り］を位置固定枠にする

アピアランス

STEP 1 垂直線を選択したあと、アピアランスパネルで［塗り］を選択して色を設定します 1

STEP 2 ［効果］メニュー→［形状に変換］→［長方形］を選択し、ダイアログで［サイズ：値を指定］、［幅］と［高さ］を同じ値に変更して、［OK］をクリックします 2

STEP 3 ［効果］メニュー→［パスの変形］→［変形］を選択し、ダイアログの［移動］［垂直方向］で［塗り］の位置を調整して、［OK］をクリックします 3 4 5

STEP 4 ［塗り］の選択を解除したあと、［効果］メニュー→［パスの変形］→［変形］を選択し、ダイアログで［角度:30°］［基準点:中央］［コピー:11］に変更して［OK］をクリックし、［塗り:なし］に変更します 6 7 8

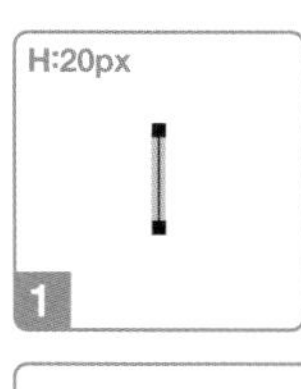

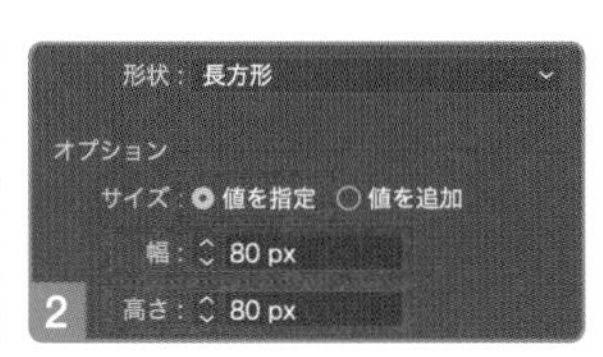

［塗り］に色を設定して作業すると、サイズや位置がわかりやすいです。

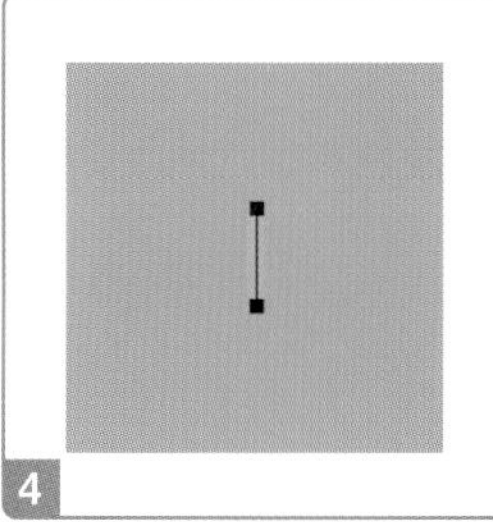

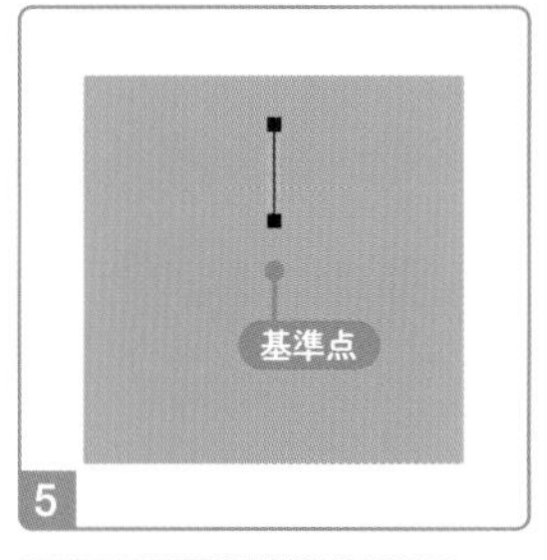

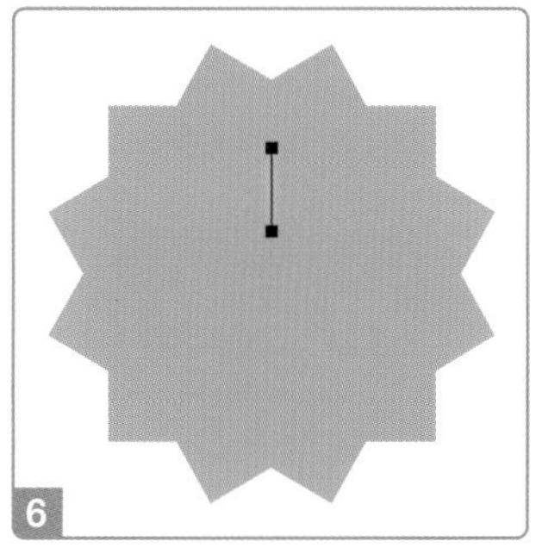

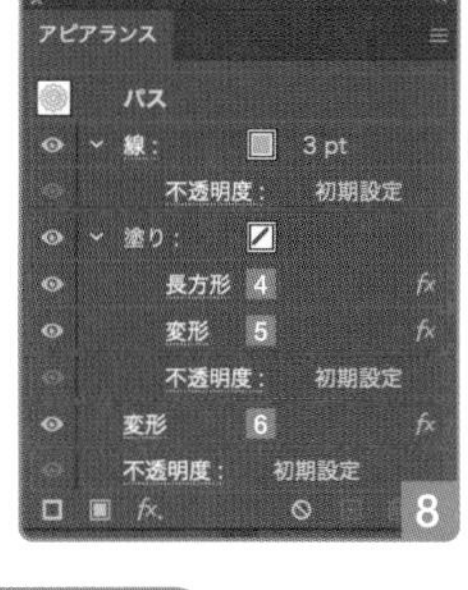

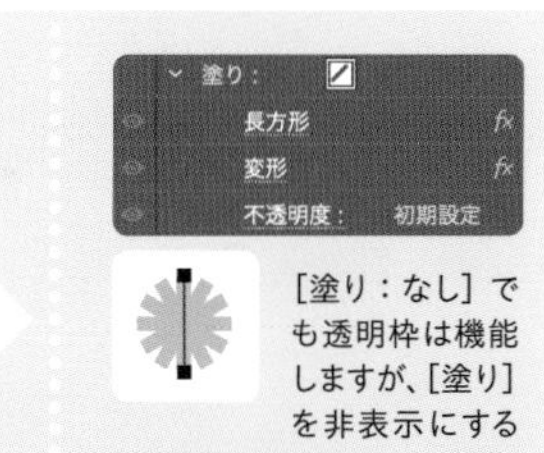

［塗り：なし］でも透明枠は機能しますが、［塗り］を非表示にすると透明枠は無効になり、回転コピーの［基準点］は［線］の中央になります。

P65 平行四辺形 P181 虹

POINT

- ☐ **ひとまわり大きい透明な正方形（透明枠）**とグループ化して［変形］効果を適用すると、**［基準点］**をコントロールできる
- ☐ 透明枠は、**［長方形］効果で正方形化した［塗り］**でも代用できる
- ☐ **［塗り:透明］**に変更しても、透明枠は機能する

19 矢印を描く

Illustratorでは、[線] の設定で矢印を描くことができます。矢先と軸を組み合わせてつくる方法も知っておくと、メニューに好みのデザインがないときに自作で対応できます。矢印のバリエーションはライブラリにも多数用意されており、その中から選ぶことも可能です。

★

19 A 線パネルで [矢印] を設定する

矢印

STEP 1 直線を選択し、線パネルで [矢印] のメニューから矢先のデザインを選択します 1

STEP 2 [倍率] と [先頭位置] を調整します 2 3 4 5

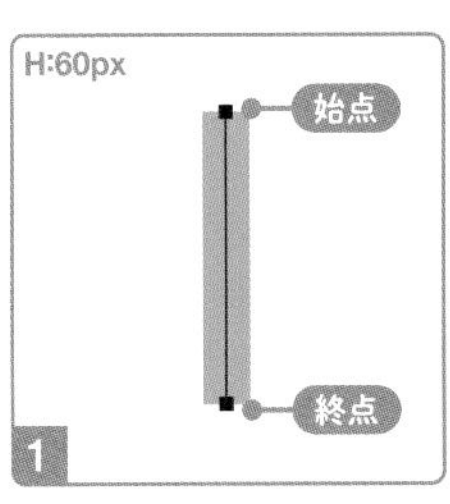

デフォルトでは、線パネルの左側の設定が始点、右側が終点に適用されます。

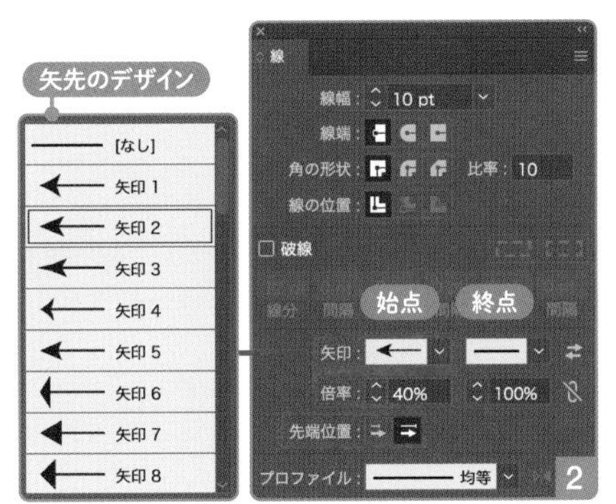

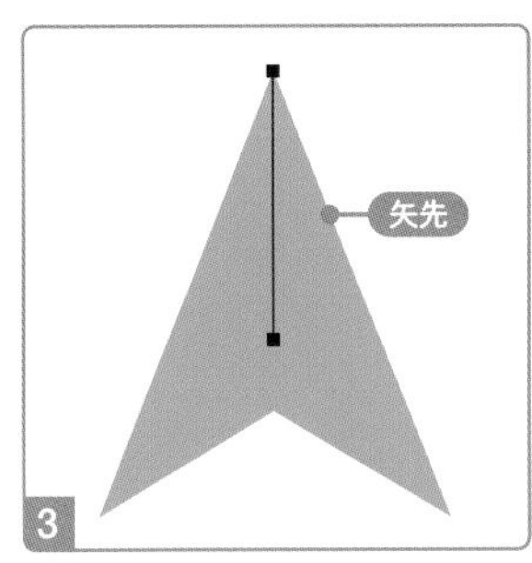

[矢印2] を選択しました。矢先のデザインによっては、[倍率：100%] では大きすぎることがあります。

5 パスの終点から配置

「終点」はこの場合、パスの両端のアンカーポイントを指します。[パスの終点から配置] に変更すると、矢先のデザインの描画が端のアンカーポイントから開始するため、元の直線より長く見えます。

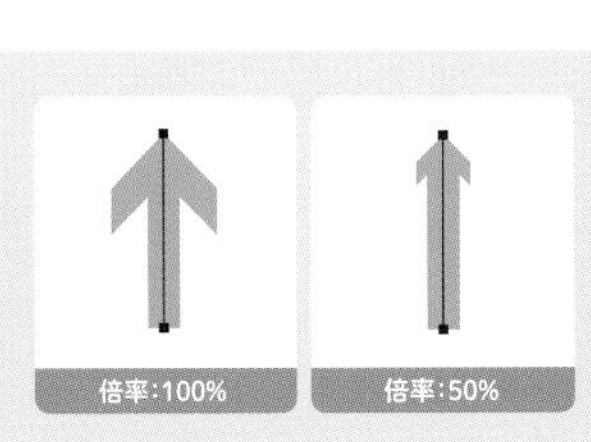

[倍率：100%] 以外では、矢先のデザインが崩れるものもあります。たとえば [矢印10] の場合、[100%] で [線幅] と同じ太さの矢先になる設計のため、[倍率] を変えると矢先と軸の太さが揃いません。[矢印11] や [矢印18] などもこのタイプです。

» P174 矢印の雪花

★★★

19 B クリッピングマスクでL字を切り抜く

クリッピングマスク

STEP 1 ［選択ツール］でL字の角を直線のアンカーポイントにスナップさせます 1 2

STEP 2 長方形と直線を選択したあと、再度直線をクリックしてキーオブジェクトに指定し、整列パネルで［水平方向中央に整列］をクリックします 3

STEP 3 長方形を最前面に移動したあとすべてを選択し、［オブジェクト］メニュー→［クリッピングマスク］→［作成］を選択します 4 5 6

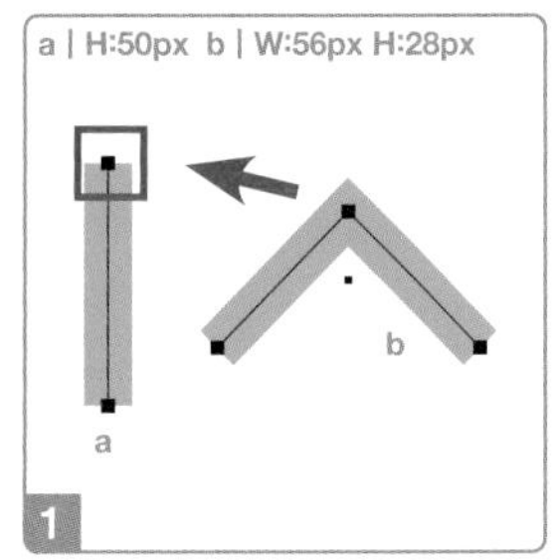

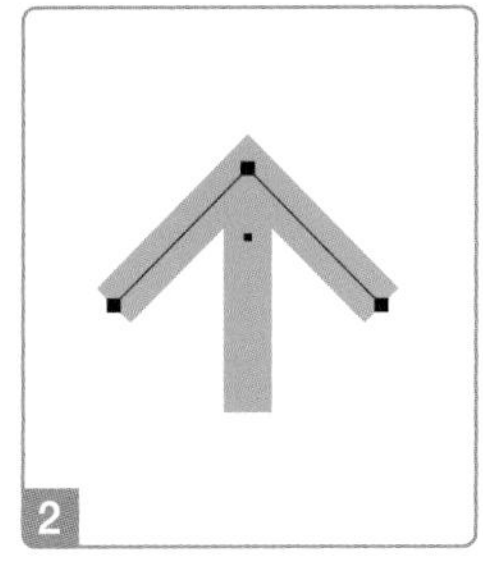

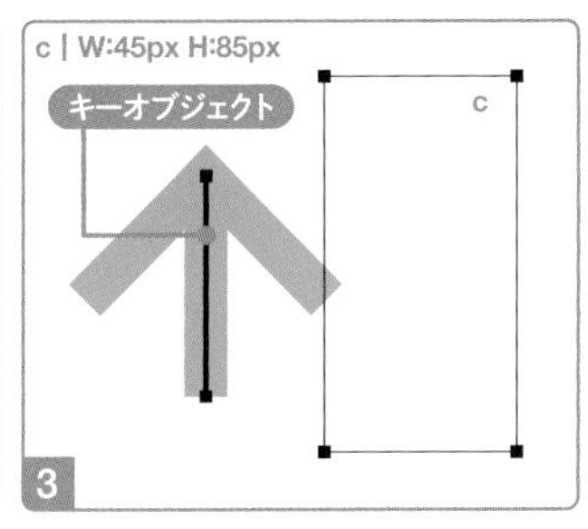

L字は、45°回転した正方形の下のアンカーポイントを削除してつくります（P78）。L字の角を、垂直線の端にスナップするだけでも矢印になります。

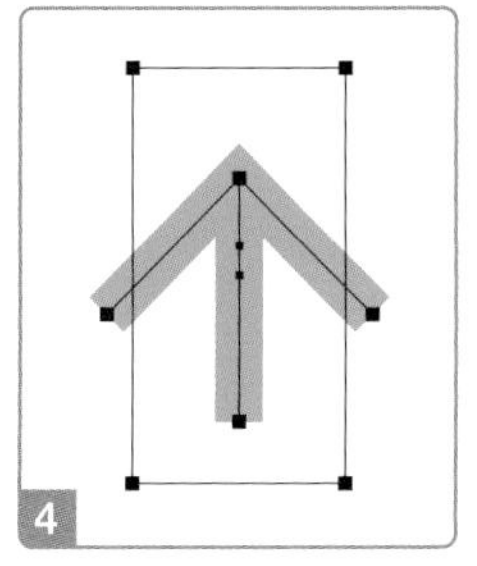

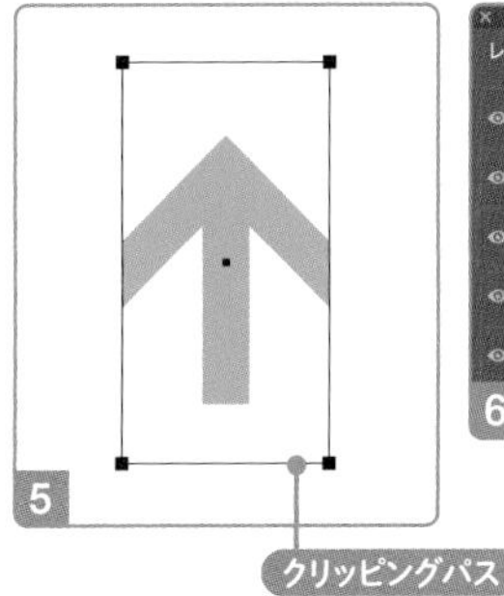

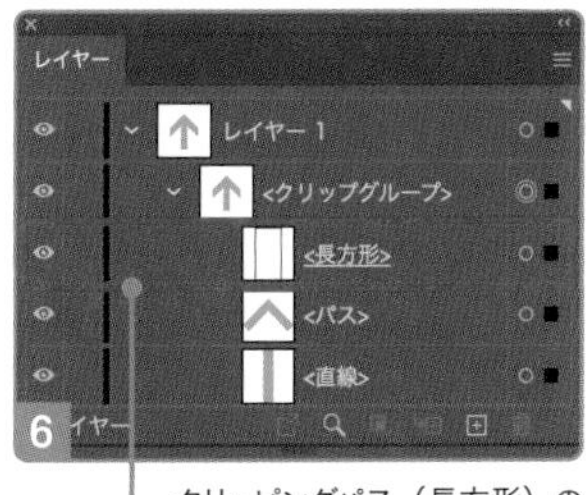

クリッピングパス（長方形）の［W］を変更すると、矢先のサイズが変わります。

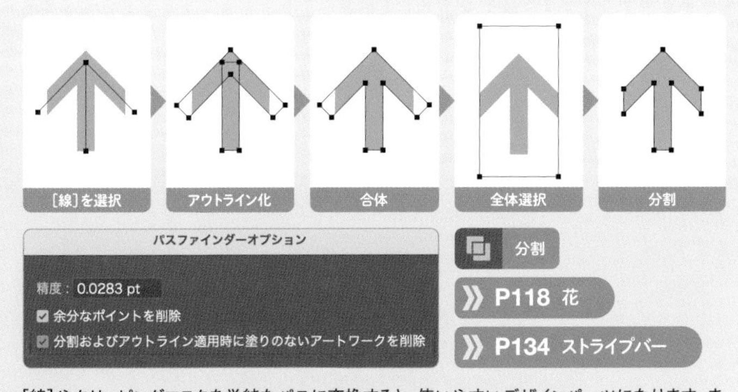

分割

P118 花
P134 ストライプバー

［線］やクリッピングマスクを単純なパスに変換すると、使いやすいデザインパーツになります。まず、［オブジェクト］メニュー→［パス］→［パスのアウトライン］で［線］をアウトライン化したあと、パスファインダーパネルで［合体］を適用します。そのあと全体を選択してパスファインダーパネルで［分割］を適用すると、矢印のパスだけが残ります。

ただしこの結果を得るには、事前に［分割およびアウトライン適用時に塗りのないアートワークを削除：オン］に設定する必要があります。この設定は、パスファインダーパネルのメニューから［パスファインダーオプション］でダイアログを開いておこないます。

★★
19 C 垂直線と二等辺三角形を組み合わせる

パス／シェイプ

STEP1 二等辺三角形のセンターポイントを垂直線のアンカーポイントにスナップさせたあと、[表示] メニュー→ [スマートガイド] を選択します 1 2

STEP2 二等辺三角形を選択したあと、[アンカーポイントの追加ツール] で二等辺三角形の底辺と垂直線の交点にカーソルを合わせてクリックします 3

STEP3 アンカーポイントを [↑] キーで移動して、凹みをつくります 4

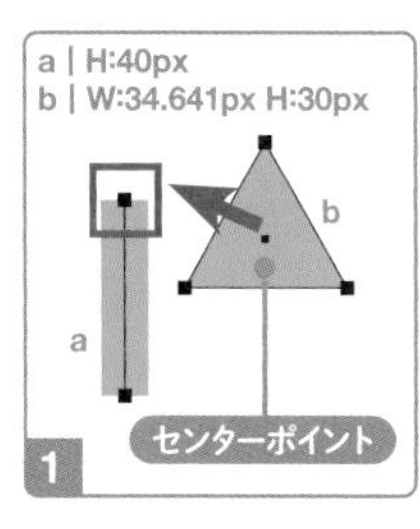

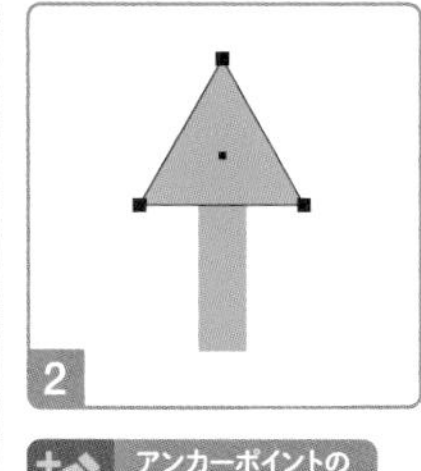

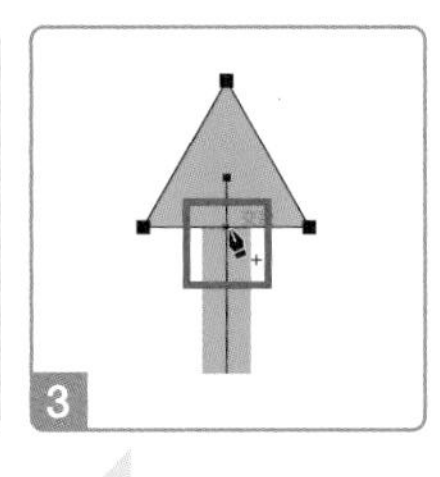

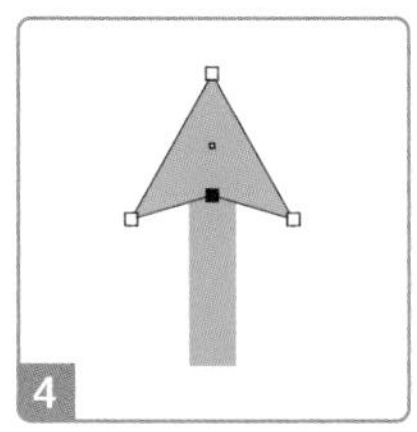

スマートガイドを表示すると、セグメントの交点にガイドが表示されます。非表示にするには、[表示] メニュー→ [スマートガイド] を選択するか、[command (Ctrl)] + [U] キーを押します。プロパティパネルでも変更可能です。

★★★
19 D [ワープ] 効果で垂直線を三角形化する

アピアランス

STEP1 垂直線を選択し、アピアランスパネルで [塗り] を選択します 1

STEP2 [効果] メニュー→ [形状に変換] → [長方形] と、[効果] メニュー→ [ワープ] → [円弧] で、[塗り] を二等辺三角形に変換します 2 3 4 5

STEP3 [効果] メニュー→ [パスの変形] → [変形] で、二等辺三角形の高さと位置を調整します 6 7 8

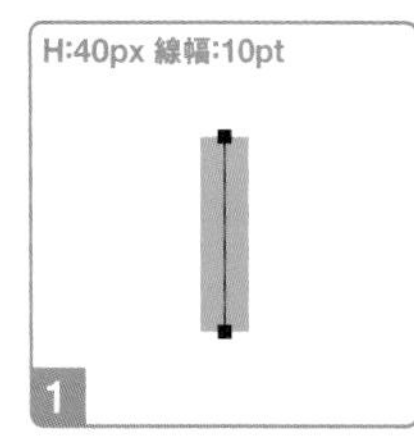

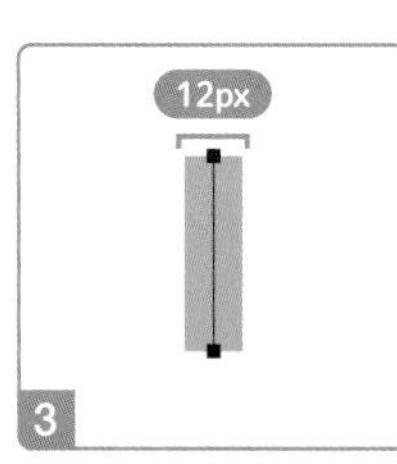

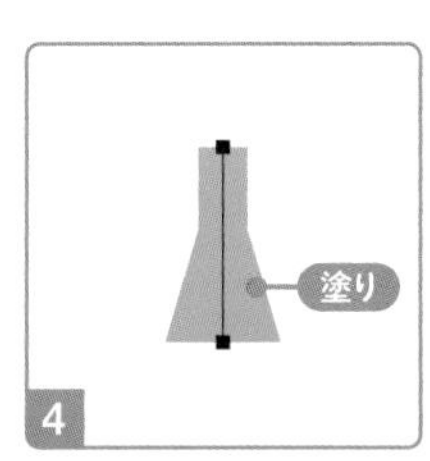

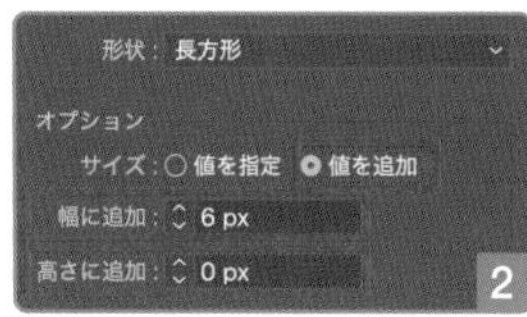

[塗り] が、12px幅で直線と同じ高さの長方形に変換されます。

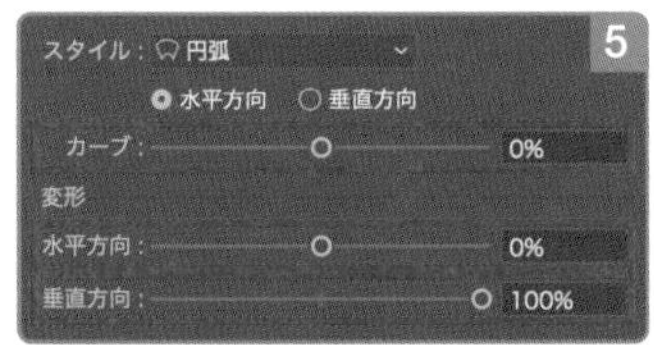

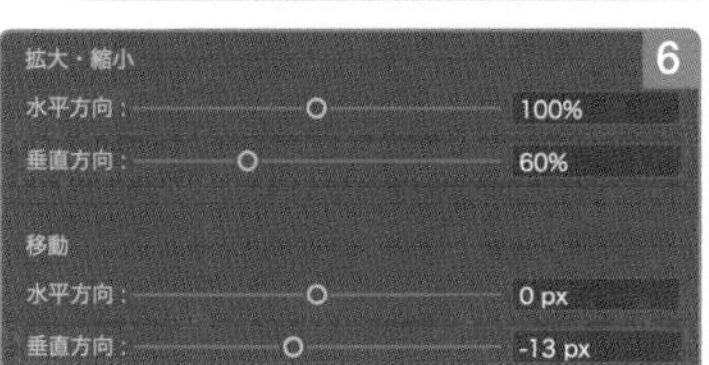

[基準点：上辺中央] に変更します。

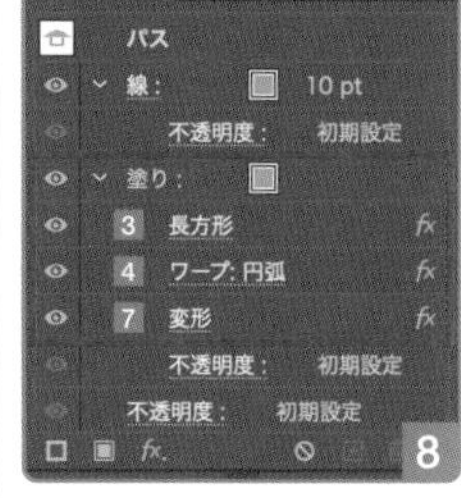

[線] が軸、[塗り] が矢先の二等辺三角形になります。

P52 三角形

P257 吹き出し

★
19 E ライブラリのブラシを使う

ブラシ

STEP 1 ブラシパネルで [ブラシライブラリメニュー] をクリックして、[矢印] → [矢印_標準] を選択します 1

STEP 2 直線を選択し、ブラシライブラリパネルで [矢印1.09] をクリックします 2 3 4 5

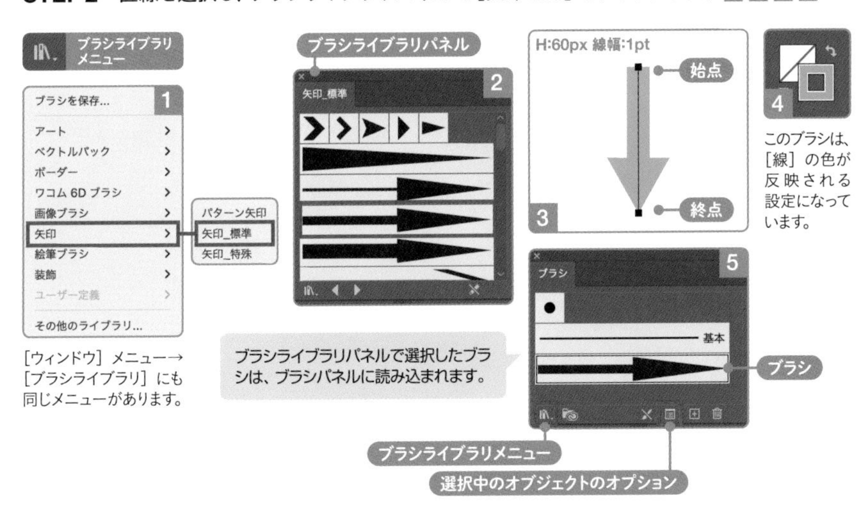

このブラシは、[線] の色が反映される設定になっています。

[ウィンドウ] メニュー→ [ブラシライブラリ] にも同じメニューがあります。

ブラシライブラリパネルで選択したブラシは、ブラシパネルに読み込まれます。

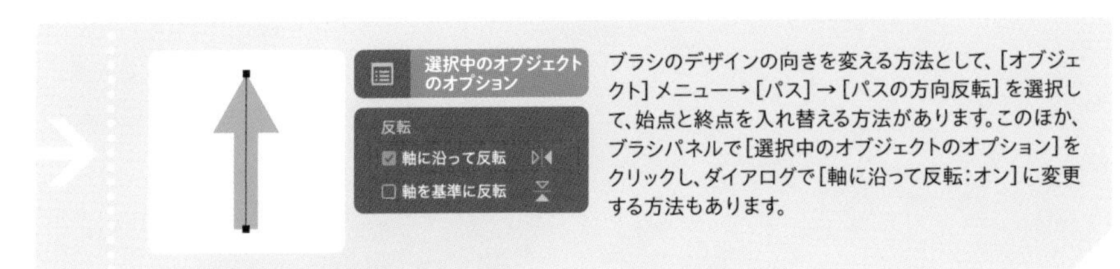

ブラシのデザインの向きを変える方法として、[オブジェクト] メニュー→ [パス] → [パスの方向反転] を選択して、始点と終点を入れ替える方法があります。このほか、ブラシパネルで [選択中のオブジェクトのオプション] をクリックし、ダイアログで [軸に沿って反転:オン] に変更する方法もあります。

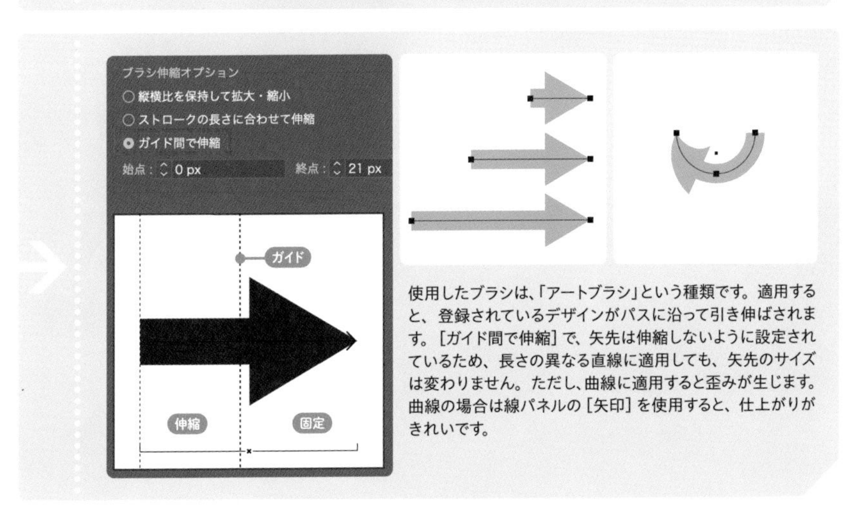

使用したブラシは、「アートブラシ」という種類です。適用すると、登録されているデザインがパスに沿って引き伸ばされます。[ガイド間で伸縮] で、矢先は伸縮しないように設定されているため、長さの異なる直線に適用しても、矢先のサイズは変わりません。ただし、曲線に適用すると歪みが生じます。曲線の場合は線パネルの [矢印] を使用すると、仕上がりがきれいです。

★★
19 F　ライブラリのシンボルを使う

シンボル

STEP 1　シンボルパネルで［シンボルライブラリメニュー］をクリックして、［矢印］を選択します 1

STEP 2　シンボルライブラリパネルで［矢印28］をワークエリアへドラッグします 2 3 4

STEP 3　シンボルパネルで［リンクを解除］をクリックします 5 6 7

STEP 4　レイヤーパネルで矢印のパスをいちばん上へドラッグしたあと、サブレイヤー「矢印28」を［選択項目を削除］へドラッグします 8 9 10 11

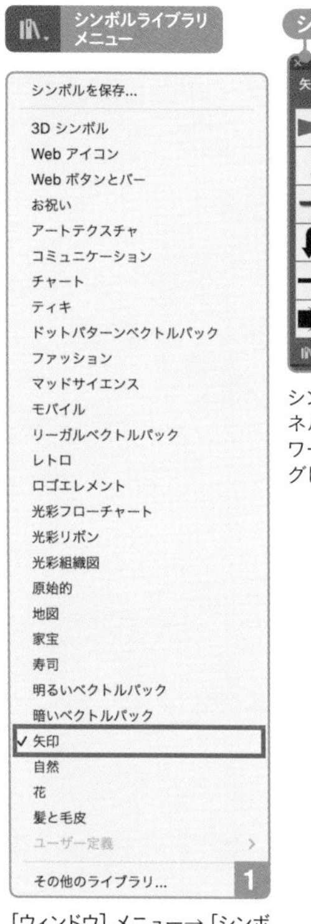

［ウィンドウ］メニュー→［シンボルライブラリ］にも同じメニューがあります。

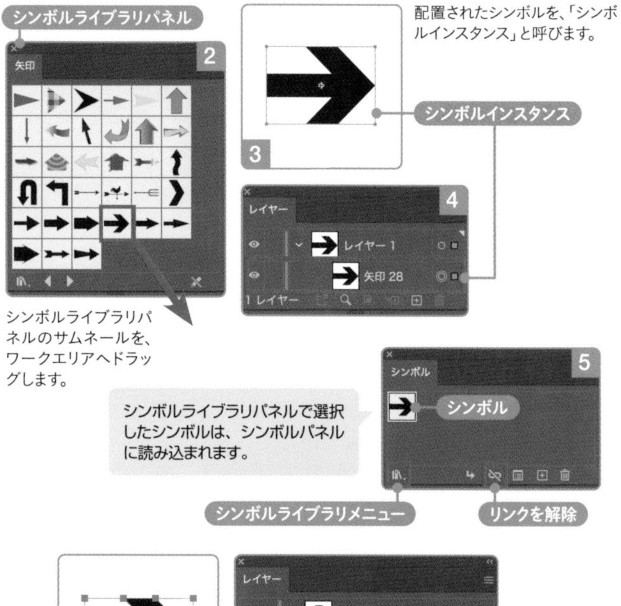

配置されたシンボルを、「シンボルインスタンス」と呼びます。

シンボルライブラリパネルのサムネールを、ワークエリアへドラッグします。

シンボルライブラリパネルで選択したシンボルは、シンボルパネルに読み込まれます。

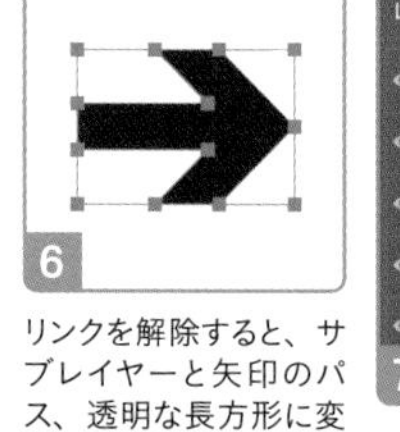

リンクを解除すると、サブレイヤーと矢印のパス、透明な長方形に変換されます。

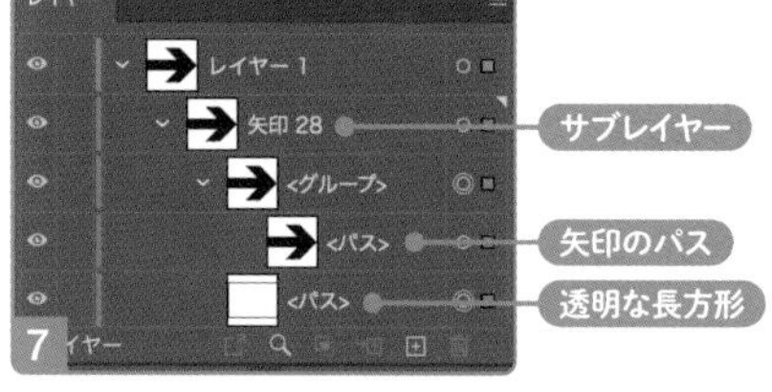

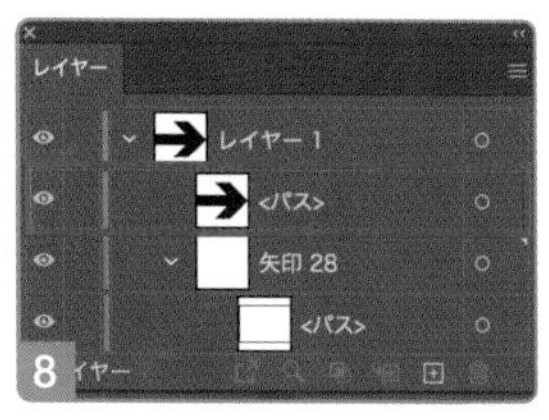

パスをサブレイヤーの外へ出したあと、サブレイヤーを削除します。グループは自動で消滅します。

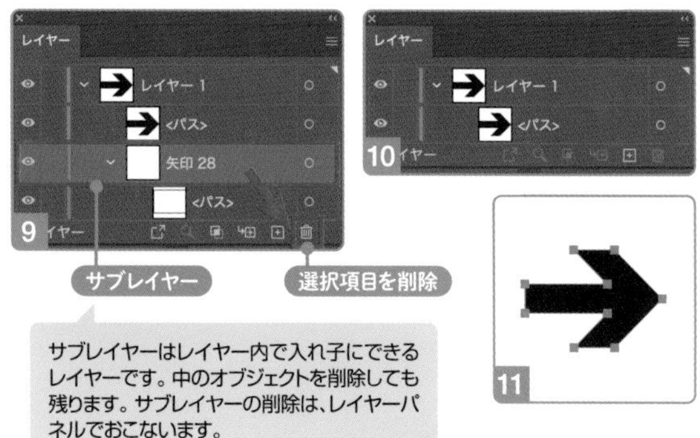

サブレイヤーはレイヤー内で入れ子にできるレイヤーです。中のオブジェクトを削除しても残ります。サブレイヤーの削除は、レイヤーパネルでおこないます。

》P233 星の散布

シンボルには、従来の「スタティックシンボル」と、現行の「ダイナミックシンボル」の2種類があります。ダイナミックシンボルは、インスタンスの色を個別に変更できます。シンボルライブラリに含まれているのはスタティックシンボルですが、ダイナミックシンボルに変換できます。

シンボルパネルでシンボルを選択した状態で[シンボルオプション]をクリックし、ダイアログで[シンボルの種類：ダイナミックシンボル]に変更して[OK]をクリックすると、サムネールの右下に「+」の印が追加されます。これをワークエリアに配置し、[ダイレクト選択ツール]で選択してカラーパネルなどで色を変更すると、インスタンスに反映されます。

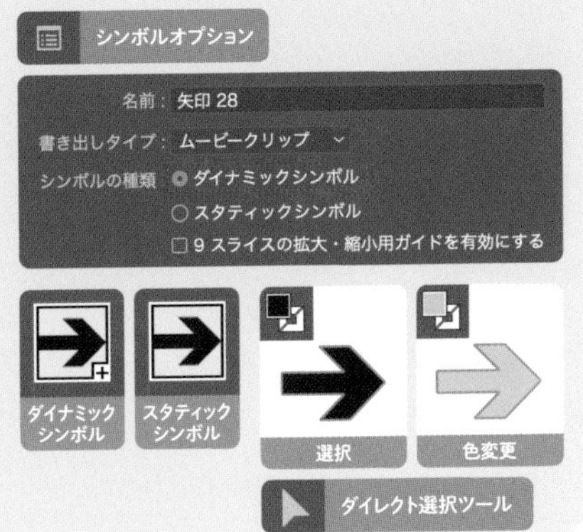

★★★

19 G 直線の[線幅]を部分的に変更する

可変線幅

STEP1 [線幅ツール]を選択し、直線のアンカーポイントにカーソルを重ねたあと、線の内側へドラッグします 1 2

STEP2 セグメントの途中にカーソルを合わせ、線の外側へドラッグします 3

STEP3 セグメント上の少し離れた地点にカーソルを合わせてダブルクリックし、ダイアログで[全体の幅]を元の[線幅]と同じ値に変更して、[OK]をクリックします 4 5

STEP4 この線幅ポイントをドラッグして、**STEP2**で作成した線幅ポイントにスナップします 6 7

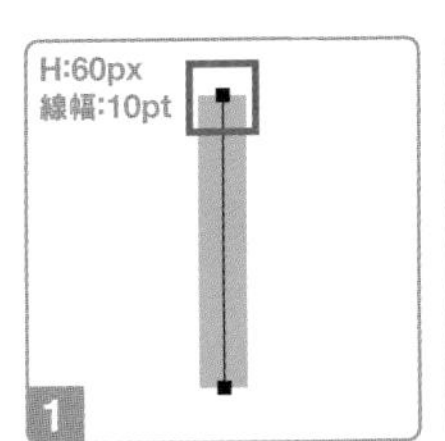

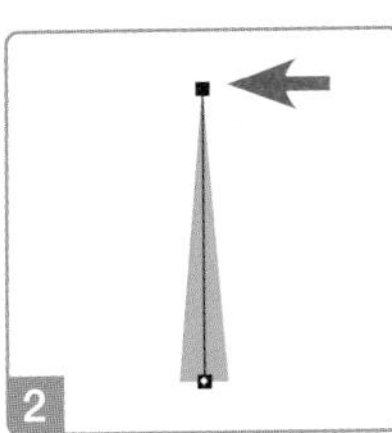

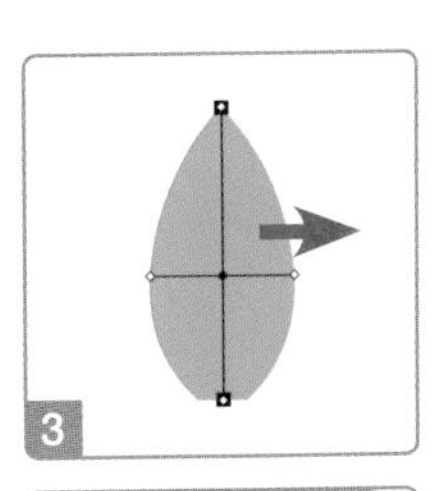

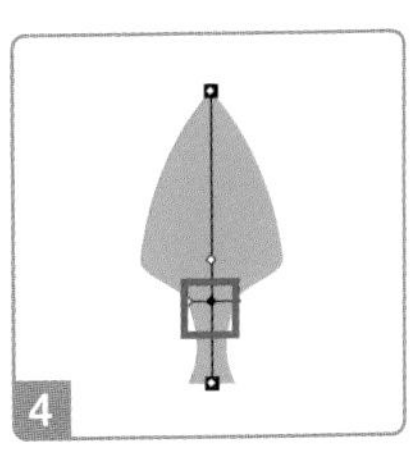

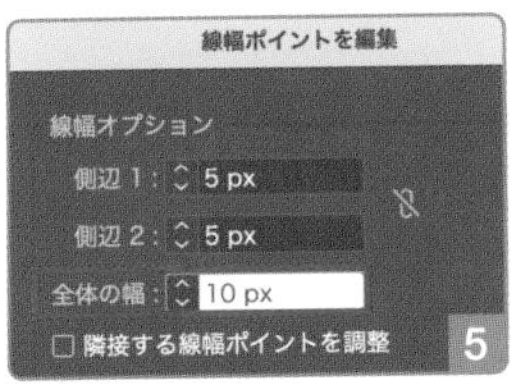

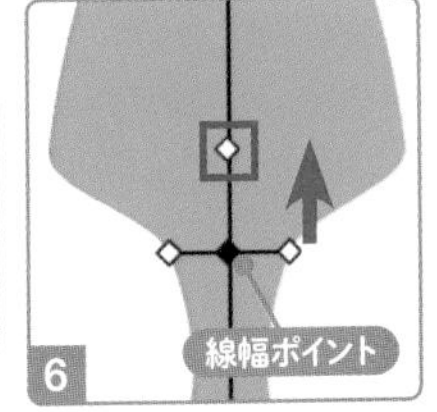

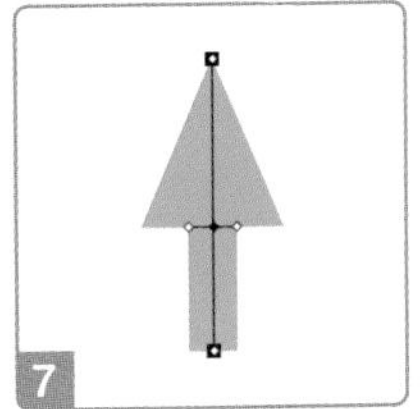

2つの線幅ポイントを同じ位置に重ねると、そこで[線幅]を離散的（デジタル）に切り替えることができます。

P71 台形 P122 葉

POINT

➡ 線パネルの［矢印］

- [ ] パスの**始点**と**終点**に矢先のデザインを追加できる
- [ ] 線パネルで矢先のデザインの**サイズ**や**位置**を変更できる
- [ ] 矢先のデザインのデフォルトのサイズは、デザインごとに異なる

➡ 整列

- [ ] **キーオブジェクト**を指定して整列できる
- [ ] 選択後に **［選択ツール］ でクリック**するとキーオブジェクトに指定でき、太枠表示になる

➡ パスファインダー

- [ ] **［分割およびアウトライン適用時に塗りのないアートワークを削除:オン］** に設定すると、パスファインダーパネルの **［分割］** で、**クリッピングマスク**の切り抜きをパスに直接反映できる
- [ ] ［分割およびアウトライン適用時に塗りのないアートワークを削除］ の設定は、パスファインダーパネルのメニューから **［パスファインダーオプション］ ダイアログ**を開いておこなう

➡ スマートガイド

- [ ] ［表示］ メニュー→ ［スマートガイド］ を選択すると、**スマートガイドの表示／非表示**を切り替えできる
- [ ] スマートガイドを表示すると、**セグメントの交点**にスナップできる

➡ ブラシとブラシライブラリ

- [ ] ブラシパネルの **［ブラシライブラリメニュー］** または **［ウィンドウ］ メニュー**から、ブラシライブラリを開ける
- [ ] ブラシライブラリには、適用すると**矢印になるブラシ**がある
- [ ] ブラシにはいくつかの種類があり、そのうち**アートブラシ**はオブジェクトを**パスに沿って引き伸ばす**
- [ ] 長さを固定する範囲を **［ガイド間で伸縮］** で指定すると、アートブラシのデザインが崩れにくくなる
- [ ] アートブラシの矢印ブラシは、**曲線**に適用すると歪みが生じる
- [ ] **［パスの方向反転］** で、始点と終点を入れ替えできる
- [ ] ブラシパネルの **［選択中のオブジェクトのオプション］** で、ブラシのデザインの向きを反転できる

➡ シンボルとシンボルライブラリ

- [ ] シンボルパネルの **［シンボルライブラリメニュー］** または **［ウィンドウ］ メニュー**から、シンボルライブラリを開ける
- [ ] シンボルライブラリには、**矢印のシンボル**がある
- [ ] シンボルを配置すると、**シンボルインスタンス**になる
- [ ] **［シンボルへのリンクを解除］** を適用すると、**パス**と**サブレイヤー**、**透明な長方形**に変換される
- [ ] シンボルには、**ダイナミックシンボル（現行）** と**スタティックシンボル（従来）** の2種類がある
- [ ] ダイナミックシンボルは、**［ダイレクト選択ツール］** で選択すると色を変更できる
- [ ] シンボルライブラリに収録されているのは**スタティックシンボル**だが、ダイナミックシンボルに変換可能
- [ ] ダイナミックシンボルへの変換は、シンボルパネルで **［シンボルオプション］** をクリックして、ダイアログで変更する

➡ その他の操作

- [ ] **サブレイヤー**はレイヤー内で入れ子にできるレイヤーで、削除はレイヤーパネルでおこなう
- [ ] **線幅ポイント**は移動できる

COMPLEX SHAPE

応用 矢印に外フチをつける

- ひとつの［線］の設定で完結する**19A、19E、19G**の場合、アピアランスパネルで［線］を背面に複製して、［ パス パスのアウトライン］効果でアウトライン化したあと、［ パス パスのオフセット］効果で太らせる 1 2 3
- **19A、19E、19G**の場合、［線］に［パスのアウトライン］効果を適用したあとグループ化し、［塗り］を追加して［パスのオフセット］効果を適用し、［内容］の下へ移動する方法も使える 4 5 6
- グループに［塗り］を追加すると、グループのみで色を変更できる 7 8 9 10 11 12 13 14

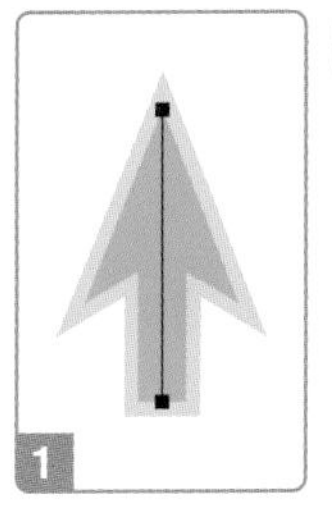

選択した項目を複製

［線］を選択して［選択した項目を複製］をクリックすると、［線］を複製できます。

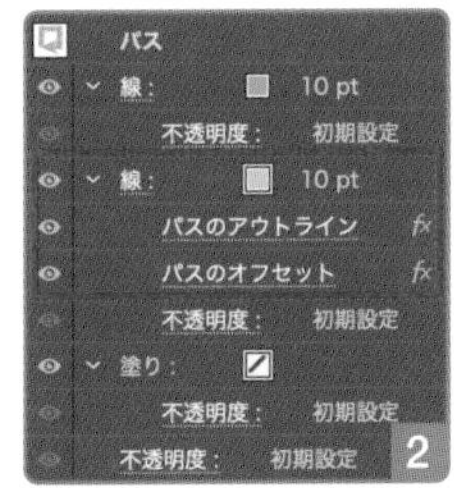

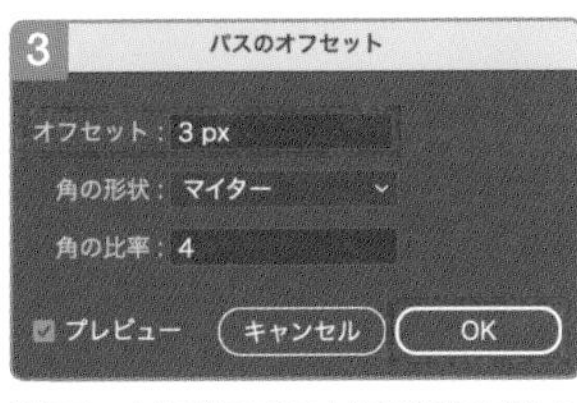

［オフセット］で外フチの太さを調整できます。［オフセット］は正の値に設定します。

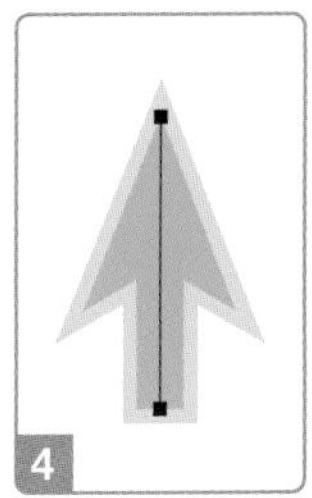

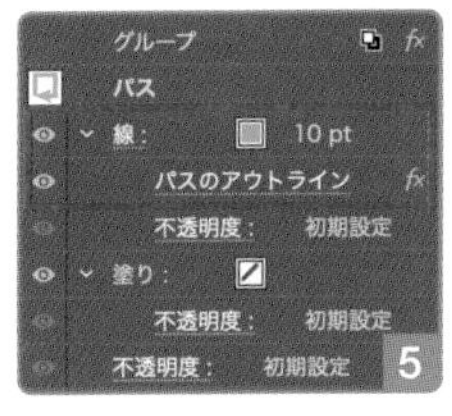

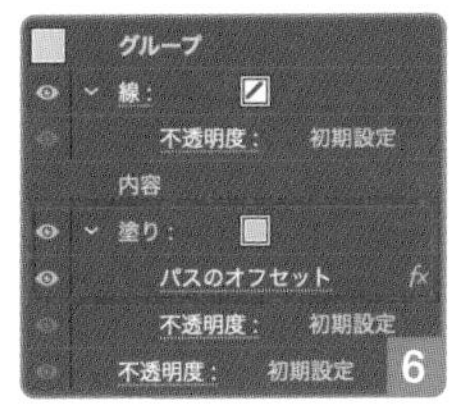

［塗り］を［内容］の下へ移動すると、［パスのオフセット］効果で太らせた矢印が、元の矢印の背面へ移動します。

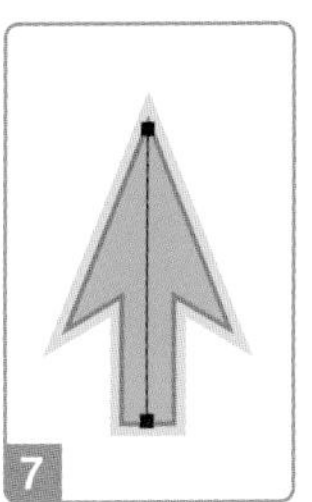

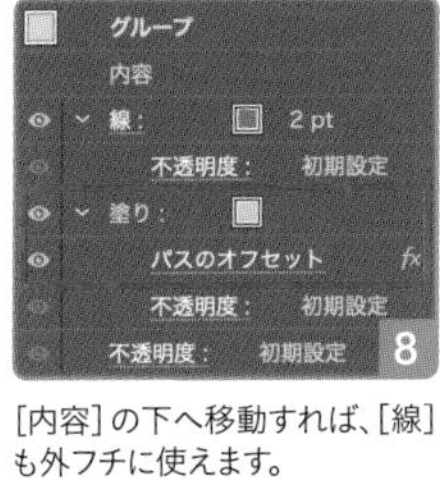

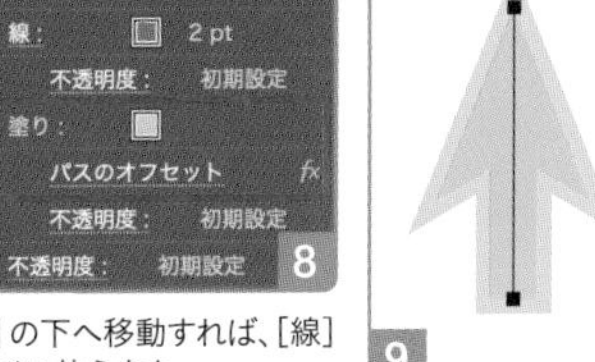

［内容］の下へ移動すれば、［線］も外フチに使えます。

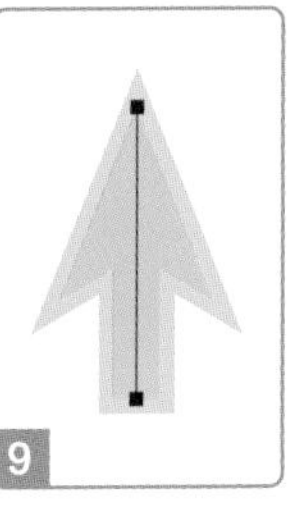

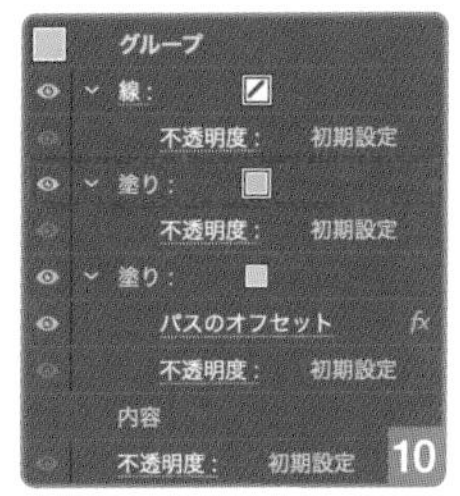

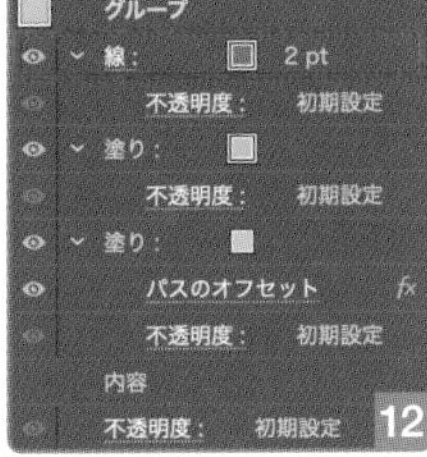

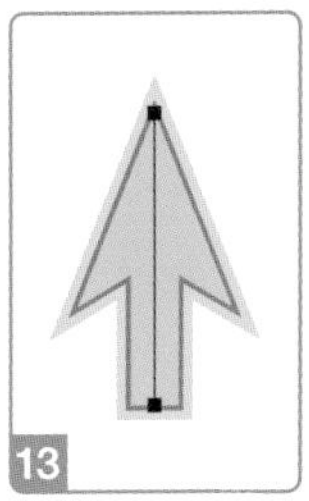

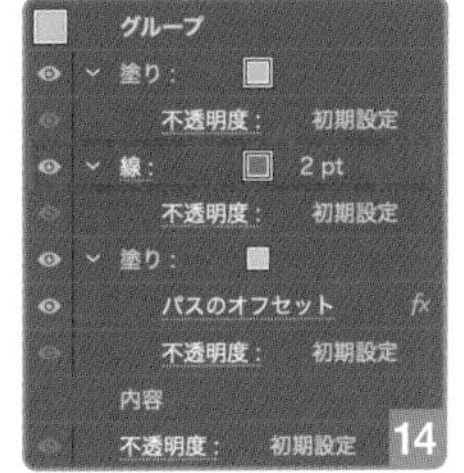

［内容］の上でも、［塗り］を追加して元の矢印を前面に重ねると、外フチになります 10 。［線］に色を設定すると矢先や軸の境界線が表示されますが 12 、［線］を［塗り］の下へ移動すると隠れます 14 。

》P74 角丸長方形

- [パスファインダー 追加] 効果を適用すると、アピアランス分割後の構造がシンプルになる 15 16 17 18 19 20 21
- 複数のパスで構成された**19C**や、[塗り] と [線] を両方とも使用した**19D**の場合、グループ化したあと、[塗り] や [線] を重ねて外フチをつくる 22 22 23 24 25 26 27

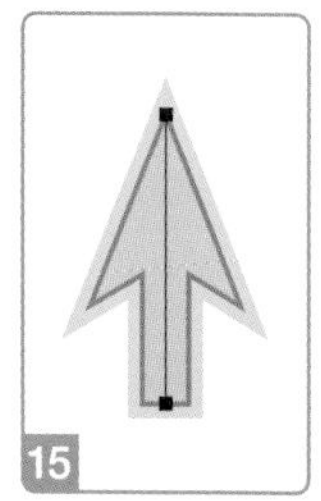

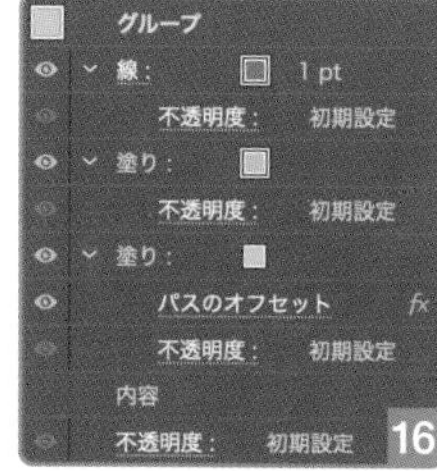

[追加] 効果を適用すると、矢先と軸が合体し、[線] を最前面に置いても、矢先や軸の境界線が表示されません。効果の位置はパスの内部でも 16 17 、グループでもかまいません 18 19 。[追加] 効果を適用しておくと、アピアランスを分割したときに、シンプルな構造になります 21 。

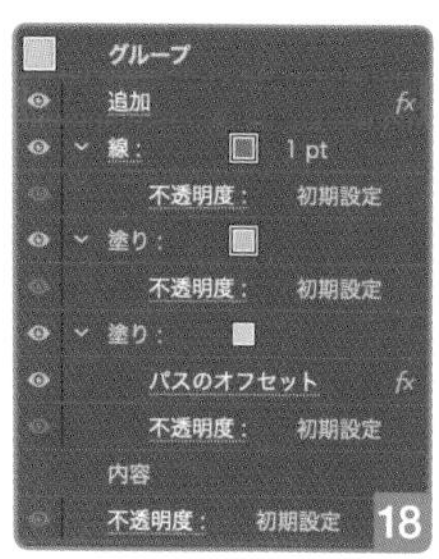

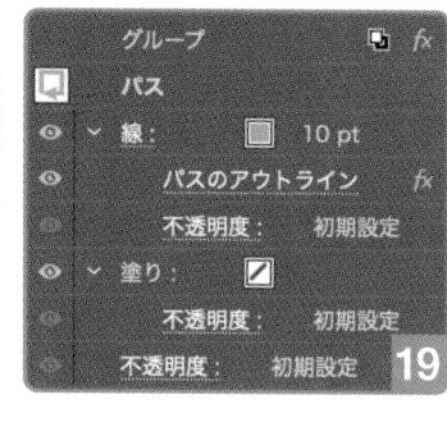

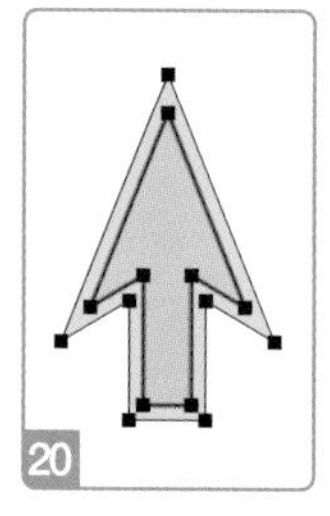

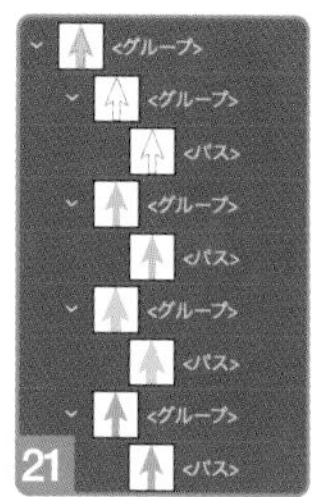

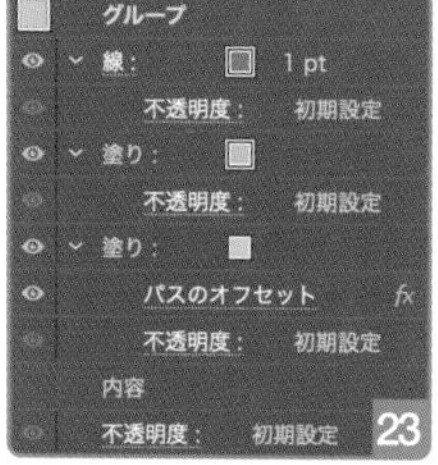

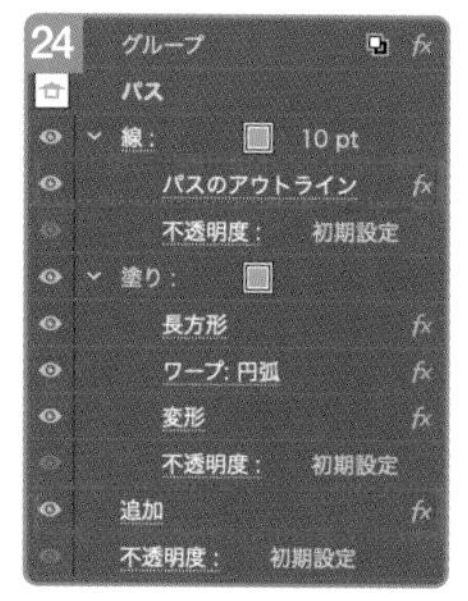

19Dも**19A**と同様の方法で外フチをつけられます。[追加] 効果の位置は、パスの内部／グループのいずれかを選択できます。

[塗り：なし] にしても [長方形] 効果などは機能します。そのため、[線] のかわりに、追加した [塗り] を長方形化して軸をつくると、矢印のかたちを透明なパスで定義できます。[線] は [線幅] の設定が必要なため、[なし] (透明) にできません。

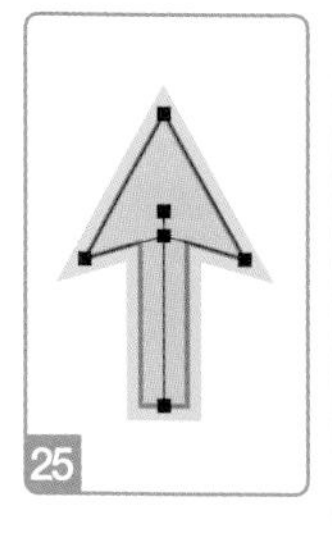

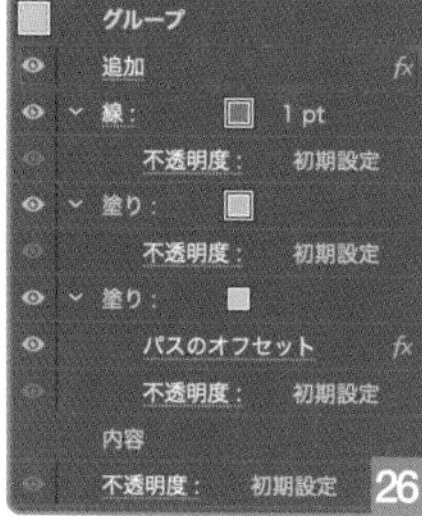

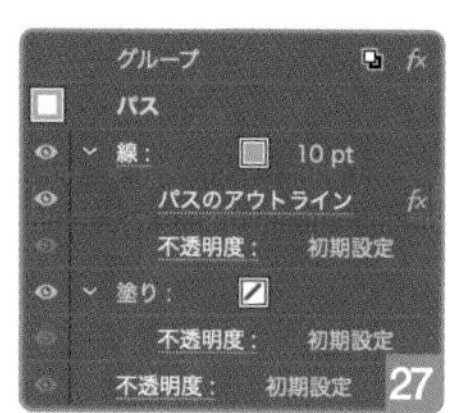

19Cは直線と多角形の2つのパスで構成されているため、グループに [追加] 効果を適用します。

最前面に[線]を覆い隠せる[塗り]があれば[追加]効果は不要です。ただ、[追加]効果で合体しておくと、[角の形状]を使えるなどのメリットがあります。

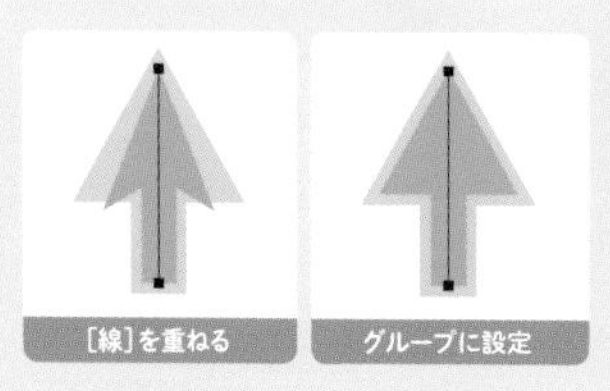

19Aの場合、グループで外フチと色を設定しておくと、矢先のデザインの変更が簡単です。[線] を重ねて外フチをつくると、[線] ごとに矢先のデザインを変更する必要がありますが、グループに設定すると、1箇所変更するだけで済みます。

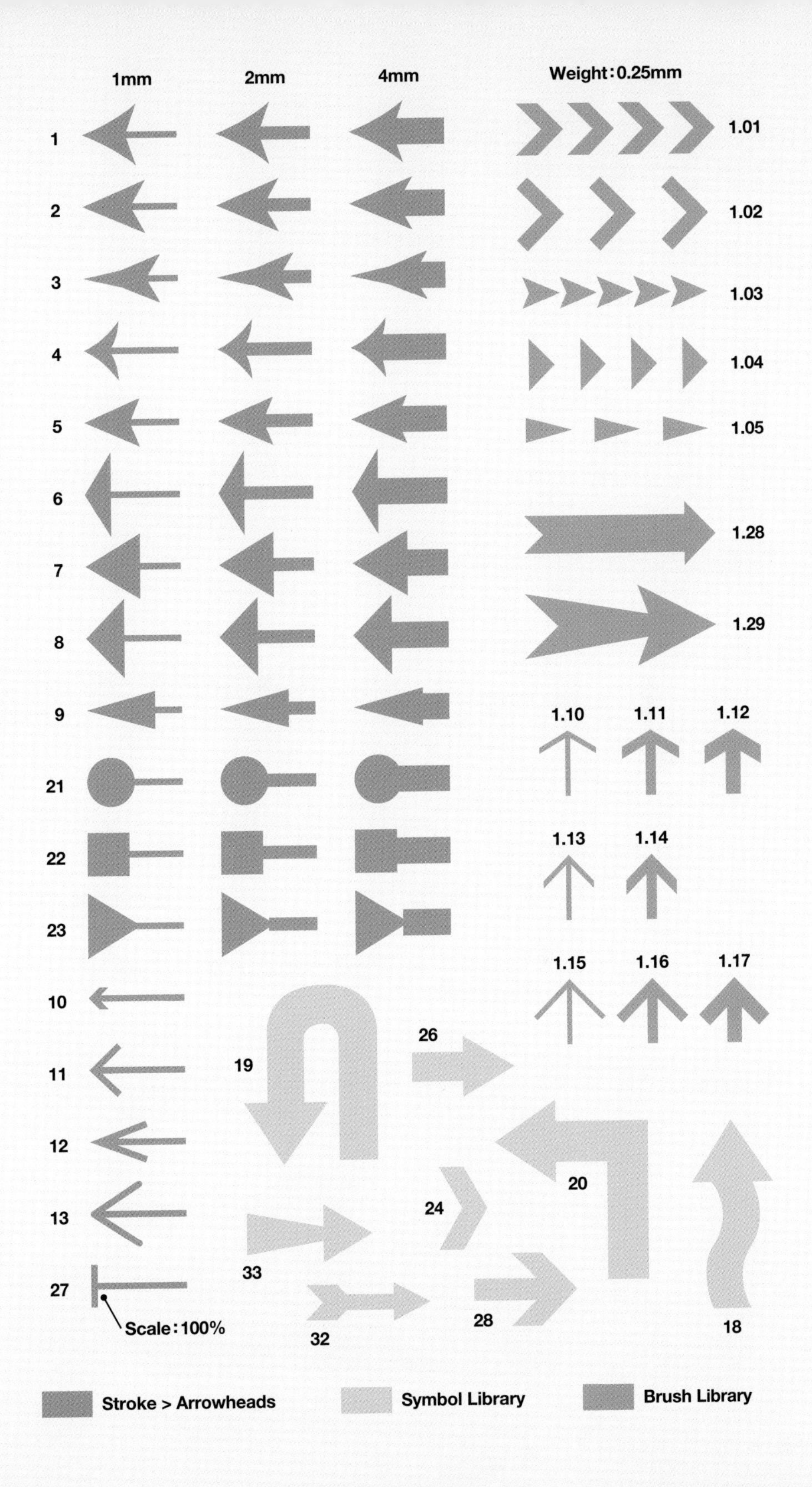

1mm
2mm
4mm
Weight : 0.25mm
1
2
3
4
5
6
7
8
9
21
22
23
10
11
12
13
27
1.01
1.02
1.03
1.04
1.05
1.28
1.29
1.10
1.11
1.12
1.13
1.14
1.15
1.16
1.17
19
26
20
24
18
33
32
28
Scale : 100%
Stroke > Arrowheads
Symbol Library
Brush Library

20 雫を描く

雫はそのままで雨や涙、インキなど液体の表現に使えますが、環状に配置すると花になります。[変形]効果やリピートミラーを利用した、左右対称な雫の描きかたをマスターすることで、同じく左右対称なハートも、効率よく描けるようになります。

★

20 A 二等辺三角形の底辺の角を丸める

ライブコーナー

STEP 1 [ダイレクト選択ツール]で二等辺三角形の底辺のアンカーポイントを両方とも選択します 1

STEP 2 コーナーウィジェットを二等辺三角形の中心へドラッグします 2

ダイレクト選択ツール

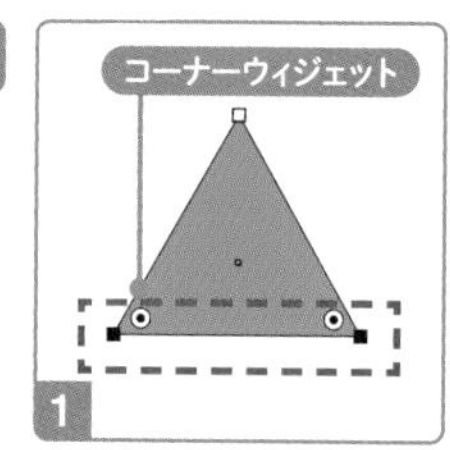

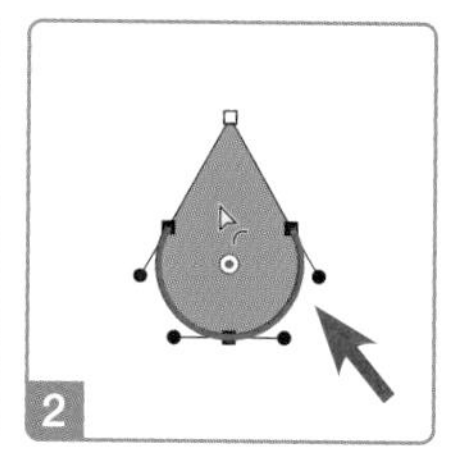

セグメントが赤色表示に変わるまでドラッグします。

P12 円

ライブコーナーの変更は、コーナーウィジェットのほか、コントロールパネルの[コーナー]、長方形シェイプや多角形シェイプの場合は変形パネルの中段で可能です。

★

20 B 菱形の3つの角を丸める

ライブコーナー

STEP 1 正方形を45°回転し、[ダイレクト選択ツール]で左右と下のアンカーポイントを選択します 1

STEP 2 コーナーウィジェットを正方形の中心へドラッグします 2

STEP 3 上のアンカーポイントを選択し、[↑]キーで移動します 3

ダイレクト選択ツール

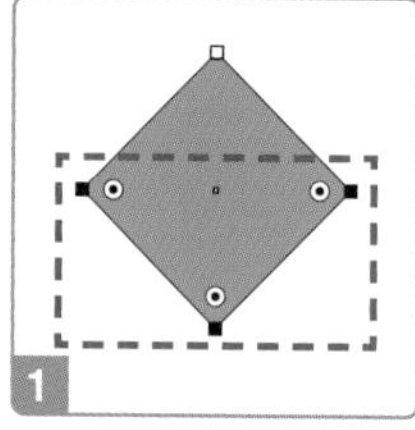

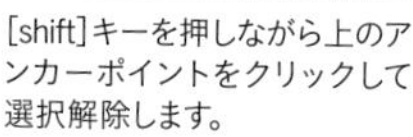

[shift]キーを押しながら上のアンカーポイントをクリックして選択解除します。

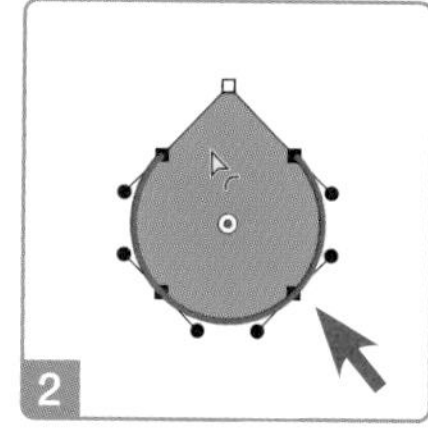

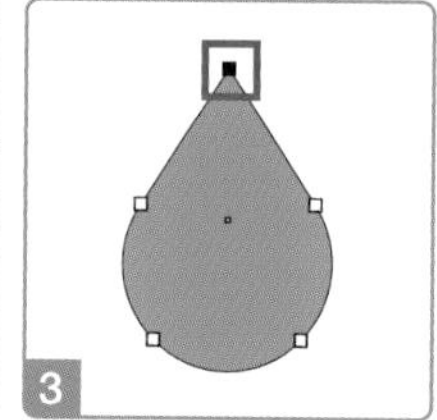

長方形シェイプや多角形シェイプの場合、**STEP2**の段階まではライブシェイプ属性が保持されますが、**STEP3**の操作で拡張されます。

★★
20 C リピートミラーで反転コピーする

リピート

STEP 1 [アンカーポイントツール] で垂直線のセグメントを左へドラッグします 1 2
STEP 2 [線:なし] に変更し、[オブジェクト] メニュー→ [リピート] → [ミラー] を選択します 3 4
STEP 3 [ダイレクト選択ツール] で、下のアンカーポイントのハンドルを [shift] キーを押しながらドラッグして水平にします 5 6
STEP 4 [esc] キーを押して、編集モードを終了します

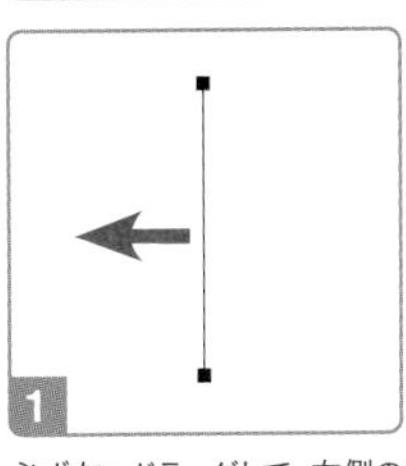

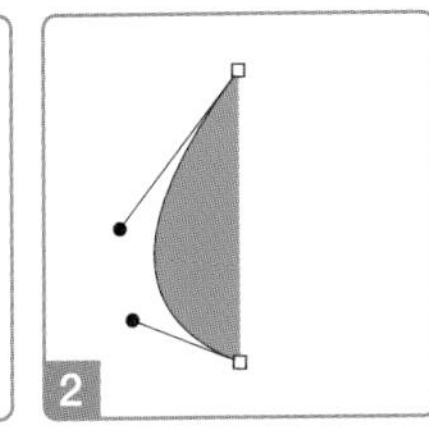

必ず左へドラッグして、右側の垂直な断面をキープします。これは、ミラー軸がオブジェクトの右端に配置されるためです。[線幅]も影響するため、リピートミラー作成前に [線：なし] に変更します。

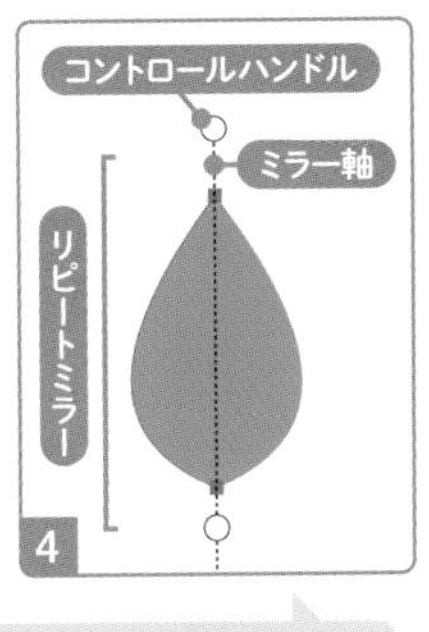

コントロールハンドルをドラッグすると、ミラー軸の角度や位置を変更できますが、デフォルトの位置に戻すのが難しいため、変更を加えないように注意します。

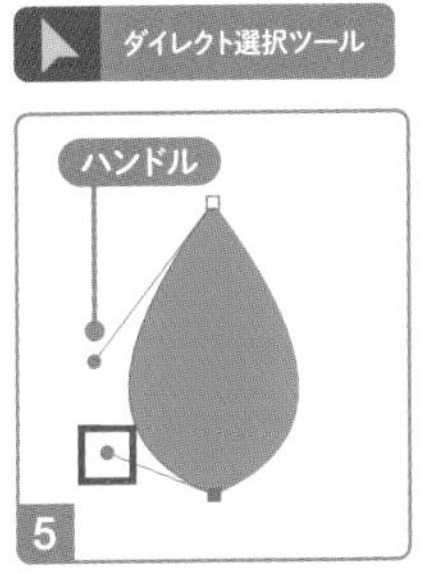

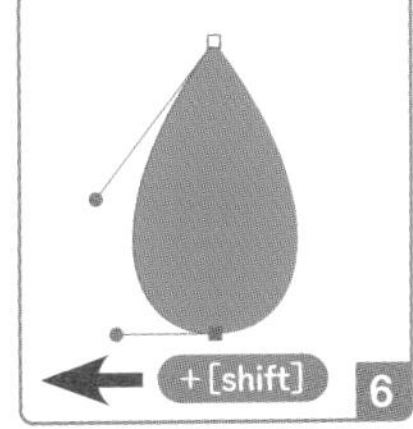

[shift] キーを押しながらハンドルをドラッグすると、角度を水平／垂直／45°に固定できます。

» P117 花 » P121 葉

★★
20 D アピアランスで反転コピー&合体する

アピアランス

STEP 1 **20CのSTEP1**の操作をおこないます 1
STEP 2 **10C** (P57) の操作で、[効果] メニュー→ [パスの変形] → [変形] で反転コピーし、[効果] メニュー→ [パスファインダー] → [追加] で合体します 2 3 4

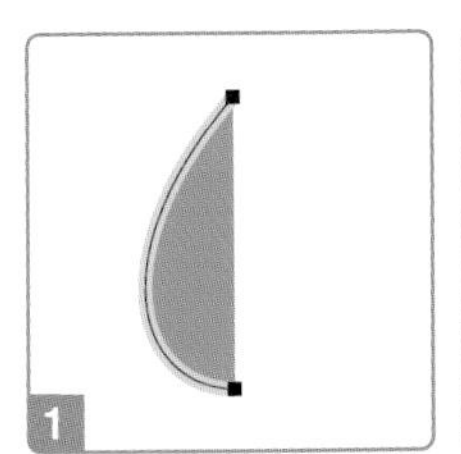

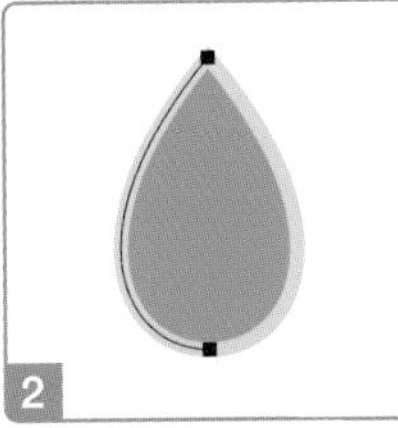

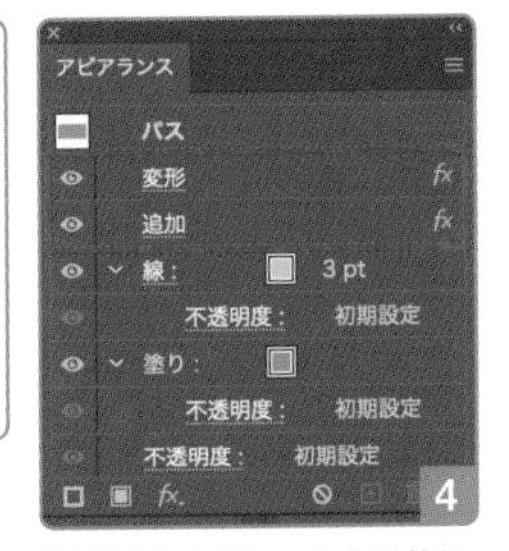

[基準点] と反転の方向以外は、P57の菱形と同じです。[線幅] の影響を回避するため、[変形]を [線] の上へ移動します。

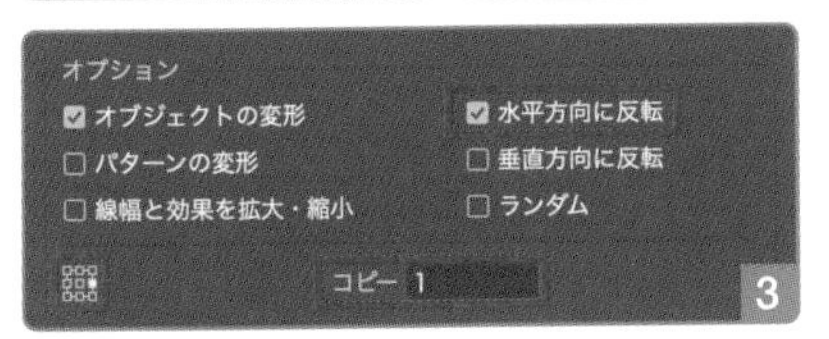

» P57 菱形

★★★

20 E ［変形］効果で透明枠つきで反転コピーする

アピアランス

STEP 1 垂直線と透明な長方形を選択し、整列パネルで［水平方向中央に整列］と［垂直方向中央に整列］をクリックしたあと、グループ化します 1

STEP 2 ［効果］メニュー→［パスの変形］→［変形］を選択し、ダイアログで［水平方向に反転：オン］［基準点：中央］［コピー：1］に変更して、［OK］をクリックします 2 3

STEP 3 ［アンカーポイントツール］で直線のセグメントをドラッグし、［ダイレクト選択ツール］で［shift］キーを押しながら下のハンドルをドラッグして、水平にします 4 5 6 7

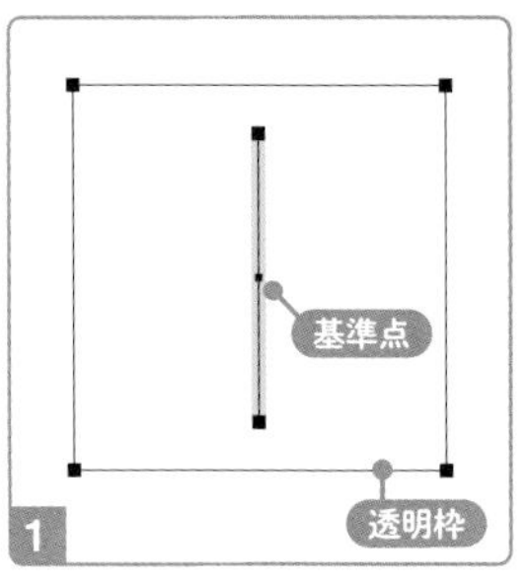

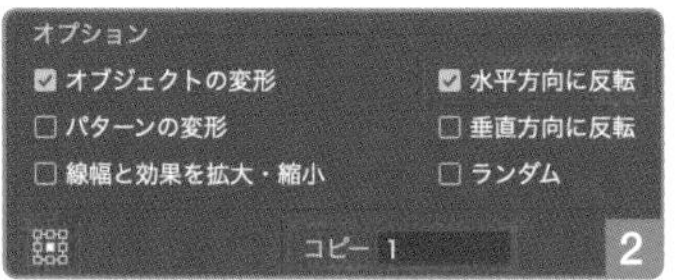

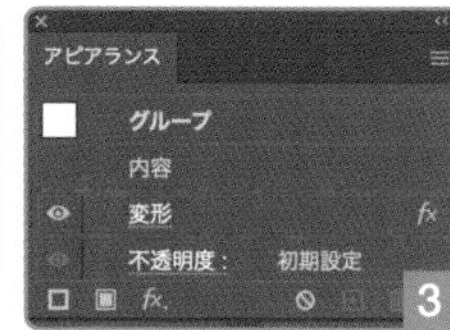

ひとまわり大きい透明な長方形とグループ化すると、その長方形の中心や角、辺を［基準点］として、［変形］効果を適用できます。

垂直線や水平線以外のオブジェクトに透明な長方形を配置する場合、位置揃えは変形パネルの座標が便利です。長方形を［X:0］［Y:0］などきりのよい座標に配置すると、計算がしやすいです。

アンカーポイントツール

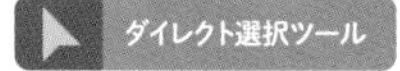

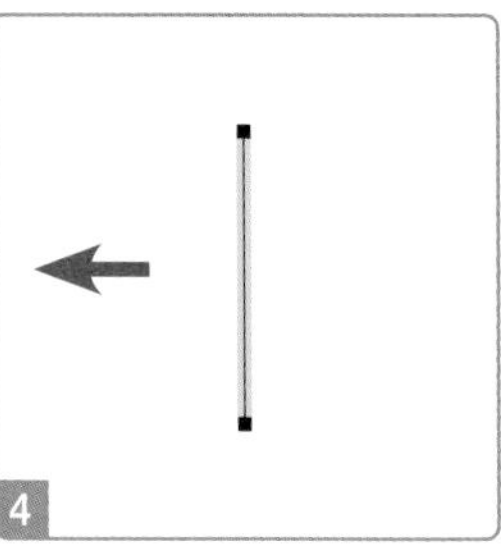

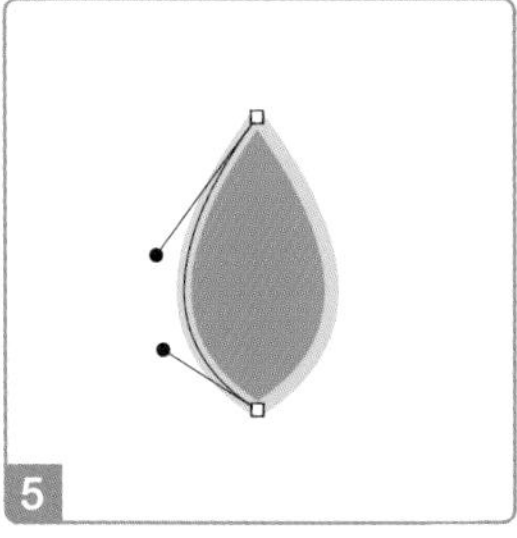

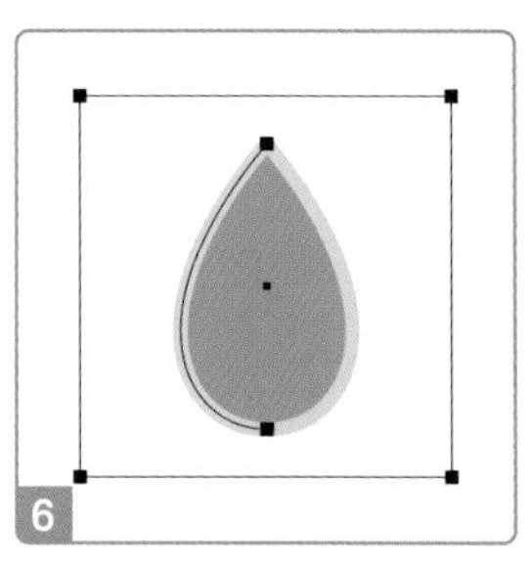

この場合、ドラッグの方向は、左右どちらでもかまいません。

［アンカーポイントツール］選択中に［command（Ctrl）］キーを押すと、［選択ツール］や［ダイレクト選択ツール］などに切り替わります。これらはハンドルの操作が可能なので、ツールを切り替えずに作業することも可能です。

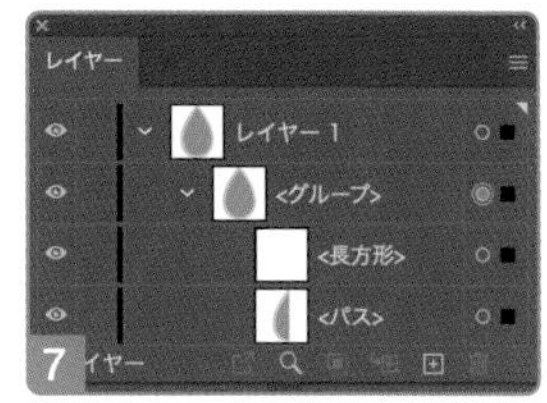

》 P116 花

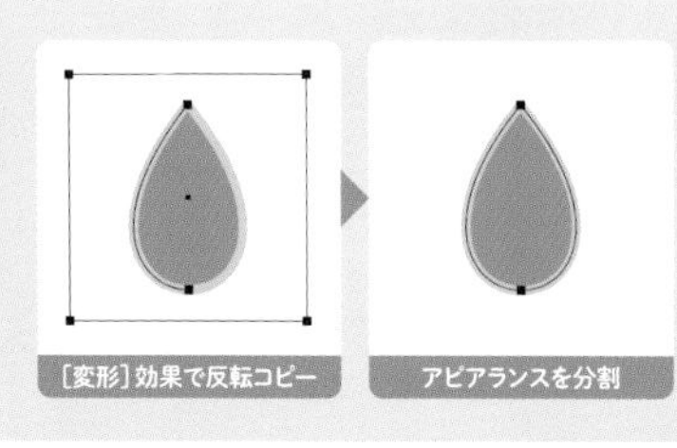

位置固定用の透明な長方形を追加すると、［線幅］による［基準点］の位置ずれや、オブジェクトの数を気にすることなく、［変形］効果による反転コピーや回転コピーが可能です。難点は、長方形の形状も影響するため、グループ全体には［追加］効果などを適用できない点です。

アピアランスを分割すると、透明枠は消滅します。分割後も残す場合は、何らかの色を設定したり、同じ位置にコピー&ペーストするなどの工夫が必要です。

★★
20 F 可変線幅と[丸型線端]を組み合わせる

可変線幅

STEP 1 直線を選択し、線パネルで[プロファイル:線幅プロファイル4]に変更します 1 2

STEP 2 必要に応じて[軸に沿って反転]をクリックし、[線端:丸型線端]に変更します 3 4 5

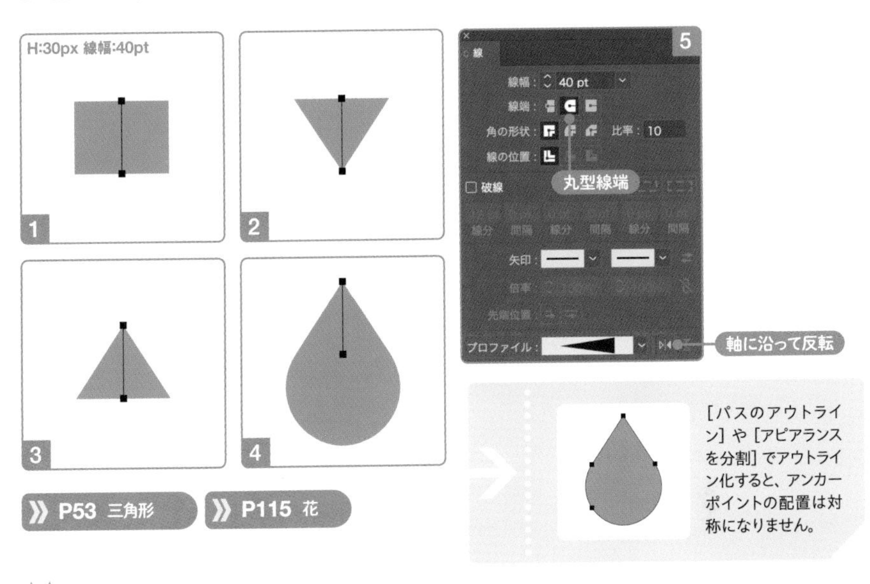

[パスのアウトライン]や[アピアランスを分割]でアウトライン化すると、アンカーポイントの配置は対称になりません。

P53 三角形　P115 花

★★
20 G 三角形の底辺を曲線にする

アンカーポイント

STEP 1 [ダイレクト選択ツール]で三角形の底辺のアンカーポイントを選択し、コントロールパネルで[スムーズポイントに切り替え]をクリックします 1 2

STEP 2 [shift] キーを押しながらハンドルをドラッグして垂直にし、長さで膨らみを調整します 3 4

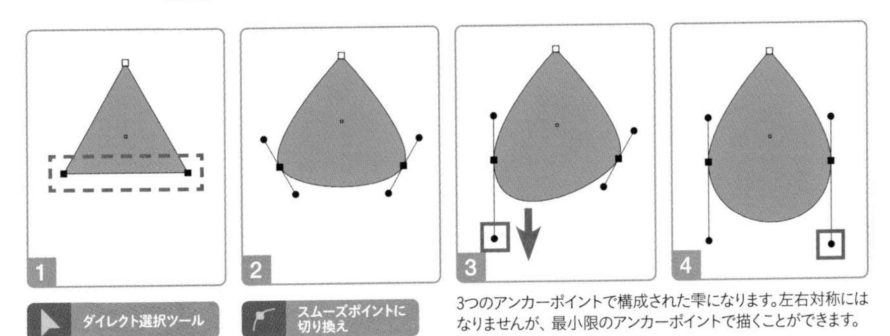

3つのアンカーポイントで構成された雫になります。左右対称にはなりませんが、最小限のアンカーポイントで描くことができます。

P90 クロスハッチ

[スムーズポイントに切り換え]は、複数のコーナーポイントをスムーズポイントに変換できます。ただし、パスのすべてのアンカーポイントが選択されていると表示されません。いずれかひとつを選択解除するか、ダミーのパスを作成してそのアンカーポイントをひとつ追加選択するなどの工夫が必要です。

POINT

➡ リピートミラー

- ☐ **リピートミラー**で**反転コピー**できる
- ☐ **ミラー軸**はオブジェクトの**右端**に配置される
- ☐ ミラー軸の位置には、**[線幅]** も影響する
- ☐ リピートミラー編集モードを終了するには、**ウィンドウ左上の矢印**をクリック、または **[esc] キー**を押す

➡ アンカーポイントの操作

- ☐ **[shift] キー**を押しながらハンドルをドラッグすると、ハンドルの角度を**水平／垂直／45°**に固定できる
- ☐ ［アンカーポイントツール］選択中に **[command（Ctrl）] キー**を押すと、［選択ツール］や［ダイレクト選択ツール］などの**選択ツール**に切り替わる

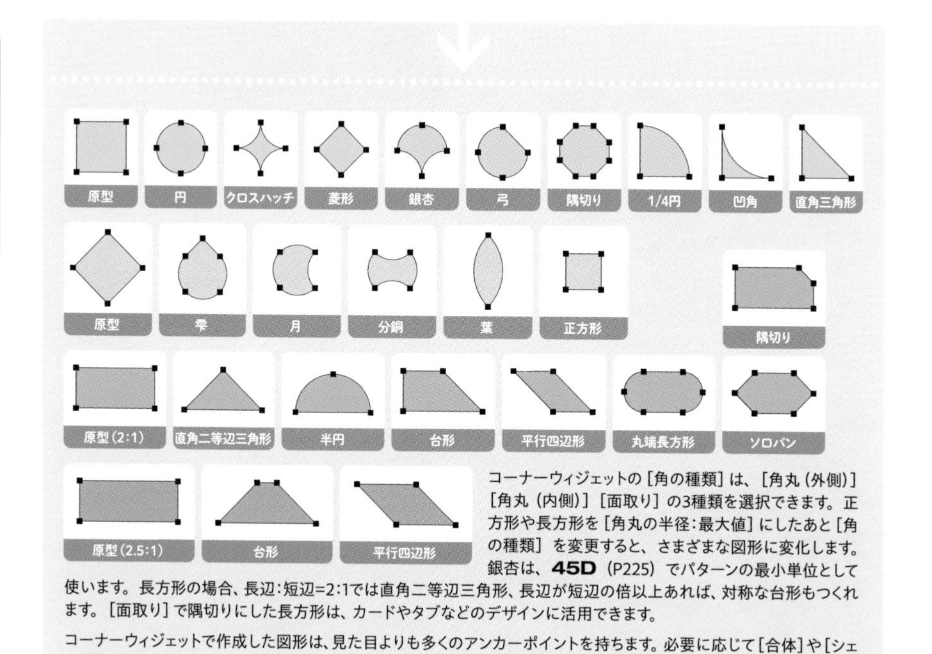

コーナーウィジェットの［角の種類］は、［角丸（外側）］［角丸（内側）］［面取り］の3種類を選択できます。正方形や長方形を［角丸の半径：最大値］にしたあと［角の種類］を変更すると、さまざまな図形に変化します。銀杏は、**45D**（P225）でパターンの最小単位として使います。長方形の場合、長辺：短辺=2:1では直角二等辺三角形、長辺が短辺の倍以上あれば、対称な台形もつくれます。［面取り］で隅切りにした長方形は、カードやタブなどのデザインに活用できます。

コーナーウィジェットで作成した図形は、見た目よりも多くのアンカーポイントを持ちます。必要に応じて［合体］や［シェイプ形成ツール］などでまとめたり、ドキュメント情報パネルで確認することをおすすめします。

応用 ｜ ハートを描く

- **20C**のリピートミラーの雫をダブルクリックして編集モードに切り替え、［アンカーポイントの追加ツール］でアンカーポイントを追加し、［ダイレクト選択ツール］で位置やハンドルを調整してかたちを整える 1
- **20D**の雫にアンカーポイントを追加し、かたちを整える 2 3
- 直角三角形に**10C**（P57）の操作で［変形］効果と［追加］効果を適用し、上辺のアンカーポイントを選択して［角丸の半径：最大値］にする 4 5
- L字を［線端：丸型線端］に変更し、［線幅］を調整する 6 7 8 9
- ［線幅ツール］でL字の角の［線幅］を変更する 10 11 12

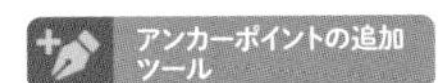

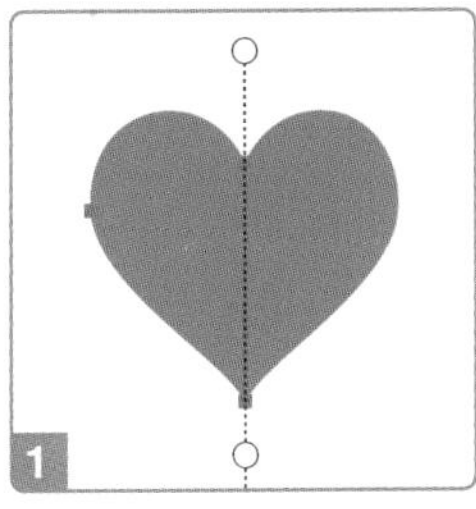

ミラー軸上のアンカーポイントを、水平方向に移動しないように注意します。[↑] キーや [↓] キーを利用すると安全です。

20Eの透明枠を追加した雫も、同様の操作でハートになります。

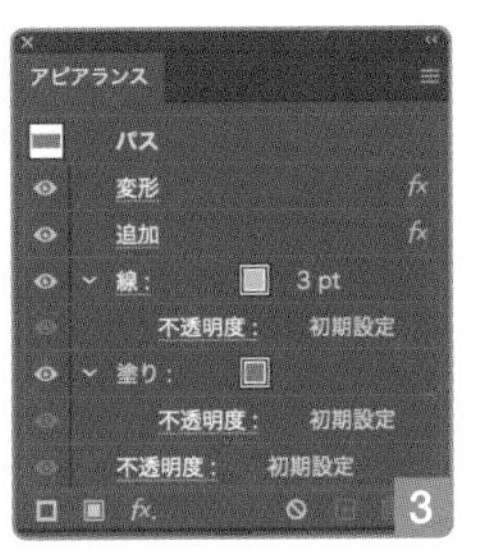

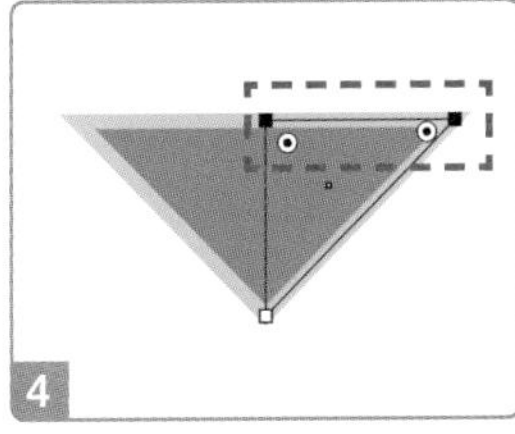

直角の辺を対称軸にして、反転コピーします。

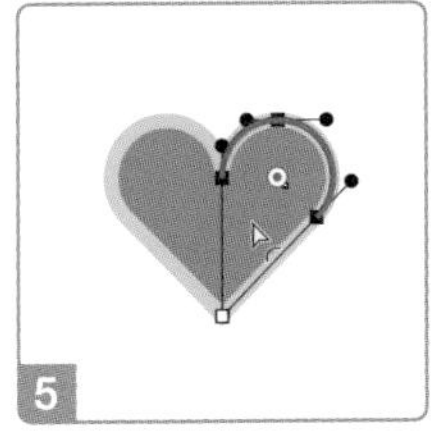

[角丸の半径：最大値] にすると、ひとまわり小さくなります。

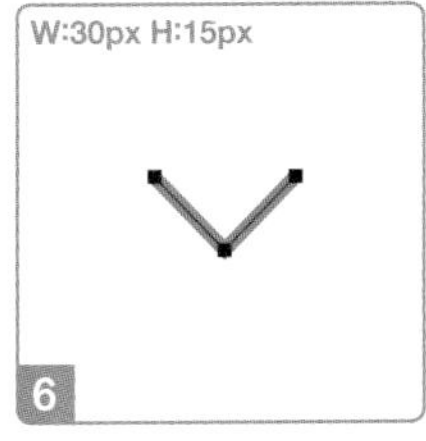

45° 回転した正方形の上のアンカーポイントを削除して、左右対称なL字をつくります。

丸型線端

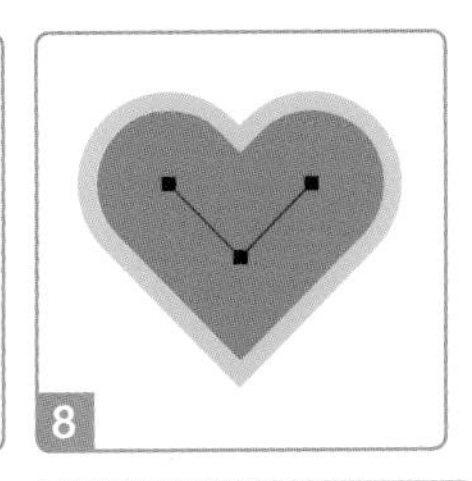

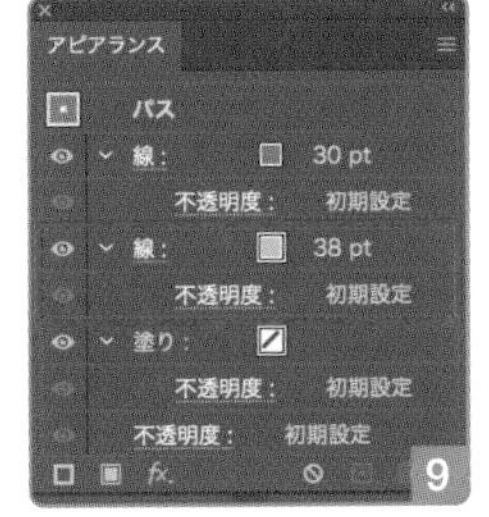

[線幅] を変更した [線] を重ねると、外フチになります。

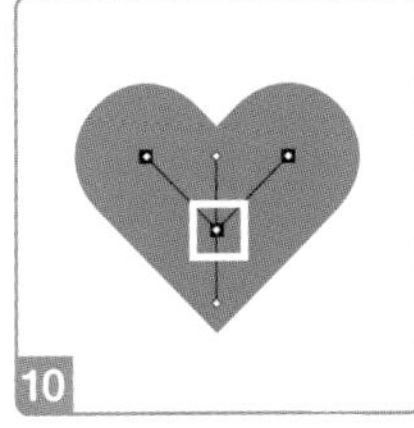

角の [線幅] を細くすると横長、太くすると縦長のハートになります。

21 花を描く

花は、ひとつあるだけでも目を引くポイントになります。いくつか組み合わせて装飾罫をつくったり、タイリングしてパターンにすることも可能です。簡単に描けるかたちですが、ほんの少し設定を変更するだけで、無限のバリエーションを得られます。

★

21 A [パンク・膨張] 効果でセグメントを膨らませる

アピアランス

STEP 1 円や正多角形を選択し、[効果] メニュー→ [パスの変形] → [パンク・膨張] を選択します

STEP 2 ダイアログで [膨張] 側へドラッグして、[OK] をクリックします 1 2 3 4

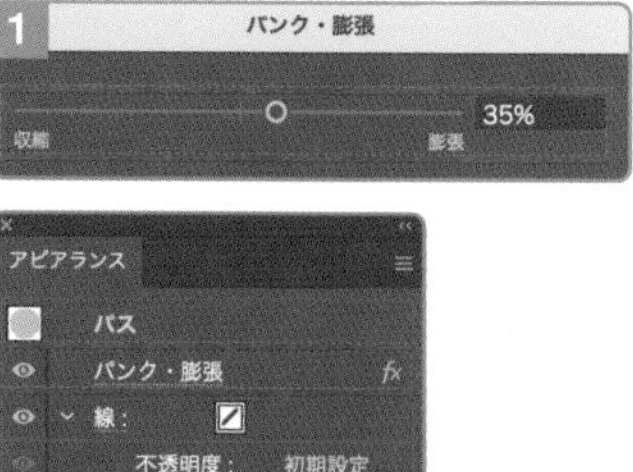

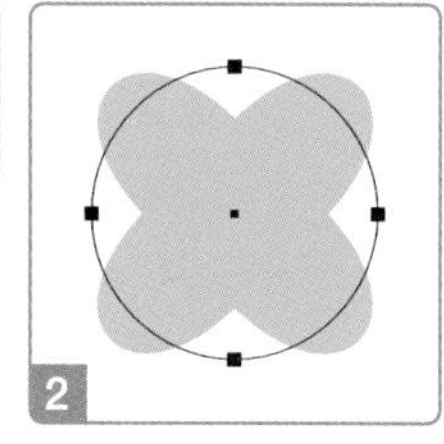

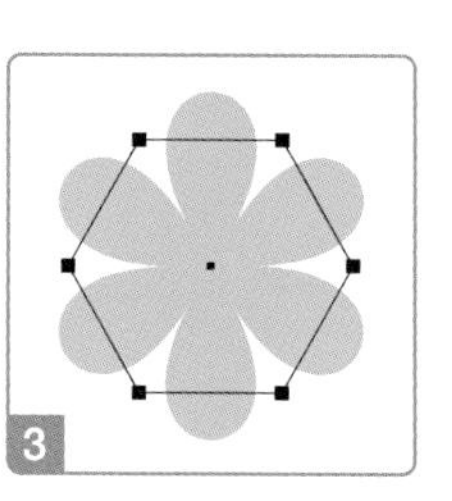

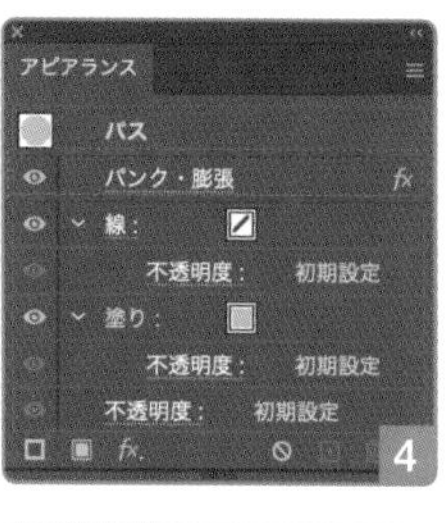

P89 クロスハッチ

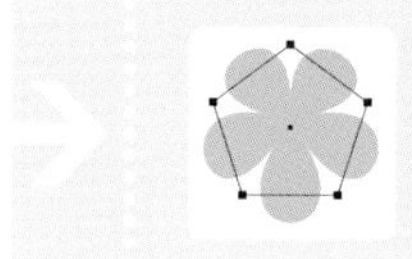

奇数角の正多角形に適用すると、点対称になりません。図形の中心とオブジェクトの中央がずれていると発生する現象です。

★★

21 B 円を [丸型線端] [線分:0] の破線にする

破線

STEP 1 円を選択し、線パネルで [線端:丸型線端] に変更します 1

STEP 2 [破線：オン] [線分：0] [破線の先端を整列] に変更し、[線幅] と [間隔] を調整します 2 3

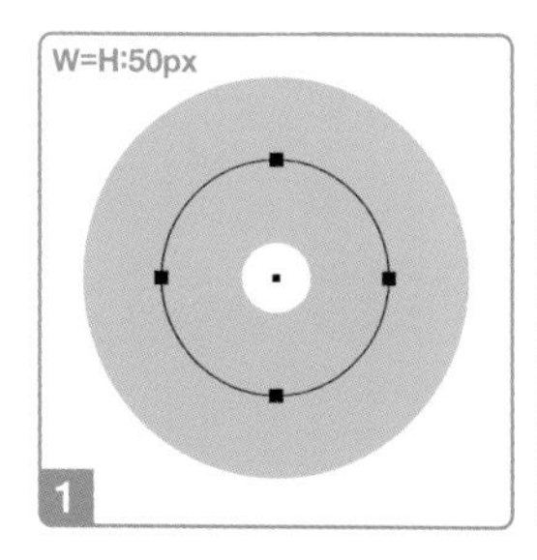

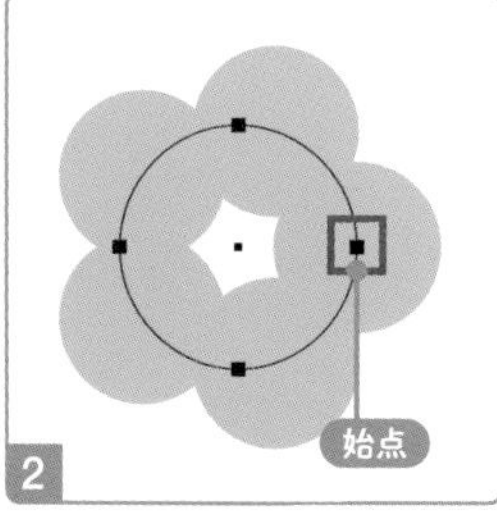

[楕円形ツール] で描いた円の場合、始点／終点に相当するのは、右のアンカーポイントです。[線分] の描画はそこから開始されます。

P125 ドットライン
P126 ドットライン

★★★

21 C 回転コピーした直線を可変線幅にする

可変線幅

STEP 1 直線を選択し、[効果] メニュー→ [パスの変形] → [変形] を選択します 1

STEP 2 ダイアログで [角度：60°] [基準点：中央] [コピー：2] に変更して、[OK] をクリックします 2 3

STEP 3 [オブジェクト] メニュー→ [パス] → [アンカーポイントの追加] を選択します 4

STEP 4 [線幅ツール] を選択し、追加したアンカーポイントにカーソルを合わせてドラッグします 5 6 7

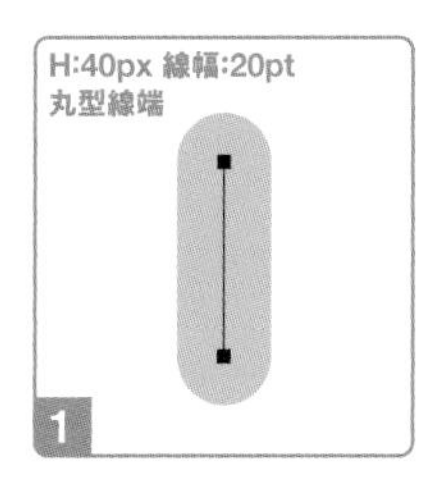

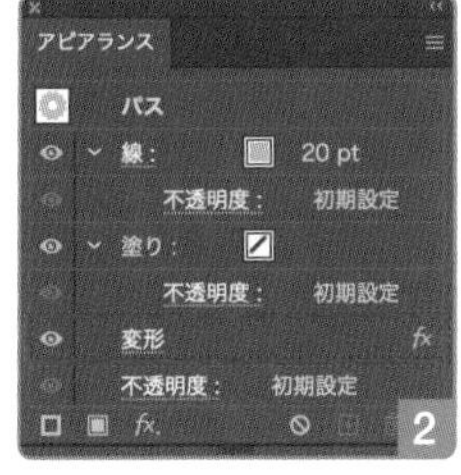

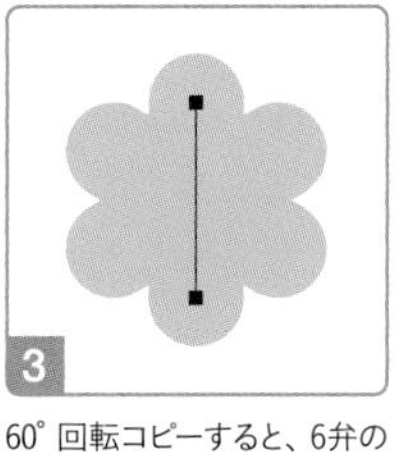

60° 回転コピーすると、6弁の花になります。

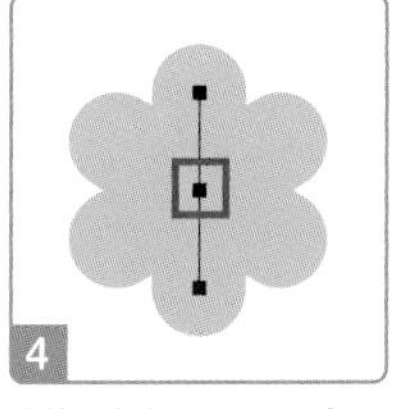

直線の中央にアンカーポイントが追加されます。線幅ポイントをスナップさせるための操作です。

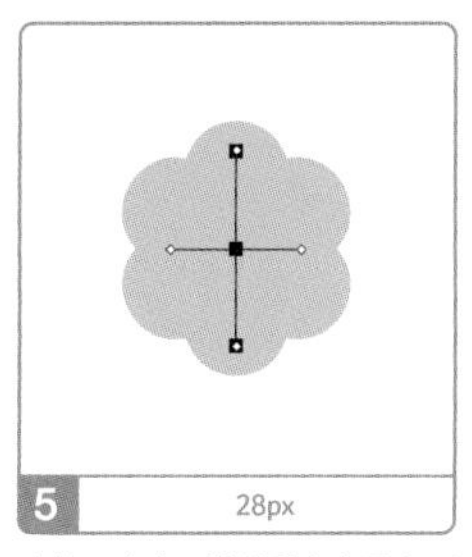

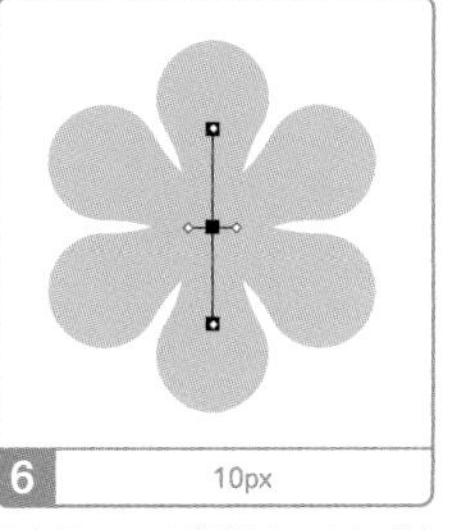

直線の中央の[線幅]を変更すると、見た目のサイズが変わります。[線幅] を狭めると大きく、広げると小さくなります。

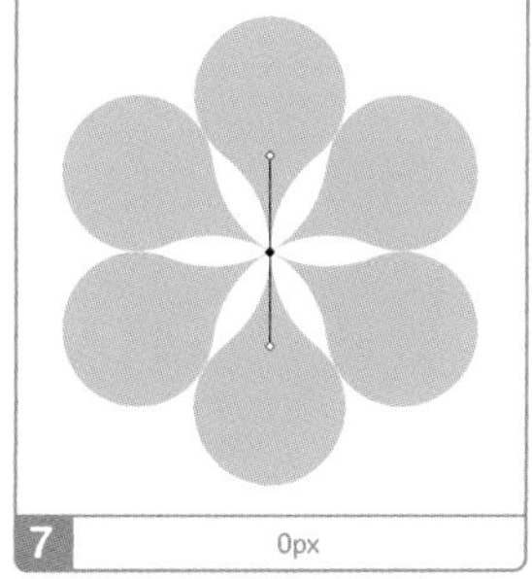

» P71 台形 » P111 雫 » P241 マジョリカタイル

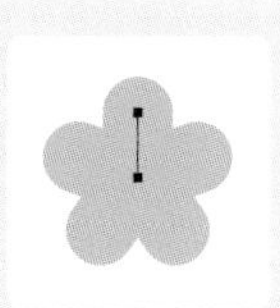

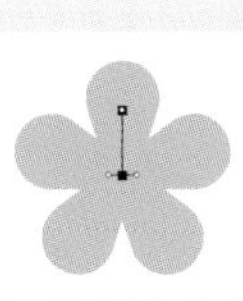

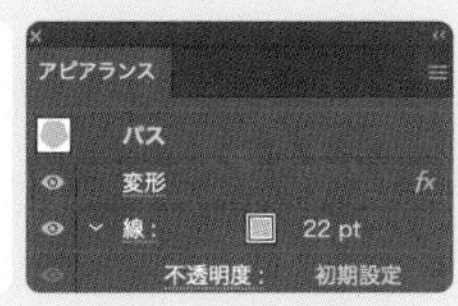

5弁の花の場合、直線の端を [基準点] として回転コピーします。[線幅] が [基準点] に影響するため、アピアランスパネルで [変形] を [線] の上へ移動します。

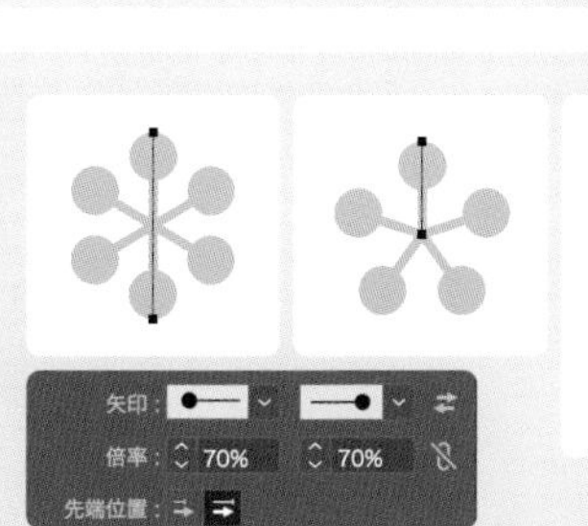

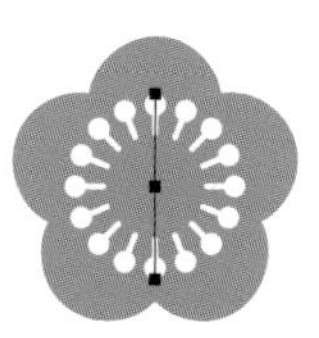

[線] の花は十字同様、[矢印] でバリエーションを増やせるメリットがあります。雪の結晶をつくったり、花に重ねて、花芯としても使えます。

» P93 十字
» P174 矢印の雪花

★★
21 D　[変形] 効果で雫を回転コピーする

アピアランス

STEP 1　**20D** (P109) の雫を選択したあと、[効果] メニュー→ [パスの変形] → [変形] を選択します 1

STEP 2　ダイアログで [角度:60°] [基準点:上辺中央] [コピー:5] に変更して、[OK] をクリックします 2 3 4

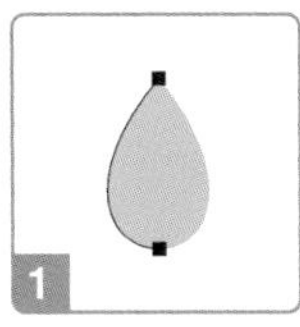

[線：なし] に変更します。

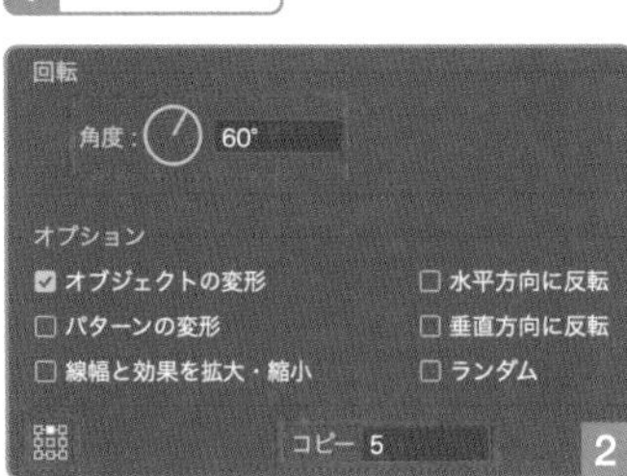

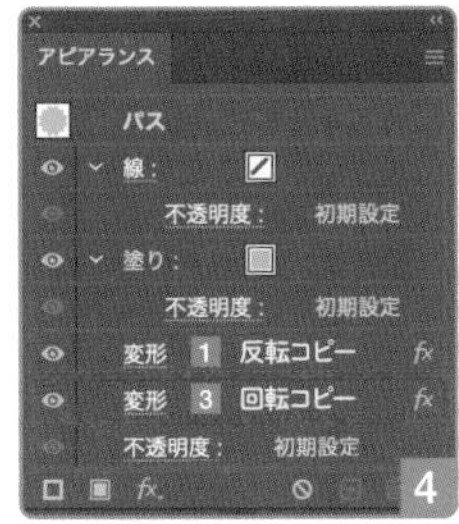

21Eと比較すると、[追加] 効果などを使えるメリットがあります。[線] に色を設定する場合は、[変形] を両方とも [線] の上へ移動します。

P109 雫

★★
21 E　[変形] 効果で雫 (透明枠) を回転コピーする

アピアランス

STEP 1　**20E** (P110) の雫のサイズを縮小したあと、グループを選択します 1 2 3

STEP 2　[効果] メニュー→ [パスの変形] → [変形] を選択し、ダイアログで [角度:60°] [基準点:中央] [コピー:5] に変更して、[OK] をクリックします 4 5

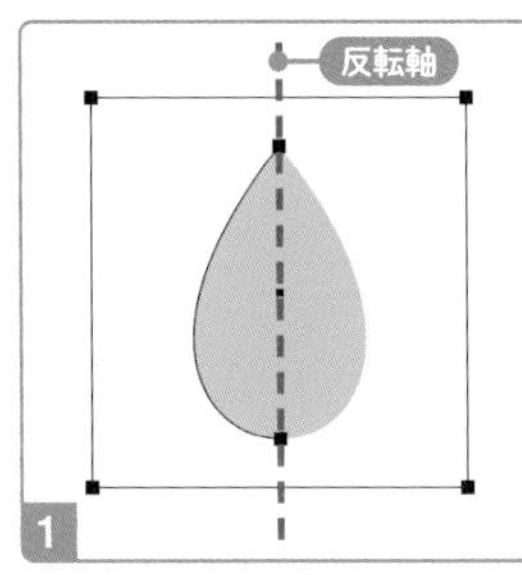

反転軸上のアンカーポイントの [X] を変えないように注意しながら、雫のサイズを縮小します。

P96 放射線
P110 雫
P172 雪の結晶

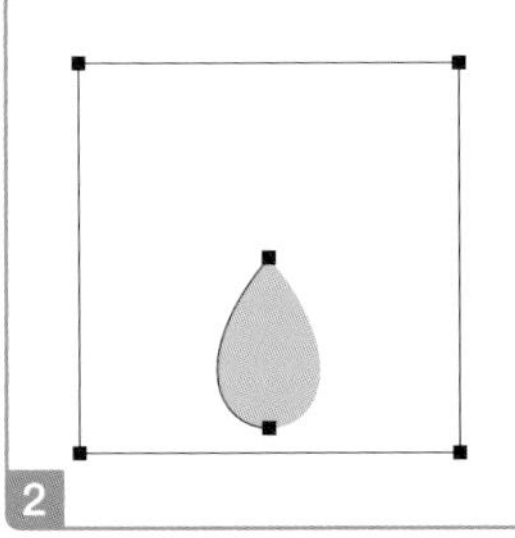

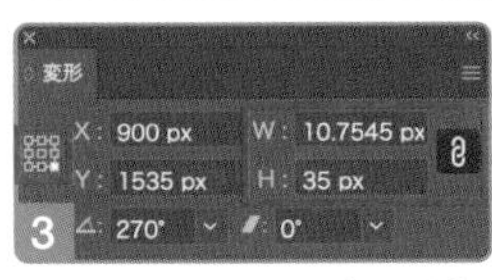

変形パネルで雫のパスの[基準点]を[右下角] など右辺に変更した状態で、[W] や [H] を変更すると、位置をずらさずにサイズを変更できます。垂直方向の移動は、[↑] [↓] キーが便利です。

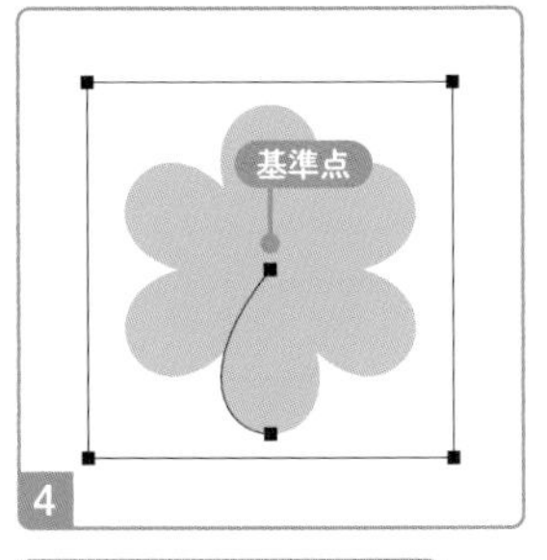

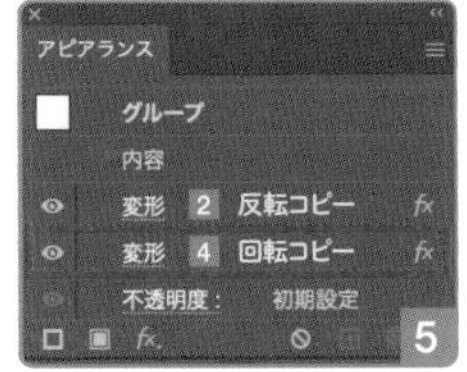

★★

21 F リピートラジアルで雫(ミラー)を回転コピーする

リピート

STEP 1 20C (P109) の操作で下向きの雫を描きます 1 2

STEP 2 [オブジェクト] メニュー→ [リピート] → [ラジアル] を選択します 3

STEP 3 コントロールパネルで [インスタンス数] や [半径] を調整します 4 5 6

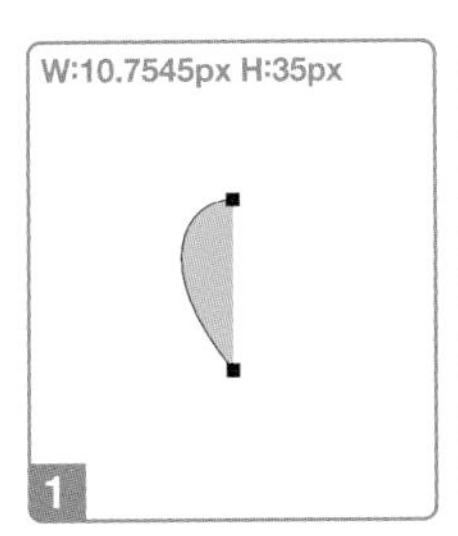

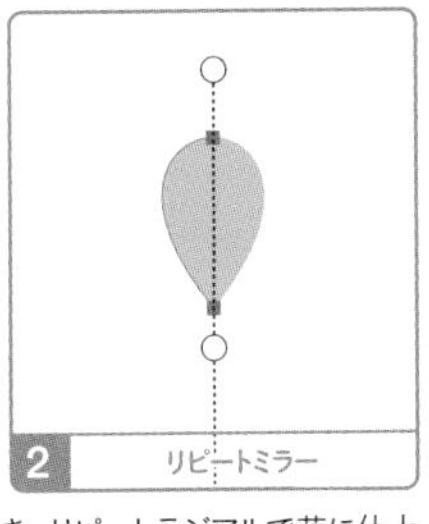

リピートミラーで下向きの雫を描き、リピートラジアルで花に仕上げます。中心はオブジェクトの下に設定されます。

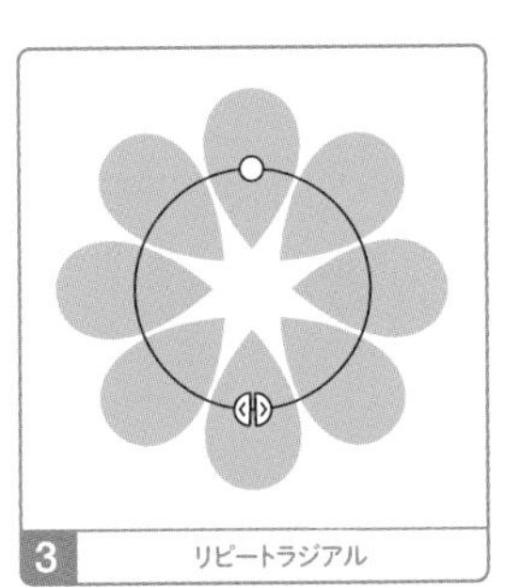

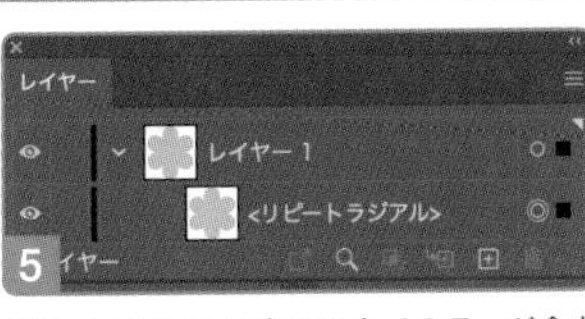

リピートラジアルの中にリピートミラーが含まれます。リピートは入れ子にできます。

6

P85 星 P95 放射線 P117 花 P109 雫 P172 雪の結晶

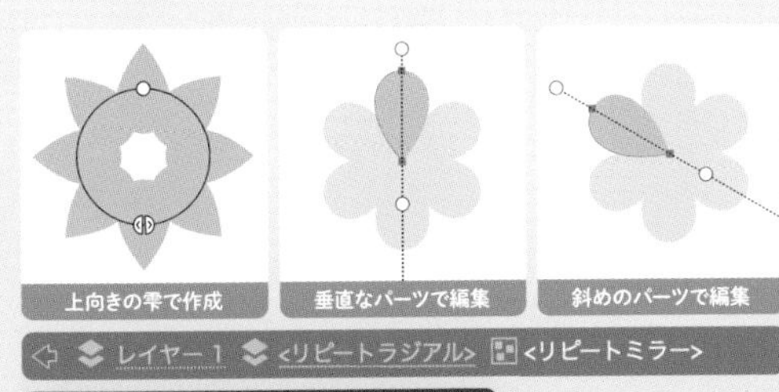

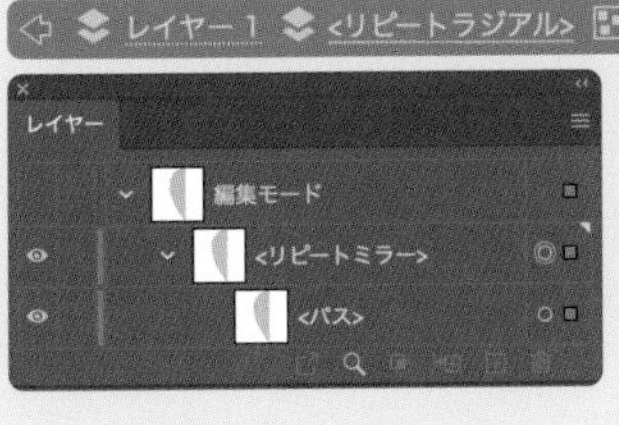

リピートラジアルの中心は、オブジェクトの下に設定されます。上向きの雫でリピートラジアルを作成すると、尖った側が外向きになります。編集モードで元のオブジェクトを垂直反転することも可能ですが、この操作には注意点があります。

リピートはオブジェクトのダブルクリックで編集モードに入れますが、このとき、水平または垂直なパーツをダブルクリックするようにしてください。斜めのパーツをダブルクリックすると、ミラー軸も傾くため、軸に沿った反転は手間がかかります。

編集モードを終了するには、ウィンドウ左上の矢印をクリックします。リピートが入れ子の場合は、クリックごとに階層が上がります。階層を飛ばして終了するには、[esc] キーを押します。

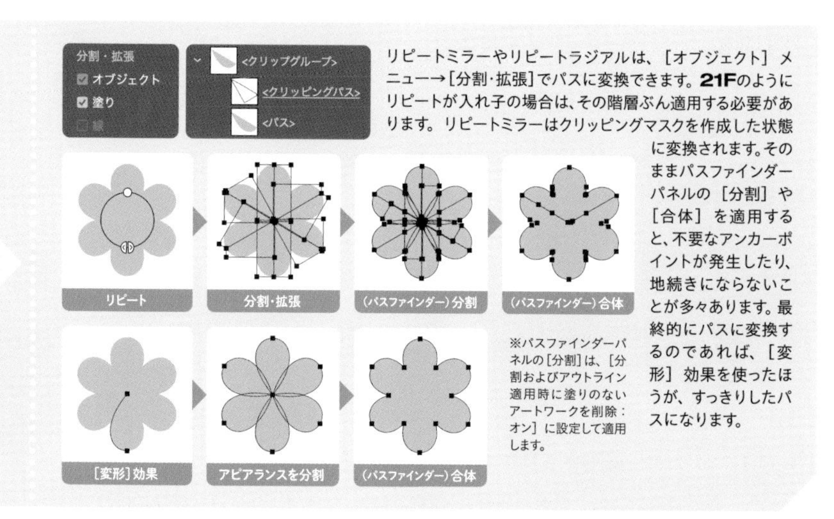

リピートミラーやリピートラジアルは、［オブジェクト］メニュー→［分割・拡張］でパスに変換できます。**21F**のようにリピートが入れ子の場合は、その階層ぶん適用する必要があります。リピートミラーはクリッピングマスクを作成した状態に変換されます。そのままパスファインダーパネルの［分割］や［合体］を適用すると、不要なアンカーポイントが発生したり、地続きにならないことが多々あります。最終的にパスに変換するのであれば、［変形］効果を使ったほうが、すっきりしたパスになります。

※パスファインダーパネルの［分割］は、［分割およびアウトライン適用時に塗りのないアートワークを削除：オン］に設定して適用します。

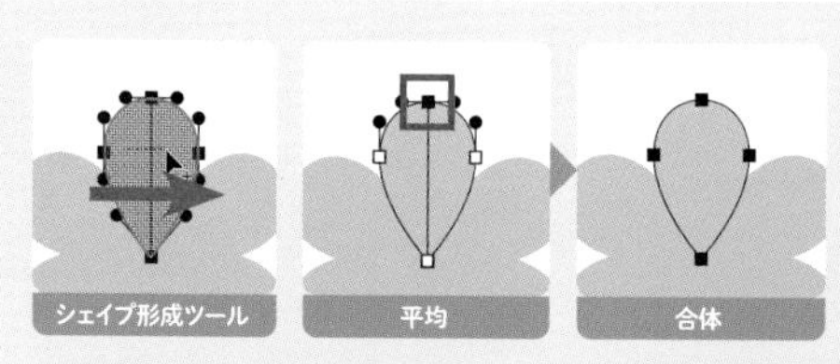

リピートミラーやアピアランスをパスに変換したあと、［合体］を適用してもまれに地続きにならないことがあります。境界上のアンカーポイントのわずかな位置ずれが原因で、これには解決策がいくつかあります。手軽なのは、［シェイプ形成ツール］で境界をまたぐようにドラッグする方法です。

もうひとつは、P51やP169でも使用した、［平均］を利用する方法です。［ダイレクト選択ツール］で境界上のアンカーポイントを囲むようにドラッグして選択したあと、［平均］を［平均の方法：2軸とも］で適用します。これにより、微妙に位置ずれしていた2つのアンカーポイントが同じ位置に重なります。他のアンカーポイントも位置ずれを直したあと、パスファインダーパネルで［合体］を適用すると、地続きのパスになります。

» P51 三角形　» P84 星　» P169 リサイクルマーク

POINT

➡ リピート

- ☐ リピートは**入れ子**にできる
- ☐ リピートに**［分割・拡張］**を適用すると、パスに変換できる
- ☐ 入れ子のリピートを拡張する場合は、入れ子の数だけ［分割・拡張］を適用する
- ☐ **リピートミラー**を拡張すると、**クリッピングマスク**を作成した状態に変換される

➡ その他

- ☐ **［パンク・膨張］効果**で、セグメントを膨らませることができる
- ☐ **［丸型線端］［線分:0］の破線**を円に設定すると、花になる
- ☐ **直線**を回転コピーすると、花になる
- ☐ **雫**を回転コピーすると、花になる

➡ a：［線幅］、b：花の中央との線幅比、c：矢印の［倍率］、d：直線の端点を［基準点］に回転コピー、e：直線のセンターポイントを［基準点］に回転コピー。

22 葉を描く

両端がシェイプされたアーモンド形の葉は、パスファインダーや可変線幅で描けます。花に添えると、ほどよいアクセントになります。人間の目やウサギの耳、宝石のマーキスカット、ラグビーボールなども、これと似たかたちをしています。

★

22 A 円を重ねてパスファインダーで刈り取る

パスファインダー

STEP 1 同じサイズの円を、位置をずらして重ねます 1

STEP 2 パスファインダーパネルで［交差］をクリックします 2 3

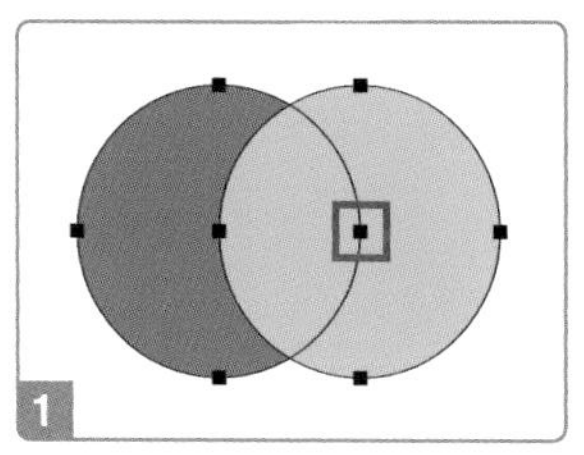

円の左右のアンカーポイントを、他の円のセンターポイントにスナップさせて重ねています。

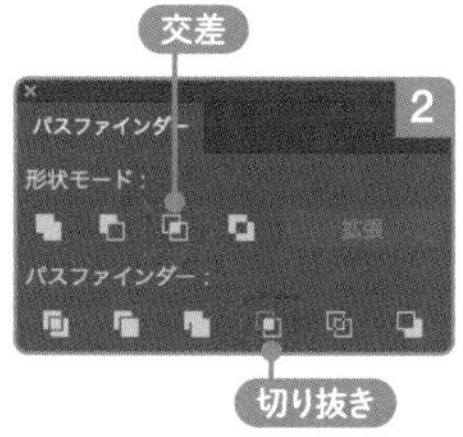

3

［交差］は、2つのパスの重なりだけを残します。［交差］のほか、［切り抜き］も使えます。

» P60 菱形　» P112 雫　» P194 歯車　» P241 マジョリカタイル

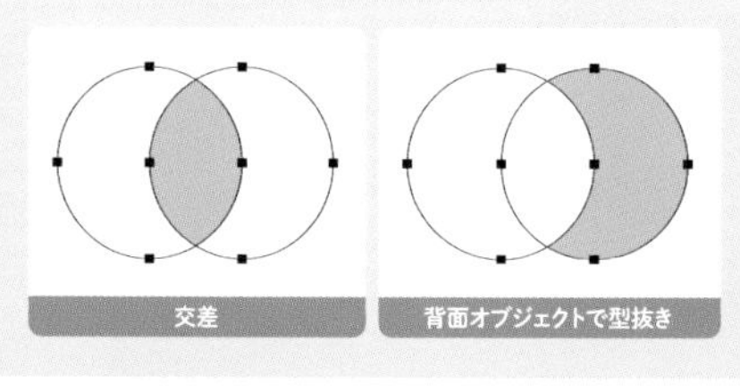

複合シェイプやアピアランスを利用すると、パスファインダーを非破壊的に適用できます。この場合、複合シェイプは［交差］、アピアランスは［交差］に加えて、［切り抜き］も使えます。

なお、同じサンプルに［前面オブジェクトで型抜き］や［背面オブジェクトで型抜き］を適用すると、月になります。

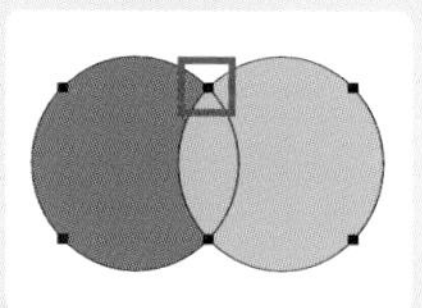

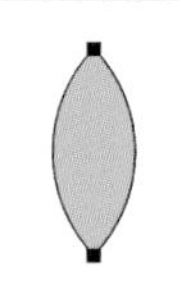

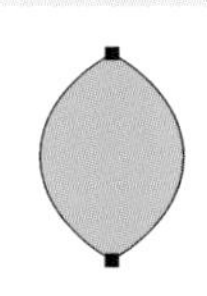

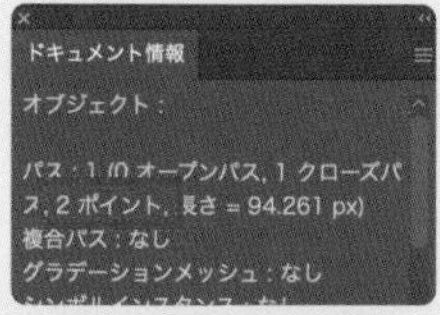

円を45°回転し、アンカーポイントをスナップさせて重ね、［交差］で左右を刈り取ると、最小限アンカーポイントの上下左右対称な葉がつくれます。［W］を変更すれば、葉の幅も変えられます。P112のように、45°回転した正方形の対角を［角丸の半径：最大値］にしてつくることも可能ですが、この場合アンカーポイントは6つに増えるため、パスファインダーパネルの［合体］で整理することをおすすめします。

★★
22 B　楕円の上下をコーナーポイントにする

アンカーポイント

STEP 1　[ダイレクト選択ツール] で楕円の上下のアンカーポイントを選択します 1
STEP 2　コントロールパネルで [コーナーポイントに切り換え] をクリックします 2

ダイレクト選択ツール　　コーナーポイントに切り換え

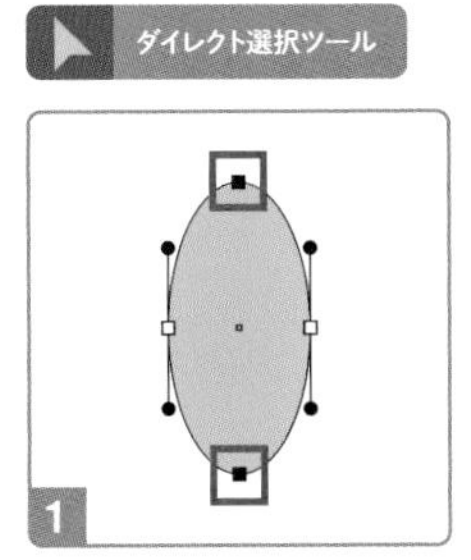

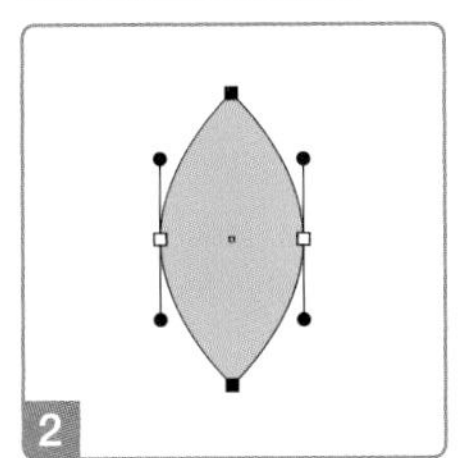

スムーズポイントが、ハンドルなしのコーナーポイントに切り換わります。

P22 正方形

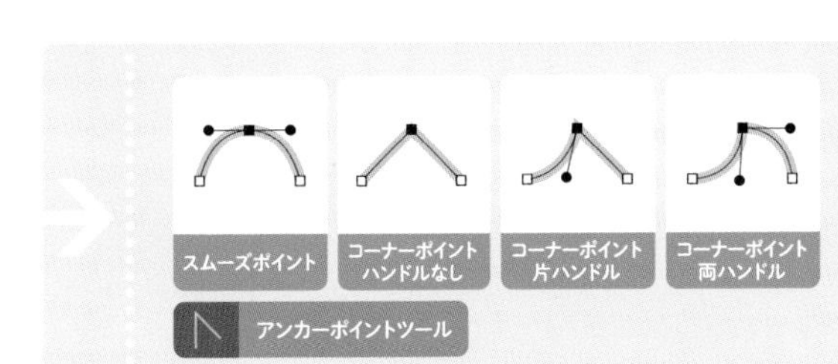

コーナーポイントは合計3種類あります。[コーナーポイントに切り換え] のほか [アンカーポイントツール] でコーナーポイント化できます。このツールでハンドルをドラッグするとハンドルが残り、アンカーポイントをクリックするとハンドルなしのコーナーポイントになります。また、ハンドルをクリックすると、ハンドルを削除できます。

★★★
22 C　[ペンツール] で描く

セグメント

STEP 1　[ペンツール] を選択し、ワークエリアでクリックします
STEP 2　間隔をあけてクリックし、最初に作成したアンカーポイントをクリックします 1
STEP 3　[アンカーポイントツール] を選択し、セグメントをドラッグします 2 3

ペンツール　　アンカーポイントツール

1 3
2
1

直線に見えても、セグメントを2つ持つクローズパスです。

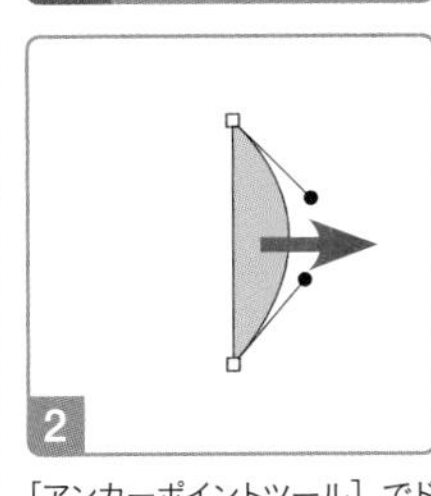

[アンカーポイントツール] でドラッグすると、セグメントが曲線化します。

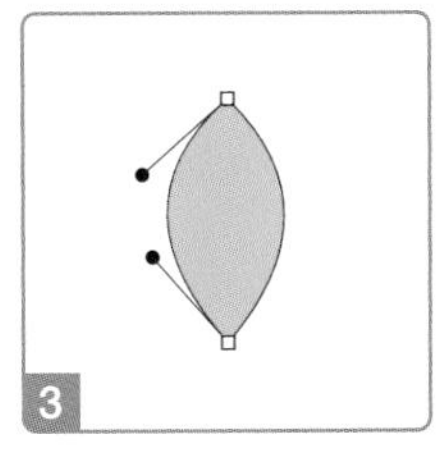

左右対称にはなりませんが、最小限アンカーポイントで葉を描けます。

P109 雫

★★

22 D ［線幅プロファイル1］を直線に適用する

可変線幅

STEP 1 直線を選択し、線パネルで［プロファイル：線幅プロファイル1］に変更します 1 2

STEP 2 ［線幅ツール］で線幅ポイントをドラッグして調整します 3 4

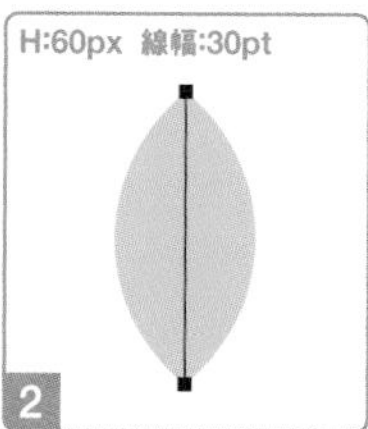

［線幅プロファイル1］を適用すると、上下左右対称な葉になります。線幅ポイントは直線の端と中央に追加されます。

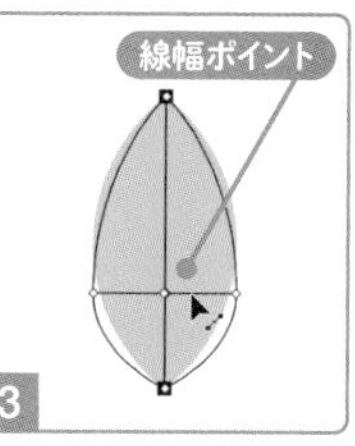

［線幅ツール］を選択した状態でカーソルを重ねると、線幅ポイントが表示されます。

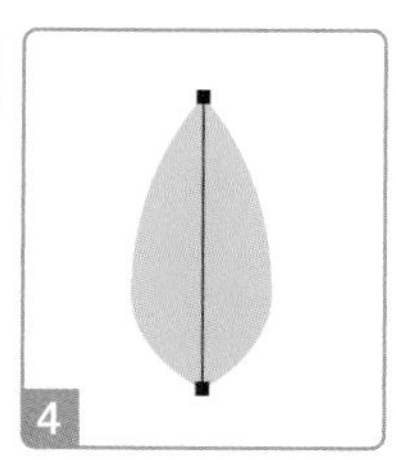

線幅ポイントを移動すると、膨らみの位置が変わります。

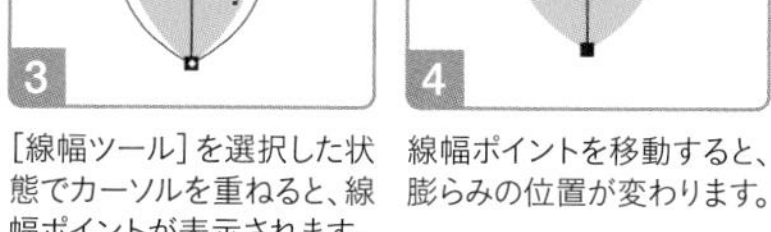

POINT

- □ パスファインダーパネルの**［交差］**を適用すると、2つのパスの重なりだけが残る
- □ **［アンカーポイントツール］**で、スムーズポイントをコーナーポイント化できる
- □ **2つのアンカーポイント**で構成された一見直線に見える**クローズパス**も、［アンカーポイントツール］でセグメントをドラッグすると、［塗り］があらわれる

応用 月を描く

- **22AのSTEP2**で、パスファインダーパネルで［ パスファインダー 前面オブジェクトで型抜き］または［ パスファインダー 背面オブジェクトで型抜き］を適用する
- 円の［塗り］を［ パスの変形 変形］効果で移動コピーし、［前面オブジェクトで型抜き］効果または［背面オブジェクトで型抜き］効果で型抜きする 1 2
- 円のサイズや位置で月の満ち欠けが変わる 3

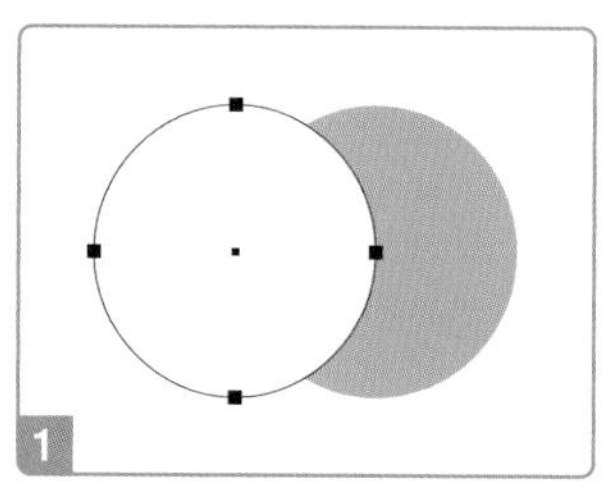

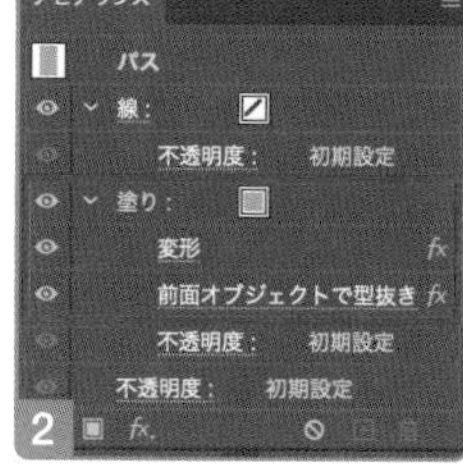

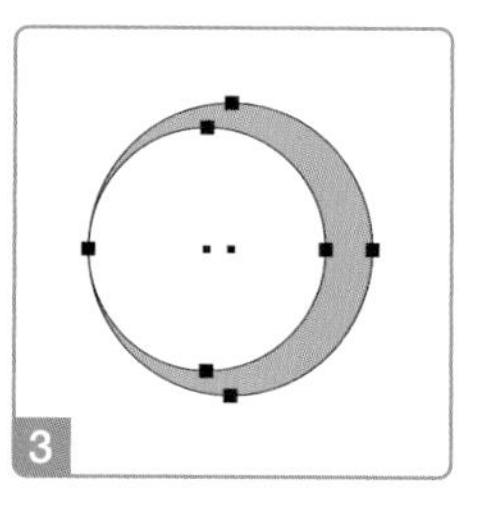

P44 ドーナツ円

23-30
4
SIMPLE PATTERN

23 ドットラインをつくる

ドットラインは、連続する円で線を表現したものです。破線設定を使えば簡単につくることができますが、円を線状に並べると考えると、移動コピーやブラシ、ブレンドなど、他の方法もあることがわかります。

★

23 A 円を移動コピーする

移動コピー

STEP 1 円を選択し、[オブジェクト] メニュー→ [変形] → [移動] を選択します 1

STEP 2 ダイアログで [水平方向] の値を変更し、[コピー] をクリックします 2 3

STEP 3 [command (Ctrl)] + [D] キーを押して、移動コピーを繰り返します 4

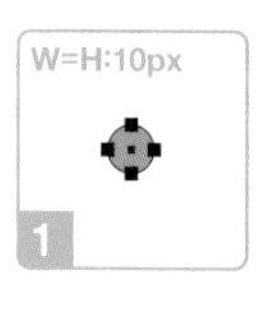

選択ツール

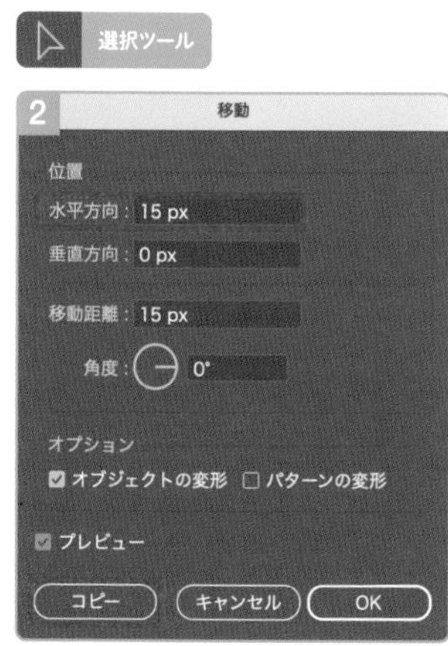

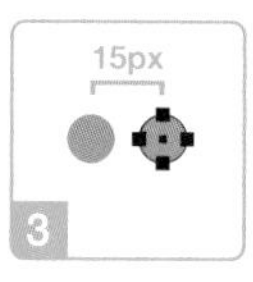

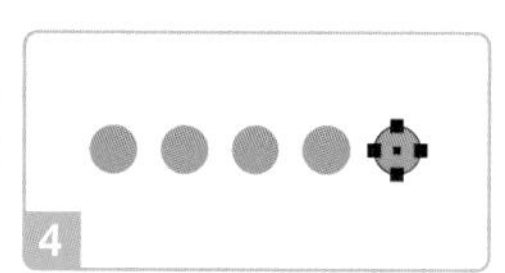

[command (Ctrl)] キーと [D] キーを同時に押すと、直前の操作を繰り返せます。

[選択ツール] などでオブジェクトを選択したあと、[return] キーを押しても開けます。

[option (Alt)] キー+ドラッグで複製する作業も、一種の移動コピーです。ここに [shift] キーを追加すると、水平／垂直／45°に角度を固定できます。

★★

23 B [変形] 効果で円を移動コピーする

アピアランス

STEP 1 円を選択し、[効果] メニュー→ [パスの変形] → [変形] を選択します

STEP 2 ダイアログの [移動] [水平方向] で間隔を、[コピー] で数を調整して、[OK] をクリックします 1 2 3 4

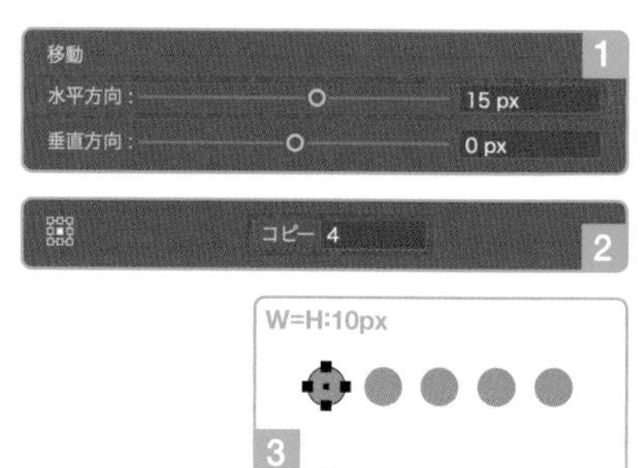

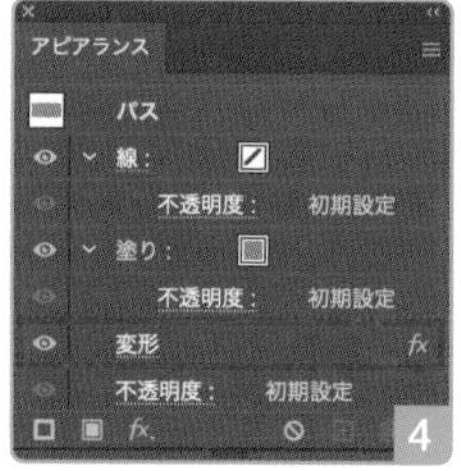

アピアランスパネルで [変形] をクリックするとダイアログが開き、間隔や数を再調整できます。

オブジェクトの複製と移動を同時におこなう操作を、本書では「移動コピー」と呼びます。

★★

23 C 円で散布ブラシをつくる

ブラシ

STEP 1 円を選択し、ブラシパネルで［新規ブラシ］をクリックします 1

STEP 2 ダイアログで［散布ブラシ］を選択して、［OK］をクリックします 2

STEP 3 次の［散布ブラシオプション］ダイアログで、［OK］をクリックします 3

STEP 4 直線にブラシを適用したあと、ブラシパネルで散布ブラシをダブルクリックします 4 5

STEP 5 ダイアログで［間隔］を調整し、［OK］をクリックします 6 7 8

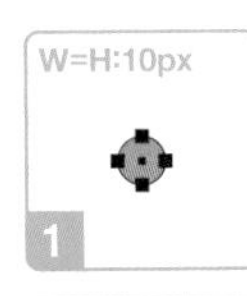

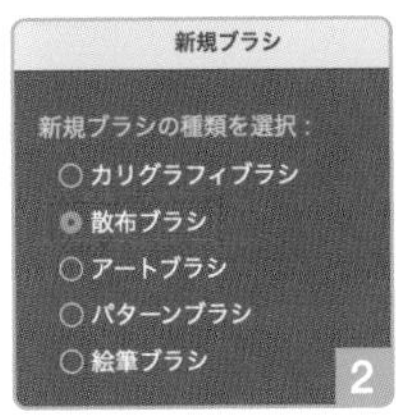

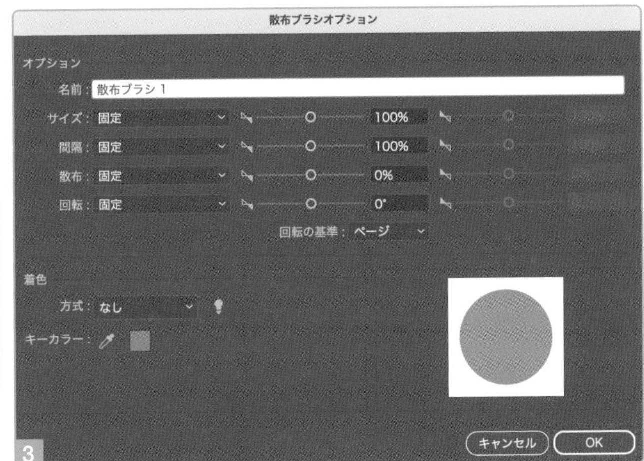

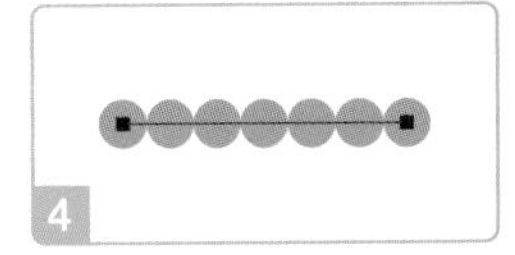

デフォルトの設定で散布ブラシを作成すると、円が隙間なく配置されます。

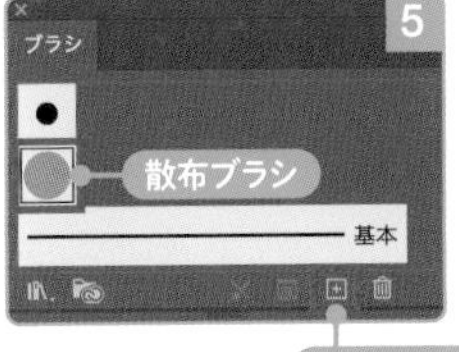

散布ブラシをダブルクリックすると［散布ブラシオプション］ダイアログが開き、設定を変更できます。新規ブラシ作成時にはプレビューできないため、デフォルトの設定でひとまず作成し、パスに適用した状態で調整すると、効率よく作業できます。

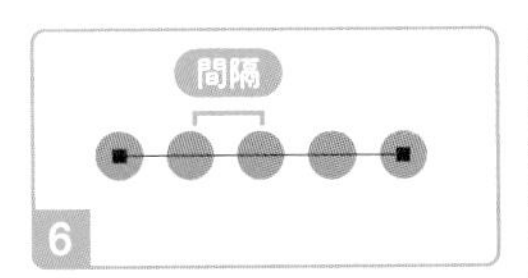

［間隔］を［100%］より高い比率に変更すると、円と円の間に隙間ができます。［間隔］は円の中心から隣の円の中心までの距離で、［150%］で半円ぶんの隙間ができます。

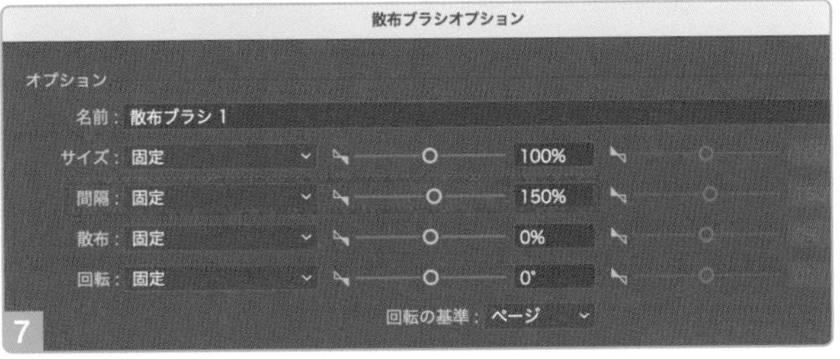

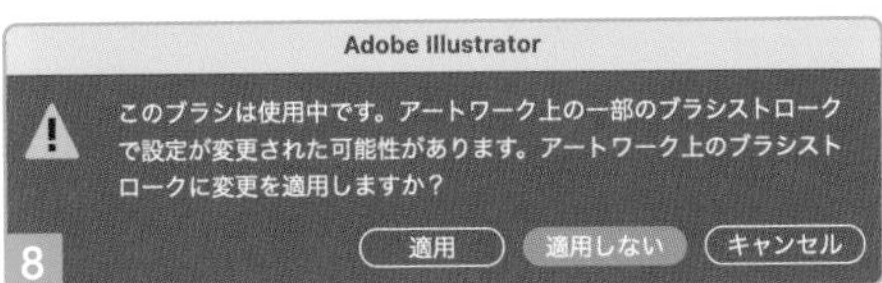

［OK］をクリックすると、警告ダイアログが表示されます。［適用］をクリックすると、ブラシを適用したパスにも変更が反映されます。［適用しない］をクリックすると、変更はブラシのみに保存され、パスの見た目は変わりません。

★★

23 D　ブレンドで円を生成する

ブレンド

STEP 1　円を複製したあと両方とも選択して、[オブジェクト] メニュー→ [ブレンド] → [作成] を選択します 1 2

STEP 2　[オブジェクト] メニュー→ [ブレンド] → [ブレンドオプション] を選択し、ダイアログで [間隔:ステップ数] に変更し、数を調整して、[OK] をクリックします 3 4

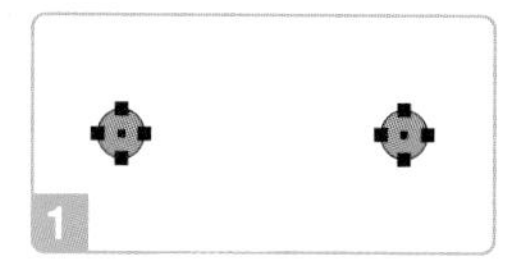

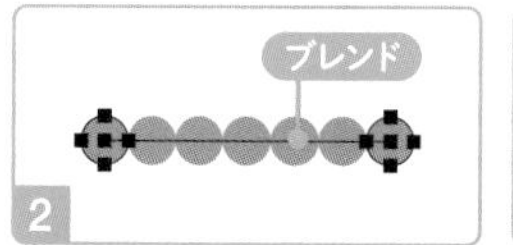

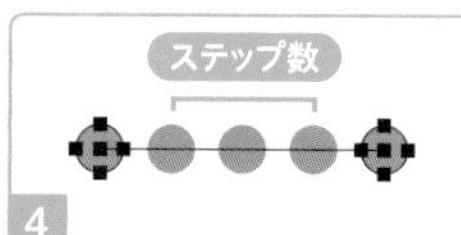

» P179 虹

» P220 千鳥格子

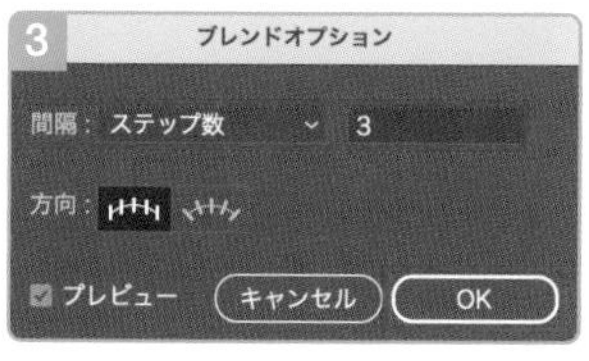

［ステップ数］が中間オブジェクトの数になります。このダイアログは、［ブレンドツール］のダブルクリックでも開けます。

ブレンドは、中間オブジェクトを自動生成する機能です。色やかたちの異なるオブジェクトで作成すると、それらが段階的に変化します。

★

23 E　直線を [丸型線端] [線分:0] の破線にする

破線

STEP 1　直線を選択し、線パネルで [破線:オン] に変更します

STEP 2　[線端:丸型線端] [線分:0] に変更し、[間隔] と [線幅] を調整します 1 2 3

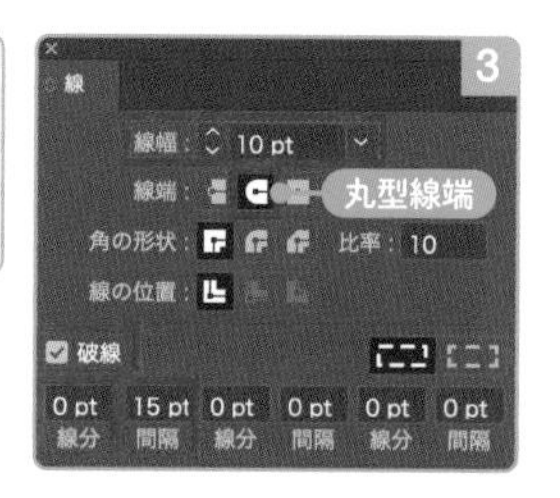

» P15 円　» P114 花

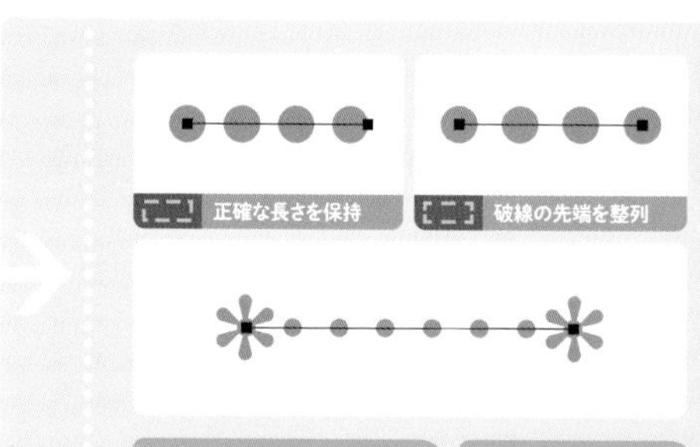

破線オプションの選択で、見た目の間隔が変わることがあります。[正確な長さを保持] では [間隔] に設定した値が反映されますが、[破線の先端を整列] は、端点や角に [線分] が配置され、それらの間隔が均等になるように調整されます。そのため、セグメントの長さで [線分] の数や [間隔] が変わります。

この性質を利用すると、[矢印] と組み合わせて装飾罫線をつくったり、長方形の角を丸くくり抜けます。

» P75 凹角長方形　» P79 L字　» P185 切手

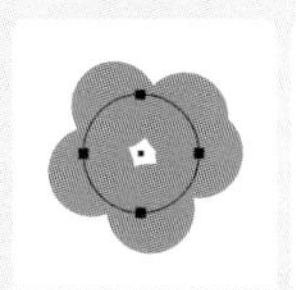
散布ブラシ

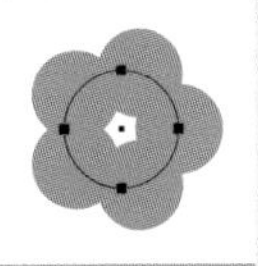
丸型線端の破線

散布ブラシには、始点–終点間で間隔が均等になるようにオブジェクトの位置を調整する機能がありません。そのため、終点とそのひとつ前のオブジェクトの間隔は、他と異なります。環状に円を配置する場合は、破線を利用したほうが仕上がりがきれいです。

》P114 花

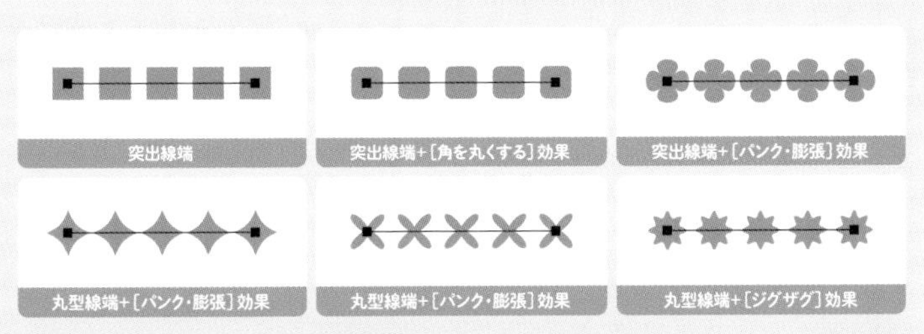

［線端：突出線端］に変更すると、正方形の連なりになります。破線は［パスのアウトライン］効果で擬似的にアウトライン化でき、これにさらに［角を丸くする］効果を適用すると角丸正方形、［パンク・膨張］効果を適用すると、クロスハッチや花の連なりになります。同じ効果を［丸型線端］に適用すると、また違った結果を得られます。

ただし、直線以外では、［線分］のデザインが崩れることがあります。また、［正確な長さを保持］と［破線の先端を整列］も影響します。

POINT

➡ 移動コピー

- ☐ **［移動］ダイアログ**で角度や距離を指定し、**［コピー］**をクリックすると移動コピーできる
- ☐ ［移動］ダイアログは**［オブジェクト］メニュー**のほか、**［選択ツール］**などでオブジェクトを選択して**［return］キー**を押しても開く
- ☐ **［変形］効果**で**［移動］**と**［コピー］**を設定すると、移動コピーできる

➡ 散布ブラシ

- ☐ **ブラシパネル**で**［新規ブラシ］**をクリックすると、ブラシを作成できる
- ☐ **［新規ブラシ］ダイアログ**でブラシの種類を選択できる
- ☐ **散布ブラシ**はオブジェクトを**そのままパスに沿って配置**するブラシで、**［サイズ］**や**［間隔］**などを調整できる
- ☐ デフォルトの設定でブラシを作成し、パスに適用した状態で**［散布ブラシオプション］ダイアログ**を開くと、仕上がりを確認しながら調整できる
- ☐ ［散布ブラシオプション］ダイアログを開くには、ブラシパネルで**ブラシをダブルクリック**する
- ☐ ［散布ブラシオプション］ダイアログの変更を、ブラシ適用済みのパスに反映させるか否かを選択できる

➡ ブレンド

- ☐ **ブレンド**は、複数のオブジェクト間に**中間オブジェクトを生成**する機能
- ☐ **［ブレンドオプション］ダイアログ**で、中間オブジェクトの数を調整できる
- ☐ ブレンドに関するメニューは、**［オブジェクト］メニュー→［ブレンド］**以下の階層にある
- ☐ **［ブレンドツール］のダブルクリック**でも［ブレンドオプション］ダイアログが開く

➡ その他の操作

- ☐ **［command（Ctrl）］+［D］キー**で直前の操作を繰り返せる
- ☐ **［線端:突出線端］**に変更すると、パスの始点と終点に**［線幅］の半分**を追加できる

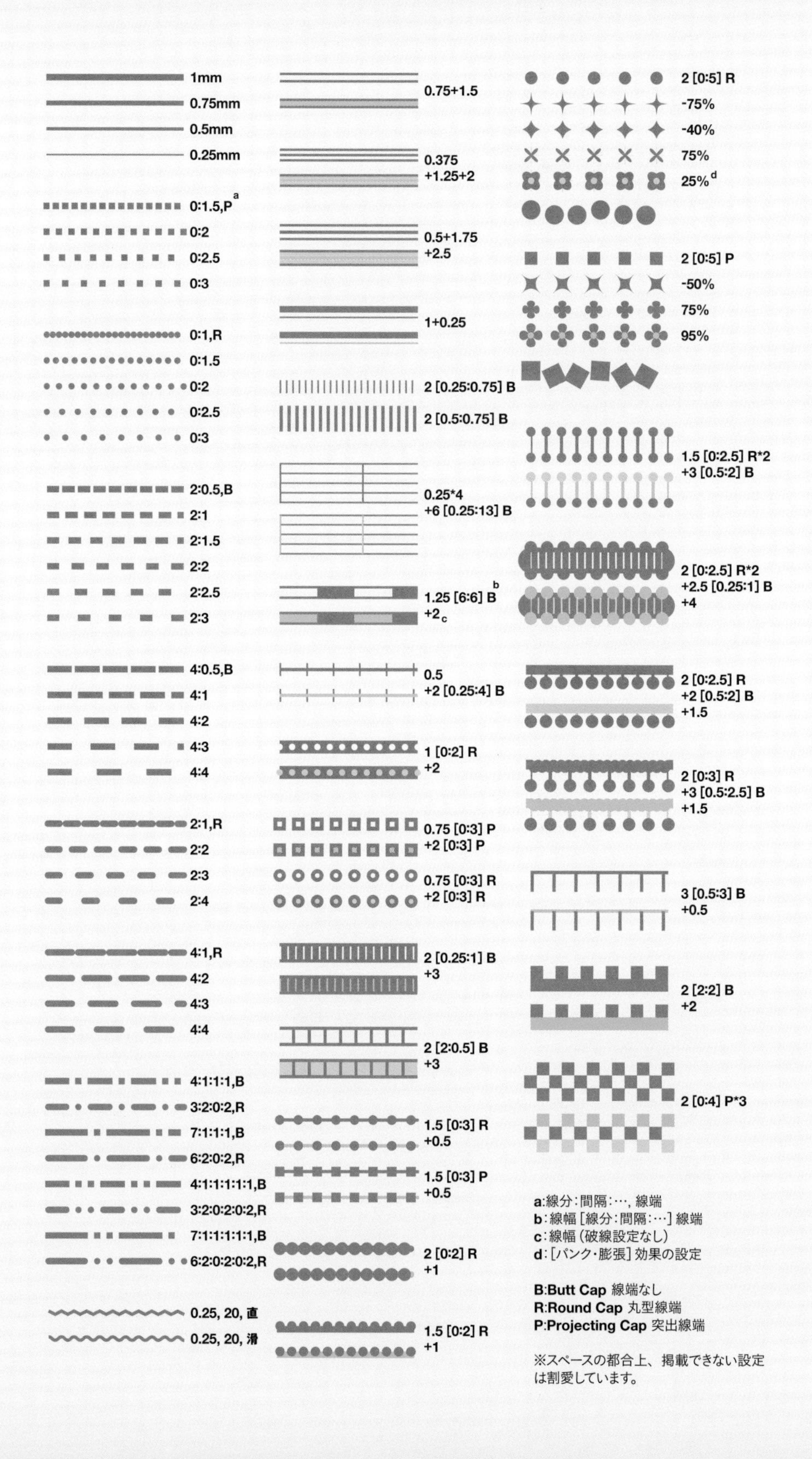
1mm
0.75mm
0.5mm
0.25mm
0:1.5,P a
0:2
0:2.5
0:3
0:1,R
0:1.5
0:2
0:2.5
0:3
2:0.5,B
2:1
2:1.5
2:2
2:2.5
2:3
4:0.5,B
4:1
4:2
4:3
4:4
2:1,R
2:2
2:3
2:4
4:1,R
4:2
4:3
4:4
4:1:1:1,B
3:2:0:2,R
7:1:1:1,B
6:2:0:2,R
4:1:1:1:1:1,B
3:2:0:2:0:2,R
7:1:1:1:1:1,B
6:2:0:2:0:2,R
0.25, 20, 直
0.25, 20, 滑
0.75+1.5
0.375 +1.25+2
0.5+1.75 +2.5
1+0.25
2 [0.25:0.75] B
2 [0.5:0.75] B
0.25*4 +6 [0.25:13] B
1.25 [6:6] B b
+2 c
0.5 +2 [0.25:4] B
1 [0:2] R +2
0.75 [0:3] P +2 [0:3] P
0.75 [0:3] R +2 [0:3] R
2 [0.25:1] B +3
2 [2:0.5] B +3
1.5 [0:3] R +0.5
1.5 [0:3] P +0.5
2 [0:2] R +1
1.5 [0:2] R +1
2 [0:5] R
-75%
-40%
75%
25% d
2 [0:5] P
-50%
75%
95%
1.5 [0:2.5] R*2 +3 [0.5:2] B
2 [0:2.5] R*2 +2.5 [0.25:1] B +4
2 [0:2.5] R +2 [0.5:2] B +1.5
2 [0:3] R +3 [0.5:2.5] B +1.5
3 [0.5:3] B +0.5
2 [2:2] B +2
2 [0:4] P*3
a:線分:間隔:…, 線端
b:線幅［線分:間隔:…］線端
c:線幅（破線設定なし）
d:［パンク・膨張］効果の設定
B:Butt Cap 線端なし
R:Round Cap 丸型線端
P:Projecting Cap 突出線端
※スペースの都合上、掲載できない設定は割愛しています。

24 ストライプバーをつくる

カッターナイフの刃を思わせるストライプバーは、そのシャープな印象から、先進的・未来的なデザインでよく見かけます。平行四辺形の連なりと考えるか、ストライプパターンのトリミングと見るかで、つくりかたが変わってきます。

★

24 A [変形] 効果で平行四辺形を移動コピーする

アピアランス

STEP 1 長方形を選択し、[効果] メニュー→ [パスの変形] → [変形] を選択して、ダイアログの [移動] [水平方向] で間隔、[コピー] で数を調整します 1 2

STEP 2 **11A** (P62) や**11C** (P63) などの操作で、長方形を平行四辺形に変換します 3 4

[水平方向：20px] [コピー：4] に変更します。平行四辺形に変換してから [変形] 効果を適用してもかまいません。先に移動コピーしておいたほうが、仕上がりイメージをつかみやすいです。

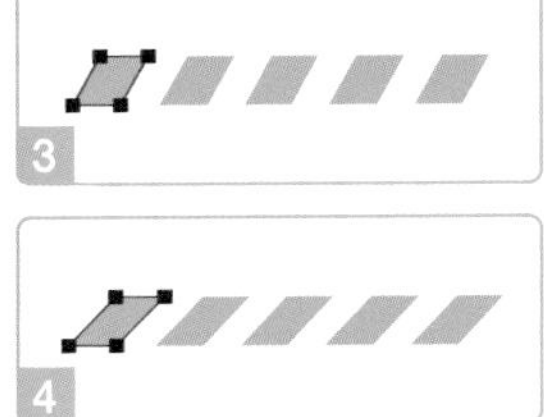

» P62 平行四辺形
» P124 ドットライン

★★

24 B クリッピングマスクでストライプを切り取る

クリッピングマスク

STEP 1 傾きのある直線を選択し、[効果] メニュー→ [パスの変形] → [変形] を選択して、ダイアログの [移動] [水平方向] で間隔、[コピー] で数を調整します 1 2 3

STEP 2 長方形を最前面に移動し、直線とクリッピングマスクを作成します 4 5 6

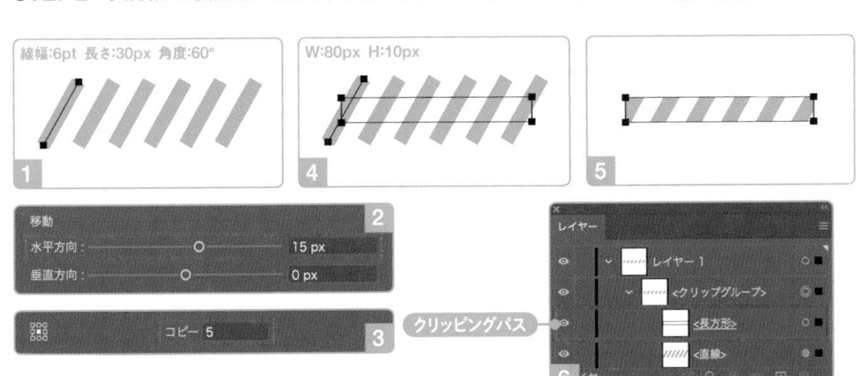

» P50 扇面

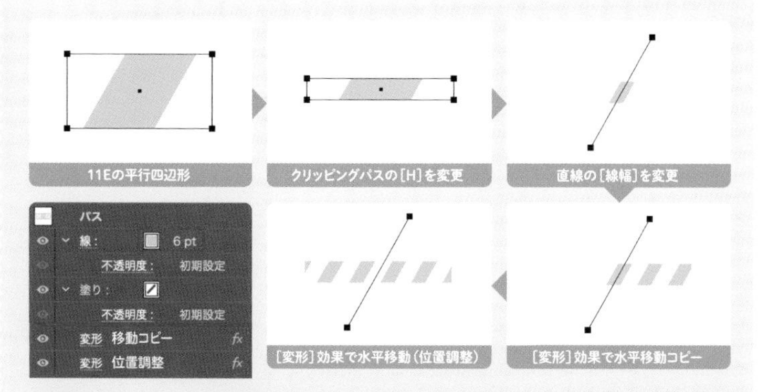

24Bのストライプバーは、**11E**の平行四辺形と同じ構造です。クリッピングパス（長方形）の高さを変更し、直線を［変形］効果の移動コピーで増やすと、ストライプバーになります。最後の位置調整は、［変形］効果を使っても、直線を直接移動してもかまいません。平行四辺形同様、直線の角度でストライプの傾きが変わります。

» P64 平行四辺形

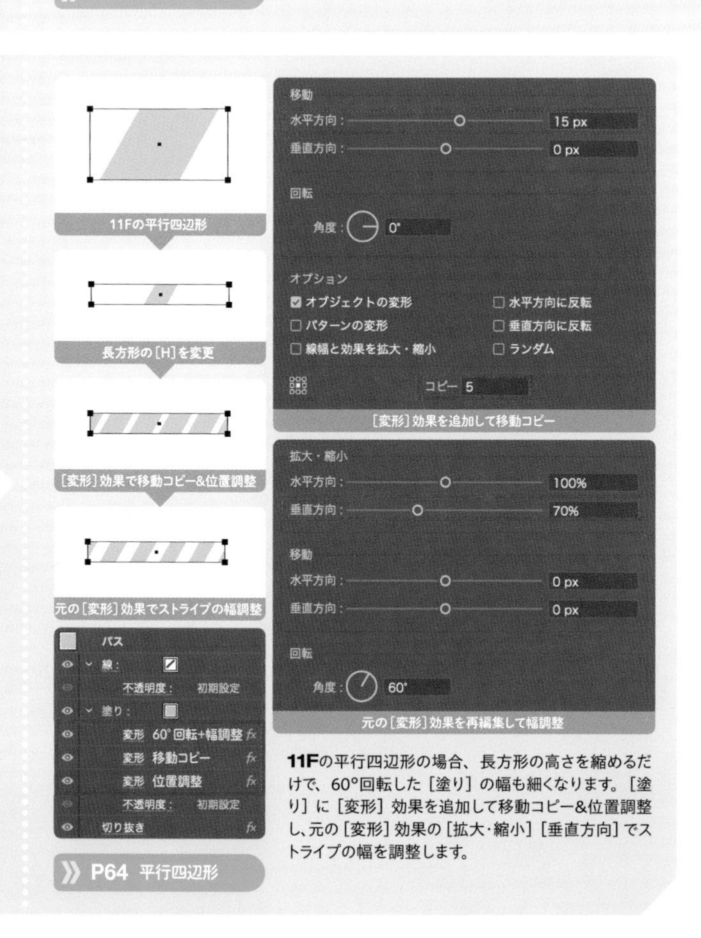

11Fの平行四辺形の場合、長方形の高さを縮めるだけで、60°回転した［塗り］の幅も細くなります。［塗り］に［変形］効果を追加して移動コピー&位置調整し、元の［変形］効果の［拡大・縮小］［垂直方向］でストライプの幅を調整します。

» P64 平行四辺形

★★★
24 C ［グループの抜き］でストライプを透明にする

グループの抜き

STEP 1 長方形と、［変形］効果で移動コピーした直線を選択して、グループ化します 1 2
STEP 2 グループを選択して、透明パネルで［グループの抜き：オン］に変更します 3
STEP 3 ［グループ選択ツール］で直線を選択し、透明パネルで［不透明度：0%］に変更します 4 5 6

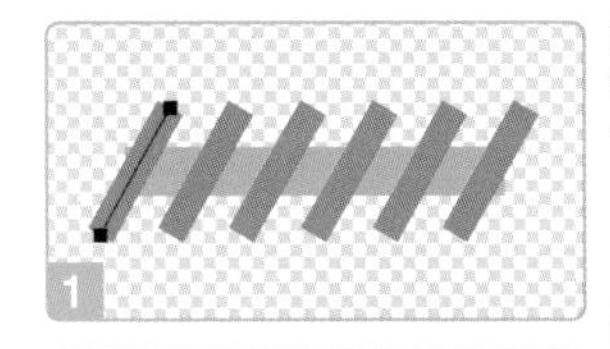

直線部分を透明化して、ストライプバーをつくります。直線が長方形の上に重なるように配置します。

［グループの抜き］は、グループ内の透明部分を透過する機能です。［不透明度：0%］のほか、白の［塗り］や［線］を［描画モード：乗算］に変更する方法もあります。

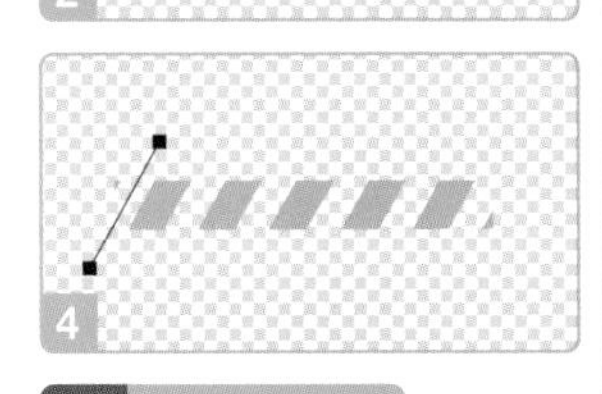

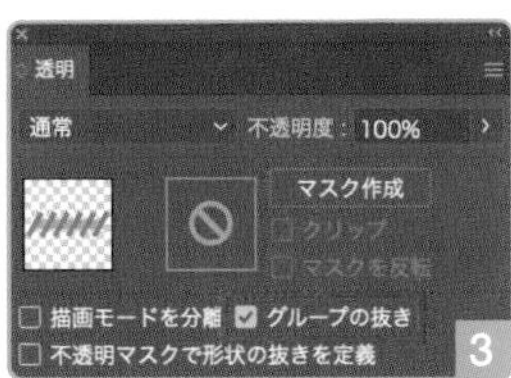

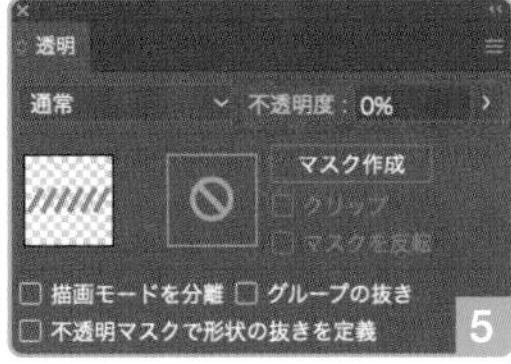

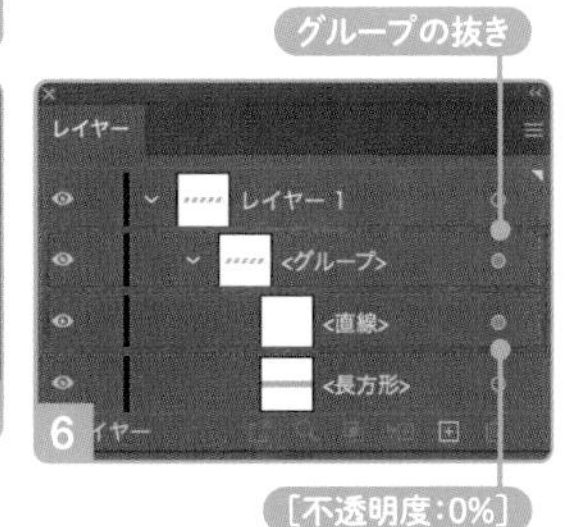

P45 ドーナツ円
P183 タグ

［塗り：なし］［線：なし］　不透明度：0%／［白］の［乗算］　不透明マスク

Illustratorで「透明」にする方法は、何通りかあります。最もシンプルなのは、［塗り：なし］［線：なし］にする方法です。本書で最もよく使う方法で、「透明な長方形」や「透明枠」は［塗り：なし］［線：なし］の長方形を指します。透明な長方形は、スウォッチやブラシの境界としても機能します。

このほか、［不透明度：0%］にする方法や、［白］を［描画モード：乗算］にする方法、不透明マスクやクリッピングマスクなどのマスク機能を使う方法もあります。このうち、［不透明度］と［描画モード］、不透明マスクは「透明オブジェクト」に分類され、入稿データなどに使うと分割の対象になることがあります。

★★
24 D ライブラリのパターンスウォッチを適用後回転する パターン

STEP 1 スウォッチパネルで［スウォッチライブラリメニュー］をクリックして、［パターン］→［ベーシック］→［ベーシック_ライン］を選択します 1 2

STEP 2 スウォッチライブラリパネルのパターンスウォッチを水平線の［線］に適用したあと、［回転ツール］をダブルクリックします 3 4 5

STEP 3 ダイアログで［オブジェクトの変形：オフ］［パターンの変形：オン］に変更したあと、［角度］を調整し、［OK］をクリックします 6 7

［パターンの変形:オン］に変更すると、環境設定も［オブジェクトとパターンを変形］に変更されます。操作が終了したら、変形パネルのメニューで［オブジェクトのみ変形］に戻しておくとよいでしょう。

» P137 市松模様

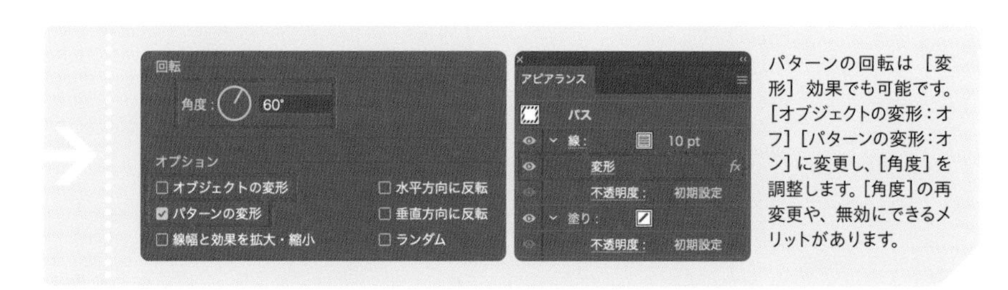

パターンの回転は［変形］効果でも可能です。［オブジェクトの変形：オフ］［パターンの変形：オン］に変更し、［角度］を調整します。［角度］の再変更や、無効にできるメリットがあります。

SIMPLE PATTERN

★★

24 E パターン機能でパターンスウォッチをつくる

パターン

STEP 1 垂直線を選択し、[オブジェクト] メニュー→ [パターン] → [作成] を選択します 1

STEP 2 パターンオプションパネルの [幅] で間隔を調整し、ウィンドウ上部の [完了] をクリックします 2 3 4 5

STEP 3 24DのSTEP2以降の操作をおこないます 6 7

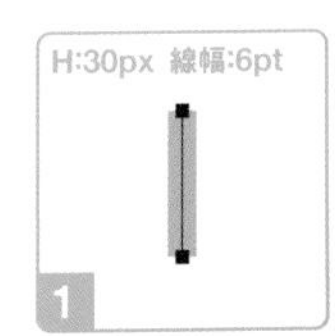

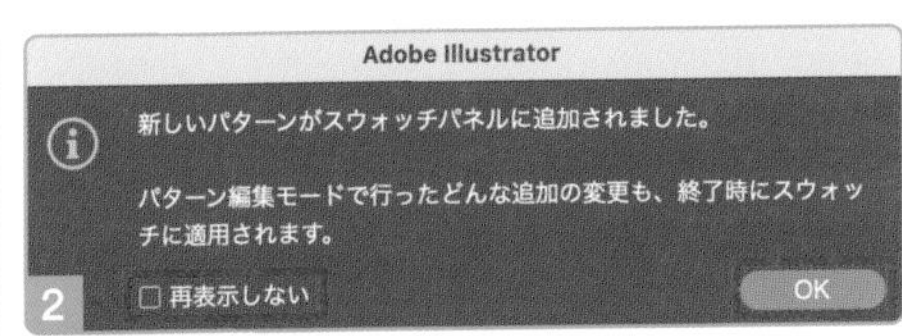

このダイアログは［オブジェクト］メニュー→［パターン］→［作成］を選択するたびに表示されます。［再表示しない：オン］に変更すると、次からスキップできます。

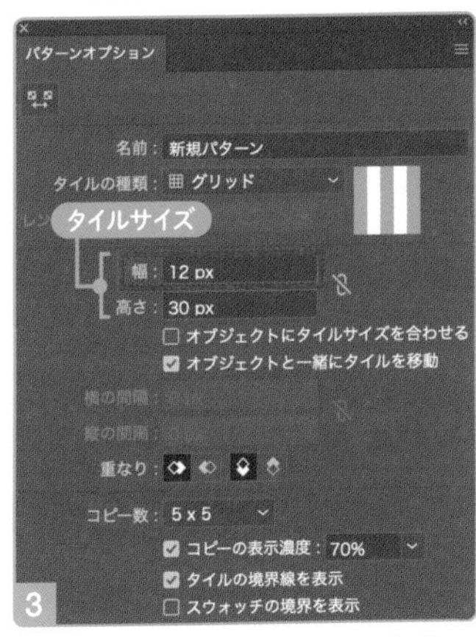

タイルの境界線のサイズ＝タイルサイズです。

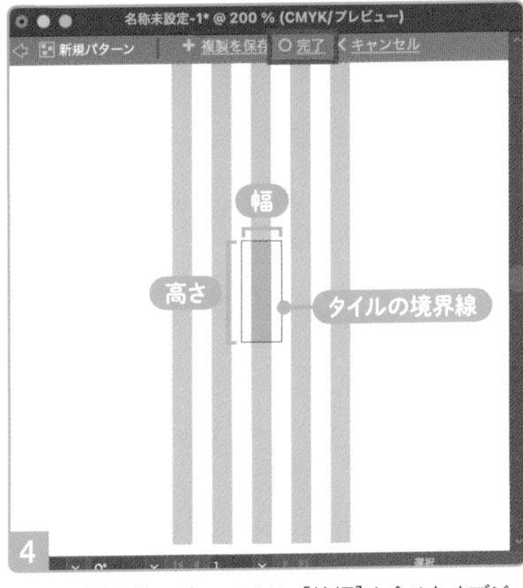

タイルの境界線のデフォルトは、［線幅］も含めたオブジェクトのサイズになります。［幅］を広げると、垂直線の左右に隙間をつくれます。

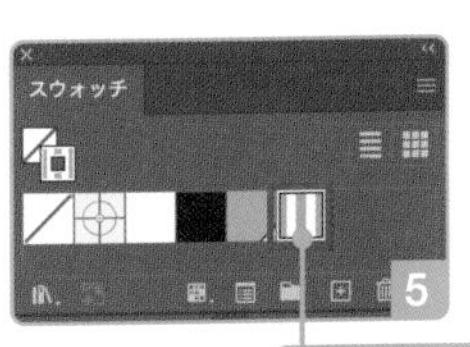

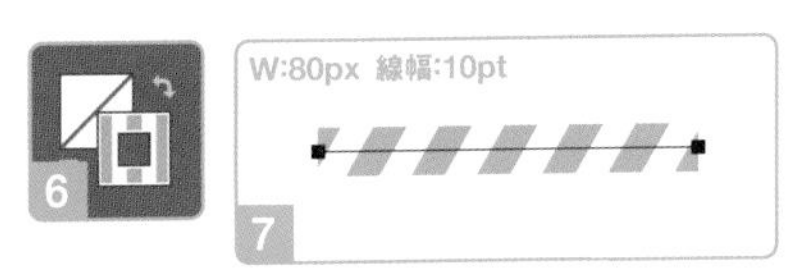

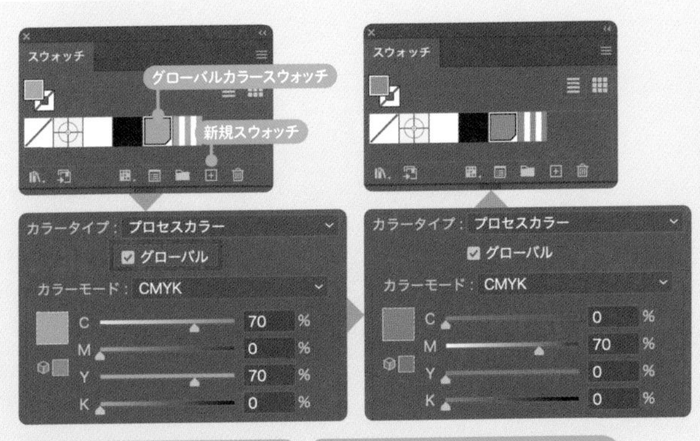

垂直線の色をグローバルカラースウォッチで設定すると、パターンの色変更が簡単です。［塗り］や［線］に何らかの色を設定してスウォッチパネルで［新規スウォッチ］をクリックすると、デフォルトでグローバルカラースウォッチになります。このスウォッチをダブルクリックするとダイアログが開き、色を変更できます。

» P149 ギンガムチェック
» P242 フリーグラデーション

★★★

24 F 斜めストライプのパターンスウォッチをつくる

パターン

STEP1 45°回転した直線を正方形と同じサイズに変更し、[線端:突出線端] に変更します

STEP2 直線を2つ複製し、アンカーポイントを正方形の角にスナップします 1 2

STEP3 正方形を最前面へ移動したあと、直線とクリッピングマスクを作成します 3 4

STEP4 直線をアウトライン化したあと、パスファインダーパネルで [分割] をクリックします 5 6

STEP5 すべてを選択して、スウォッチパネルへドラッグします 7

STEP6 水平線の [線] にパターンスウォッチを適用します 8

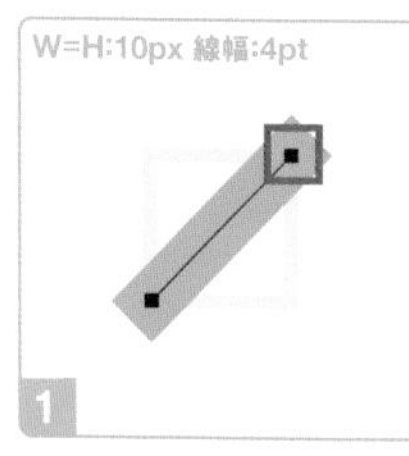

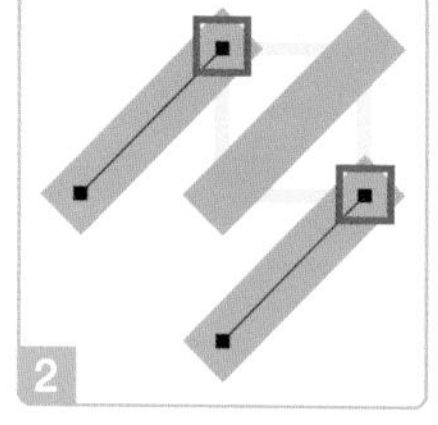

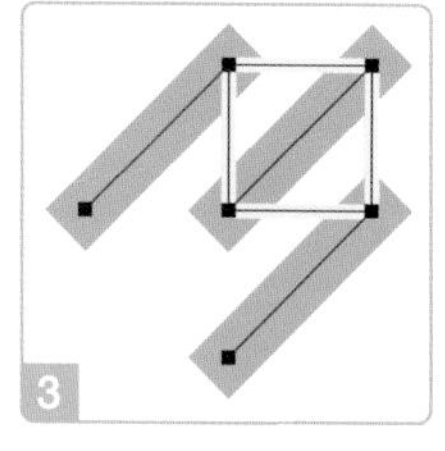

45° 回転の直線と正方形が同じサイズの場合、直線は正方形の対角線になります。

[突出線端] に変更すると、[線幅] の半分が端点に追加されるため、直線の長さを伸ばせます。これにより、直線のアンカーポイントを正方形の角にスナップしても、角の端まで埋めることができます。

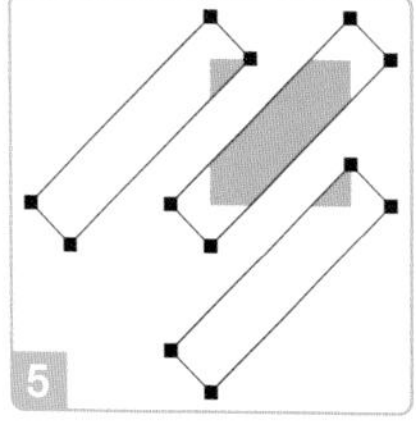

クリップグループを選択して [パスのアウトライン] を適用すると、グループ内の [線] がすべてアウトライン化されます。

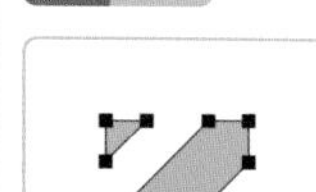

[分割] の適用でこの結果を得るには、事前に [分割およびアウトライン適用時に塗りのないアートワークを削除：オン] (P99) に設定します。

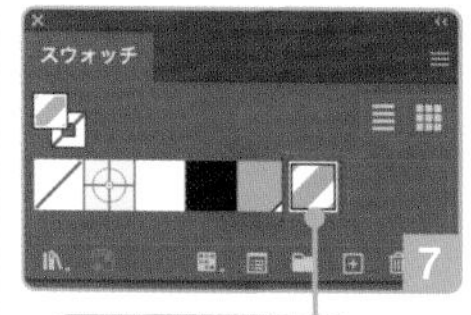

パターンの柄の回転は不要です。パターン素材を10px角など、きりのよいサイズで作成しておくと、計算が楽になります。

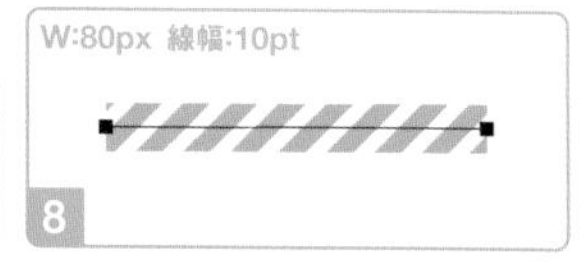

» P21 正方形
» P99 矢印

[シェイプ形成ツール] で、正方形からはみ出た長方形 (アウトライン化した [線]) を削除してつくることも可能です。

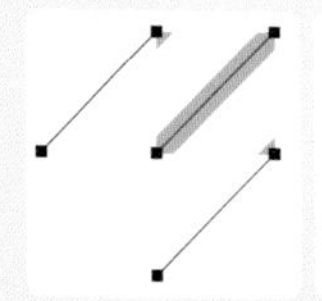

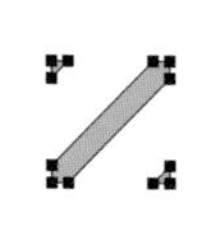

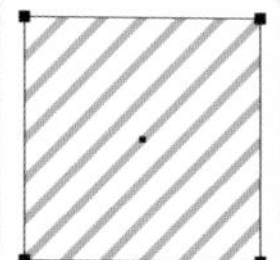

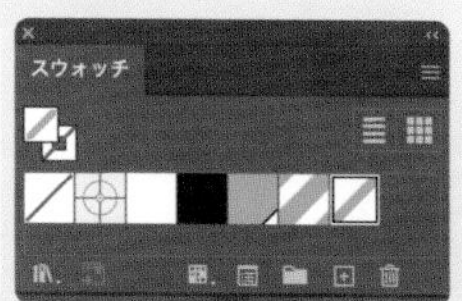

[線幅] を変更すると、45°ストライプパターンのバリエーションを増やせます。アウトライン化前のクリップグループを残しておくとよいでしょう。

SIMPLE PATTERN

★

24 G 平行四辺形でパターンブラシをつくる

ブラシ

STEP 1 平行四辺形を選択し、ブラシパネルで [新規ブラシ] をクリックします 1

STEP 2 ダイアログで [パターンブラシ] を選択して、[OK] をクリックします 2

STEP 3 次の [パターンブラシオプション] ダイアログで [OK] をクリックします 3 4

STEP 4 直線にブラシを適用します 5

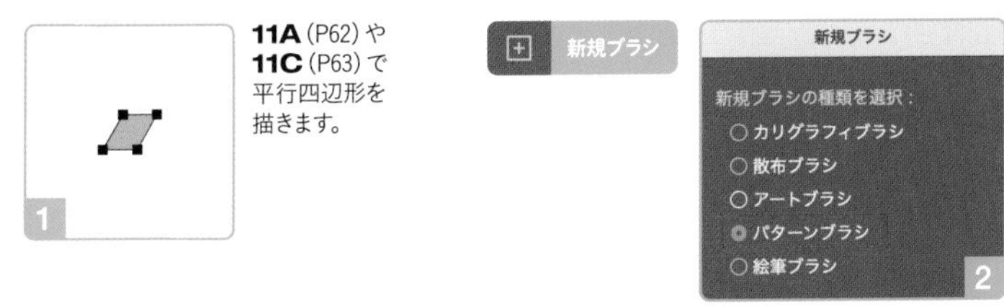

11A (P62) や **11C** (P63) で平行四辺形を描きます。

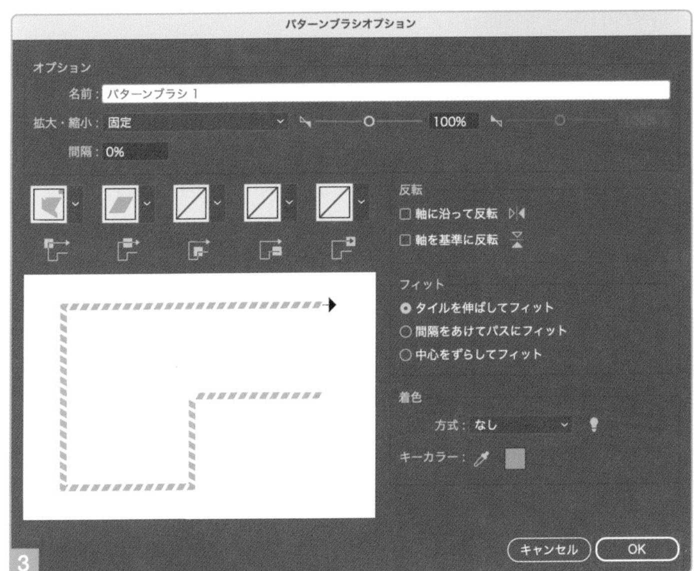

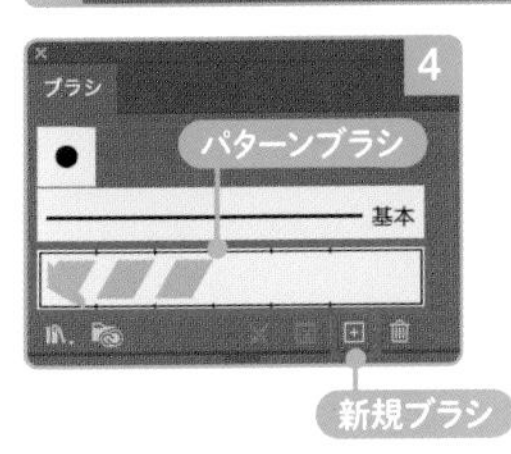

平行四辺形の場合、デフォルトの設定（間隔:0%）で適度な隙間ができます。隙間を調整する場合は、ブラシパネルでパターンブラシをダブルクリックしてダイアログを開き、[間隔] を調整します。

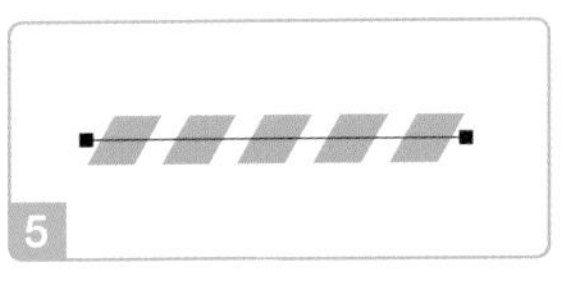

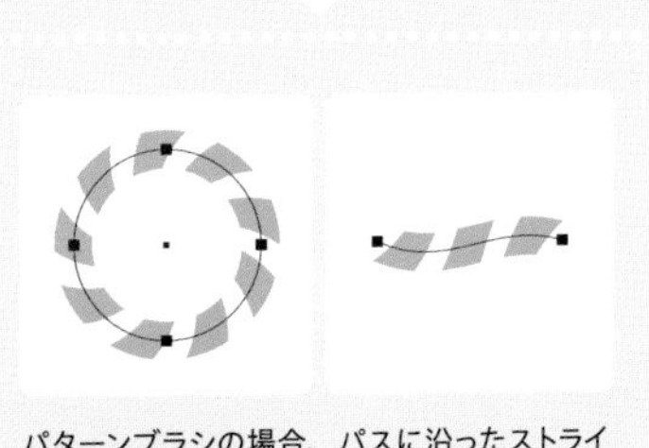

パターンブラシの場合、パスに沿ったストライプもつくれます。ただし、パスの形状によっては歪みが発生します。

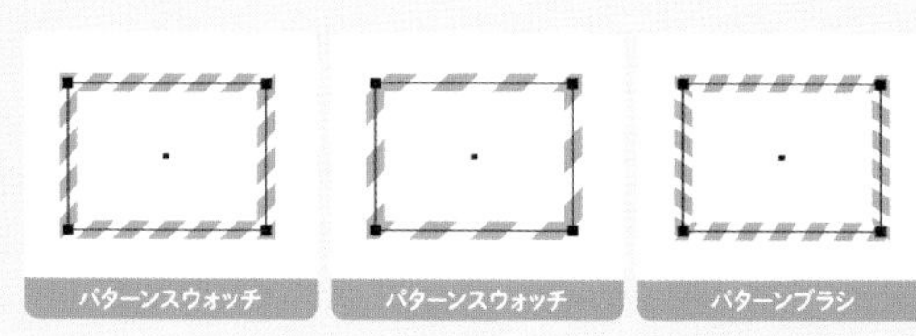

ストライプのパターンスウォッチやパターンブラシを長方形の［線］に適用すると、エアメール罫になります。

POINT

➡ スウォッチライブラリとパターンスウォッチ

- ☐ **スウォッチライブラリ**には、ストライプや水玉模様などのパターンスウォッチが収録されている
- ☐ スウォッチパネルの **［スウォッチライブラリメニュー］** または **［ウィンドウ］ メニュー**から、スウォッチライブラリを開ける
- ☐ パターンスウォッチは **［塗り］ と ［線］ の両方**に適用できる
- ☐ **［回転］ ダイアログ**で **［パターンの変形:オン］** に変更すると、パターンの**柄の角度**を変更できる
- ☐ ［パターンの変形:オン］ に変更すると、変形パネルや環境設定、変形関連のダイアログのデフォルトが **［オブジェクトとパターンを変形］** に変更される
- ☐ **［変形］ 効果**でも ［パターンの変形:オン］ に変更すると、パターンの柄の角度を変更できる
- ☐ オブジェクトを**スウォッチパネルへドラッグ**すると、**パターンスウォッチ**を作成できる

➡ パターン機能

- ☐ **［オブジェクト］ メニュー→ ［パターン］ → ［作成］** で、オブジェクトからパターンスウォッチを作成できる
- ☐ **タイルの境界線**のデフォルトは、**［線幅］ も含めたオブジェクトのサイズ**になる
- ☐ タイルの境界線のサイズは、**パターンオプションパネル**で調整できる

➡ グローバルカラースウォッチ

- ☐ スウォッチパネルで **［新規スウォッチ］** をクリックすると、**グローバルカラースウォッチ**を作成できる
- ☐ **単色のオブジェクト**を選択して ［新規スウォッチ］ をクリックすると、**オブジェクトの色**をスウォッチ化できる
- ☐ **グローバルカラースウォッチをダブルクリック**するとダイアログが開き、色を変更できる
- ☐ グローバルカラースウォッチを変更すると、それを**使用するすべてのオブジェクトに変更が反映**される

➡ パターンブラシ

- ☐ ［新規ブラシ］ ダイアログで **［パターンブラシ］** を選択すると、パターンブラシを作成できる
- ☐ **パターンブラシ**は、**パスに沿ってオブジェクトを並べる**ブラシで、散布ブラシと違い、**オブジェクトの形状もパスに沿って変化する**
- ☐ パターンブラシのデフォルトは **［間隔:0］** のため、オブジェクトが隙間なく配置される

SIMPLE PATTERN

25 市松模様をつくる

2色の正方形を互い違いに敷き詰めた模様は、日本では市松模様、海外ではチェッカーパターンと呼ばれています。シンプルな模様ですが、これをパターンスウォッチやリピートグリッド、[変形] 効果など、いろいろな方法でつくってみると、パターン作成の基本をマスターできます。

★

25 A 2つの正方形でパターンスウォッチをつくる

パターン

STEP 1 正方形を [option (Alt)] キーを押しながらドラッグして複製し、角をスナップさせます 1

STEP 2 正方形を両方とも選択して、スウォッチパネルへドラッグします 2 3

STEP 3 長方形の [塗り] にパターンスウォッチを適用します 5

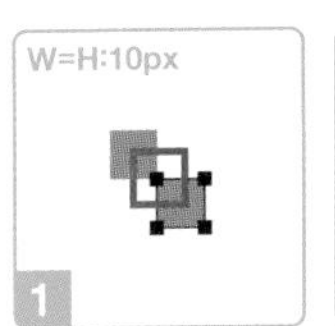

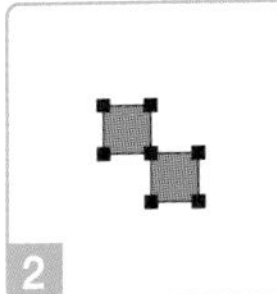

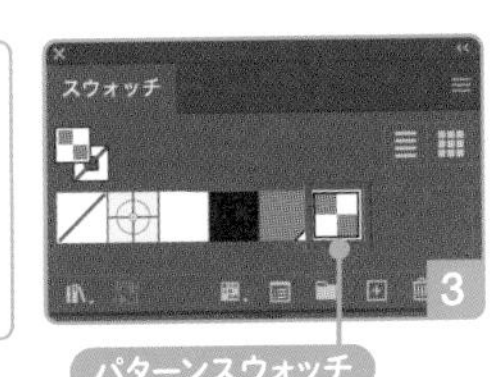

スウォッチパネルの [新規スウォッチ] をクリックすると、オブジェクトの色がカラースウォッチとして登録されます。オブジェクトをスウォッチパネルへドラッグすると、パターンスウォッチになります。

[~] キーを押しながら [選択ツール] でドラッグすると、柄の位置を変更できます。[線] に適用した場合も、同様の操作で変更できます。

P214 ヘリンボーンパターン

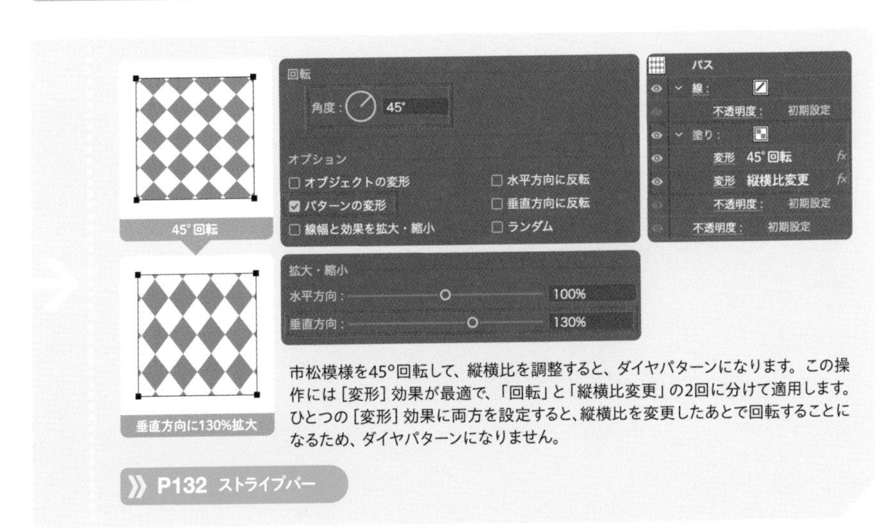

市松模様を45°回転して、縦横比を調整すると、ダイヤパターンになります。この操作には [変形] 効果が最適で、「回転」と「縦横比変更」の2回に分けて適用します。ひとつの [変形] 効果に両方を設定すると、縦横比を変更したあとで回転することになるため、ダイヤパターンになりません。

P132 ストライプバー

★★
25 B パターン機能でパターンスウォッチをつくる

パターン

STEP 1 正方形を選択し、[オブジェクト] メニュー→ [パターン] → [作成] を選択します 1

STEP 2 パターンオプションパネルで [タイルの種類：レンガ (横)] [幅：正方形の辺の倍] に変更します 2 3

STEP 3 ウィンドウ上部の [完了] をクリックし、長方形の [塗り] にパターンスウォッチを設定します 4 5

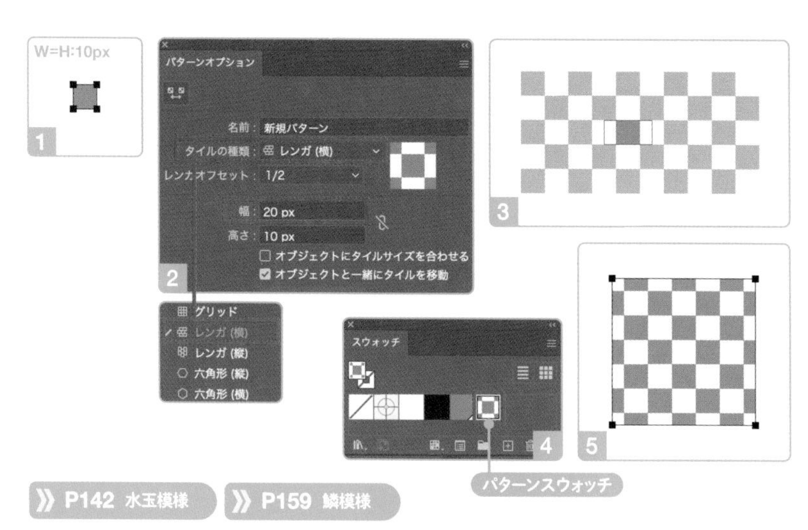

P142 水玉模様 P159 鱗模様

★★
25 C リピートグリッドで正方形をタイリングする

リピート

STEP 1 正方形を選択し、[オブジェクト] メニュー→ [リピート] → [グリッド] を選択します 1 2

STEP 2 コントロールパネルで [詳細オプション] をクリックし、[グリッドの種類：水平方向オフセットグリッド] に変更します 3

STEP 3 [水平方向の間隔：正方形の辺] [垂直方向の間隔：0] に変更します 4 5

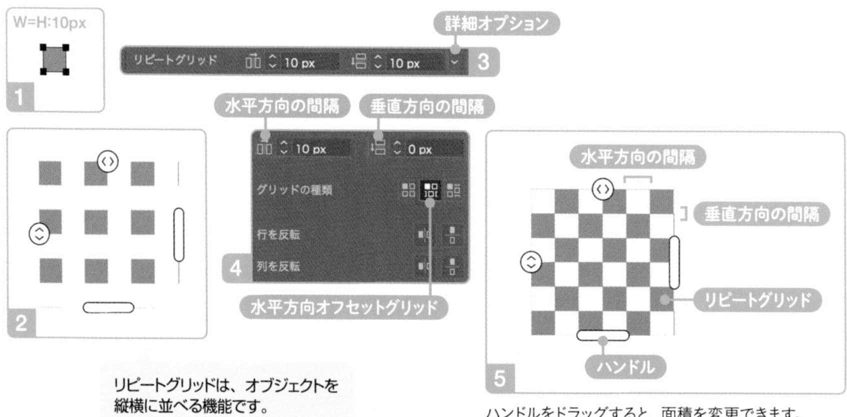

リピートグリッドは、オブジェクトを縦横に並べる機能です。

ハンドルをドラッグすると、面積を変更できます。

P143 水玉模様 P158 鱗模様

★★★

25 D ［変形］効果で正方形を移動コピーする

アピアランス

STEP 1 正方形を選択し、［オブジェクト］メニュー→［パスの変形］→［変形］を選択します

STEP 2 ダイアログで［移動］［水平方向：正方形の辺の倍］に変更し、［コピー］で数を調整して、［OK］をクリックします 1 2

STEP 3 ［オブジェクト］メニュー→［パスの変形］→［変形］を選択し、ダイアログで［移動］［水平方向］［垂直方向］を正方形の辺の長さ、［コピー：1］に変更して、［OK］をクリックします 3 4

STEP 4 ［オブジェクト］メニュー→［パスの変形］→［変形］を選択し、ダイアログで［移動］［垂直方向：正方形の辺の倍］に変更し、［コピー］で数を調整して、［OK］をクリックします 5 6 7

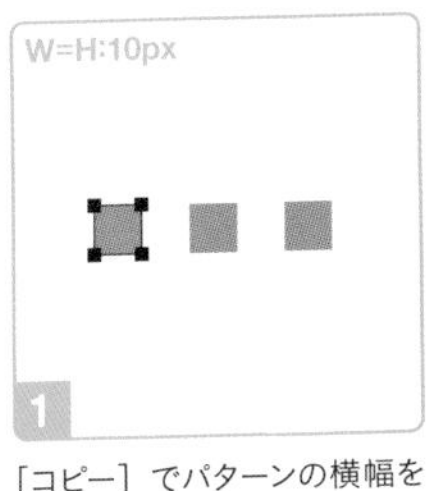

［コピー］でパターンの横幅を調整できます。

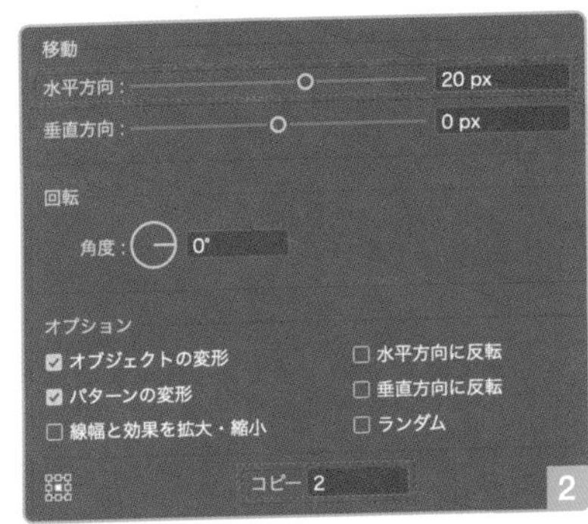

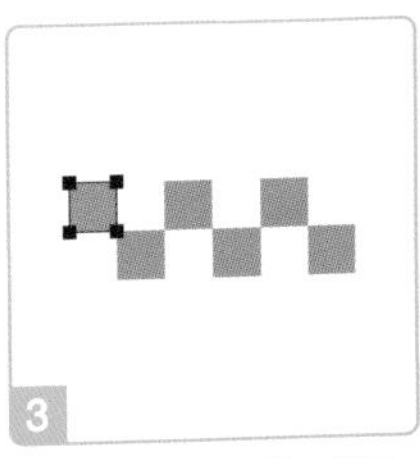

正方形ひとつぶん横にずらし、垂直方向に移動コピーします。

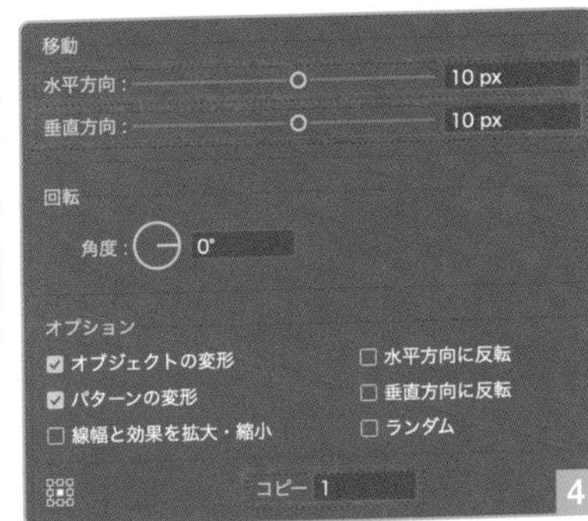

［変形］効果を3回適用すると、レンガ状にタイリングできます。この操作は、アピアランスでパターンをつくるときの基本になります。

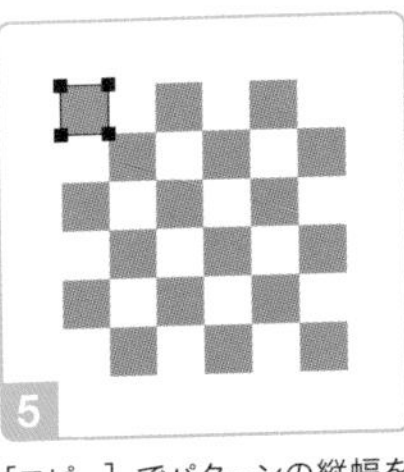

［コピー］でパターンの縦幅を調整できます。

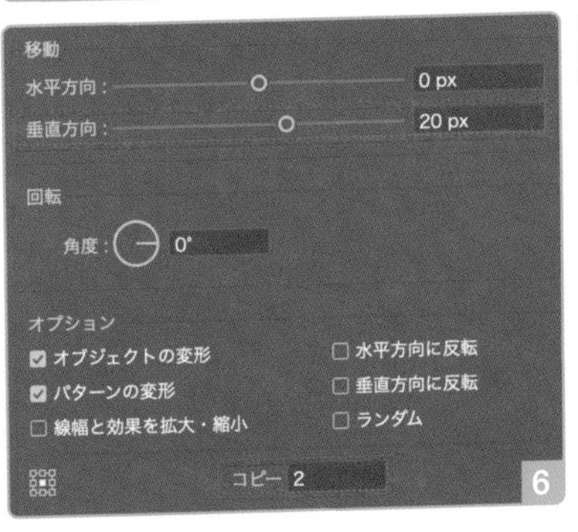

アピアランス
パス
線：
不透明度： 初期設定
塗り：
不透明度： 初期設定
変形 1 水平移動コピー
変形 3 斜め下移動コピー
変形 5 垂直移動コピー
不透明度： 初期設定
7

» P145 水玉模様 » P160 鱗模様

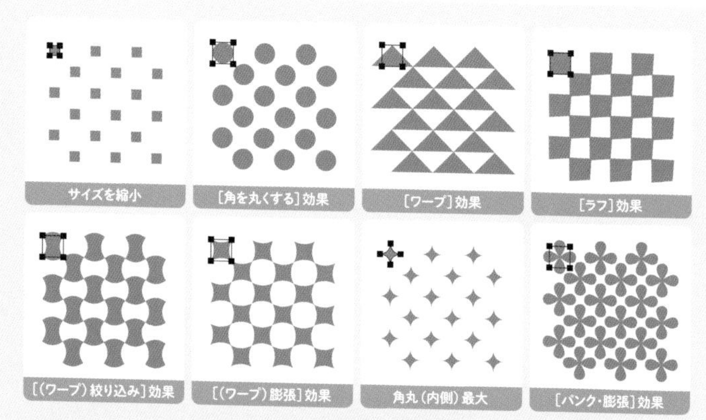

正方形のサイズや角度を変更したり、効果で変形すると、市松模様がさまざまなパターンに変化します。**26E**（P145）の水玉模様や、**29D**（P160）の鱗模様を、市松模様からつくることも可能です。

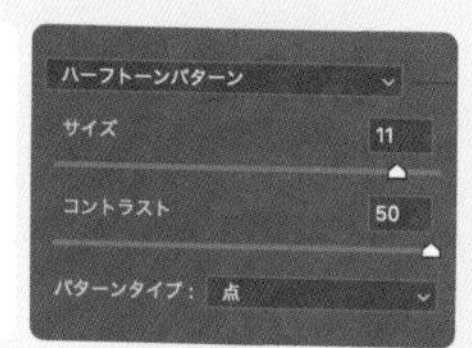

26G（P147）の［カラーハーフトーン］効果のかわりに［ハーフトーンパターン］効果を［パターンタイプ：点］で適用すると、市松模様になります。この効果は、［効果］メニュー→［スケッチ］にあります。

POINT

➡ リピートグリッド

- [ ] ［オブジェクト］メニュー→［リピート］→［グリッド］で、**リピートグリッド**を作成できる
- [ ] リピートグリッドは、**オブジェクトを縦横に並べる**機能
- [ ] **［グリッドの種類］**を**［水平方向オフセットグリッド］**に変更すると、次の行の位置をずらせる
- [ ] **［水平方向の間隔］**や**［垂直方向の間隔］**は、行や列の間隔を指定する

➡ ［変形］効果

- [ ] **［変形］効果**で、市松模様のパターンスウォッチがダイヤパターンに変化する
- [ ] ［変形］効果を**水平方向移動コピー／斜め下移動コピー／垂直方向移動コピー**の計3回適用すると、**レンガ状**にタイリングできる

➡ その他の操作

- [ ] パターン機能で**［タイルの種類:レンガ（横）］**に変更すると、次の行の位置をずらせる

26 水玉模様をつくる

水玉模様もポピュラーな模様で、市松模様の応用でつくることができます。この課では、グループに［変形］効果を適用する方法も解説します。Photoshop効果を使う方法もあり、印刷物の網点表現に活用できます。

★

26 A ライブラリのパターンスウォッチを使う

パターン

STEP 1 スウォッチパネルで［スウォッチライブラリメニュー］をクリックして、［パターン］→［ベーシック］→［ベーシック_点］を選択します 1

STEP 2 長方形の［塗り］にスウォッチライブラリパネルのパターンスウォッチを設定します 2 3

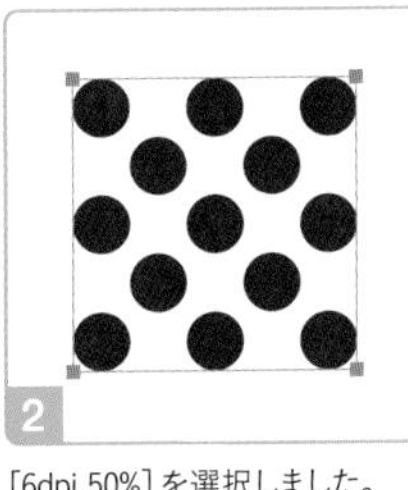

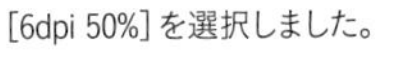
［6dpi 50%］を選択しました。

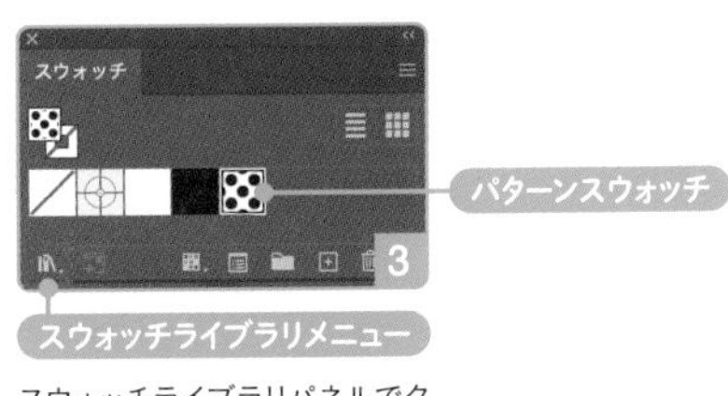

スウォッチライブラリパネルでクリックしたパターンスウォッチは、スウォッチパネルに追加されます。

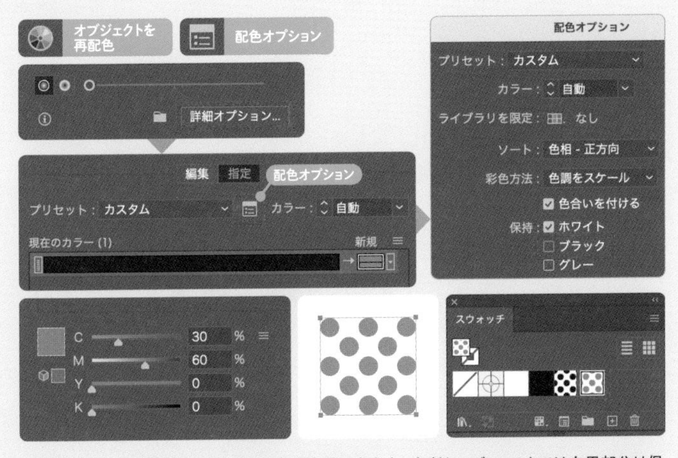

［オブジェクトを再配色］でパターンの色を変更できます。ただし、デフォルトでは白黒部分は保持されるように設定されているため、設定の変更が必要です。オブジェクトを選択した状態でコントロールパネルで［オブジェクトを再配色］をクリックしたあと、縦長のパネル下部の［詳細オプション］をクリックします。ダイアログで［配色オプション］をクリックし、［保持］［ブラック：オフ］に変更すると、パターンの黒色部分も変更できるようになります。この方法でパターンの色を変更すると、パターンスウォッチが追加されます。

» P236 ランダムドット

★★
26 B パターン機能でパターンスウォッチをつくる

パターン

STEP1 円を選択し、[オブジェクト] メニュー→ [パターン] → [作成] を選択します 1

STEP2 パターンオプションパネルで [タイルの種類:レンガ (横)] に変更し、[幅] で間隔を調整したあと、ウィンドウ上部の [完了] をクリックします 3 4

STEP3 長方形の [塗り] にパターンスウォッチを適用します 4 5

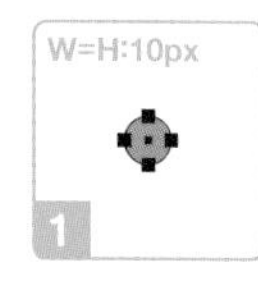

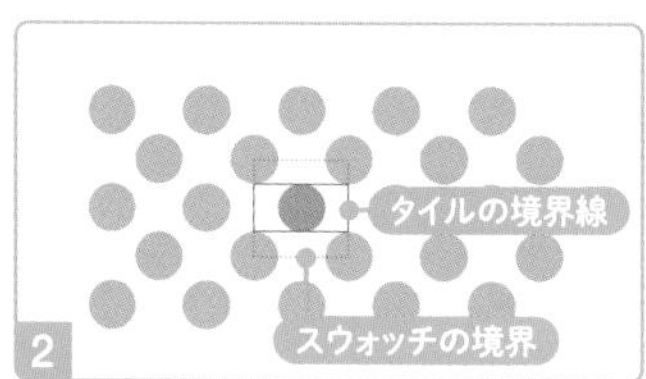

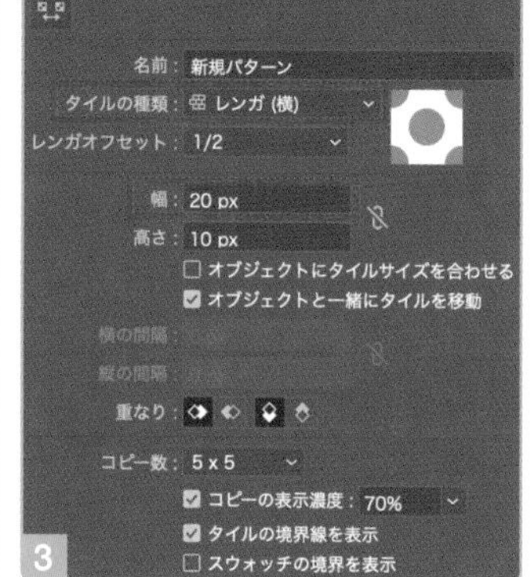

スウォッチの境界の内側の領域がタイリングされます。[スウォッチの境界を表示:オン] にすると、点線で表示されます。

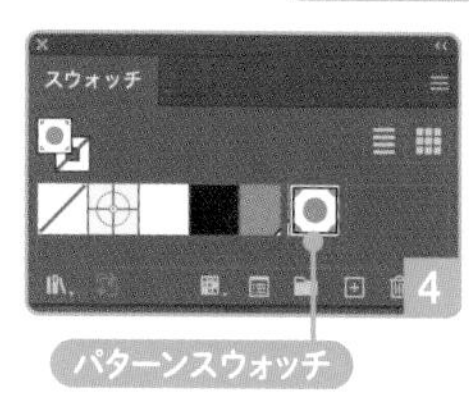

スウォッチの境界は、パターンスウォッチのサムネールと一致します。

» P138 市松模様 » P159 鱗模様

★★★
26 C 円を並べてパターンスウォッチをつくる

パターン

STEP1 円を4つ複製し、円のセンターポイントを正方形の角とセンターポイントにスナップさせます 1 2

STEP2 正方形を [塗り:なし] [線:なし] に変更したあと、[オブジェクト] メニュー→ [重ね順] → [最背面へ] を選択します 3

STEP3 すべてを選択したあと、スウォッチパネルへドラッグします 4

STEP4 長方形の [塗り] にパターンスウォッチを適用します 5

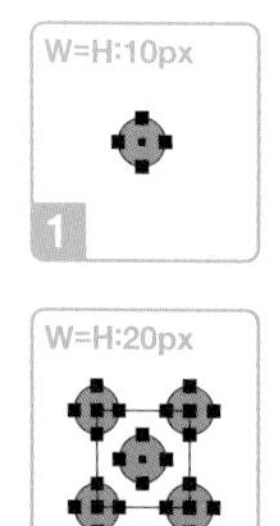

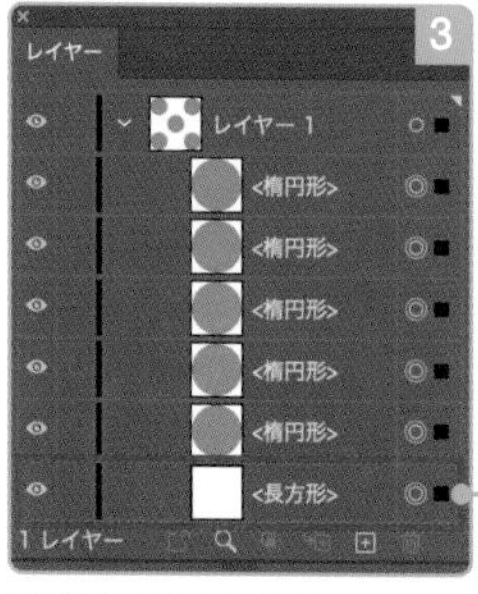

最背面の透明な正方形が、スウォッチの境界として機能します。**24F** (P134) や**25A** (P137) で不要だったのは、境界とオブジェクトのサイズが一致していたためです。

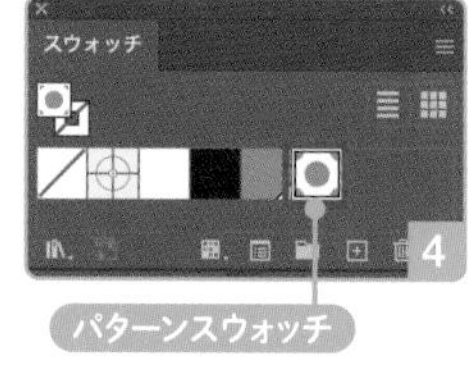

パターン機能に頼らずにパターンスウォッチを自作する方法をマスターしておくと、リピートグリッドや [変形] 効果のタイリングも、パターンスウォッチに変換できます。

» P159 鱗模様

SIMPLE PATTERN

★★

26 D リピートグリッドで円をタイリングする

リピート

STEP 1 円を選択し、[オブジェクト] メニュー→ [リピート] → [グリッド] を選択します 1 2

STEP 2 [オブジェクト] メニュー→ [リピート] → [オプション] を選択します

STEP 3 ダイアログで [グリッドの種類：水平方向オフセットグリッド] に変更し、[水平方向の間隔] と [垂直方向の間隔] を調整して、[OK] をクリックします 3 4

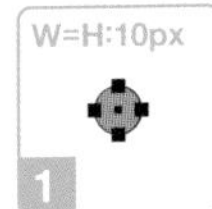

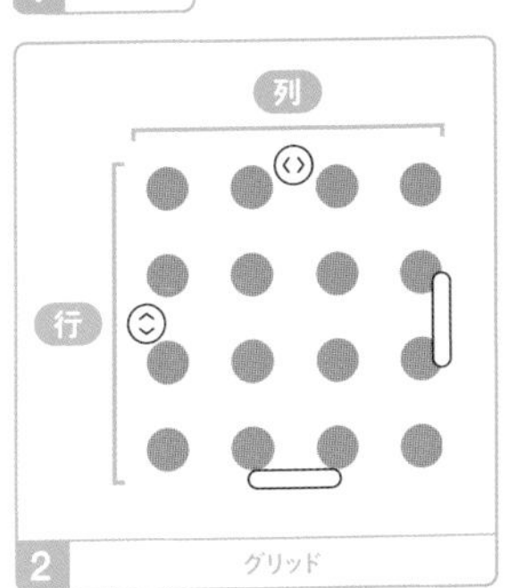

デフォルトの [グリッドの種類：グリッド] では、碁盤の目状に配置されます。日本の伝統紋様の「豆絞り」に相当します。水平方向の並びを「列」、垂直方向を「行」と呼びます。

何も選択しない状態でこのダイアログを開くと、[グリッドの種類] や [水平方向の間隔] などのデフォルトを変更できます。

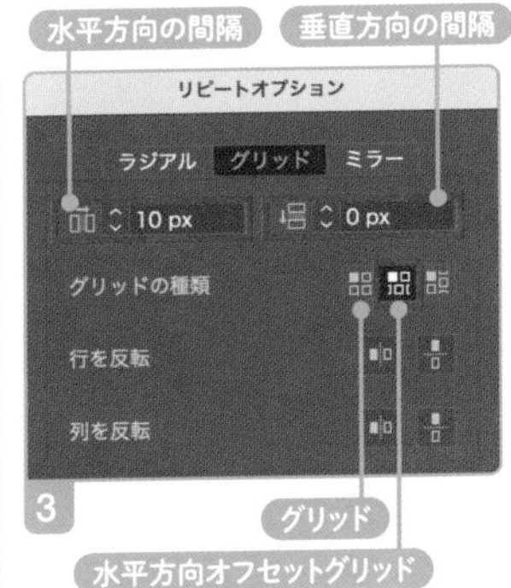

コントロールパネルで [詳細オプション] をクリックして開くパネルと同じ内容です。プロパティパネルにも同じ内容が表示されます。このように、リピートは、コントロールパネル、ダイアログ、プロパティパネルの3箇所で変更できます。

間隔はスライダーのドラッグでも変更できますが、正確な値に設定する場合は、コントロールパネルやダイアログなどで数値を入力します。

» P138 市松模様 » P158 鱗模様

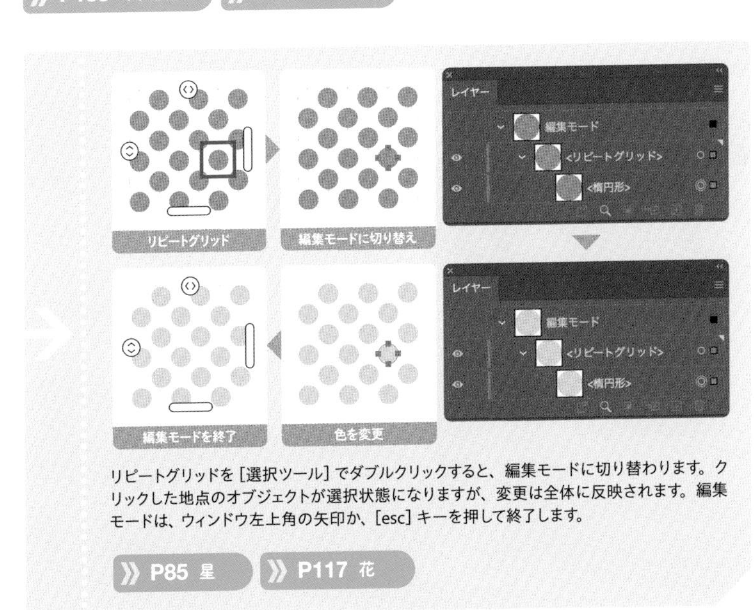

リピートグリッドを [選択ツール] でダブルクリックすると、編集モードに切り替わります。クリックした地点のオブジェクトが選択状態になりますが、変更は全体に反映されます。編集モードは、ウィンドウ左上角の矢印か、[esc] キーを押して終了します。

» P85 星 » P117 花

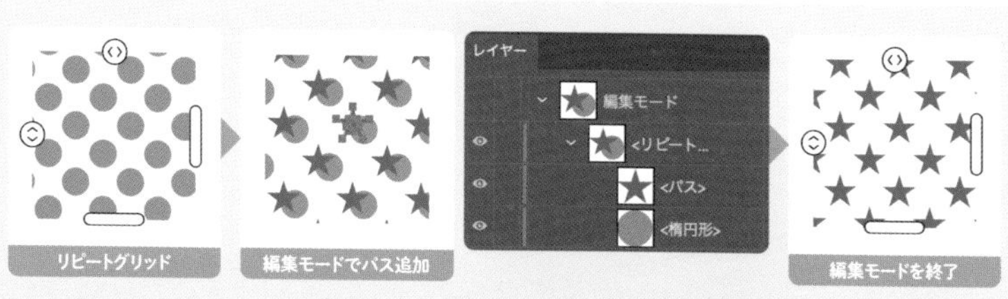

リピートグリッドにオブジェクトを追加したり、入れ替えできます。オブジェクトをコピーしたあと、編集モードに切り替えてペーストすると、追加されます。なお、[水平方向の間隔]と[垂直方向の間隔]は、オブジェクトどうしの間隔を指定するものです。そのためオブジェクトのサイズが変わると、位置も変わります。

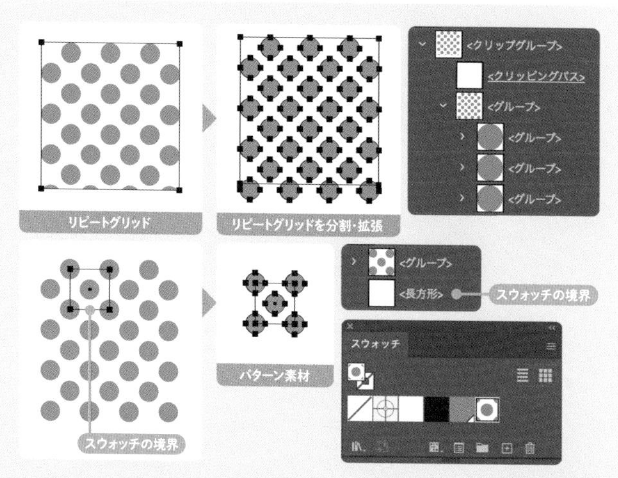

リピートグリッドからパターンスウォッチをつくるには、まず、[オブジェクト]メニュー→[分割・拡張]でパスに変換します。最背面にスウォッチの境界となる透明な長方形を配置し、最小単位を残して削除します。これをスウォッチパネルへドラッグすると、パターンスウォッチになります。この場合のスウォッチの境界のサイズは、幅が[水平方向の間隔]にオブジェクトの[W]を、高さが[垂直方向の間隔]にオブジェクトの[H]の倍の値を足したものになります。

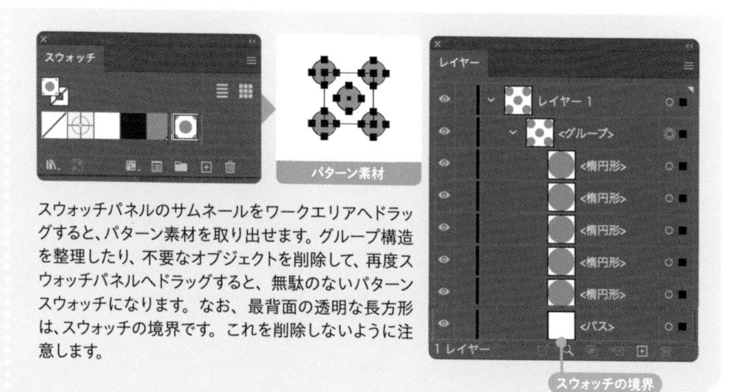

スウォッチパネルのサムネールをワークエリアへドラッグすると、パターン素材を取り出せます。グループ構造を整理したり、不要なオブジェクトを削除して、再度スウォッチパネルへドラッグすると、無駄のないパターンスウォッチになります。なお、最背面の透明な長方形は、スウォッチの境界です。これを削除しないように注意します。

★★

26 E [変形] 効果で円を移動コピーする

アピアランス

STEP 1 円を選択します

STEP 2 [効果] メニュー→ [パスの変形] → [変形] を選択し、ダイアログの [移動] [水平方向] で間隔、[コピー] で数を調整し、[OK] をクリックします 1 2

STEP 3 [効果] メニュー→ [パスの変形] → [変形] を選択し、ダイアログで [コピー : 1] に変更し、[移動] [水平方向] [垂直方向] を**STEP2**の [水平方向] の半分の値に変更して、[OK] をクリックします 3 4

STEP 4 [効果] メニュー→ [パスの変形] → [変形] を選択し、ダイアログで [移動] [垂直方向] を**STEP2**の [水平方向] と同じ値に変更し、[コピー] で数を調整して、[OK] をクリックします 5 6 7

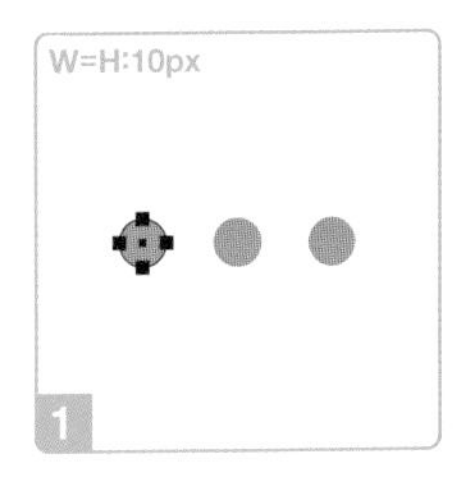

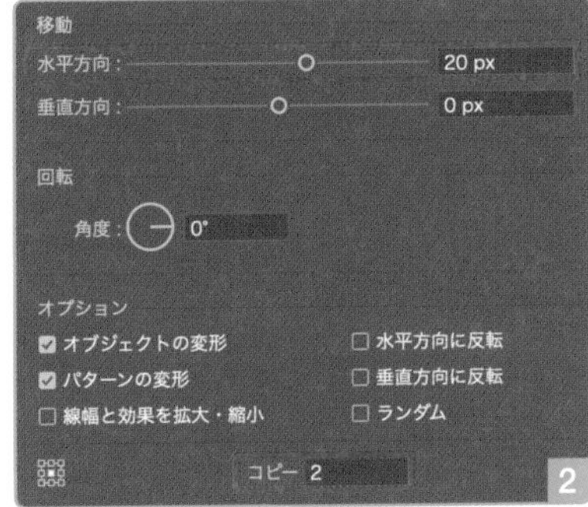

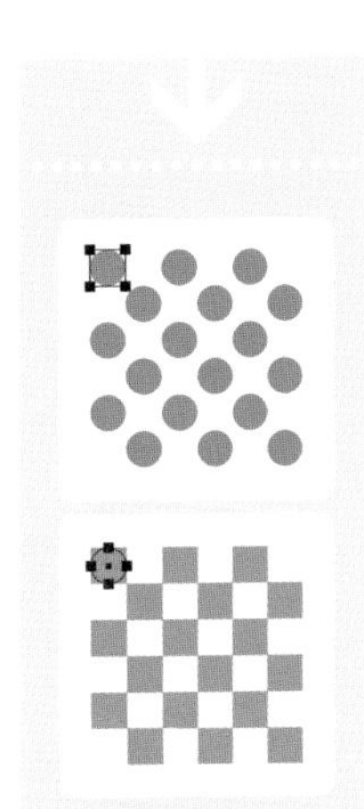

[変形] 効果の設定は、**25D** (P139) と同じです。**25D**の正方形を [角を丸くする] 効果などで円に変換すると水玉模様に、**26E**の円を [長方形] 効果で正方形に変換すると市松模様になります。

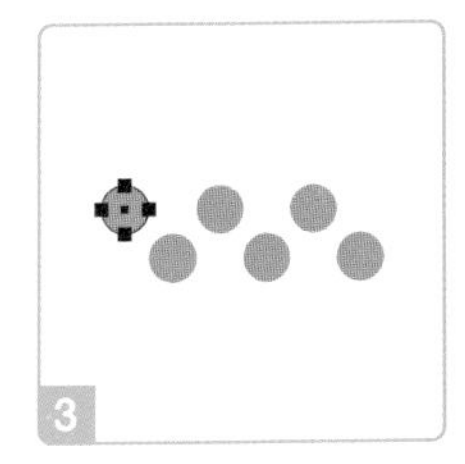

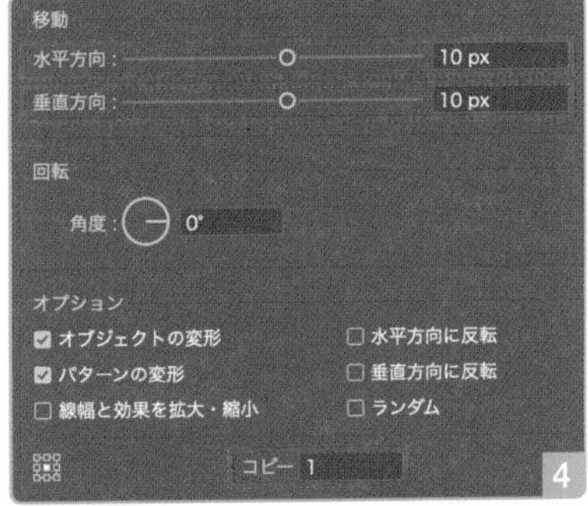

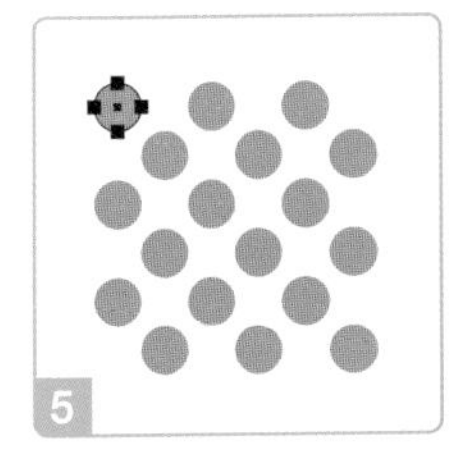

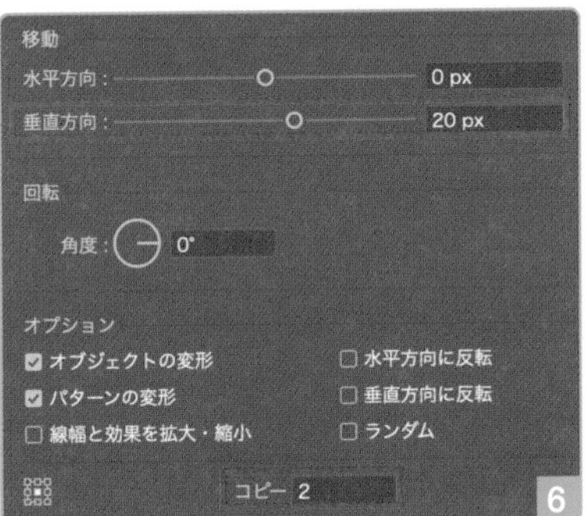

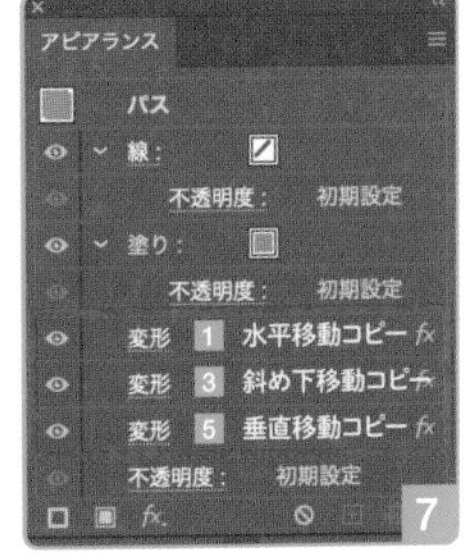

» P139 市松模様 » P160 鱗模様

★★★

26 F　グループに［変形］効果を適用する

アピアランス

STEP 1　円を選択してグループ化します 1

STEP 2　レイヤーパネルで○をクリックし、**26E**の**STEP2**以降の操作をおこないます 2 3 4

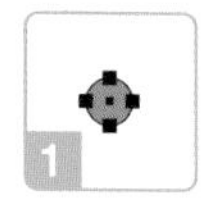

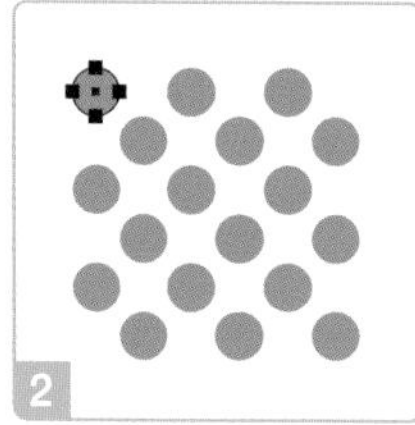

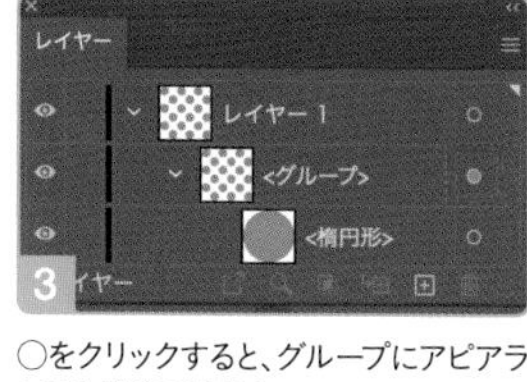

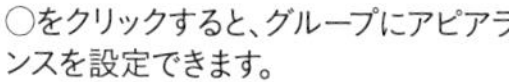

○をクリックすると、グループにアピアランスを設定できます。

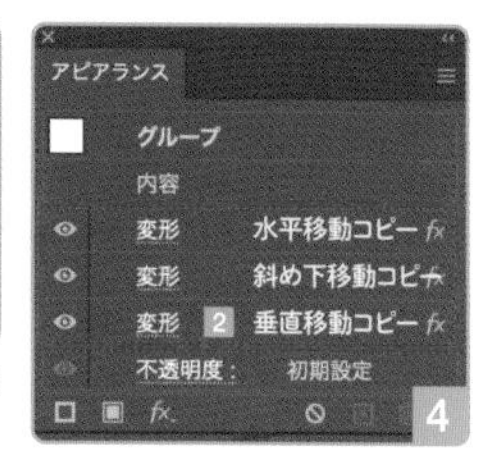

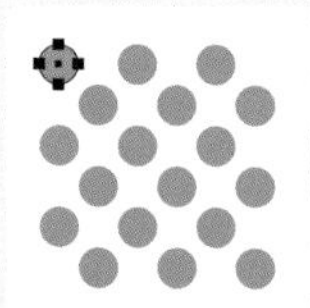

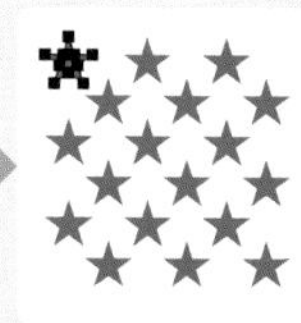

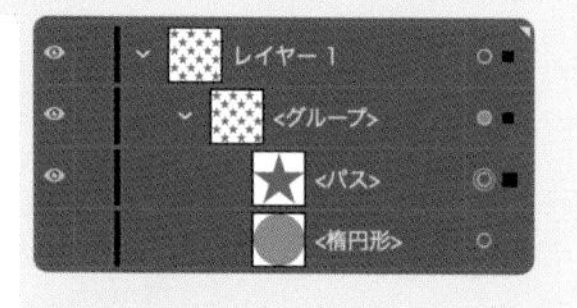

グループに［変形］効果を設定すると、オブジェクトを簡単に入れ替えできます。リピートグリッドと異なり、［変形］効果はオブジェクトの中央から隣のオブジェクトの中央までの距離を指定するため、オブジェクトの位置は変わりません。

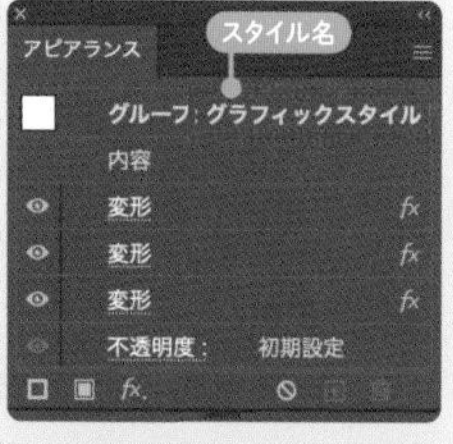

アピアランスを設定したオブジェクトを選択し、グラフィックスタイルパネルで［新規グラフィックスタイル］をクリックすると、グラフィックスタイルを作成できます。グラフィックスタイルには、効果や色などが保存されます。配置を指定するアピアランスをグラフィックスタイル化し、グループに適用すると、色などを変えずに1クリックでタイリングできます。

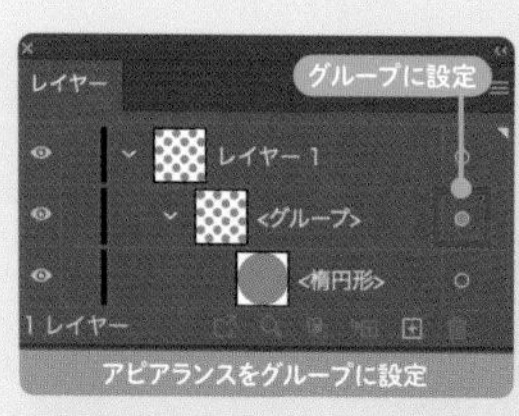

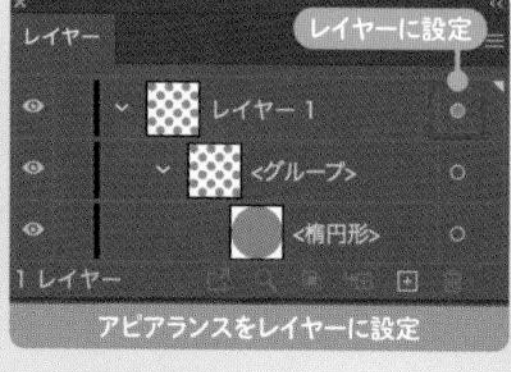

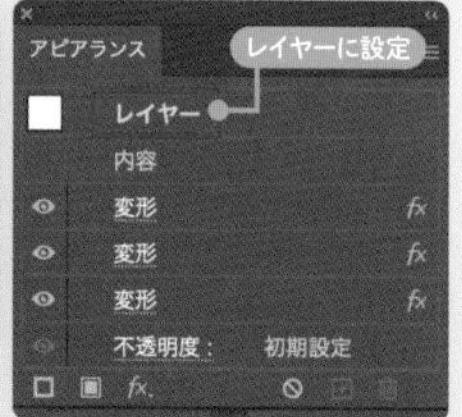

○ アピアランス未設定　● アピアランス設定済

［変形］効果などのアピアランスはレイヤーにも設定できます。レイヤーに設定すると、グループに追加しなくても、レイヤーに描画するだけで反映されるというメリットがあります。○にカーソルを重ねてドラッグするとアピアランスを移動できるため、レイヤー／グループ／オブジェクト間のアピアランスの移動も簡単です。

★★★

26 G ［カラーハーフトーン］効果で網点化する

アピアランス

STEP 1 長方形の［塗り］を［C:0%／M:0%／Y:0%／K:40%］に変更します 1 2

STEP 2 ［効果］メニュー→［ラスタライズ］を選択し、ダイアログで［解像度：高解像度（300ppi）］［背景:ホワイト］［オブジェクトの周囲に0px追加］に変更して、［OK］をクリックします 3

STEP 3 ［効果］メニュー→［ピクセレート］→［カラーハーフトーン］を選択し、［ハーフトーンスクリーンの角度］をすべて［45］に変更して、［OK］をクリックします 4 5 6

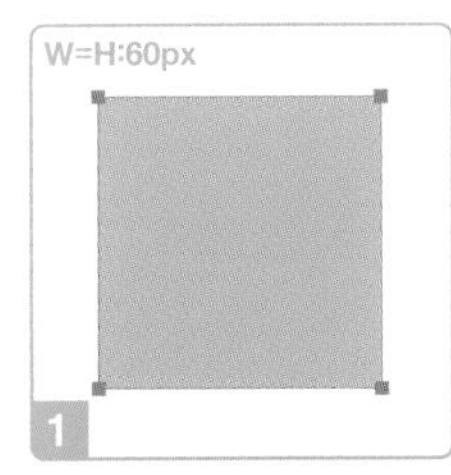

［K］のみで色を表現します。なお、［C］のみを使うとシアン、［M］のみではマゼンタの網点になります。

ラスタライズ
カラーモード：CMYK
解像度：高解像度（300 ppi）
背景
ホワイト
透明
オプション
アンチエイリアス：なし
クリッピングマスクを作成
オブジェクトの周囲に 0 px 追加
キャンセル OK
3

［ドキュメントのカラーモード:RGBカラー］の場合は、このダイアログで［カラーモード:グレースケール］に変更すると使用可能です。

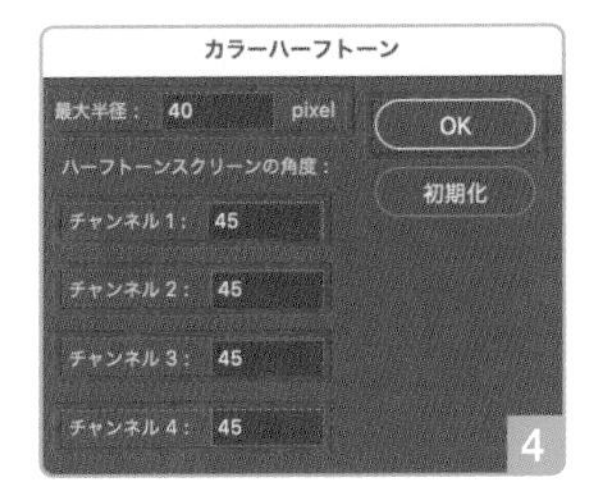

［最大半径］は［4pixel］から［127pixel］の範囲で設定できます。［ハーフトーンスクリーンの角度］を同じ値に変更すると、すべてのチャンネルの網点が同じ位置に重なります。同じであれば、［45］以外でもかまいません。

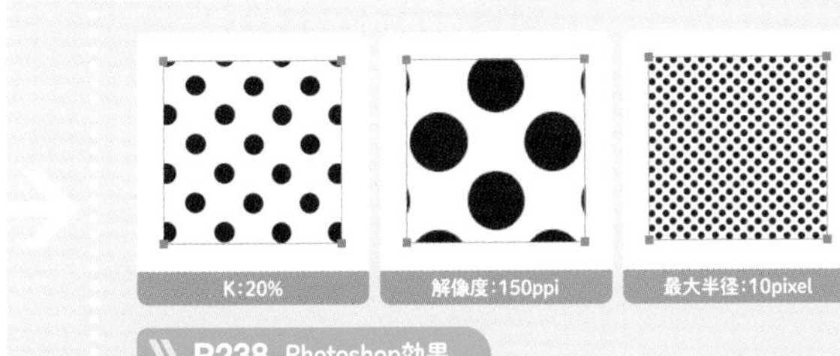

網点のサイズや位置は、［塗り］の色や［ラスタライズ］効果の［解像度］、［カラーハーフトーン］効果の［最大半径］などの設定で変わります。ただし、［解像度］については、下げすぎると画質も荒くなるため、それ以外の項目で調整したほうがよいでしょう。

» P238 Photoshop効果

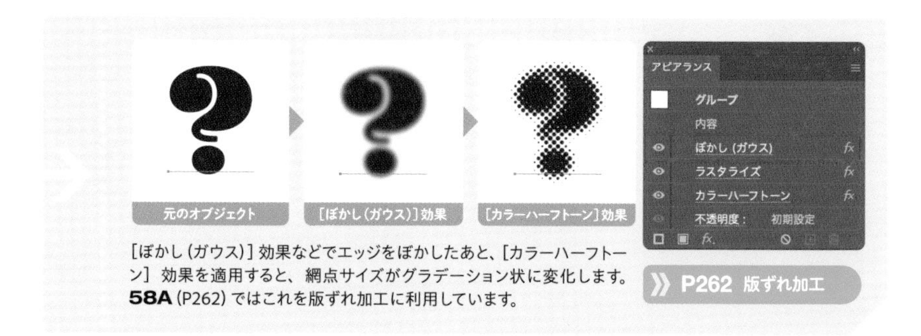

[ぼかし(ガウス)] 効果などでエッジをぼかしたあと、[カラーハーフトーン] 効果を適用すると、網点サイズがグラデーション状に変化します。**58A** (P262) ではこれを版ずれ加工に利用しています。

» P262 版ずれ加工

POINT

➡ オブジェクトを再配色

- ☐ **[オブジェクトを再配色]** でパターンの色を変更できる
- ☐ [オブジェクトを再配色] ダイアログの **[配色オプション]** で **[保持]** のチェックを外すと、パターンの白黒部分の色も変更できる
- ☐ [オブジェクトを再配色] でパターンの色を変更すると、その色の**パターンスウォッチが追加**される

➡ リピートグリッド

- ☐ リピートグリッドを**ダブルクリック**すると、**編集モード**に切り替わる
- ☐ リピートグリッドは **[オブジェクト] メニュー→ [分割・拡張]** でパスに変換できる

➡ アピアランスとグラフィックスタイル

- ☐ アピアランスは**オブジェクト**のほか、**グループ**や**レイヤー**にも設定できる
- ☐ アピアランスは**レイヤーパネルの**○で移動できる
- ☐ アピアランスは**グラフィックスタイル**として保存できる
- ☐ グラフィックスタイルを作成すると、他のオブジェクトに1クリックで適用できる
- ☐ グラフィックスタイルには色も保存されるため、配置だけをコントロールする場合は、**グループにアピアランスを設定してグラフィックスタイル化**し、グループに適用する

➡ [ラスタライズ] 効果

- ☐ **ラスタライズ**は、**パスを画像に変換**することを指す
- ☐ **[ラスタライズ] 効果**で、擬似的にラスタライズできる
- ☐ [ラスタライズ] ダイアログで、**[解像度]** や**背景透過の有無**などを変更できる

➡ [カラーハーフトーン] 効果

- ☐ **[カラーハーフトーン] 効果**を **[ハーフトーンスクリーンの角度] をすべて同じ値**で適用すると、網点化できる
- ☐ 単色の網点に変換するには、**CMYKのうちいずれかひとつの原色**で色を設定する
- ☐ **[ドキュメントのカラーモード:RGBカラー]** の場合は、[ラスタライズ] 効果で **[カラーモード:グレースケール]** を選択する
- ☐ 網点のサイズや位置は、オブジェクトの**色**や [ラスタライズ] 効果の **[解像度]**、**[最大半径]** で変化する

➡ パターンスウォッチ

- ☐ **最背面の [塗り:なし] [線:なし] の透明な長方形**は、**スウォッチの境界**として機能する

27 ギンガムチェックをつくる

ギンガムチェックの特徴は、染色された糸が縦横に織り重なることでできる、色の濃淡にあります。この表現には、グローバルカラースウォッチの濃淡や、[描画モード：乗算]による合成が便利です。

★★

27 A 2色の正方形でパターンスウォッチをつくる

パターン

STEP 1 グローバルカラースウォッチを作成し、正方形の[塗り]に設定します 1 2 3

STEP 2 この正方形を2つ複製し、[塗り:50%]に変更します 4 5

STEP 3 正方形の角にスナップさせてL字に配置したあと、すべてを選択してスウォッチパネルへドラッグします 6 7

STEP 4 長方形の[塗り]にパターンスウォッチを適用します 8

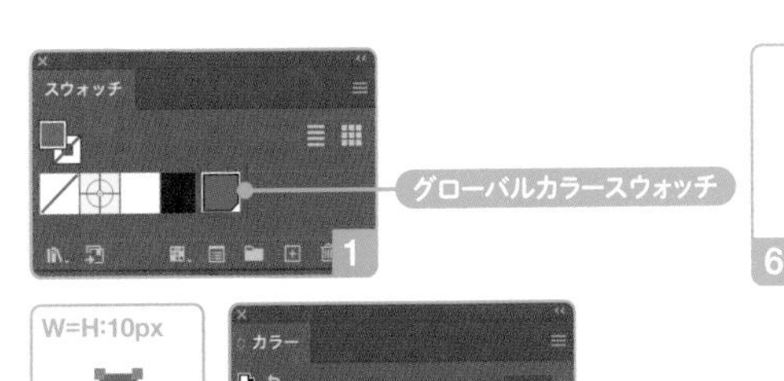

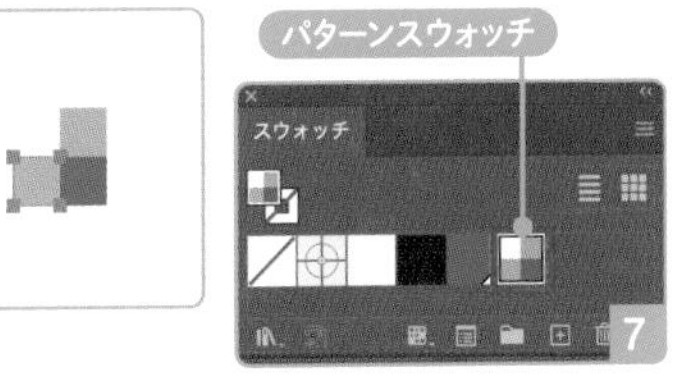

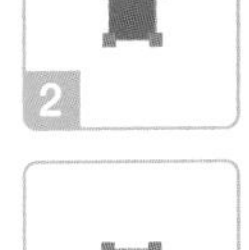

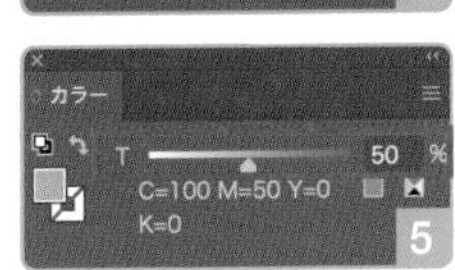

[50%]に変更すると淡い色になりますが、[不透明度]は変わらないため、半透明にはなりません。

グローバルカラースウォッチの濃淡で色を設定しておくと、元のスウォッチの色の変更が、濃淡で設定した色にも反映されます。

» P133 ストライプパターン

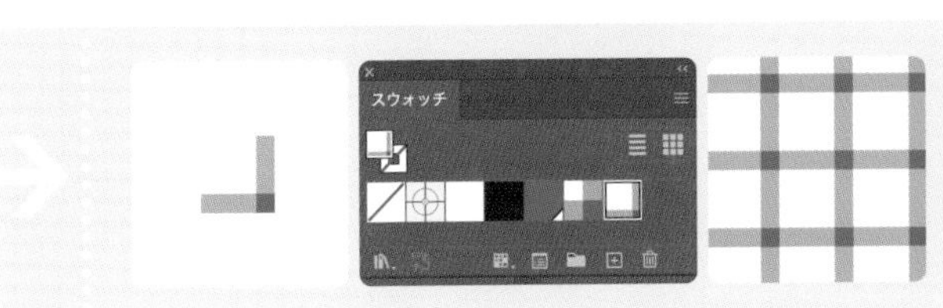

[塗り:50%]の正方形の縦横比を変更して長方形にすると、格子の幅が変わります。[塗り:100%]の正方形の辺の長さは、長方形の短辺に揃えます。

★★

27 B パターン機能でパターンスウォッチをつくる

パターン

STEP 1 **27A**のL字に配置した正方形と長方形を選択し、[オブジェクト] メニュー→ [パターン] → [作成] を選択します 1

STEP 2 変更を加えずに、ウィンドウ上部の [完了] をクリックします 2 3

STEP 3 長方形の [塗り] にパターンスウォッチを適用します 4 5

タイルサイズでバリエーションを増やすため、コラムのほうを使用します。L字全体のサイズは、[W : 20px] [H: 20px] です。

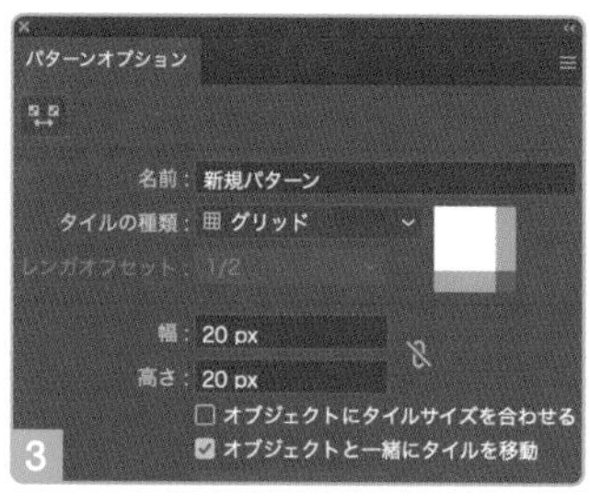

[幅] と [高さ] のデフォルトはオブジェクトのサイズが反映されます。そのまま[完了]で編集モードを終了すると、オブジェクトが隙間なく敷き詰められた状態になります。

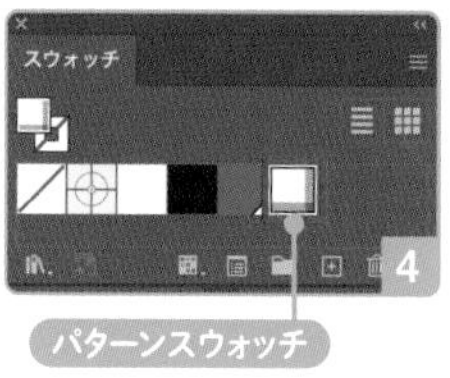

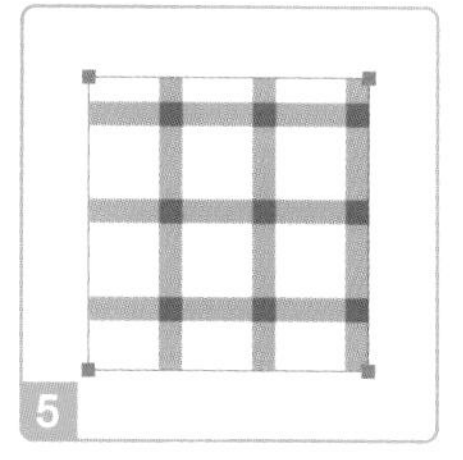

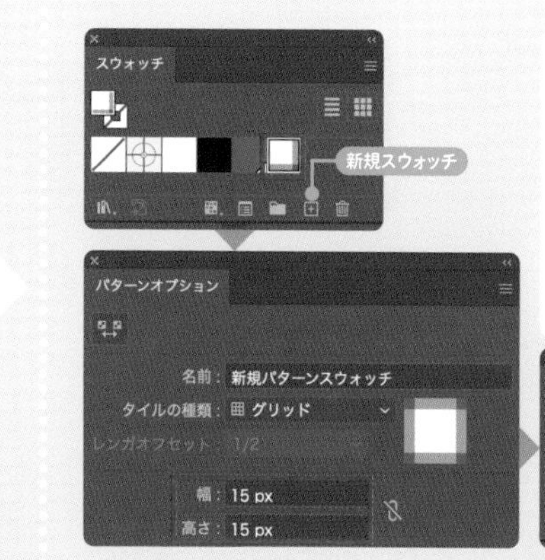

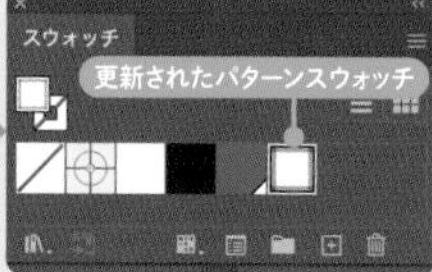

パターンスウォッチをダブルクリックすると、編集モードに切り替わります。変更を加えてウィンドウ上部の [完了] をクリックすると、パターンスウォッチの内容が更新されます。元のスウォッチを残す場合は、スウォッチパネルでスウォッチを複製したあとで編集モードに切り替えたほうが、混乱しにくいです。[新規スウォッチ] へスウォッチをドラッグすると、複製できます。

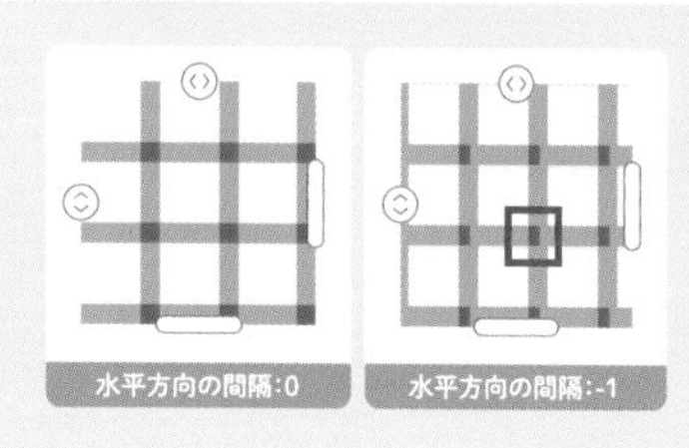

リピートグリッドの場合、[水平方向の間隔] や [垂直方向の間隔] を負の値に変更すると、隣のオブジェクトの食い込みが発生します。間隔を変更してバリエーションをつくる場合は、パターン機能が便利です。

★★★

27 C [変形] 効果で直線を格子に組む

アピアランス

STEP 1 垂直線を選択したあと、アピアランスパネルで [線] を選択します

STEP 2 [効果] メニュー→ [パスの変形] → [変形] を選択し、ダイアログの [コピー] で線の数、[移動] [水平方向] で間隔を調整します 1

STEP 3 アピアランスパネルで [線] の選択を解除したあと、[効果] メニュー→ [パスの変形] → [変形] を選択し、ダイアログで [角度:90°] [基準点:中央] [コピー:1] に変更します 2

STEP 4 アピアランスパネルで [線] の [不透明度] をクリックして透明パネルを開き、[描画モード:乗算] に変更します 3 4 5

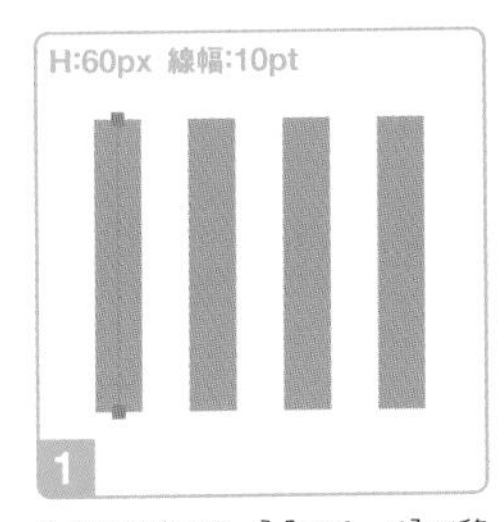

[水平方向:20px] [コピー:3] で移動コピーします。

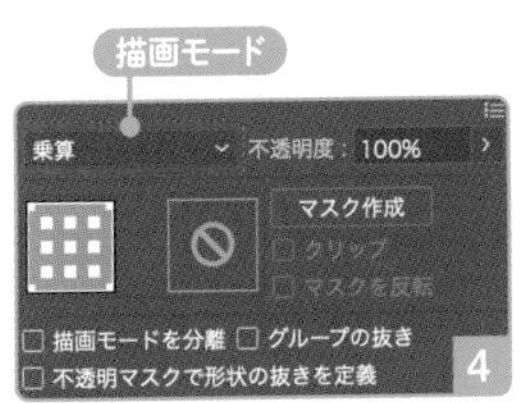

[乗算] に変更すると、色の重なりが暗くなります。カラーセロファンを重ねたような結果を得られます。

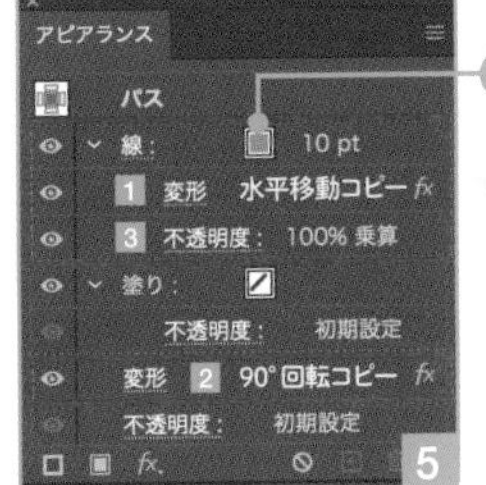

[線] は線パネル、カラーサムネールはスウォッチパネル、[不透明度] は透明パネルへそれぞれアクセスできます。アピアランスパネルからアクセスすると、現在選択している部位を意識しながら変更できるため、ミスが減ります。

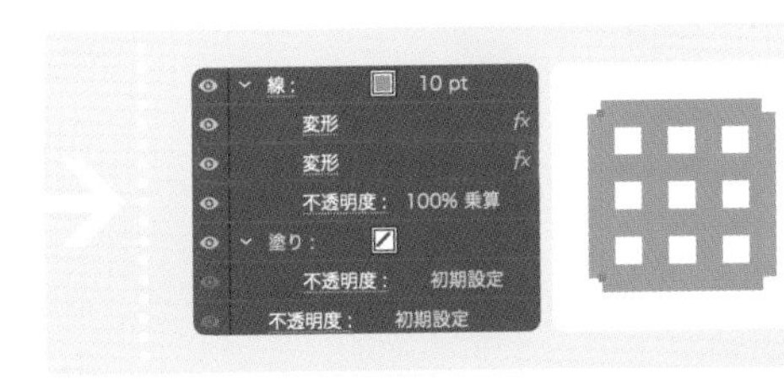

STEP3の [変形] 効果を [線] に設定すると、[描画モード:乗算] に変更しても結果が変わりません。これは、[描画モード] の変更が、[変形] 効果のあとで適用されるためです。

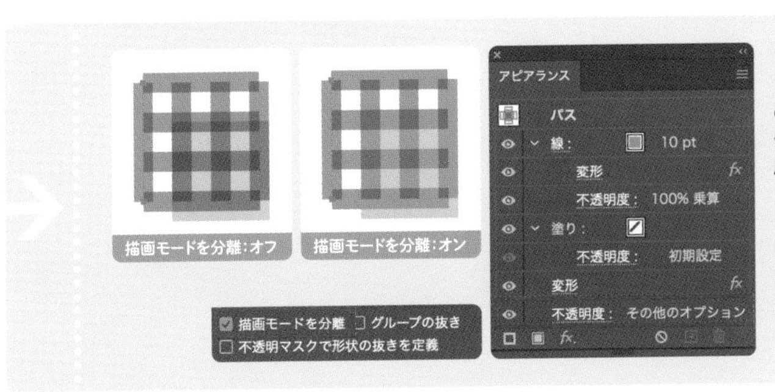

[描画モード:乗算] に変更した [線] を重ねているため、背面に白以外のオブジェクトがあると、その色とも合成されます。透明パネルで [描画モードを分離:オン] に変更すると、[描画モード] はパスの内部のみで完結し、背面のオブジェクトの色と合成されません。

★★★

27 D ストライプパターンを［乗算］で重ねる

パターン

STEP 1 **24E**（P133）の**STEP1**から**STEP2**の操作で、ストライプパターンをつくります 1 2 3 4

STEP 2 パターンスウォッチを長方形の［塗り］に設定し、アピアランスパネルで［塗り］の［不透明度］をクリックして透明パネルを開き、［描画モード：乗算］に変更します 5

STEP 3 アピアランスパネルで［塗り］の選択を解除したあと、［効果］メニュー→［パスの変形］→［変形］を選択し、ダイアログで［角度：90°］［基準点：中央］［コピー：1］に変更して、［OK］をクリックします 6 7

垂直線を選択して［オブジェクト］メニュー→［パターン］→［作成］を選択します。パターンオプションパネルの［幅］で間隔を調整し、ウィンドウ上部の［完了］をクリックします。

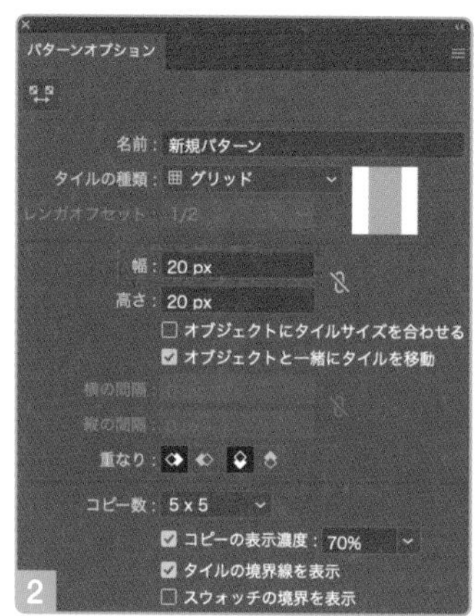

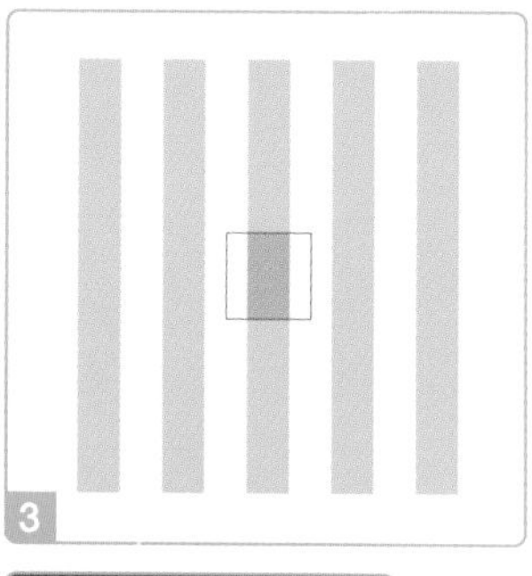

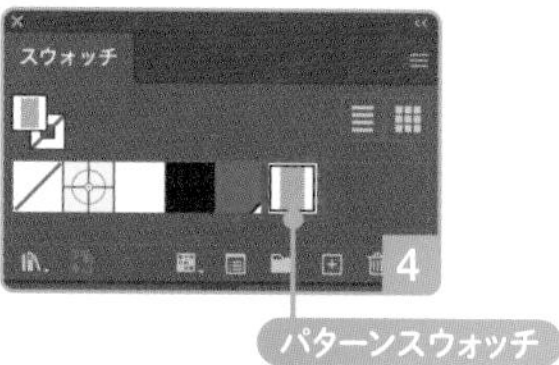

24Eで作成したストライプパターンも使えます。構造は**27C**と同じで、［描画モード：乗算］のストライプを回転して重ねると、重なりの色が一段濃くなるというしくみです。

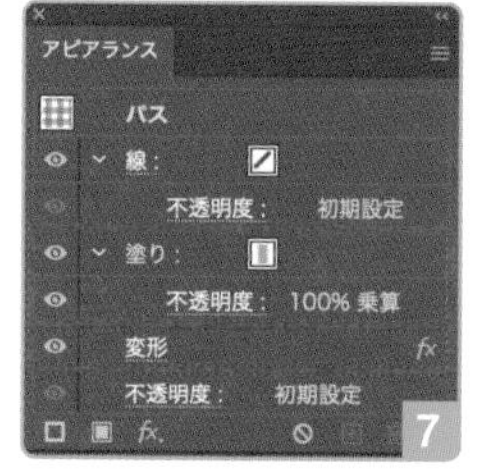

POINT

- ☐ **グローバルカラースウォッチ**は、**濃淡**を変更できる
- ☐ **［描画モード：乗算］**に変更すると、重なりが暗い色になる
- ☐ ［不透明度］や［描画モード］は、［変形］効果のあとに処理される
- ☐ **［描画モードを分離］**は、［描画モード］や［不透明度］による色の合成を、**パスやグループ内に限定**する

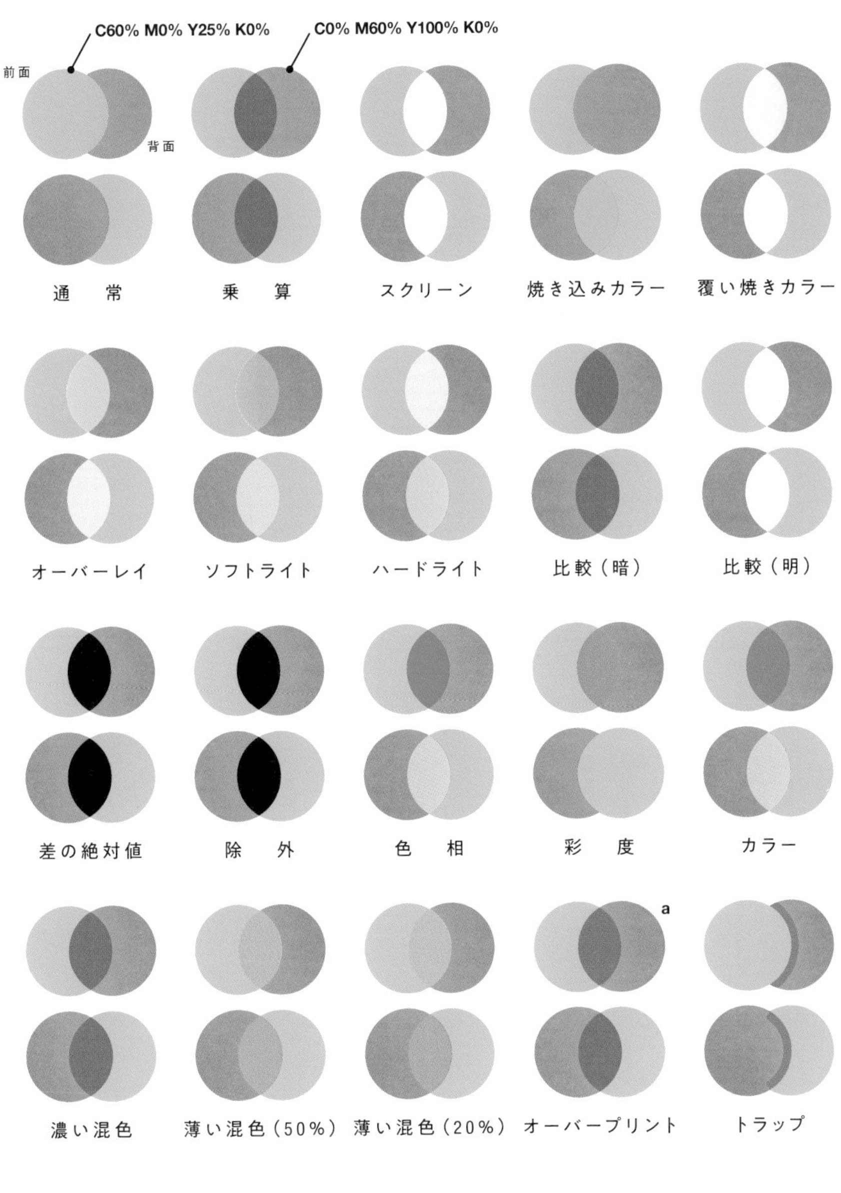

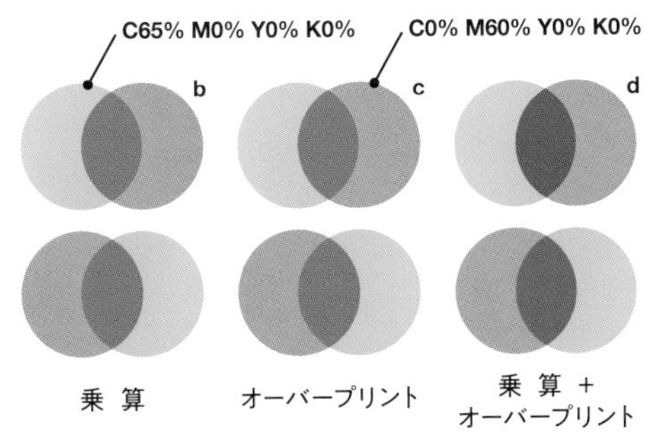

乗算とオーバープリントは、共用する版がない場合は同じ見た目になりますが（**b**／**c**）、版を共用していると異なる結果になります（**a**）。また、両方を適用すると、版の共用がなくても結果が変わります（**d**）。

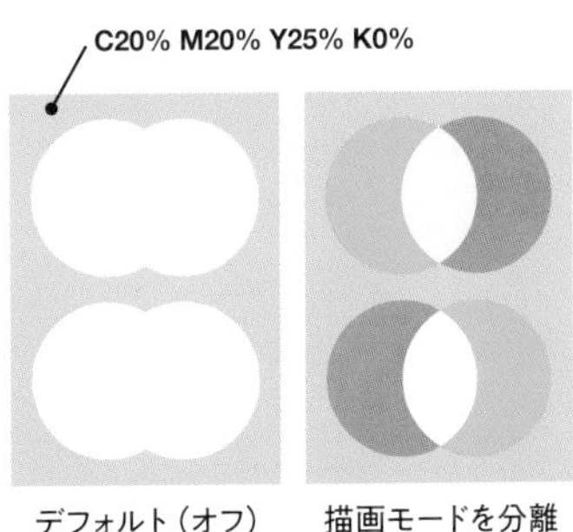

［描画モード：通常］以外に変更すると、背景色とも合成されます。グループ化して［描画モードを分離：オン］に変更すると、［描画モード］の影響をグループ内に限定できます（P151）。サンプルは［覆い焼きカラー］です。

28 格子模様をつくる

格子模様は、枠線のある正方形、または十字の集合体です。小さな正方形を縦横に敷き詰める、直線を交差する、大きな正方形を等分割するなどの方法でつくることができます。［グリッドに分割］は、紙面のレイアウトを考えるときにも便利なメニューです。

★

28 A 正方形をタイリングする

リピート／パターン／アピアランス

STEP 1 正方形を選択し、［線の位置：線を内側に揃える］に変更します 1

STEP 2 ［オブジェクト］メニュー→［リピート］→［グリッド］を選択します

STEP 3 コントロールパネルで［水平方向の間隔］と［垂直方向の間隔］を［0］に変更します 2 3

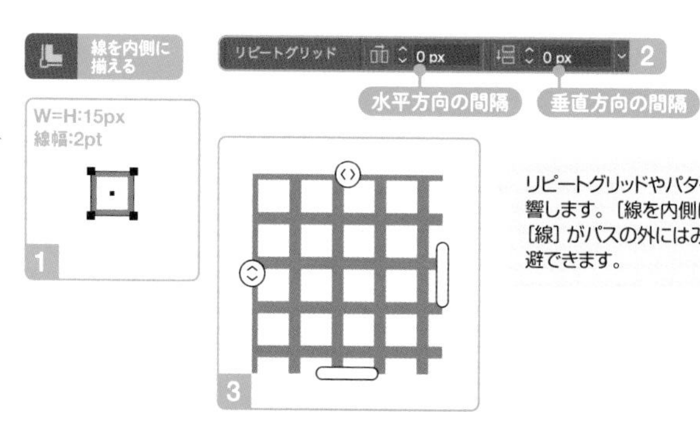

リピートグリッドやパターン機能は、［線幅］が影響します。［線を内側に揃える］に変更すると、［線］がパスの外にはみ出さないため、これを回避できます。

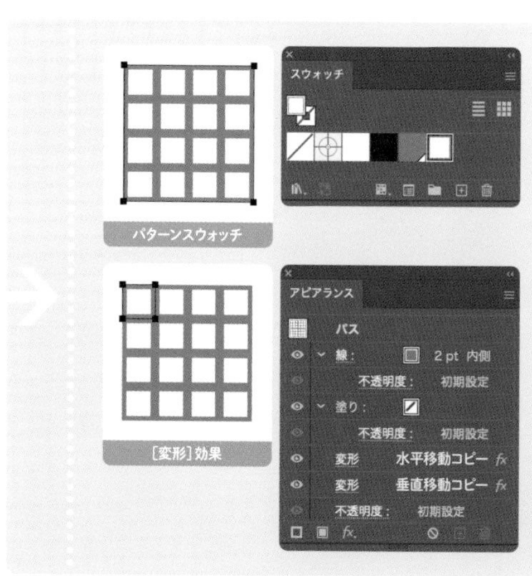

正方形をタイリングする方法はこのほか、パターンスウォッチをつくる方法と、［変形］効果で縦横に移動コピーする方法があります。パターンスウォッチは、正方形をそのままスウォッチパネルへドラッグしても、パターン機能のデフォルトでも、同じ結果になります。

作図用のグリッド（角やセンターポイントにスナップさせる用途）をつくる場合、リピートグリッドで正方形を並べたものを、［分割・拡張］でパスに変換する方法が、最もスマートと考えられます。

》P228 ジオメトリックパターン

SIMPLE PATTERN

★

28 B ［長方形グリッドツール］で直線を交差する

長方形グリッド

STEP 1 ［長方形グリッドツール］を選択し、ワークエリアでクリックします

STEP 2 ダイアログで［幅］と［高さ］を同じ値、［水平方向の分割］［垂直方向の分割］の［線数］を同じ値、［外枠に長方形を使用：オフ］に変更して、［OK］をクリックします 1 2 3

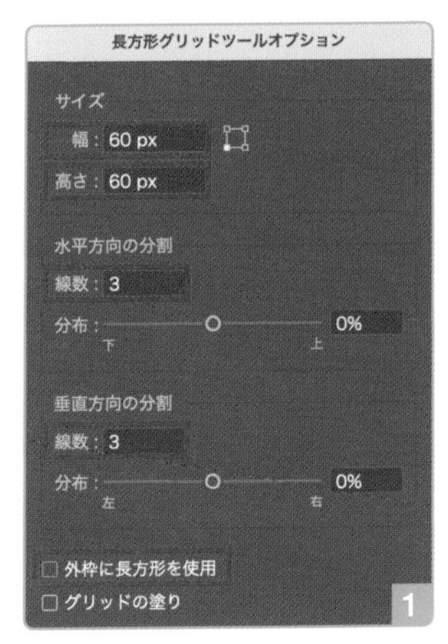

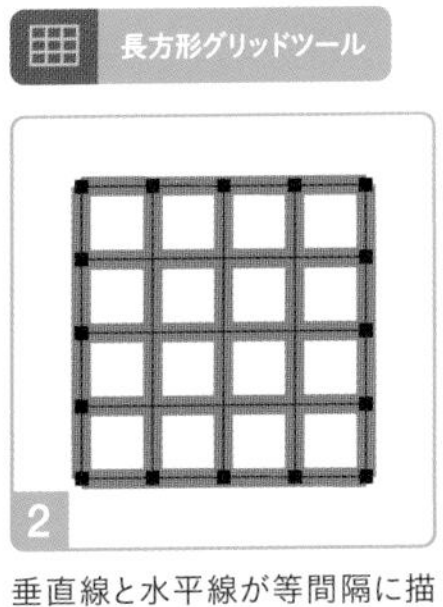

垂直線と水平線が等間隔に描画されます。直線をすべて［描画モード：乗算］に変更すると、ギンガムチェックになります。

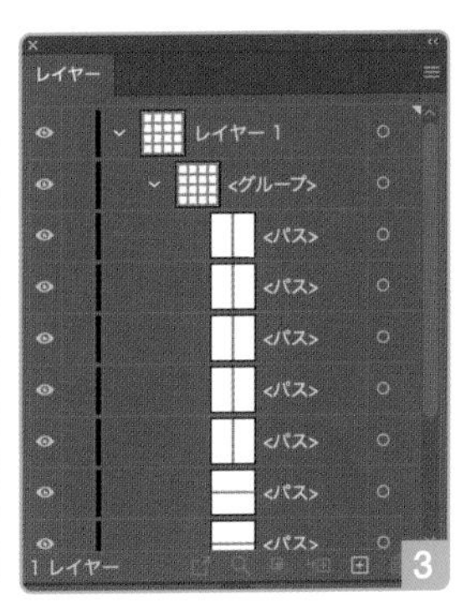

》P19 正方形

★★

28 C ［グリッドに分割］で正方形を分割する

グリッドに分割

STEP 1 正方形を選択し、［オブジェクト］メニュー→［パス］→［グリッドに分割］を選択します 1

STEP 2 ダイアログで［行］［列］の［段数］を同じ値に変更して、［OK］をクリックします 2 3 4

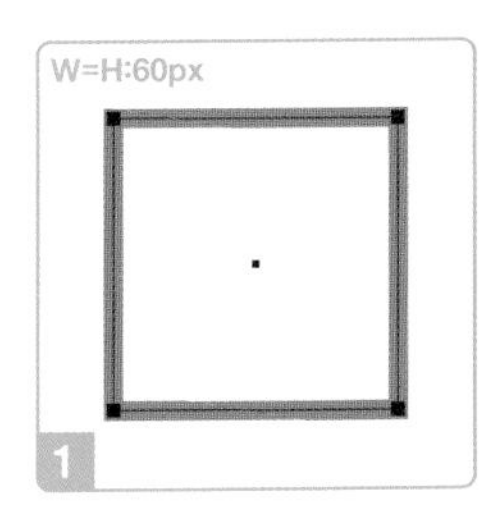

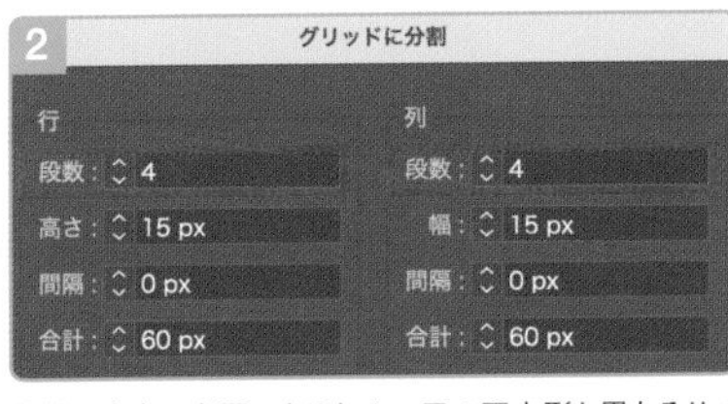

数値は自由に変更できるため、元の正方形と異なるサイズに仕上げることも可能です。円や多角形などに適用しても、長方形や正方形になります。

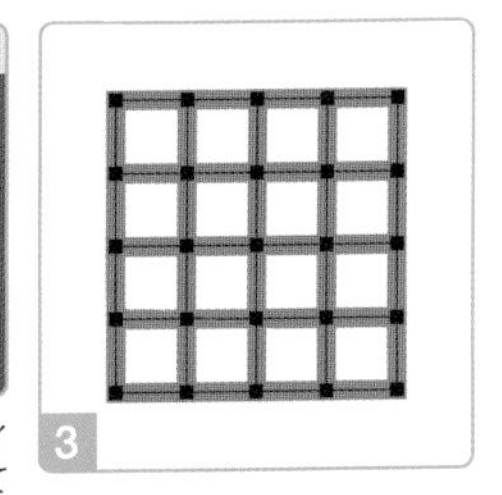

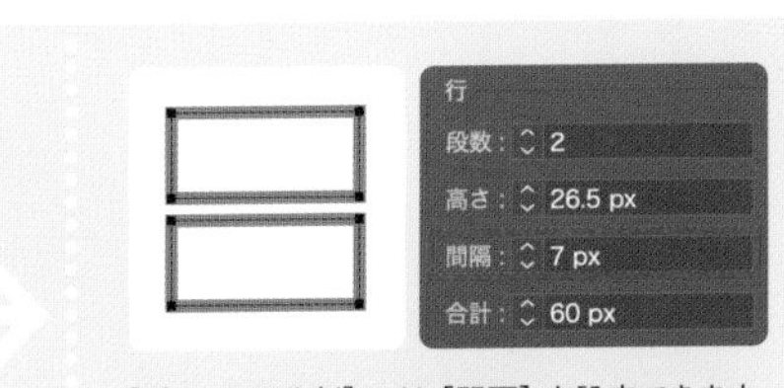

［グリッドの分割］では［間隔］も設定できます。変更すると、他の値は自動で計算されます。段分けしたテキストエリア（フレーム）をつくるときに便利です。

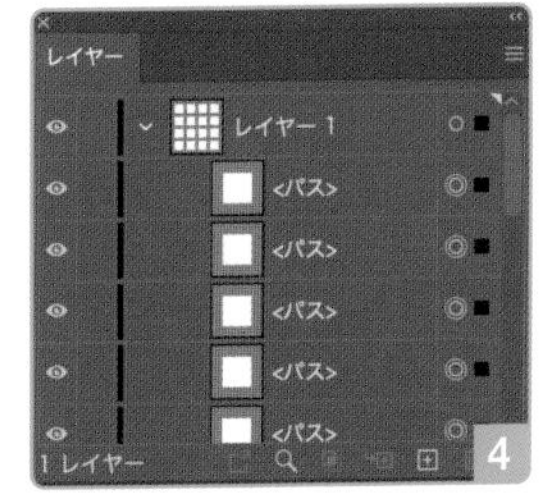

この場合は、正方形の集合体に変換されます。

★★
28 D 正方形をモザイク化する

モザイク

STEP 1 正方形を選択し、[オブジェクト] メニュー→ [ラスタライズ] を選択します 1

STEP 2 ダイアログで [オブジェクトの周囲に0px追加] に変更して、[OK] をクリックします 2 3

STEP 3 [オブジェクト] メニュー→ [モザイクオブジェクトを作成] を選択します

STEP 4 ダイアログで [新しいサイズ] の [幅] と [高さ]、[タイル数] の [幅] と [高さ] を同じ値に変更して、[OK] をクリックします 4 5 6 7

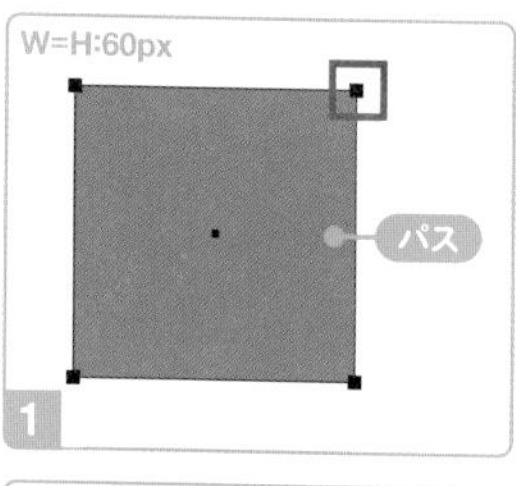

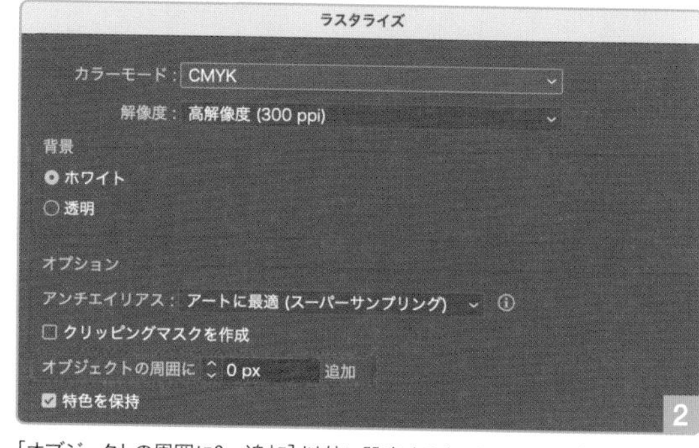

[オブジェクトの周囲に0px追加] 以外に設定すると、ラスタライズ後のサイズがそのぶん大きくなります。ただし、[ぼかし (ガウス)] 効果などを適用している場合、[0] に設定してもぼかしのエッジだけサイズが大きくなります。

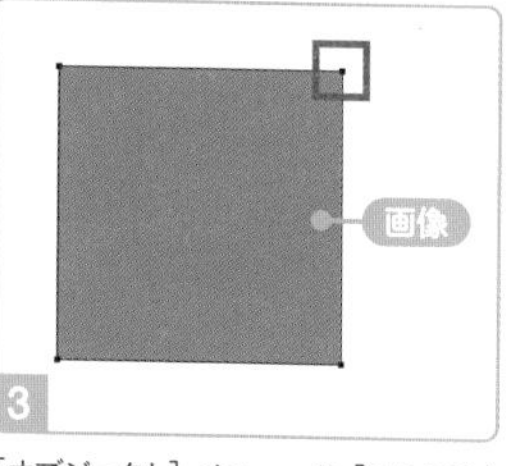

[オブジェクト] メニューの [ラスタライズ] を適用すると、パスが画像に変換されます。

[モザイクオブジェクトを作成] は、画像に対してのみ適用できます。パスが選択されているときは、メニューがグレーアウトします。

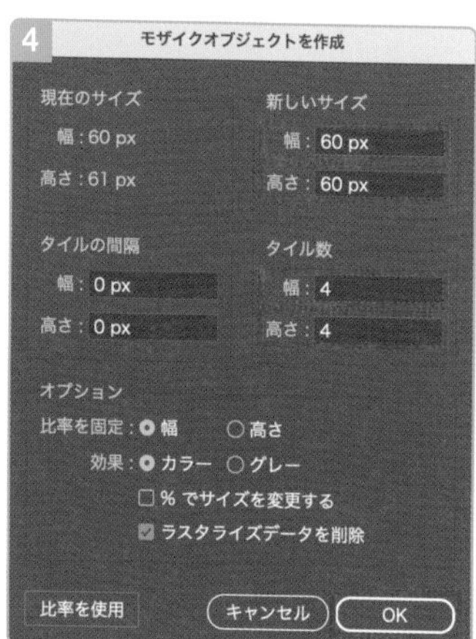

[現在のサイズ] に誤差が発生しても、[新しいサイズ] で修正できます。[タイル数] は縦横を分割する数です。[タイルの間隔] で隙間を設定できますが、入力できるのは整数のみです。

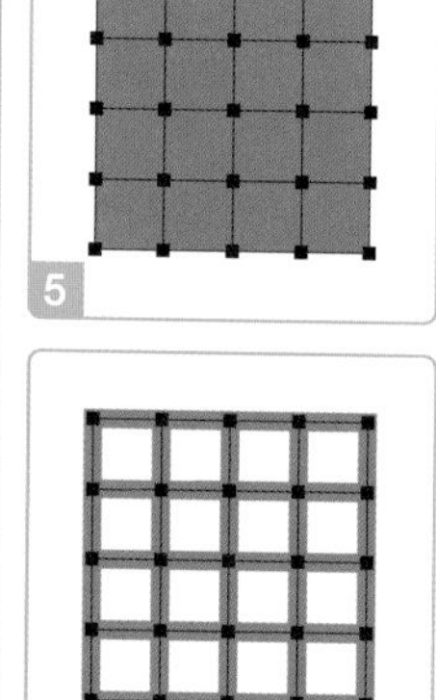

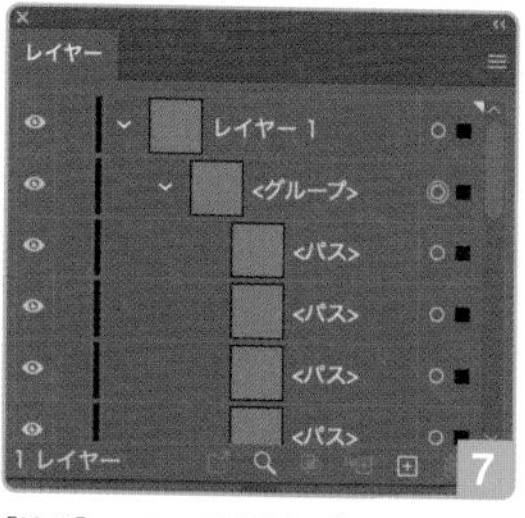

[塗り] のみの正方形の集合体に変換されるため、格子にするには [線] のみに変更します。

» P236 ランダムドット

POINT

➡ グリッドに分割

- ☐ **[グリッドに分割]** で、長方形を等分割できる
- ☐ **[間隔]** で隙間を設定でき、長方形の間をあけることができる

➡ モザイクオブジェクトを作成

- ☐ **[モザイクオブジェクトを作成]** で、同じサイズの長方形に分割できる
- ☐ [モザイクオブジェクトを作成] は、**埋め込み画像**に対してのみ適用できる
- ☐ [タイルの間隔] で隙間を設定できるが、[グリッドに分割] と異なり、**整数**以外は設定できない

➡ その他の操作

- ☐ **[線の位置:線を内側に揃える]** に変更すると、[線] のはみ出しをなくすことができる
- ☐ **[長方形グリッドツールオプション] ダイアログ**で [線数:0] 以外に設定すると、**[線数] +2**本の水平線や垂直線を描画できる
- ☐ **[オブジェクト] メニューの [ラスタライズ]** は、パスを実際に画像に変換する

応用　平織りの格子模様をつくる

- 水平線と垂直線に [線幅] の異なる [線] を追加し、[パスの変形　変形] 効果で90°回転コピーしたあと、隙間なく並べて最小単位をつくる 1 2
- リピートグリッドや [変形] 効果、パターン機能などでタイリングする 3 4 5 6 7

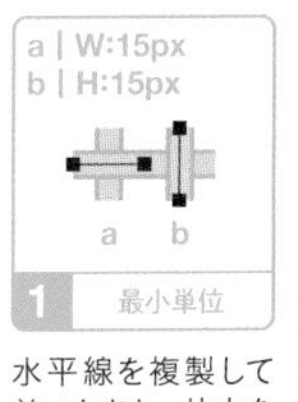

1 最小単位

水平線を複製して並べたあと、片方を90°回転します。

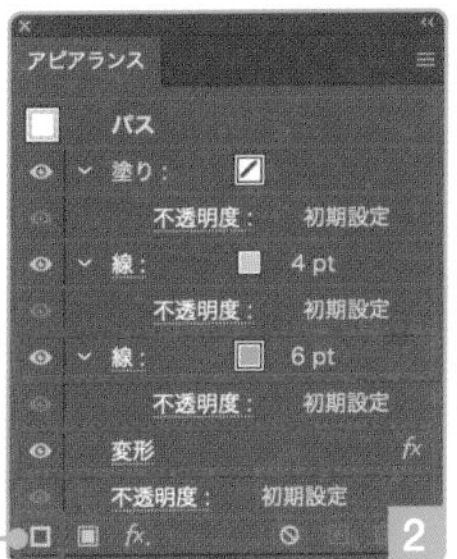

2

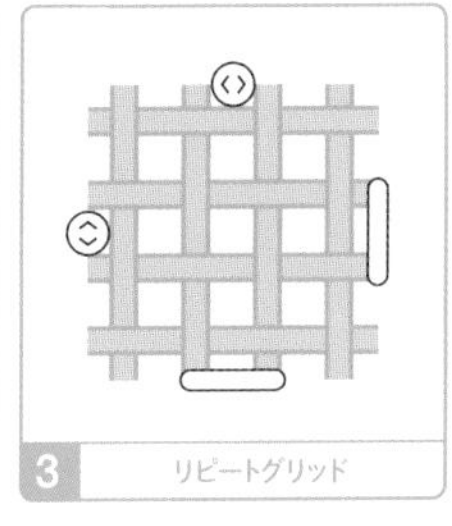

3 リピートグリッド

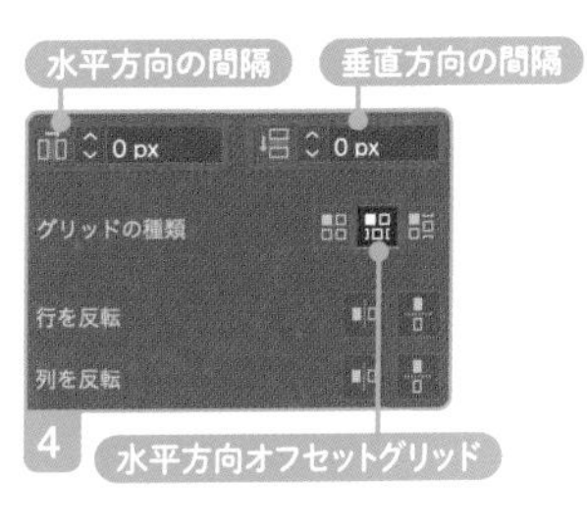

4

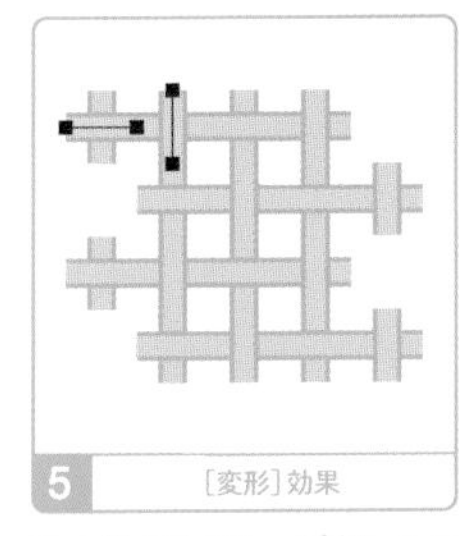

5 [変形] 効果

最小単位をグループ化したあと、最初の[変形] 効果を[移動] [水平方向 : 30px] [コピー : 1]、次を[移動] [水平方向 : 15px] [垂直方向 : 15px] [コピー : 1]、最後を[移動] [垂直方向 : 30px] [コピー : 1] で適用します。

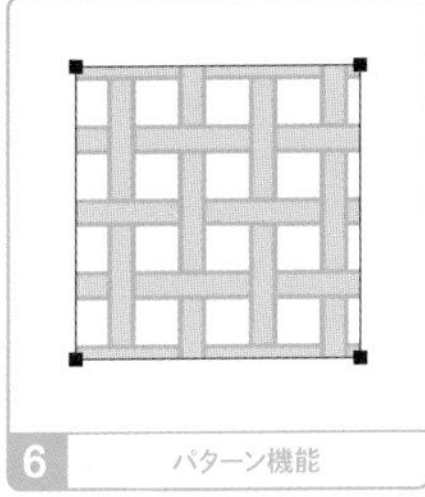

6 パターン機能

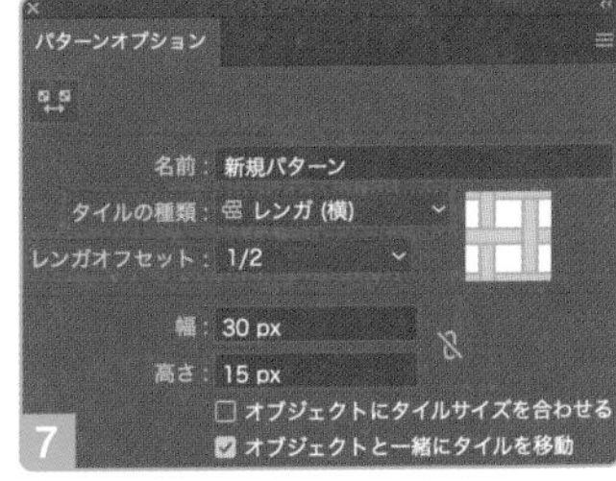

7

リピートグリッドやパターン機能を使う場合、隙間なく隣り合わせて2行目をずらす処理をおこなうと、格子が織り重なります。構造は、P158の鱗模様と同じです。

29 鱗模様をつくる

三角形を波のように敷き詰めた模様は、日本では鱗模様と呼ばれ、能に登場する鬼女の衣装でおなじみです。正三角形をリピートグリッドでタイリングした鱗模様は、六角形配置の作業用方眼に便利です。

★

29 A リピートグリッドで二等辺三角形をタイリングする リピート

STEP 1 二等辺三角形を選択し、[オブジェクト] メニュー→ [リピート] → [グリッド] を選択します 1

STEP 2 コントロールパネルで [詳細オプション] をクリックし、[グリッドの種類：水平方向オフセットグリッド] に変更して、[水平方向の間隔] と [垂直方向の間隔] を [0] に変更します 2 3 4

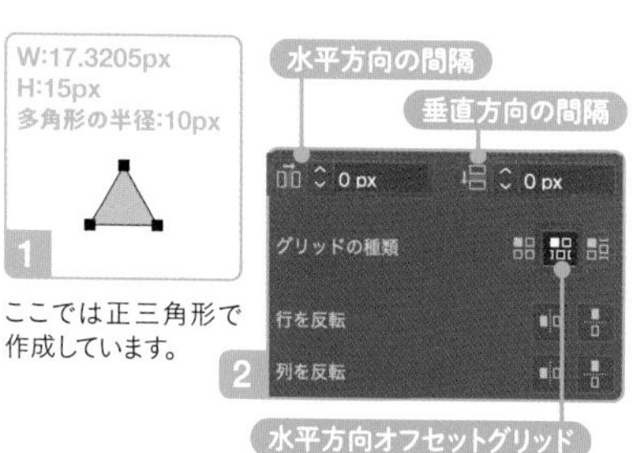

ここでは正三角形で作成しています。

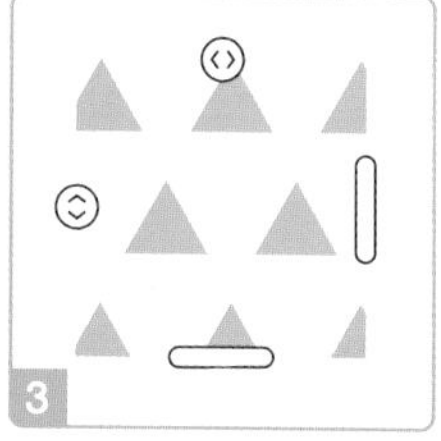

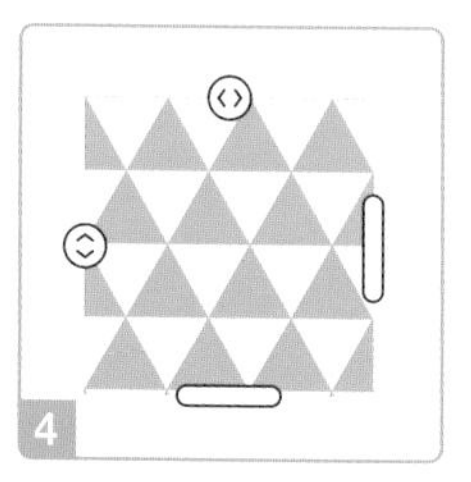

[水平方向の間隔]と[垂直方向の間隔]は、オブジェクトの横と縦の隙間です。[0] にすると隙間なく配置できます。

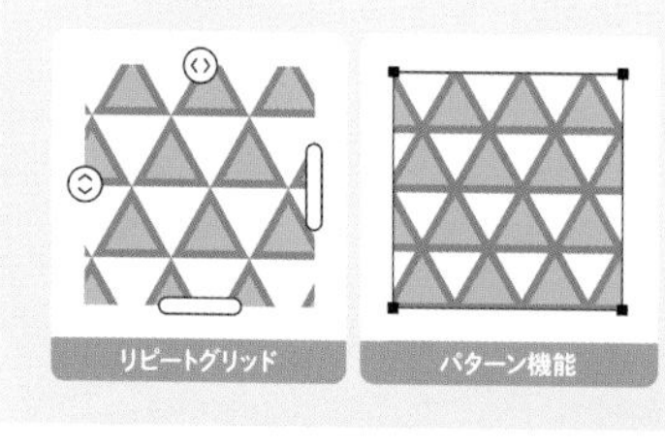

リピートグリッドもパターン機能も、[線幅] が影響します。リピートグリッドの場合、[線] に色が設定されていると、[間隔] を [0] に変更しても角がぴったり合わず、[線幅] のぶん控えるなどの処理が必要です。直角以外の角があると、計算がとても面倒です。いっぽうパターン機能のほうは、[線:なし] でパターンを作成し、編集モードで [線] に色を設定する方法が使えます。

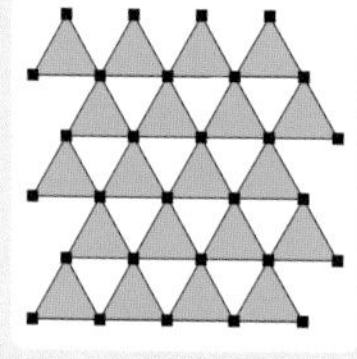

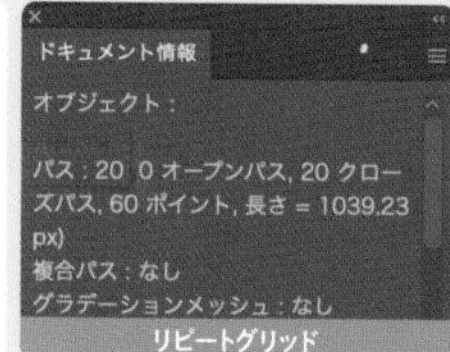

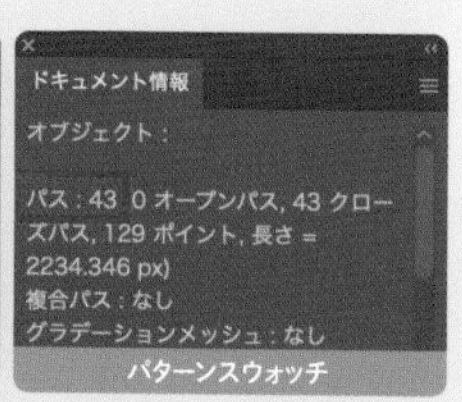

二等辺三角形を隙間なく並べる方法としては、リピートグリッドが計算不要で最速です。パターンスウォッチと異なり、パスに変換しても、同じ位置での重なりが発生しないというメリットもあります。図は、それぞれパスに変換した状態で、パスの数を比較してみたものです。パターンスウォッチは、見た目の数（20）より多いことがわかります。**47A**（P228）ではこれを拡張し、作図のガイドとして使います。

》P228 ジオメトリックパターン

SIMPLE PATTERN

★
29 B パターン機能でパターンスウォッチをつくる

パターン

STEP 1 二等辺三角形を選択し、[オブジェクト] メニュー→ [パターン] → [作成] を選択します 1

STEP 2 パターンオプションパネルで[タイルの種類:レンガ(横)]に変更し、ウィンドウ上部の[完了]をクリックします 2 3

STEP 3 長方形の [塗り] にパターンスウォッチを適用します 4 5

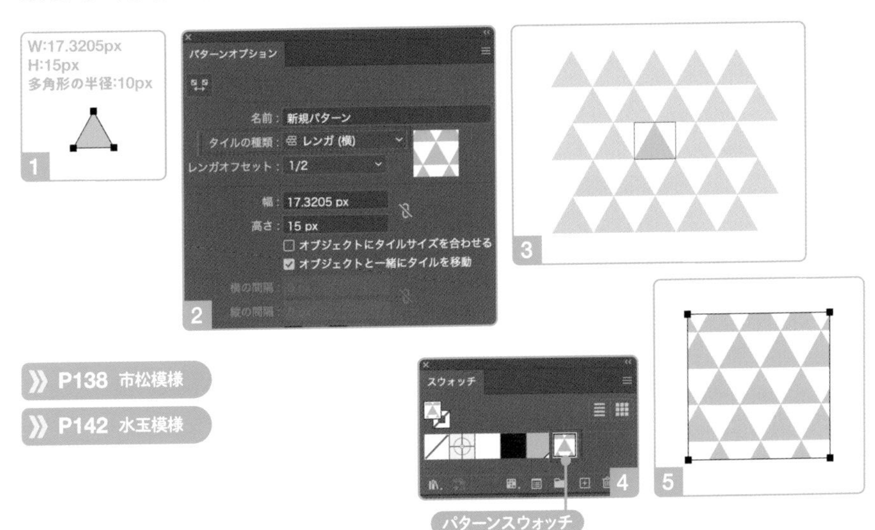

» P138 市松模様
» P142 水玉模様

★★★
29 C 二等辺三角形を並べてパターンスウォッチをつくる

パターン

STEP 1 二等辺三角形を2つ複製して、角をスナップさせます 1

STEP 2 [塗り:なし] [線:なし] の長方形を、[W:二等辺三角形の幅 (W)]、[H:二等辺三角形の高さ (H) の倍] に変更したあと、最背面へ移動します 2 3

STEP 3 すべてを選択してスウォッチパネルへドラッグしたあと、長方形の [塗り] にパターンスウォッチを適用します 4 5

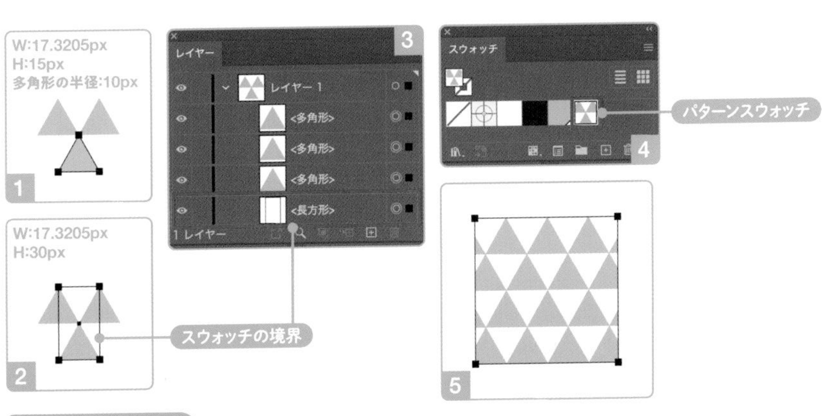

» P142 水玉模様

★★★

29 D ［変形］効果で二等辺三角形を移動コピーする

アピアランス

STEP 1 二等辺三角形を選択し、［効果］メニュー→［パスの変形］→［変形］を選択します 1 2

STEP 2 ダイアログで［移動］［水平方向：二等辺三角形の幅（W）］に変更し、［コピー］で数を調整して、［OK］をクリックします 3 4

STEP 3 ［効果］メニュー→［パスの変形］→［変形］を選択し、ダイアログで［移動］［水平方向：二等辺三角形の幅（W）の半分］、［垂直方向：二等辺三角形の高さ（H）］、［コピー：1］に変更して、［OK］をクリックします 5 6 7

STEP 4 ［効果］メニュー→［パスの変形］→［変形］を選択し、ダイアログで［移動］［垂直方向：二等辺三角形の高さ（H）の倍］に変更し、［コピー］で数を調整して、［OK］をクリックします 8 9 10

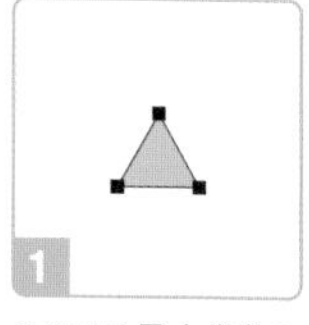

ここでは最小単位に正三角形を使います。

［変形］効果の設定には、変形パネルの［W］と［H］の値を使います。正三角形の場合、［W］［H］のいずれかを整数に変更すると、もう片方は小数になります。

［H］が整数のときは［多角形の半径］、［W］が整数のときは［多角形の辺の長さ］が整数になります。数値の使用頻度を考えて、整数にするほうを決めると、作業がスムーズです。

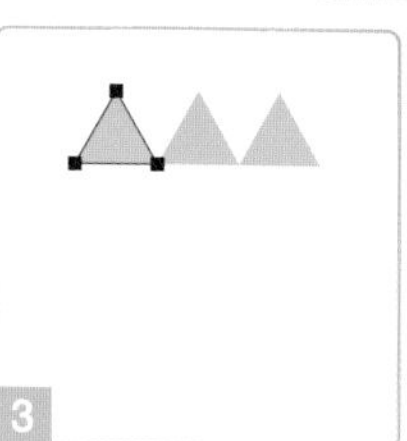

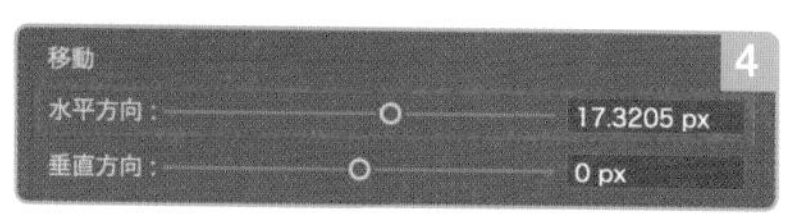

入力欄の数値の末尾に「/2」を追加すると、2で割った値に変換されます。「/」の割り算のほか、「+」で足し算、「-」で引き算、「*」で掛け算の結果が得られます。他のパネルやダイアログでも同様の操作が可能です。

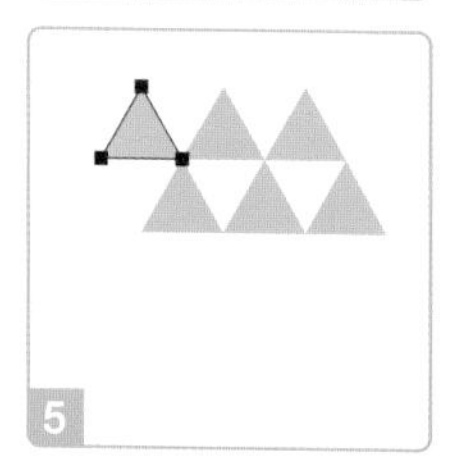

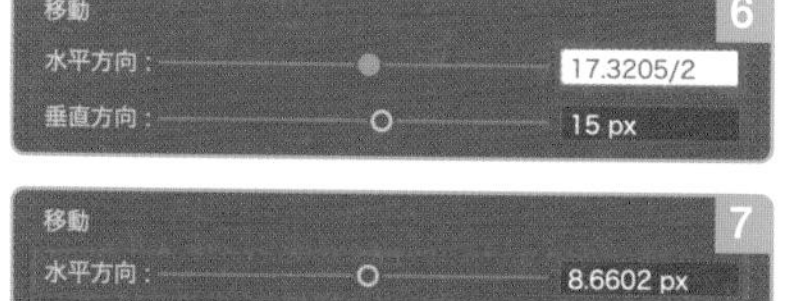

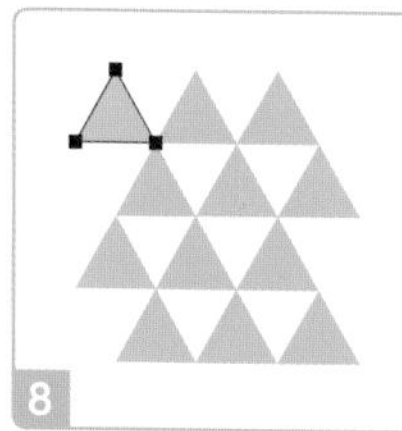

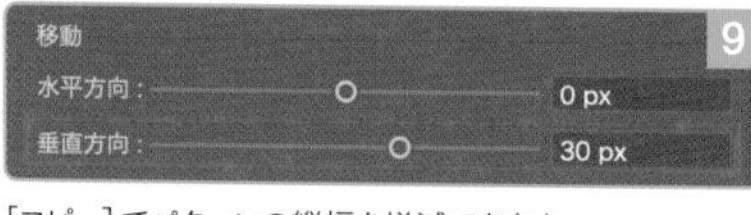

［コピー］でパターンの縦幅を増減できます。

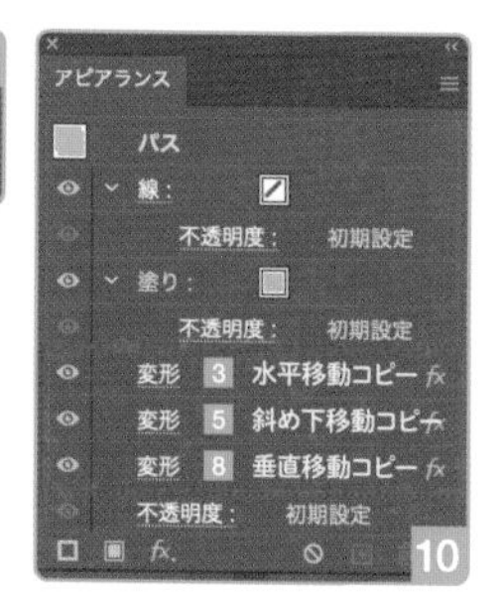

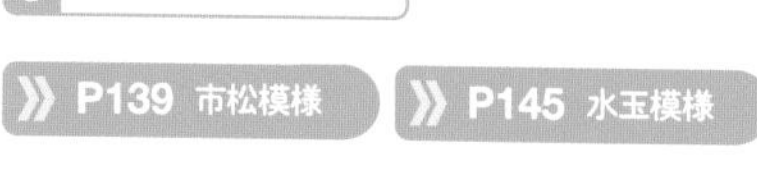

SIMPLE PATTERN

POINT

- [ ] 二等辺三角形の場合、次の行をオブジェクトの半幅ずらすだけで、鱗模様になる
- [ ] 入力欄で**「+(足し算)」「-(引き算)」「*(掛け算)」「/(割り算)」**を数値の間や末尾に追加すると、計算できる

応用 レンガオフセットのバリエーション

- デフォルトは[タイルの種類:グリッド]で、碁盤の目状に並ぶ 1
- [レンガオフセット]のデフォルトは[1/2]で、オブジェクトの幅または高さの半分ずれる 2
- パターンオプションパネルで[タイルの種類]を[レンガ(横)]または[レンガ(縦)]に変更すると、[レンガオフセット]で、ずれかたを調整できる 3 4 5 6 7 8 9 10
- 分母が大きい場合、[コピー数]を増やしてみると、繰り返しの位置がわかりやすい 11

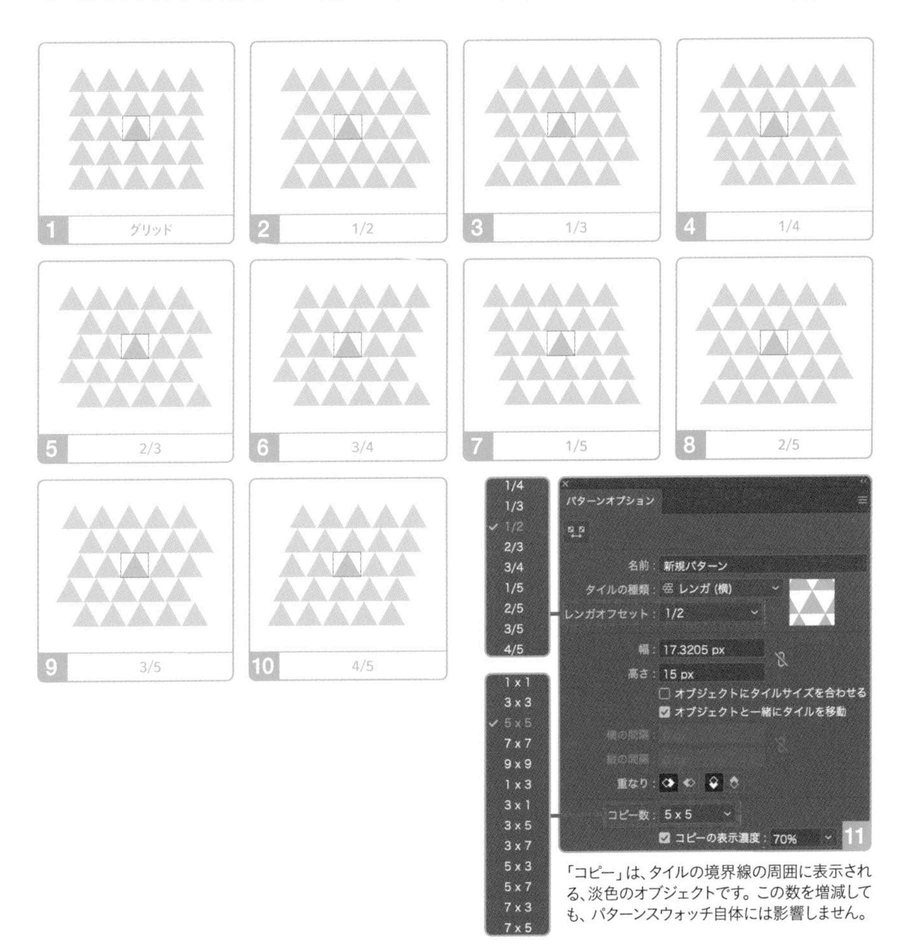

「コピー」は、タイルの境界線の周囲に表示される、淡色のオブジェクトです。この数を増減しても、パターンスウォッチ自体には影響しません。

30 ハニカムパターンをつくる

従来は計算が必要だったハニカムパターンも、パターン機能やリピートグリッドの導入で、簡単につくれるようになりました。六角形配置は、最も多くのオブジェクトをおさめることができ、密なパターンがつくれます。

★

30 A パターン機能でパターンスウォッチをつくる

パターン

STEP 1 正六角形を選択し、[オブジェクト] メニュー→ [パターン] → [作成] を選択します 1 2

STEP 2 パターンオプションパネルで [タイルの種類:六角形 (縦)] に変更し、[幅] と [高さ] を正六角形と同じ値に変更します 3 4 5

STEP 3 ウィンドウ上部の [完了] をクリックし、長方形の [塗り] にパターンスウォッチを設定します 6 7

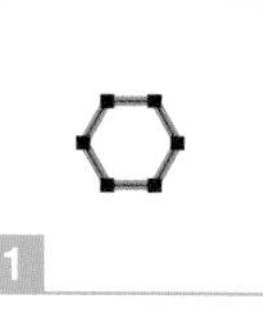

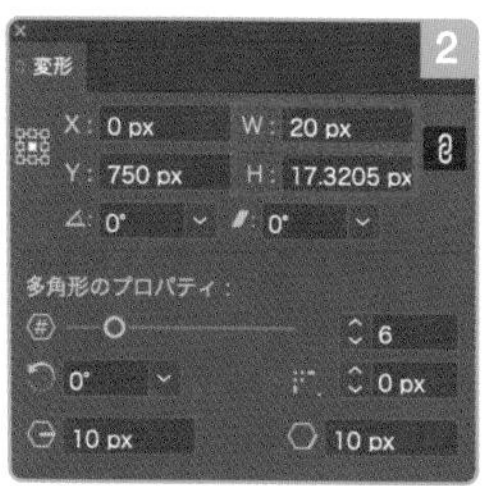

変形パネルの数値はパターン編集モードでは見えなくなるため、事前に正六角形を選択し、[W] と [H] の値をメモしておきます。

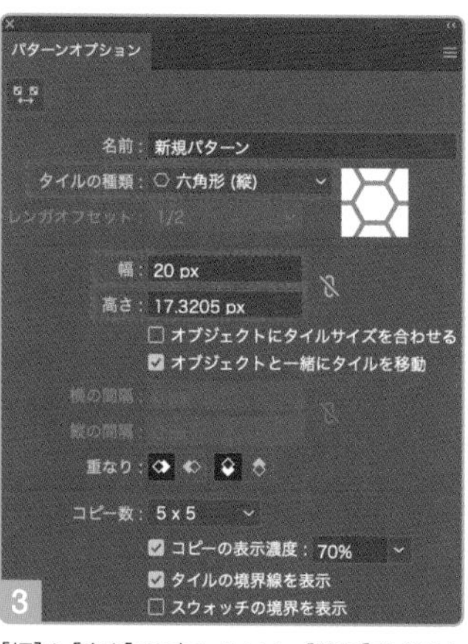

[幅] と [高さ] のデフォルトは、[線幅] を含めた値になります。これを正六角形の [W] と [H] に変更すると、正六角形が隙間なく配置されます。

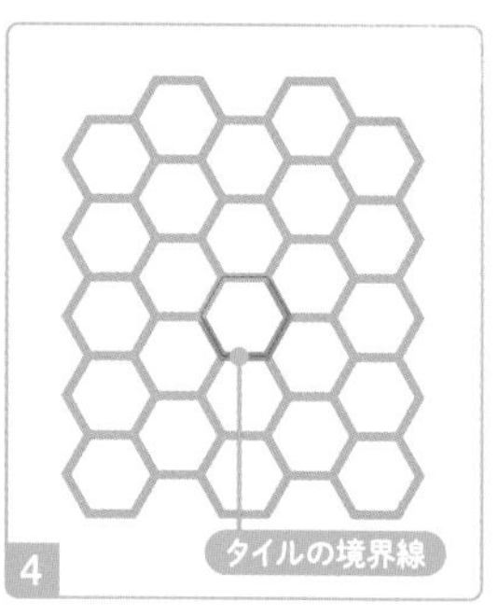

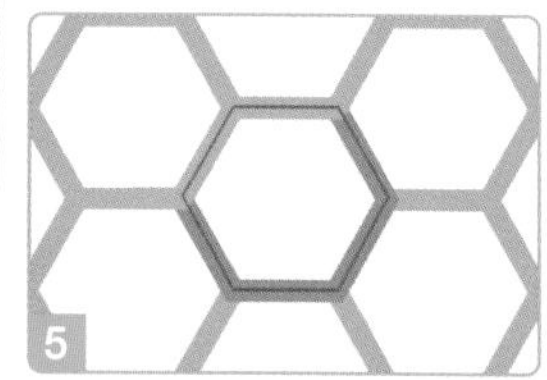

[タイルの種類:六角形 (縦)] に変更すると、タイルの境界線が六角形になります。

[線の位置:線を内側に揃える] でパターンを作成すると、パターンオプションパネルの [幅] と [高さ] に [線幅] が影響しないため、変更不要です。ただし、そのまま作成すると [線] がアウトライン化されます。これを回避するには、パターン編集モードで [線を中央に揃える] に変更する必要があります。

P218 麻の葉模様

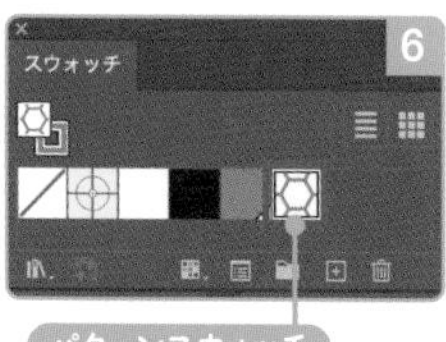

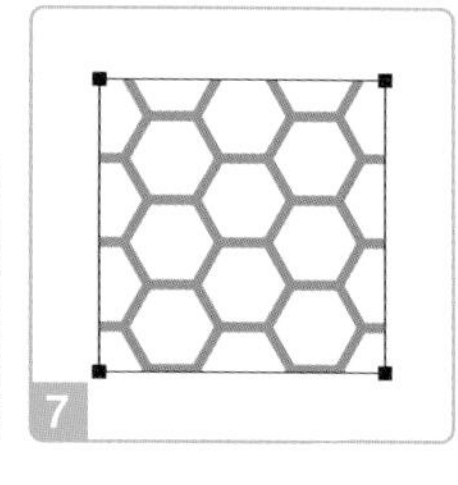

★★★
30 B 正六角形を並べてパターンスウォッチをつくる

パターン

STEP 1 正六角形を7つ複製し、角をスナップさせて並べます 1 2

STEP 2 直線のアンカーポイントを正六角形の角にスナップさせて、距離を測ります 3 4 5 6

STEP 3 [塗り：なし] [線：なし] の長方形を、[W：**STEP2**で計測した直線の長さ]、[H：正六角形の高さ (H) の倍] に変更し、最背面へ移動します 7

STEP 4 すべてを選択してスウォッチパネルへドラッグしたあと、長方形の [塗り] にパターンスウォッチを設定します 8 9 10 11

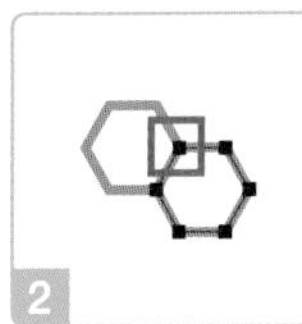

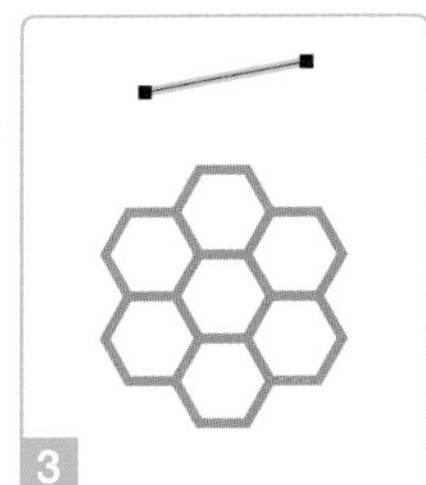

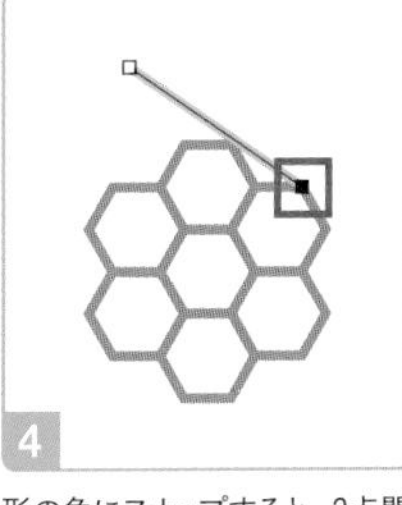

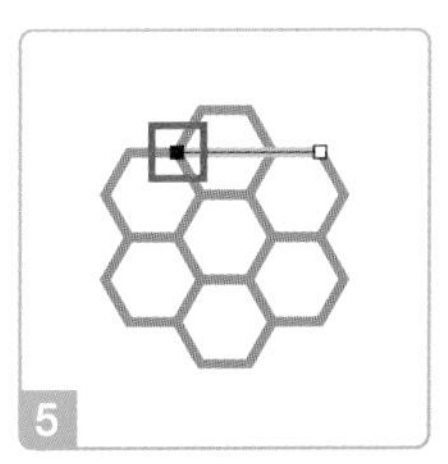

直線のアンカーポイントを正六角形の角にスナップすると、2点間の距離を計測できます。この場合は水平線なので、[W]の値でも計れます。直線シェイプの場合は、直線に傾きがあっても [線の長さ] で距離がわかります。

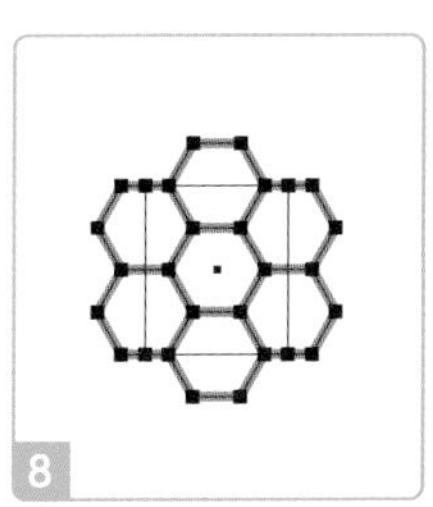

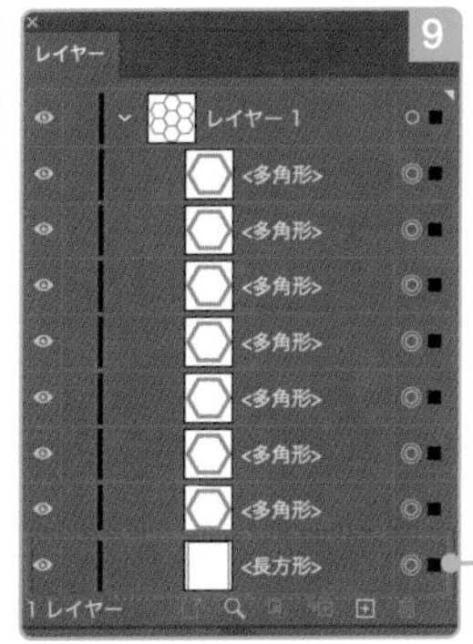

スウォッチの境界となる透明な長方形を、最背面へ移動します。長方形のセンターポイントを正六角形のセンターポイントにスナップさせると、中央に配置できます。長方形の幅は、正六角形の [W] と [辺の長さ] を足した値としても計算できます。このほか、長方形の角を正六角形の角に直接スナップしてつくる方法もあります。

この方法でパターンスウォッチを作成すると、スウォッチの境界の位置を正確にコントロールできる、不要なグループや重なったパスを整理できるなどのメリットがあります。

スウォッチ
10
パターンスウォッチ

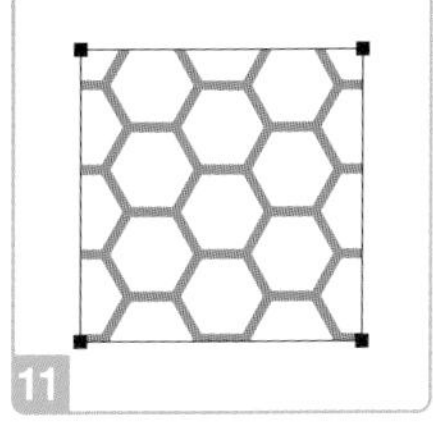

P31 直線 P228 ジオメトリックパターン

★★

30 C リピートグリッドで正六角形をタイリングする

リピート

STEP 1 正六角形を［線の位置：線を内側に揃える］に変更したあと、複製します 1

STEP 2 片方の正六角形を選択し、［オブジェクト］メニュー→［リピート］→［グリッド］を選択し、コントロールパネルで［詳細オプション］をクリックします 2

STEP 3 ［グリッドの種類：垂直方向オフセットグリッド］［垂直方向の間隔：0］に変更します 3 4 5

STEP 4 **STEP1**で複製した正六角形の右半分のアンカーポイントを削除します 6 7

STEP 5 リピートグリッドを選択し、コントロールパネルで［水平方向の間隔］を、**STEP4**の三角形の［W］に「−（マイナス）」をつけた値に変更します 8 9 10

この正六角形は複製してひとつ残しておきます。リピートグリッドには［線幅］が影響するため、［線］のはみ出しをなくします。

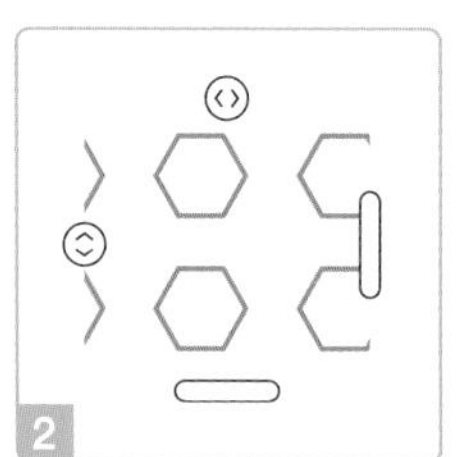

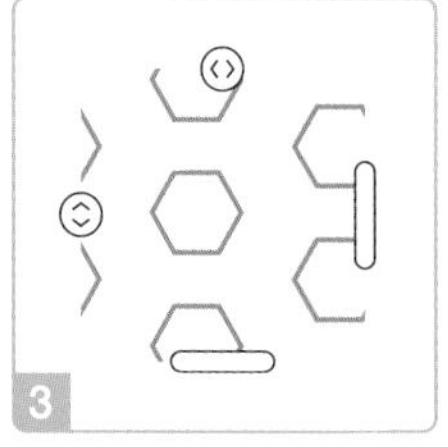

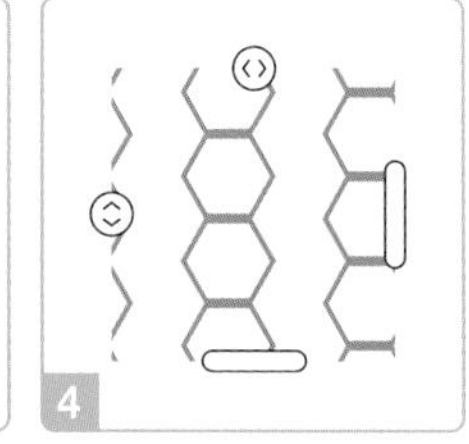

水平な辺を持つ正六角形なので、まずは［垂直方向オフセットグリッド］と［垂直方向の間隔：0］で隙間なく縦につなげます。

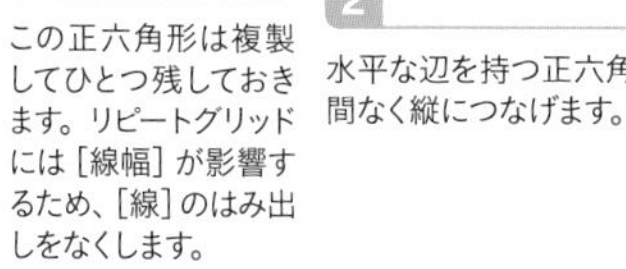

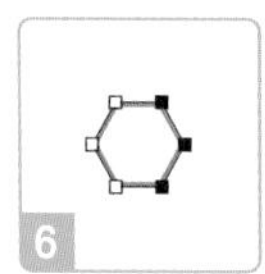

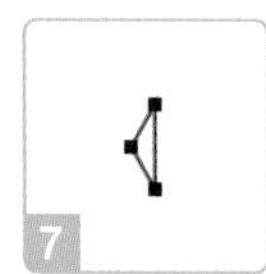

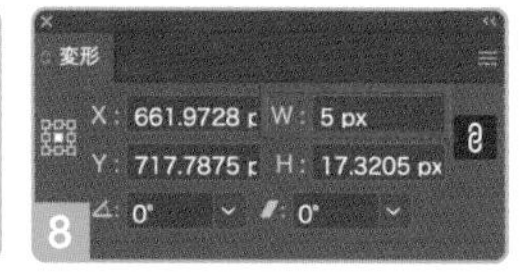

STEP4で作成した三角形を選択して、変形パネルで［W］を調べます。正六角形の［W］を4で割った値としても計算できますが、アンカーポイントを削ると直感的でスピーディです。このほか、斜めの辺のセグメントをコピー＆ペーストし、その［W］を調べる方法もあります。

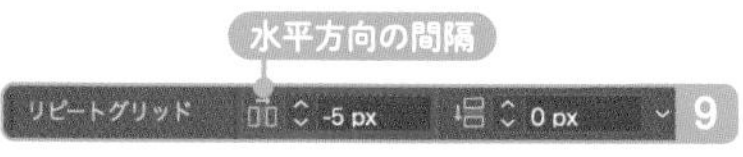

三角形の［W］ぶんを、隣の列に食い込ませると、隙間なく配置できます。

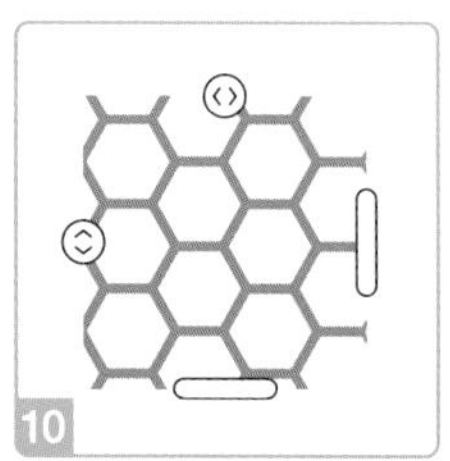

ハニカムパターンの応用で、6ポイントの星や麻の葉など、正六角形にぴったりおさまるオブジェクトをタイリングできます。

》 P218 麻の葉模様

★★★

30 D [変形] 効果で正六角形を移動コピーする

アピアランス

STEP 1 正六角形を選択し、[効果] メニュー→ [パスの変形] → [変形] を選択します 1

STEP 2 ダイアログで [移動] [垂直方向：正六角形の高さ (H)] に変更し、[コピー] で数を調整して、[OK] をクリックします 2 3 4

STEP 3 [効果] メニュー→ [パスの変形] → [変形] を選択し、[移動] [水平方向：正六角形の幅 (W) の3/4]、[垂直方向：正六角形の高さ (H) の半分]、[コピー：1] に変更して、[OK] をクリックします 5 6 7

STEP 4 [効果] メニュー→ [パスの変形] → [変形] を選択し、ダイアログで [移動] [水平方向：**STEP3**の [水平方向] の倍] に変更し、[コピー] で数を調整します 8 9 10 11

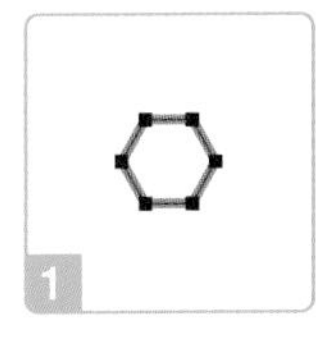

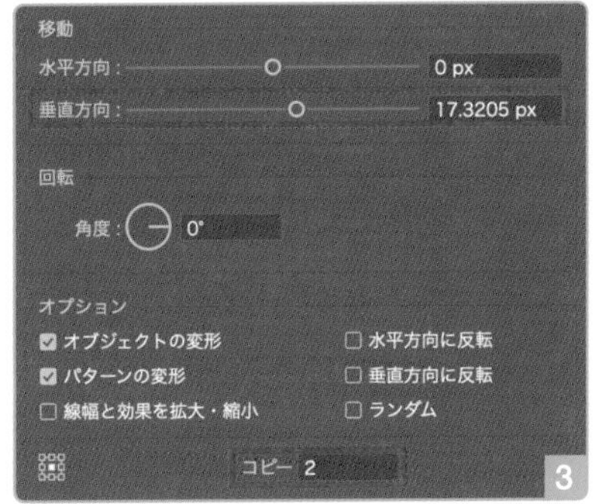

水平な辺を持つ正六角形は縦に、垂直な辺を持つ正六角形は横につなげるところから考えます。

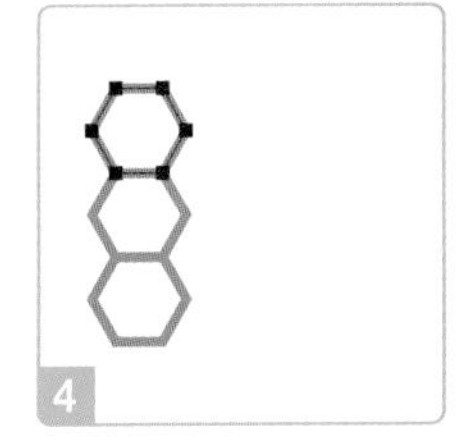

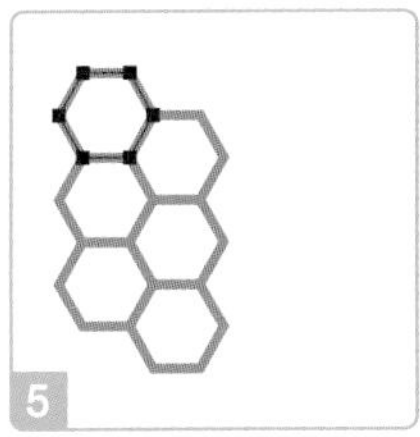

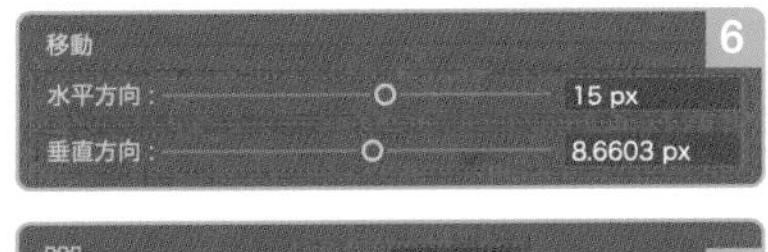

[水平方向] は、正六角形の [W] から [W] の1/4を引いた値になるため、[W] の3/4になります。正六角形のアンカーポイントを削除して求めてもかまいません。

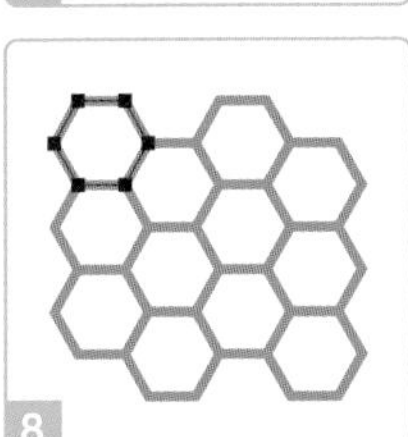

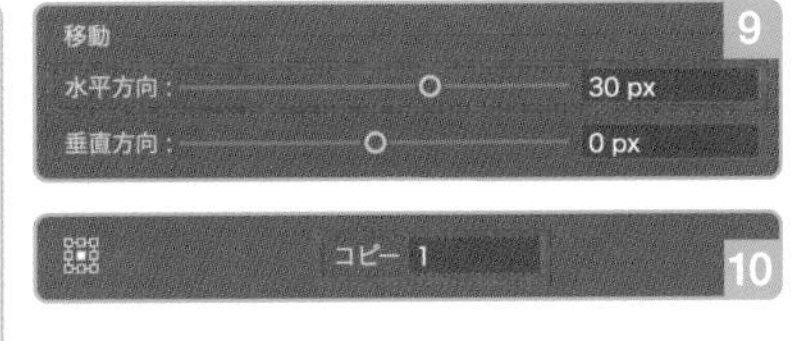

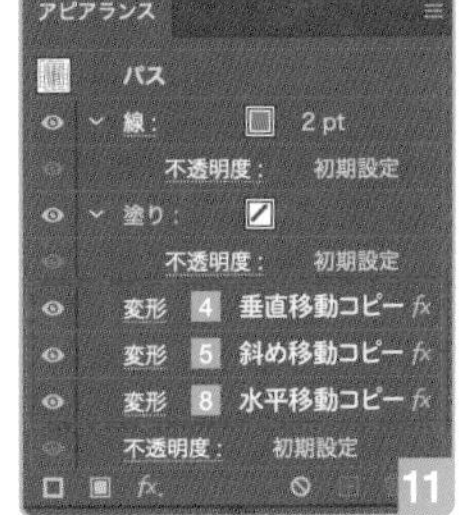

» P217 麻の葉模様

POINT

- ☐ パターンオプションパネルで **[タイルの種類:六角形(縦)]** に変更すると、タイルの境界線がオブジェクトのサイズに合わせた**六角形**になる
- ☐ **[グリッドの種類:垂直方向オフセットグリッド]** に変更すると、次の列が垂直方向にずれる
- ☐ 距離の計測は、**変形パネルの [W] [H]** や、**直線シェイプの [線の長さ]** が便利

応用 リピートグリッドやアピアランスの拡大・縮小

- リピートグリッドを [拡大・縮小ツール] で変形すると、[水平方向の間隔] と [垂直方向の間隔] は自動で調整される 1 2 3
- [線幅と効果を拡大・縮小:オフ] に設定していると、拡大・縮小しても、リピートグリッドに含まれる [線幅] が変化しない 4
- [線幅と効果を拡大・縮小:オン] に設定すると、オブジェクトの変形に合わせて [線幅] と効果の設定が自動調整される 5 6 7 8
- [線幅と効果を拡大・縮小:オフ] に設定して、[変形] 効果適用済みのオブジェクトを [拡大・縮小ツール] で変形すると、パスのサイズだけが変化する 9
- [パターンの変形] や [線幅と効果を拡大・縮小] のオン/オフは、環境設定や変形パネル、ダイアログの設定に影響するため、操作後はいずれかを確認する 10

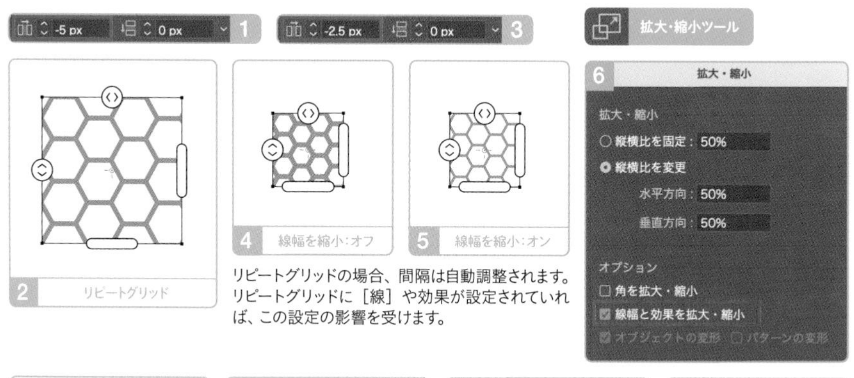

リピートグリッドの場合、間隔は自動調整されます。リピートグリッドに [線] や効果が設定されていれば、この設定の影響を受けます。

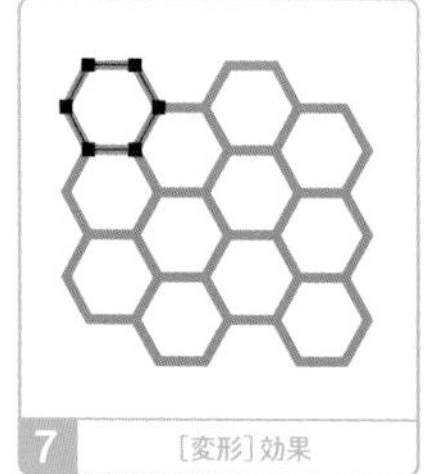

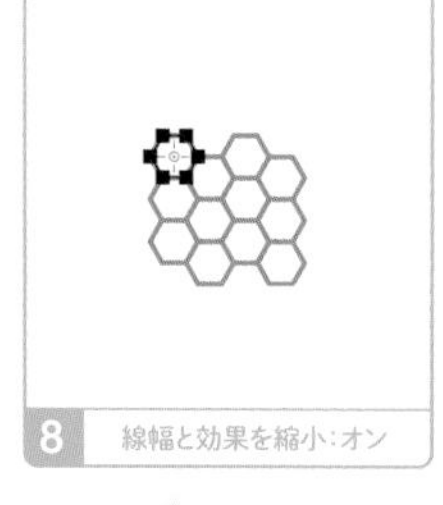

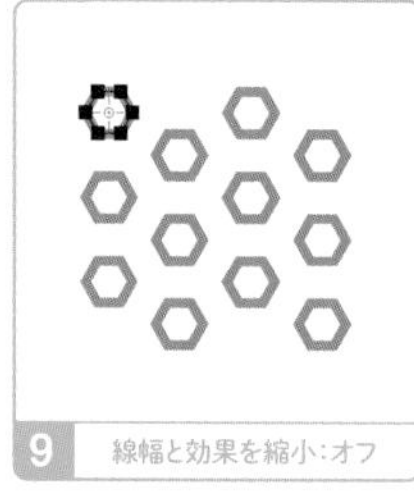

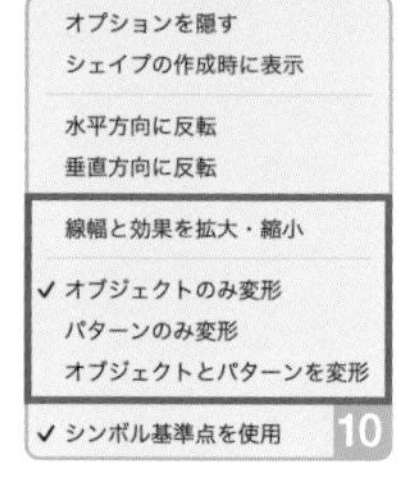

[線幅] と効果への影響は、ひとつの項目にまとまっているため、[オン] に変更すると両方が変化します。

[線幅と効果を拡大・縮小:オフ] [オブジェクトのみ変形:オン] が、一般的に混乱しにくい設定です。

SIMPLE PATTERN

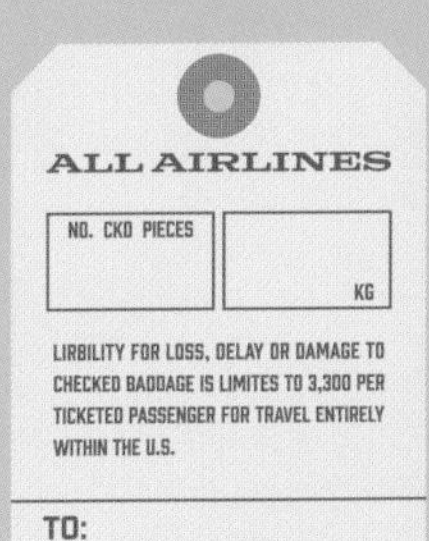

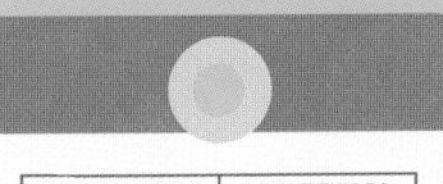

DESIGN OBJECT

31-41

5

31 リサイクルマークを描く

矢印を環状につなげると、リサイクルマークになります。環のかたちは円のほか、多角形や長方形もあります。正多角形からつくる円やライブコーナー、パスの切断、矢印と破線、[変形] 効果を組み合わせると、いろいろなリサイクルマークをつくれます。

★★

31 A 正三角形を切断して矢印にする

矢印

STEP 1 正三角形を選択し、[オブジェクト] メニュー→ [パス] → [アンカーポイントの追加] を選択します 1

STEP 2 [ダイレクト選択ツール] で辺の中央のアンカーポイントを選択して、コントロールパネルで [アンカーポイントでパスをカット] をクリックします 2

STEP 3 角のアンカーポイントを選択して、コントロールパネルで [コーナーの半径] を変更します 3 4

STEP 4 線パネルで [矢印] を選択し、[倍率] を調整します 5

STEP 5 [破線：オン] [正確な長さを保持] に変更して、[線分] と [間隔] で軸の長さを調整します 6 7 8

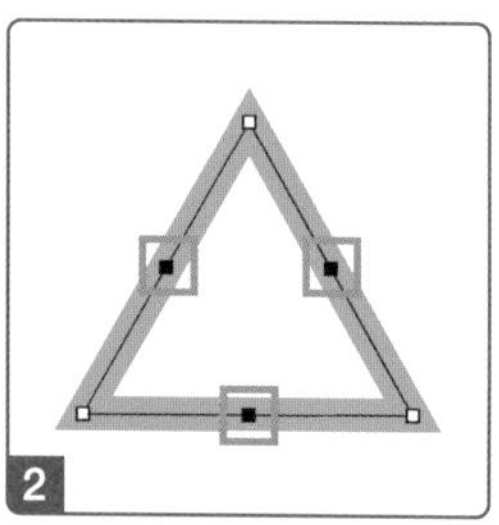

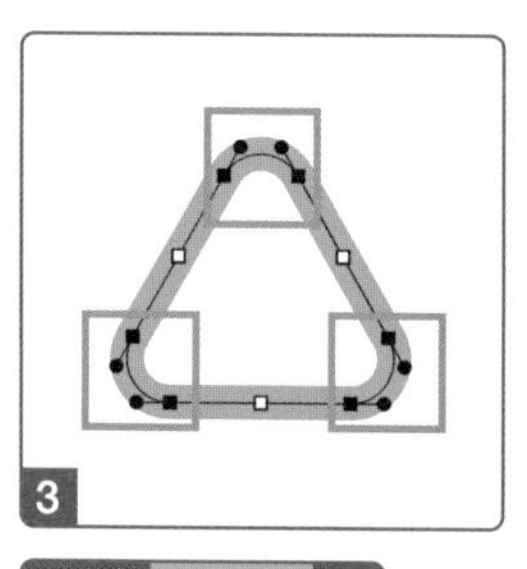

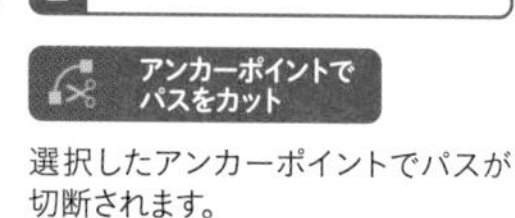

選択したアンカーポイントでパスが切断されます。

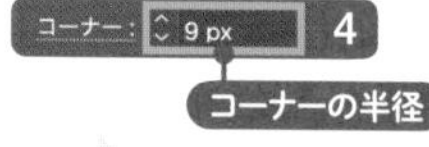

角丸のセグメント、または2つのアンカーポイントのうちいずれかひとつを選択すると、[コーナーの半径] を再調整できます。

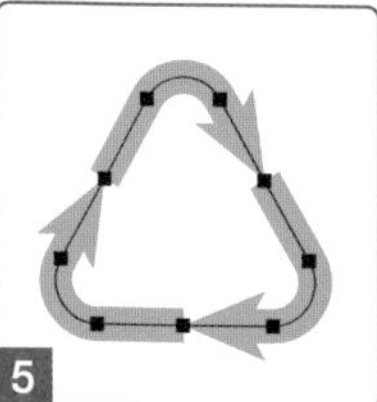

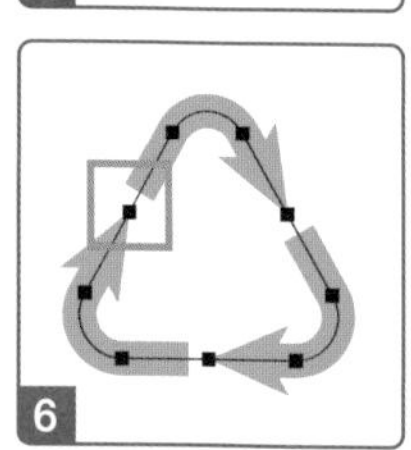

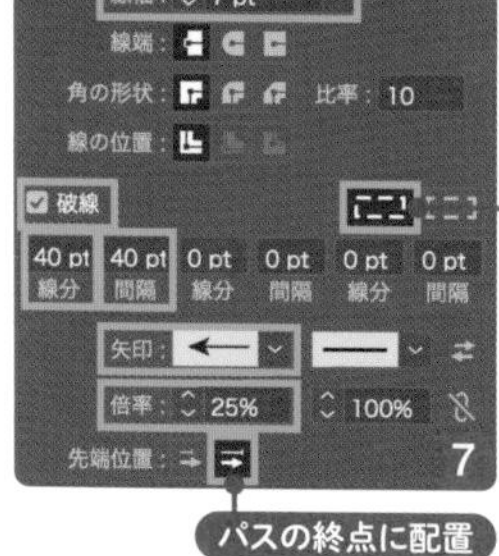

[矢印：矢印2] を選択しました。**31B**と**31C**も同じデザインです。[間隔] を広げると、矢印の後ろに隙間ができます。

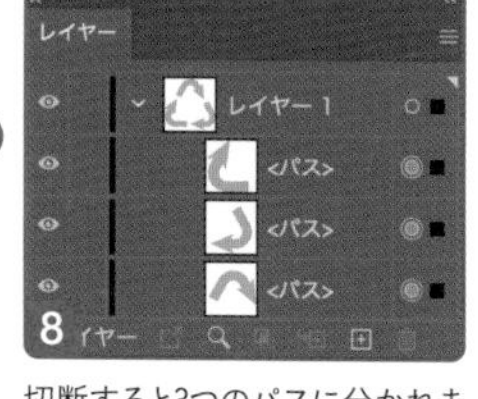

切断すると3つのパスに分かれます。グループ化しておくと、扱いやすくなります。

» P12 円 » P52 三角形 » P79 L字 » P98 矢印

★★★

31 B 正三角形からつくった円を切断して矢印にする

矢印

STEP 1 **01E** (P12) の操作で正三角形を円に変換します 1 2 3

STEP 2 [ダイレクト選択ツール] でアンカーポイントを囲むようにドラッグして選択し、[オブジェクト] メニュー→ [パス] → [平均] を選択し、デフォルトの [平均:2軸とも] のまま、[OK] をクリックします 4 5 6

STEP 3 他のアンカーポイントも同様の操作で[平均]を適用したあと、パスファインダーパネルで [合体] をクリックします 7

STEP 4 [shift] キーを押しながらアンカーポイントをひとつクリックして選択解除したあと、コントロールパネルで [アンカーポイントでパスをカット] をクリックします

STEP 5 残りのアンカーポイントを選択して [アンカーポイントでパスをカット] をクリックします

STEP 6 すべてを選択して、線パネルで [矢印] と [破線] を設定します 8 9 10

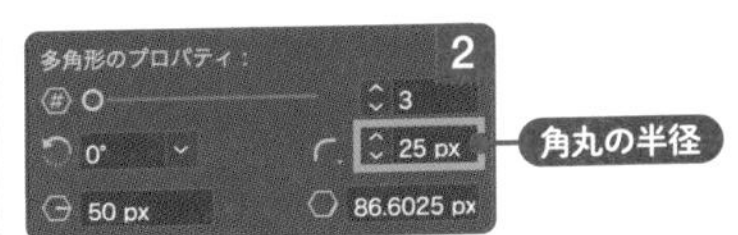

[選択内容のみ:オフ]に変更すると、ドキュメント全体の情報が表示されます。

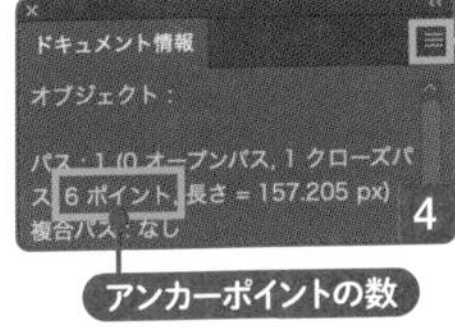

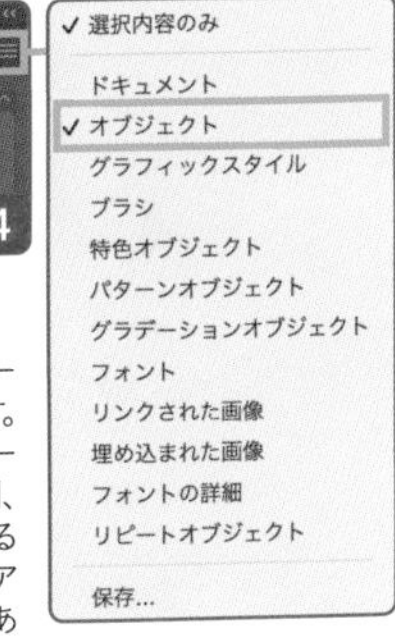

このパネルには、パネルメニューで選択した情報が表示されます。[オブジェクト]を選択すると、オープンパス／クローズパスの区別、アンカーポイントの数などを知ることができます。見た目は3つのアンカーポイントが、実際には6つあることがわかります。

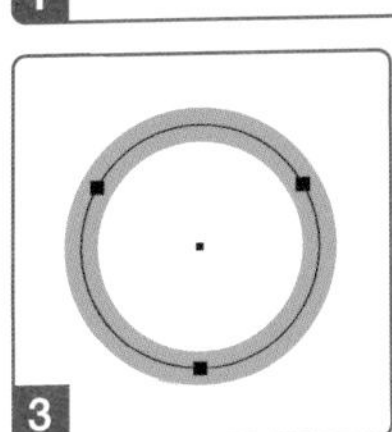

正多角形を[角丸の半径：最大値]に変更すると、円になります。見た目は3つのアンカーポイントで構成されているように見えますが、実際にはごく近い位置にアンカーポイントが2つ重なっています。

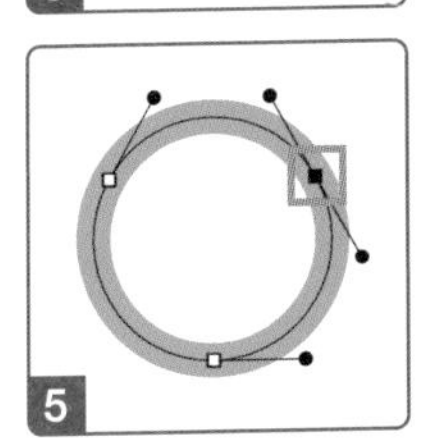

平均の方法
○ 水平軸
○ 垂直軸
◉ 2 軸とも
6

このダイアログが表示されると、複数のアンカーポイントが選択されていることを意味します。

[ダイレクト選択ツール] でアンカーポイントを囲むようにドラッグすると、ごく近くにある2つのアンカーポイントを選択できます。[平均] を [2軸とも] で適用すると、同じ位置に重なります。

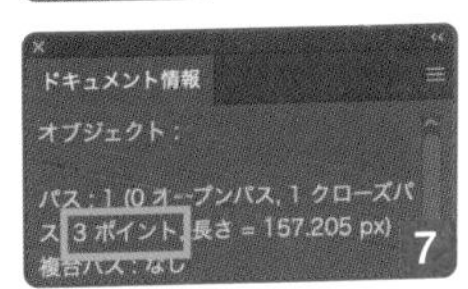

[合体] を適用すると、同じ位置に重なったアンカーポイントが、ひとつにまとまります。

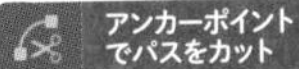

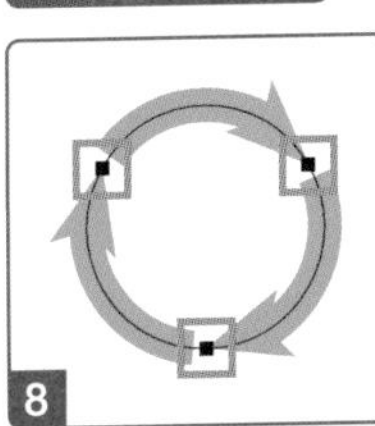

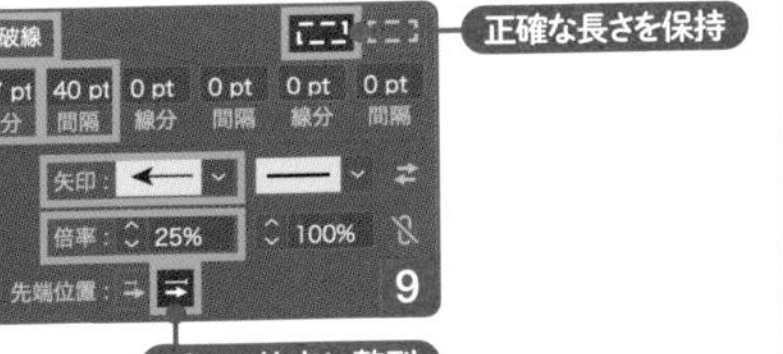
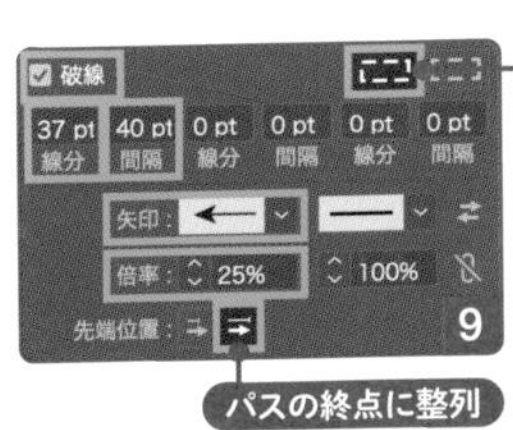

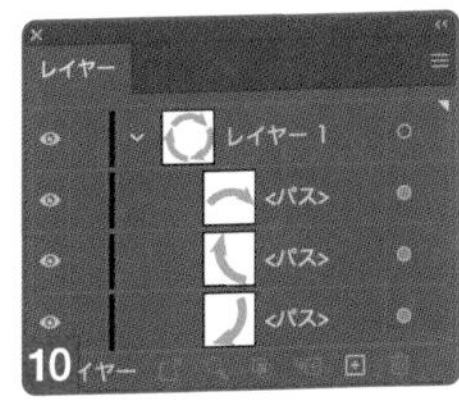

» P12 円 » P51 三角形

★★
31C ［変形］効果でコの字を反転コピーする

アピアランス

STEP1 ［矢印］を設定したコの字と、透明枠の縦の中心を揃えて、グループ化します 1 2
STEP2 ［ パスの変形 変形］効果で反転コピーします 3
STEP3 ［ダイレクト選択ツール］で端のアンカーポイントを選択し、矢印キーで位置を調整します 4
STEP4 コントロールパネルで［コーナーの半径］、線パネルで［破線］を調整します 5 6 7

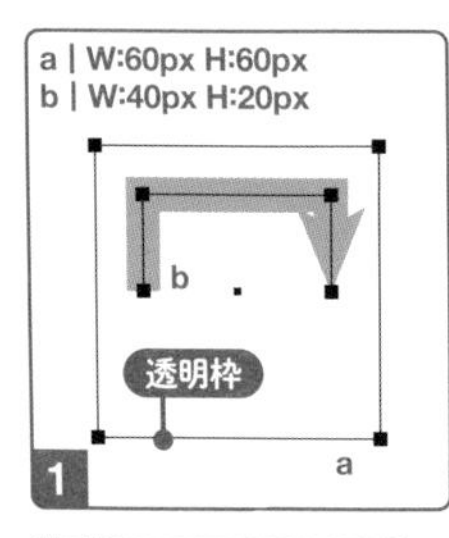

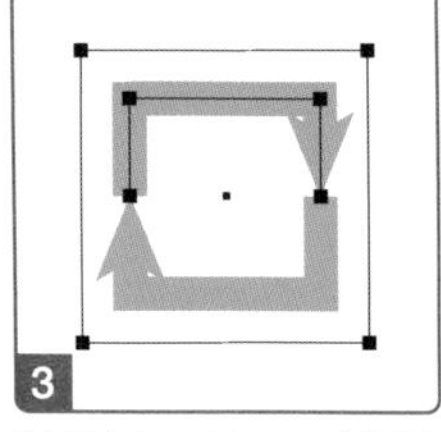

［水平方向に反転：オン］［垂直方向に反転：オン］［基準点：中央］［コピー：1］に設定します。

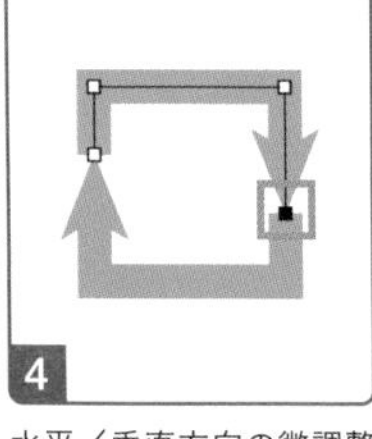

水平／垂直方向の微調整には、矢印キーが便利です。

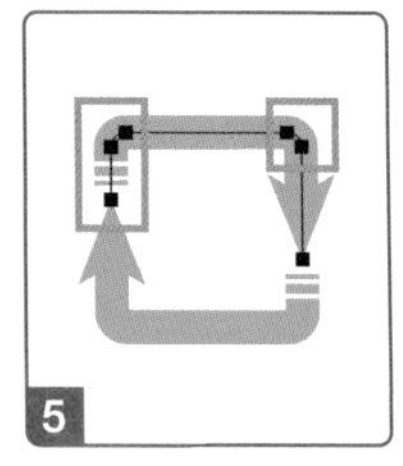

矢印末端のフェードアウトは、［破線］の［線分］と［間隔］を調整してつくります。

水平方向中央に整列

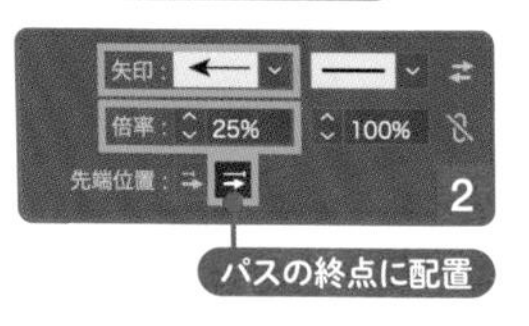

意図しないライブコーナーの拡張を防ぐため、角丸化は最後におこなうことをおすすめします。

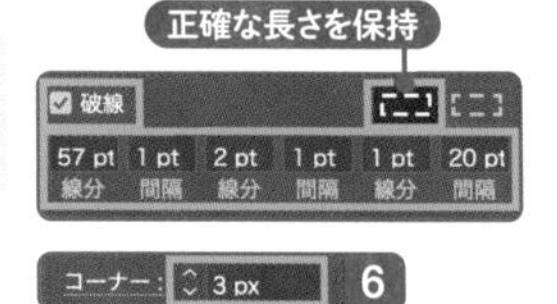

P63 平行四辺形 P66 平行四辺形 P80 コの字

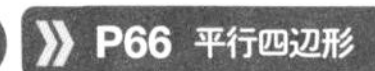

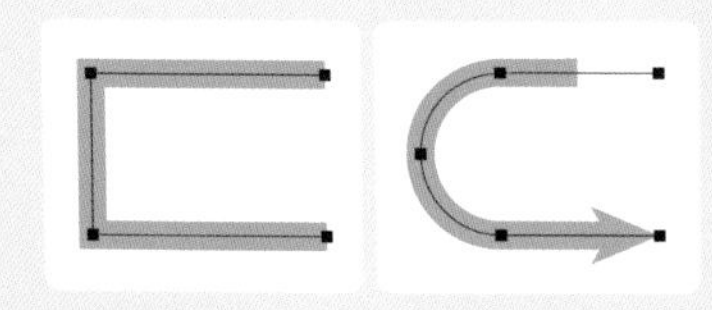

U型の矢印は、コの字のライブコーナーでつくれます。パスを変形するとき、ライブコーナーを拡張しないように注意します。直線部分の角度を変えたり、縦横比を固定せずに拡大・縮小すると、拡張されます。左のサンプルの場合、端のアンカーポイントを水平方向へ移動するぶんには拡張されません。

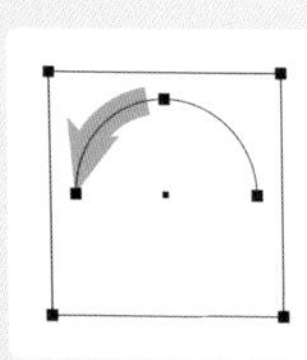

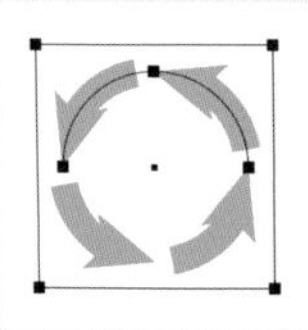

円や多角形のリサイクルマークは、［変形］効果の回転コピーでもつくれます。半円に矢印を設定し、［破線］の［線分］と［間隔］で軸の長さを調整すると、矢印の数を増減しても対応できます。サンプルは［角度:90°］［コピー:3］で4つの矢印を円形に配置したものです。

P96 放射線

POINT

- ☐ 正多角形のリサイクルマークをつくるには **［アンカーポイントの追加］**、円形のリサイクルマークは**円に変換した正多角形**が便利
- ☐ アンカーポイントの数は、**ドキュメント情報パネル**で確認できる

7
3mm, 25%
5
3mm, 30%
5
9
4mm, 30%
13
0.5mm, 100%
10
1mm, 100%
5mm
0
4mm, 20%
7
0
2mm
5
3mm, 30%
1.5mm, 40%
5
3mm, 30%
5
4mm, 14%
8
4mm, 30%
7
5
2mm, 30%
5
3mm, 30%
3mm, 20%
8
7
3mm, 20%
0.75mm, 100%
11
2mm, 30%
5
5mm
0
0.75mm, 40%
7
3mm, 100%
10
3mm, 20%
7
2mm, 100%
11
5
4mm, 33%
5
1mm, 100%
10
6mm
0

32 雪の結晶を描く

雪の結晶は、**21**（P114）の花同様、回転対称な図形です。リピートラジアルや［変形］効果による回転コピーでつくれます。直線やコの字でポップにも、アンカーポイントを追加してディティールをつくり込むこともできます。矢印のデザインも、意外な表情を見せます。

★

32 A リピートラジアルで樹枝を回転コピーする

リピート

STEP 1 垂直線とL字を選択して［線端：丸型線端］に変更し、整列パネルの［垂直方向中央に整列］で縦の中心を揃えます 1 2

STEP 2 ［オブジェクト］メニュー→［リピート］→［ラジアル］を選択し、［インスタンス数:6］に変更したあと、［半径］を調整します 3 4 5

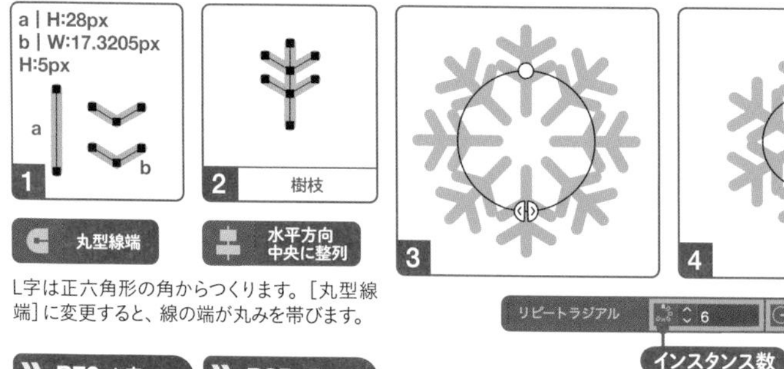

丸型線端　水平方向中央に整列

リピートラジアル　6　16 px　5
インスタンス数　半径

L字は正六角形の角からつくります。［丸型線端］に変更すると、線の端が丸みを帯びます。

》P79 L字　》P85 星

★★

32 B ［変形］効果で透明枠つきで回転コピーする

アピアランス

STEP 1 透明枠のセンターポイントを**32A**の**STEP1**の垂直線の下のアンカーポイントにスナップさせたあと、グループ化します 1 2

STEP 2 ［ パスの変形 変形］効果で60°回転コピーします 3

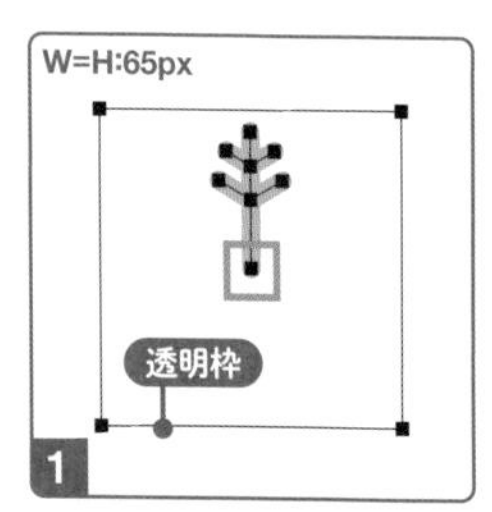

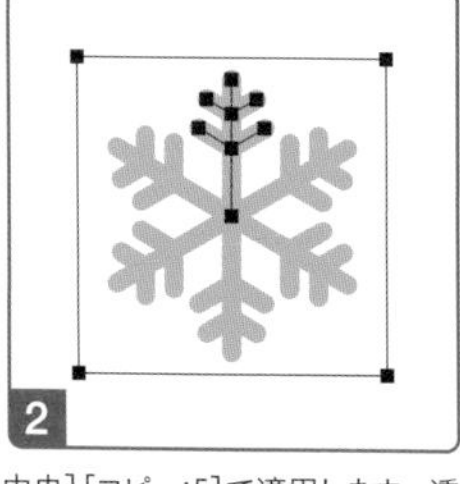

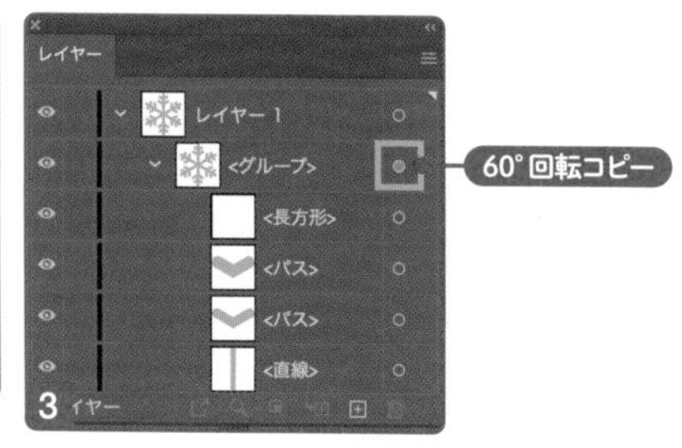

［変形］効果を［角度：60°］［基準点：中央］［コピー：5］で適用します。透明枠なしでグループ化して回転コピーする場合は、［基準点］が［線幅］の影響を受けます。

》P96 放射線

DESIGN OBJECT

[変形] 効果で回転コピーすると、パスのサイズや位置を変更するだけで、無限にバリエーションがつくれます。同様の操作はリピートラジアルでも可能ですが、[変形] 効果の場合は編集モードへの切り替えが不要です。

★★★

32 C 樹枝をアウトライン化して細部をつくり込む

アピアランス

STEP 1 32Bの垂直線とL字を [線端:線端なし] に変更したあとアウトライン化して合体し、左側の飛び出たアンカーポイントを削除します 1 2 3

STEP 2 左側の上下のアンカーポイントの座標 [X] を、透明枠の中心の [X] に揃えます 4 5 6

STEP 3 グループを選択して、[パスの変形 変形] 効果で反転コピーします 7 8 9

STEP 4 反転軸以外のアンカーポイントの位置を調整します 10 11

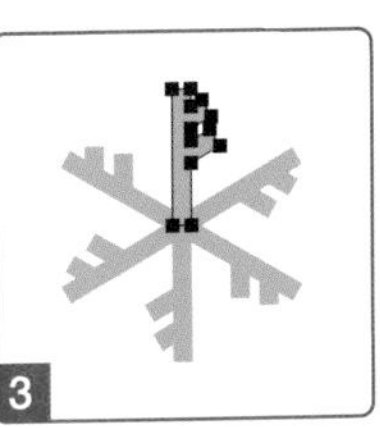

線端なし

[線端なし] に変更したのは、アウトライン化後のアンカーポイント数を最小限におさえるためです。

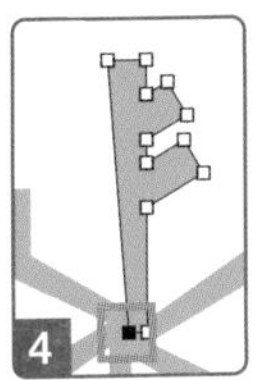

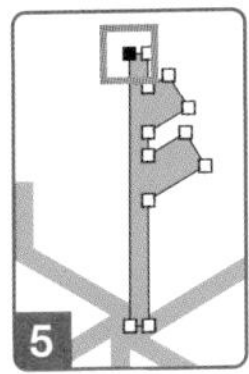

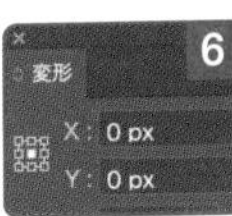

変形パネルは、オブジェクトやアンカーポイントの位置を数値で指定できます。透明枠のセンターポイントが [X:0] [Y:0] になるように配置すると、計算しやすいです。

この場合、先に透明枠のセンターポイントに下のアンカーポイントをスナップさせ、次にそれをキーオブジェクトにして、上のアンカーポイントを整列する方法もあります。

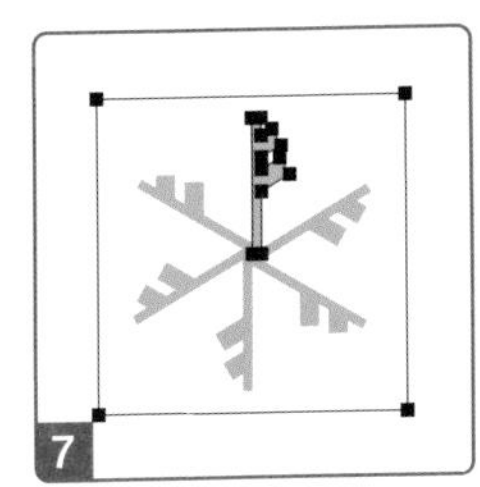

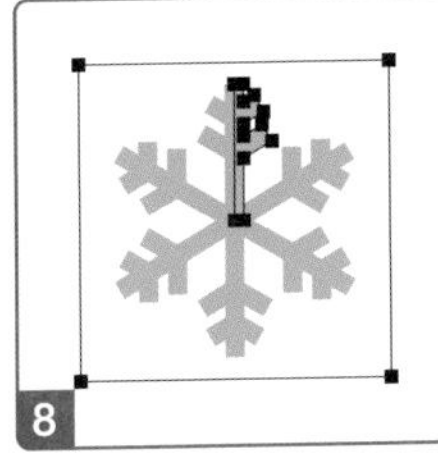

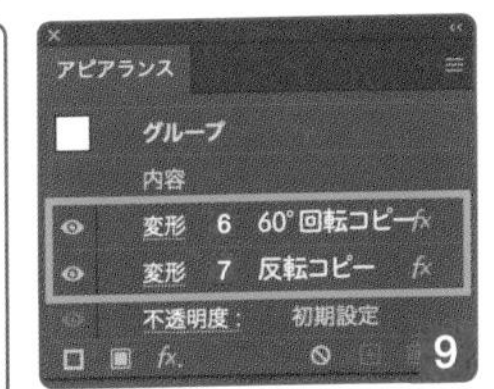

[水平方向に反転:オン] [基準点:中央] [コピー:1] の [変形] 効果を追加します。

アンカーポイントを移動するたびに、結晶のかたちが変わります。水平線を60°回転して境界線のガイドを作成し、アンカーポイントをスナップさせると、シームレスにつながります。

ガイドに変換するには、パスを選択して [表示] メニュー→ [ガイド] → [ガイドを作成] を選択します。アンカーポイントをガイド上に移動すると、スナップされます。

» P66 平行四辺形 » P116 花

★

32 D [矢印] のデザインを利用する

矢印

STEP 1 垂直線を選択し、[パスの変形 変形] 効果で60°回転コピーします 1

STEP 2 垂直線の両端に同じ [矢印] を設定します 2 3

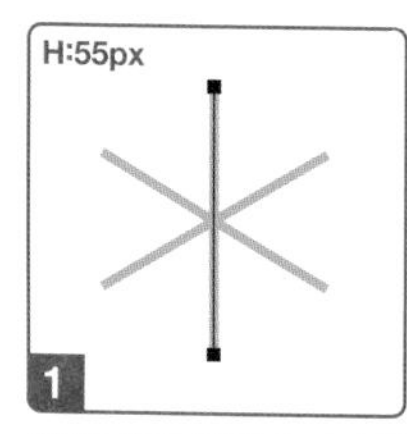

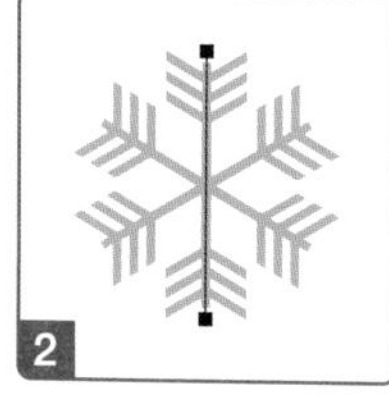

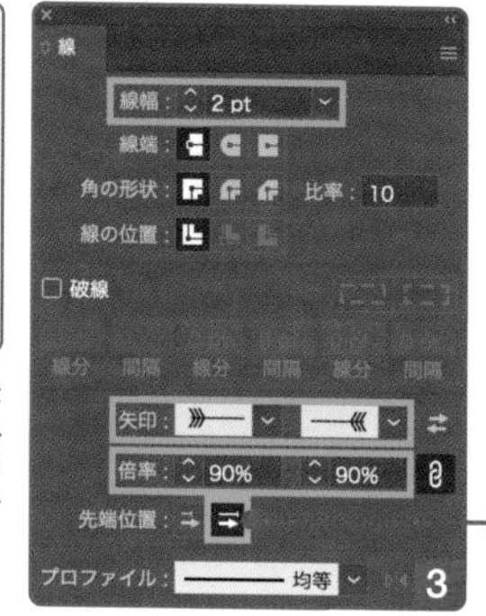

パスの終点に配置

[角度:60°] [基準点:中央] [コピー:2] で回転コピーし、[矢印18] を直線の両端に設定しました。等幅の線で構成されたデザインを使うと、シンボリックな結晶になります。アピアランスパネルで [矢印] を設定した [線] を重ねると、複雑なかたちもつくれます。

» P93 十字 » P115 花

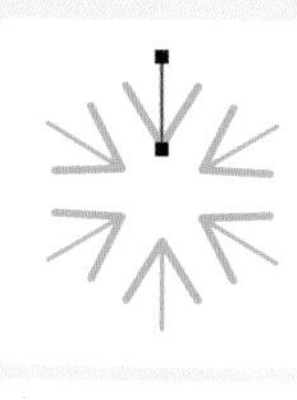

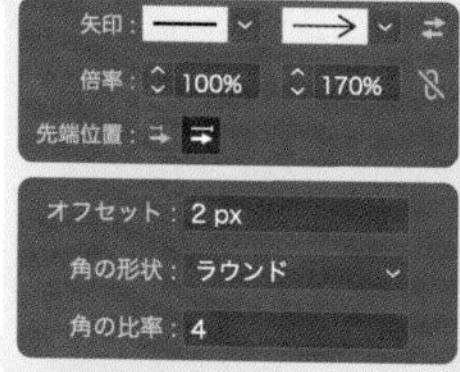

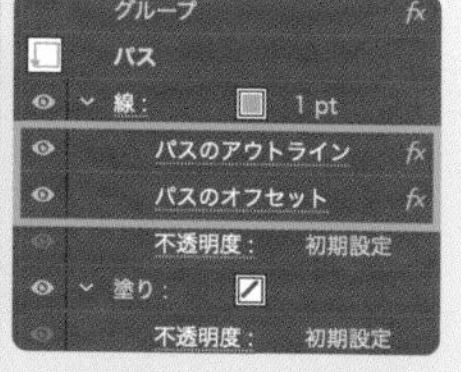

線で構成された矢先のデザインは、[倍率] でだいたいのサイズを調整したあと、[パスのアウトライン] 効果で擬似的にアウトライン化し、[パスのオフセット] 効果で太さを調整する方法もあります。[角の形状] で丸みもつけられます。

» P74 角丸長方形

» P98 矢印

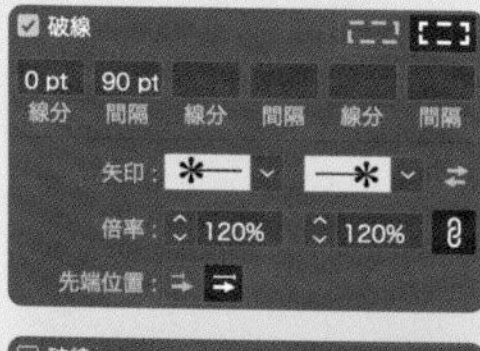

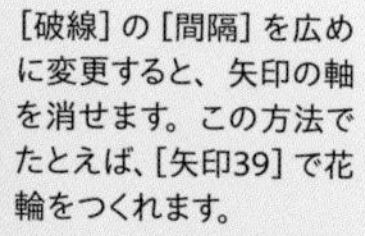

[破線] の [間隔] を広めに変更すると、矢印の軸を消せます。この方法でたとえば、[矢印39] で花輪をつくれます。

矢先のデザインのなかには、[倍率] を変更していくと、予想外のかたちに変化するものもあります。いろいろ試してみると、発見があります。

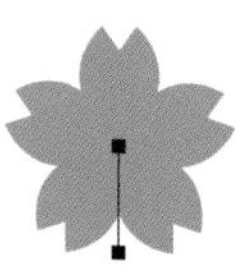

21,24
20
18
17
22,25
39
19
7
etc

33 霞を描く

霞は、和風デザインに欠かせないパーツです。直線を擬似合体して［角を丸くする］効果でアールをつくる方法と、アールのつなぎで直線を橋渡しする方法の2通りでつくります。直線からつくる場合、［パスのアウトライン］効果による擬似アウトライン化が便利です。

★★

33 A アピアランスで直線を合体して角を丸める

アピアランス

STEP 1 水平線と垂直線を選択し、いずれかをキーオブジェクトに指定したあと、整列パネルで［間隔値：0］に変更して、［垂直方向等間隔に分布］をクリックします 1 2 3

STEP 2 ［ パス パスのアウトライン］効果を適用したあと、グループ化します 4

STEP 3 ［ パスファインダー 追加］効果を適用したあと、［ スタイライズ 角を丸くする］効果を［半径：［線幅］の半分］で適用します 5 6 7

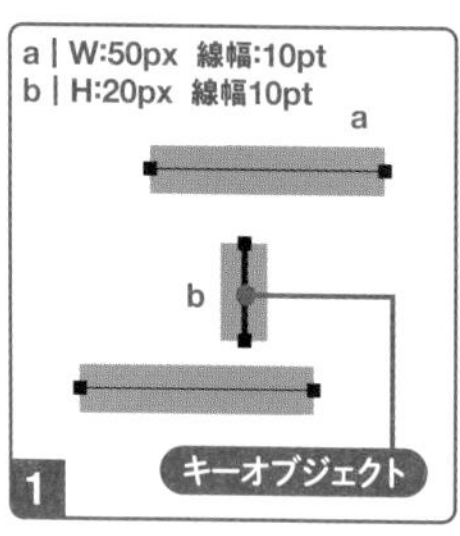

選択オブジェクトのいずれかを［選択ツール］で再度クリックすると、キーオブジェクトに指定できます。

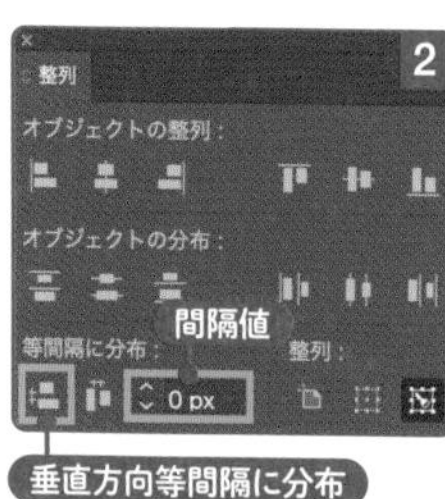

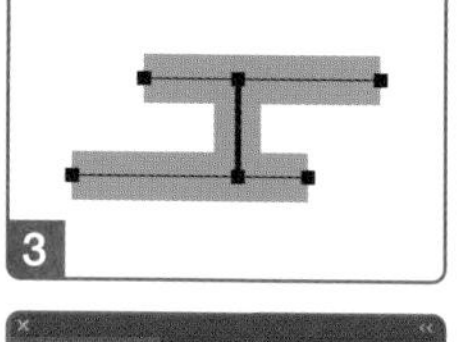

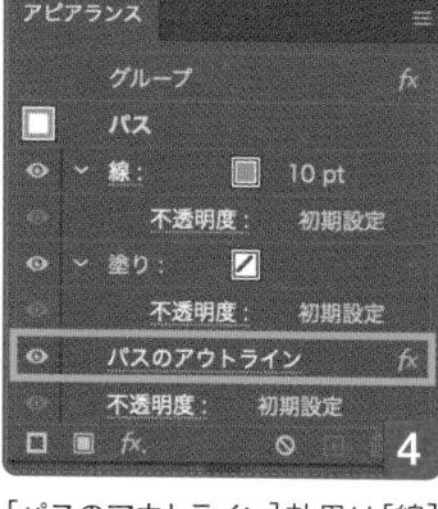

［パスのアウトライン］効果は［線］に直接適用してもかまいません。

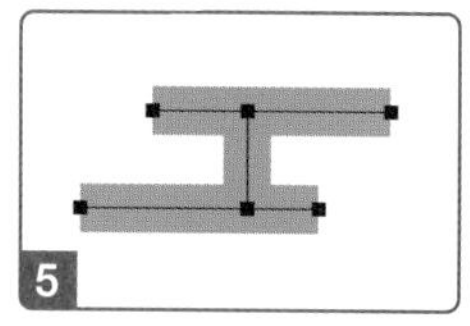

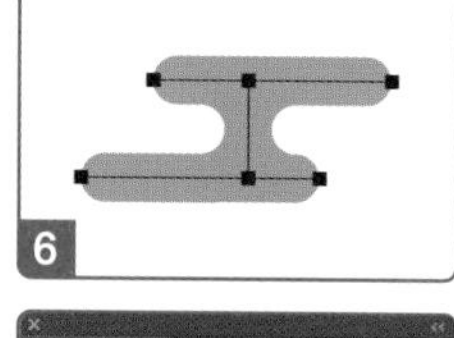

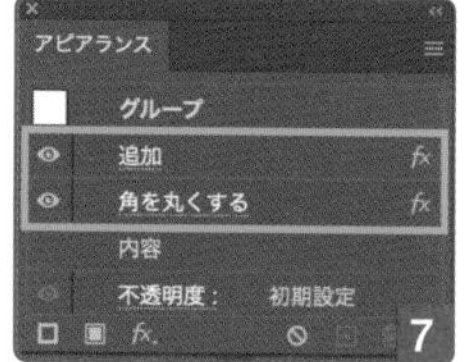

［角を丸くする］効果を［半径：5px］で適用します。

》P13 円

》P60 菱形

》P99 矢印

41B（P210）の角文字も、構造は霞と同じです。［パスのアウトライン］効果と［追加］効果、［角を丸くする］効果で丸みをつけられます。

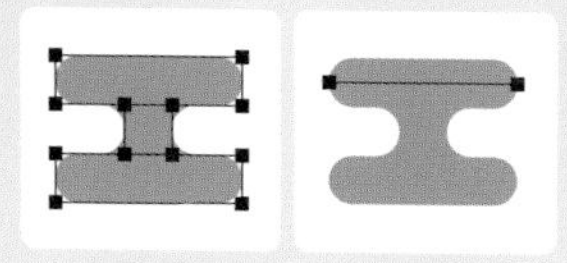

霞は長方形でもつくれます。こちらは［パスのアウトライン］効果が不要です。ひとつの直線や長方形に［塗り］や［線］を追加してつくることも可能ですが、アンカーポイントやパスを直接操作できないため、あとでかたちを変えるときに、かえって面倒になることがあります。

★★
33 B 正方形と円でアールのつなぎをつくる

パスファインダー

STEP1 円の上のアンカーポイントを、正方形の右上角にスナップさせます 1 2

STEP2 円を前面に移動したあと両方を選択して、パスファインダーパネルで［前面オブジェクトで型抜き］を適用します 3

STEP3 ［リフレクトツール］で角のアンカーポイントを［基準点］にして反転コピーしたあと、両方を選択してパスファインダーパネルで［合体］を適用します 4 5

STEP4 このパスと、［線端：丸型線端］の水平線を縦に並べます

STEP5 整列パネルで［プレビュー境界を使用：オン］に変更したあと、いずれかをキーオブジェクトに指定します 6

STEP6 ［間隔値：0］に変更して、［垂直方向等間隔に分布］をクリックします 7 8

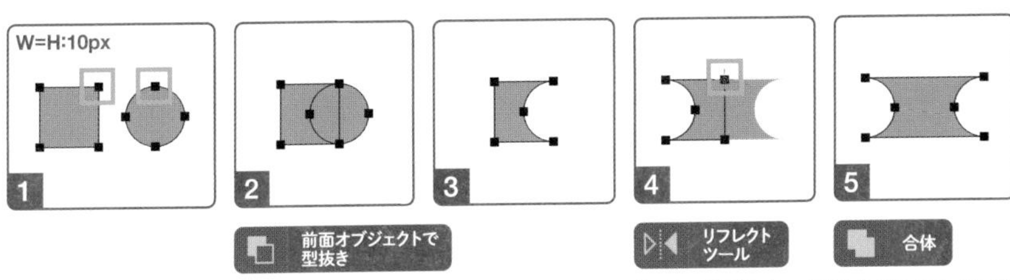

［option（Alt）］キーを押しながらクリックして［基準点］に指定します。

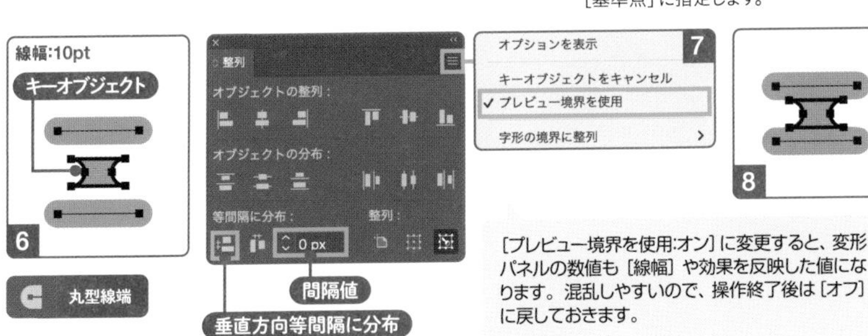

［プレビュー境界を使用:オン］に変更すると、変形パネルの数値も［線幅］や効果を反映した値になります。混乱しやすいので、操作終了後は［オフ］に戻しておきます。

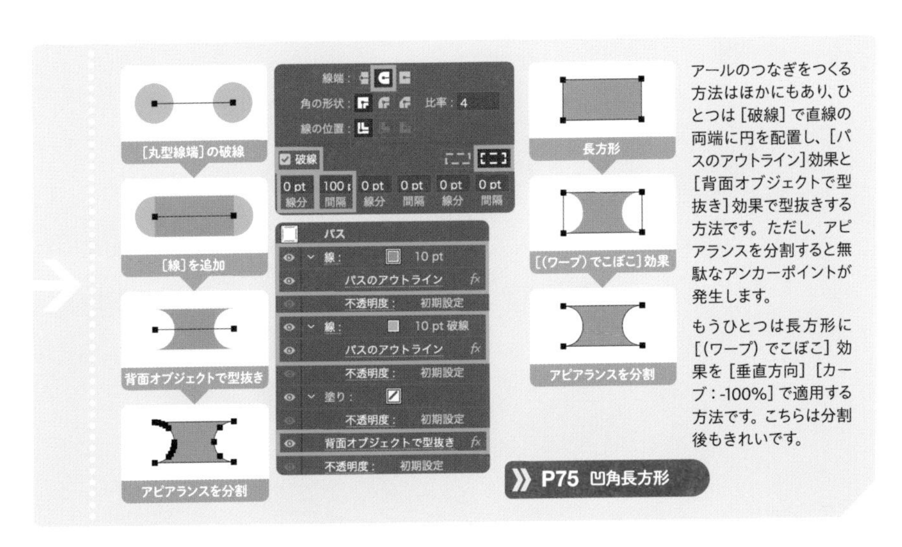

アールのつなぎをつくる方法はほかにもあり、ひとつは［破線］で直線の両端に円を配置し、［パスのアウトライン］効果と［背面オブジェクトで型抜き］効果で型抜きする方法です。ただし、アピアランスを分割すると無駄なアンカーポイントが発生します。

もうひとつは長方形に［（ワープ）でこぼこ］効果を［垂直方向］［カーブ：-100%］で適用する方法です。こちらは分割後もきれいです。

P75 凹角長方形

34 虹を描く

虹を描くことで、パスに沿ってグラデーションを流したり、ブレンドで平行線をつくる方法、[線] の描画位置をコントロールする方法などをマスターできます。グラデーションを使えばリアルな、色面で構成すればポップな虹になります。

★

34 A [線] に [交差] でグラデーションを適用する

グラデーション

STEP 1 スウォッチパネルで [スウォッチライブラリメニュー] をクリックして、[グラデーション] → [スペクトル] を選択します 1

STEP 2 半円の [線幅] を太めに変更します 2

STEP 3 グラデーションパネルで [線] をクリックしたあと、スウォッチライブラリパネルでグラデーションスウォッチをクリックします 3 4

STEP 4 グラデーションパネルで [線:パスに交差して適用] に変更します 5

STEP 5 [カラー分岐点] をドラッグして、順番を入れ替えます 6 7

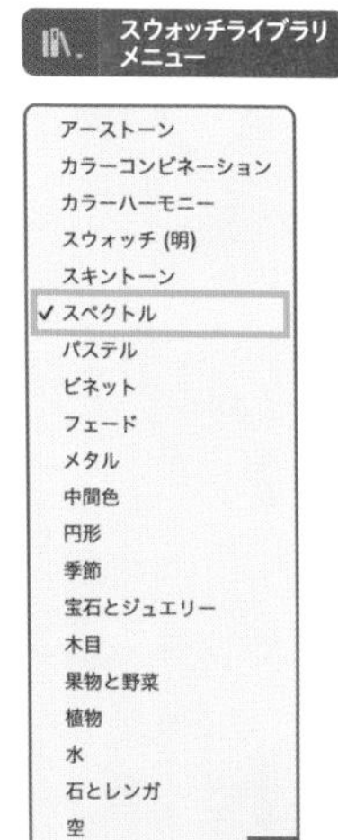

グラデーションスウォッチは、[グラデーション] 以下に用意されています。

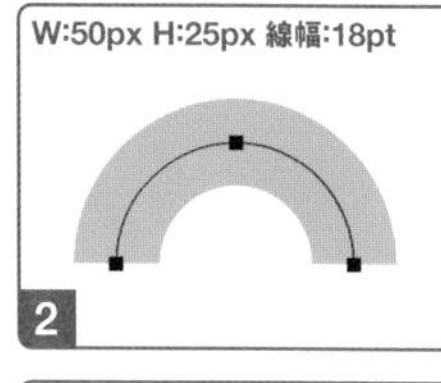

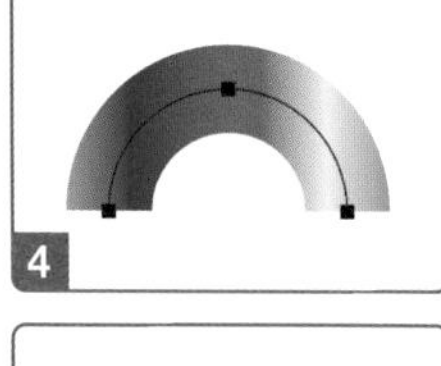

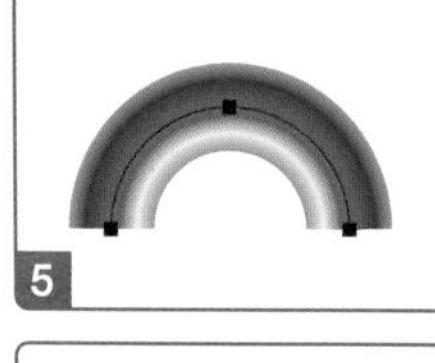

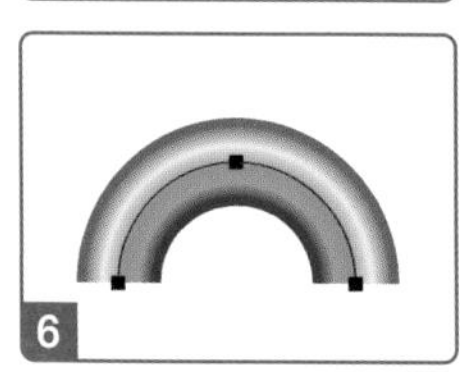
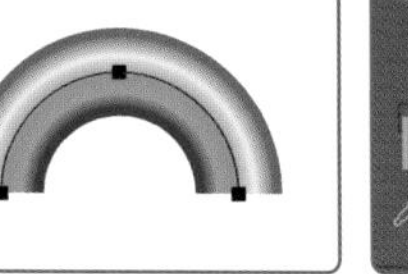

自然界の虹の色の並び順（外側が赤、内側が青紫）に合わせて調整します。

グラデーションパネルで [塗り] または [線] を選択し、スウォッチライブラリパネルでグラデーションスウォッチをクリックすると、[線形グラデーション] になります。

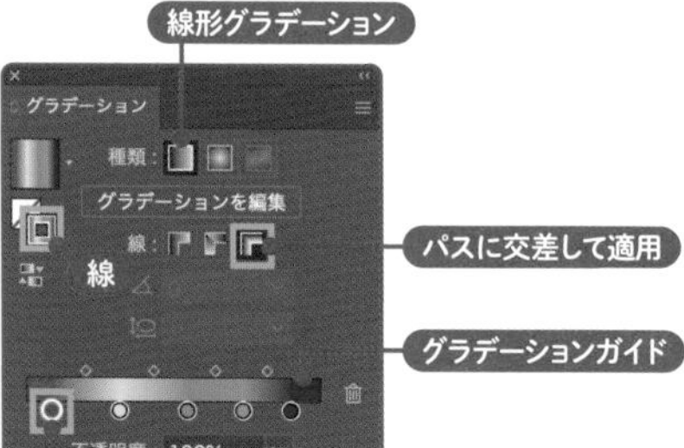

[カラー分岐点] をパネルの外へドラッグすると、削除できます。また、[グラデーションガイド] をクリックすると追加できます。

» P34 半円

» P199 ネオン管

DESIGN OBJECT

★★★
34 B ブレンドで中間の色や[線]を生成する

ブレンド

STEP 1 [塗り:なし]の半円をアウトライン化します 1 2

STEP 2 [ダイレクト選択ツール]で直線のセグメントを選択して削除し、ツールバーで[塗りと線を入れ替え]をクリックします 3

STEP 3 片方のパスを選択し、[オブジェクト]メニュー→[パスの方向反転]を選択します 4 5

STEP 4 両方のパスを選択して、[オブジェクト]メニュー→[ブレンド]→[作成]を選択します 6

STEP 5 [オブジェクト]メニュー→[ブレンド]→[ブレンドオプション]を選択し、ダイアログで[ステップ数:1]に変更して、[OK]をクリックします 7 8

STEP 6 [オブジェクト]メニュー→[ブレンド]→[拡張]を選択したあと、[オブジェクト]メニュー→[ブレンド]→[作成]を選択します 9 10

STEP 7 [線]の色をそれぞれ変更します 11 12

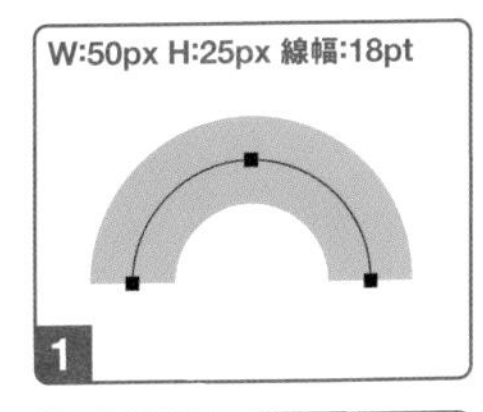

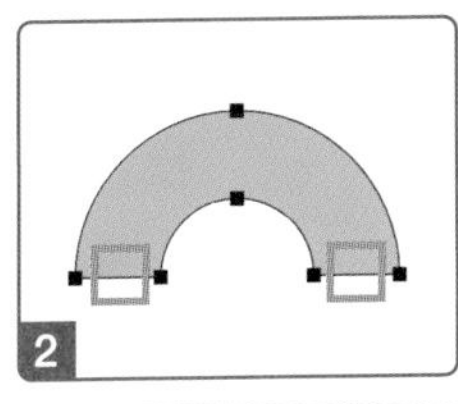

塗りと線を入れ替え

[塗りと線を入れ替え]をクリックすると、[塗り]と[線]の色が入れ替わります。[塗り:なし]にするための操作です。

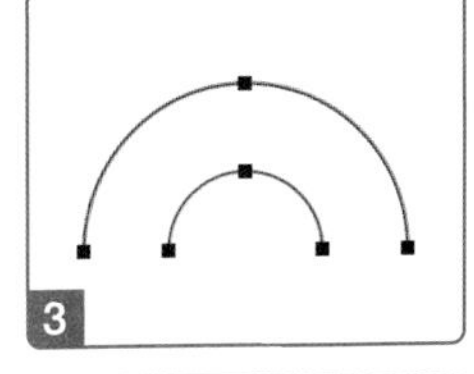

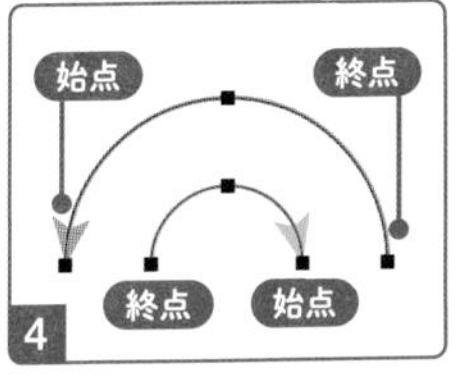

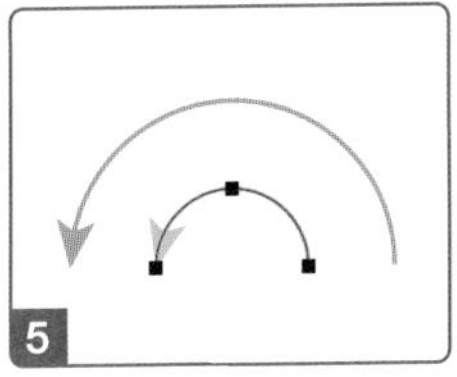

始点に[矢印]を設定すると、始点と終点を見分けやすいです。[矢印]の設定は、ブレンド作成前に[なし]に戻します。

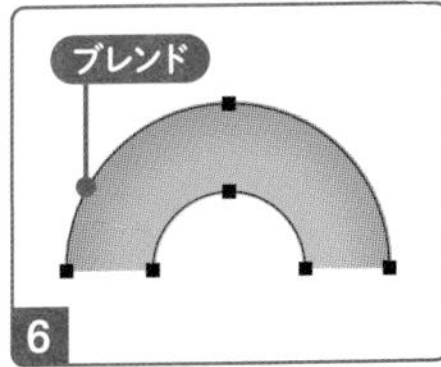

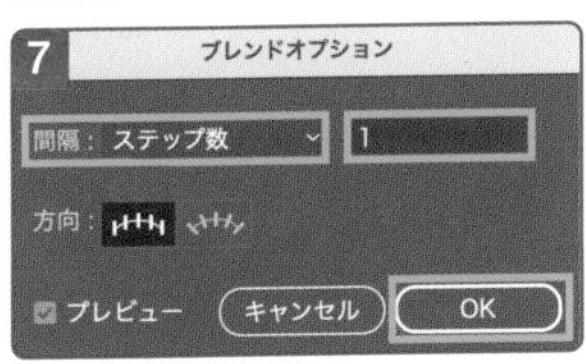

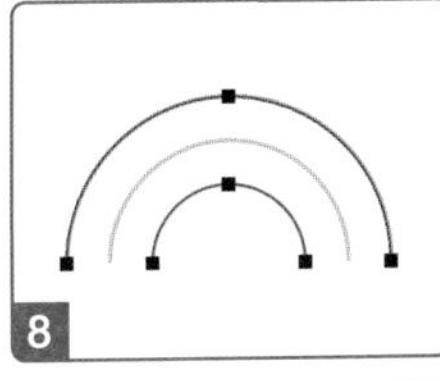

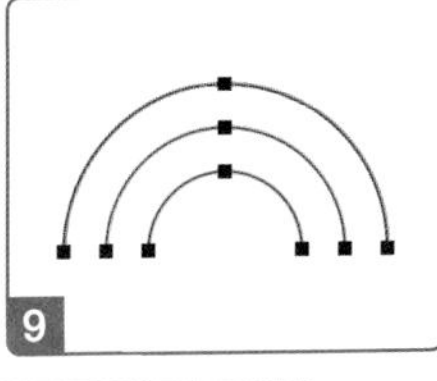

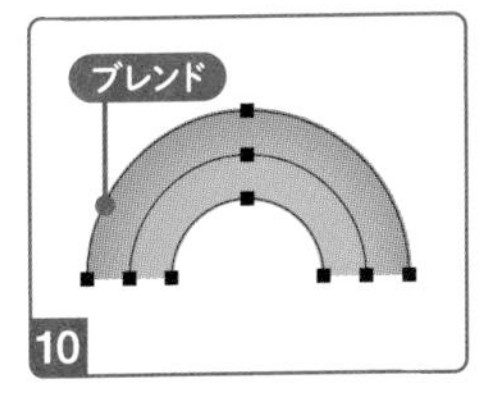

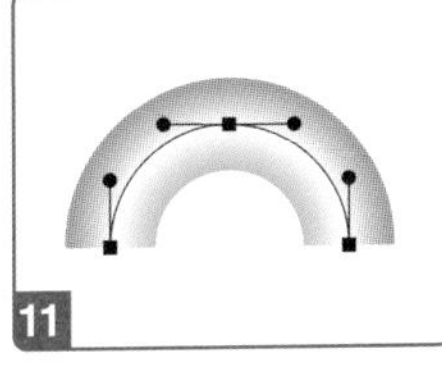

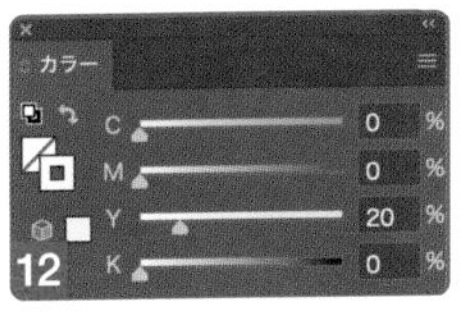

P126 ドットライン
P220 千鳥格子

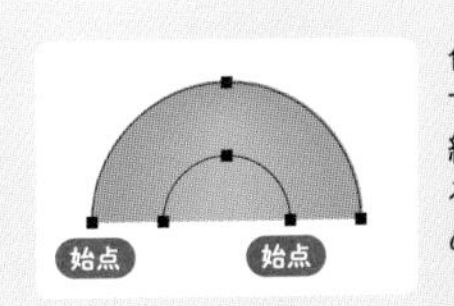

色は、始点と始点、終点と終点を結んでブレンドされます。**STEP3**で始点と終点を入れ替えずにブレンドを作成すると、色が交差してブレンドされるため、虹になりません。

★★
34 C 同心円を半径で分割する

同心円グリッド

STEP 1 [同心円グリッドツール] を選択してワークエリアでクリックし、ダイアログで [同心円の分割] [線数:4]、[円弧の分割] [線数:2]、[グリッドの塗り:オン] に変更して、[OK] をクリックします 1 2

STEP 2 パスファインダーパネルで [分割] を適用します 3

STEP 3 不要なパスを削除したあと、90°回転し、[塗り] を変更します 4 5 6 7

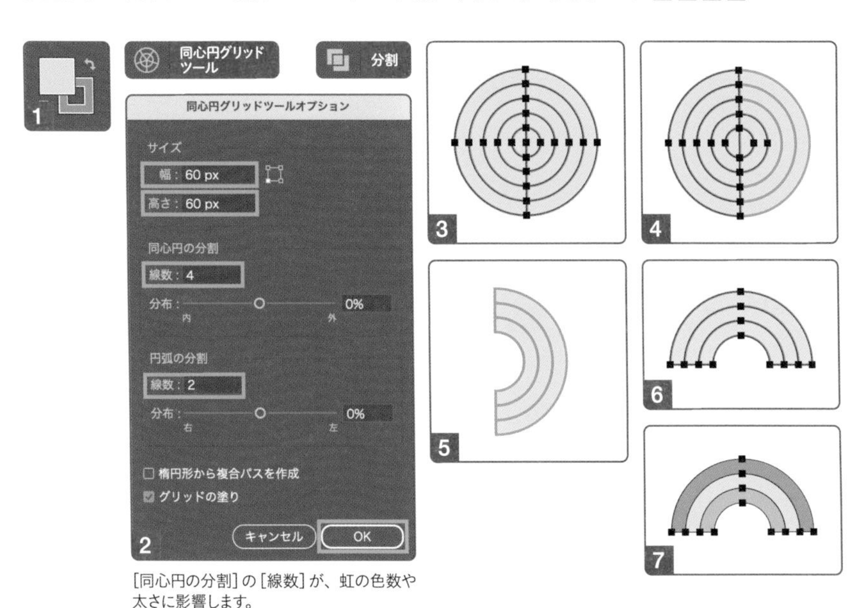

[同心円の分割] の [線数] が、虹の色数や太さに影響します。

》P37 1/4円 》P69 台形 》P96 放射線

★
34 D 色帯のパターンブラシをつくる

ブラシ

STEP 1 長方形を2つ複製して [塗り] を変更し、角をスナップして縦に並べます 1

STEP 2 ブラシパネルで [新規ブラシ] をクリックし、ダイアログで [パターンブラシ] を選択して、[OK] をクリックします

STEP 3 次のダイアログで [OK] をクリックし、半円にパターンブラシを適用します 2 3

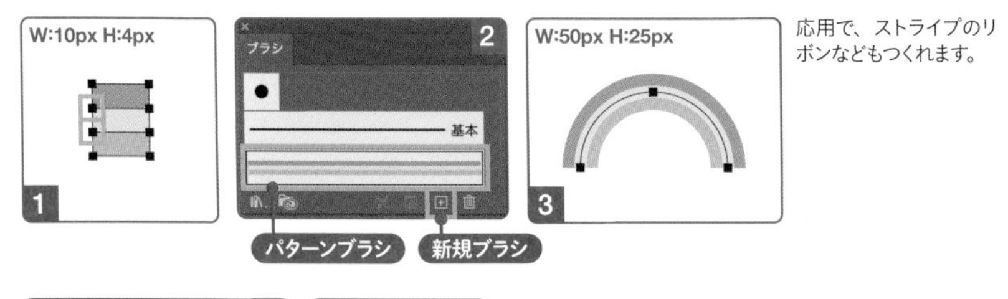

応用で、ストライプのリボンなどもつくれます。

》P135 ストライプバー 》P202 縄目

★★★
34 E アピアランスで［線］を重ねて長方形で切り抜く

アピアランス

STEP1 円を選択し、線パネルで［線の位置：線を内側に揃える］に変更します 1

STEP2 アピアランスパネルでこの［線］を2つ複製し、［線幅］を変更します 2

STEP3 ［塗り］を［線］の上へ移動して［ 形状に変換 長方形］効果で長方形に変換し、［変形］効果で位置を調整します 3 4

STEP4 ［ パスファインダー 切り抜き］効果を適用し、アピアランスパネルでリストのいちばん下へ移動します 5 6

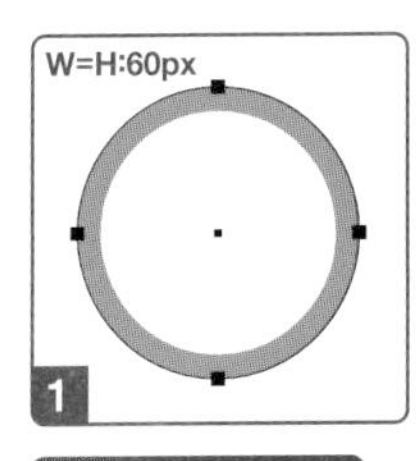

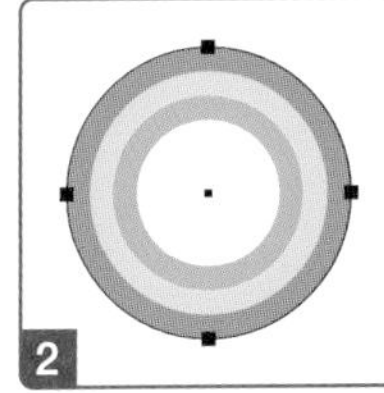

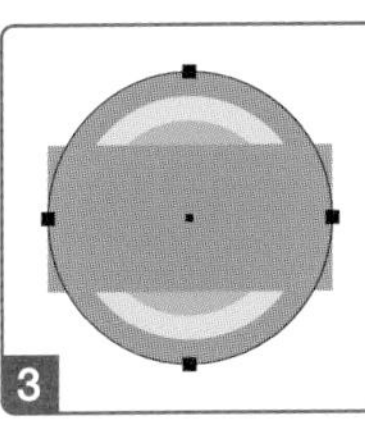

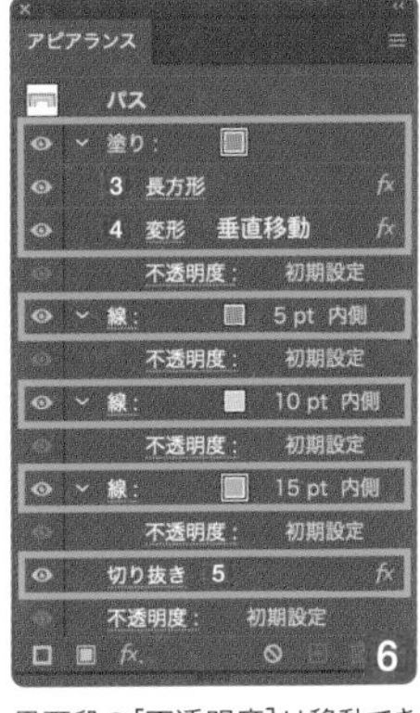

線を内側に揃える

選択した項目を複製

［長方形］効果を［サイズ：値を指定］［幅：60px］［高さ：30px］、［変形］効果を［移動］［垂直方向：-15px］で適用します。

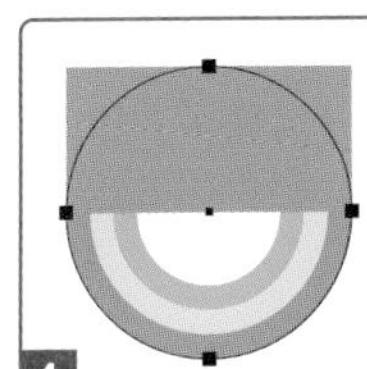

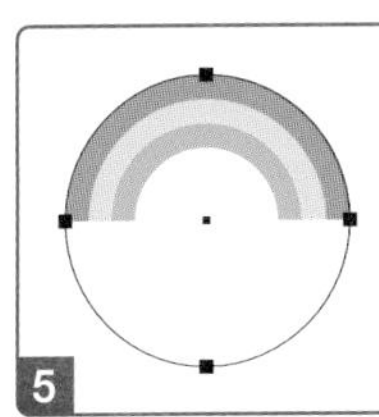

最下段の［不透明度］は移動できないため、その上が「リストのいちばん下」になります。

» P65 平行四辺形

★★
34 F 線幅ポイントで線の位置を変える

可変線幅

STEP1 ［線幅ツール］で半円の端のアンカーポイントをダブルクリックし、ダイアログで［側辺1：0］に変更して、［OK］をクリックします 1 2 3 4

STEP2 アピアランスパネルでこの［線］を複製し、［線幅］と色をそれぞれ変更します 5 6

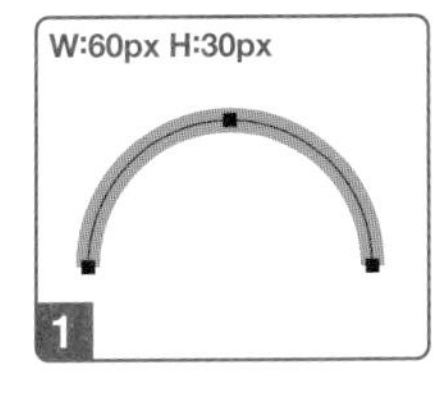

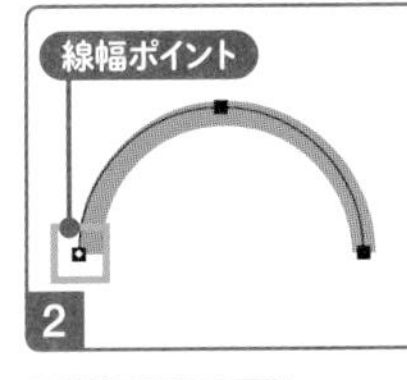

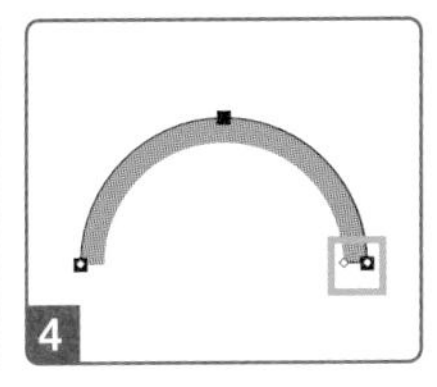

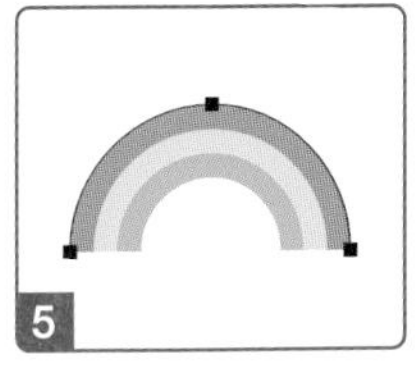

クローズパスの場合は［線の位置：線を内側に揃える］を適用できますが、オープンパスには適用できません。線幅ポイントをパスの両端に作成し、［側辺:0］にすると、同じ見た目になります。

線幅ツール

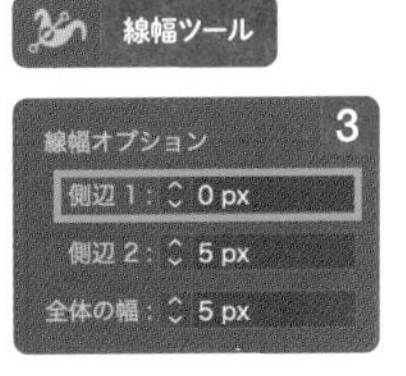

［線幅オプション］を設定した［線］を複製すると、［線幅］を変更するだけで、［側辺1：0］のまま、［側辺2］が調整されます。

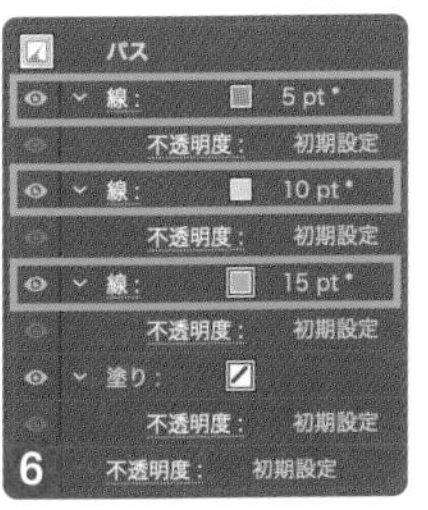

» P71 台形

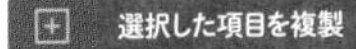

35 ミシン目入りのタグを描く

長方形にミシン目と紐通し穴をあけて、タグをデザインします。穴あけの基本は**07**（P41）のドーナツ円でも扱いましたが、ここでは複数の箇所に、非破壊的に穴をあける方法を解説します。

★★

35 A ［前面オブジェクトで型抜き］効果で穴をあける　アピアランス

STEP 1　長方形の右下のアンカーポイントを選択して［角の種類：面取り］に変更し、［角丸の半径］を調整します 1

STEP 2　［破線］と［矢印］を設定した垂直線と、円を配置します 2 3 4

STEP 3　垂直線に［ パス　パスのアウトライン］効果を適用します 5

STEP 4　すべてを選択してグループ化したあと、［ パスファインダー　前面オブジェクトで型抜き］効果を適用します 6 7 8 9

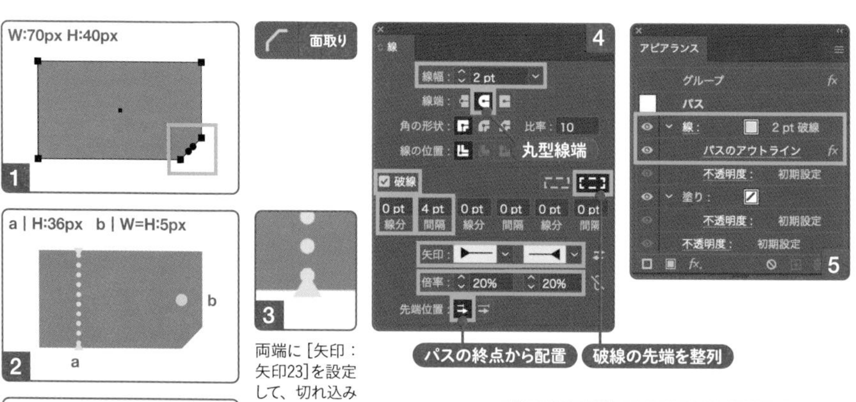

両端に［矢印：矢印23］を設定して、切れ込みを表現します。

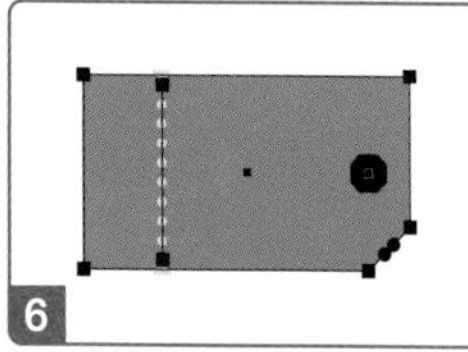

［前面オブジェクトで型抜き］効果は、最背面のオブジェクト以外はすべて穴になる効果です。台紙に文字やイラストなどのデザインを入れる場合は、**35B**の［グループの抜き］や**35C**の不透明マスクが向いています。

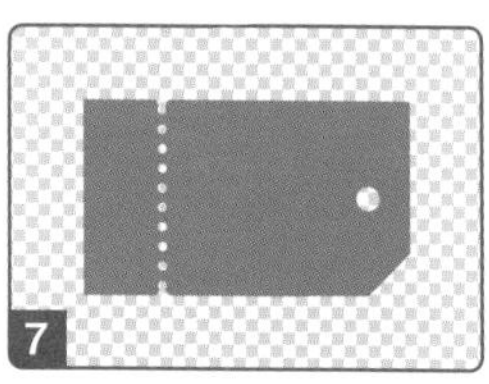

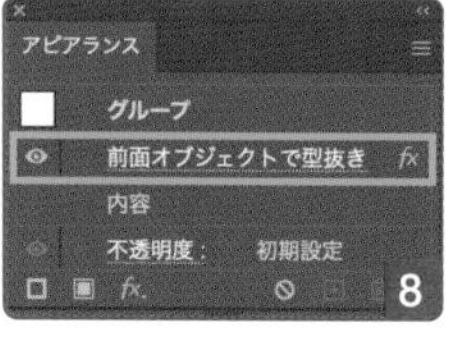

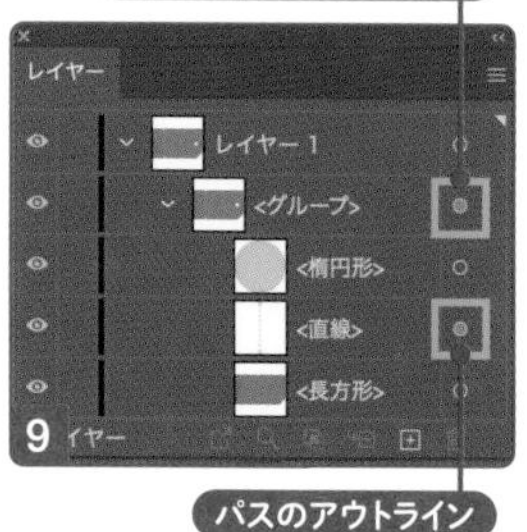

［前面オブジェクトで型抜き］効果は、グループに適用されています。グループに追加したオブジェクトは、長方形の前面にあれば、すべて穴になります。

» P43 ドーナツ円　» P75 凹角長方形

DESIGN OBJECT

★★
35 B ［グループの抜き］で穴をあける

グループの抜き

STEP 1 グループを選択し、**35A**の［前面オブジェクトで型抜き］効果を削除します 1 2 3
STEP 2 透明パネルで［グループの抜き：オン］に変更します 4
STEP 3 円と垂直線を選択して、［不透明度：0%］に変更します 5 6 7

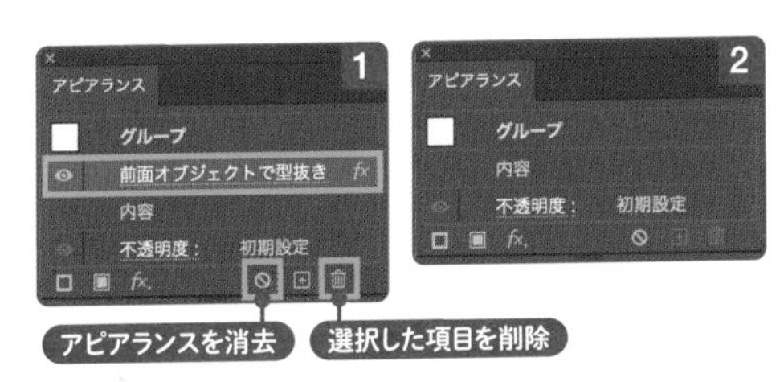

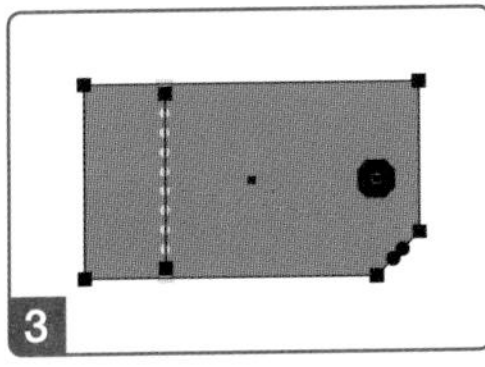

［アピアランスを消去］は、すべてのアピアランスを消去します。パスに適用すると、［塗り：なし］［線：なし］に変更できます。

3

アピアランスパネルで［前面オブジェクトで型抜き］効果を選択して［選択した項目を削除］をクリックすると、削除できます。この場合、［アピアランスを消去］でも同じ結果になります。

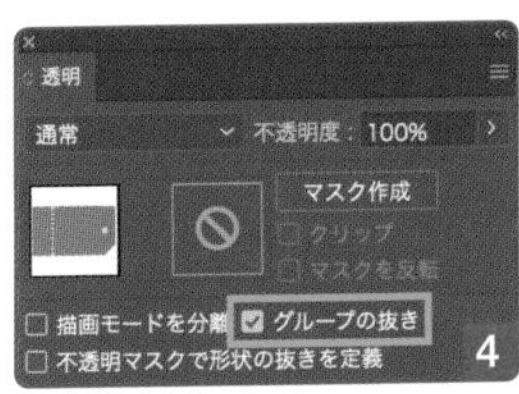

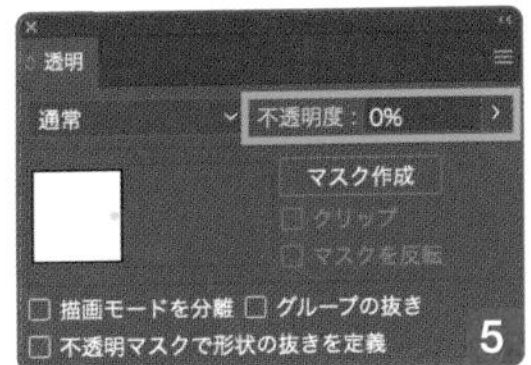

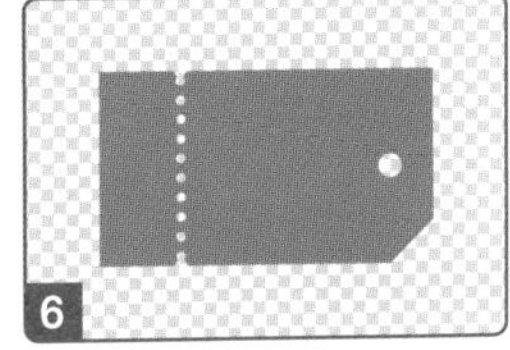

市松模様は「透明グリッド」で、背景の透明部分を意味します。

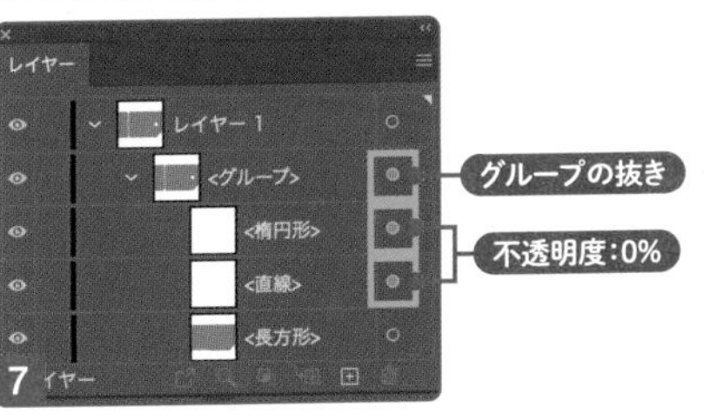

［グループの抜き］では、透明に変更したオブジェクトだけが穴になります。グループに穴以外のオブジェクトも追加できるので、べた塗り以外のデザインも可能です。

» P45 ドーナツ円　» P131 ストライプバー

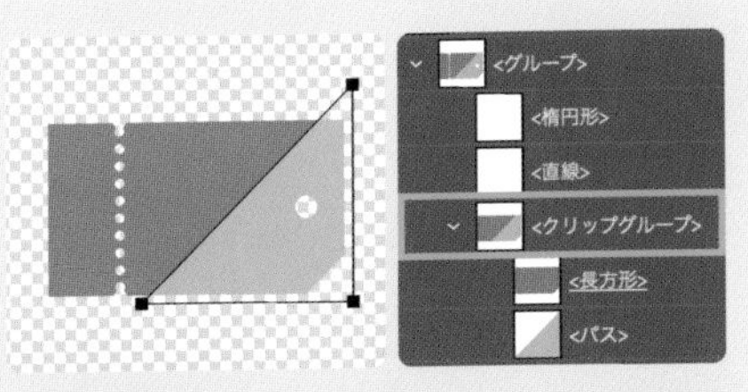

［グループの抜き］を使うメリットは、グループ内にさまざまなオブジェクトを入れられる点にあります。たとえば台紙のデザインのトリミングはクリップグループ（クリッピングマスク）、穴あけは［グループの抜き］で、というふうに役割を分担させると、構造もすっきりします。クリッピングマスク作成直後のクリッピングパスは［塗り：なし］［線：なし］ですが、色を設定できます。［塗り］はグループの最背面、［線］は最前面に表示されます。

［グループの抜き］や不透明マスクは、透明分割の影響を受けることがあります。分割・統合プレビューパネルで［更新］をクリックすると、影響範囲が赤色表示になります。背景がべた塗りであれば穴あけ処理をせず、穴を背景と同じ色に設定するのも、ひとつの手です。

★★★
35 C 不透明マスクでタグのかたちに切り抜く

不透明マスク

STEP 1 マスク（非表示部分：黒、表示部分：白）とデザインを作成し、それぞれグループ化します 1

STEP 2 マスクを選択して、［編集］メニュー→［カット］を選択します 2 3

STEP 3 デザインを選択して、透明パネルで［マスク作成］をクリックし、不透明マスクサムネールをクリックします 4 5 6

STEP 4 ［編集］メニュー→［同じ位置にペースト］を選択します 7 8 9

STEP 5 オブジェクトサムネールをクリックし、編集モードを終了します 10 11

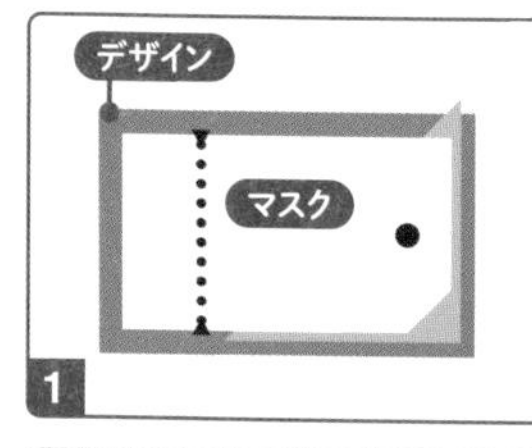

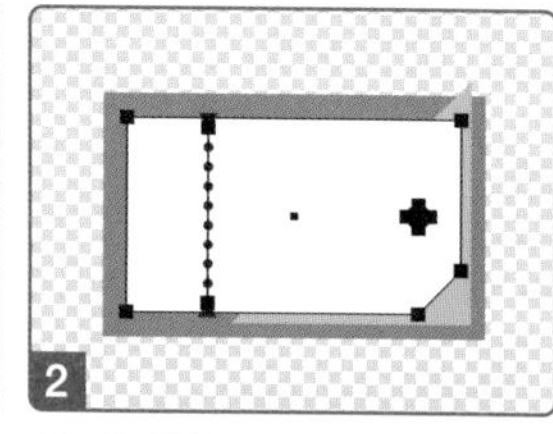

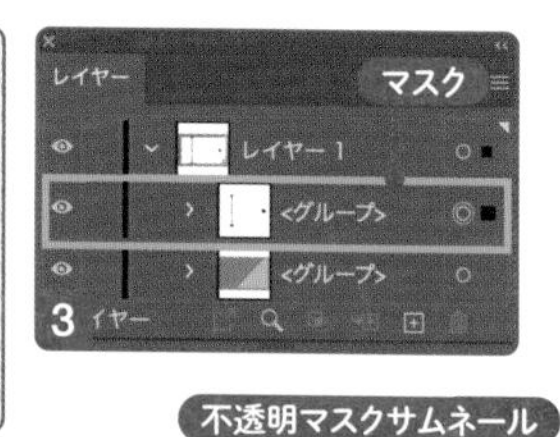

4

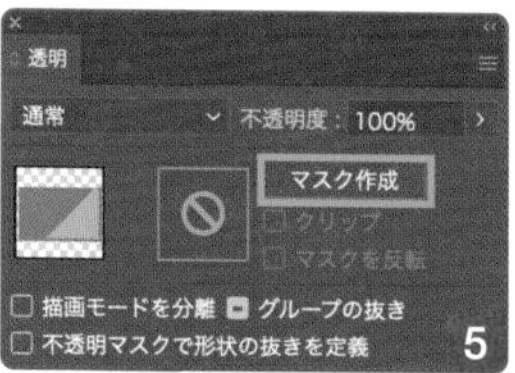

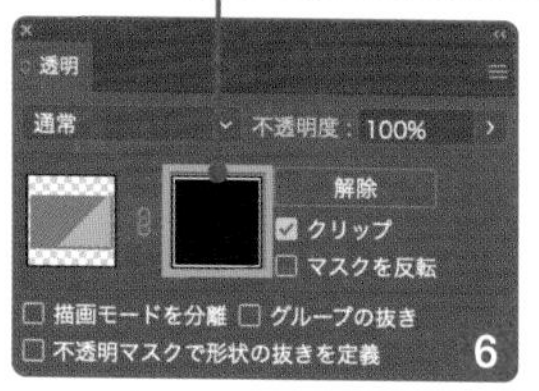

［クリップ］はマスクの地色に影響し、［オン］は黒地、［オフ］は白地です。

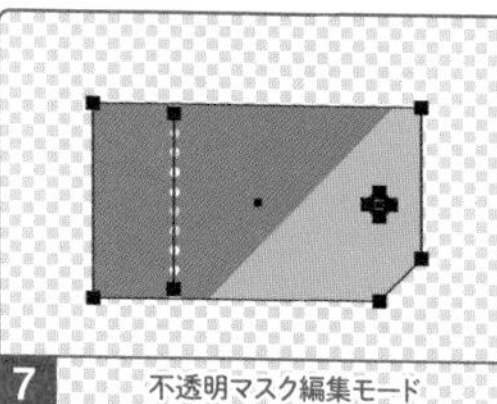

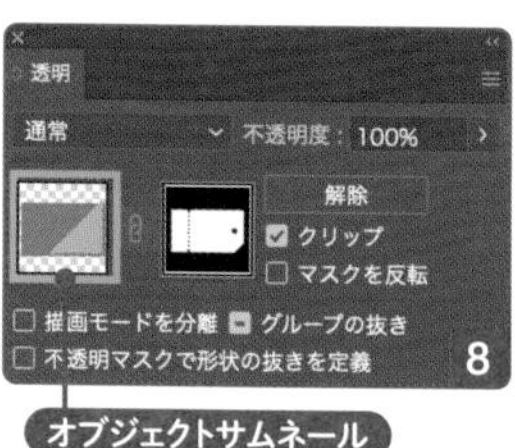

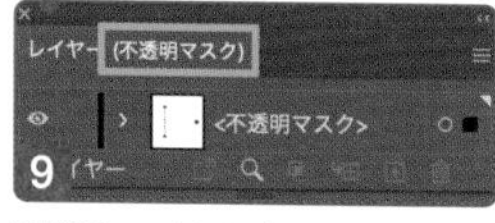

不透明マスクとオブジェクト、どちらを編集しているかは、レイヤーパネルを見ると明らかです。パネル名に「レイヤー（不透明マスク）」と表示されていれば、不透明マスク編集モードです。

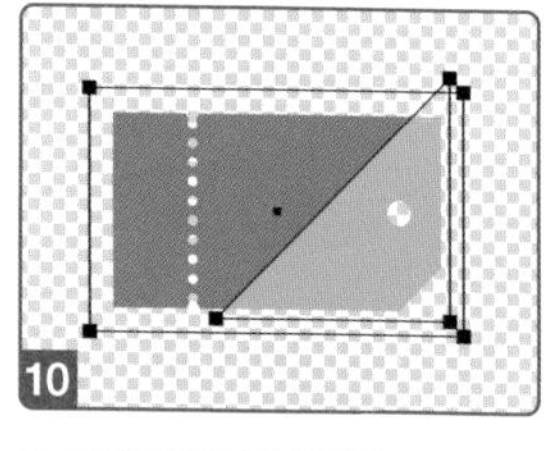

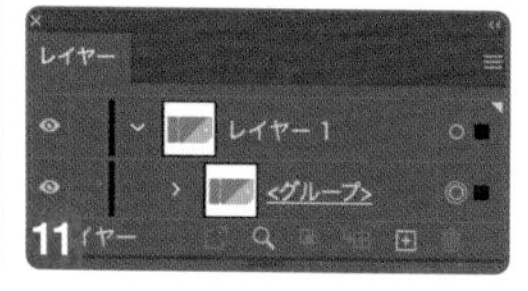

マスクの地色や白黒のどちらを表示するかは変更できますが、基本は黒地（クリップ：オン）で白を表示として作業すると、混乱しにくいでしょう。

P45 ドーナツ円

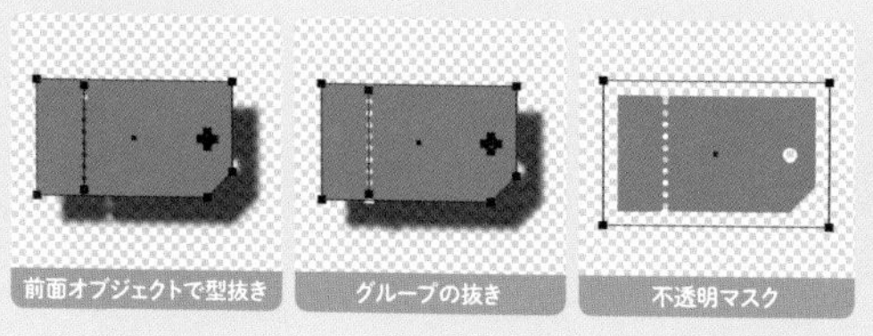

［ドロップシャドウ］効果や［光彩（外側）］効果などを適用すると、穴が埋まったり、反映されないことがあります。これらを併用する場合は、面倒でも抜き型のパスをつくり、クリッピングマスクを作成するのが確実です。

応用 切手を描く

- 長方形の[塗り]と[線]に色を設定し、破線の[線]に[パス パスのアウトライン]効果を適用したあと、[パスファインダー 前面オブジェクトで型抜き]効果を適用する 1 2 3
- 長方形の[塗り]と[線]に色を設定し、[グループの抜き:オン]に変更し、破線の[線]を[不透明度:0%]に変更する 4 5 6

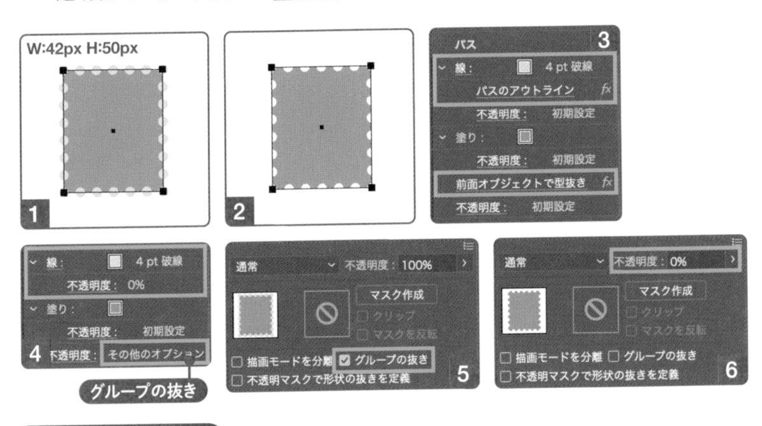

》P75 凹角長方形

応用 ボタンを描く

- 円に追加した[塗り]を[パスの変形 変形]効果で縮小&移動コピーしたあとグループ化し、グループに[パスファインダー 前面オブジェクトで型抜き]効果を適用する 1 2 3 4 5 6
- 円を[グループの抜き:オン]に変更し、円に追加した[塗り]を[変形]効果で縮小&移動コピーしたあと、[不透明度:0%]に変更する 7

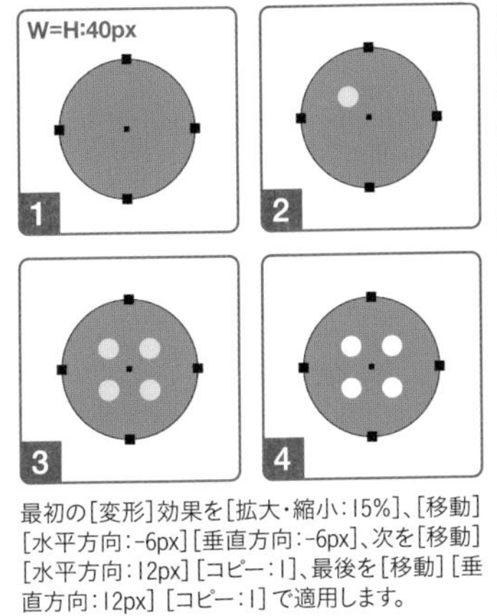

最初の[変形]効果を[拡大・縮小:15%]、[移動][水平方向:-6px][垂直方向:-6px]、次を[移動][水平方向:12px][コピー:1]、最後を[移動][垂直方向:12px][コピー:1]で適用します。

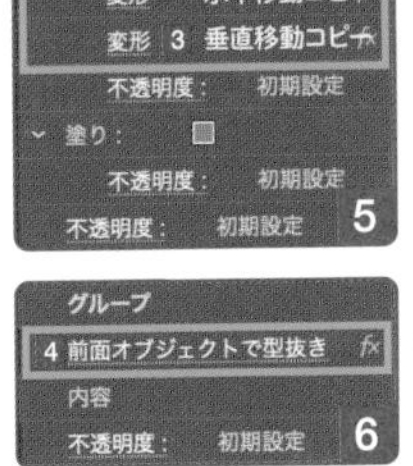

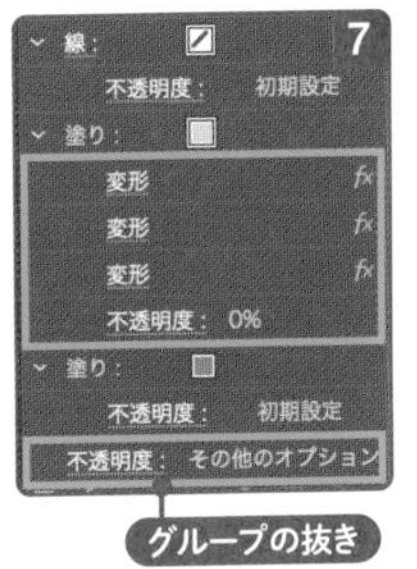

[前面オブジェクトで型抜き]効果は、[塗り]と[線]、またはひとつの[塗り]の内部では機能しますが、[塗り]と[塗り]では機能しません。このような場合は、グループ化します。

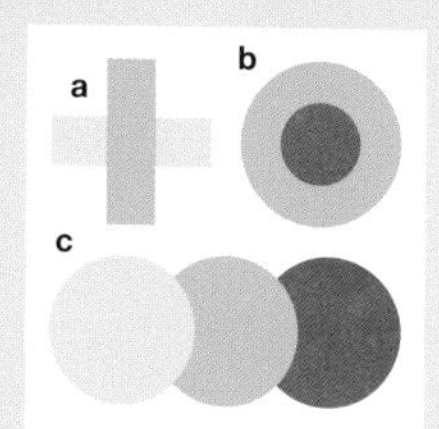

サンプルA

aは長方形を90°回転して重ねたもの、**b**はサイズ違いの円を2つ重ねたもの、**c**は3つの円をずらして重ねたものです。

合体・追加

重なったパスを合体して、ひとつのパスにします。色は、最前面のものが採用されます。

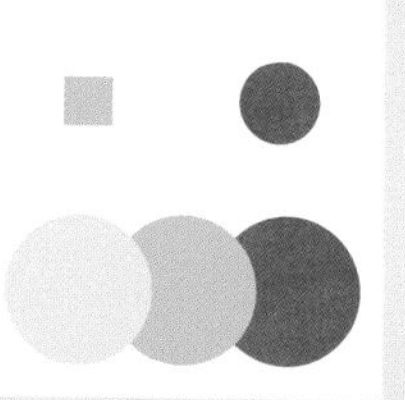

交差

パスの重なった部分だけが残ります。［交差］は2つのパスにのみ作用するため、**c**は変化しません。

中マド

パスの重なった部分が、透明（穴）になります。

前面オブジェクトで型抜き

前面のパスが透明（穴）になります。最背面のパス以外は「前面」とみなされます。［中マド］と異なるのは、最背面のパスの外側にはみ出た部分も透明になる点です。P182ではこれを利用して、タグに穴をあけています。

背面オブジェクトで型抜き

背面のパスが透明（穴）になります。最前面のパス以外は「背面」とみなされます。前面のパスが背面のパスの内側にある場合は作用しないため、**b**は変化しません。

切り抜き

最前面のパスで背面のパスを切り抜きます。クリッピングマスクと似た結果になります。アピアランスで適用する場合、パスの形状が抜き型として使えます。

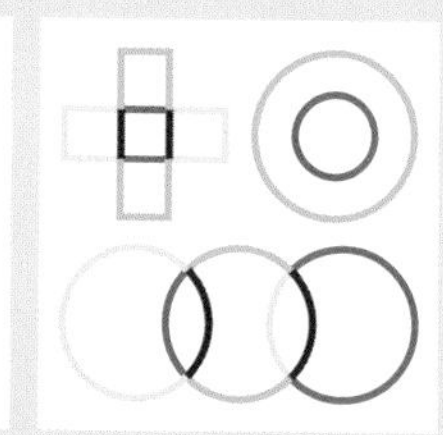

アウトライン

交差地点でパスを切断します。適用直後は［線幅：0］で［線］に色が設定された状態になります。

※パスの切れ目がわかりやすいよう、適用後に［線］の色を変更しています。

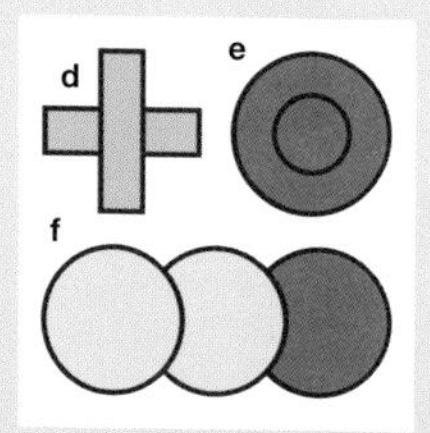

サンプルB

サンプルAと異なり、［刈り込み］と［合流］の違いを見るため、同じ色の長方形や円を重ねています。

※パスの切れ目がわかりやすいよう、適用後に［線］の色を変更しています。

分割

パスの重なりで分割します。クリップグループに、［塗りのないアートワークを削除］で［分割］を適用すると、クリッピングマスクによるトリミングを、実際のパスに変換できます。

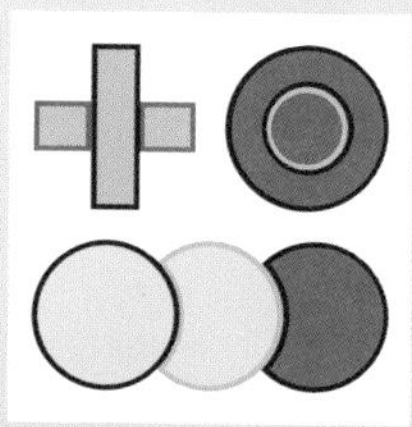

刈り込み

前面のパスで背面のパスを分割します。最前面のパスはそのまま残ります。

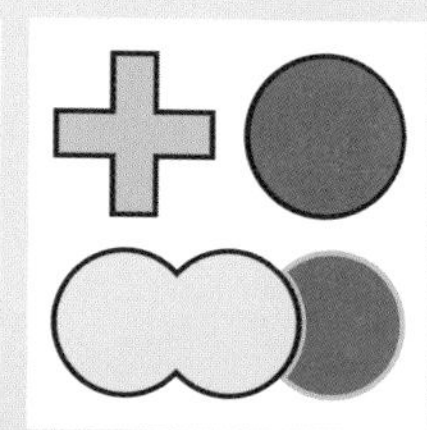

合流

同じ色のパスを合体し、異なる色のパスを分割します。P195では、これを利用して歯車をつくります。また、パスに穴があれば、その部分は透明なパスに変換されます。

36 立方体を描く

立方体は、正六角形を加工すると描けますが、3D機能を利用すると、角度を自由に変えられます。顔を貼り付けると、親しみやすいアイコンになります。文字を貼り付けると、ロゴやタイトルのアクセントに使えます。

★
36 A 正六角形の角や辺を組み合わせる

セグメント

STEP 1 [ダイレクト選択ツール] で正六角形の下のアンカーポイントを選択し、[編集] メニュー→ [コピー] を選択します 1

STEP 2 [編集] メニュー→ [ペースト] を選択します 2

STEP 3 [選択ツール] でL字の端のアンカーポイントを正六角形の右上の角にスナップさせます 3

STEP 4 [ダイレクト選択ツール] で正六角形の垂直なセグメントを選択し、コピー&ペーストします 4 5

STEP 5 [選択ツール] で垂直線の下のアンカーポイントを、正六角形の下の角にスナップさせます 6 7

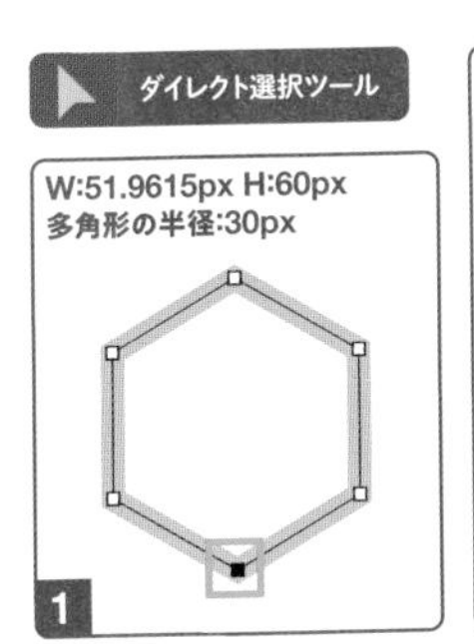

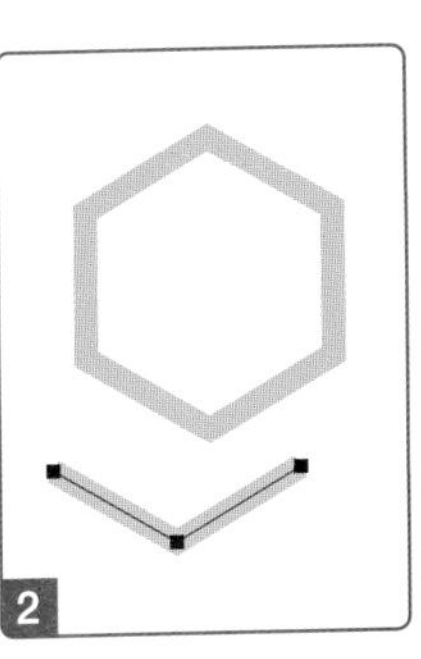

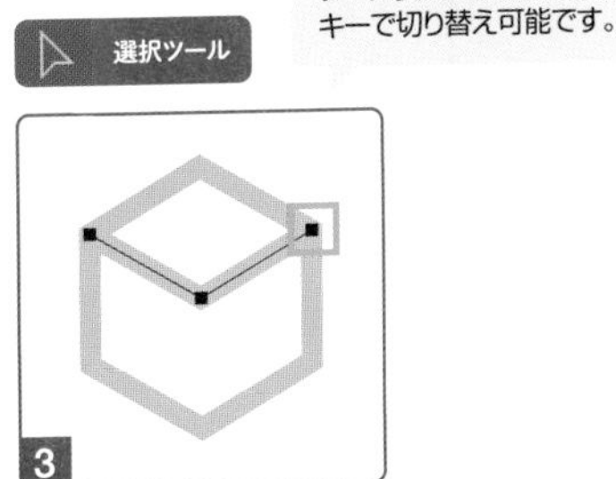

[ダイレクト選択ツール] と [選択ツール] は、[command (Ctrl)] キーで切り替え可能です。

[ダイレクト選択ツール] でアンカーポイントを選択すると、両隣のセグメントも選択されます。

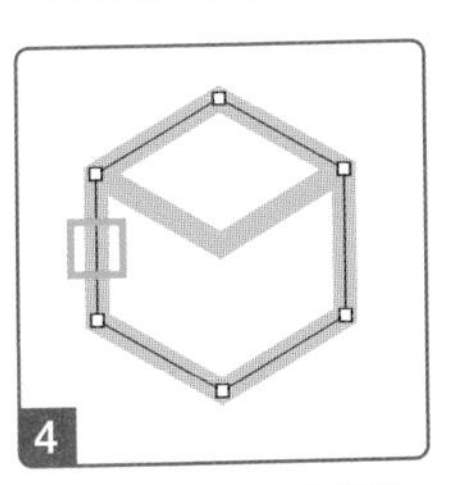

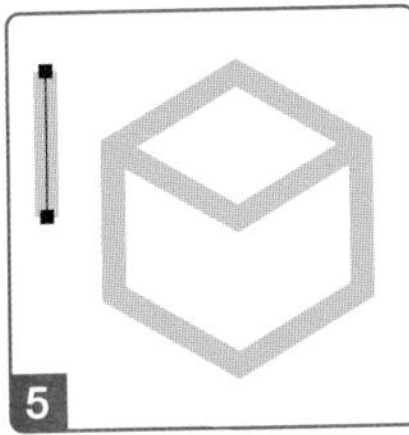

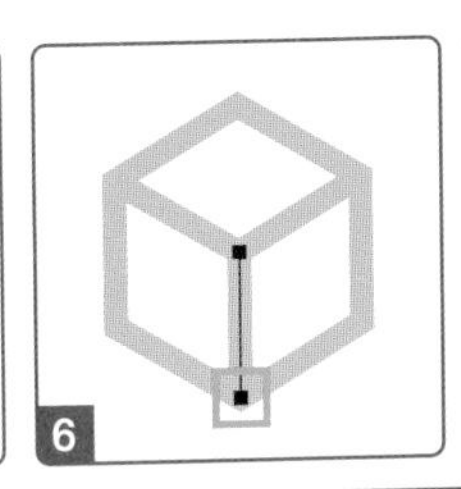

すべてを選択して、パスファインダーパネルで [分割] を適用すると、**36B**と同じ状態になります。

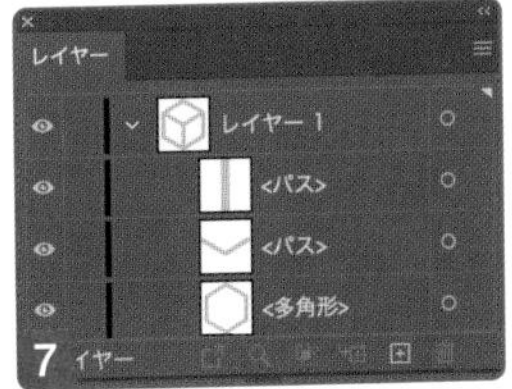

» P31 直線
» P79 L字

★★
36 B　正三角形ベースの菱形を回転コピーする

パス

STEP 1　**10B** (P56) の操作で2つの正三角形で菱形を描き、90°回転します 1 2 3
STEP 2　[回転ツール] を選択し、菱形の下の角を [基準点] に指定して、120°回転コピーします 4
STEP 3　[command (Ctrl)] + [D] キーで繰り返します 5
STEP 4　線パネルで [角の形状:ラウンド結合] に変更します 6 7

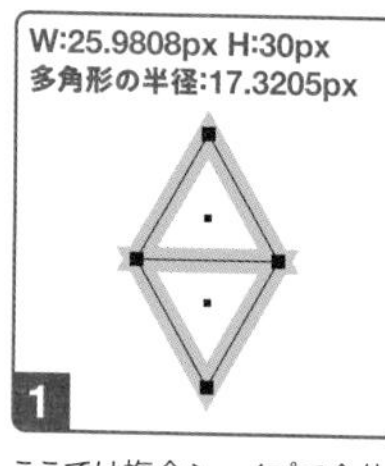

ここでは複合シェイプで合体しています。

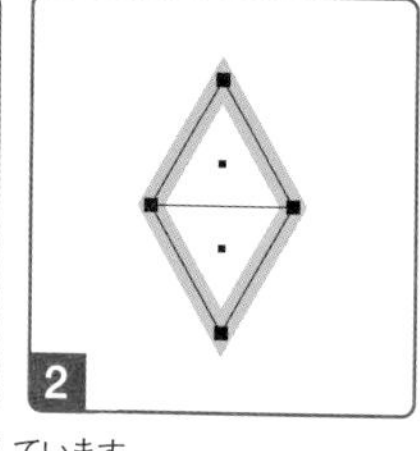

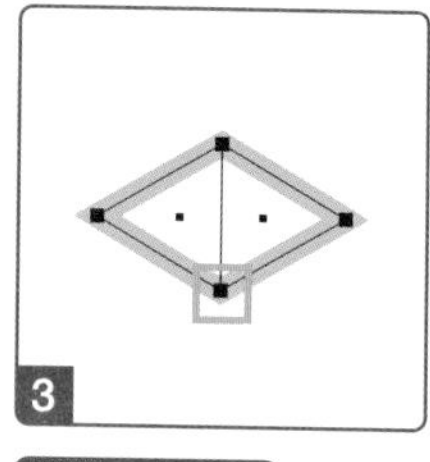

回転ツール

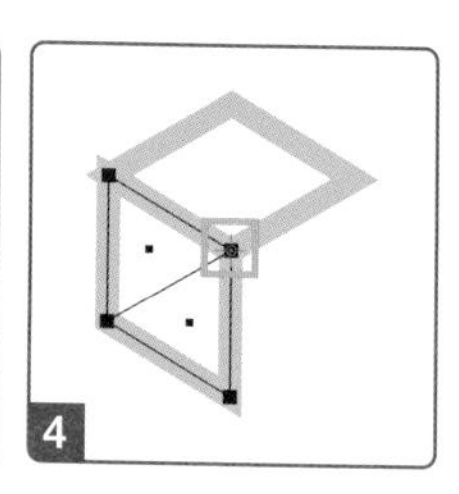

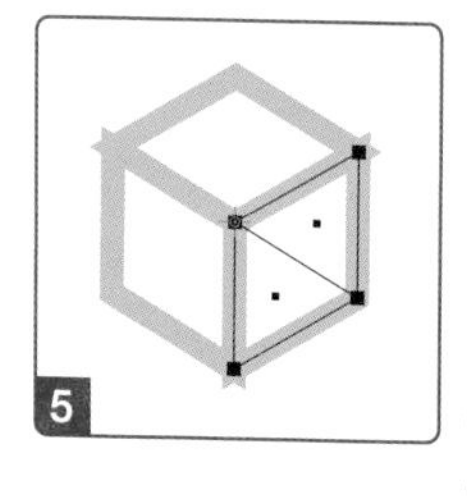

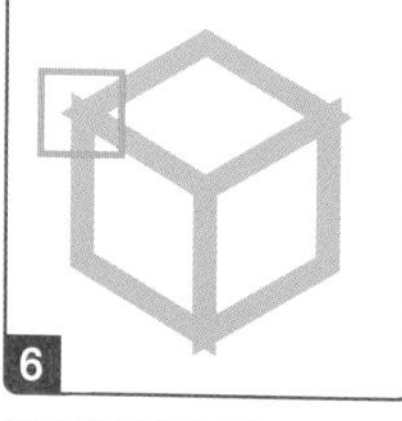

マイター結合

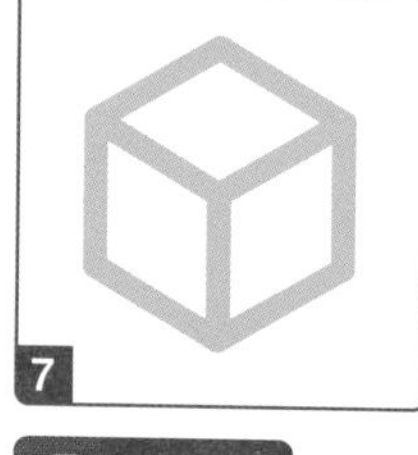

ラウンド結合

デフォルトの［マイター結合］で角がささくれる場合は、［ラウンド結合］に変更すると落ち着きます。

》P56 菱形　》P73 角丸長方形

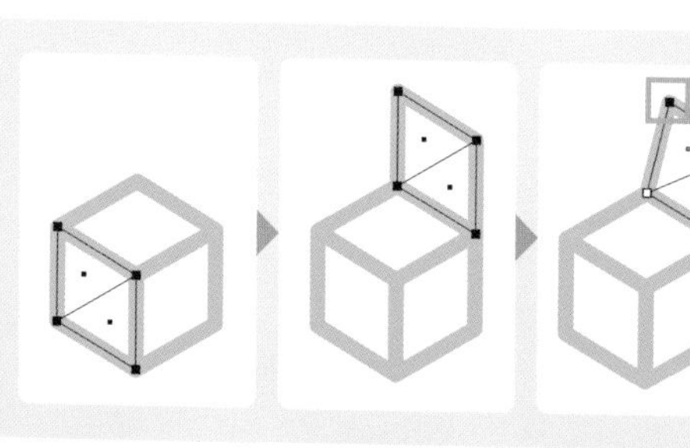

蓋を開ける場合は、対応する面を複製して、角をスナップさせます。蓋の角度は、箱と接していないアンカーポイントを移動して調整します。

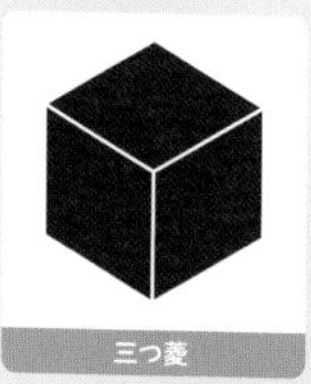
三つ菱

三つ井桁

三つ花菱

日本の家紋には、立方体ベースのものがいくつかあります。複雑な模様は、［変形］効果で120°回転コピーすると、1/3の労力で描けます。

》P116 花

★
36 C クラシックモードで正方形を立体化する

アピアランス

STEP 1 正方形を選択し、[効果] メニュー→ [3Dとマテリアル] → [3D (クラシック)] → [押し出しとベベル] を選択します 1

STEP 2 [位置:アイソメトリック法-上面] に変更して角度を調整し、[押し出しの奥行き] を正方形の辺と同じ長さに変更して、[OK] をクリックします 2 3 4 5

STEP 3 [編集] メニュー→ [アピアランスを分割] を選択します 6 7

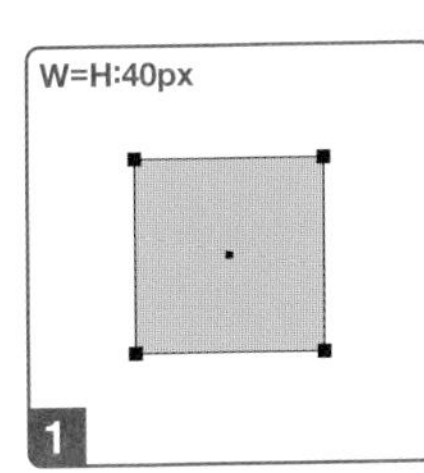

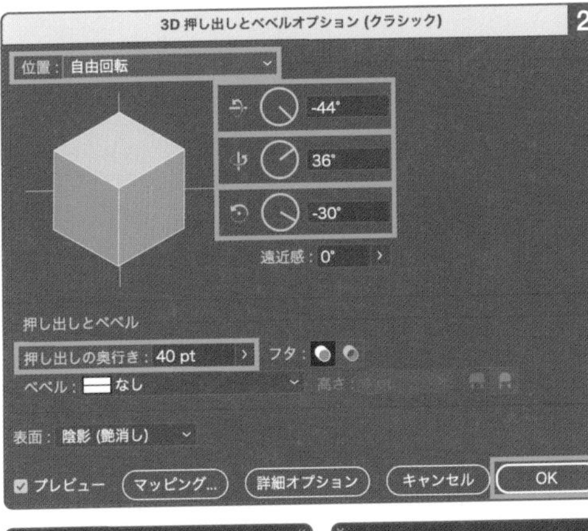

角度を微調整すると、[位置：自由回転] になります。

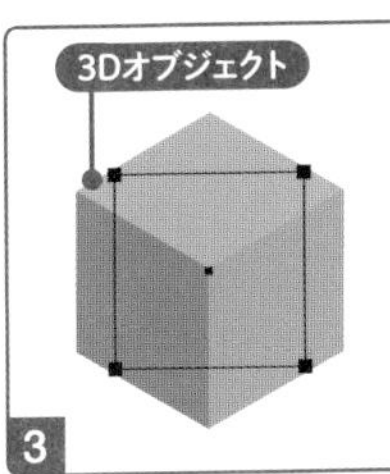

[3Dとマテリアル] 以下の効果を適用すると、3Dオブジェクトに変換されます。アピアランスなので、設定は変更可能です。

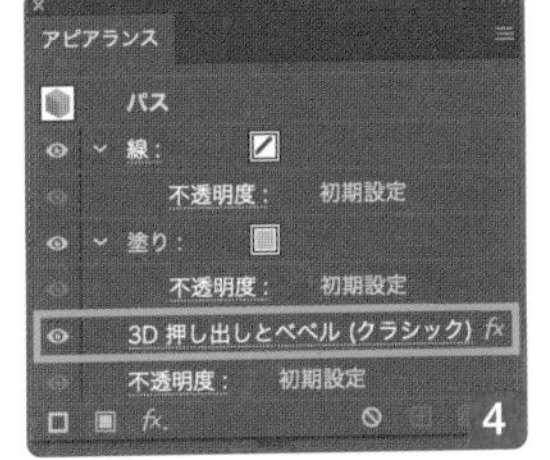

[3D (クラシック)] を経由する操作を、「クラシックモード」と呼びます。これを経由せずに3Dオブジェクトを作成する操作を、本書では「現行モード」と呼びます。

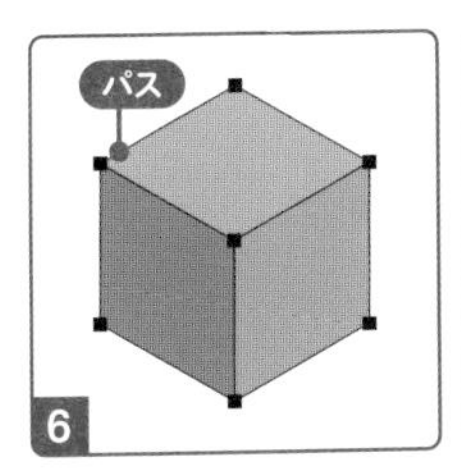

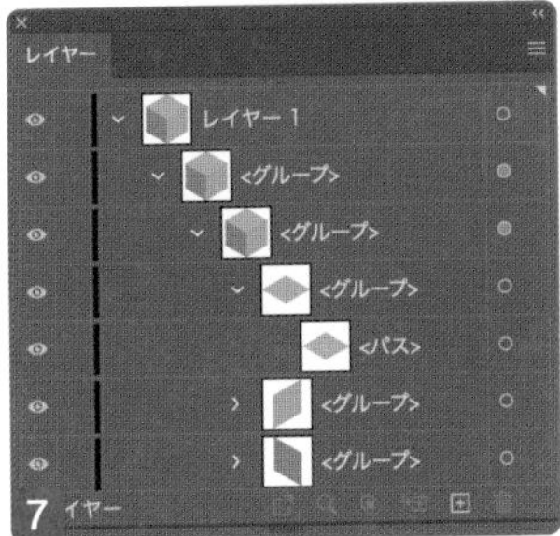

パス変換直後は、グループの入れ子になっているため、扱いやすくするには、整理が必要です。

パスに変換する必要がなければ、前の段階で作業を終了します。

★

36 D ［押し出しとベベル］効果で正方形を立体化する

アピアランス

STEP 1 正方形を選択し、［効果］メニュー→［3Dとマテリアル］→［押し出しとベベル］を選択します 1

STEP 2 3Dとマテリアルパネルで［アイソメトリック法-上面］に変更し、［奥行き］を正方形の辺と同じ長さに変更します 2 3

STEP 3 ［レンダリング設定］をクリックし、［ベクターとしてレンダリング：オン］に変更して［レンダリング］をクリックします 4

STEP 4 ［編集］メニュー→［アピアランスを分割］を選択します 5 6 7

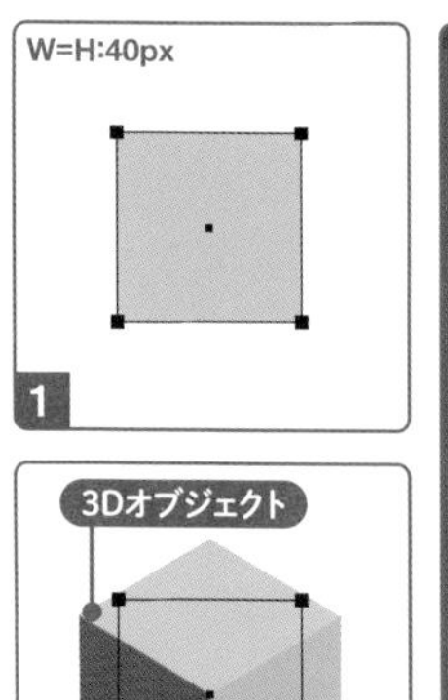

現行モードは、3Dとマテリアルパネルで設定をおこないます。

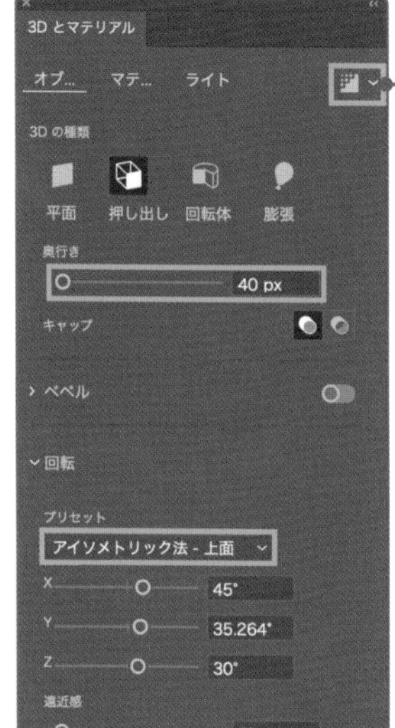

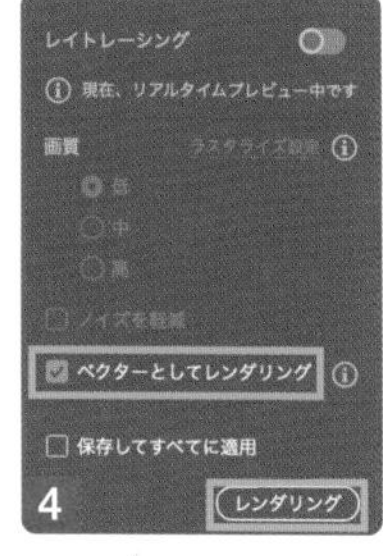

現行モードをパスに変換するには、［ベクターとしてレンダリング:オン］に変更します。

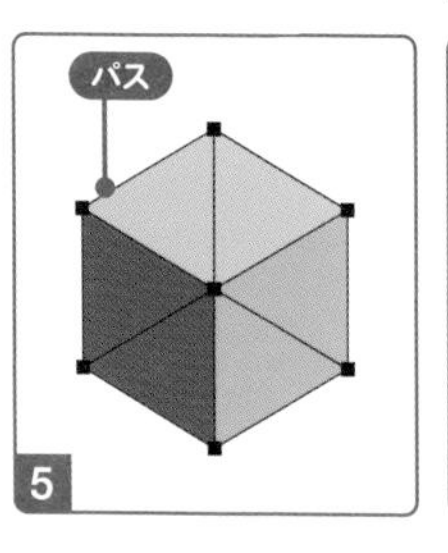

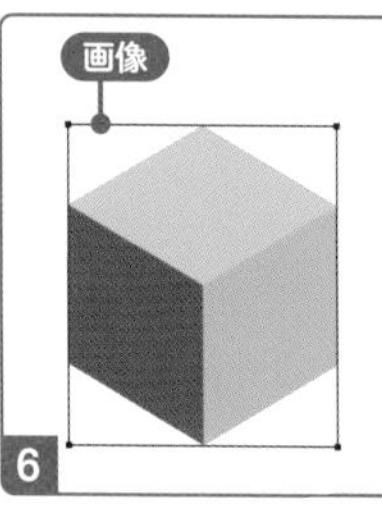

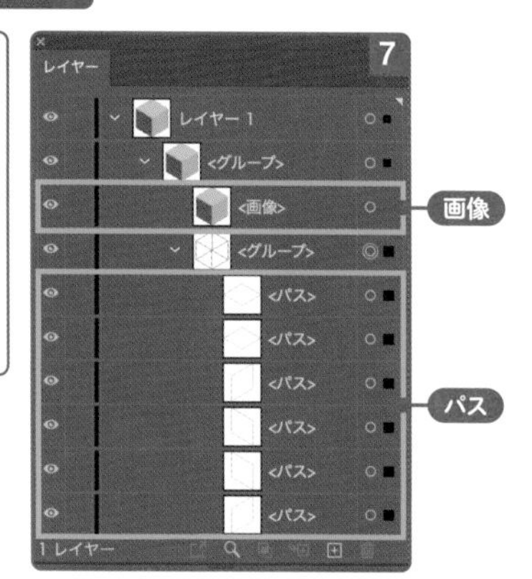

［塗り：なし］［線：なし］のパスに変換されるため、画像から色を抽出して設定します。

POINT

- [ ] **[3Dとマテリアル] 効果**は、**[3D (クラシック)]** を経由するもの(**クラシックモード**)と、直接適用するもの(**現行モード**)の2通りある
- [ ] 正方形に **[押し出しとベベル]** を、**[奥行き:辺の長さ]** で適用すると、立方体になる
- [ ] 3Dオブジェクトは、**[アピアランスを分割]** でパスに変換できる
- [ ] 現行モードの3Dオブジェクトをパスに変換するには、**[レンダリング設定]** で **[ベクターとしてレンダリング:オン]** に変更する必要がある

応用 | 立方体に顔を貼り付ける

- [パスの変形 変形] 効果の反転コピーで顔を描き、[アピアランスを分割] でパスに変換したあと、透明枠と中心を揃えてグループ化する 1 2
- 立方体に貼り付けるオブジェクト(顔)を選択して、[自由変形ツール] を選択し、[パスの自由変形] を選択したあと、角を立方体のアンカーポイントにスナップさせる 3 4 5 6 7 8

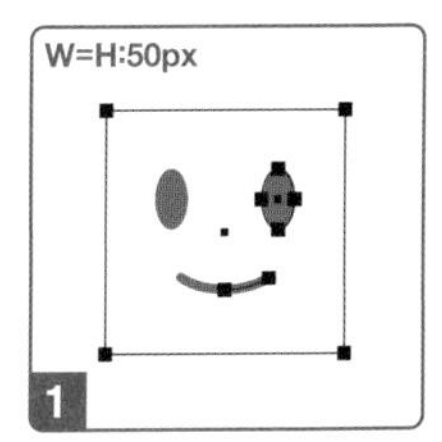

透明枠とグループ化して [変形] 効果で反転コピーしたあと、目の位置などを調整します。

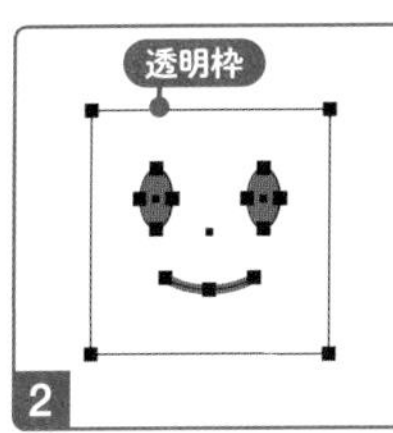

自由変形のために、アピアランスを分割してパスに変換します。透明枠は位置合わせに必要なので、分割時に削除されないよう、一時的に色を設定しておきます。

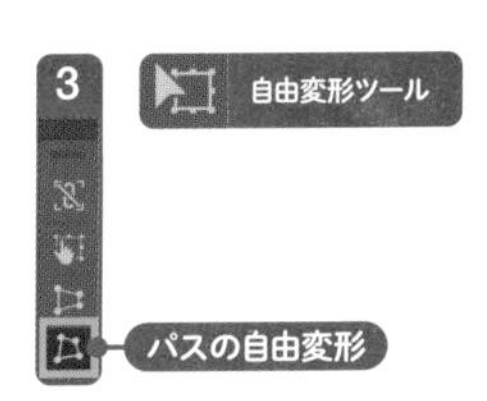

[自由変形ツール] を選択したあと、自由変形ツールバーで [パスの自由変形] を選択すると、角を自由な位置に移動できます。オブジェクトにはバウンディングボックスが表示されます。

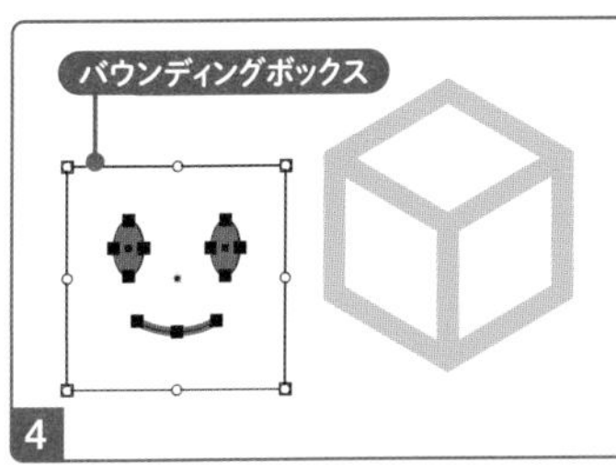

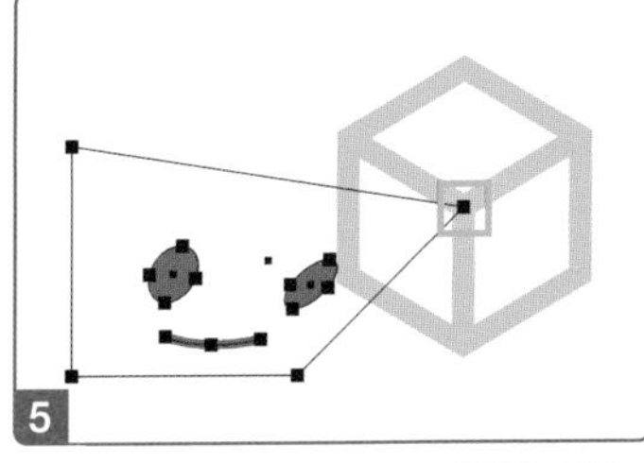

バウンディングボックスの角にカーソルを合わせて、立方体の角へドラッグすると、スナップされます。これを繰り返して、立方体の面に顔を貼り付けます。

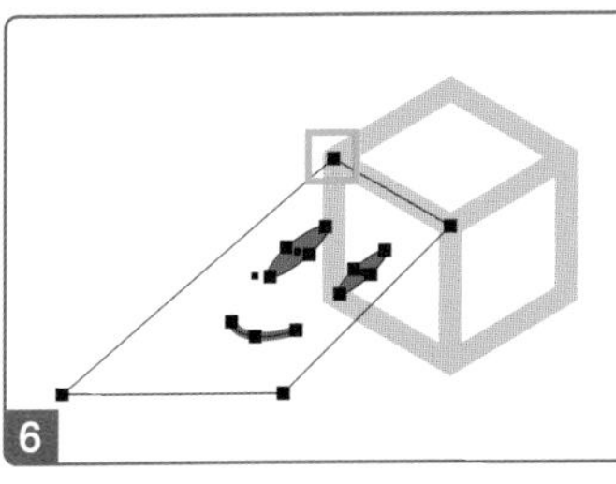

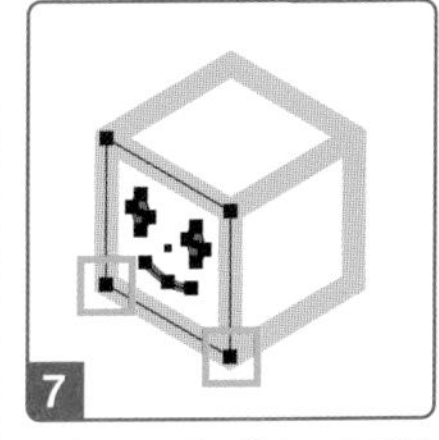

文字なども透明枠をつけると貼り付けできます。

» P110 雫

応 用 ｜ 立方体に顔をマッピングする

- 3Dオブジェクトにマッピングするオブジェクトは、シンボル化する必要がある 1 2
- クラシックモードの場合、[3D押し出しとベベルオプション（クラシック）] ダイアログ下端の [マッピング] をクリックし、[表面] と [シンボル] を選択して、角度を調整する 3 4 5 6 7
- 現行モードでは、3Dとマテリアルパネルで [グラフィック] を選択し、ドラッグで面や位置、角度を調整する 8 9 10

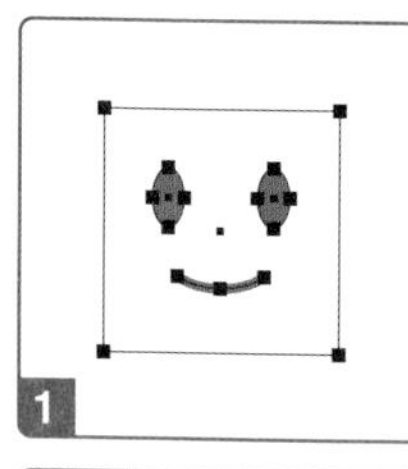

オブジェクトを選択して [新規シンボル] をクリックし、ダイアログで [OK] をクリックします。

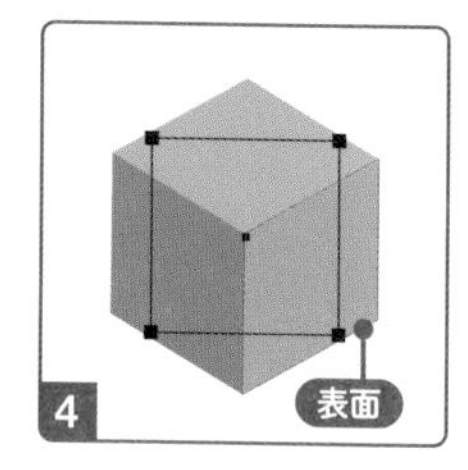

[shift] キーを押しながらドラッグすると、45°刻みで回転できます。

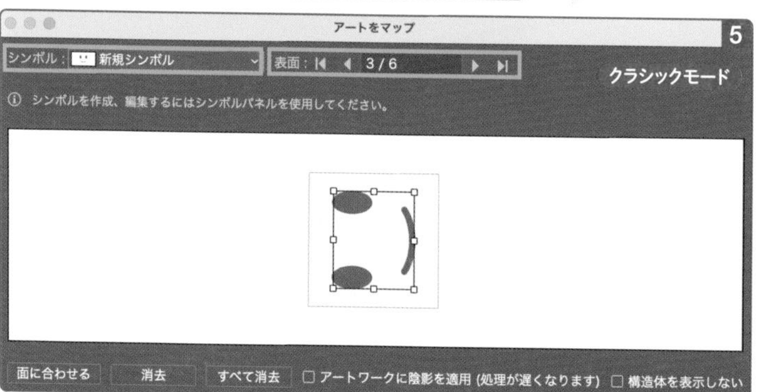

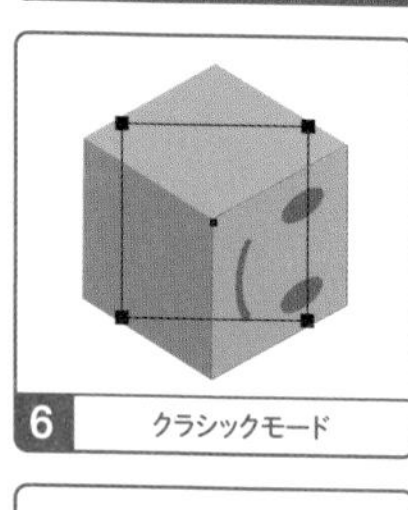

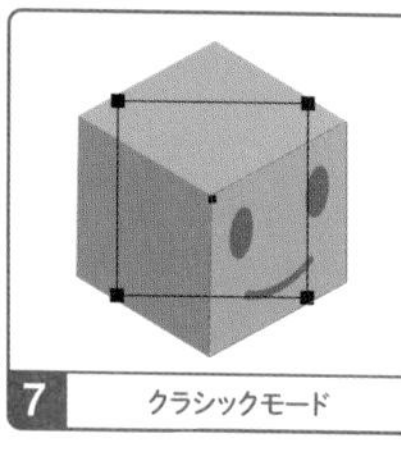

8 現行モード

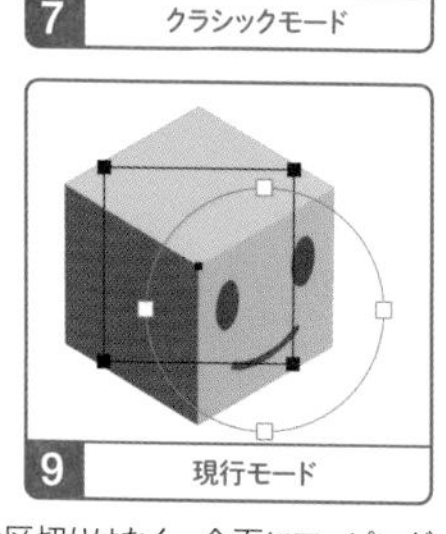

現行モードでは、[表面] ごとの区切りはなく、全面にマッピングされます。グラフィックをドラッグで移動し、角度を調整します。

» P233 星の散布

37 歯車を描く

歯車は、ジグザグ加工した円をドーナツ円でトリミングしたり、円で穴をあけるとつくれます。役割ごとに円を分けてつくる方法と、ひとつの円（パス）にまとめる方法があります。歯車の場合は、ひとつの円でつくるほうが管理しやすいこともあります。

★

37 A ジグザグ円をドーナツ円で切り抜く

クリッピングマスク

STEP 1 円2つ（円A／円B）とドーナツ円を用意して、中心を揃えます

STEP 2 円Aに［ パスの変形 ジグザグ］を［ポイント:直線的に］で適用します 1 2

STEP 3 ジグザグの切れ込みの底を少し埋めるように、円Bのサイズを調整します 3

STEP 4 ドーナツ円を最前面に移動したあと、クリッピングマスクを作成します 4 5 6

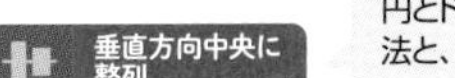

円とドーナツ円の中心を揃えるには、整列パネルを利用する方法と、センターポイントをスナップさせる方法があります。

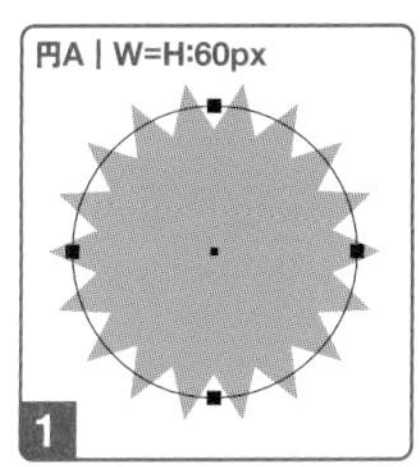

円Bとドーナツ円は非表示です。

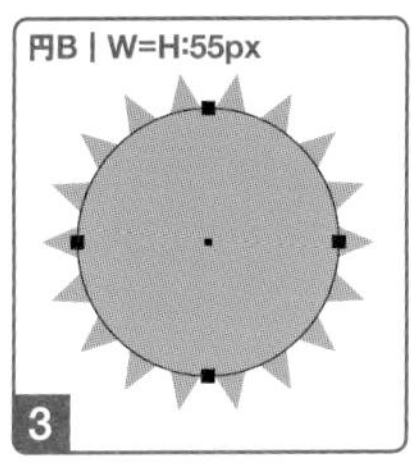

円Bを表示に戻します。

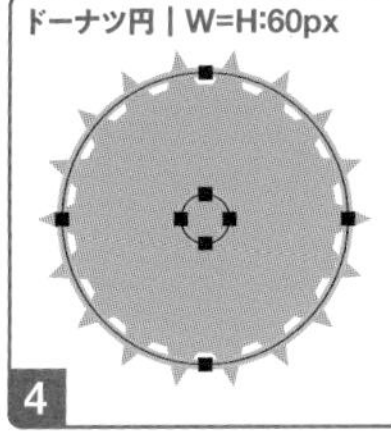

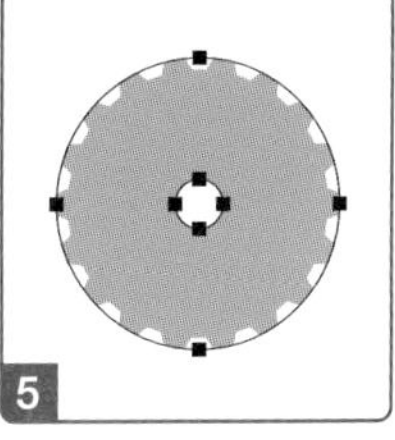

円Bを歯底円、ドーナツ円の外側を歯先円、内側を軸穴と呼びます。

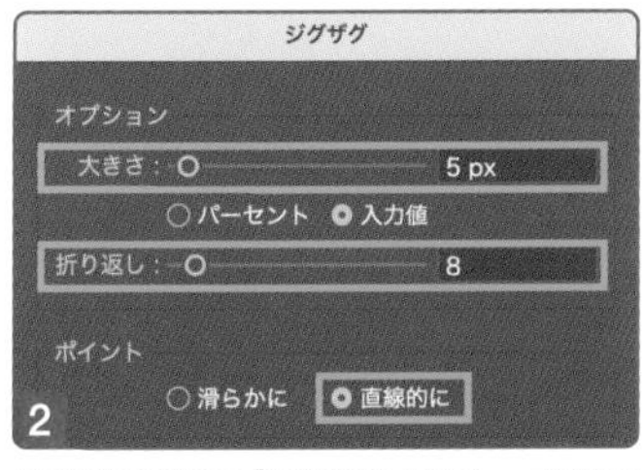

37Bや**37C**の［ジグザグ］効果も、同じ設定です。

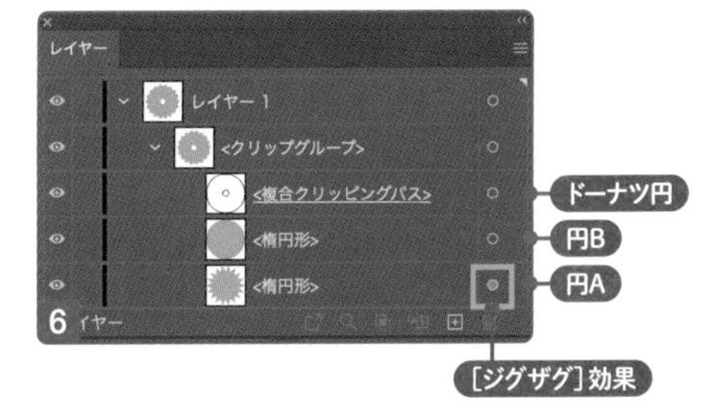

》P41 ドーナツ円

》P83 星

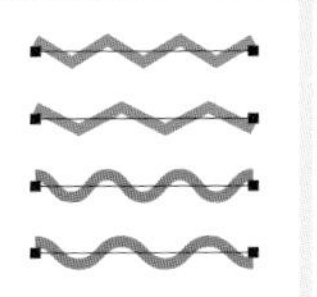

［ジグザグ］効果は、セグメントを指定した数と幅で折り返す効果です。対称／非対称は、［折り返し］の数で調整できます。**15C**（P83）では、これで正多角形から星をつくっています。

［ポイント:滑らかに］にすると、波線になります。アンティークラベルの波型のフチもこれでつくれます。

★★★

37 B 複数の［パスファインダー］効果を適用する

アピアランス

STEP 1 3つの円（円A／円B／円C）を用意して中心を揃えたあと、円Aを選択して［塗り］を追加し、下の［塗り］に**37A**の**STEP2**の［ジグザグ］効果を適用します 1

STEP 2 円Aをグループ化したあと、［ パスファインダー 交差 ］効果を適用します 2 7 10

STEP 3 ジグザグの切れ込みの底を少し埋めるように円Bのサイズを調整したあと、円Aと円Bを選択してグループ化し、［ パスファインダー 追加］効果を適用します 3 4 9

STEP 4 円Cを最前面に移動したあと、すべてを選択してグループ化し、［ パスファインダー 中マド］効果を適用します 5 6

STEP 5 アピアランスパネルで［塗り］を追加して色を設定したあと、グループ内のパスをすべて［塗り：なし］［線：なし］に変更します 8 11 12 13

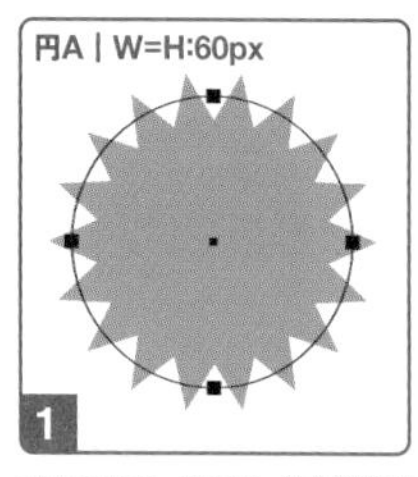

円Aの下の［塗り］（ジグザグ円）のみを表示した状態です。円Bと円Cは非表示です。

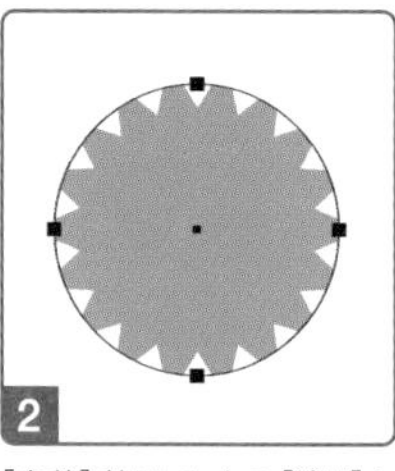

［交差］効果で、上の［塗り］と下の［塗り］（ジグザグ円）が重なる部分だけが残ります。

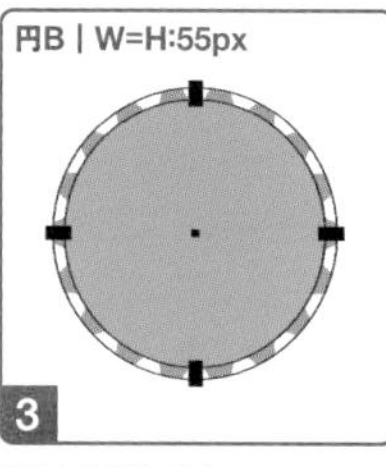

円Bを表示します。

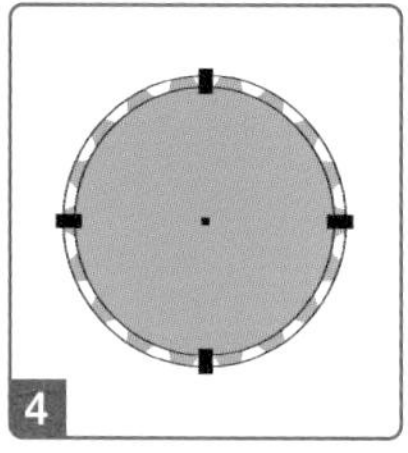

［追加］効果で、2 と円Bが合体し、円Bの色になります。

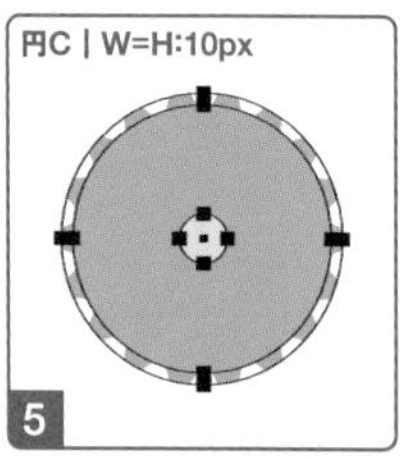

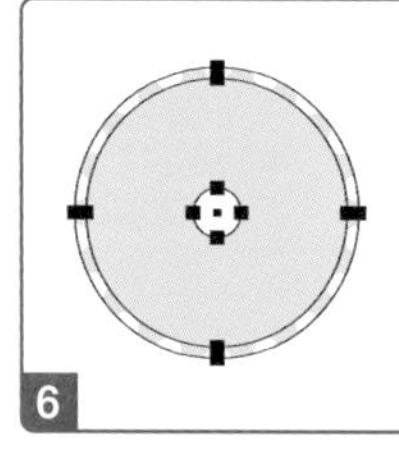

［中マド］効果で穴があき、円Cの色になります。

最上位のグループに［塗り］を追加すると、色をコントロールしやすくなります。グループ内のオブジェクトを［塗り：なし］に変更しても、［ジグザグ］効果などは機能します。

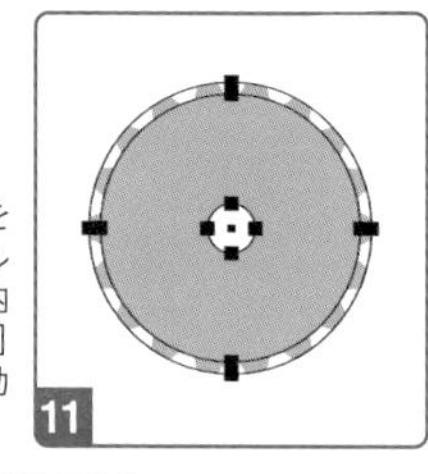

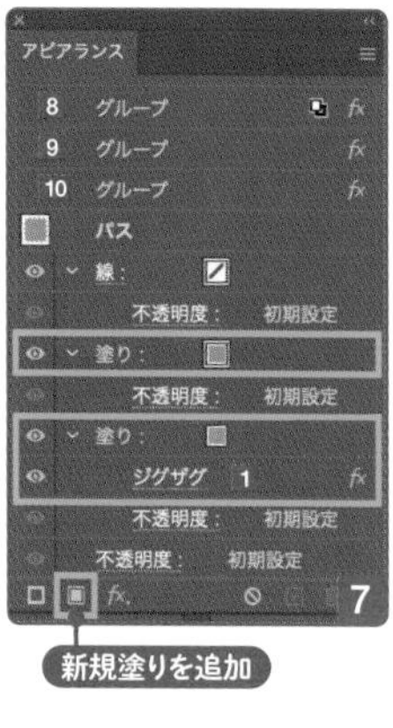

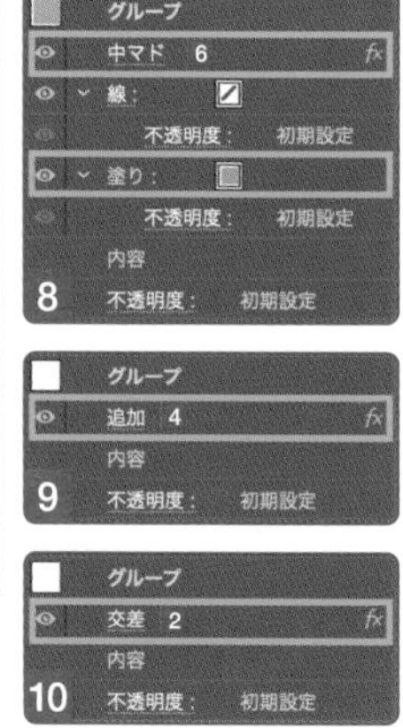

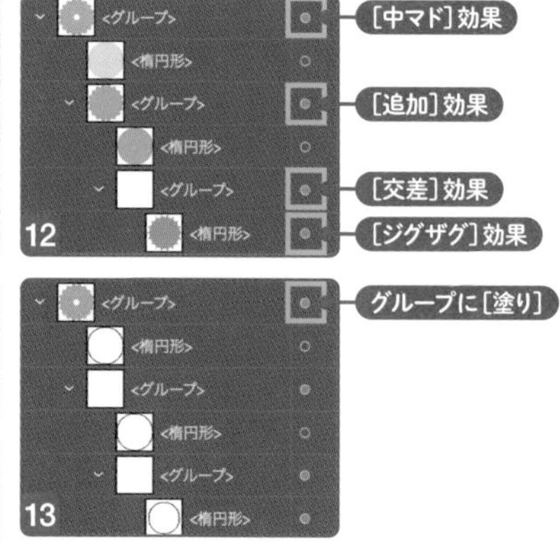

» P43 ドーナツ円

» P120 葉

ジグザグ円をパスの形状でトリミングする場合、［切り抜き］効果も使えますが、**STEP5**でグループに色を設定すると［ジグザグ］効果が無効になることがあります。このように、理論上は可能そうに見えても、実際にはうまく機能しないことがあります。

DESIGN OBJECT

★★★

37 C ［合流］効果で同色部分を合体する

アピアランス

STEP1 円を選択し、アピアランスパネルで［塗り］を2つ追加します

STEP2 上2つの［塗り］を非表示にしたあと、いちばん下の［塗り］を選択して、［ パスの変形 ジグザグ］効果を適用します 1

STEP3 真ん中の［塗り］を選択して表示に戻し、［ パスの変形 変形］効果で90％縮小します 2 3

STEP4 いちばん上の［塗り］を選択して表示に戻し、他と異なる色に変更したあと、［変形］効果で20％縮小します 4

STEP5 ［塗り］の選択を解除したあと、［ パスファインダー 切り抜き］効果を適用し、［切り抜き］をリストのいちばん下へ移動します 5

STEP6 ［ パスファインダー 合流］効果を適用し、［合流］を［切り抜き］の下へ移動します

STEP7 ［ パスファインダー 前面オブジェクトで型抜き］効果を適用し、［前面オブジェクトで型抜き］を［合流］の下へ移動します 6 7 8

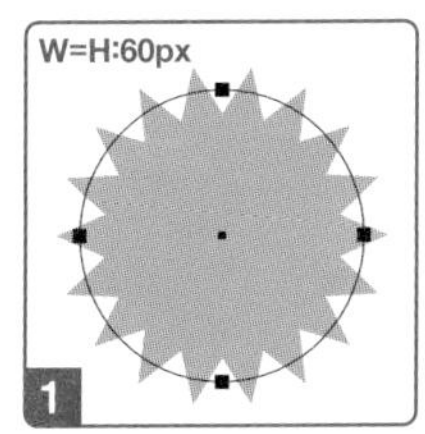

上2つの［塗り］を非表示にしています。

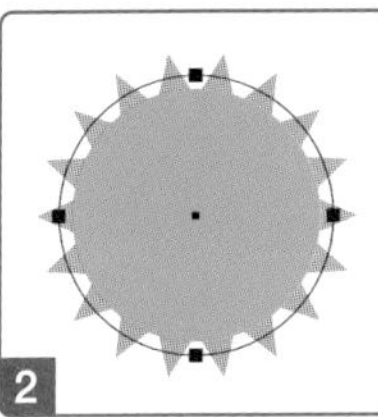

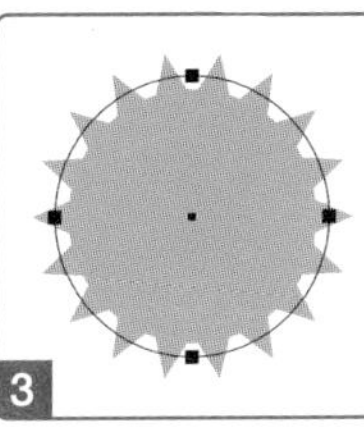

真ん中の［塗り］に［変形］効果を［拡大・縮小：90%］［基準点：中央］で適用します。 2 でわかりやすいよう色を変えていますが、最終的にはいちばん下の［塗り］と同じ色に戻します。

アピアランス
パス
線：
不透明度：初期設定
塗り：
変形 4 20%縮小
不透明度：初期設定
塗り：
変形 2 90%縮小
不透明度：初期設定
塗り：
1 ジグザグ
不透明度：初期設定
5 切り抜き
合流
6 前面オブジェクトで型抜き
不透明度：初期設定
7
新規塗りを追加

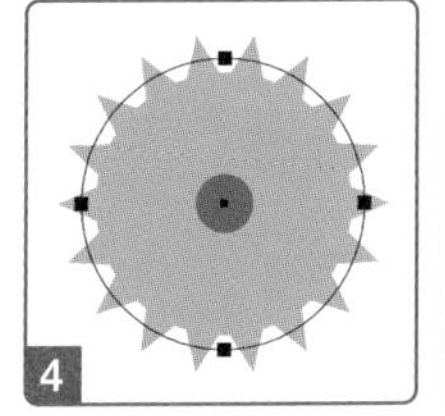

［変形］効果を［拡大・縮小：20%］［基準点：中央］で適用します。

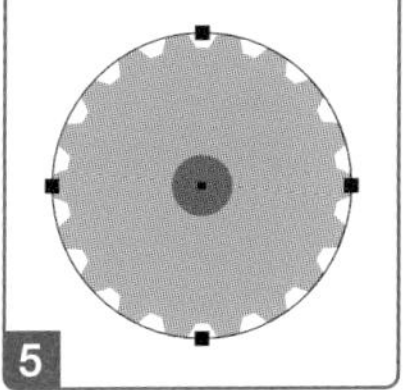

［切り抜き］効果で、パスの形状で切り抜かれます。

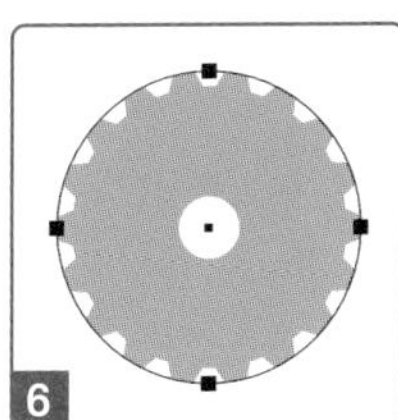

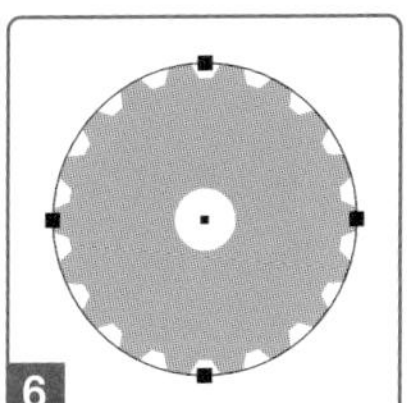

いちばん上の［塗り］のみが前面オブジェクトと認識されるため、穴があきます。

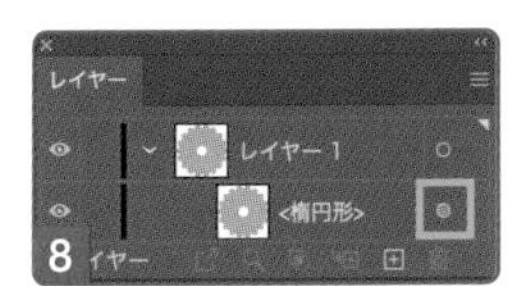

［合流］効果を適用すると、同じ色の部分がひとつのパスとして処理されます。

P43 ドーナツ円　P64 平行四辺形　P70 台形

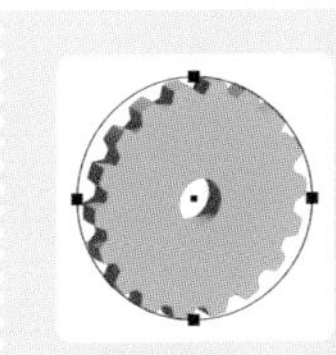

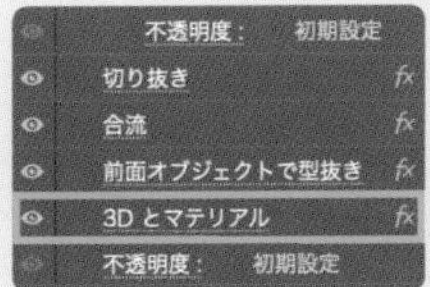

［3Dとマテリアル］効果（押し出しとベベル）を追加すると、歯車が立体化します。［ジグザグ］効果や［変形］効果の設定を変更すると、歯車のかたちが変わります。

P190 立方体

POINT

- [ ] **[合流] 効果**で、同じ色の部分を**擬似的にひとつのパス**として扱える

応用　歯車の穴に十字を追加する

- **37C**のいちばん上の [塗り] (穴) の [パスの変形 変形] 効果を変更して穴を広げたあと、その上に [塗り] を追加して [形状に変換 長方形] 効果で細長い長方形にし、[変形] 効果で90°回転コピーする 1 2 3 4
- 上に [塗り] を2つ追加し、いちばん上を穴と同じ色に変更して、それぞれサイズを調整し、軸穴をつくる 5 6 7 8

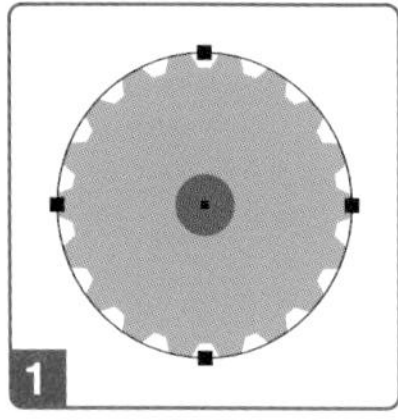

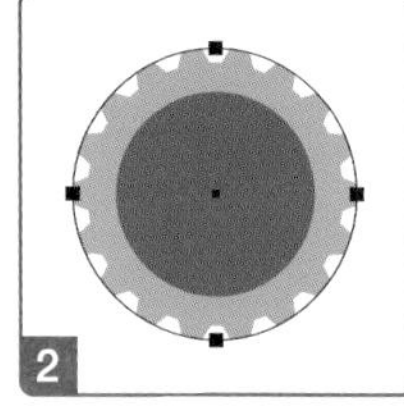

わかりやすいよう、[前面オブジェクトで型抜き] 効果を非表示にしています。[変形] 効果を [拡大・縮小:70%] に変更します。

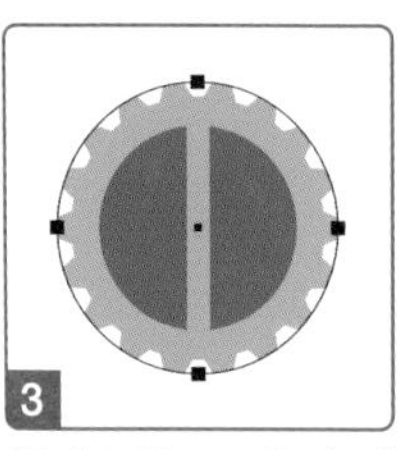

[塗り] を追加して、[長方形] 効果を [サイズ:値を指定] [幅:5px] [高さ:50px] で適用します。

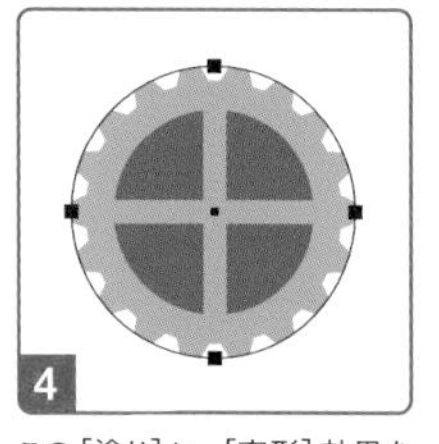

この [塗り] に、[変形] 効果を [角度:90°] [基準点:中央] [コピー:1] で適用します。

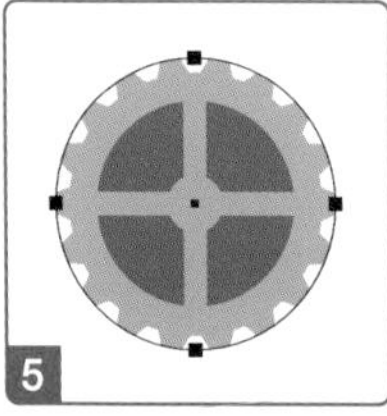

[塗り] を追加して、[変形] 効果を [拡大・縮小:20%] [基準点:中央] で適用します。

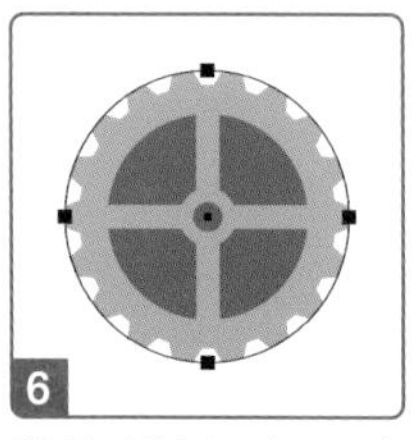

[塗り] を追加して穴と同じ色にし、[変形] 効果を [拡大・縮小:10%] [基準点:中央] で適用します。

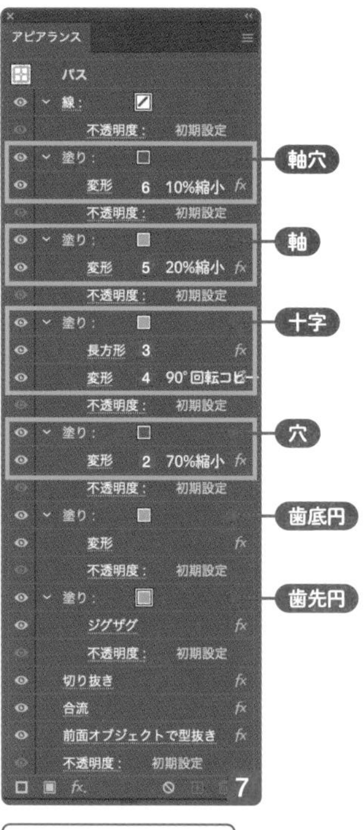

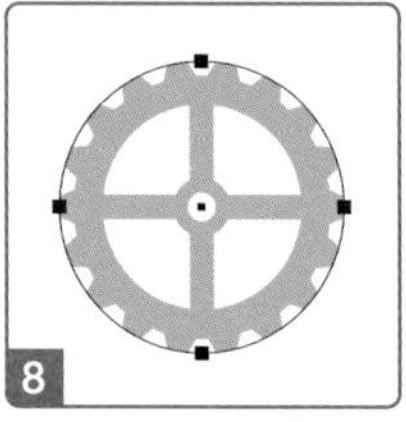

[前面オブジェクトで型抜き] 効果を表示に戻すと、茶色の部分が穴になります。

» P21 正方形

38 ちぎったテープを描く

ちぎったテープをタイトルの背景にあしらうと、手軽にアナログ感を演出できます。細長い長方形の両端をカットして、テープの破れ目をつくります。ゆらぎのあるジグザグ線はラフな雰囲気に、規則的な波線は整然とした印象になります。

★

38 A [リンクルツール] でテープの破れをつくる

シェイプ形成

STEP 1 [リンクルツール] をダブルクリックし、ダイアログで [グローバルブラシのサイズ] や [リンクルオプション] を調整して、[OK] をクリックします 1

STEP 2 横長の長方形を縦断するように、直線を2本配置します 2

STEP 3 直線を選択し、[リンクルツール] でクリックします 3

STEP 4 もう片方の直線も同様の操作で変形します

STEP 5 すべてを選択して [シェイプ形成ツール] で [option (Alt)] キーを押しながらクリックして両端を削除したあと、変形した直線も削除します 4 5 6

リンクルツール

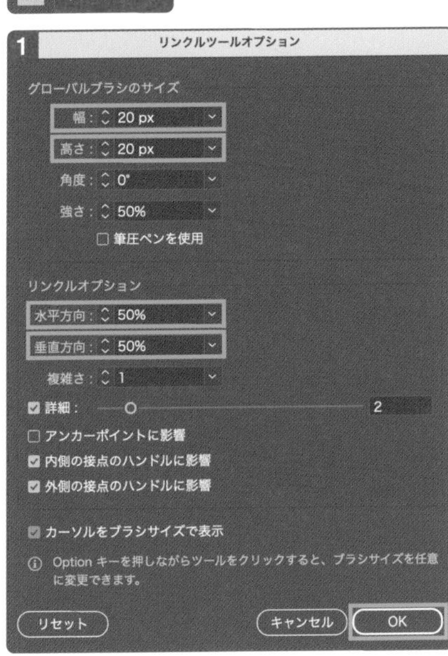

[グローバルブラシのサイズ]は、ツールバーの同じ階層の[クラウンツール]などと共通です。適当なパスで試しながら調整するとよいでしょう。

[リンクルツール] でクリックまたはドラッグすると、セグメントがランダムに波打ちます。

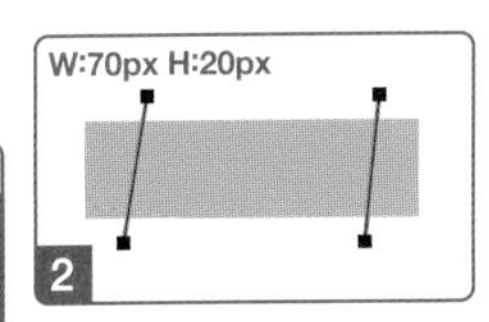

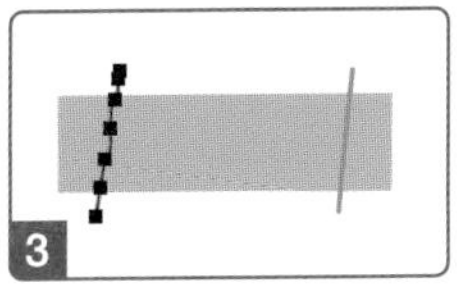

選択したパスを [リンクルツール] でクリックすると、セグメントがラフなギザギザになります。

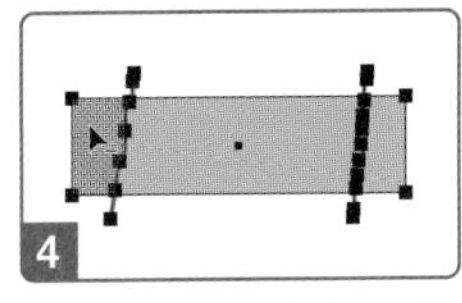

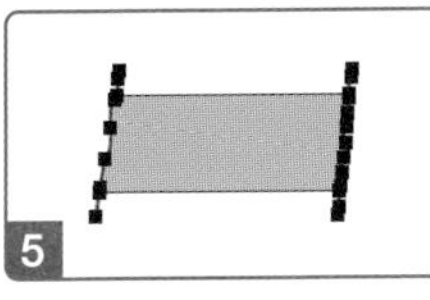

このパスをブラシ登録して使うこともできます。[アートブラシ] ならガイドで伸縮範囲を設定 (P101)、[パターンブラシ] なら両端をサイドタイルと分けて登録すると (P205)、使い勝手がよくなります。

» P42 ドーナツ円 » P259 吹き出し

★★
38 B [ジグザグ] 効果でテープの破れをつくる

アピアランス

STEP 1 2つの長方形を重ね、上の長方形に [パスの変形 ジグザグ] 効果を適用します 1 2 3
STEP 2 両方とも選択してグループ化したあと、[パスファインダー 交差] 効果を適用します 4 5 6

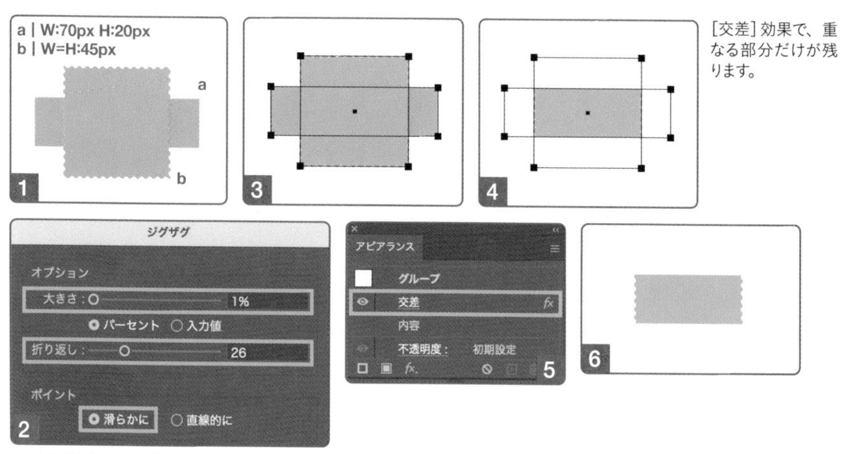

[交差] 効果で、重なる部分だけが残ります。

[大きさ]をごく小さく、[折り返し]を多めに設定して、テープカッターの波線を表現します。

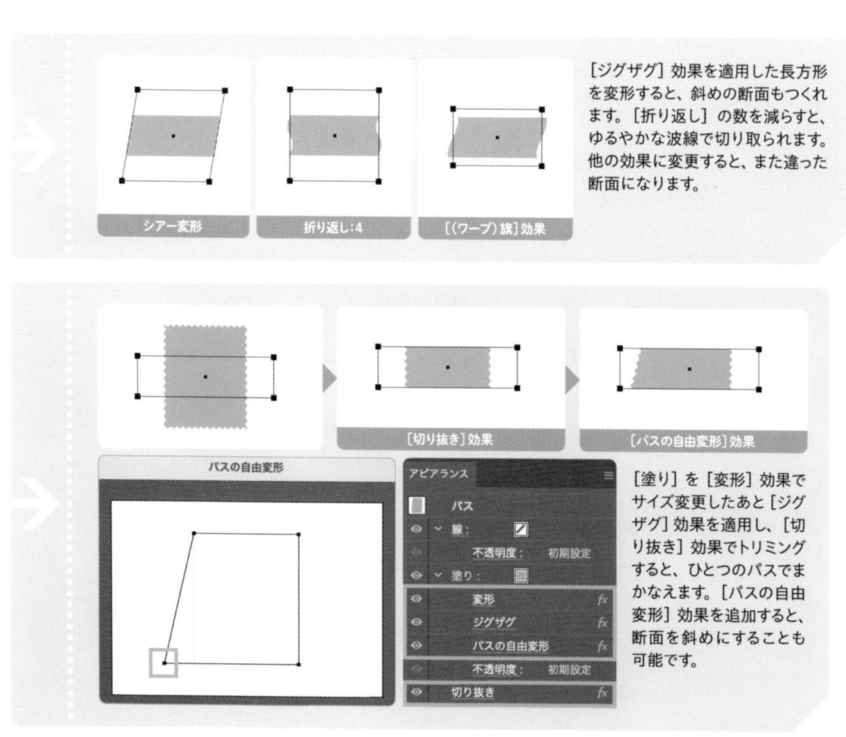

[ジグザグ] 効果を適用した長方形を変形すると、斜めの断面もつくれます。[折り返し] の数を減らすと、ゆるやかな波線で切り取られます。他の効果に変更すると、また違った断面になります。

[塗り] を [変形] 効果でサイズ変更したあと [ジグザグ] 効果を適用し、[切り抜き] 効果でトリミングすると、ひとつのパスでまかなえます。[パスの自由変形] 効果を追加すると、断面を斜めにすることも可能です。

39 ネオン管を描く

シンプルな線画や細い文字は、ネオン管加工をすると引き立ちます。このような加工は、色に濃淡をつけた[線]を複数重ねたり、それらをぼかしたり発光させてつくります。同じ設定を小さな円に適用すれば、光の粒を表現できます。

★

39 A ライブラリのグラフィックスタイルを使う

グラフィックスタイル

STEP1 グラフィックスタイルパネルで[グラフィックスタイルライブラリメニュー]をクリックし、[ネオン効果]を選択します 1

STEP2 パスを選択したあと、グラフィックスタイルライブラリパネルでグラフィックスタイルをクリックします 2 3 4 5

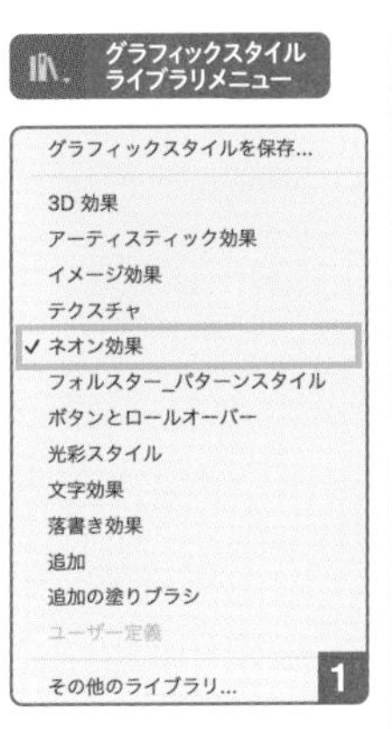

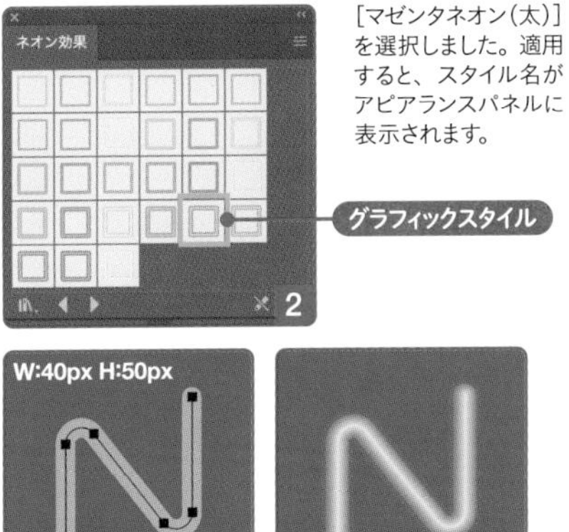

[マゼンタネオン(太)]を選択しました。適用すると、スタイル名がアピアランスパネルに表示されます。

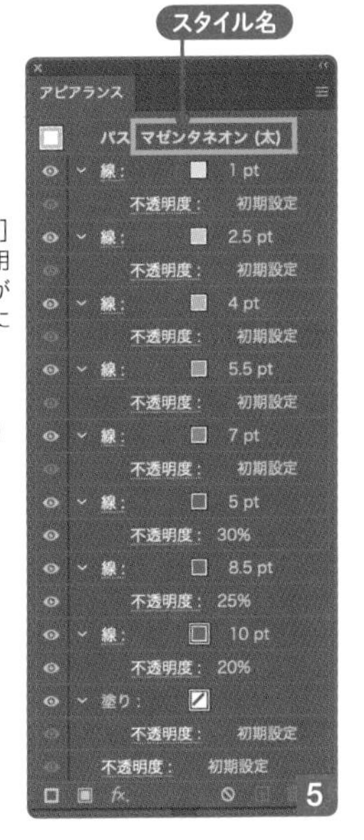

★★

39 B 円形グラデーションを[交差]で適用する

グラデーション

STEP1 パスを選択して、グラデーションパネルで[線]を選択します

STEP2 [種類:円形グラデーション][線:パスに交差して適用]に変更し、[カラー分岐点]で色や位置を調整します 1 2 3

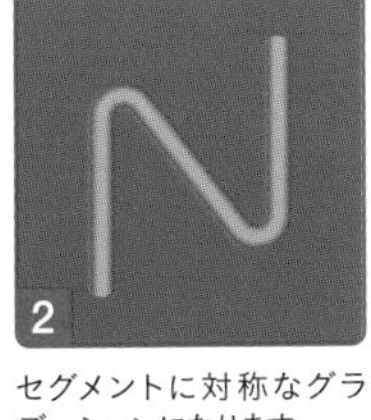

セグメントに対称なグラデーションになります。

端の[カラー分岐点]を[不透明度:0%]に変更すると、色が周囲に溶け込みます。

» P178 虹

★★
39 C 重ねた［線］をぼかして発光させる

アピアランス

STEP 1 パスを選択し、アピアランスパネルで［線］を追加します 1

STEP 2 上の［線］に［ ぼかし ぼかし（ガウス）］効果を適用します 2 3

STEP 3 下の［線］にも［ぼかし（ガウス）］効果を適用し、［ スタイライズ 光彩（外側）］効果を［描画モード：ハードライト］で適用します 4 5 6 7 8

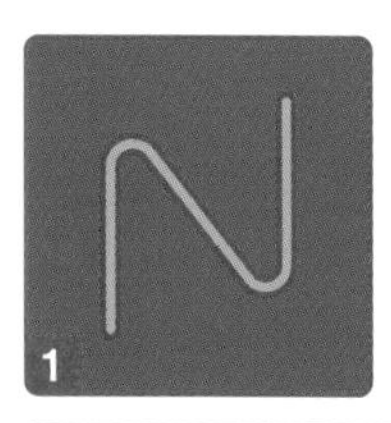

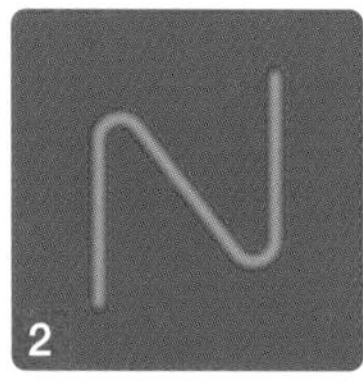

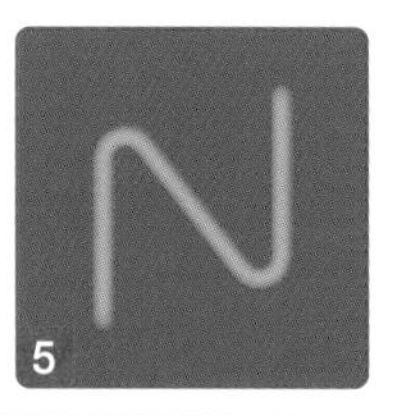

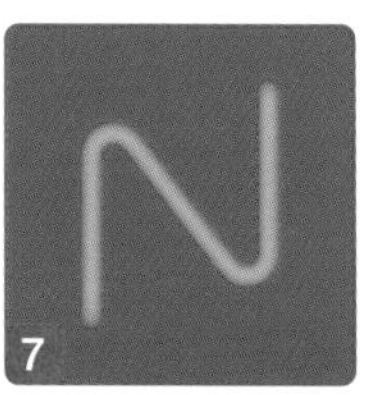

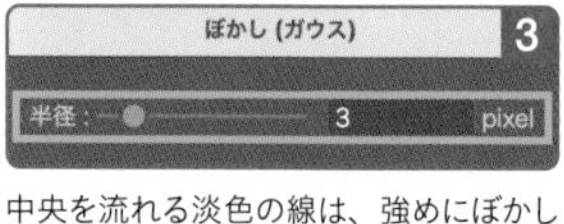

中央を流れる淡色の線は、強めにぼかします。

濃色のエッジは、気持ち程度ぼかします。

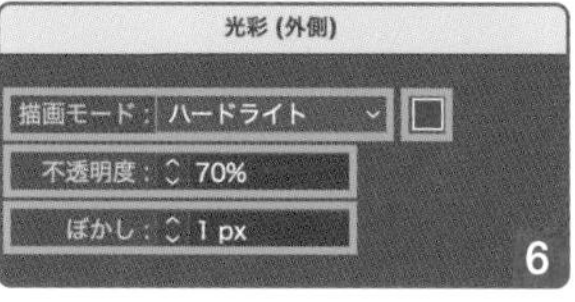

さらに外側へ発光させます。色はエッジと同じ色（濃色）に設定します。

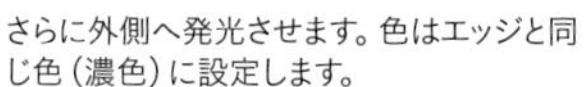

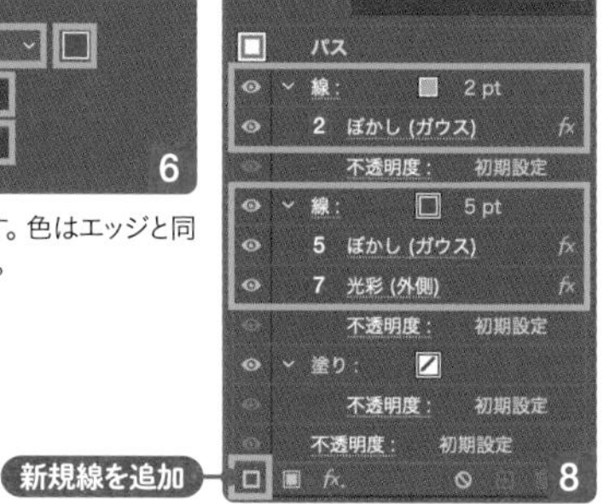

★★
39 D ［光彩］効果を［線］の内外に適用する

アピアランス

STEP 1 パスを選択し、アピアランスパネルで淡色に設定した［線］を選択します

STEP 2 ［ スタイライズ 光彩（内側）］効果を、［描画モード：乗算］［カラー：濃色］［境界線］で適用します 1

STEP 3 ［ スタイライズ 光彩（外側）］効果を、［描画モード：ハードライト］［カラー：濃色］で適用します 2 3 4

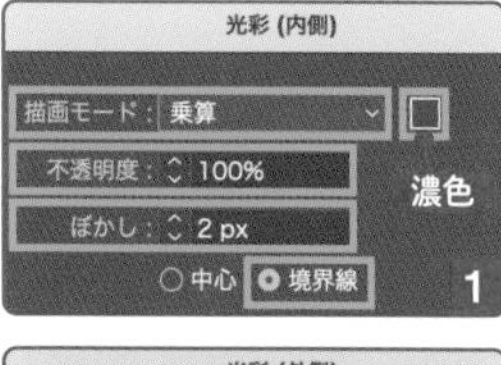

［境界線］に変更すると、［線］のエッジから中央（セグメント）に向かってフェードアウトする濃色のラインが描画されます。［中心］を選択すると、逆方向のフェードアウトになります。

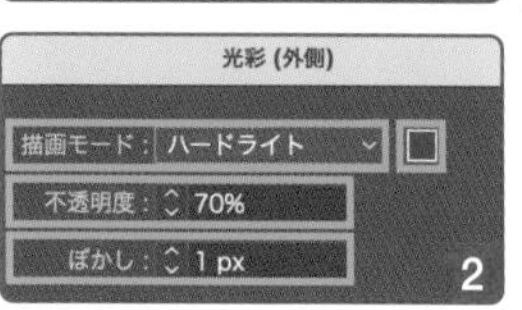

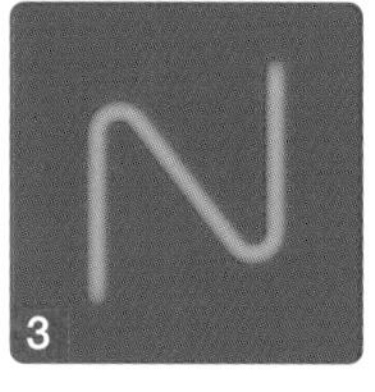

アピアランス
淡色
パス
線：5 pt
光彩（内側）
光彩（外側）
不透明度：初期設定
塗り：
不透明度：初期設定
不透明度：初期設定
4

濃色と淡色で二重線をつくり、背景を暗色にするだけでも、色の組み合わせによっては発光した雰囲気になります。線にそれぞれ［ぼかし］効果や［光彩］効果を適用すると、さらにリアルになります。

★★
39 E 下の[線]だけをぼかす

アピアランス

STEP 1 パスにアピアランスパネルで[線]を追加し、上に[淡色]、下に[濃色]を設定します 1

STEP 2 下の[線]に、[スタイライズ ぼかし]効果または[ぼかし ぼかし(ガウス)]効果を適用します 2 3 4 5 6 7

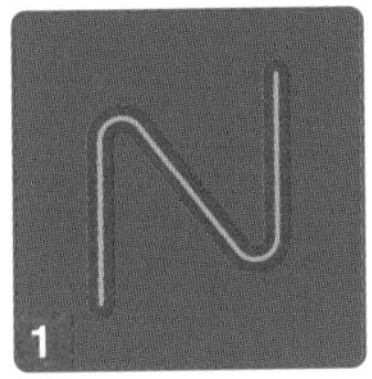

効果適用前の状態です。

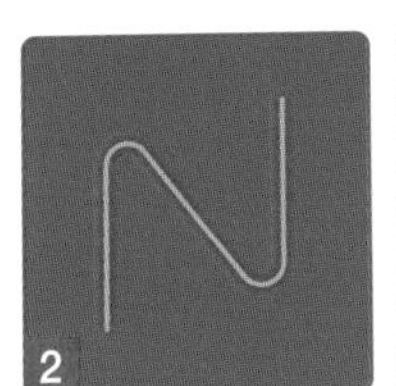

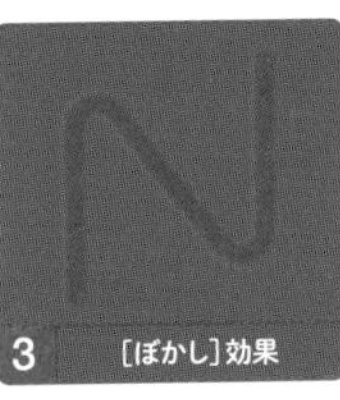

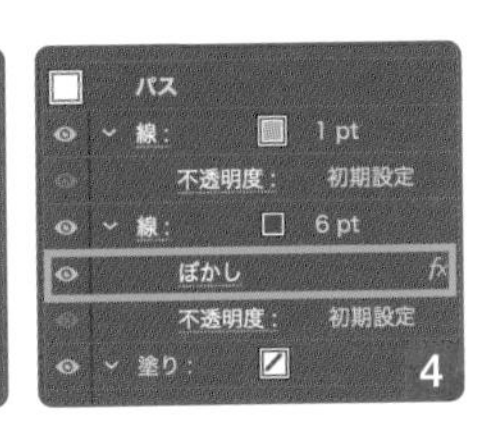

[ぼかし]効果は[半径:2pixel]で適用しました。

[ぼかし]効果は、元の色面に少し食い込みながらぼやけ、[ぼかし(ガウス)]効果は、色面の外側へぼやけていく印象です。

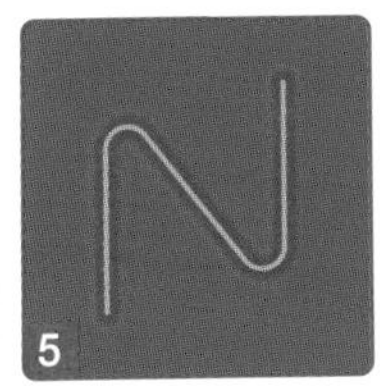

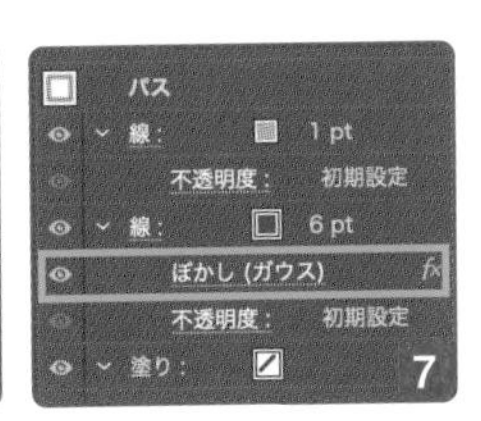

[ぼかし(ガウス)]効果は[半径:3pixel]で適用しました。

POINT

- □ グラフィックスタイルパネルの **[グラフィックスタイルライブラリメニュー]**、または[ウィンドウ]メニューからグラフィックスタイルライブラリパネルを開ける
- □ **[光彩(内側)]効果**では、描画の開始地点に **[中心]** **[境界線]** のいずれかを選択できる

応用 [塗り]に設定する

- **39B**は、同じグラデーションを[塗り]に設定する 1 2
- アピアランスパネルで[線]と同じ色の[塗り]を用意し、項目をドラッグしてそれぞれに効果を移動する 3 4 5 6 7 8 9 10
- 必要に応じて[塗り]のサイズを[パス パスのオフセット]効果で調整する

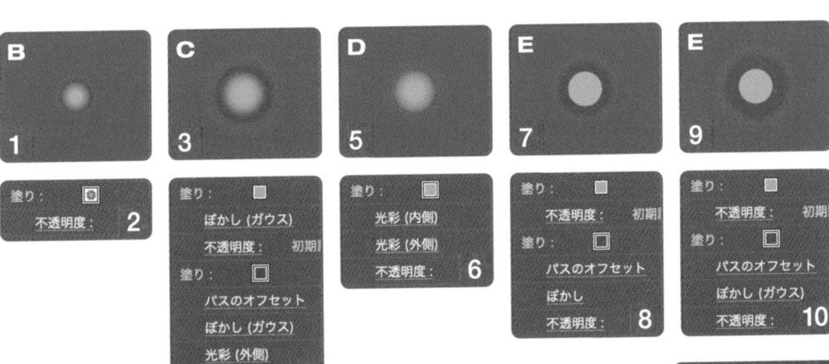

» P244 フリーグラデーション

40 縄目ブラシをつくる

縄目のブラシがあると、タイトルにあしらってマリンテイストを演出したり、パスで結び目をつくって組紐をつくれます。和風にも洋風にも使える便利なブラシです。ブラシの種類としてはパターンブラシが最適で、角や端のデザインも追加できます。

★★

40 A 縄目のパターンブラシをつくる

ブラシ

STEP 1 長方形を［ パスの変形 変形］効果で隙間なく移動コピーします 1

STEP 2 長方形を平行四辺形に変換します 2

STEP 3 ［アンカーポイントツール］で長方形のセグメントをドラッグして曲線化し、縄目をつくります 3 4

STEP 4 ［W:**STEP1**の長方形の幅（W）］の長方形を最前面へ移動し、クリッピングマスクを作成します 5 6

STEP 5 **STEP4**の長方形（クリッピングパス）を選択してコピーし、［同じ位置にペースト］でペーストしたあと、最背面へ移動します 7

STEP 6 すべてを選択したあと、ブラシパネルで［新規ブラシ］をクリックし、ダイアログで［パターンブラシ］を選択します

STEP 7 次の［パターンブラシオプション］ダイアログで［OK］をクリックします 8 9 10 11 12

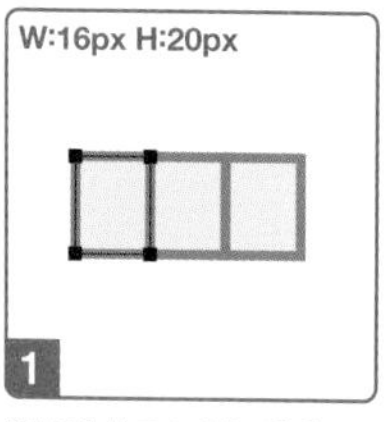

［変形］効果を［移動］［水平方向：16px］［コピー：2］で適用します。

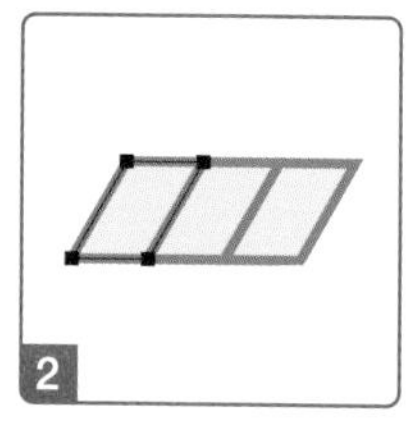

変形パネルの［シアー］や上辺の水平移動で、平行四辺形に変換します。

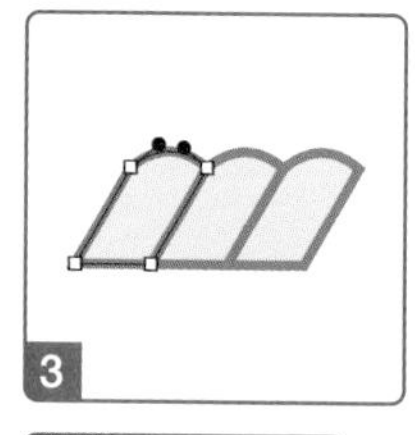

アンカーポイントツール

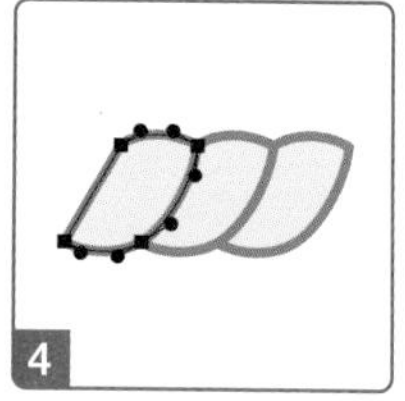

アンカーポイントの位置は変えず、セグメントの膨らみだけ調整します。

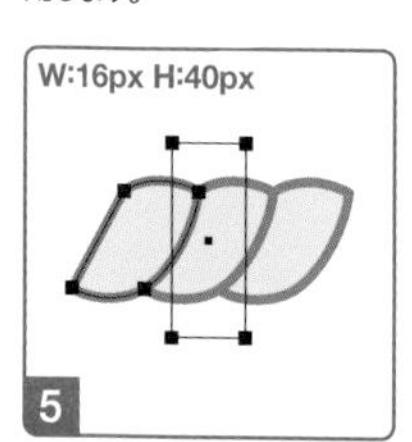

クリッピングパスとタイルの境界線は同じサイズです。クリッピングマスクを作成した時点で、クリッピングパスは［塗り：なし］［線：なし］になるため、同じ位置に複製して最背面へ移動すれば、そのままタイルの境界線として使えます。

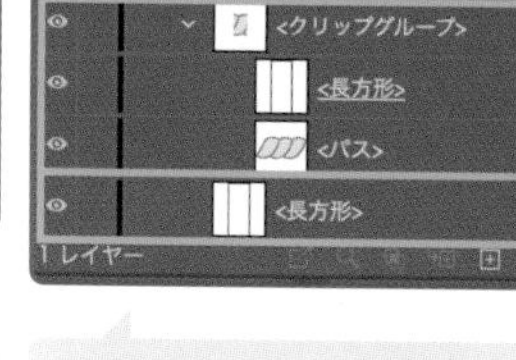

パターンスウォッチ同様、最背面の［塗り:なし］［線:なし］の透明な長方形は、タイルの境界線として機能します。

» P135 ストライプバー

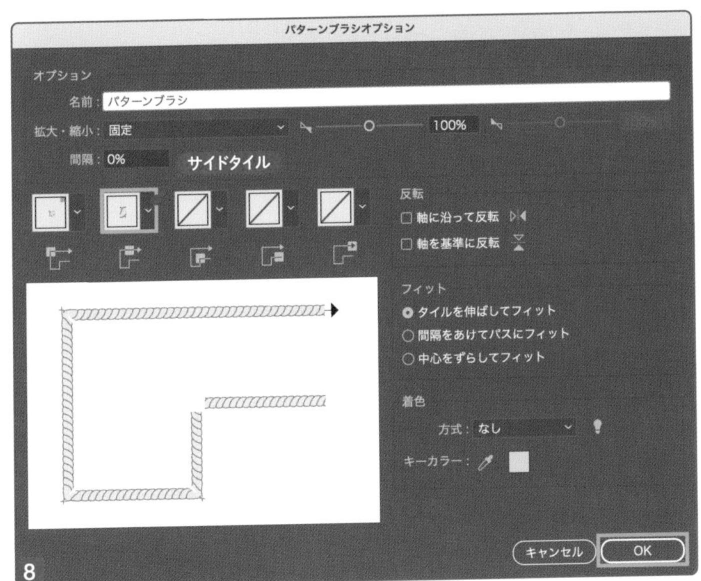

作成したオブジェクトは、［サイドタイル］に登録されます。パスにブラシを適用すると、セグメントに配置される部分です。

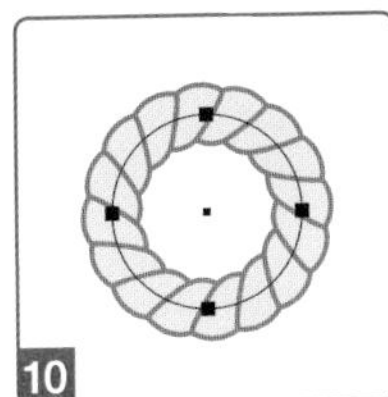

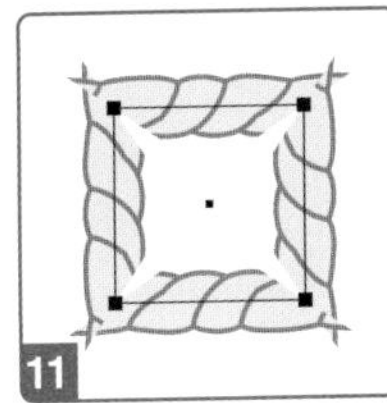

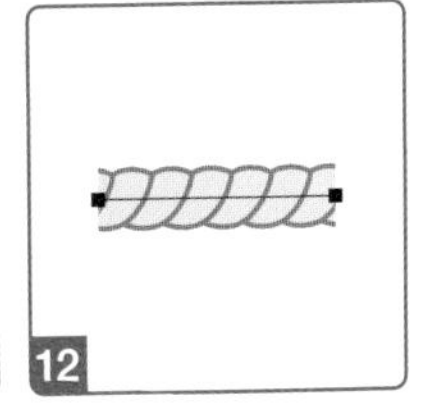

パターンブラシは、長方形などコーナーポイントのあるクローズパスと、直線などのオープンパスに適用してみると、状態がわかりやすいです。角（外角タイル）は自動生成されたものが使われます。

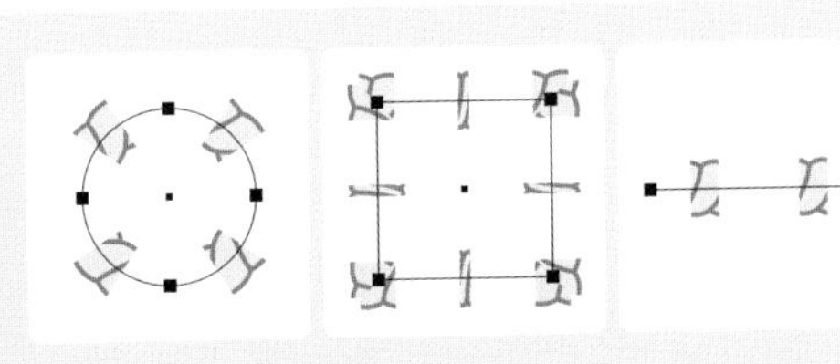

クリッピングマスクで覆い隠された領域も、オブジェクトとして認識されます。タイルの境界線なしでパターンブラシを作成すると、隙間が発生します。

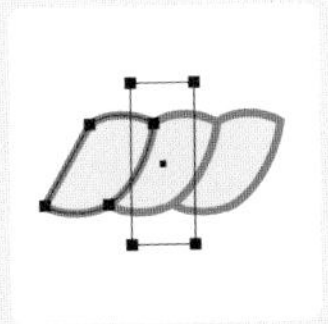

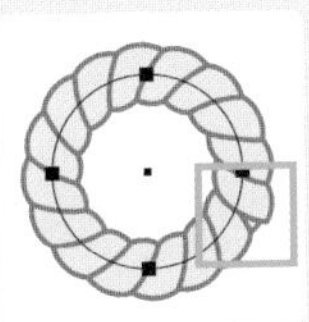

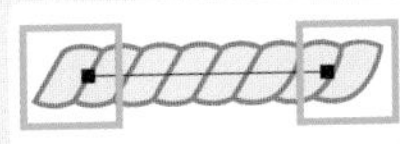

クリッピングマスクでトリミングせずに、タイルの境界線と一緒にパターンブラシを作成してみましょう。一見、ちゃんとできているようにみえますが、クローズパスの場合はシームレスにつながらない箇所が発生します。

★
40 B 外角タイルを変更する

ブラシ

STEP 1 ブラシパネルでパターンブラシをダブルクリックします 1

STEP 2 ダイアログで［外角タイル］のサムネールをクリックし、メニューから選択したあと、［OK］をクリックします 2 3 4 5

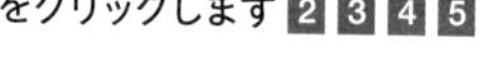

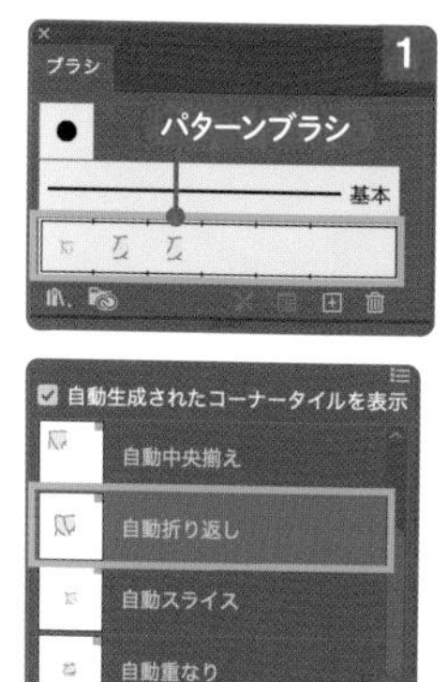

自動生成されたタイルから選択します。

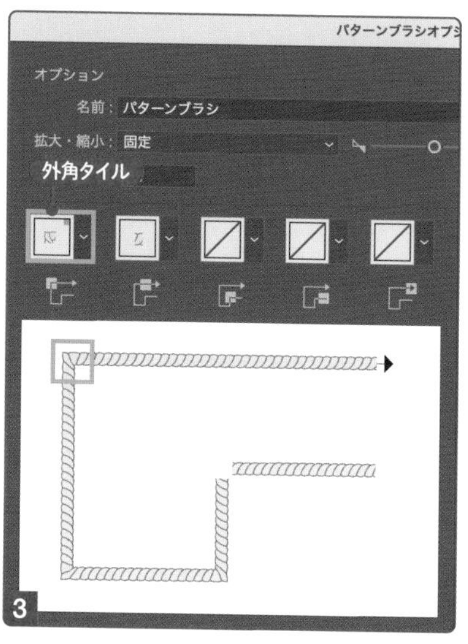

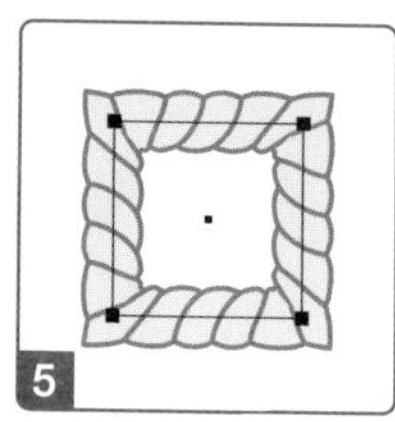

［自動折り返し］を選択しました。

パターンブラシのサムネールも更新されます。

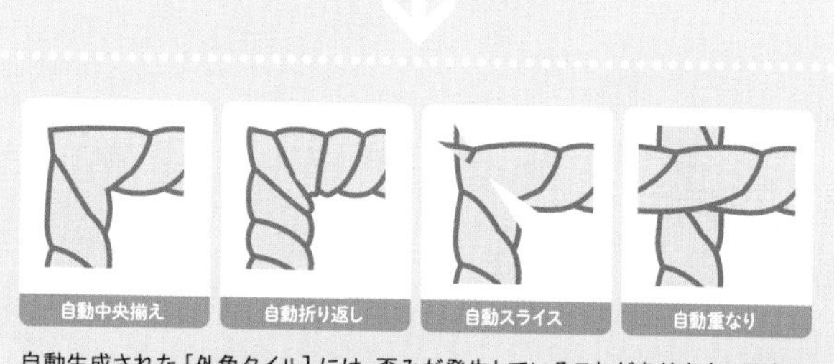

自動生成された［外角タイル］には、歪みが発生していることがあります。目立つときは、**40D**の手順で自作するとよいでしょう。

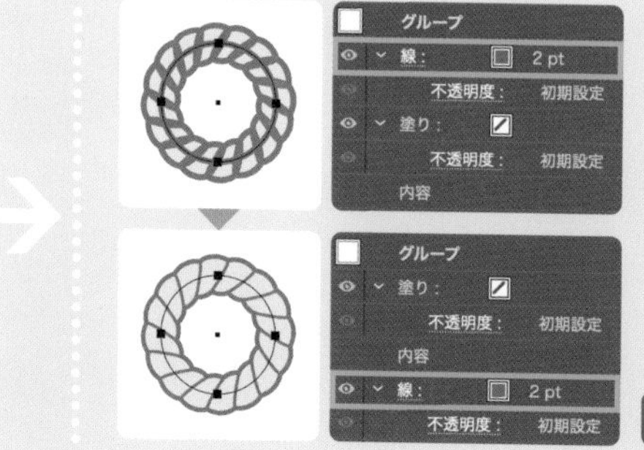

ブラシを適用したパスをグループ化したあと［線］を追加し、［内容］の下へ移動すると、［内容］から［線］の一部がはみ出して、外フチとして機能します。ブラシのデザインと同じ色を設定すると、一体化します。

» P257 吹き出し

DESIGN OBJECT

★★
40 C 最初と最後のタイルを作成して追加する

ブラシ

STEP 1 【サイドタイル】を複製し、【元のサイドタイル】に角をスナップさせて並べます 1

STEP 2 【最後のタイル】のクリッピングパスと、タイルの境界線を、正方形に変更します 2

STEP 3 【最後のタイル】の縄目のパスを選択し、[塗り:なし] に変更したあと、[オブジェクト] メニュー→ [アピアランスを分割] を選択します 3 4

STEP 4 [塗り] を元の色に戻し、端のパスのアンカーポイントを調整します 5

STEP 5 【最後のタイル】とタイルの境界線を選択して、スウォッチパネルへドラッグします 6 7 8

STEP 6 ブラシパネルでパターンブラシをダブルクリックし、ダイアログで [最後のタイル] のメニューから、**STEP5**で作成したスウォッチを選択し、[OK] をクリックします 9 10

STEP 7 【最初のタイル】も同様の操作で追加します 11 12 13

グループ選択ツール

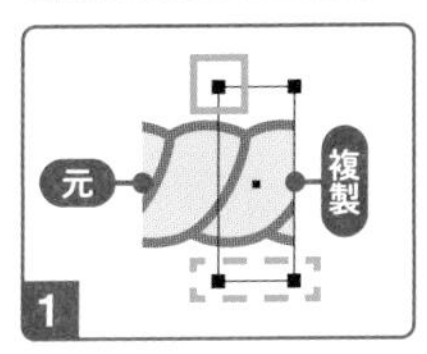

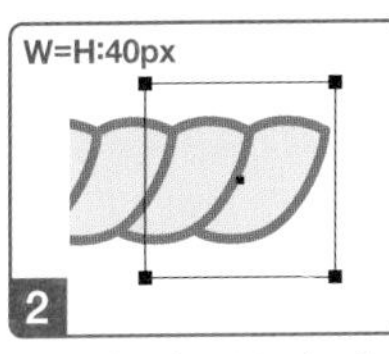

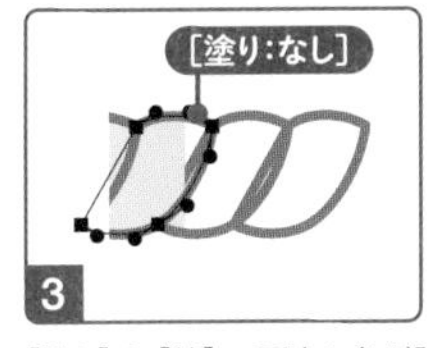

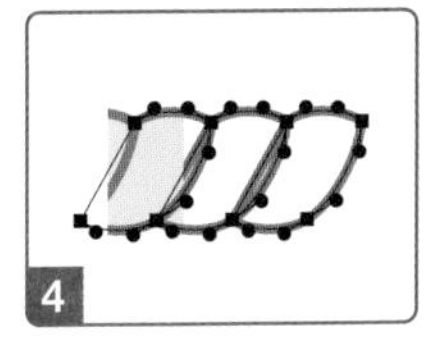

クリッピングパスとタイルの境界線の[W]を、[基準点:左辺]に設定して[H]と同じ値に変更します。[グループ選択ツール]で長方形の一部を囲むようにドラッグすると、両方を同時に選択できます。

[塗り] と [線] の両方に色が設定されている状態でアピアランスを分割すると、同じパスが2つ重なった状態になります。これを回避するための操作です。

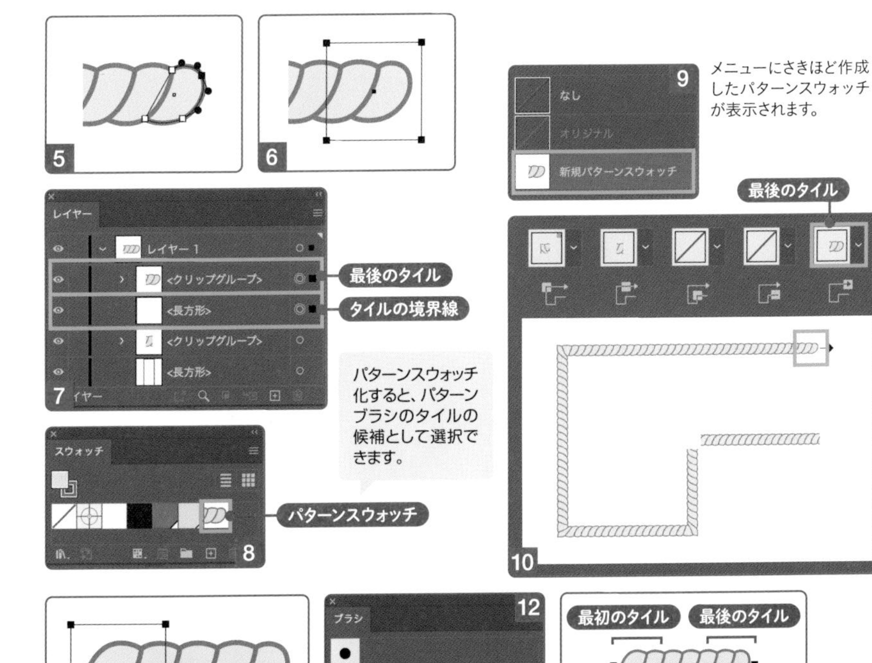

★★★

40 D 外角タイルを作成して追加する

ブラシ

STEP 1 【サイドタイル】の縄目のパスのアピアランスを分割したあと、90°回転コピーし、角をスナップさせます 1

STEP 2 【外角タイル】の境界線にかかる縄目のパスをコピーし、同じ位置にペーストします 2 3 4

STEP 3 ［W：【サイドタイル】の高さ（H）］の正方形を、【サイドタイル】の角にスナップさせ、**STEP2**でペーストした縄目のパスとクリッピングマスクを作成します 5 6 7

STEP 4 【外角タイル】の縄目のパスのひとつを、［グループ選択ツール］で［option (Alt)］キーを押しながらドラッグして複製し、アンカーポイントを調整して角をつなぎます 8 9

STEP 5 【外角タイル】のクリッピングパスを同じ位置にペーストし、最背面へ移動したあと、【外角タイル】とタイルの境界線を選択して、スウォッチパネルへドラッグします 10 11 12

STEP 6 ブラシパネルでパターンブラシをダブルクリックし、ダイアログで［外角タイル］のメニューからスウォッチを選択して、［OK］をクリックします 13 14 15

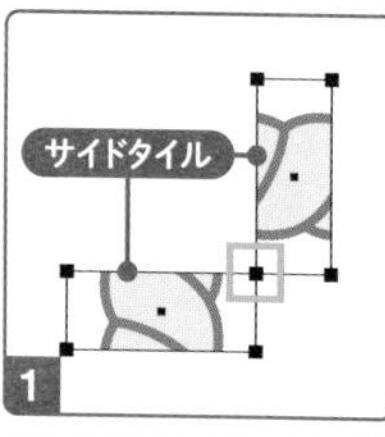

同じパスが重ならないよう、［塗り］と［線］のいずれかを［なし］に変更してからアピアランスを分割し、元の色に戻します。

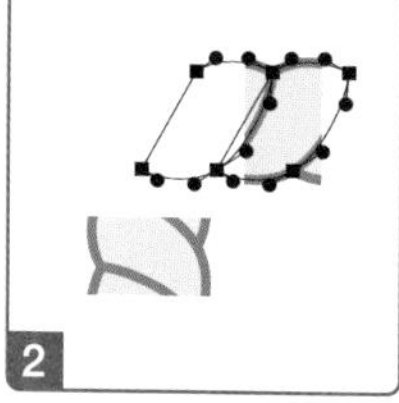

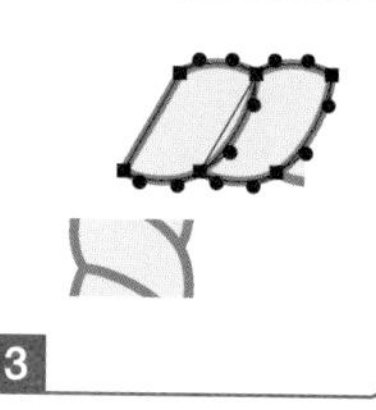

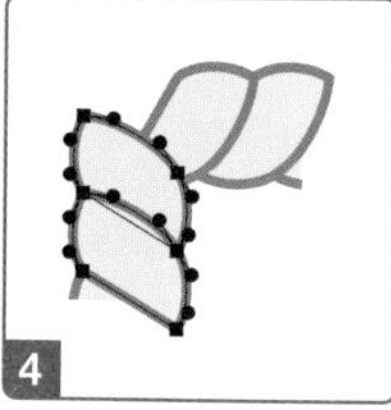

縄目のパスの選択は、［グループ選択ツール］やレイヤーパネルが便利です。境界線にかかるパス2つをコピーして、［同じ位置にペースト］でペーストします。

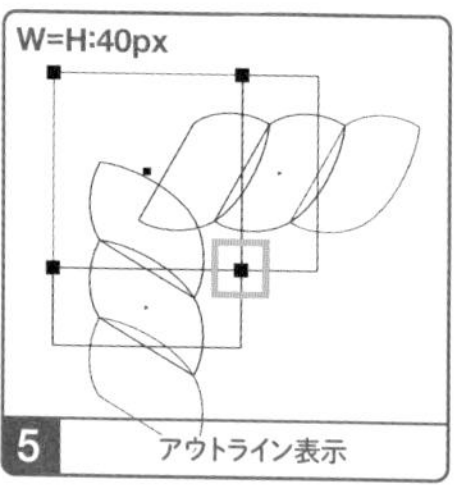

［表示］メニュー→［アウトライン］を選択するとアウトライン表示になり、透明なパスが可視化されるため、作業しやすいです。［表示］メニュー→［プレビュー］を選択すると、元に戻ります。

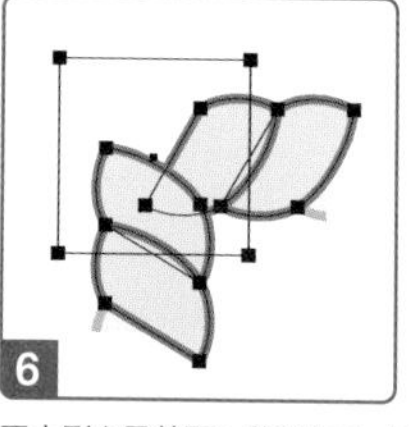

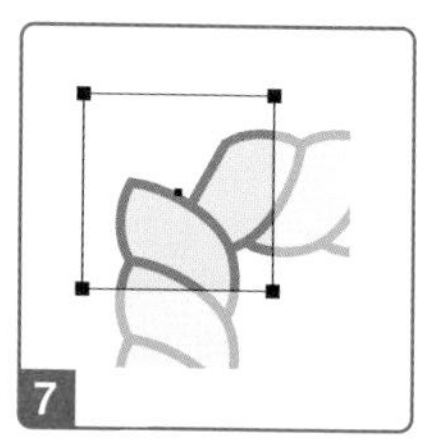

正方形を最前面へ移動して、クリッピングマスクを作成します。

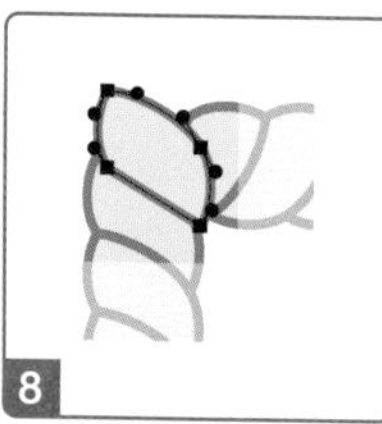
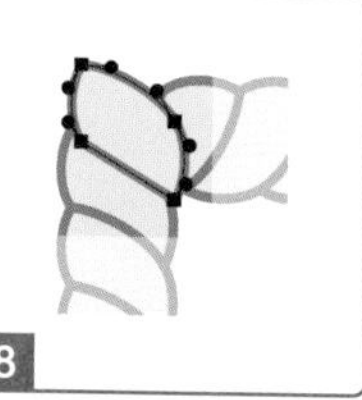

縄目のパスを［option (Alt)］キーを押しながらドラッグすると、クリップグループ内に複製できます。重ね順はレイヤーパネルで調整します。

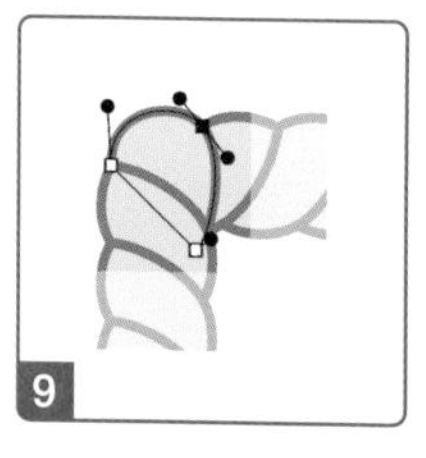

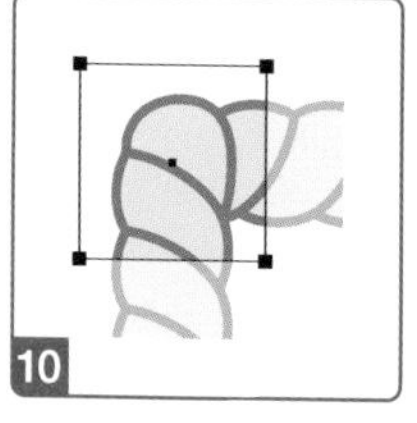

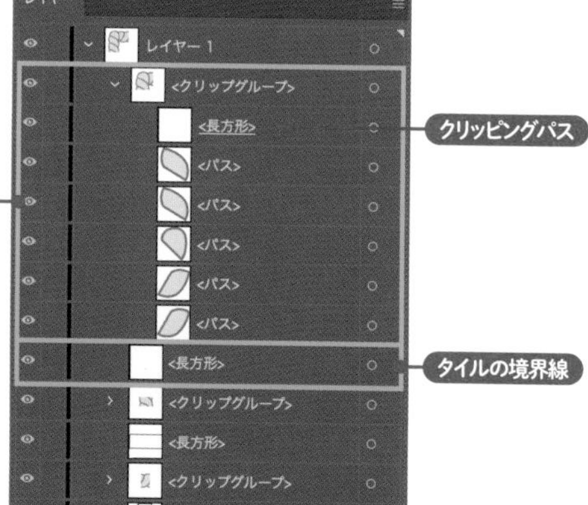

》P61 菱形

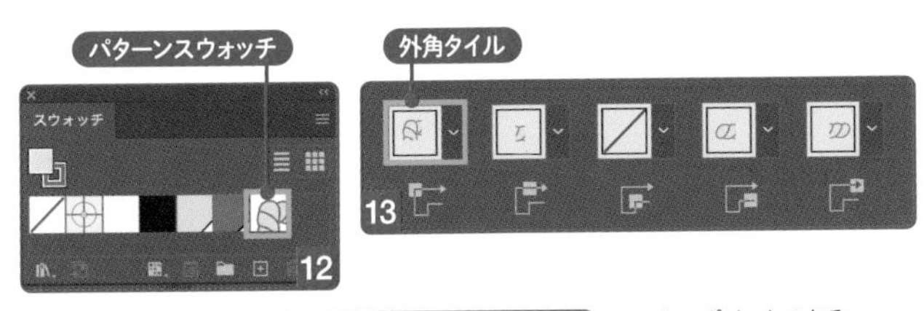

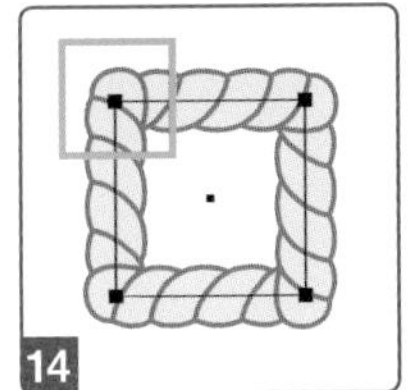

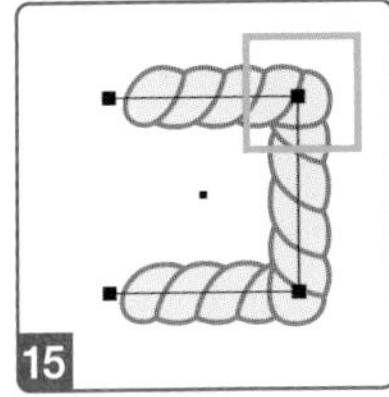

コーナーポイントのあるパスに適用すると、作成した【外角タイル】が角に使われていることがわかります。

ブラシを適用したパスに、［オブジェクト］メニュー→［アピアランスを分割］を適用すると、ブラシによってつくられていた見た目も、パスに変換できます。

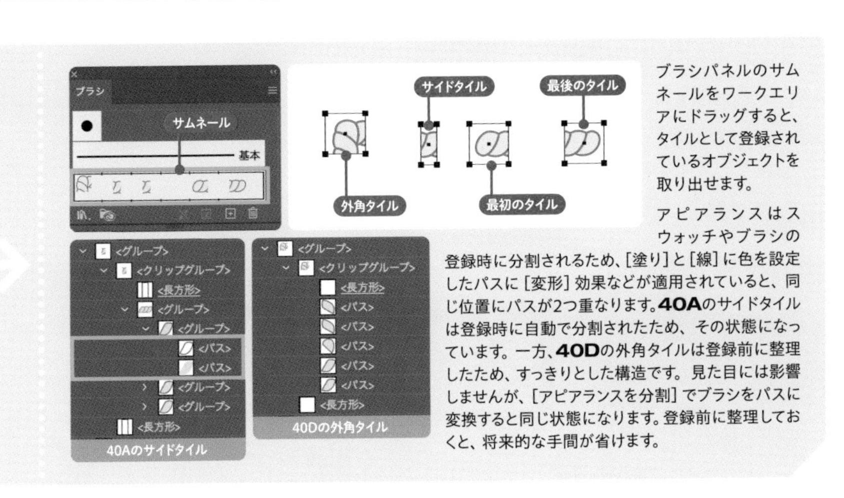

ブラシパネルのサムネールをワークエリアにドラッグすると、タイルとして登録されているオブジェクトを取り出せます。

アピアランスはスウォッチやブラシの登録時に分割されるため、［塗り］と［線］に色を設定したパスに［変形］効果などが適用されていると、同じ位置にパスが2つ重なります。**40A**のサイドタイルは登録時に自動で分割されたため、その状態になっています。一方、**40D**の外角タイルは登録前に整理したため、すっきりとした構造です。見た目には影響しませんが、［アピアランスを分割］でブラシをパスに変換すると同じ状態になります。登録前に整理しておくと、将来的な手間が省けます。

POINT

- □ **最背面の［塗り:なし］［線:なし］の長方形**は、パターンスウォッチ同様、パターンブラシでも**境界線**として機能する
- □ パターンブラシを作成すると、**［外角タイル］が自動生成**される
- □ ［最後のタイル］や［外角タイル］を追加する場合、オブジェクトを**パターンスウォッチ**に変換する
- □ ブラシは**［アピアランスの分割］**でパスに変換できる
- □ ブラシパネルのサムネールを**ワークエリアへドラッグ**すると、タイルとして登録されているオブジェクトを取り出せる

41 ピクセルアイコンを描く

アンカーポイントをピクセルグリッドにスナップする機能を利用すると、極小サイズのアイコンや角字などを手軽に描けます。角字は、水平線と垂直線で構成された正方形の文字で、日本の伝統紋の一種です。

★★

41 A ［ピクセルにスナップ］でアイコンを描く

アンカーポイント

STEP 1 ［選択ツール］を選択し、オブジェクトを何も選択しない状態で、プロパティパネルで［単位：ピクセル］［ピクセルにスナップ：オン］に変更します 1

STEP 2 線パネルで［線幅：1pt］に変更したあと、［長方形ツール］でドラッグします 2 3 4

STEP 3 ［ペンツール］で4箇所クリックしてコの字を描き、［ダイレクト選択ツール］でアンカーポイントの位置を調整します 5 6 7

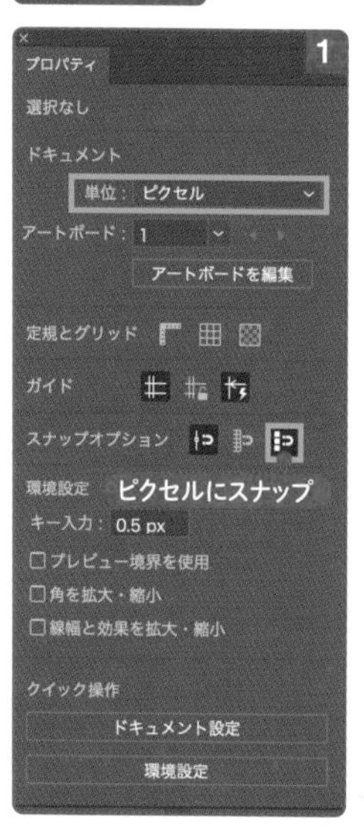

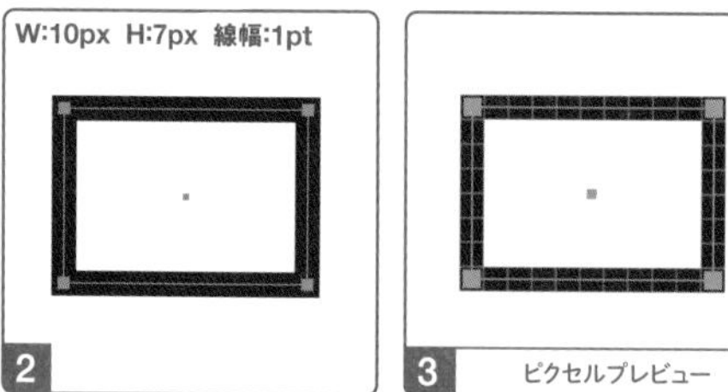

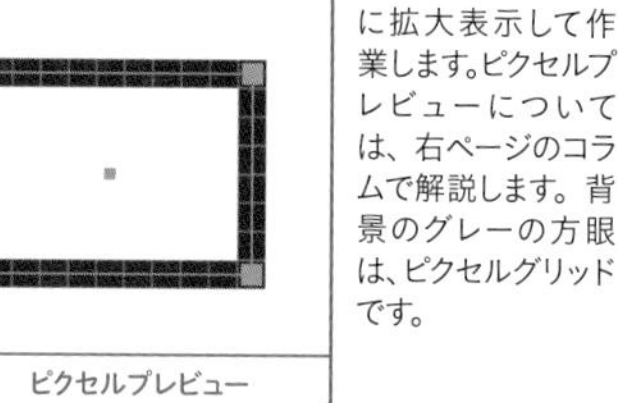

倍率を1200％程度に拡大表示して作業します。ピクセルプレビューについては、右ページのコラムで解説します。背景のグレーの方眼は、ピクセルグリッドです。

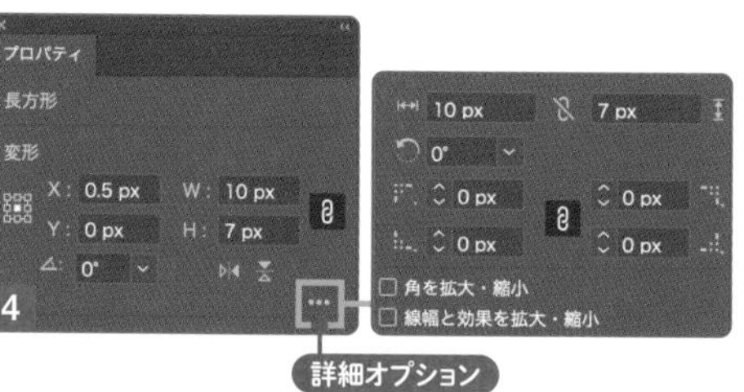

オブジェクト選択中のプロパティパネルは、変形パネルとしても使えます。座標やサイズが0.5px刻みになるのは、ピクセルグリッドにスナップされるためです。

プロパティパネルは、［選択ツール］でオブジェクト非選択状態のとき、［単位］や［キー入力］、各種グリッドやスナップのオン／オフを変更できます。［環境設定］ダイアログへのアクセスも可能です。

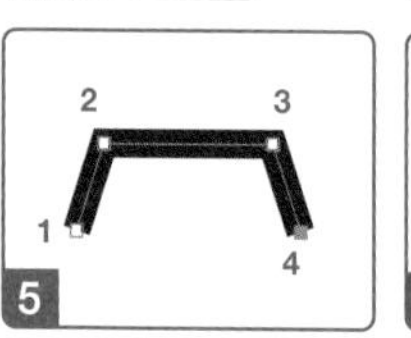

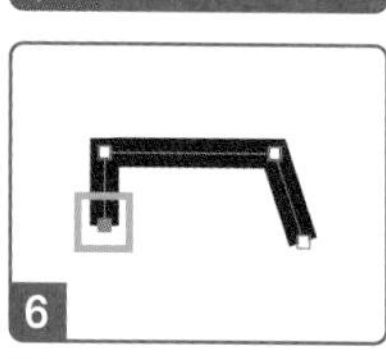

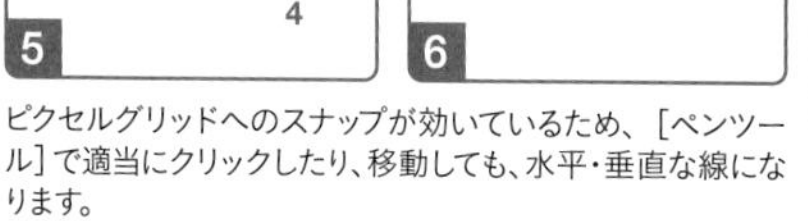
ピクセルグリッドへのスナップが効いているため、［ペンツール］で適当にクリックしたり、移動しても、水平・垂直な線になります。

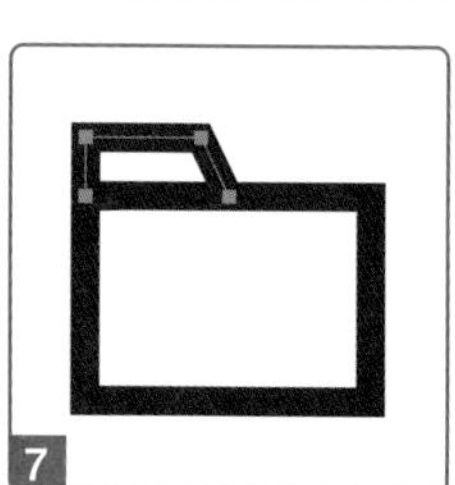

長方形にコの字を組み合わせると、フォルダーのアイコンになります。このフォルダーのサイズは、［W：10px］［H：9px］です。

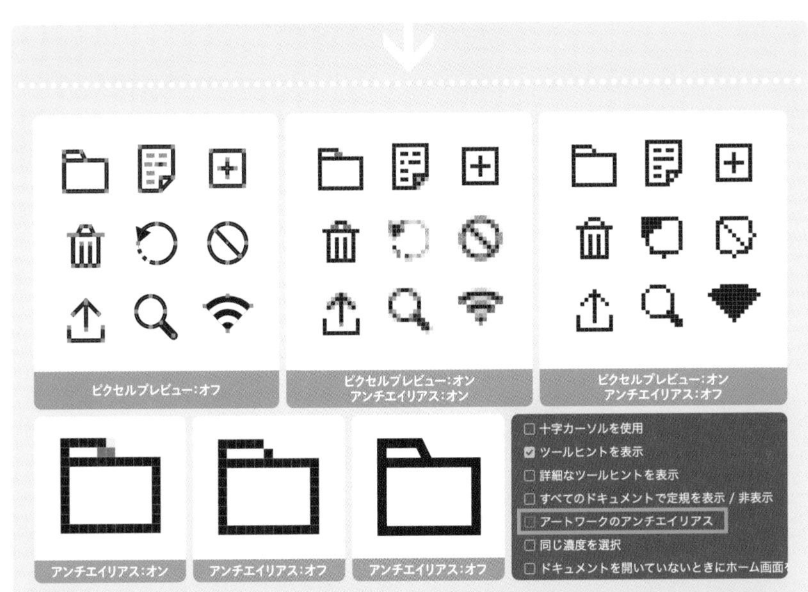

[表示] メニュー→ [ピクセルプレビュー] を選択して [オン] に変更すると、72ppiの解像度で画像化した状態をシミュレーションできます。この表示モードで2400%程度に拡大表示するとピクセルグリッドが表示されます。この状態で図形やパスを描いてみると、[ピクセルにスナップ] のはたらきがわかります。さらに [環境設定] ダイアログで [アートワークのアンチエイリアス：オフ] に変更すると、中間色の補完ピクセルのない状態を確認できます。なお、[ピクセルプレビュー:オフ] の状態では、[アンチエイリアス:オフ] でも見えかたはあまり変わりません。

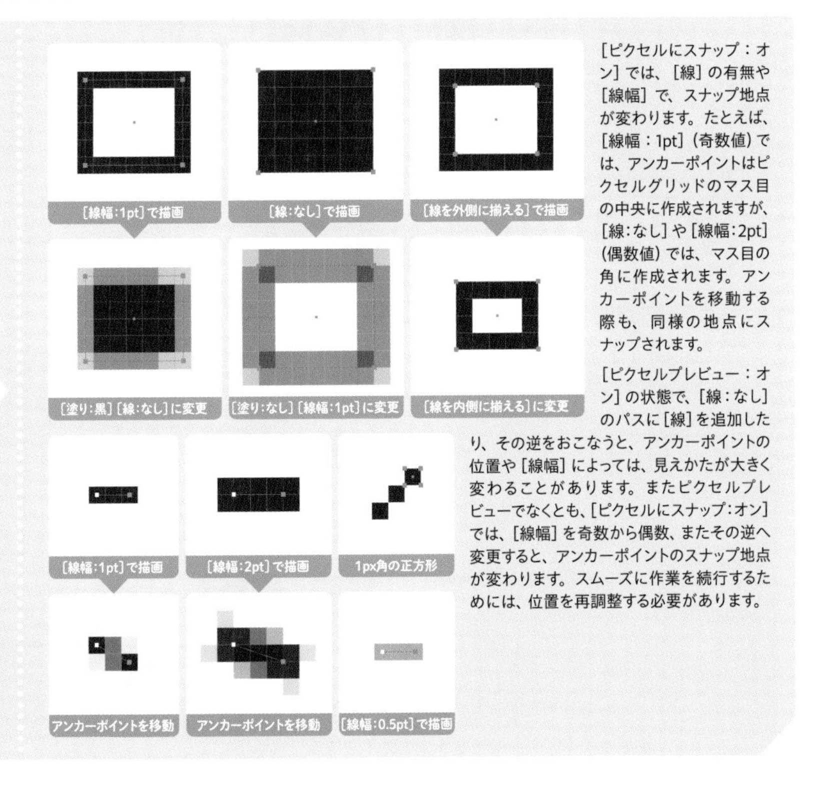

[ピクセルにスナップ：オン] では、[線] の有無や [線幅] で、スナップ地点が変わります。たとえば、[線幅：1pt] (奇数値) では、アンカーポイントはピクセルグリッドのマス目の中央に作成されますが、[線:なし] や [線幅:2pt] (偶数値) では、マス目の角に作成されます。アンカーポイントを移動する際も、同様の地点にスナップされます。

[ピクセルプレビュー：オン] の状態で、[線：なし] のパスに [線] を追加したり、その逆をおこなうと、アンカーポイントの位置や [線幅] によっては、見えかたが大きく変わることがあります。またピクセルプレビューでなくとも、[ピクセルにスナップ:オン] では、[線幅] を奇数から偶数、またその逆へ変更すると、アンカーポイントのスナップ地点が変わります。スムーズに作業を続行するためには、位置を再調整する必要があります。

★★
41 B ［ピクセルにスナップ］で文字を描く

アンカーポイント

STEP 1 41AのSTEP1の操作をおこないます

STEP 2 ［ペンツール］でクリックして直線を描き、［ダイレクト選択ツール］でアンカーポイントの位置を調整します 1 2 3

STEP 3 線パネルで［線端：突出線端］に変更します 4

ペンツール　ダイレクト選択ツール　突出線端

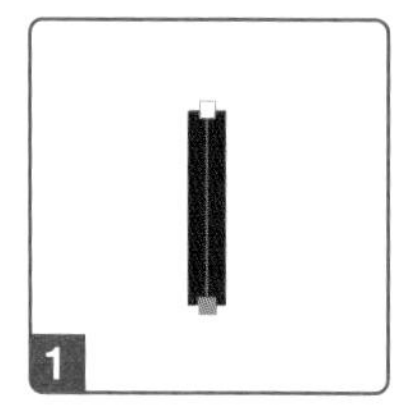

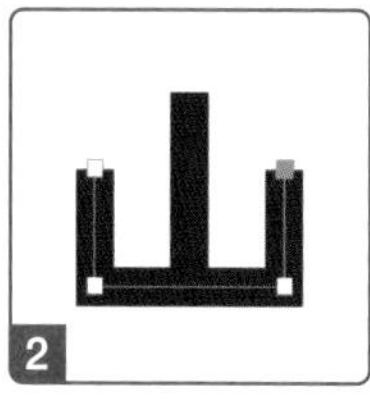

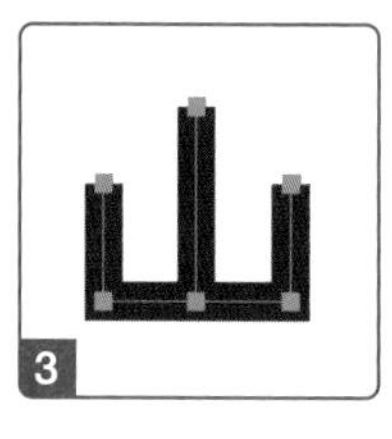

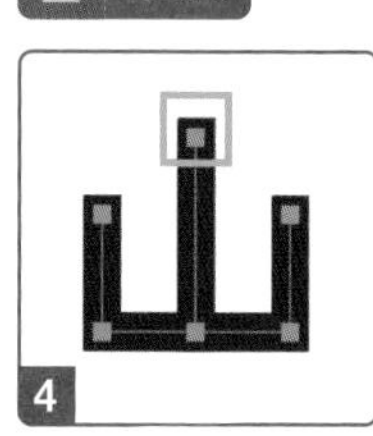

この「山」の字のサイズは、［W：10px］［H：10px］です。

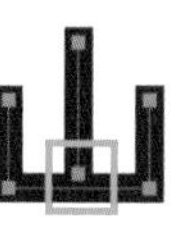

線がT字にぶつかるところは、端のアンカーポイントがセグメントと重なるように配置します。こうしておくと、［線幅］を変更しても隙間ができません。

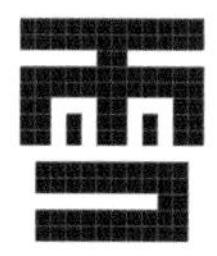

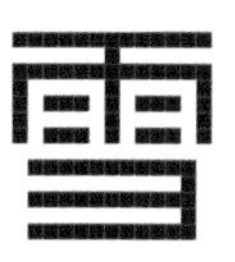

［線幅］や基準となる枠のサイズによって、表現可能な密度が変わります。画数の多い文字からつくってみると、融通がききます。

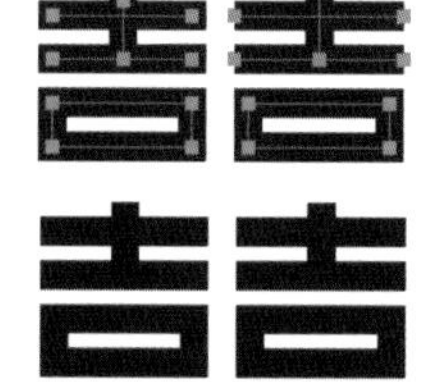

左：［突出線端］／右：［線端なし］

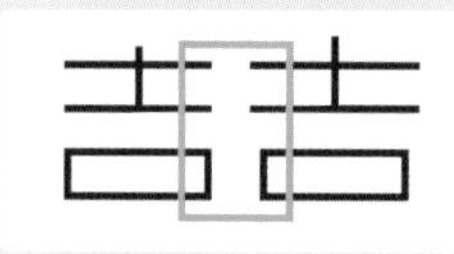

［突出線端］でつくっておくと、［線幅］を変更しても、線端と長方形の端が揃います。

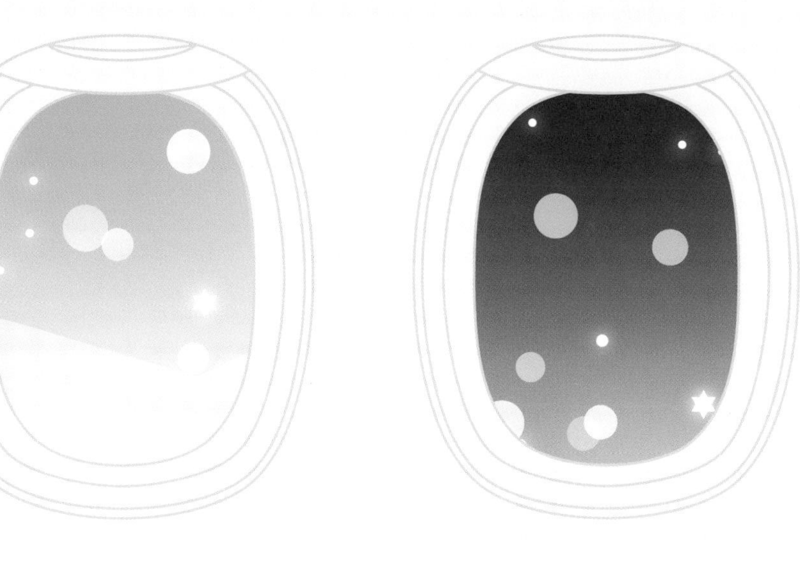

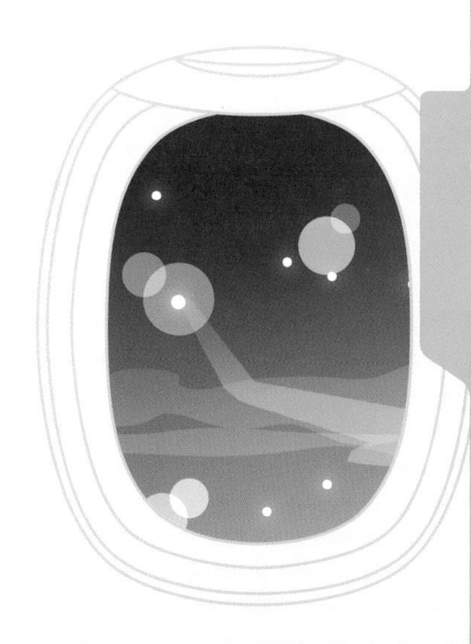

42 ヘリンボーンパターンをつくる

向かい合わせの平行四辺形からなるヘリンボーンは、正方形や長方形をシアー変形してつくります。パターンスウォッチ化して縦横比を変えると、平行四辺形の傾きを細かく調整できます。応用で、日本の伝統紋様の矢絣模様もつくれます。

★

42 A [変形] 効果で反転&移動コピーする

アピアランス

STEP1 [ダイレクト選択ツール] で平行四辺形の縦のセグメントを選択してコピー&ペーストし、[H] を測ります 1 2

STEP2 [パスの変形 変形] 効果で右辺を軸として反転し、垂直方向に移動コピーします 3

STEP3 [変形] 効果で垂直方向に移動コピーします 4

STEP4 [変形] 効果で水平方向に移動コピーします 5 6

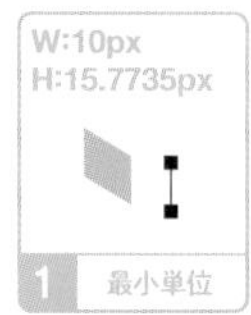

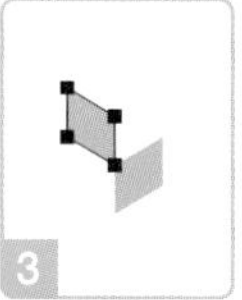

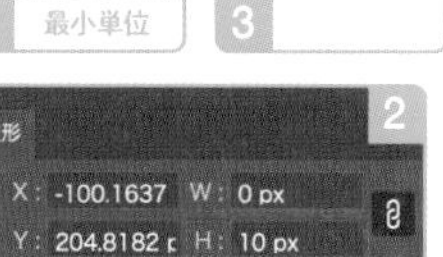

この平行四辺形は、10px角の正方形の垂直方向30°シアーで作成しているため、縦のセグメントは測らなくてもわかります。この平行四辺形に、[変形] 効果を [移動] [垂直方向:10px] [水平方向に反転:オン] [基準点:右辺中央] [コピー:1] で適用します。

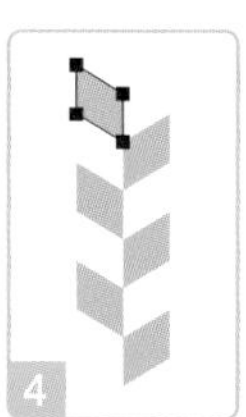

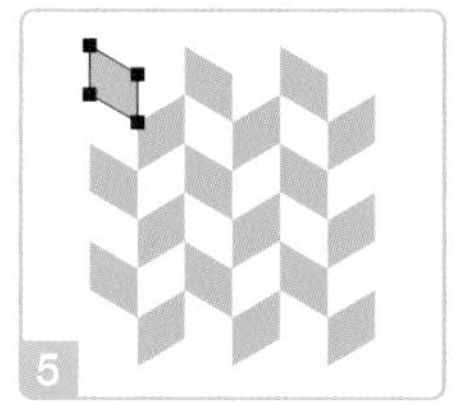

STEP3の [変形] 効果は [移動] [垂直方向:20px] [コピー:2]、**STEP4**の [変形] 効果は [移動] [水平方向:20px] [コピー:2] で適用します。

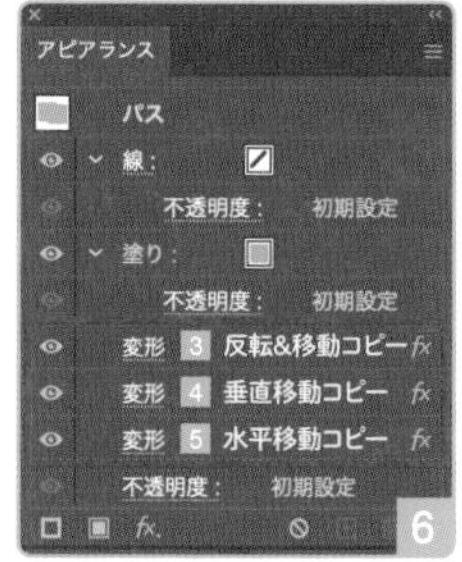

P62 平行四辺形

正方形

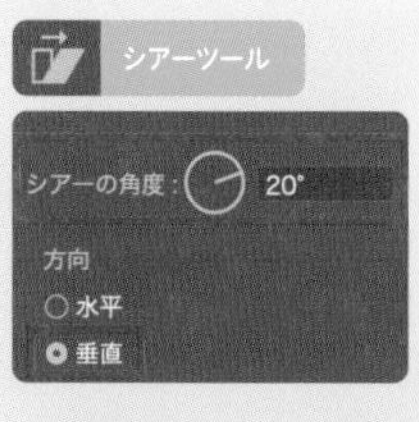

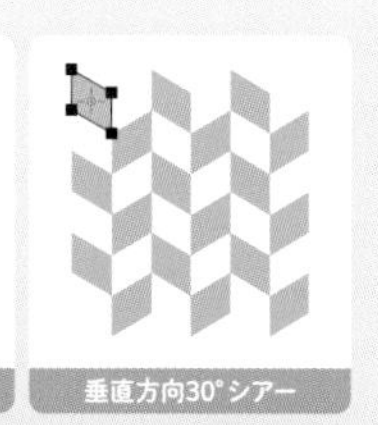

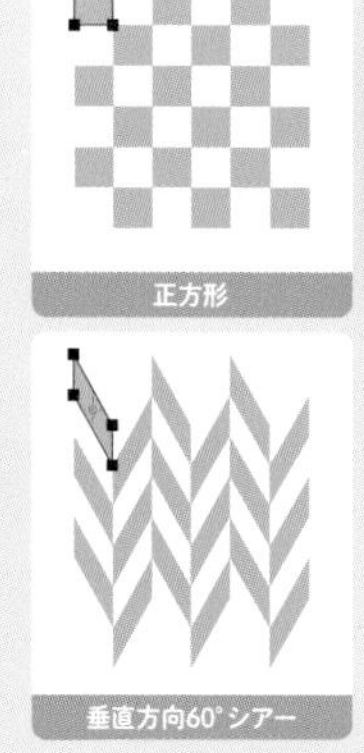

正方形に同じ [変形] 効果を適用したあと、[シアーツール] で垂直方向にシアーさせると、パターン全体の見た目の変化を確認しながら調整できます。垂直方向であれば、角度が大きく変化しても、[変形] 効果の設定を調整する必要はありません。なお、正方形でなく長方形でも同様の操作が可能です。

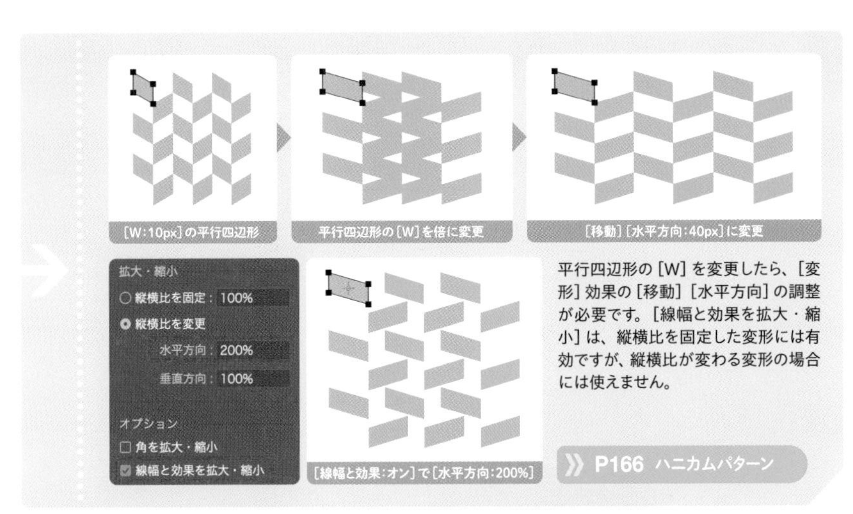

平行四辺形の［W］を変更したら、［変形］効果の［移動］［水平方向］の調整が必要です。［線幅と効果を拡大・縮小］は、縦横比を固定した変形には有効ですが、縦横比が変わる変形の場合には使えません。

P166 ハニカムパターン

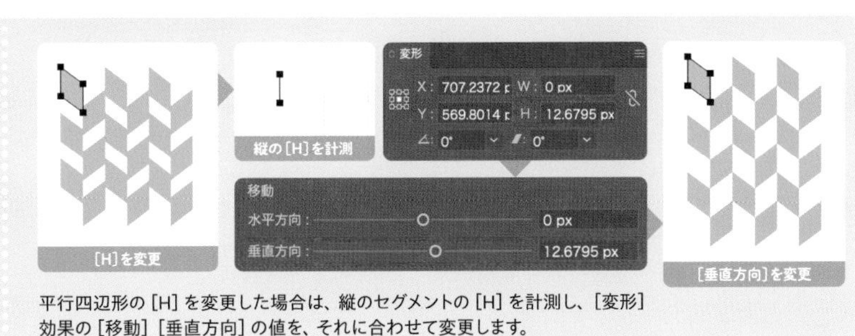

平行四辺形の［H］を変更した場合は、縦のセグメントの［H］を計測し、［変形］効果の［移動］［垂直方向］の値を、それに合わせて変更します。

★★

42 B リピートグリッドで平行四辺形をタイリングする

リピート

STEP1 直線を角にスナップさせて、平行四辺形の対角線の［H］を測ります 1 2

STEP2 平行四辺形を選択し、リピートグリッドを作成したあと、［水平方向の間隔:0］［グリッドの種類:垂直方向オフセットグリッド］［列を反転:水平方向に反転］に変更し、［垂直方向の間隔］に**STEP1**で測った［H］と同じ値を入力します 3 4 5

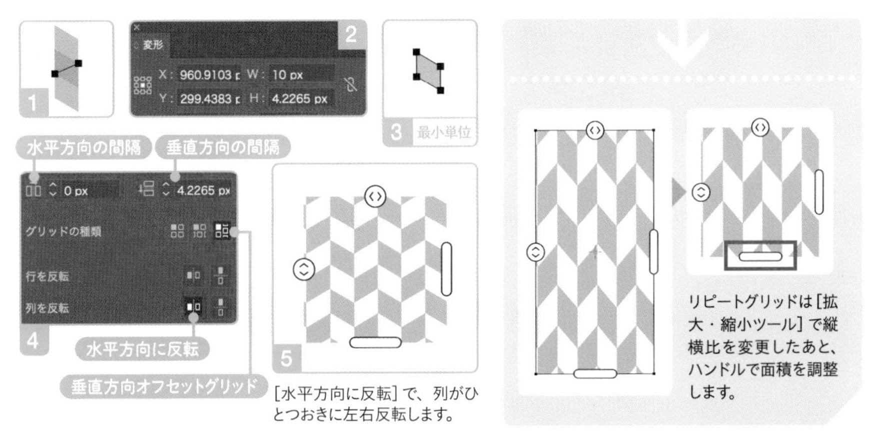

［水平方向に反転］で、列がひとつおきに左右反転します。

リピートグリッドは［拡大・縮小ツール］で縦横比を変更したあと、ハンドルで面積を調整します。

★

42 C パターン機能でパターンスウォッチをつくる

パターン

STEP 1 平行四辺形を水平方向に反転コピーし、角をスナップさせます 1

STEP 2 [オブジェクト] メニュー→ [パターン] → [作成] を選択し、パターンオプションパネルで [高さ:**42A**の**STEP1**で計測した [H] の倍] に変更します 2 3 4 5

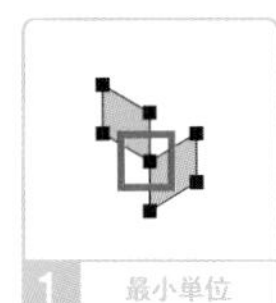

42Aと同じ平行四辺形です。水平方向の反転は、変形パネルのメニューや、プロパティパネルのアイコンも便利です。

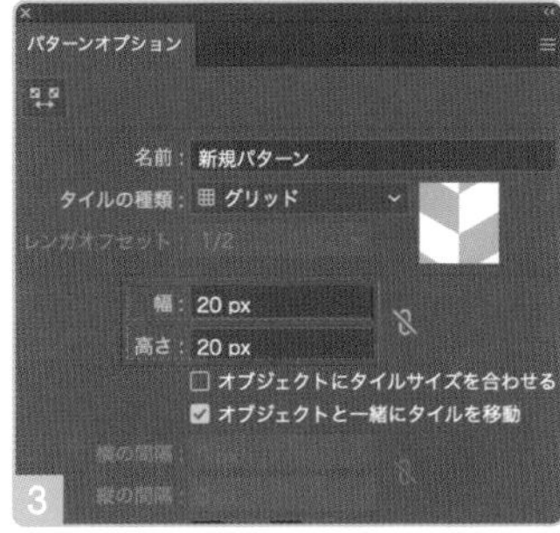

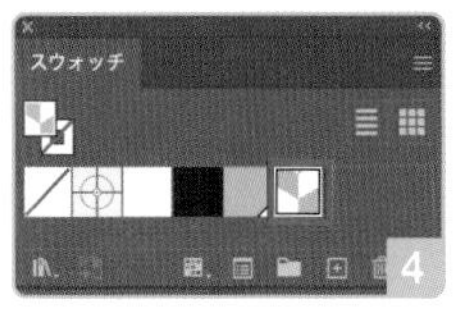

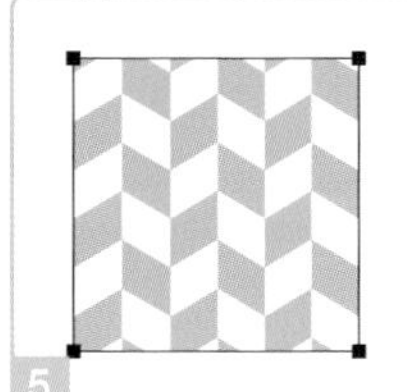

[変形] 効果とリピートグリッドは、列をひとつおきに反転できますが、パターン機能は反転できないので、元のオブジェクトを反転しておきます。

パターンスウォッチは、縦横比の変更が簡単です。[拡大・縮小ツール] のほか、[変形] 効果を使う方法もあります。ヘリンボーンパターンの場合、緩やかな角度の平行四辺形で基本のスウォッチをつくり、縦横比で角度を調整すると、効率がよいでしょう。

P137 市松模様

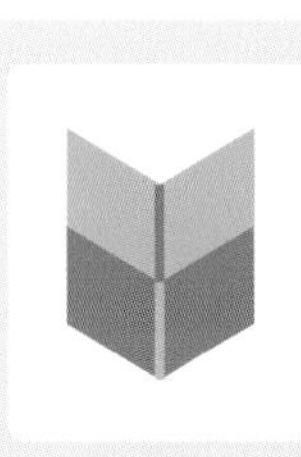

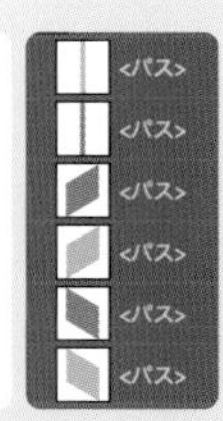

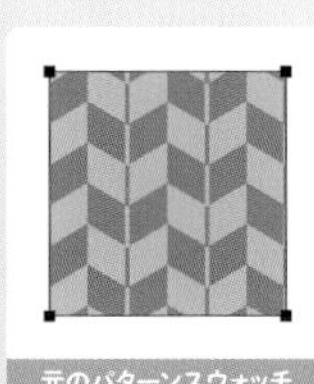

元のパターンスウォッチ

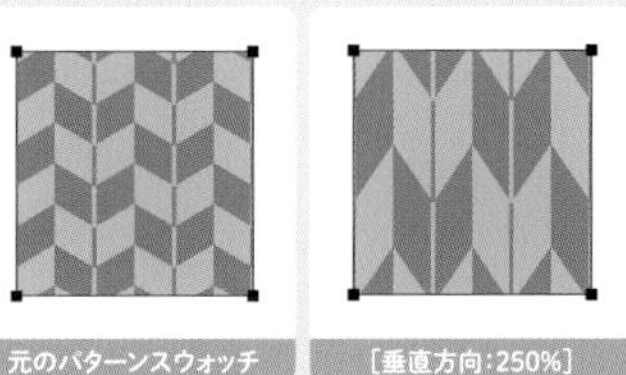

[垂直方向:250%]

応用で矢絣模様もつくれます。真ん中の線は、直線でも長方形でも、拡大・縮小率に応じて変化します。

POINT

- □ **[線幅と効果を拡大・縮小]** は、縦横比を固定しない拡大・縮小には正確に機能しない
- □ リピートグリッドの **[行を反転]** や **[列を反転]** で、オブジェクトを**ひとつおきに反転**できる

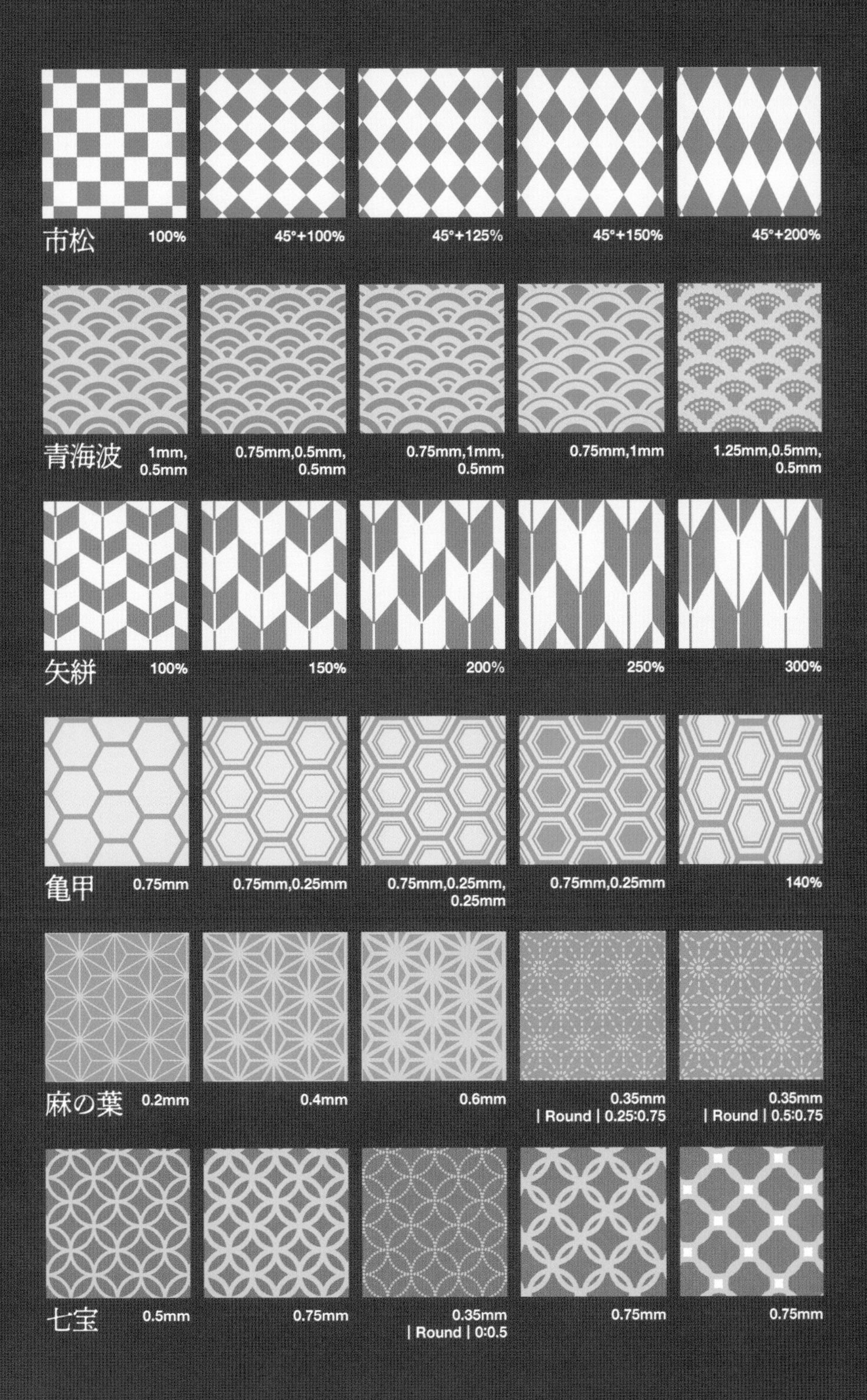
市松
100%
45°+100%
45°+125%
45°+150%
45°+200%
青海波
1mm, 0.5mm
0.75mm,0.5mm, 0.5mm
0.75mm,1mm, 0.5mm
0.75mm,1mm
1.25mm,0.5mm, 0.5mm
矢絣
100%
150%
200%
250%
300%
亀甲
0.75mm
0.75mm,0.25mm
0.75mm,0.25mm, 0.25mm
0.75mm,0.25mm
140%
麻の葉
0.2mm
0.4mm
0.6mm
0.35mm | Round | 0.25:0.75
0.35mm | Round | 0.5:0.75
七宝
0.5mm
0.75mm
0.35mm | Round | 0:0.5
0.75mm
0.75mm

43 麻の葉模様をつくる

麻の葉模様をつくるには、正三角形を組み合わせた菱形をタイリングする方法と、正六角形をタイリングする方法の2通りあります。どちらもパターン機能で選択可能な配置です。

★★

43 A ［変形］効果で菱形に組んでタイリングする

アピアランス

STEP 1 正三角形を［線の位置：線を内側に揃える］、［H］を1/3に変更します 1 2 3 4

STEP 2 ［ パスの変形 変形］効果で頂点を［基準点］に120°回転コピーしたあと、［変形］効果で底辺を反転軸として反転コピーします 5 6

STEP 3 ［変形］効果で垂直方向に移動コピーします 7

STEP 4 ［変形］効果で斜め下に1列移動コピーしたあと、［変形］効果で水平方向に移動コピーします 8 9 10

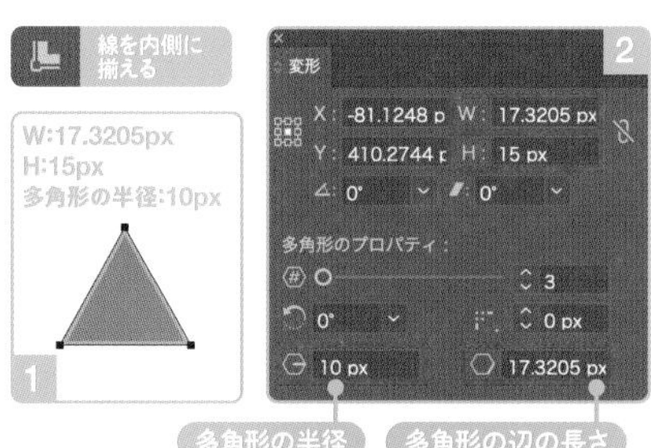

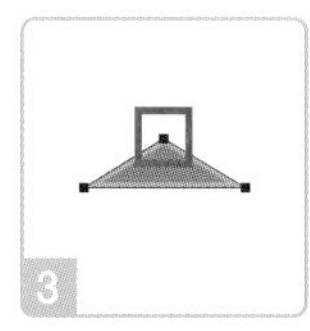

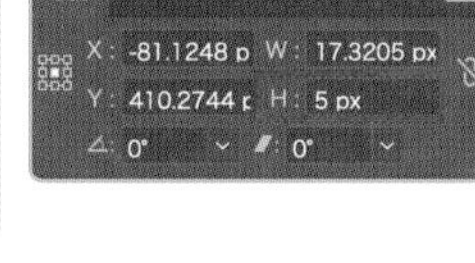

正三角形の［W］と［H］、［多角形の半径］［多角形の辺の長さ］は、移動距離のヒントになります。

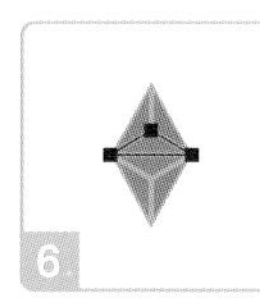

［変形］効果を［垂直方向に反転：オン］［基準点：下辺中央］［コピー：1］で適用します。

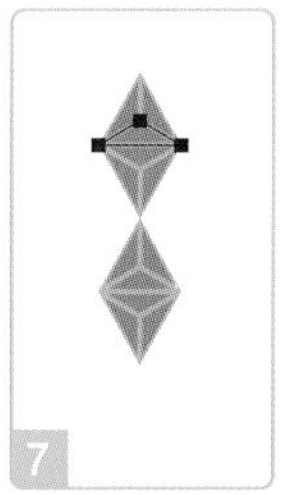

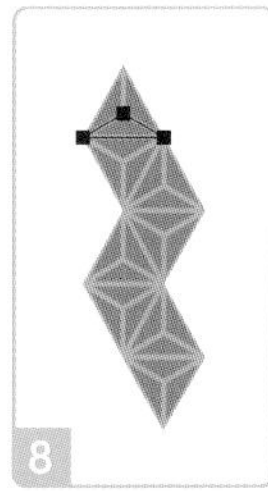

［変形］効果を［移動］［垂直方向：30px］［コピー：1］で適用したあと 7 、［変形］効果を［移動］［水平方向：8.6603px］［垂直方向：15px］［コピー：1］で適用します 8 。「8.6603px」は「17.3205px」の半分です。

正三角形の垂線は、中心を挟んで2：1の比になります。そのため正三角形の［H］を1/3に変更すると、頂点がちょうど元の正三角形の中心の位置に移動します。

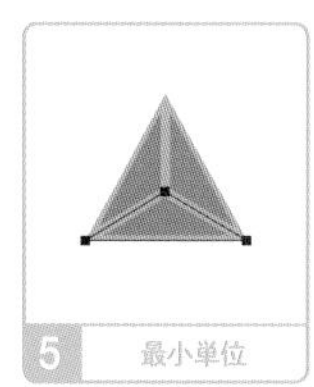

［変形］効果を［角度：120°］［基準点：上辺中央］［コピー：2］で適用します。

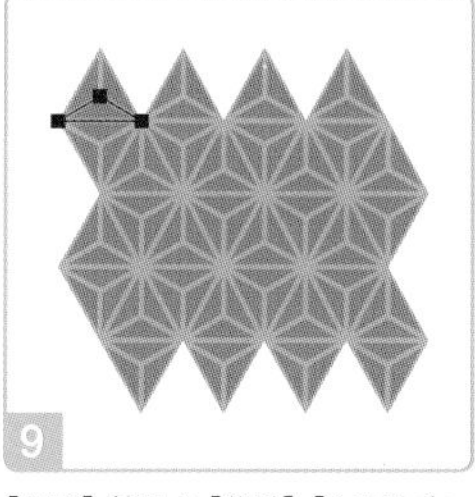

［変形］効果を［移動］［水平方向：17.3205px］［コピー：3］で適用します。

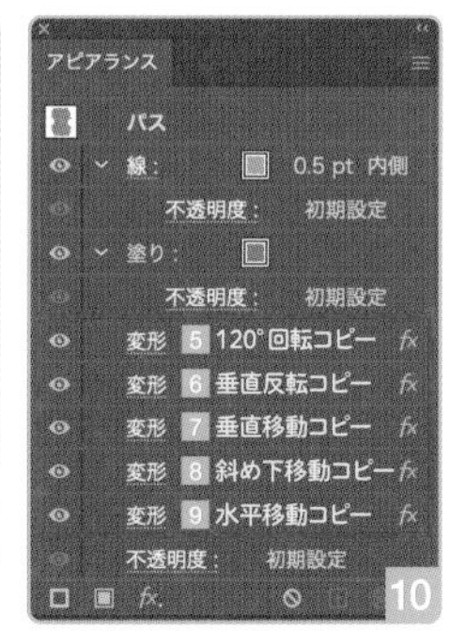

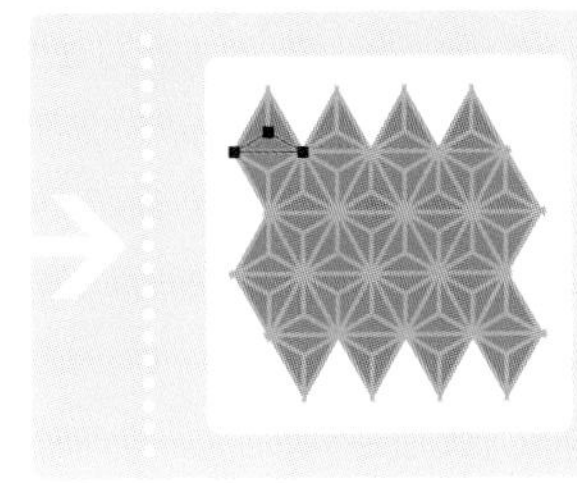

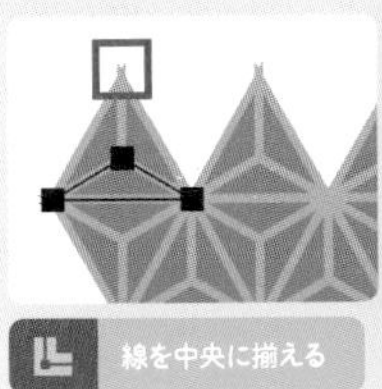

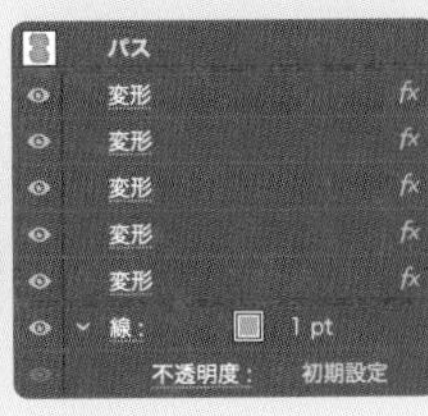

［変形］効果を［線］の上へ移動すると、［線を中央に揃える］も使えます。このメリットはP218で解説します。

★★

43 B ［変形］効果で六角形に組んでタイリングする

アピアランス

STEP 1 **43A**の**STEP2**の120°回転コピーまでの操作をおこないます 1

STEP 2 ［パスの変形 変形］効果で底辺の角を［基準点］に60°回転コピーします 2

STEP 3 ［変形］効果で垂直方向に移動コピーします 3

STEP 4 ［変形］効果で斜め下に1列移動コピーしたあと、［変形］効果で水平方向に移動コピーします 4 5 6

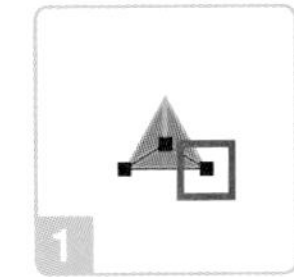

1

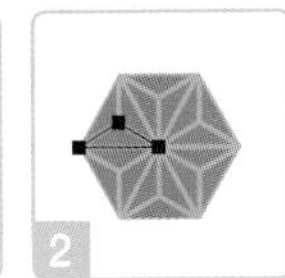

2

［変形］効果を［角度：60°］［基準点：右下角］［コピー：5］で適用して、正六角形に配置します。この正六角形のサイズは［W：34.641px］［H：30px］になります。

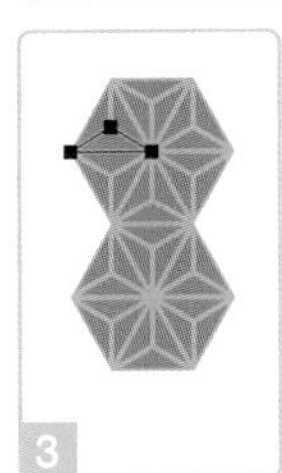

3

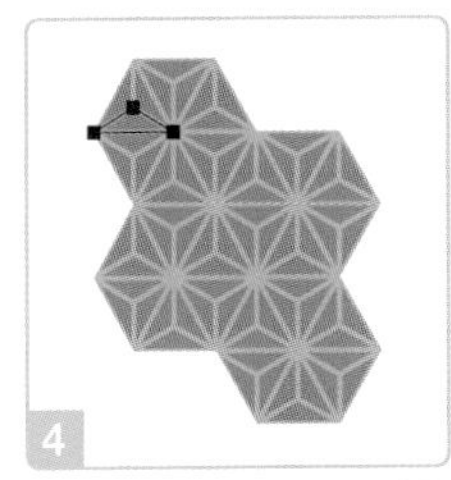

4

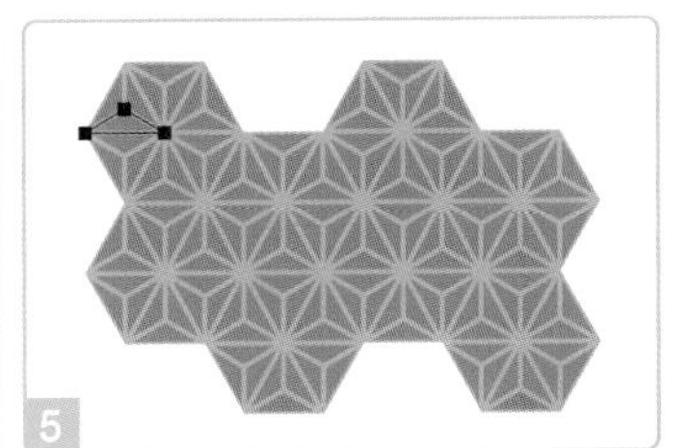

5

STEP3の［変形］効果は［移動］［垂直方向：30px］［コピー：1］3、**STEP4**の［変形］効果は［移動］［水平方向：25.9807px］［垂直方向：15px］［コピー：1］4、次の［変形］効果は［移動］［水平方向：51.9614px］［コピー：1］5 で適用します。数値を調べる方法は**30D**（P165）を参照してください。

P165 ハニカムパターン

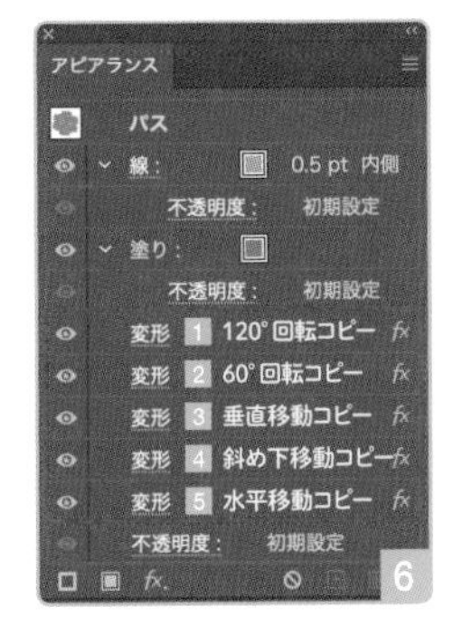

6

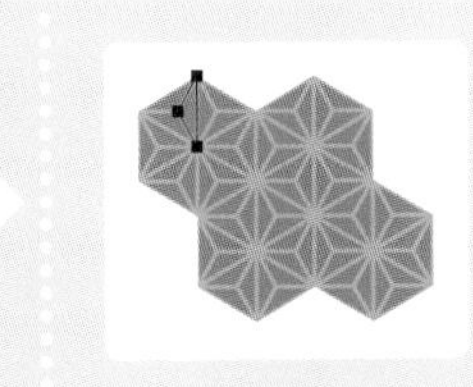

90°回転した正六角形もタイリングできます。［線幅と効果を拡大・縮小］は回転角度まではサポートできないので、パスを90°回転したあと、［変形］効果の［基準点］や移動距離を調整します。［角度：90°］の［変形］効果をリストの最後に追加する方法もあります。

★

43 C パターン機能でパターンスウォッチをつくる

パターン

STEP 1　**43A**の**STEP2**、または**43B**の**STEP2**までの操作をおこないます 1 4

STEP 2　［オブジェクト］メニュー→［パターン］→［作成］を選択し、パターンオプションパネルで［タイルの種類］を、**43A**は［レンガ（横）］2 3、**43B**は［六角形（縦）］に変更します 5 6

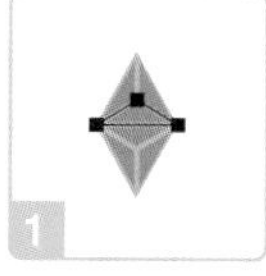

1

この菱形のサイズは、［W:17.3205px］［H：30px］です。

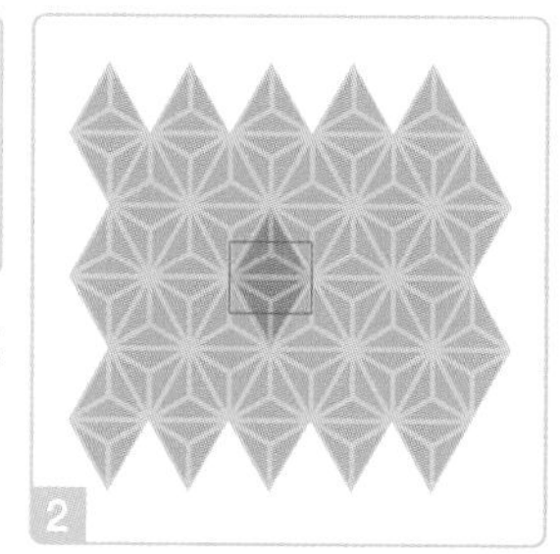

2

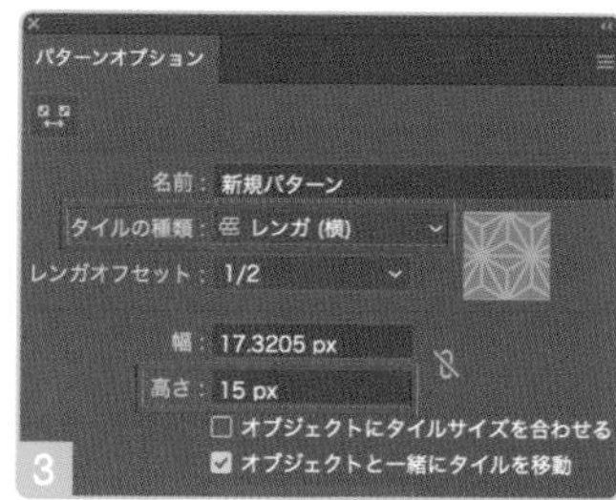

3

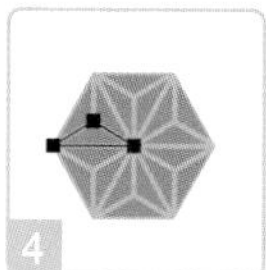

4

この正六角形のサイズは、［W:34.641px］［H:30px］です。

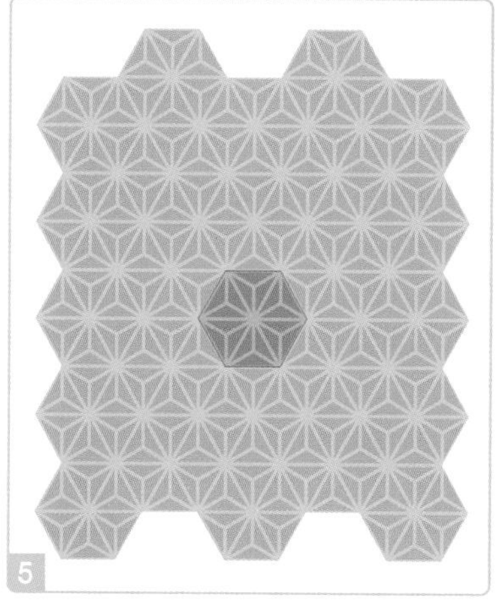

5

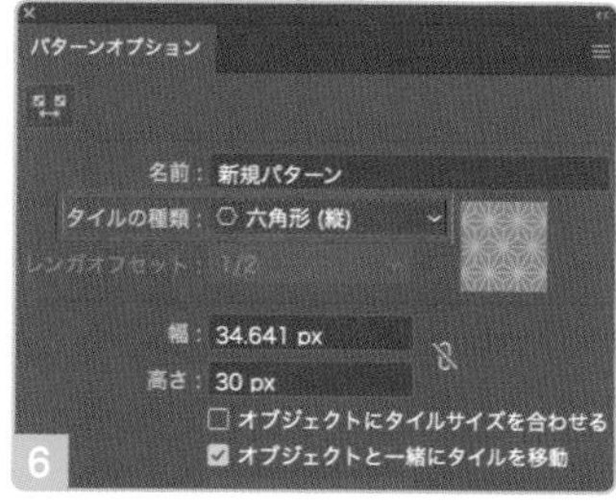

6

［タイルの種類］を変更するだけで、［幅］や［高さ］がオブジェクトのサイズに揃います。これは、［線を内側に揃える］でオブジェクトを作成したためです。［線を中央に揃える］の場合、［線幅］のぶんだけ大きくなるので、［線幅］を除いたサイズを入力する必要があります。

リピートグリッドでもタイリングできます。菱形は計算が簡単ですが、正六角形はやや面倒です。**30C**（P164）を参照してください。

》P162 ハニカムパターン

線を内側に揃える

線を中央に揃える

オブジェクトに設定された［変形］効果などのアピアランスは、パターンスウォッチ作成時に自動で分割されます。このとき、［線を内側に揃える］の［線］もアウトライン化されて、［塗り］になります。［線を中央で揃える］でオブジェクトを作成すると［線］はそのまま残り、パターンスウォッチ再編集時に、［線幅］を変更したり［破線］に変換できるメリットがあります。

★★★

43 D 麻の葉模様を点線にする

破線

STEP 1 正六角形と、それと同じサイズの6ポイントの星を選択し、中心を揃えます 1 2

STEP 2 [W：正六角形の幅 (W)] の水平線のアンカーポイントを、正六角形の角にスナップさせたあと、[基準点：中央] の60°回転コピーを2回おこないます 3 4

STEP 3 [H：正六角形の高さ (H) の2/3] の垂直線のアンカーポイントを、星の凹みにスナップさせたあと、[基準点：中央] の60°回転コピーを2回おこないます 5 6 7

STEP 4 すべてを選択してグループ化したあと、**43B**の**STEP3**以降の操作で [パスの変形 変形] 効果で移動コピーします 8

STEP 5 線パネルで [破線：オン] [破線の線端を整列] に変更します 9 10 11

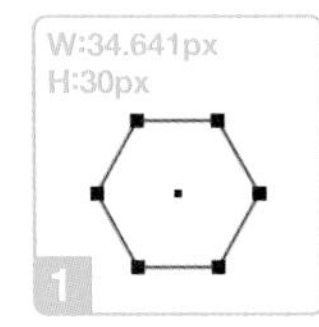

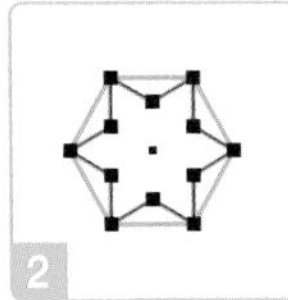

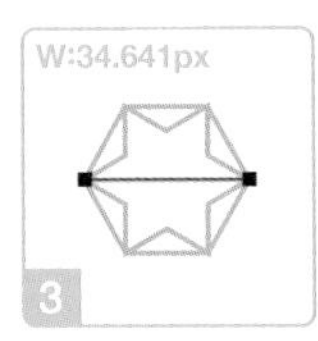

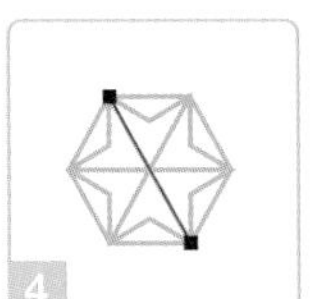

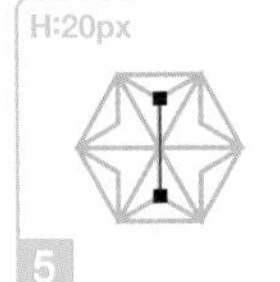

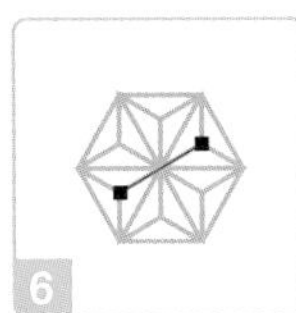

6ポイントの星は、[shift] キーと [option (Alt)] キーを押しながらドラッグして描いたあと、90° 回転して正六角形と同じサイズに変更します。

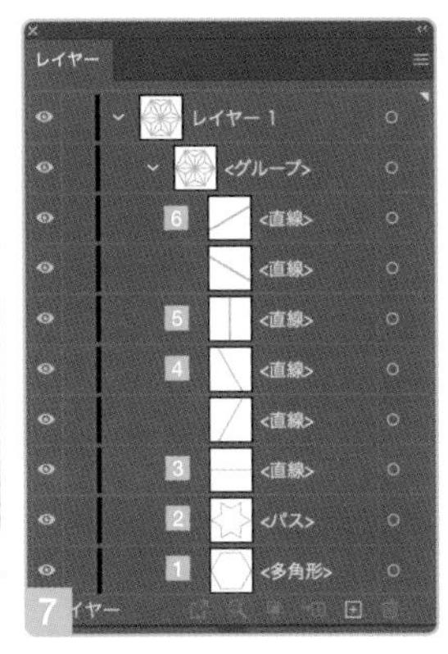

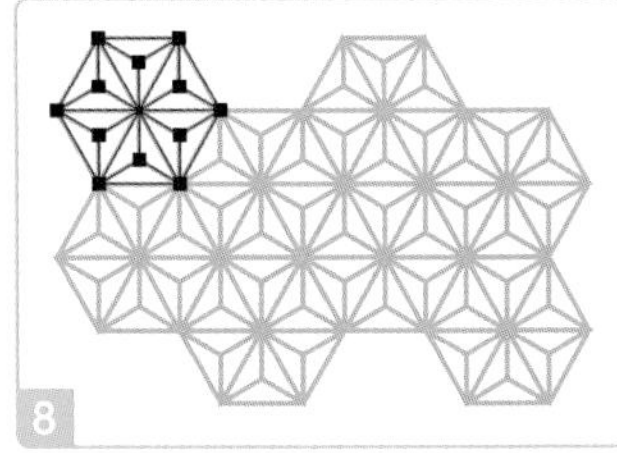

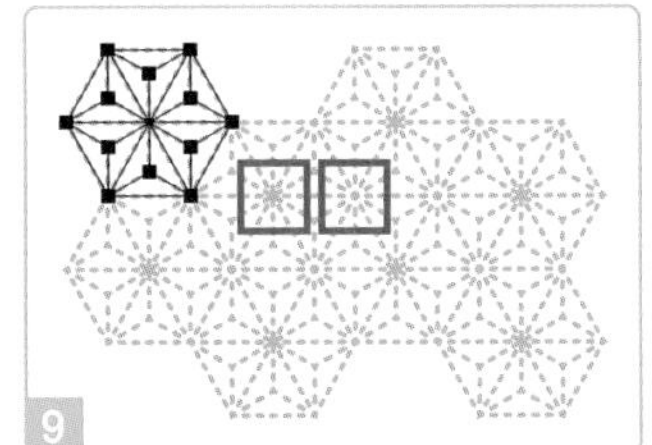

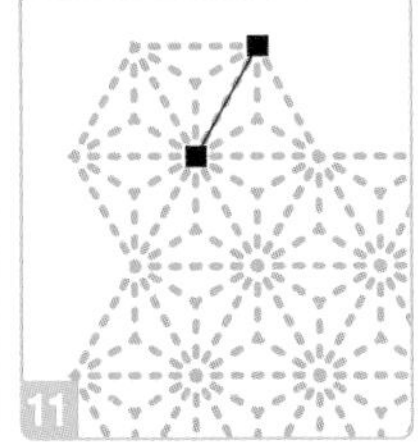

43Bの**STEP3**以降の [変形] 効果を適用します。パターン機能やリピートグリッドでタイリングすることもできますが、破線を調整しながら全体のバランスを見るには、[変形] 効果が最適です。

破線の [線分] と [間隔] を調整します。破線化すると、直線が交差する部分と、正六角形の角が集まる部分で、デザインが変わります 9 。直線を交差地点で分割すると、デザインが揃います 11 。

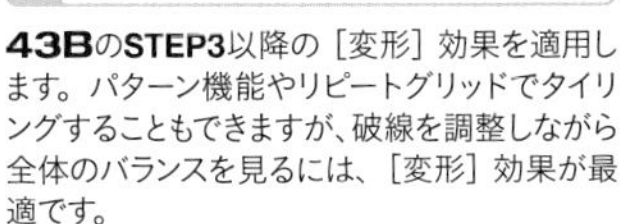
》P82 星

》P126 ドットライン

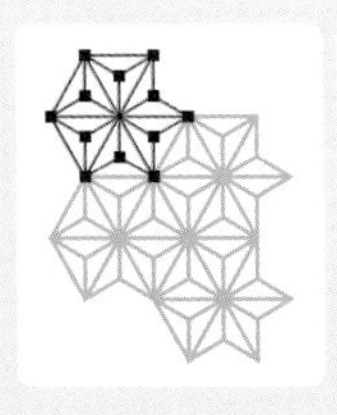

正六角形のセグメントを半分削除すると、重なりが完全になくなります。麻の葉模様を [線] のみで構成すると、[線幅] の変更や破線化が非常にスムーズです。

44 千鳥格子をつくる

千鳥は、正方形を分割してできる直角三角形と台形からつくれます。これを［変形］効果やパターン機能、リピートグリッドなどでタイリングすると、千鳥格子になります。

★★

44 A 千鳥をタイリングする

アピアランス／パターン／リピート

STEP 1 45°回転した直線を正方形と同じサイズにして複製し、アンカーポイントをそれぞれ正方形の角にスナップさせたあと、ブレンドを［ステップ数:1］で作成します 1

STEP 2 ブレントを拡張したあと、すべてを選択し、パスファインダーパネルで［分割］を適用します 2

STEP 3 分割してできた三角形と台形を組み合わせて千鳥をつくり、パスファインダーパネルで［合体］を適用します 3 4 5

STEP 4 ［ パスの変形 変形］効果やパターン機能、リピートグリッドでタイリングします 6 7 8 9 10 11 12

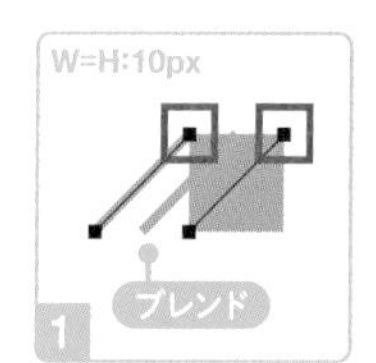

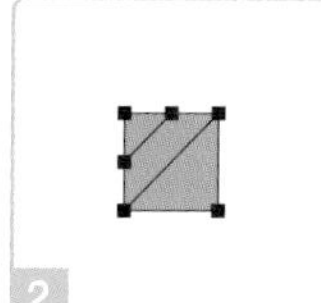

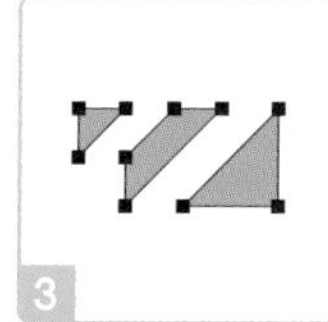

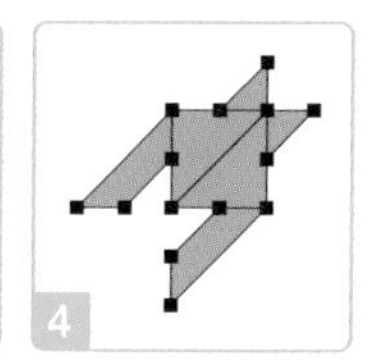

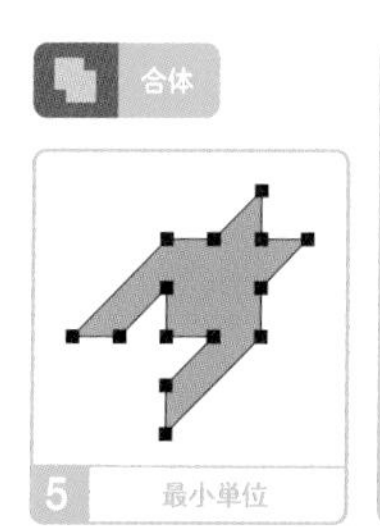

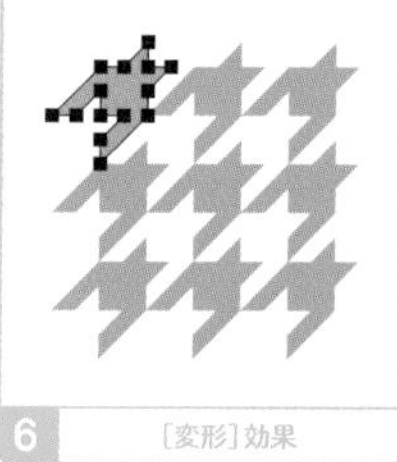

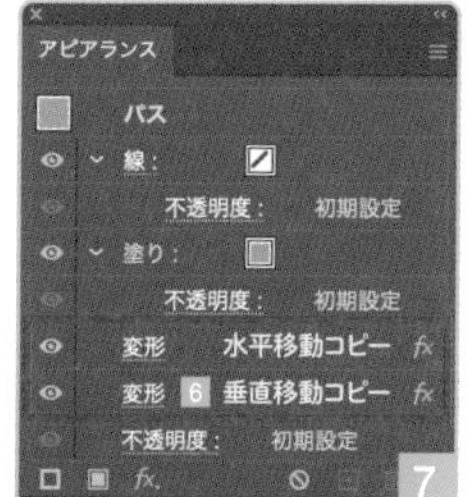

［変形］効果を［移動］［水平方向：20px］［コピー：2］で適用したあと、［変形］効果を［移動］［垂直方向：20px］［コピー：2］で適用します。

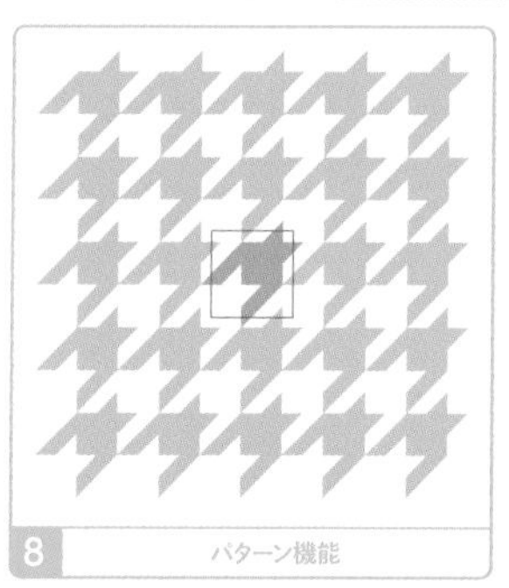

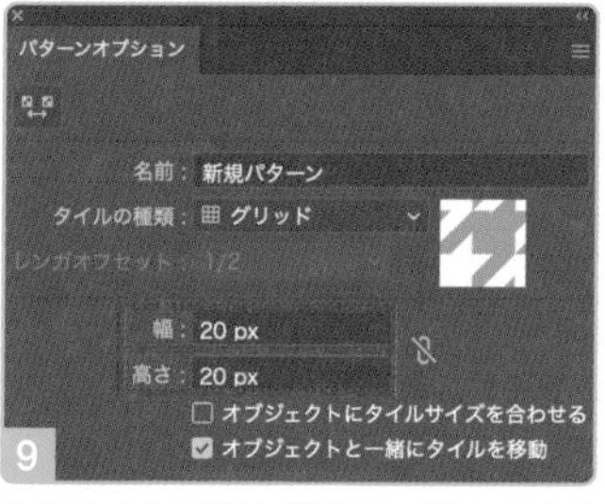

タイルサイズの［幅］と［高さ］を、最初の正方形の倍にします。

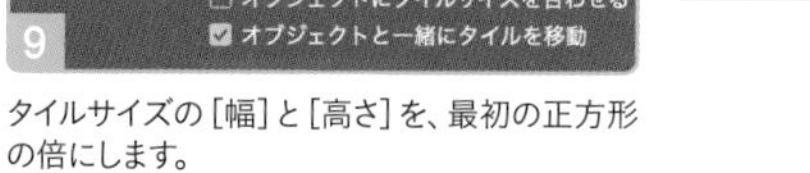

リピートグリッド -5 px -5 px 11

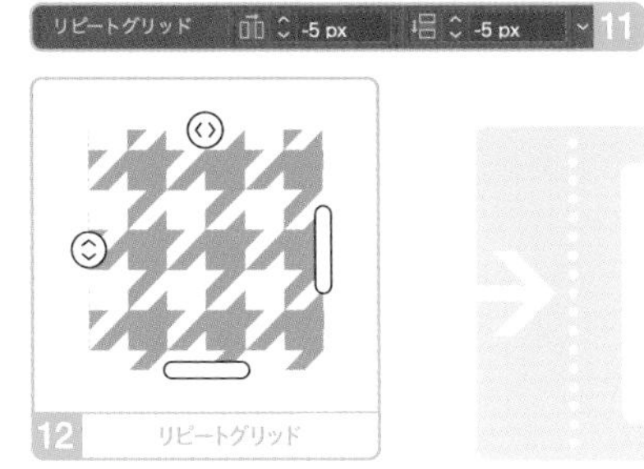

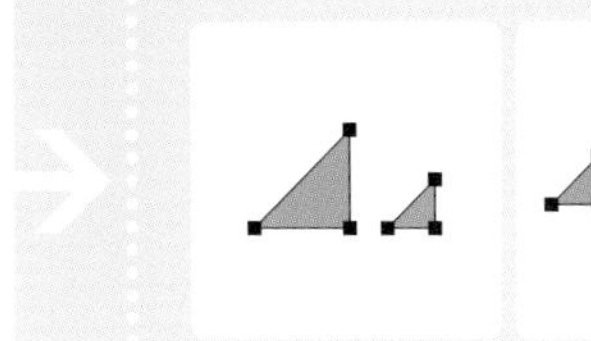

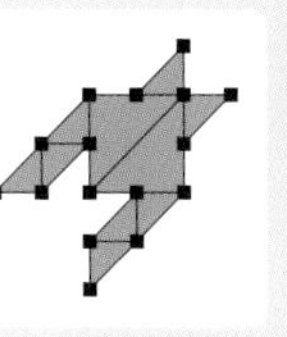

千鳥は、正方形を2等分した直角三角形と、それを半分のサイズにしたものを組み合わせてもつくれます。

★★

44 B L字に組んでパターンスウォッチをつくる

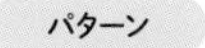

STEP 1 正方形と同じサイズの、45°回転した直線を正方形の角にスナップし、ブレンドを［ステップ数:3］で作成し、拡張します 1

STEP 2 すべてを選択して、パスファインダーパネルで［分割］を適用します 2

STEP 3 正方形とL字に組み合わせ、一部のパスを［塗り:なし］に変更します 3 4

STEP 4 すべてを選択してスウォッチパネルへドラッグし、パターンスウォッチを作成します 5 6

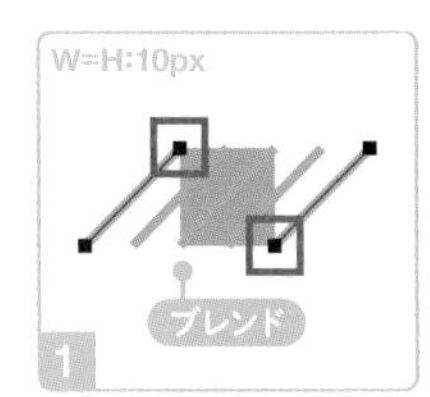

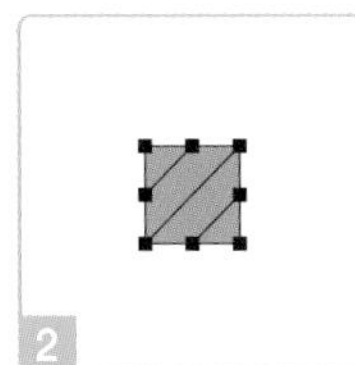

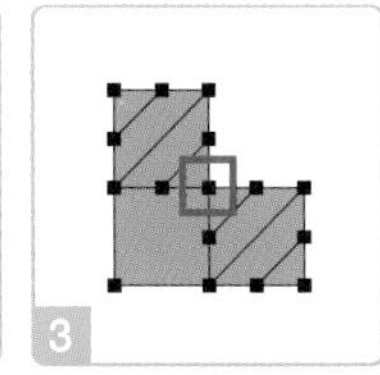

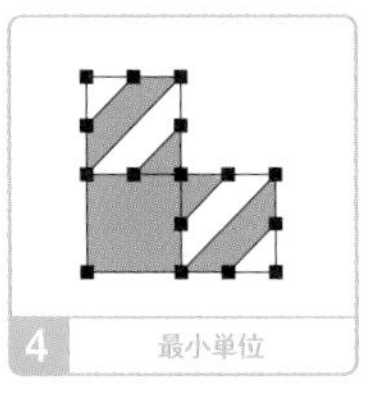

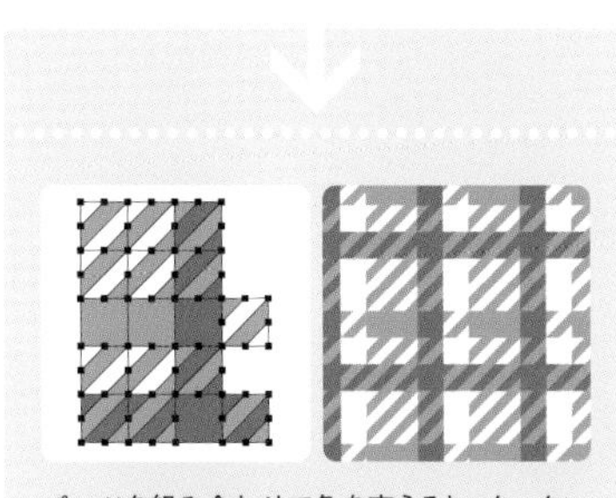

パーツを組み合わせて色を変えると、タータンチェックもつくれます。

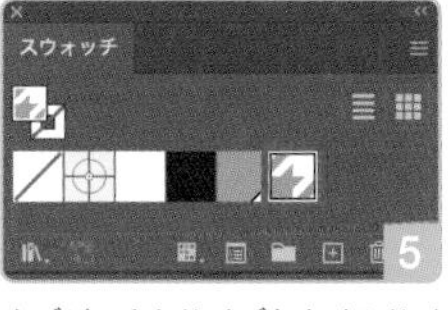

オブジェクトサイズとタイルサイズが一致するため、スウォッチパネルへドラッグするだけでパターンスウォッチになります。［変形］効果やリピートグリッドでもタイリングできます。

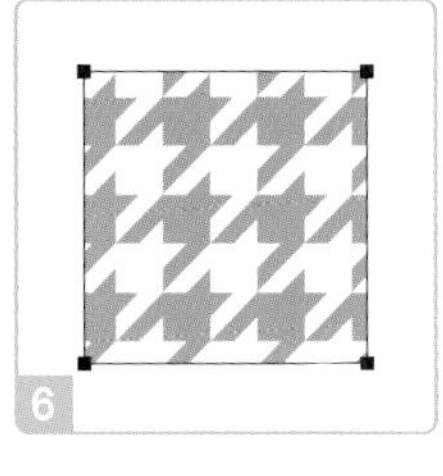

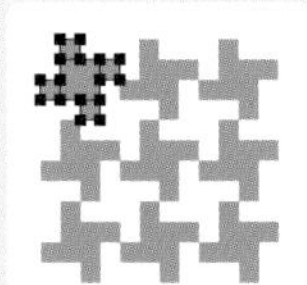

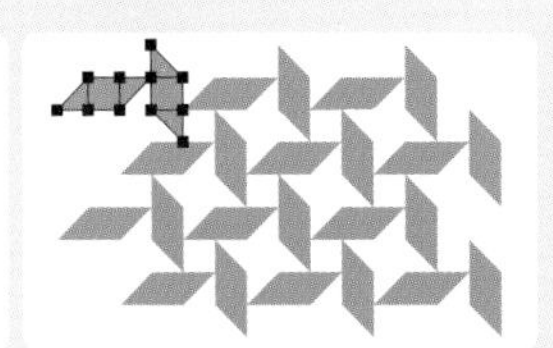

千鳥格子のほかにも、正方形や直角二等辺三角形など、シンプルな図形の組み合わせでつくれるパターンがあります。

45 スケールパターンをつくる

円を重ねると、魚の鱗のような模様になります。鱗の向きは、複製した円の重ねかたで変わります。日本の伝統紋様の鱗模様**29**（P158）と区別するため、本書ではこれを、「スケールパターン」と呼びます（「scale」は「鱗」の意）。応用で青海波模様もつくれます。

★

45 A パターン機能でパターンスウォッチをつくる

パターン

STEP 1 円を選択し、[オブジェクト] メニュー→ [パターン] → [作成] を選択します 1

STEP 2 パターンオプションパネルで [タイルの種類：レンガ（横）] に変更し、[幅：円の幅（W）] [高さ：円の高さ（H）の半分] に変更します 2 3 4 5

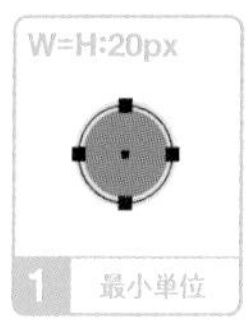

円の［塗り］と［線］に色を設定します。

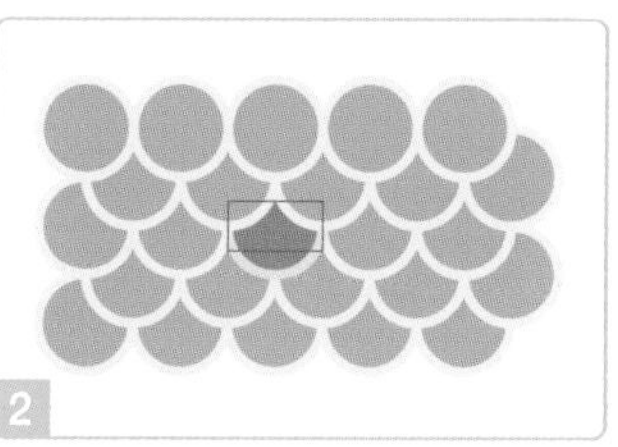

タイルサイズの[高さ]を円の[H]より小さくすると、下向きの鱗になります。

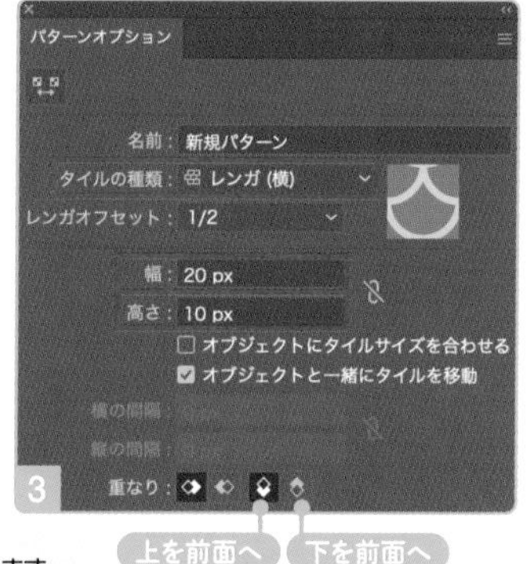

スウォッチ 4

［重なり］は鱗の向きに影響します。デフォルトは［上を前面へ］です。

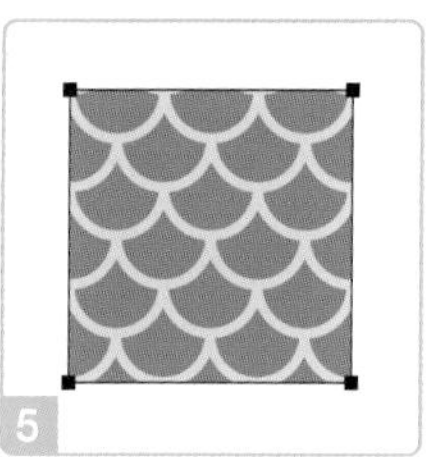

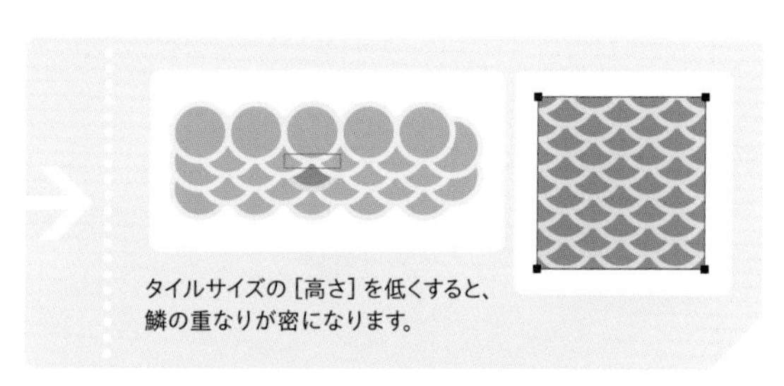

タイルサイズの［高さ］を低くすると、鱗の重なりが密になります。

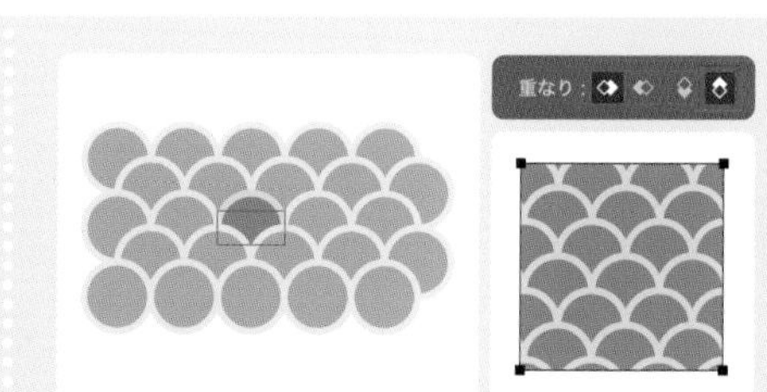

パターンオプションパネルで［重なり：下を前面へ］に変更すると、上向きの鱗に変わります。方向が変えられるのはパターン機能や［変形］効果で、リピートグリッドでは変更できません。

PATTERN & GRADATION

★

45 B ［変形］効果で円を重ねる

アピアランス

STEP 1 円を選択し、［パスの変形 変形］効果で水平方向に移動コピーします 1

STEP 2 ［変形］効果で斜め下に1行移動コピーしたあと、［変形］効果で垂直方向に移動コピーします 2 3 4

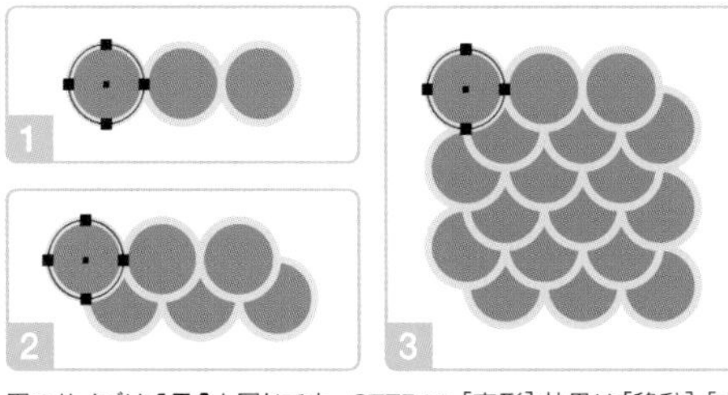

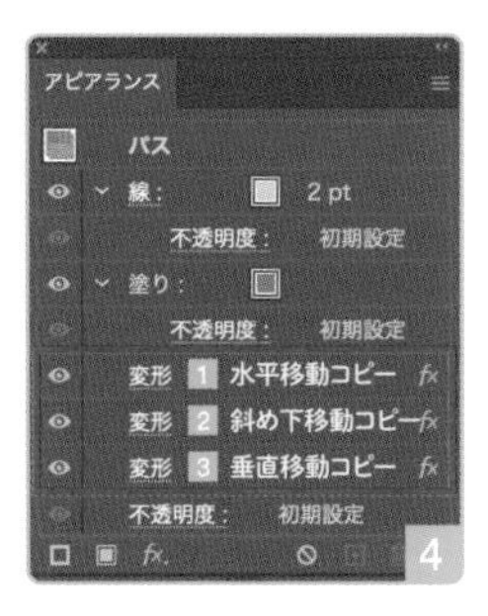

円のサイズは**45A**と同じです。**STEP1**の［変形］効果は［移動］［水平方向：20px］［コピー：2］で適用します 1 。**STEP2**の［変形］効果は［移動］［水平方向：10px］［垂直方向：10px］［コピー：1］ 2 、次の［変形］効果は［移動］［垂直方向：20px］［コピー：2］ 3 で適用します。

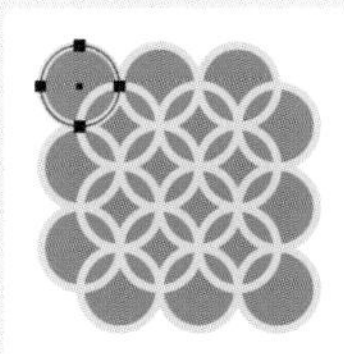

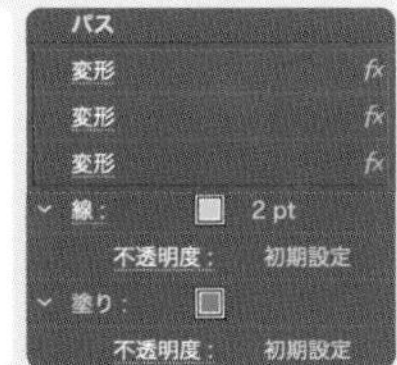

［変形］効果を［線］や［塗り］の上へ移動すると、［変形］効果が適用されたあとに［線］が描画されることになるため、［線］が［塗り］で覆い隠されず、前面に表示されます。これは「七宝模様」に相当します。

P57 菱形

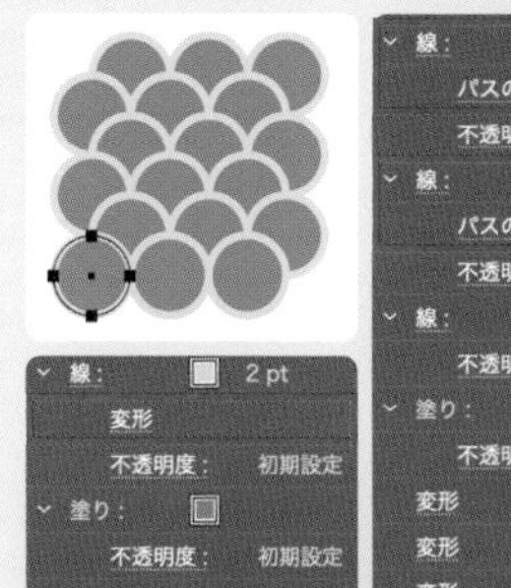

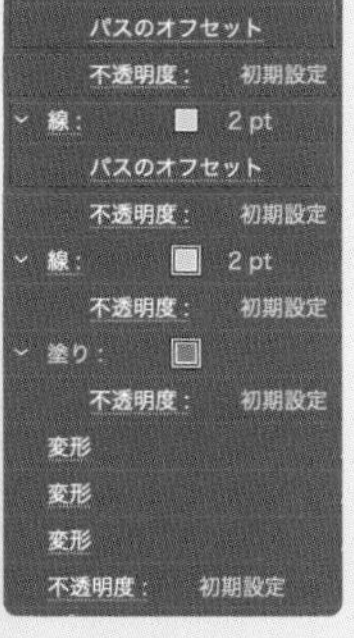

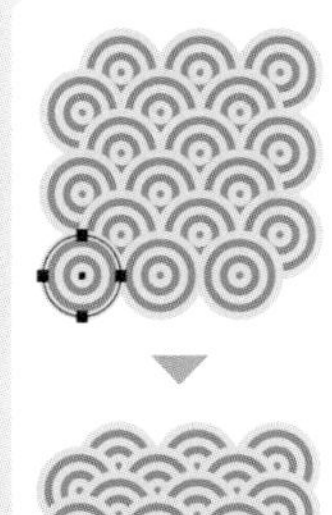

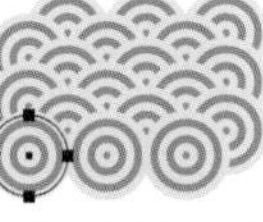

［パスのオフセット］効果

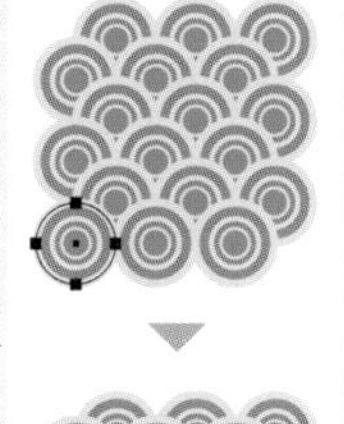

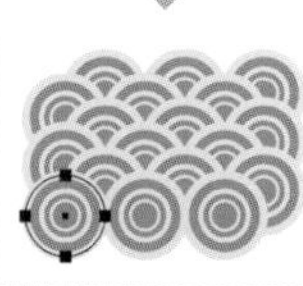

［変形］効果

［変形］効果の場合、オブジェクトは背面に複製されます。そのため、［移動］［垂直方向］を負の値に変更すると、鱗の向きを変えられます。この向きで円を同心円に変換すると、「青海波模様」になります。

円を同心円化する方法は、［線］を追加して［パスのオフセット］効果や［変形］効果で描画位置を内側に移動したり、［線］を［変形］効果の［拡大・縮小］で縮小コピーする方法などが考えられます。描画位置を正確に指定する場合は［パスのオフセット］効果、一度の設定で多重円をつくる場合は［変形］効果が便利です。

P44 ドーナツ円

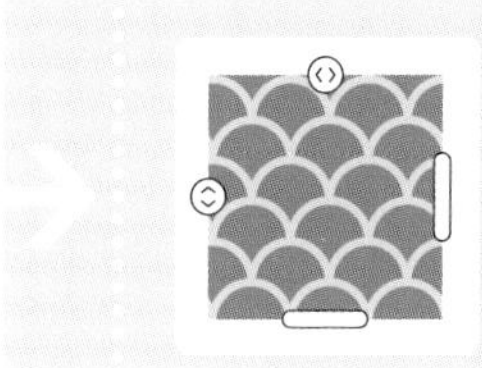
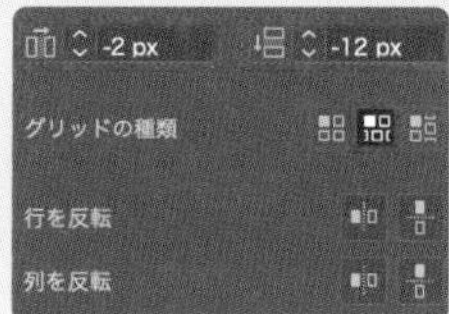

スケールパターンはリピートグリッドでもつくれますが、向きの変更はできません。向きを変える場合は、[回転ツール]などでリピートグリッド全体を回転します。

★★

45 C 2色のスケールパターンをつくる

パターン／アピアランス

STEP 1 円を複製し、円のアンカーポイントをスナップさせて重ねます 1

STEP 2 すべてを選択して、パターン機能や [パスの変形 変形] 効果、リピートグリッドでタイリングします 2 3 4 5 6 7 8 9 10

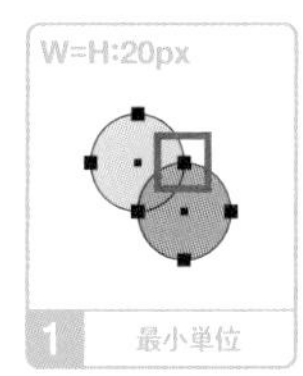

1 最小単位

同じサイズの円を、アンカーポイントをスナップさせて重ねます。

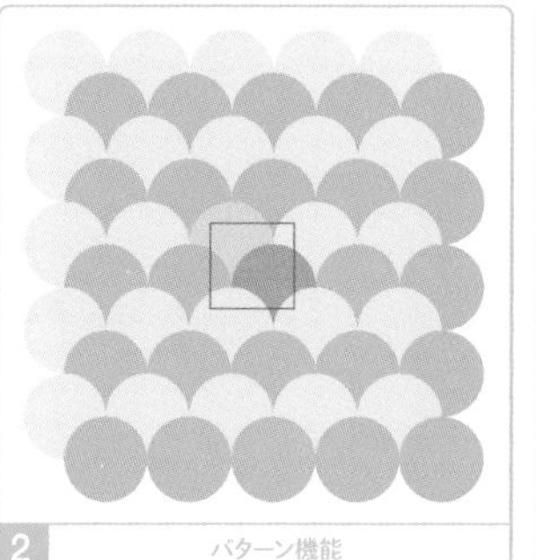

2 パターン機能

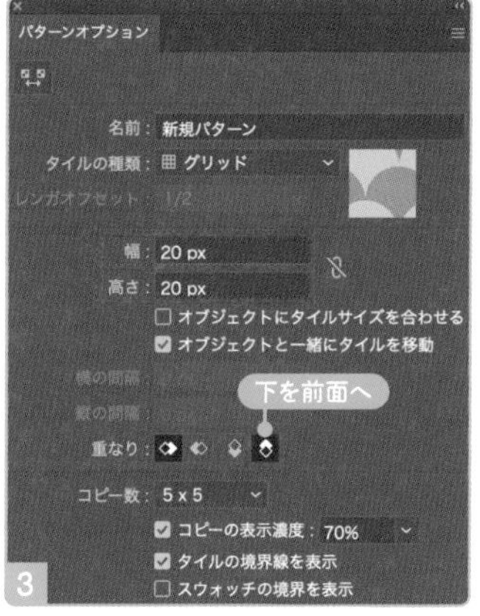

3

タイルサイズを円のサイズに揃え、[重なり：下を前面へ] に変更します。

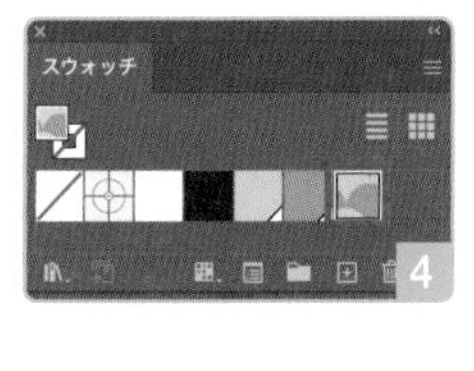

4

5

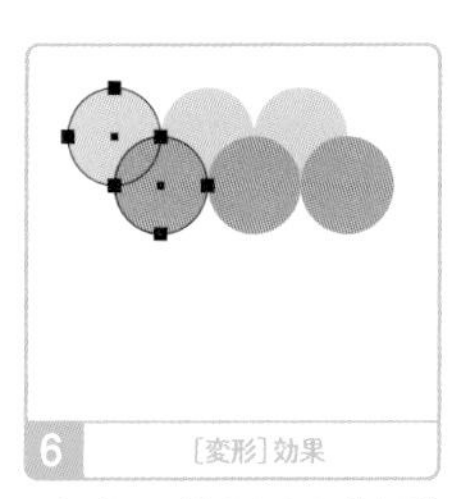

6 ［変形］効果

円をグループ化したあと、[変形] 効果を[移動] [水平方向：20px] [コピー：2] で適用します。

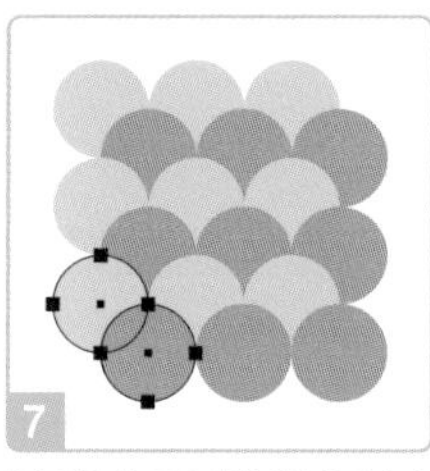

7

[変形] 効果を [移動] [垂直方向：-20px] [コピー：2] で適用します。

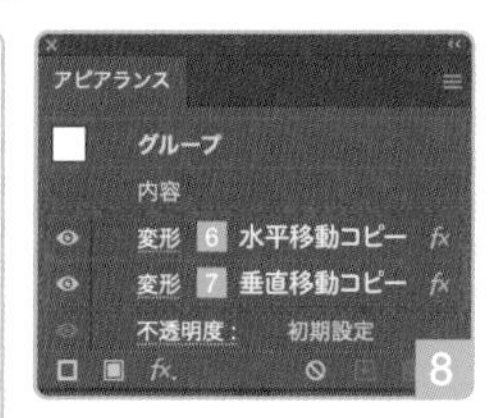

8

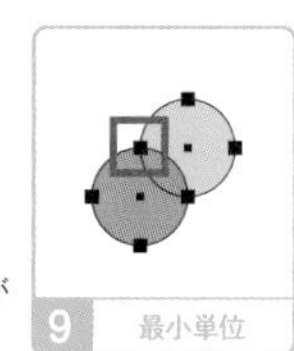

9 最小単位

10 リピートグリッド

リピートグリッドの場合、手前の円が左側になるように配置します。

★★

45 D 銀杏をタイリングする

リピート/アピアランス/パターン

STEP 1 正方形を［角丸の半径:最大値］に変更し、上を［角の種類:角丸（外側）］、下を［角丸（内側）］に変更して、銀杏をつくります 1 2 3

STEP 2 銀杏を複製し、アンカーポイントをスナップさせて並べます 4

STEP 3 リピートグリッドや［ パスの変形 変形］効果、パターン機能でタイリングします 5 6 7

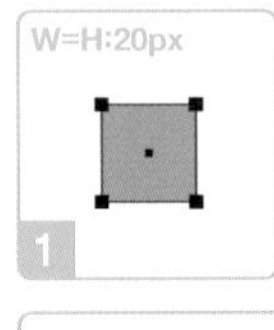

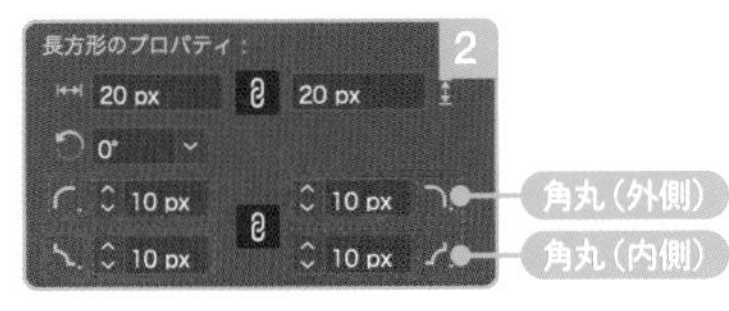

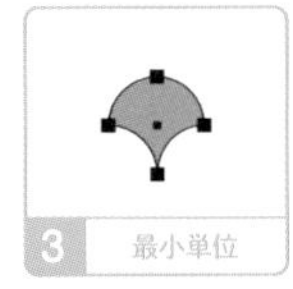

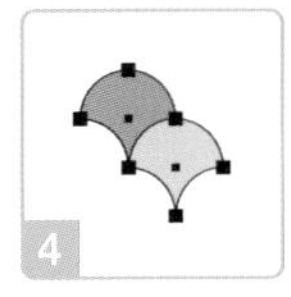

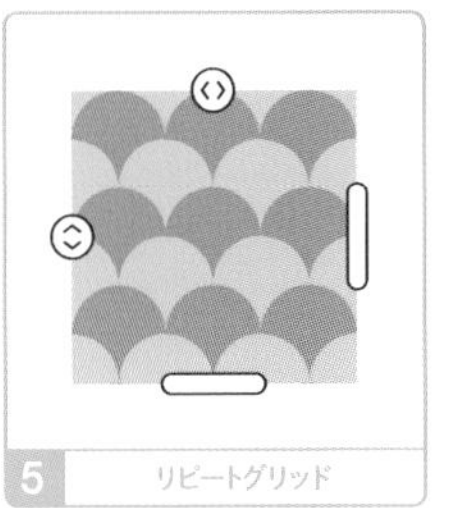

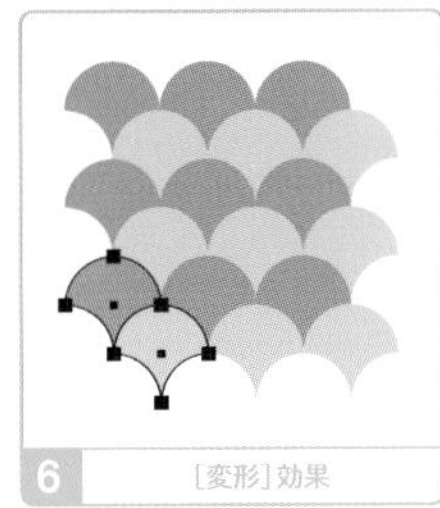

》 P112 雫

銀杏は、円からもつくれます。円をアンカーポイントでスナップさせてピラミッド状に並べ、［シェイプ形成ツール］で下の円を削除します。

応用で少し複雑な銀杏もつくれます。タイリングすると華やかです。

POINT

- ☐ 複製されたオブジェクトの重ね順は、パターン機能は **［重なり］**、［変形］効果は**移動距離の値の正負**でコントロールできる。
- ☐ リピートグリッドでは、**右と下が前面（左上から右下へ）**になるように複製される
- ☐ 正方形を［角丸の半径:最大値］にし、半分を **［角の種類:角丸（外側）］**、残りを **［角丸（内側）］** に変更すると、**銀杏**になる

46 モロッコタイルをつくる

モロッコタイルのような複雑に見える菱形も、円と長方形からつくれます。レンガ状に並べるほか、複数色で構成したり、目地を入れるなどのバリエーションが楽しめます。

★★

46 A 円と長方形で最小単位をつくる

アピアランス／パターン／リピート

STEP1 円を長方形の角やセンターポイントにスナップさせて並べ、すべてを選択したあと、[シェイプ形成ツール] で領域を連結し、角の円を削除します 1 2 3

STEP2 このオブジェクトを、[パスの変形 変形] 効果やパターン機能、リピートグリッドでタイリングします 4 5 6 7 8 9 10 11 12 13

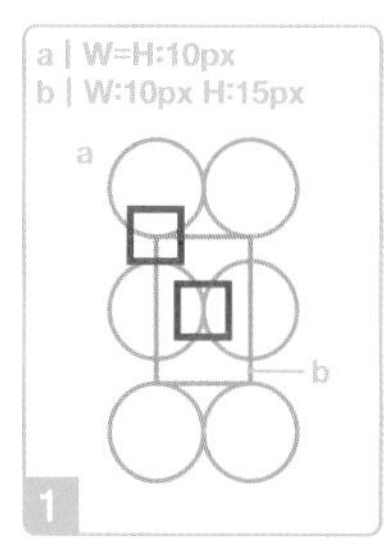

[シェイプ形成ツール]で円や長方形の内側をドラッグして連結し、角の4つの円を[option (Alt)] キーを押しながらクリックして削除します。

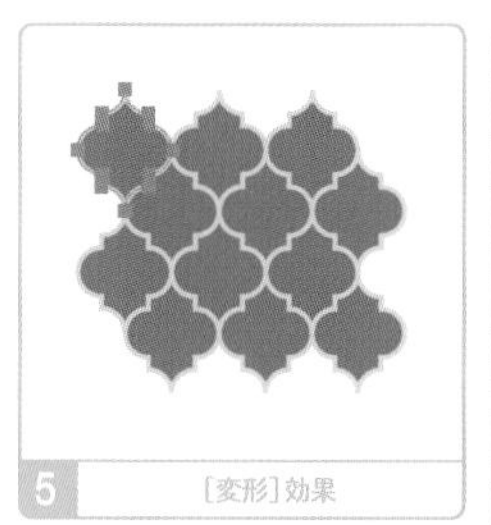

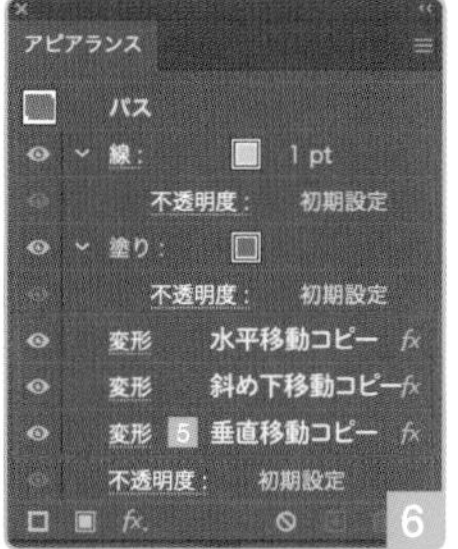

最初の [変形] 効果を [移動] [水平方向:20px] [コピー:2]、次を [移動] [水平方向:10px] [垂直方向:12.5px] [コピー:1]、最後を [移動] [垂直方向:25px] [コピー:1] で適用します。

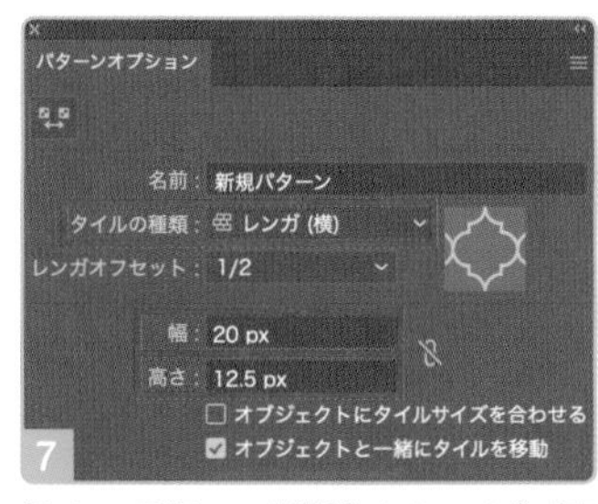

[タイルの種類:レンガ (横)]、タイルサイズの [高さ:最小単位の高さ (H) の半分] に変更します。

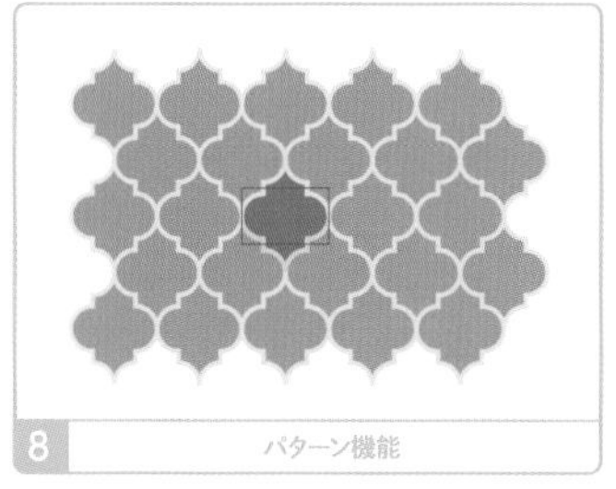

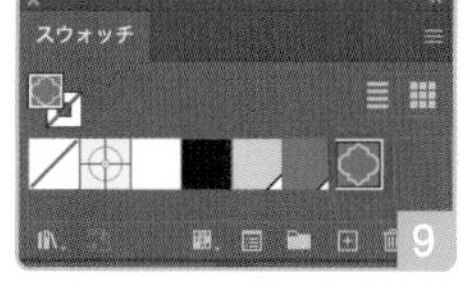

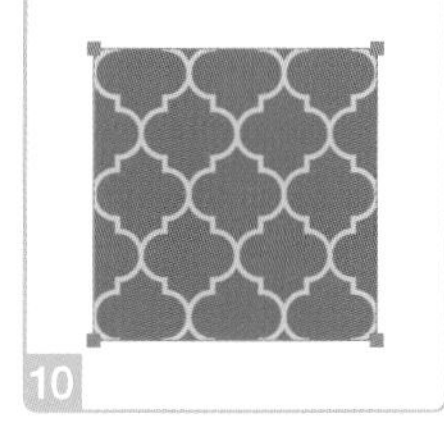

PATTERN & GRADATION

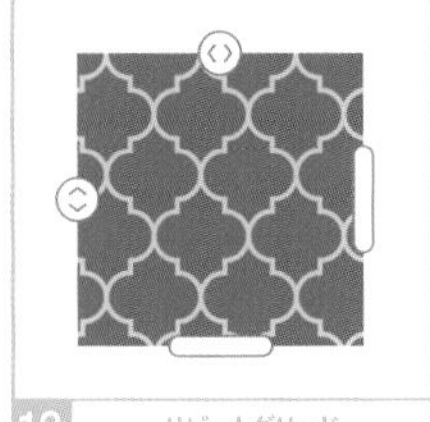

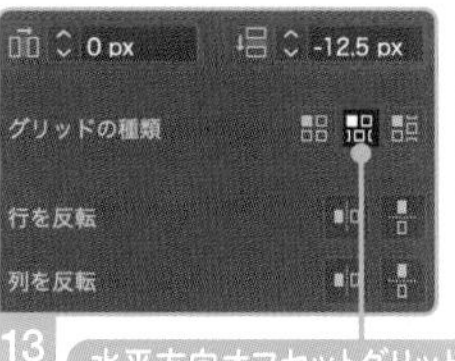

リピートグリッドの場合、［線の位置：線を内側に揃える］に変更して作成すると、［線幅］を変更してもオブジェクトの位置に影響しません。

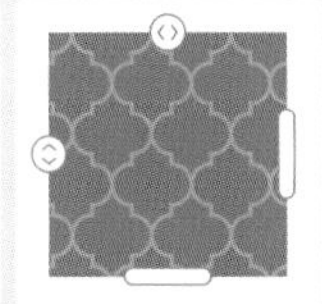

リピートグリッドの［線幅］や色は、編集モードに切り替えなくても変更できます。リピートグリッドを選択し、線パネルやカラーパネルで変更すると、反映されます。

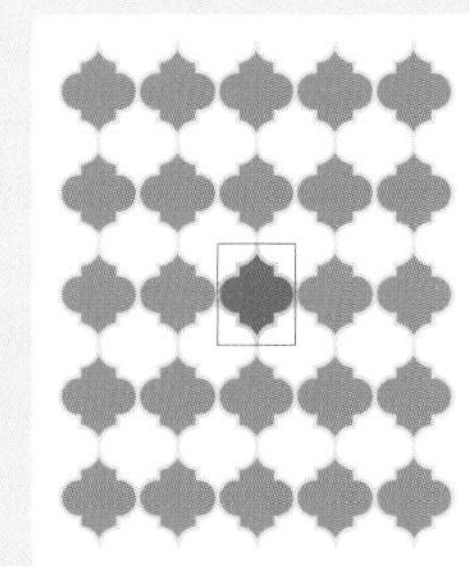
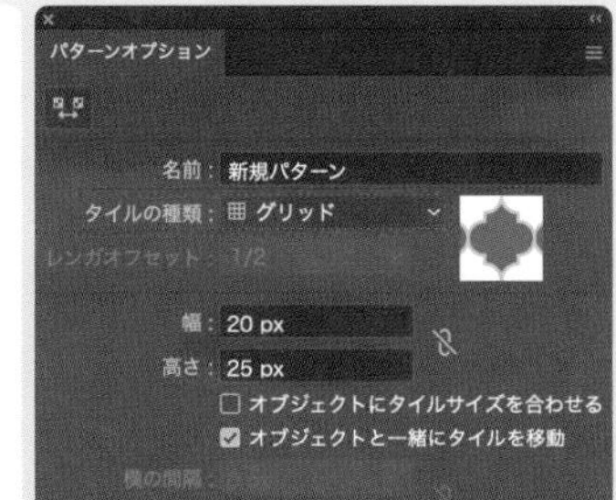

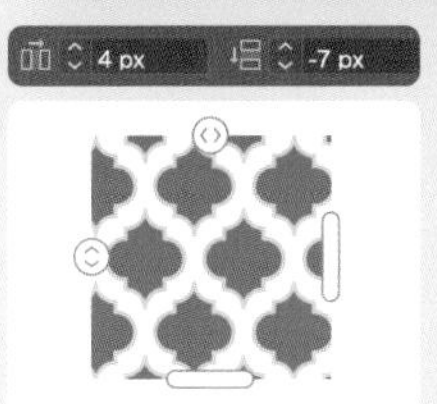

グリッド配置にすると、市松模様のような白地ができます。

レンガ配置で隙間をあけると、タイルの目地のような効果も得られます。

パズルのピースのようにぴったりとはまる曲線の場合、間隔をあけて目地をつくると、幅が均等になりません。等幅にする場合は、［線］を利用するとよいでしょう。

47 ジオメトリックパターンをつくる

正三角形を隙間なくタイリングすると、六角形配置用の方眼をつくれます。これをガイドにしてパスを描き、複製すると、パターン機能やリピートグリッドのメニューにない配置や、計算が困難なパターンもつくることができます。

★★★

47 A 正三角形の方眼をガイドにする

リピート／アピアランス

STEP 1 正三角形を底辺を軸として反転コピーして菱形に配置し、リピートグリッドで隙間なくタイリングします 1 2 3

STEP 2 ［オブジェクト］メニュー→［分割・拡張］を選択したあと、［オブジェクト］メニュー→［クリッピングマスク］→［解除］を選択し、元のクリッピングパス（透明な長方形）を削除します 4 5

STEP 3 すべてを選択して［塗り：なし］に変更して［線］に色を設定したあと、このレイヤーをロックします 6

STEP 4 新規レイヤーを作成し、アンカーポイントにスナップさせながら、［ペンツール］でパスを描きます 7

STEP 5 透明枠とグループ化したあと、［パスの変形 変形］効果で120°回転コピーします 8 9 10

STEP 6 このオブジェクト（最小単位）を複製し、タイリングする位置に移動します 11 12

STEP 7 透明枠のセンターポイントに直線のアンカーポイントをスナップさせて、［W］と［H］を測ります 13 14

STEP 8 最小単位に、［変形］効果を［移動］［水平方向：直線の幅（W）］、［垂直方向：直線の高さ（H）］、［コピー：1］で適用します 15 16

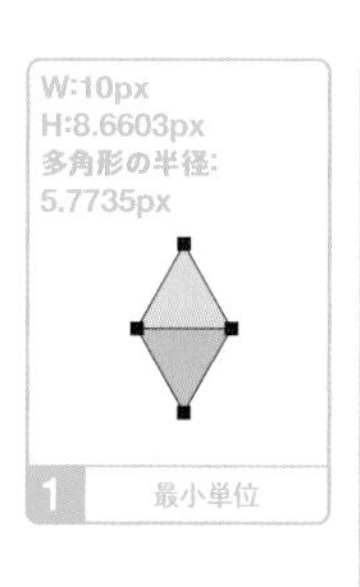

1 最小単位

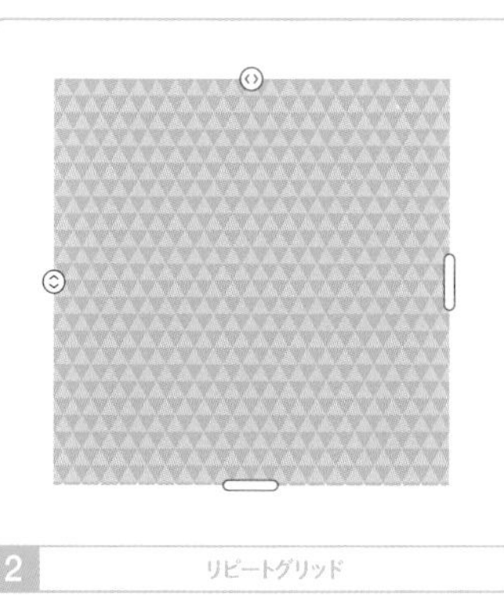
2 リピートグリッド

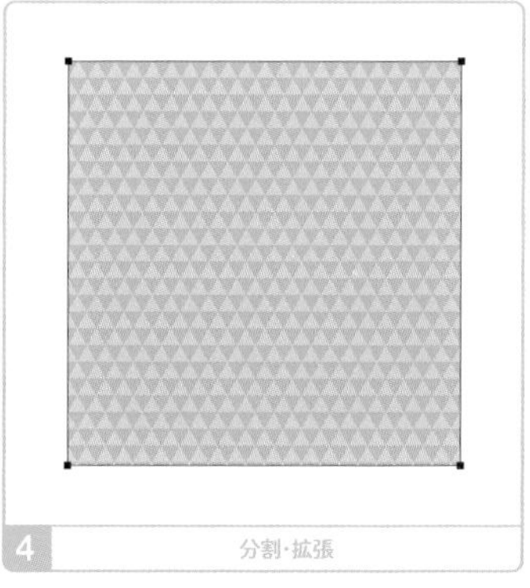
4 分割・拡張

分割・拡張直後はクリッピングマスクでトリミングした状態になっています。このクリッピングマスクを解除します。

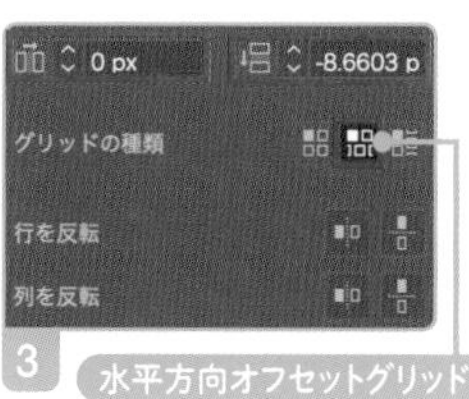

3 水平方向オフセットグリッド

正三角形を［間隔：0］で配置し、分割・拡張後に垂直方向に反転コピーする方法もあります。

リピートグリッドは、分割・拡張しても、パターンスウォッチのように同じパスの重なりができないので、作画用方眼に最適です。面積もハンドルで簡単に調整できます。

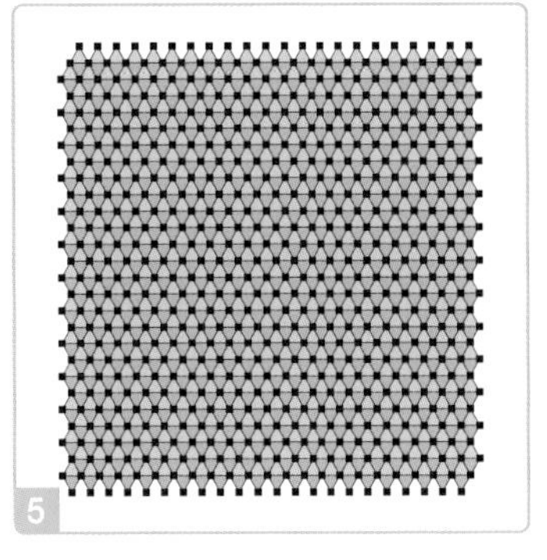

作業の邪魔にならないよう、[線幅]は細めに変更します。属性パネルの[中心を表示]で正三角形のセンターポイントも表示すると、スナップできる箇所が増えるので、より細かくアンカーポイントを配置できます。正三角形が多角形シェイプでない場合は、センターポイントが正三角形の中心からずれるため、シェイプに変換します(P28)。

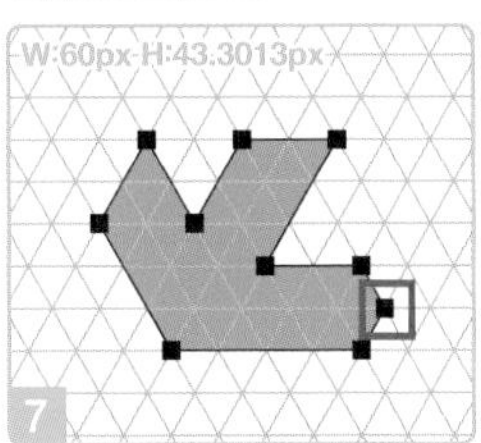

敷き詰められた正三角形の角にスナップさせながら、[ペンツール]でクリックしてクローズパスを描きます。ロックしたレイヤーにあるオブジェクトも、スナップ対象になります。

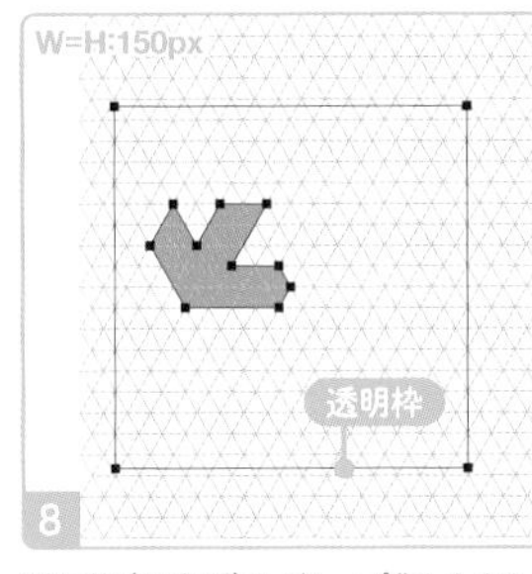

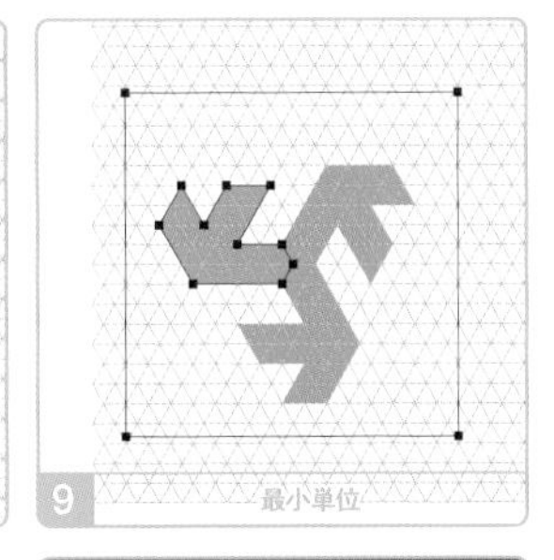

透明枠（正方形）とグループ化したあと、[変形]効果を[角度:120°][基準点:中央][コピー:2]で適用します。透明枠のセンターポイントは、パスの角（7 の赤枠）にスナップさせます。これがパターンの最小単位になります。

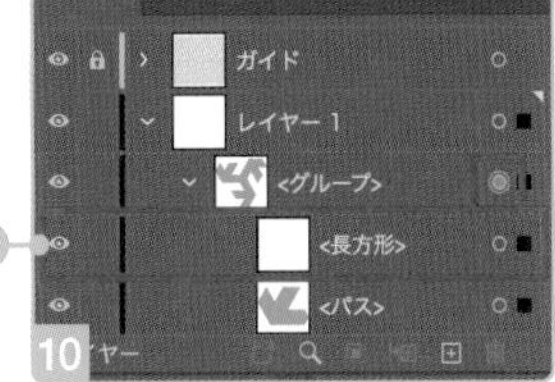

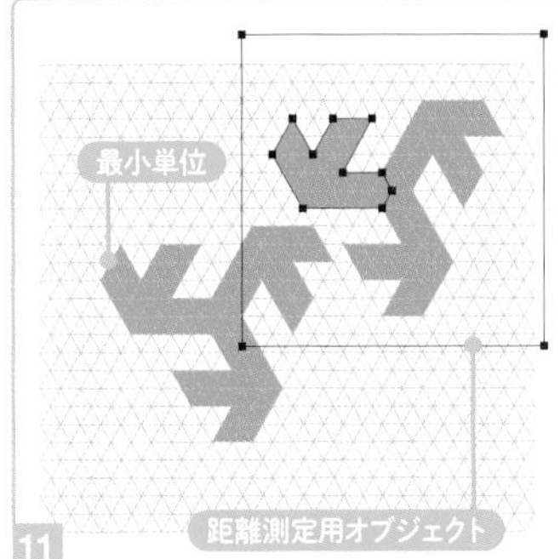

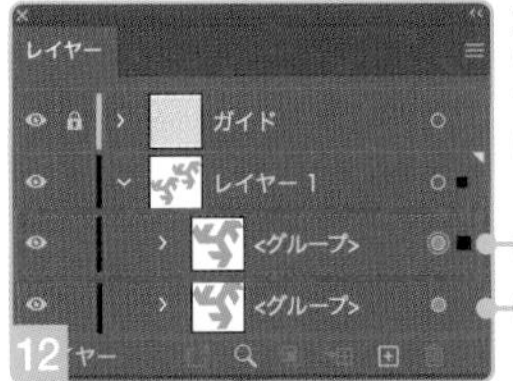

最小単位を複製し、移動コピー先の位置に仮配置します。このオブジェクトは距離測定用に使い、最終的に削除します。

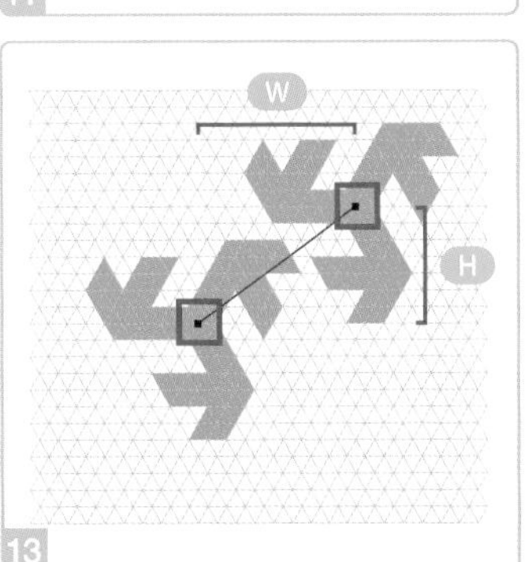

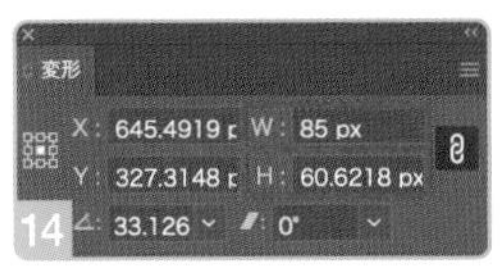

直線のアンカーポイントを透明枠のセンターポイントにスナップさせて、[W]と[H]を測ります。

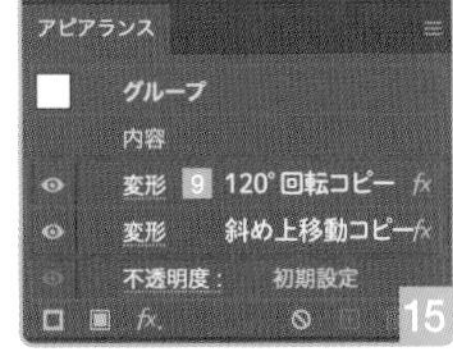

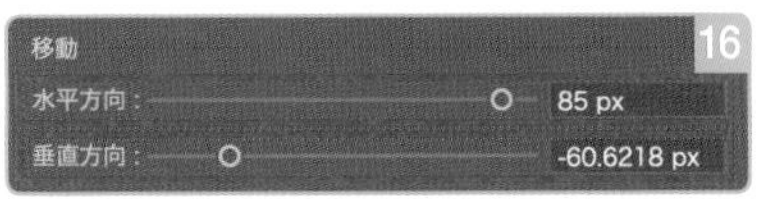

最小単位に[変形]効果を追加し、[移動][水平方向：85px][垂直方向:-60.6218px][コピー:1]で適用します。

STEP 9 右上の位置測定用オブジェクトを右下へ移動し、同様に直線で距離を測り、最小単位に[変形] 効果を追加で適用します 17 18 19 20

STEP 10 それぞれの変形効果の [コピー] の値を追加してタイリングし、クリッピングマスクでトリミングします 21 22 23

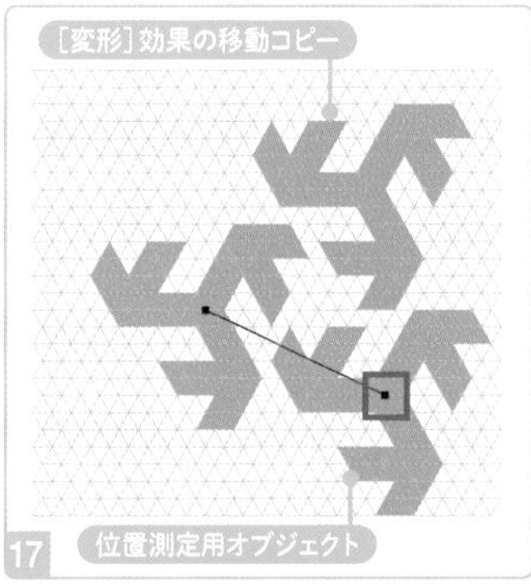

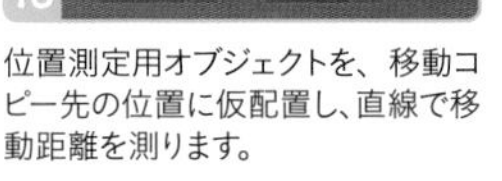
位置測定用オブジェクトを、移動コピー先の位置に仮配置し、直線で移動距離を測ります。

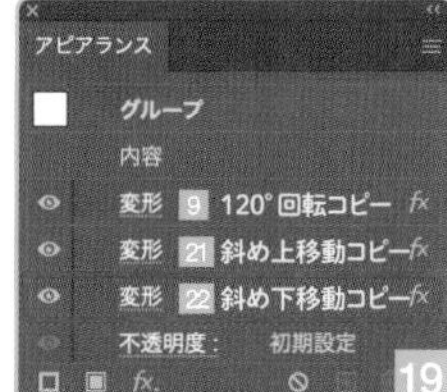

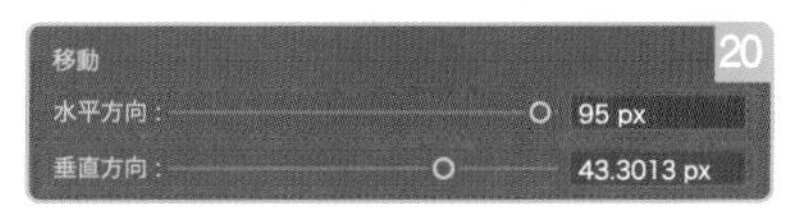

最小単位に [変形] 効果を追加し、[移動] [水平方向：95px] [垂直方向:43.3013px] [コピー:1] で適用します。

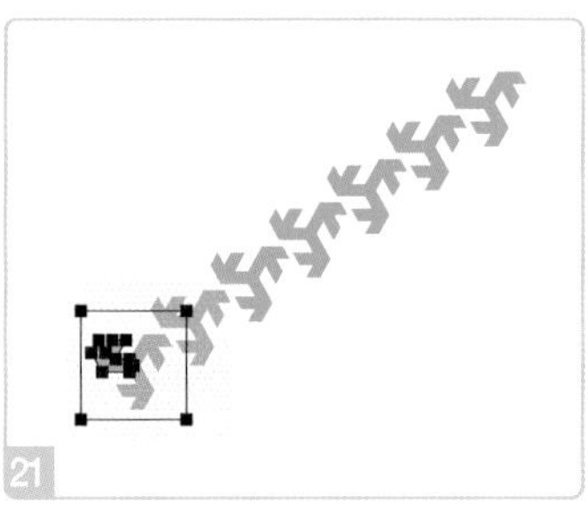

パターンオプションパネルの [タイルの種類] にない配置や、間隔の計算が困難な場合、[変形] 効果でタイリングしたものをクリッピングマスクで切り抜く方法があります。最終的に個々のパスに変換する場合、こちらのほうが無駄な重なりもできず、扱いやすいことがあります。

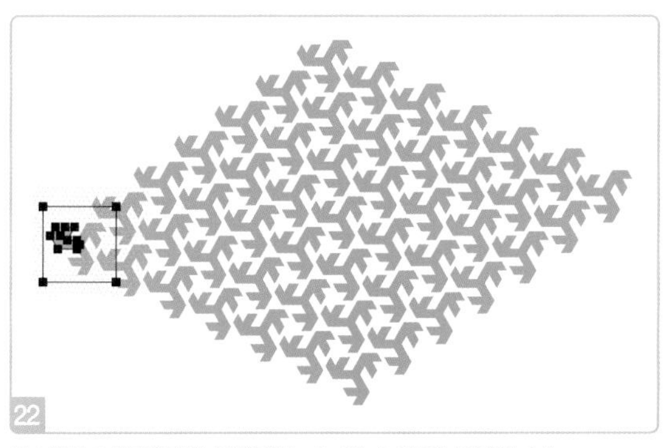

最小単位の [変形] 効果を再編集し、[コピー] で面積を調整します。

クリッピングマスクでトリミングします。クリッピングパスの[塗り]と[線]には色を設定でき、[塗り] を設定すると最背面がその色で塗りつぶされます。[線] は最前面に表示されるので、枠線にもなります。

P31 直線
P158 鱗模様

48 星を散りばめる

星や円、クロスハッチなどをランダムに散りばめると、画面が一気に華やぎます。散りばめる方法は何通りもあり、手軽さや後工程での変更の有無、再利用の可能性などを考えて選択するとよいでしょう。

★★

48 A ［個別に変形］で星をランダムに変形&移動する 個別に変形

STEP 1 ［選択ツール］で［option (Alt)］キーを押しながら星をドラッグして複製します 1

STEP 2 すべてを選択し、［オブジェクト］メニュー→［変形］→［個別に変形］を選択します 2

STEP 3 ダイアログで［ランダム：オン］に変更し、［拡大・縮小］や［移動］、［角度］の値を調整して、［OK］をクリックします 3 4

STEP 4 ［command (Ctrl)］+［D］キーで同じ操作を繰り返します 5 6

STEP 5 グループ化したあと、リピートグリッドやパターン機能、［ パスの変形 変形］効果でタイリングします 7 8 9 10 11 12 13 14 15 16 17

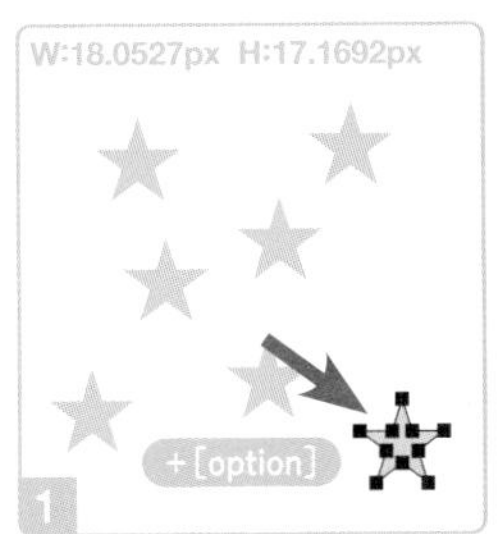

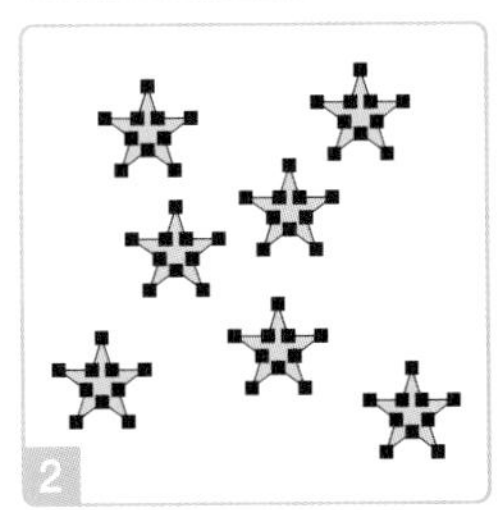

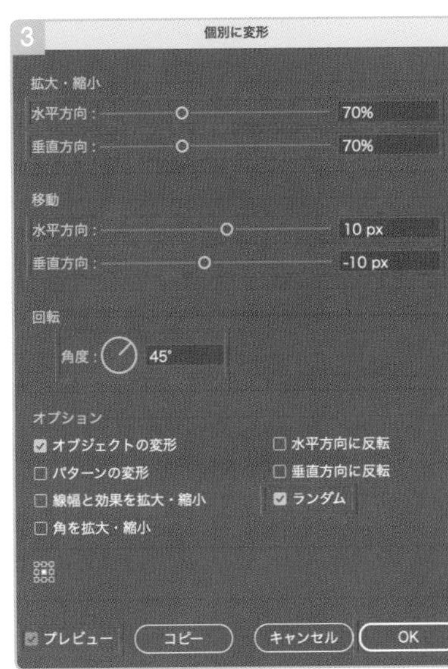

［ランダム：オン］で、［拡大・縮小：100%］以外、［移動：0］以外、［角度：0°］以外に変更すると、変化が起こります。［プレビュー］のオン／オフを切り替えるたびに結果が変わり、ちょうどよい結果になったところで［OK］をクリックすると、その状態に変化します。縦横比が変わらないよう、［拡大・縮小］の値は揃えます。

内容は、［変形］効果のダイアログとほぼ同じです。これを利用して、拡大・縮小と移動を同時におこなうことも可能です。［コピー］をクリックすると複製されます。

［個別に変形］を適用するたびに、星のサイズや角度、位置が変わります。［ランダム：オン］で適用すると、同じ設定でも毎回結果が変わります。好みの結果になるまで、何度か適用します。最終的に、手動で調整するのもひとつの手です。

7 最小単位

8 リピートグリッド

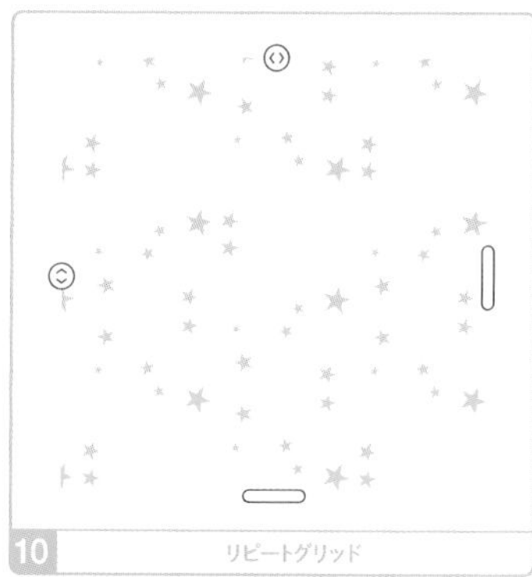
10 リピートグリッド

リピートグリッドの場合、[グリッドの種類]のほか、[行を反転]と[列を反転] でバリエーションを増やせます。

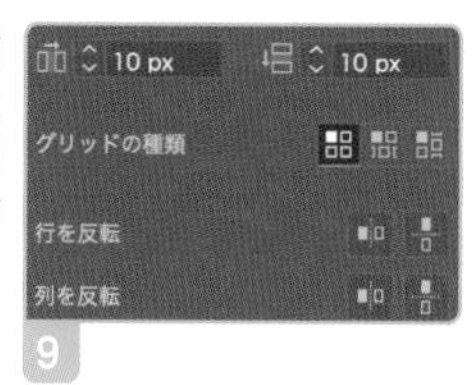

9

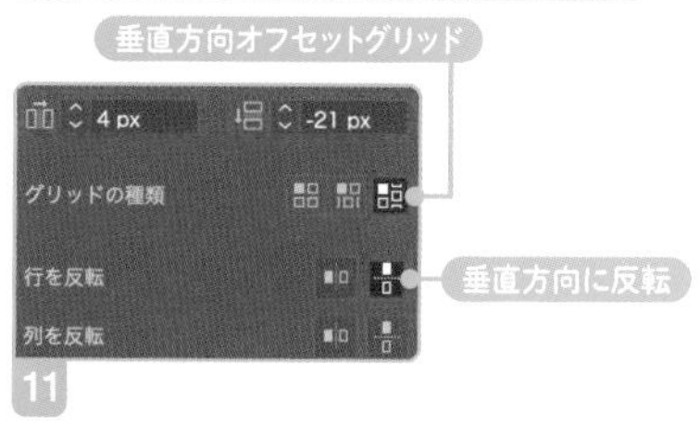

11

12 パターン機能

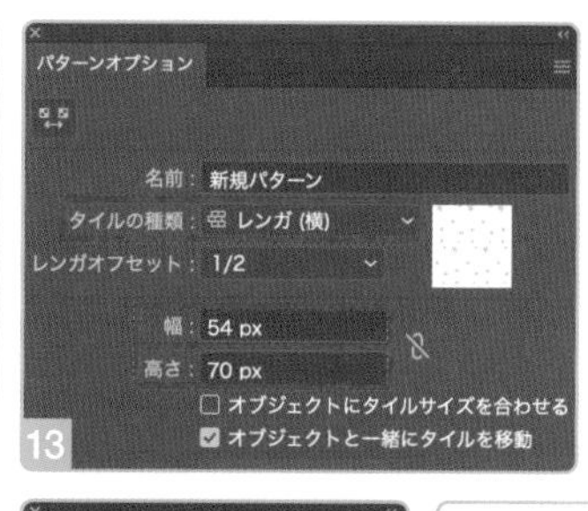

13

ここではシームレスにつなぐ必要がないため、タイルサイズで密度を調整できます。

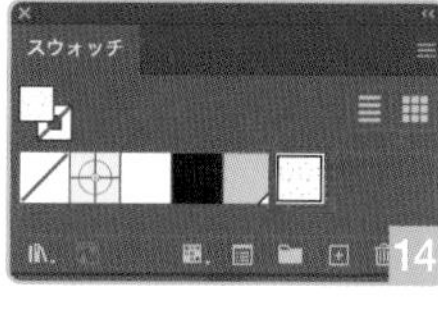

14

15

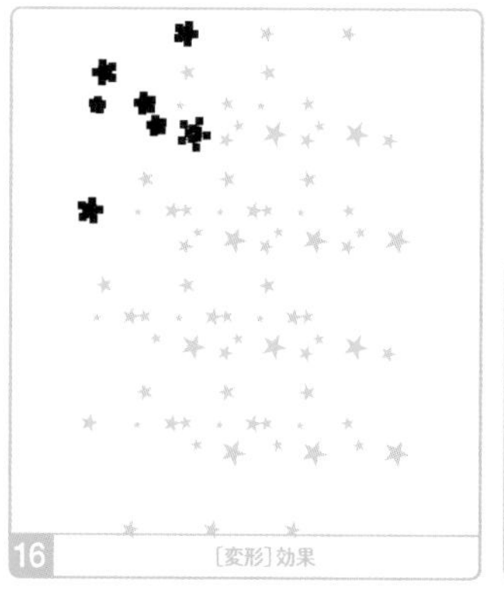
16 [変形] 効果

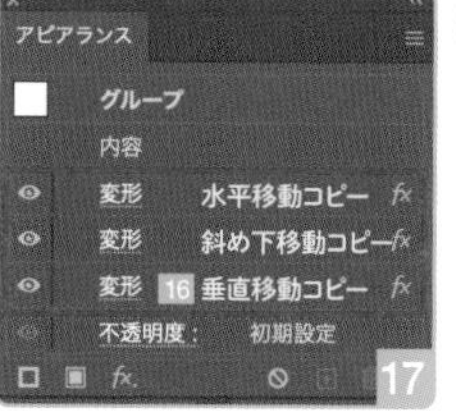

17

水平方向移動コピー、斜め下方向移動コピー、垂直方向移動コピーの3回に分けて、[変形] 効果を適用しました。

》P236 ランダムドット

★★★

48 B [シンボルスプレーツール] で星を散布する

シンボル

STEP 1 星を選択し、シンボルパネルの [新規シンボル] でシンボル化します 1 2

STEP 2 [シンボルスプレーツール] をダブルクリックし、ダイアログで [直径] を調整します 3

STEP 3 シンボルパネルで**STEP1**で作成したシンボルを選択し、ワークエリアでドラッグします 4 5

STEP 4 [シンボルリサイズツール] や [シンボルシフトツール] などで、サイズや位置などを調整します 6 7 8

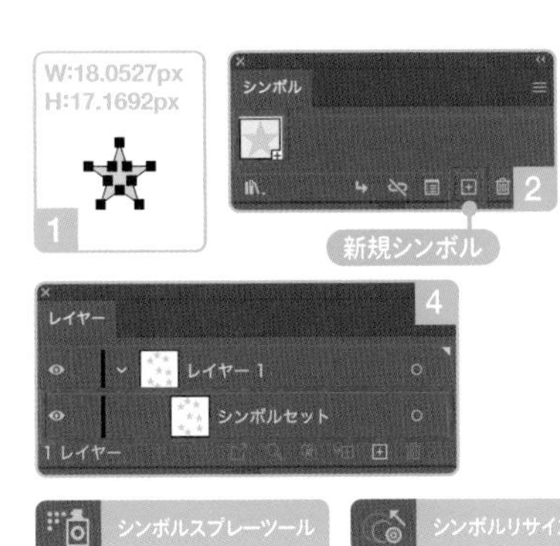

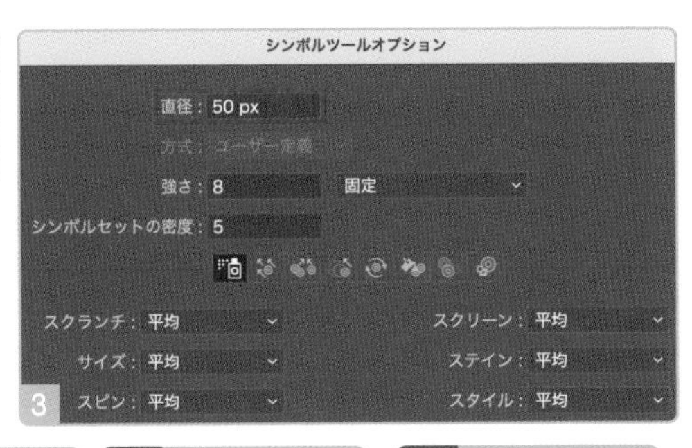

シンボルスプレーツール

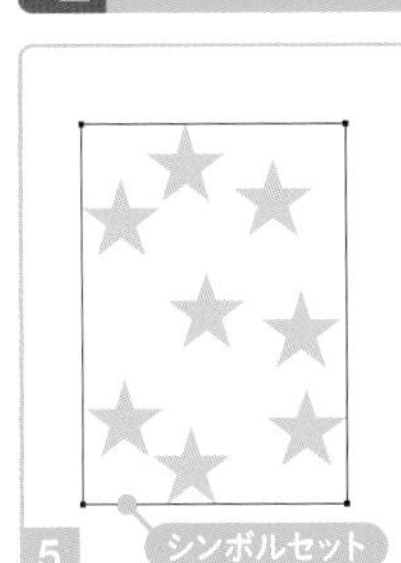

[シンボルスプレーツール] でドラッグすると、シンボルの集合体、シンボルセットを作成できます。

シンボルリサイズツール

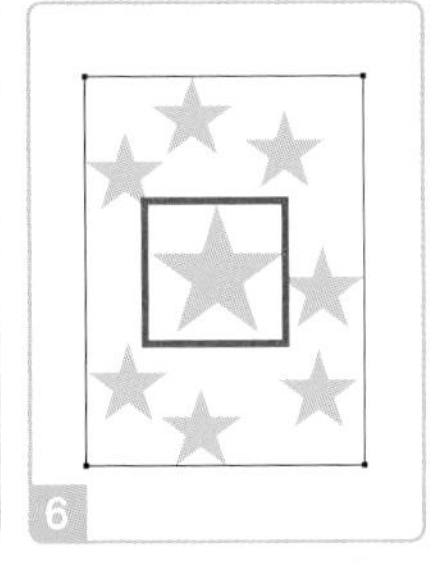

[シンボルリサイズツール]でクリックすると、シンボルが拡大します。[option (Alt)] キーを押しながらクリックすると、縮小します。

シンボルスピンツール

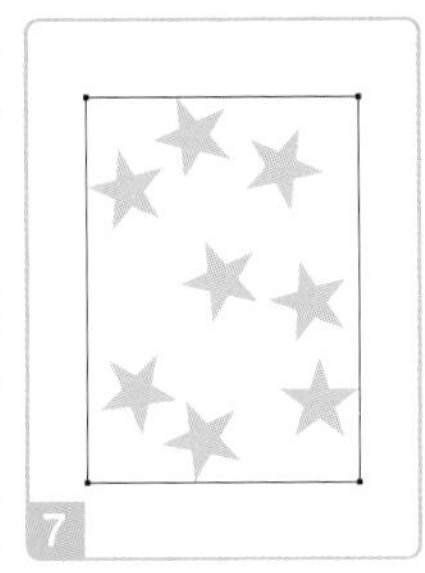

[シンボルスピンツール] でドラッグすると、シンボルの角度が変わります。

シンボルシフトツール

[シンボルシフトツール] でドラッグすると、シンボルが移動します。

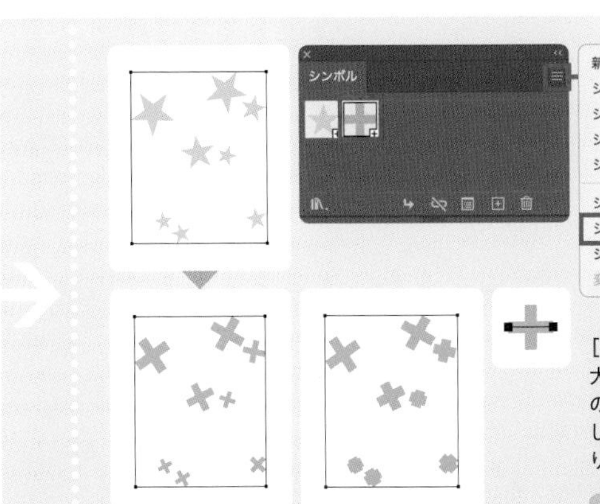

シンボルのメリットは、内容を入れ替え可能なところにあります。シンボルインスタンスやシンボルセットを選択した状態で、シンボルパネルで異なるシンボルを選択し、パネルメニューから [シンボルを置換] を選択すると、入れ替わります。

[線幅] が設定されている場合、[線幅と効果も拡大・縮小] のオン／オフで結果が変わります。[オフ] の場合、[線幅] は影響を受けないため、拡大・縮小したシンボルインスタンスは、見た目の印象が変わります。

» P166 ハニカムパターン

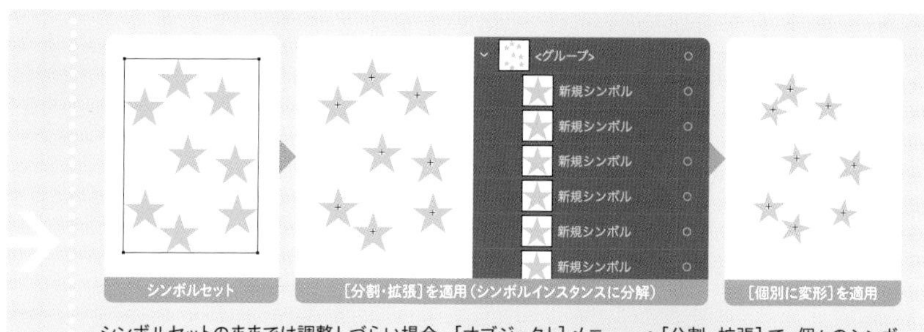

シンボルセットのままでは調整しづらい場合、[オブジェクト] メニュー→ [分割・拡張] で、個々のシンボルインスタンスに分解できます。この状態にすると、[個別に変形] でランダム変形したり、[拡大・縮小ツール] などで個別に調整できます。

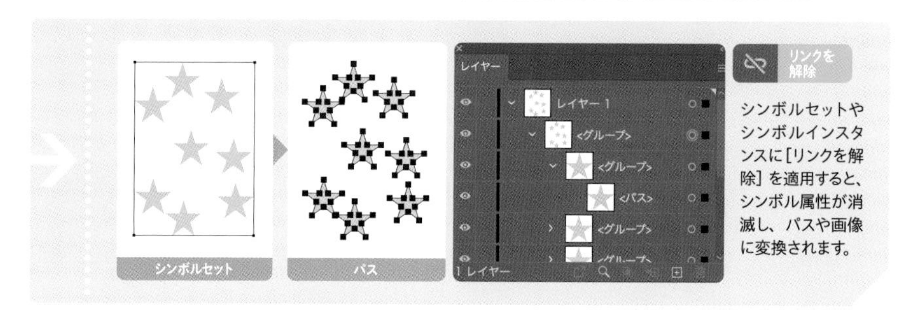

シンボルセットやシンボルインスタンスに[リンクを解除] を適用すると、シンボル属性が消滅し、パスや画像に変換されます。

48 C 星で散布ブラシをつくる

ブラシ

STEP 1 星を選択し、ブラシパネルで [新規ブラシ] をクリックして、[散布ブラシ] を選択します 1

STEP 2 次の [散布ブラシオプション] ダイアログですべて [ランダム] に変更し、[最大値] と [最小値] を調整します 2

STEP 3 パスに散布ブラシを適用します 3 4 5

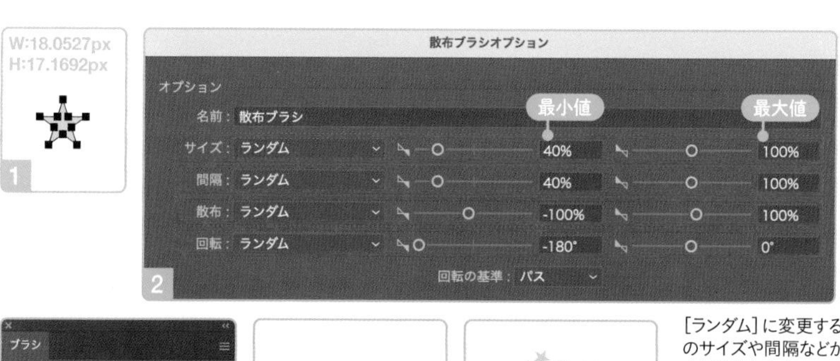

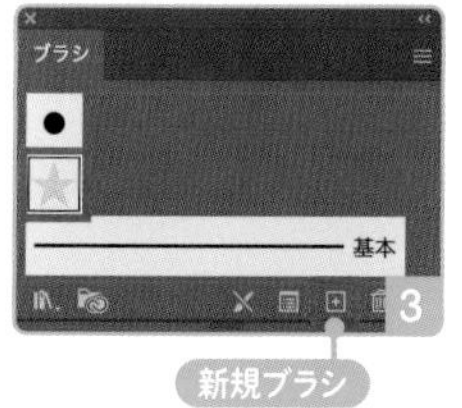

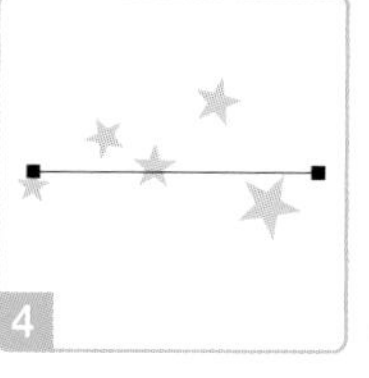

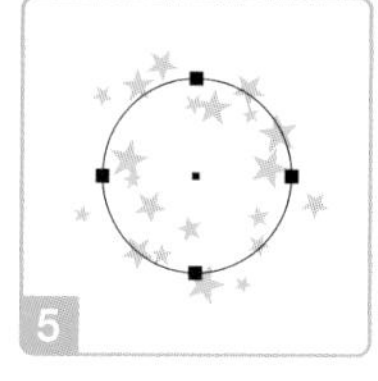

[ランダム] に変更すると、星のサイズや間隔などがランダムに変化します。

パスのかたちや [線幅] でも、見た目が変わります。

P125 ドットライン
P244 フリーグラデーション

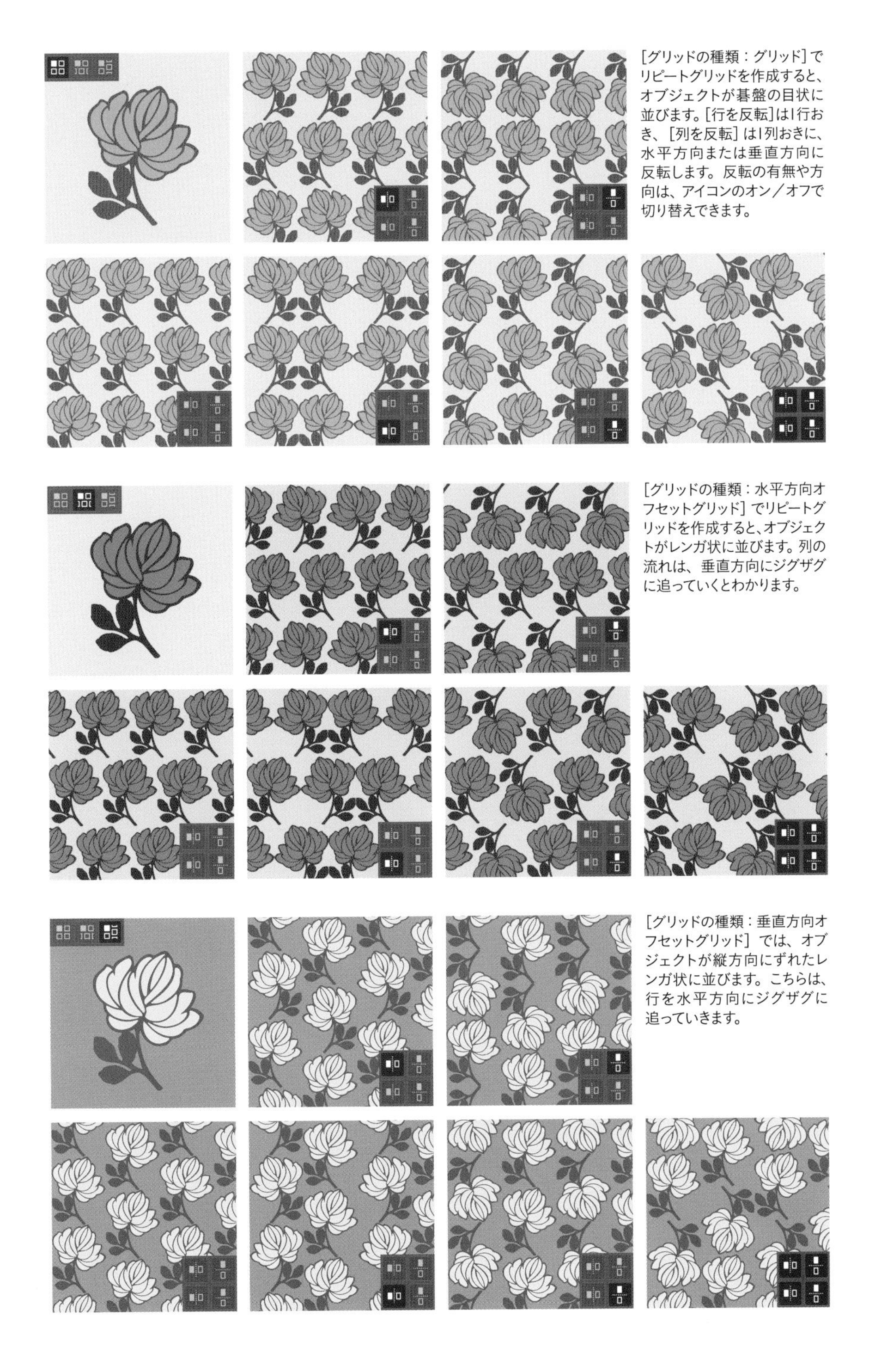

［グリッドの種類：グリッド］でリピートグリッドを作成すると、オブジェクトが碁盤の目状に並びます。［行を反転］は1行おき、［列を反転］は1列おきに、水平方向または垂直方向に反転します。反転の有無や方向は、アイコンのオン／オフで切り替えできます。

［グリッドの種類：水平方向オフセットグリッド］でリピートグリッドを作成すると、オブジェクトがレンガ状に並びます。列の流れは、垂直方向にジグザグに追っていくとわかります。

［グリッドの種類：垂直方向オフセットグリッド］では、オブジェクトが縦方向にずれたレンガ状に並びます。こちらは、行を水平方向にジグザグに追っていきます。

49 ランダム模様をつくる

既存のグラフィックスタイルやPhotoshop効果を利用して、ランダムな模様やスパークルをつくる方法を紹介します。ベースにするグラフィックスタイルを変えれば、また違った結果が得られます。

★★

49 A モザイクからランダムドットをつくる

モザイク／アピアランス

STEP 1 長方形に［グラフィックスタイル：ちぎり絵］を適用したあと、［オブジェクト］メニュー→［ラスタライズ］を選択します 1

STEP 2 ［オブジェクト］メニュー→［モザイクオブジェクトを作成］を選択します 2 3

STEP 3 コントロールパネルで［オブジェクトを再配色］をクリックし、ダイアログで［編集］に切り替え、［調整スライダーのカラーモード：色調調整］に変更します 4 5

STEP 4 ［彩度］と［明るさ］を調整します 6

STEP 5 グループを解除したあと、［形状に変換　楕円形］効果で円に変換します 7 8 9 10 11 12

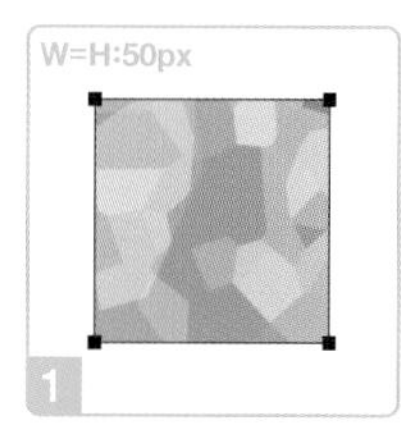

1 ［ちぎり絵］は、［グラフィックスタイルライブラリメニュー］→［アーティスティック効果］に収録されています。

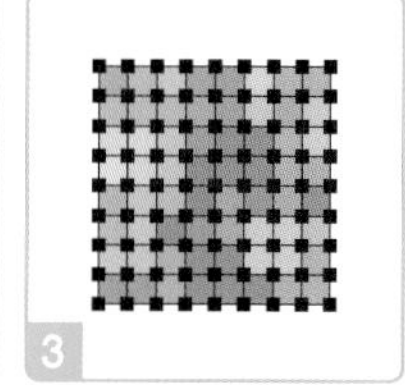
3 ［ラスタライズ］の設定はデフォルトでOKです。モザイクオブジェクト作成後、周囲の白い正方形は削除します。

5 色調調整前の状態です。

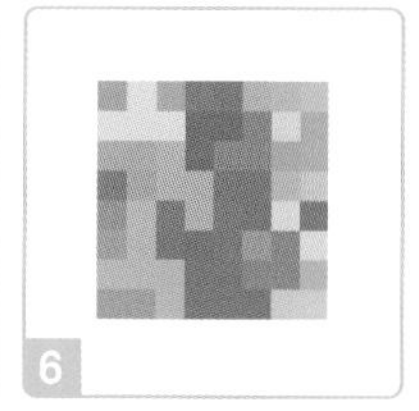
6 ［彩度］と［明るさ］を上げると、ビビッドになります。

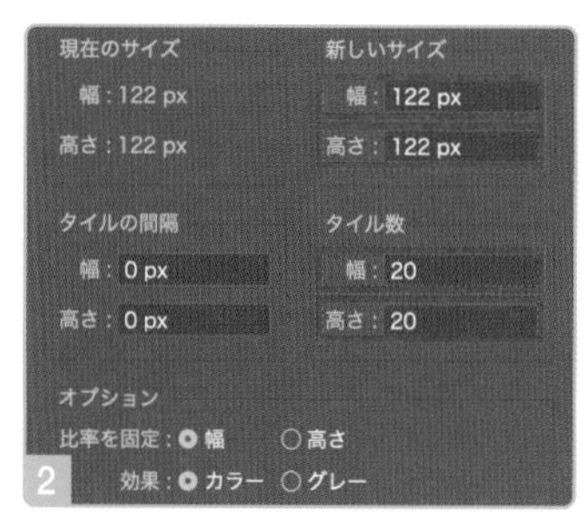

2

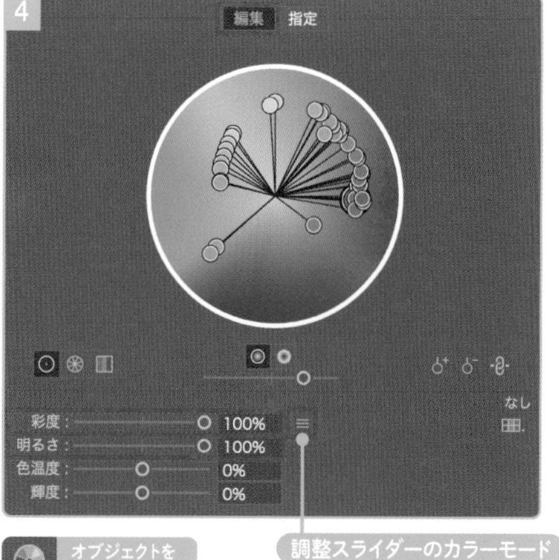

4 このダイアログを表示するには、［オブジェクトを再配色］をクリック直後に開くパネルで［詳細オプション］をクリックします。

》P14 円
》P156 格子模様
》P231 星の散布

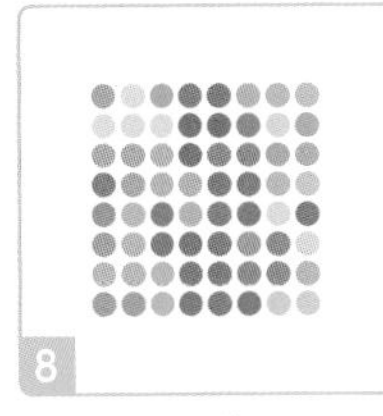
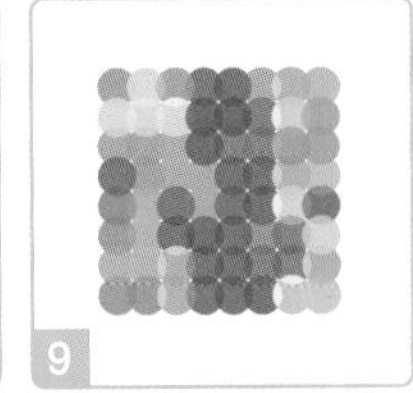

グループを解除したあと、すべてを選択した状態で[楕円形]効果を適用すると、すべてのパスに適用されます 8 。円のサイズを大きめに設定して重なりをつくり、[描画モード]を変更すると、重なりが合成されます 9 10 11 。[個別に変形] でサイズや位置をランダムに変更すると、スパークルにもなります 12 。

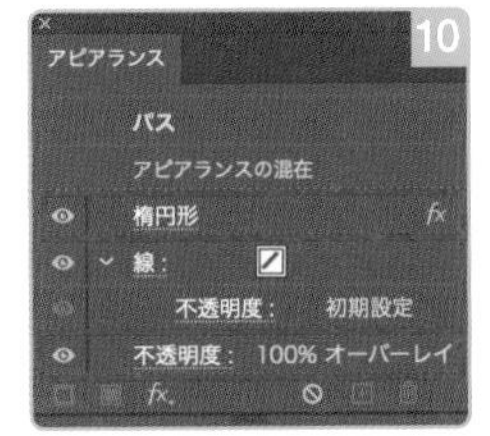

★★

49 B 画像トレースでカラフルな破片をつくる

画像トレース

STEP 1 49AのSTEP1の操作をおこなったあと、コントロールパネルで［画像トレース］をクリックし、［画像トレースパネル］をクリックします 1 2 3

STEP 2 画像トレースパネルで［カラー］をクリックし、［ホワイトを無視：オン］に変更したあと、コントロールパネルで［拡張］をクリックします 4 5

STEP 3 グループを解除し、［個別に変形］を［ランダム：オン］で適用して散りばめます 6 7

画像トレースの拡張直後のパスはグループにまとめられているため、グループを解除します。

［ちぎり絵］は、［カラーハーフトーン］効果でドット化し、［水晶］効果で色面に分割するグラフィックスタイルです。

［ホワイトを無視］にチェックを入れると、ラスタライズ時に発生した、周囲の白い部分を削除する手間が省けます。

［オブジェクトを再配色］の［色温度］などで色を変更しました。パターン機能やリピートグリッドなどでタイリングすると、ランダムな破片パターンになります。

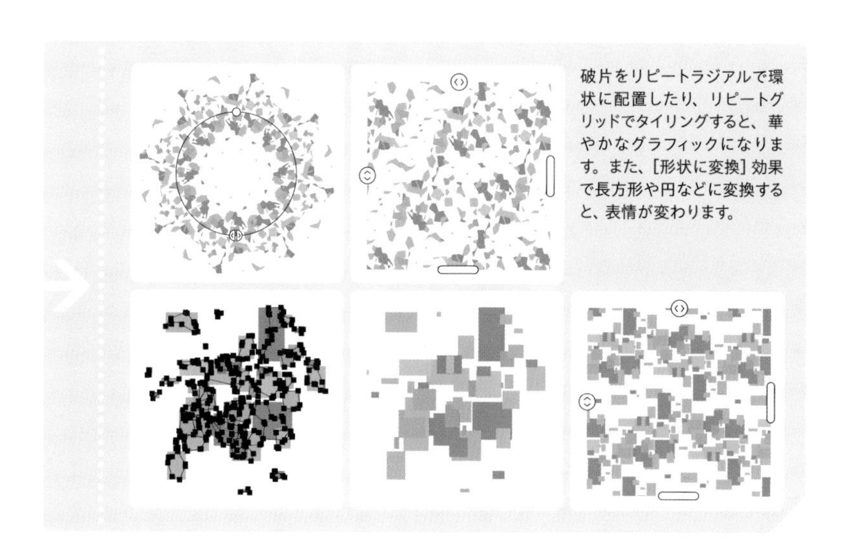

破片をリピートラジアルで環状に配置したり、リピートグリッドでタイリングすると、華やかなグラフィックになります。また、[形状に変換]効果で長方形や円などに変換すると、表情が変わります。

★★★

49 C Photoshop効果を重ねて模様をつくる

アピアランス

STEP 1 オブジェクトを選択し、[SVGフィルター AI_静的]効果を適用したあと、[ラスタライズ]効果を適用します 1 2

STEP 2 [ピクセレート カラーハーフトーン]効果を適用します 3 4

STEP 3 [アーティスティック カットアウト]効果を適用します 5 6

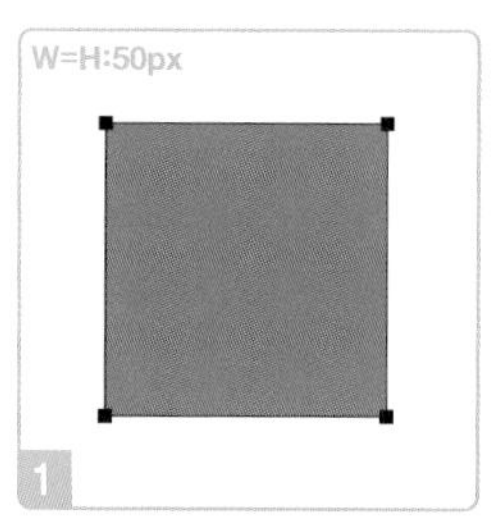

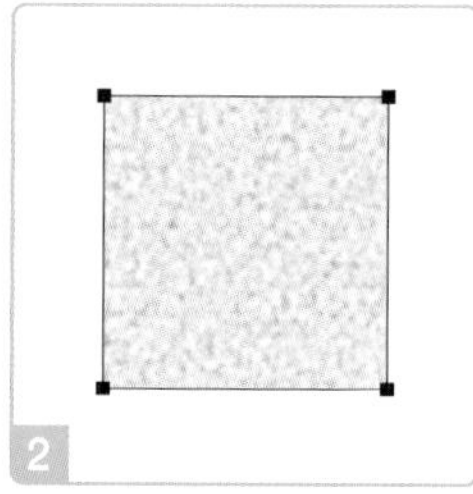

オブジェクトの[塗り]の色は結果に影響しません。[ラスタライズ]効果は、[解像度:高解像度(300ppi)][背景:ホワイト]で適用します。

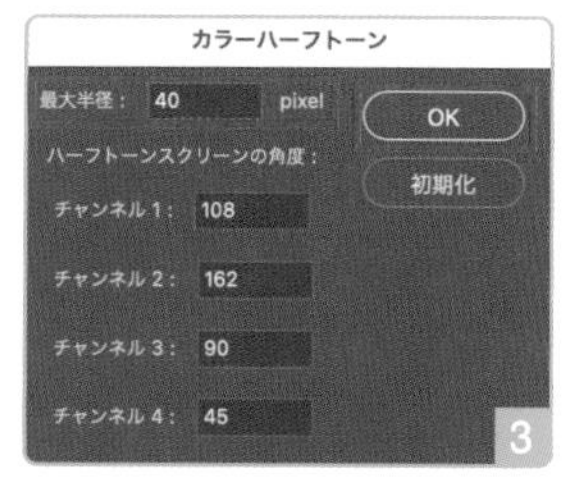

[ハーフトーンスクリーンの角度]はデフォルトのまま、[最大半径]を変更します。

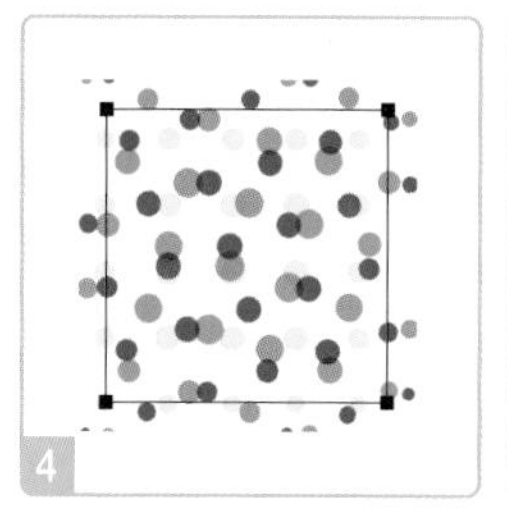

[カラーハーフトーン]効果でつくった色玉の集合体が、模様のベースになります。

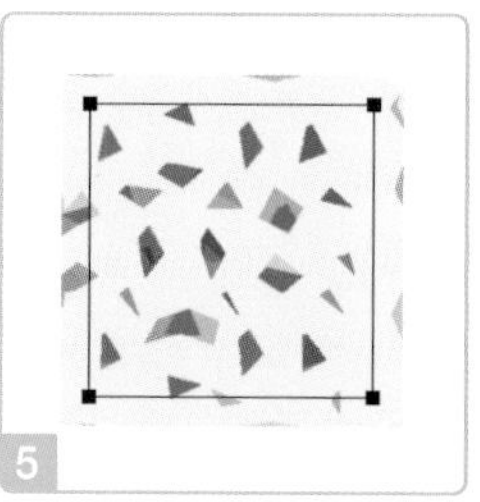

[カットアウト]効果は、[レベル数:5][エッジの単純さ:5][エッジの正確さ:1]で適用します。

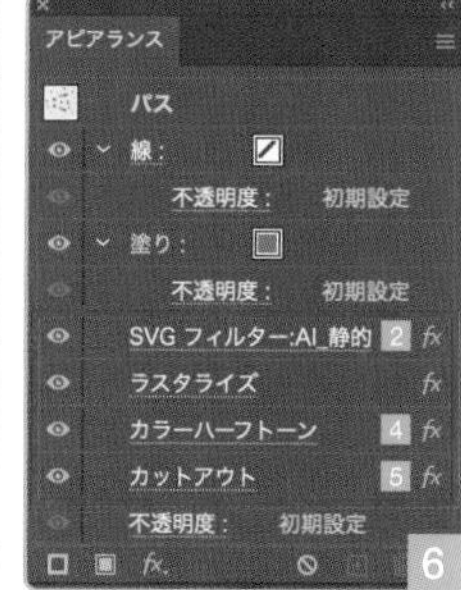

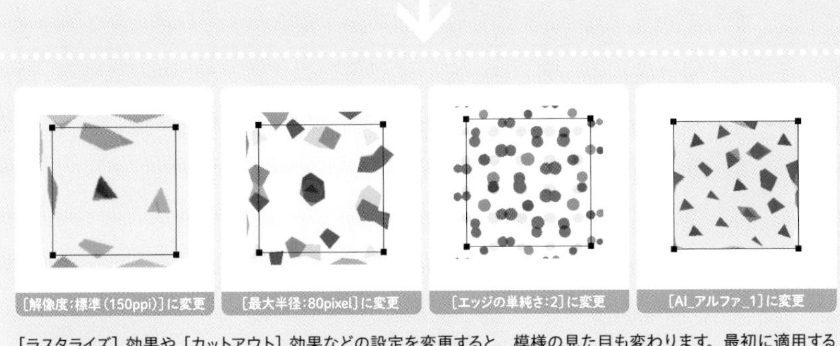
［解像度：標準（150ppi）］に変更　［最大半径：80pixel］に変更　［エッジの単純さ：2］に変更　［AI_アルファ_1］に変更

［ラスタライズ］効果や［カットアウト］効果などの設定を変更すると、模様の見た目も変わります。最初に適用する［AI_静的］効果はオブジェクトの色が影響しませんが、これを［AI_アルファ_1］に変更すると、オブジェクトの色が影響します。

》P147 水玉模様

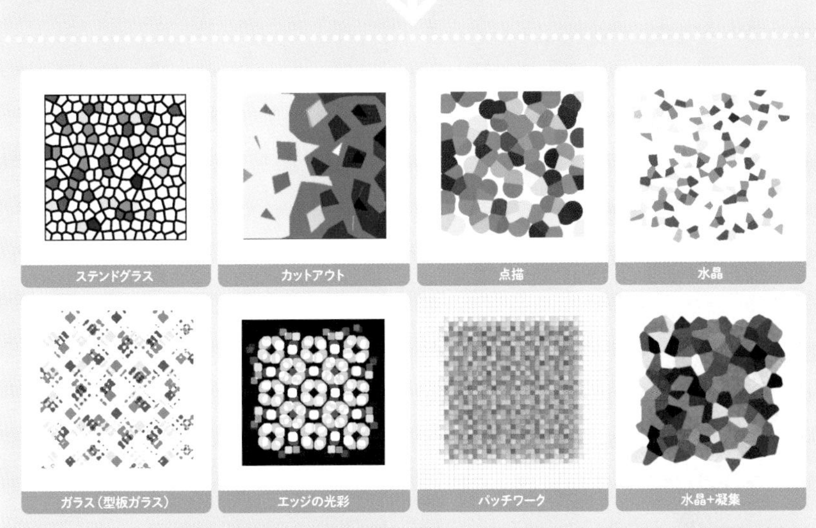
ステンドグラス　カットアウト　点描　水晶
ガラス（型板ガラス）　エッジの光彩　パッチワーク　水晶+凝集

［カラーハーフトーン］効果でつくった色玉の集合体に、Photoshop効果を重ねがけすると、さまざまな模様に変化します。最初の効果を［AI_静的］効果など、色が影響するものに変えると、オブジェクトの色を変えるごとに、バリエーションが増えます。

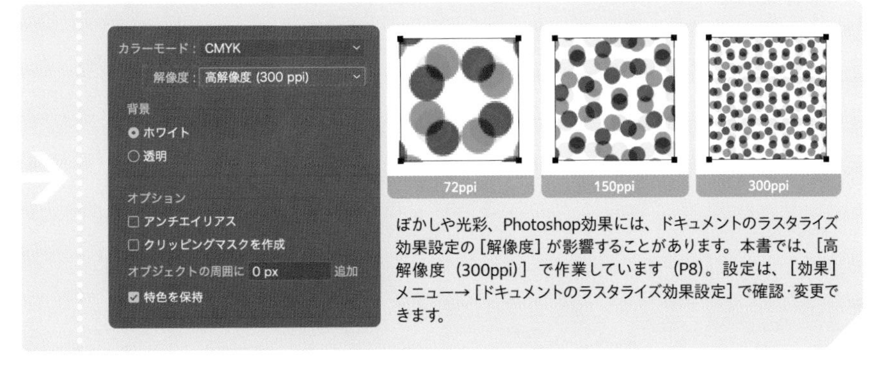

72ppi　150ppi　300ppi

ぼかしや光彩、Photoshop効果には、ドキュメントのラスタライズ効果設定の［解像度］が影響することがあります。本書では、［高解像度（300ppi）］で作業しています（P8）。設定は、［効果］メニュー→［ドキュメントのラスタライズ効果設定］で確認・変更できます。

50 マジョリカタイルをつくる

[変形]効果を使えば、上下左右対称なデザインタイルも簡単につくれます。アンカーポイントやオブジェクトを少し移動しただけで表情ががらりと変わるので、手軽に柄違いを増やせます。タイルのサイズを揃えておけば、角をスナップするだけでタイリングできます。

★★

50 A 十字のタイルをデザインする

アピアランス

STEP 1 水平線と垂直線、45°の直線を、中心を揃えたあとガイドに変換します

STEP 2 長方形と透明枠をグループ化したあと、[パスの変形 変形] 効果で水平方向反転コピー&90°回転コピーします 1 2 3

STEP 3 長方形を変形し、パスをグループに追加しながら、タイルをデザインします 4 5 6 7

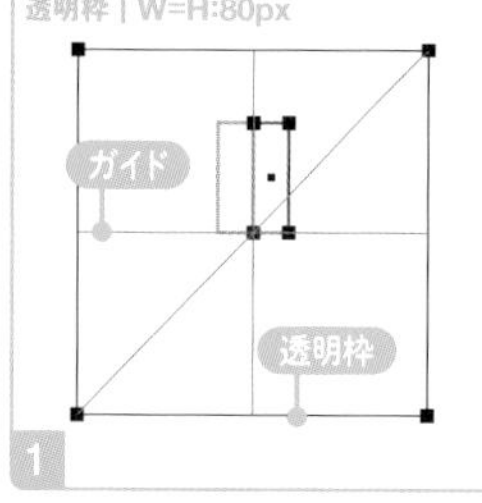

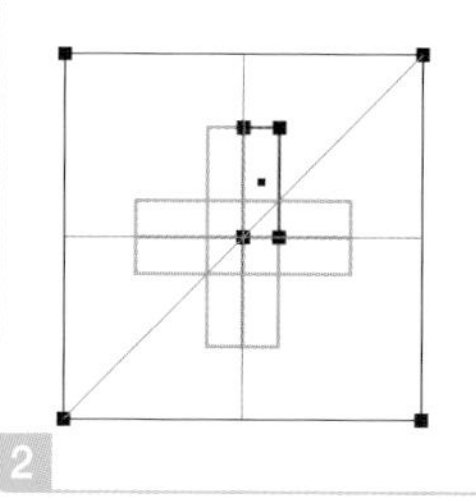

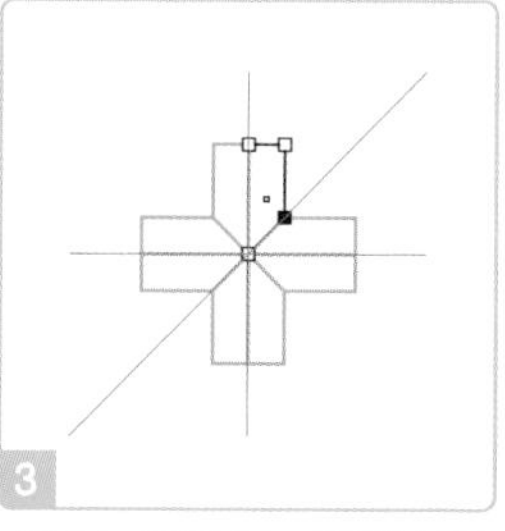

直線の中心を揃えてガイドに変換したあと、透明枠のセンターポイントを交差地点にスナップさせます。透明枠と長方形のグループに、[変形] 効果を [水平方向に反転:オン] [基準点:中央] [コピー:1] 1 、[角度:90°] [基準点:中央] [コピー:3] 2 で適用します。

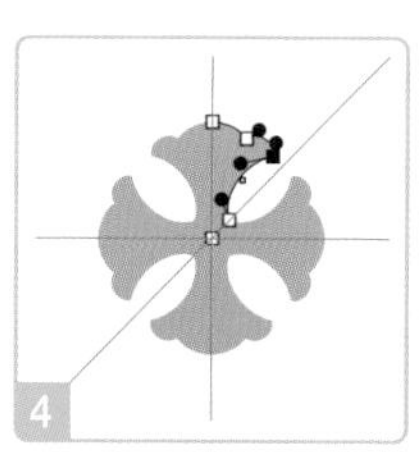

長方形にアンカーポイントを追加・移動して、反転軸上はガイドにスナップさせながら、かたちを調整します。

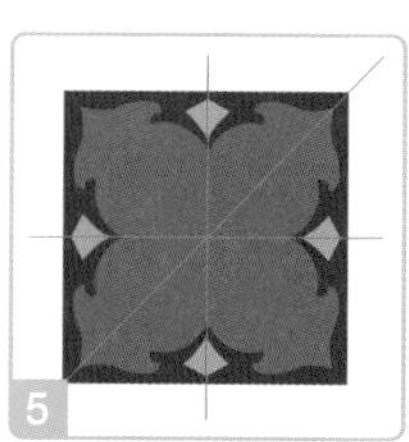

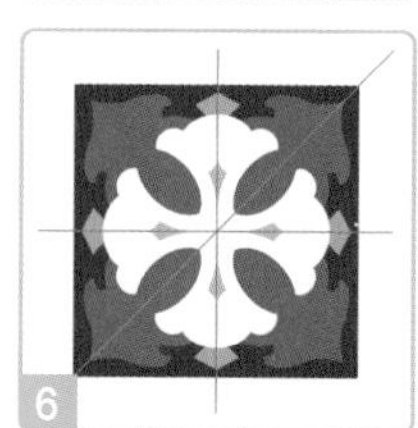

グループにパスを追加して仕上げます。

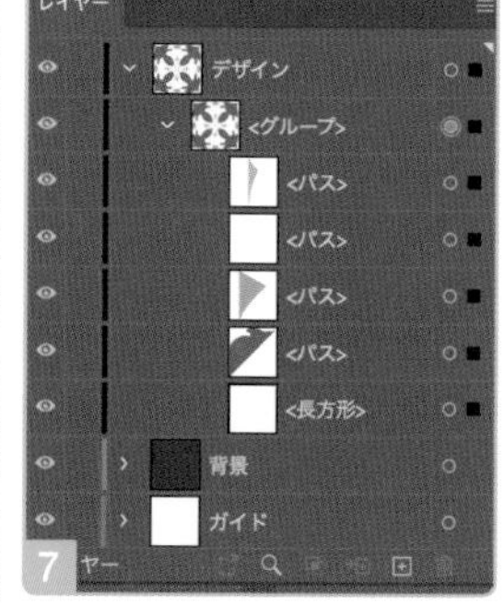

ガイドや背景は、レイヤーを分けておくと作業しやすいです。

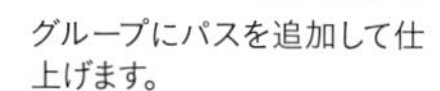

P59 菱形
P110 雫
P116 花

★★★

50 B 花柄のタイルをデザインする

アピアランス

STEP 1 **50A**の**STEP2**までの操作をおこないます

STEP 2 グループを同じ位置に複製し、反転コピーの［ パスの変形 変形］効果を削除します

STEP 3 それぞれのグループに**21C**（P115）で作成した花や**22A**（P120）で作成した葉を追加して、タイルをデザインします 1 2 3 4 5 6 7 8 9 10 11 12 13

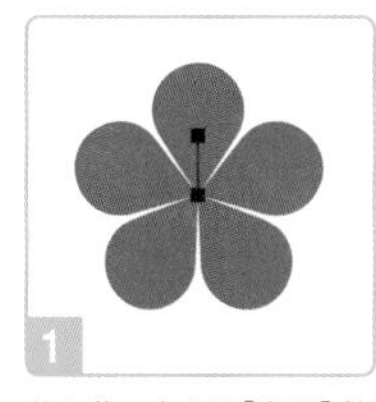
1

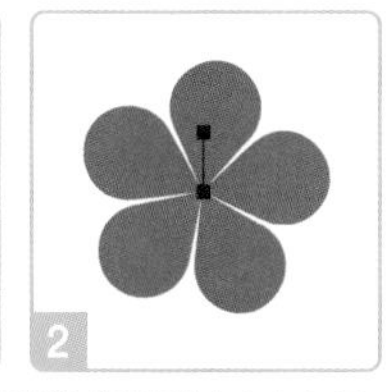
2

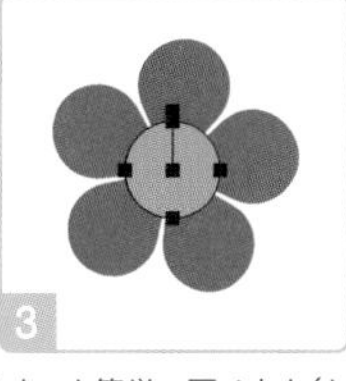
3

アピアランス
パス
変形
線： 8 pt
不透明度： 初期設定
塗り：
変形 回転
不透明度： 初期設定
4

花や葉の向きは［変形］効果が角度を調整しやすく、元の向きにも簡単に戻せます（ただし奇数弁の場合、ごくわずかな位置ずれは発生します）。

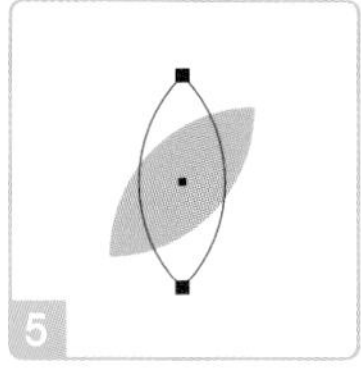
5

6

7

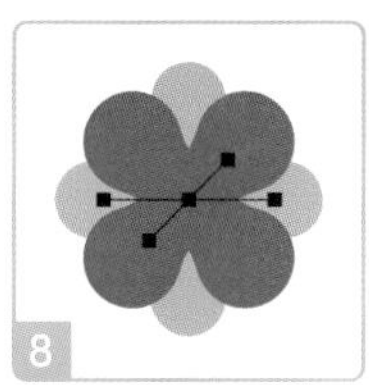
8

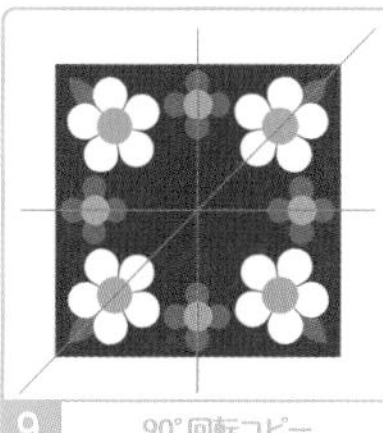

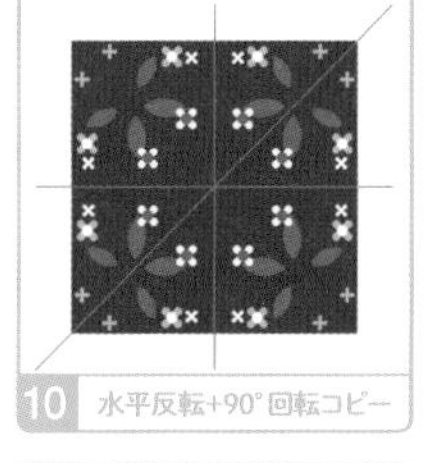

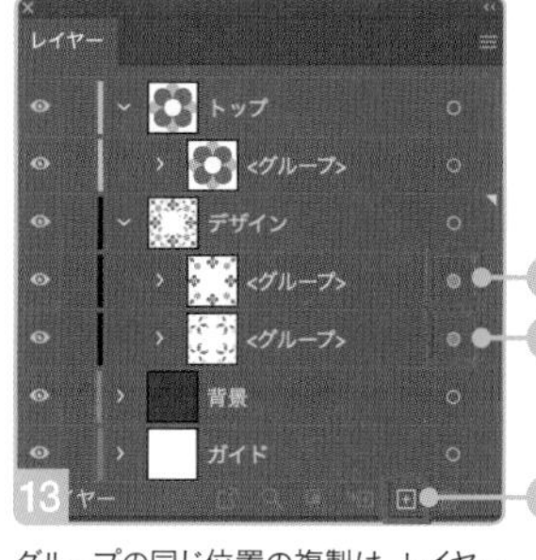

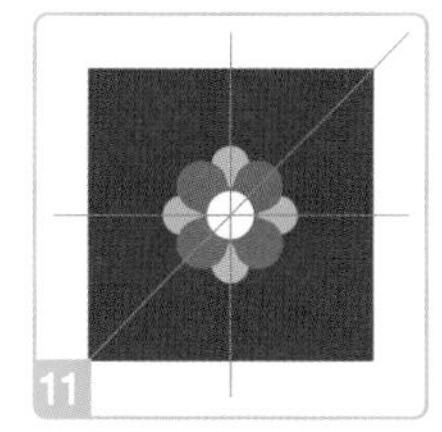
11

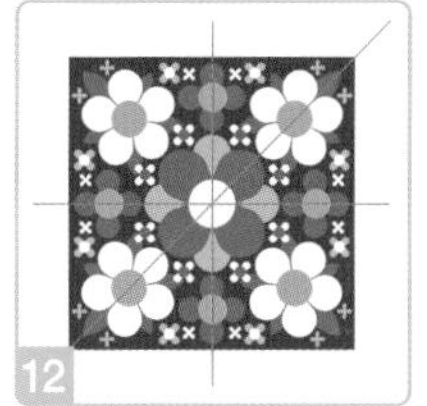
12

グループの同じ位置の複製は、レイヤーパネルでグループを［新規レイヤーを作成］へドラッグすると簡単です。グループに花や葉を追加すると、全体に反映されます。花の中心をガイドにスナップさせると、対角線上や辺の中央に配置できます。

» P115 花

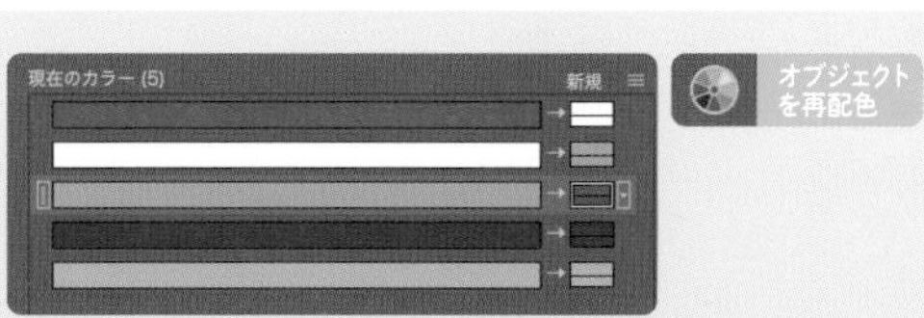

サイズを揃えて柄違いを作成すれば、角をスナップさせるだけで隙間なくタイリングできます。色違いは［オブジェクトを再配色］ダイアログの［指定］で、右側のサムネールをドラッグで入れ替えるとつくれます。

51 グラデーションでつくる背景

フリーグラデーションを使うと、色をいくつか置くだけで複雑なグラデーションをつくれます。ラインモードでは、色を線状につなげることができます。そのままで背景として使えるほか、べた塗り面にシャドウを入れるなど、イラストの彩色にも使えます。

★★

51A ポイントモードでフリーグラデーションを使う

グラデーション

STEP1 パスを選択したあと、グラデーションパネルで［種類:フリーグラデーション］［描画:ポイント］に変更します 1 2 3

STEP2 ［カラー分岐点］をクリックして選択し、スウォッチパネルなどで色を変更します 4 5 6

STEP3 ［カラー分岐点］をドラッグして、位置を調整します 7 8

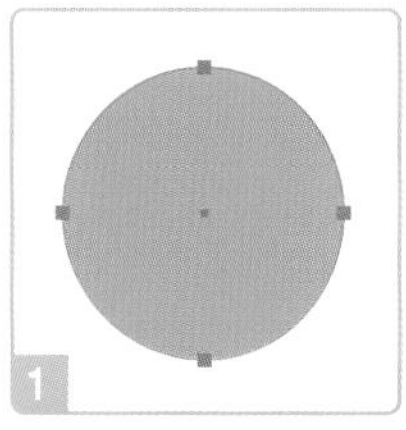

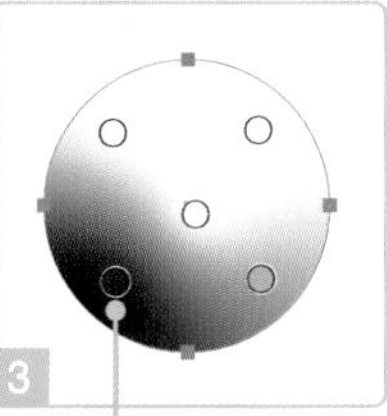

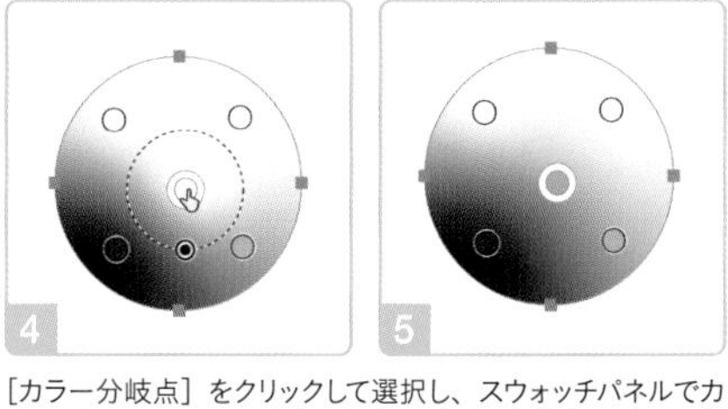
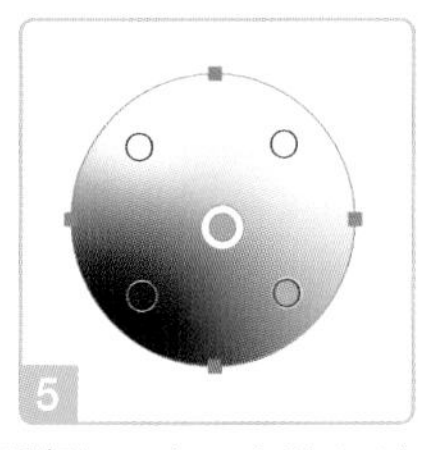

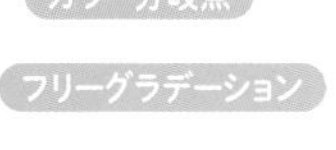

［カラー分岐点］をクリックして選択し、スウォッチパネルでカラースウォッチをクリックすると、色を変更できます。［カラー分岐点］をダブルクリックしてパネルを開き、変更する方法もあります。

［種類：フリーグラデーション］に変更すると、自動で［グラデーションツール］に切り替わります。

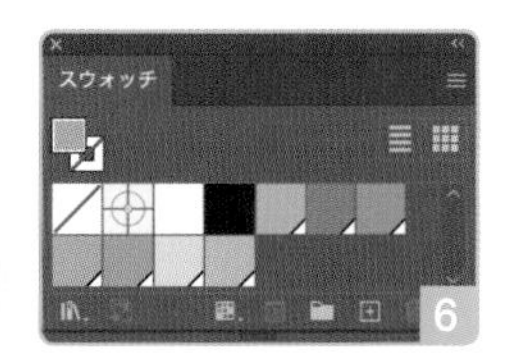

事前にグローバルカラースウォッチを作成し、［カラー分岐点］に設定すると、グラデーションを選択しなくても、色を調整できます。

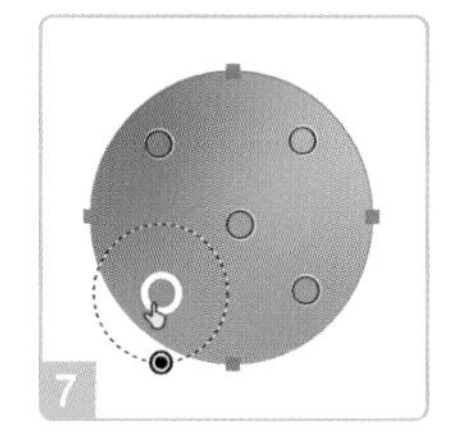

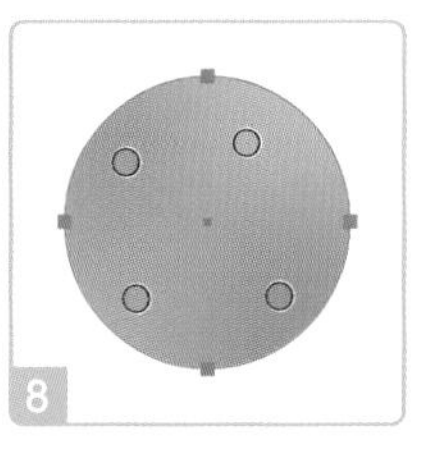

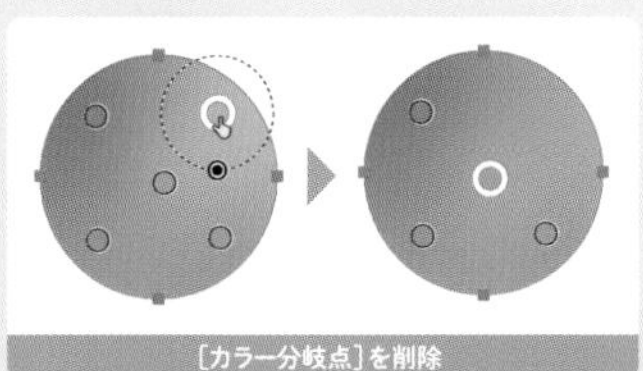
［カラー分岐点］を削除

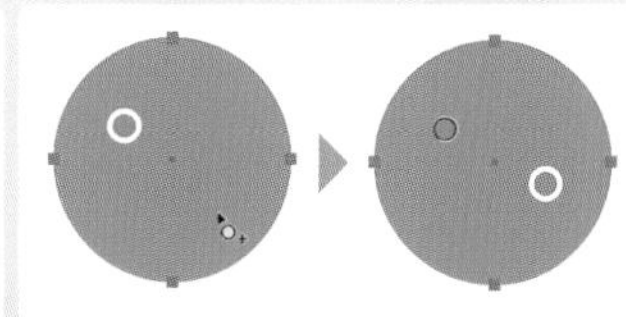
［カラー分岐点］を追加

［カラー分岐点］は、選択して［delete］キーを押すか、パスの外側へドラッグすると削除できます。追加するには、パスの内側をクリックします。

★★★

51 B ラインモードでフリーグラデーションを使う

グラデーション

STEP 1 パスを選択し、グラデーションパネルで［種類フリーグラデーション］［描画:ライン］に変更します 1 2

STEP 2 パスの内側をクリックして［カラー分岐点］を追加します 3

STEP 3 続けてクリックして［カラー分岐点］を追加し、［esc］キーを押して終了します 4 5 6

STEP 4 ［描画:ポイント］に変更したあと、［カラー分岐点］を選択し、色を変更します 7 8 9

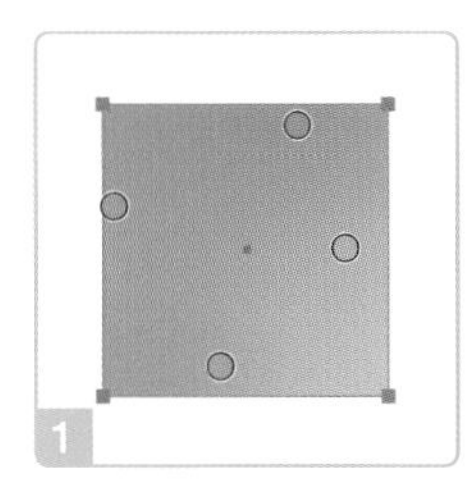

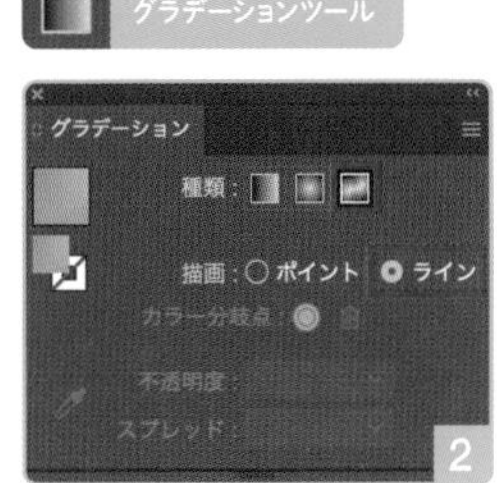

［フリーグラデーション］設定済みのパスの場合、［グラデーションツール］を選択するか、［グラデーションを編集］をクリックしたあと、［描画：ライン］に変更します。

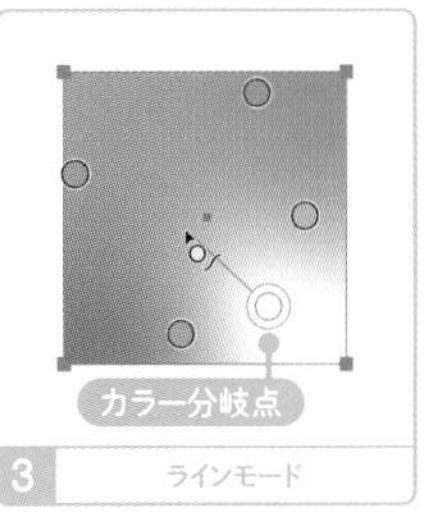

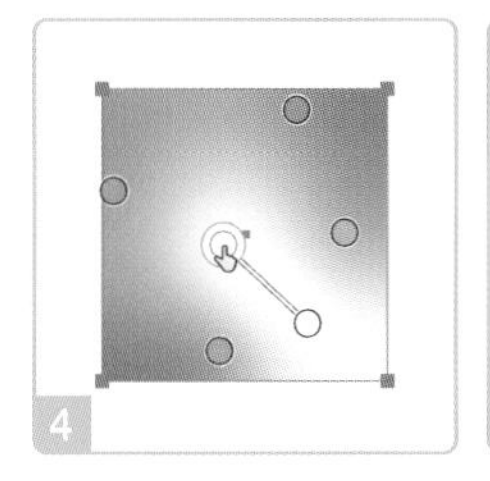

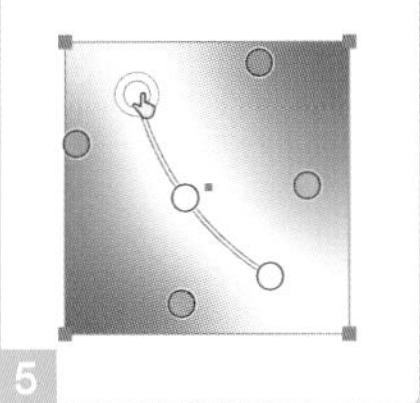

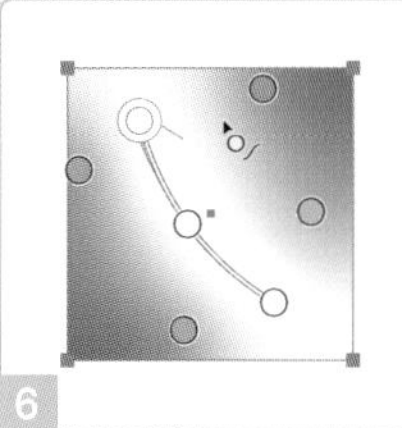

ラインモードでは、［esc］キーを押すと、［カラー分岐点］の追加を終了できます。なお、端の［カラー分岐点］をクリックすると、再び［カラー分岐点］の追加（ラインの延長）が可能になります。

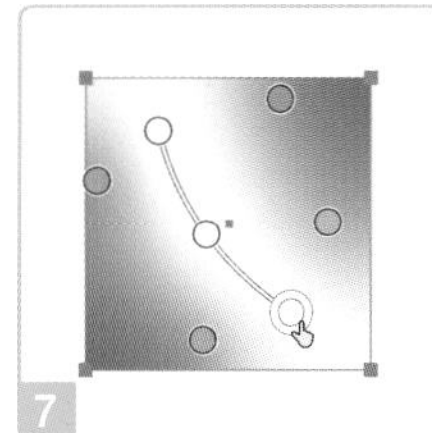

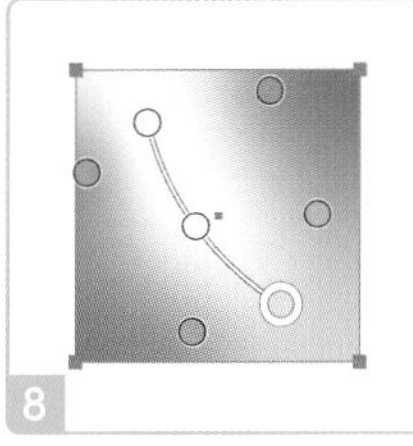

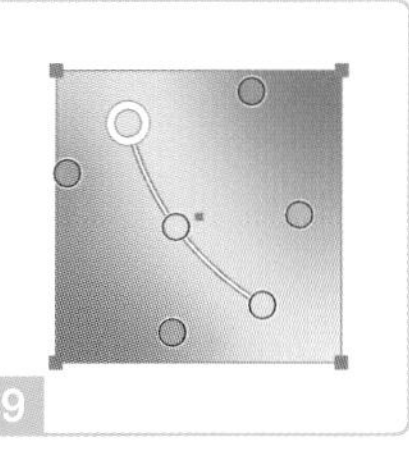

［描画：ポイント］に変更してラインモードを終了すると、端の［カラー分岐点］をクリックしても、選択のみになる（延長されない）ため、作業しやすいです。

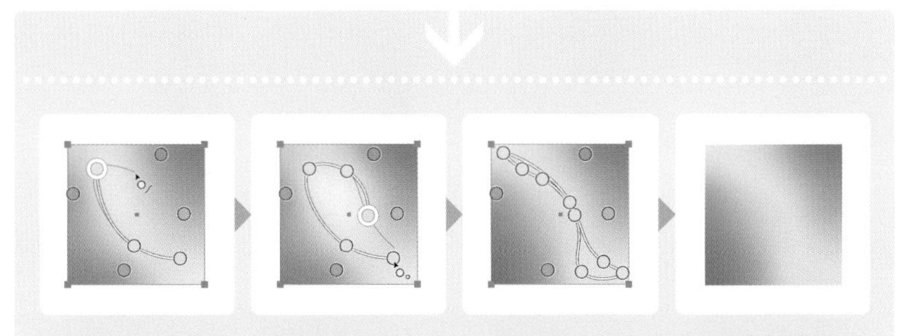

ラインモードでは、［カラー分岐点］を環状につなげることもできます。環の［カラー分岐点］を同じ色に設定すると、その内側を塗りつぶすことができますが、均一なべた塗りにはならず、周囲の色の影響を受けます。なお、［カラー分岐点］は環の内側にも配置できます。

POINT

➡ フリーグラデーション

- [ ] グラデーションパネルで **[種類:フリーグラデーション]** に変更すると、**[カラー分岐点]** を自由な位置に配置できる
- [ ] フリーグラデーションには、独立した〔カラー分岐点〕を配置する **[ポイント]** と、〔カラー分岐点〕を連結できる **[ライン]** がある
- [ ] **ラインモード**では、〔カラー分岐点〕を**環状に配置する**ことも可能
- [ ] 〔カラー分岐点〕は、**[グラデーションツール]** で選択できる

応用 | 散布素材と合成する

- **49A** (P236) のランダムドットを重ねてグループ化したあと、[ぼかし ぼかし (ガウス)] 効果を適用し、クリッピングマスクで切り抜く 1 2 3 4
- **48C** (P234) の星の散布ブラシを適用したパスをいくつか重ね、[描画モード:スクリーン] に変更し、一部に [スタイライズ 光彩 (外側)] 効果を適用する 5 6 7 8 9 10

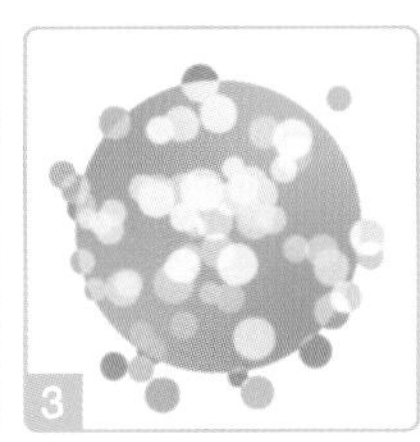

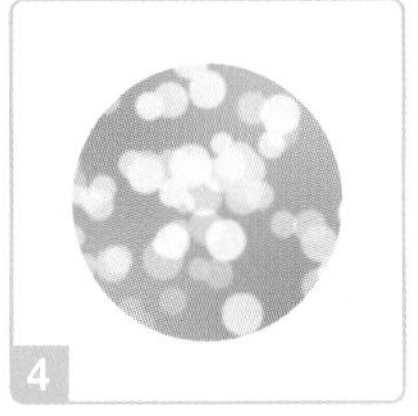

ランダムドットを［描画モード:スクリーン］に変更してグラデーションと合成し、［ぼかし (ガウス)］効果でにじませます。

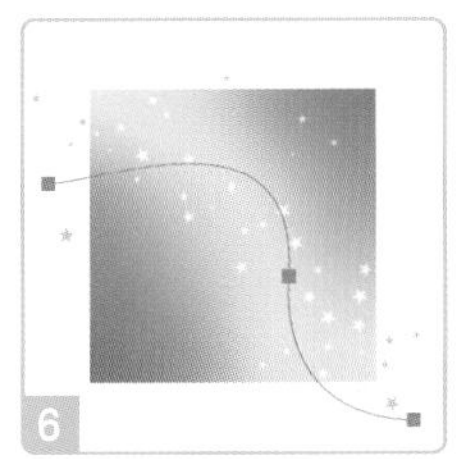

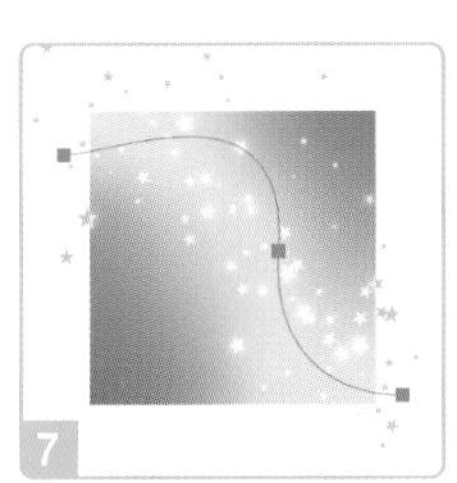

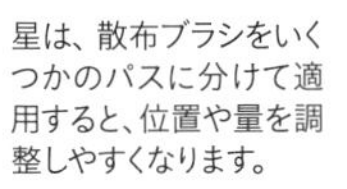
星は、散布ブラシをいくつかのパスに分けて適用すると、位置や量を調整しやすくなります。

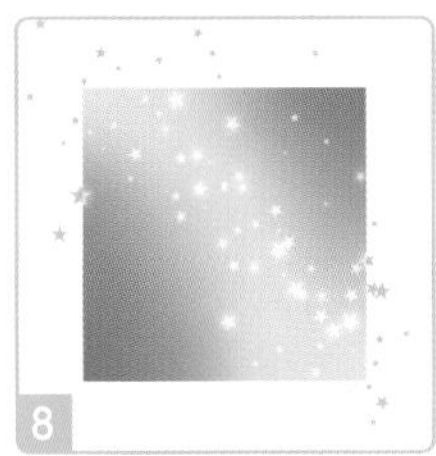

［描画モード］やぼかし、発光系の効果を、グラデーションと組み合わせると、ファンタジックな雰囲気になります。ぼかしや発光系の効果についてはP201も参照してください。

》P201 ネオン管 》P234 星の散布 》P236 ランダムドット

TEXT & PRINTING
52-60
7

52 丸数字をつくる

丸数字はフォントにも用意されていますが、円と数字の組み合わせでもつくれます。文字の背面に[角を丸くする]効果や[楕円形]効果などで円を描画し、さらにこれを各種効果で加工すると、複雑な文字装飾が可能になります。

★★

52 A テキストの[塗り]を[楕円形]効果で円にする

アピアランス

STEP 1 テキストを選択して、[パス オブジェクトのアウトライン]効果を適用します 1

STEP 2 アピアランスパネルで[塗り]を2つ追加し、下の[塗り]に[形状に変換 楕円形]効果を適用します 2 3 4

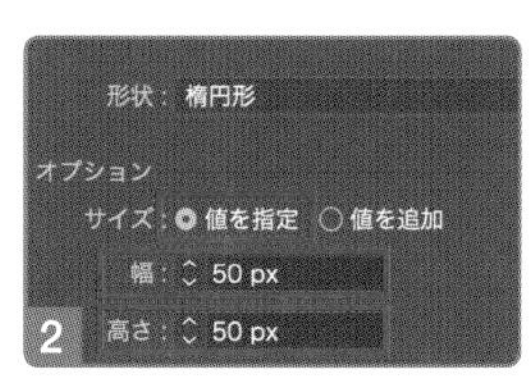

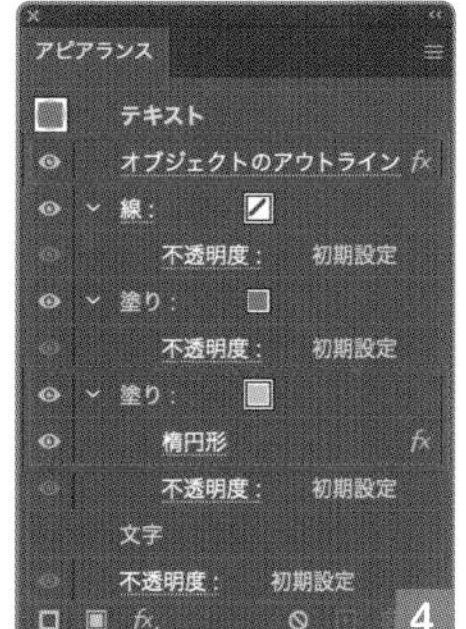

丸数字にできるのは1、2文字程度です。また、行中の文字には使えません。

[形状に変換]効果の[形状]の変更で、長方形や角丸長方形にもなります。これに[パンク・膨張]効果などを追加すると、複雑なかたちに変化します。

文字と円の中心が揃うのは、[オブジェクトのアウトライン]効果で文字が擬似アウトライン化されているためです。

★

52 B 円をテキストエリアに変換する

エリア内文字

STEP 1 [文字ツール]で円をテキストエリアに変換し、文字を入力して位置を調整します 1 2 3

STEP 2 [グループ選択ツール]で円を選択し、[塗り]に色を設定します 4 5

文字ツール

グループ選択ツール

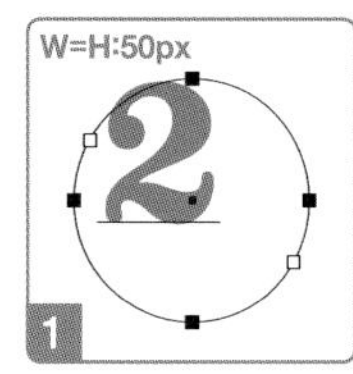

[文字ツール]で円のセグメントをクリックすると、テキストエリアに変換できます。

[行揃え]と[テキストの配置]を[中央揃え]に変更すると、円の中央に文字が移動します。垂直方向は文字パネルの[ベースラインシフト]で微調整可能です。

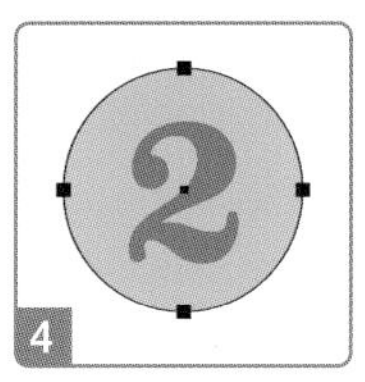

ベースラインが非表示になっていれば、円を選択できています。

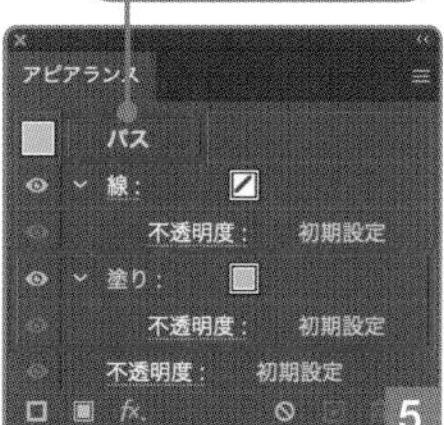

[グループ選択ツール]で円を選択すると、アピアランスパネルには円の情報が表示されます。

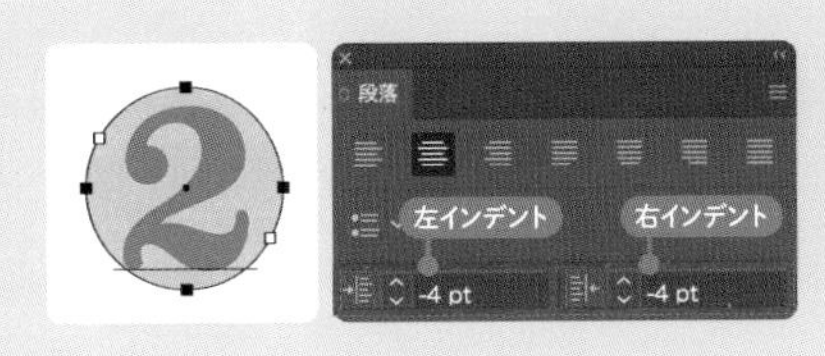

[フォントサイズ] を変更しても、文字は円の中央に配置されます。[フォントサイズ] がテキストエリアよりやや大きくあふれる場合は、[左インデント] と [右インデント] を負の値に変更すると、おさまることがあります。

★★

52 C テキストエリア基準で [塗り] を円にする

エリア内文字

STEP 1 長方形をテキストエリアに変換して文字を入力し、アピアランスパネルで [塗り] を2つ追加します 1

STEP 2 下の [塗り] に [形状に変換 楕円形] 効果を適用します 2 3

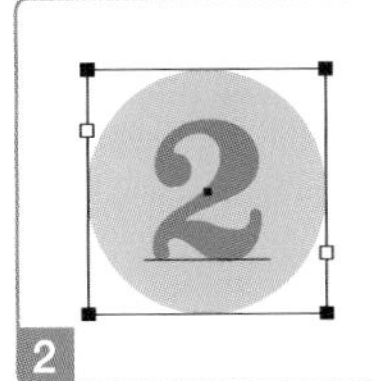

垂直方向の文字の位置は、[テキストの配置：中央揃え] で調整しています。文字の位置に、[エリア内文字オプション] ダイアログの [先頭ベースライン位置] が影響することもあります。

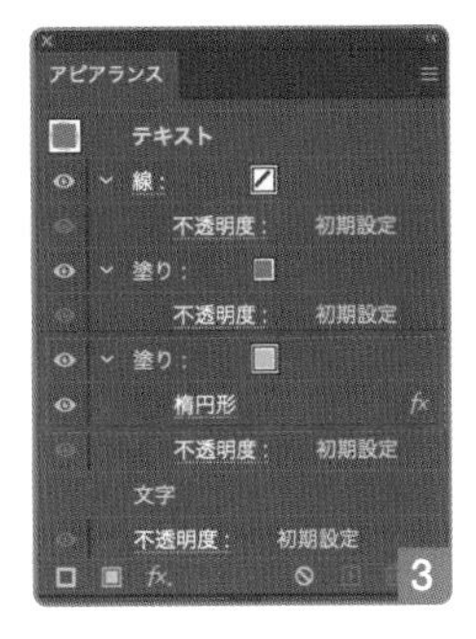

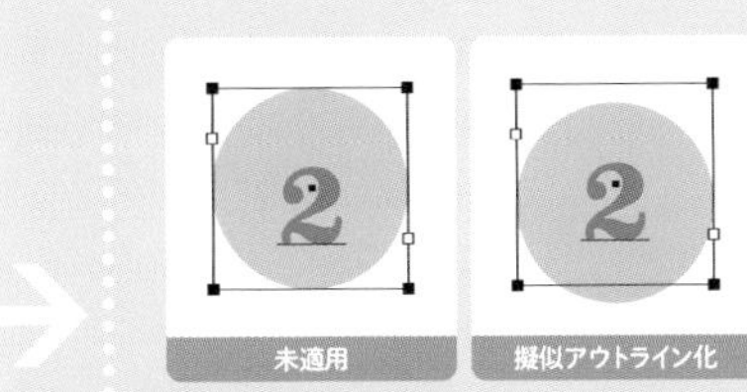

[オブジェクトのアウトライン] 効果を適用すると、文字と円の中心がつねに揃います。適用しない場合、円はテキストエリアの中央から描画されます。

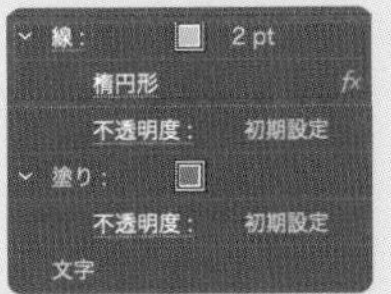

[線] に [楕円形] 効果を適用しても、丸数字になります。

★★

52 D エリア内文字のテキストエリアを変形する

アピアランス

STEP 1 [グループ選択ツール] でテキストエリアを選択し、色を設定します 1

STEP 2 [スタイライズ 角を丸くする] 効果を [半径：最大値] で適用します 2 3

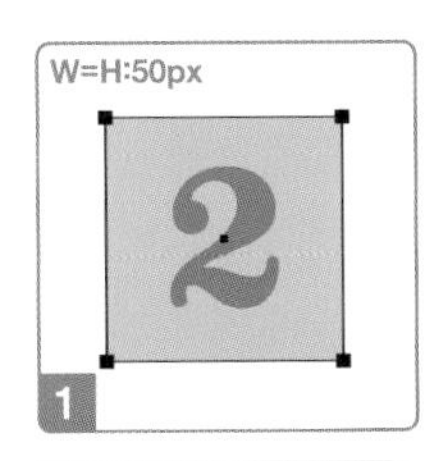

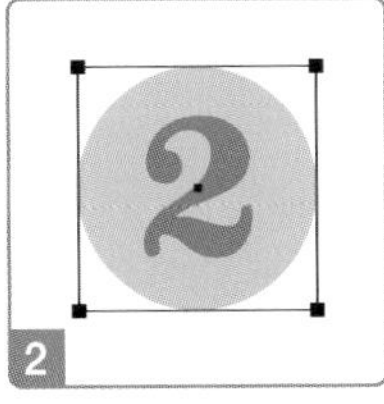

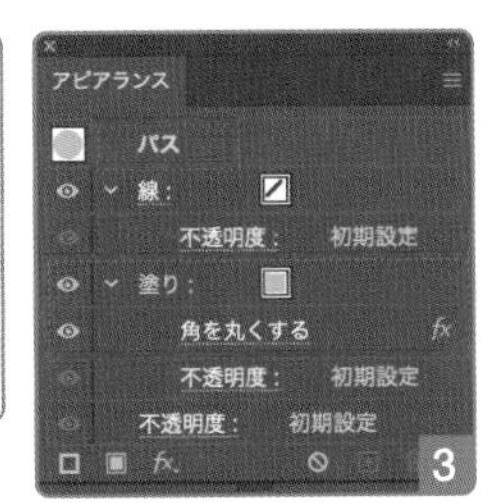

テキスト全体とテキストエリア (パス) のどちらを選択しているかは、サムネール横でわかります。

[角を丸くする] 効果で円になるのは、テキストエリアが正方形のためです。この場合、[角を丸くする] 効果は、[半径：25px] で適用します。[楕円形] 効果も使えます。

POINT

- ☐ **エリア内文字**の場合、**文字**と**テキストエリア**は **[グループ選択ツール]** で個別に**選択・編集**できる
- ☐ **[オブジェクトのアウトライン] 効果**の有無で、[形状に変換] 効果の描画位置が変わる

応用　警告アイコンをつくる

- エリア内文字のテキストエリアを選択して [塗り] に色を設定し、[ワープ 円弧] 効果で三角形に変換したあと、[パスファインダー 追加] 効果で合体する。[パスの変形 変形] 効果と [スタイライズ 角を丸くする] 効果で角丸三角形に変換する 1 2
- この [塗り] を複製して色を変更し、[パス パスのオフセット] 効果で外フチをつくる 3 4

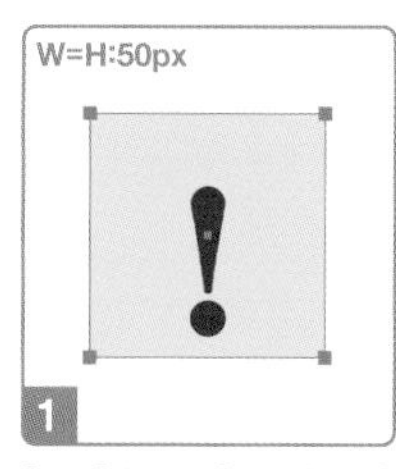

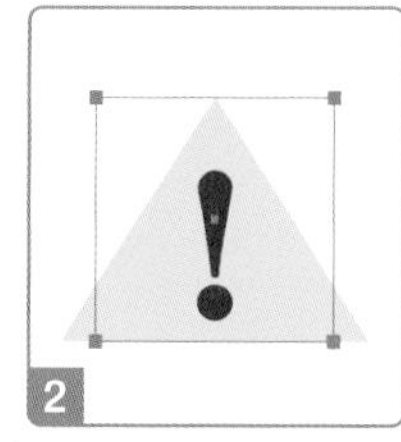

[円弧] 効果を [カーブ：0%] [水平方向：0%] [垂直方向：100%]、[変形] 効果を [拡大・縮小] [水平方向：65%] [基準点：中央]、[角を丸くする] 効果を [半径：10px] で適用します。[追加] 効果を省略すると、[角を丸くする] 効果を適用しても、三角形の頂角が角丸になりません。

[パスのオフセット] 効果を [オフセット：3px] [角の形状：ラウンド] で適用します。

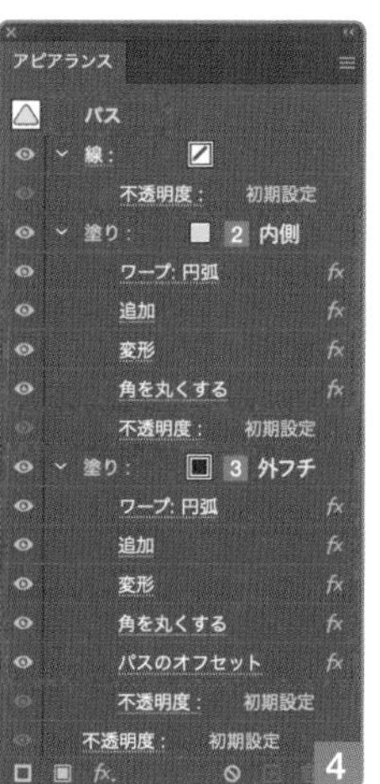

》P52 三角形

テキストエリアの形状をそのまま利用する場合はテキストエリア（パス）に、利用しない場合はテキスト全体に設定すると、調整しやすいです。

応用　値引きシールをつくる

- テキストに [塗り] を2つ追加し、下の [塗り] を [形状に変換 楕円形] 効果で円に変換する。この [塗り] を2つ複製し、上を [パスの変形 ジグザグ] 効果でジグザグ円にし、下2つを [楕円形] 効果の設定を調整して外フチをつくる 1 2 3 4

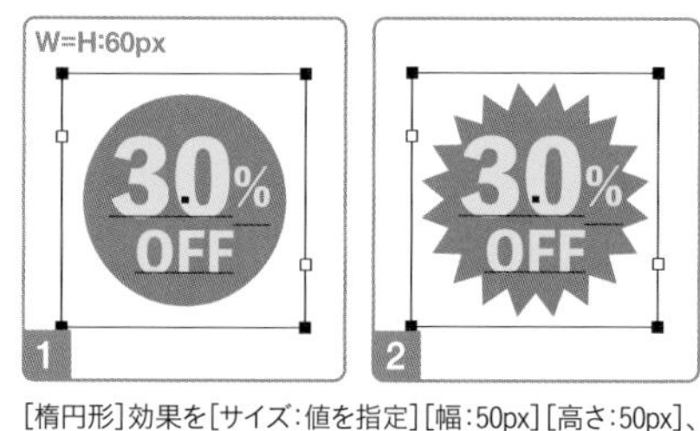

[楕円形] 効果を [サイズ：値を指定] [幅：50px] [高さ：50px]、[ジグザグ] 効果を [大きさ：3px] [折り返し：9] [ポイント：直線的に] で適用します。

真ん中の [塗り] に [楕円形] 効果を [サイズ：値を指定] [幅：60px] [高さ：60px]、いちばん下の [塗り] に [楕円形] 効果を [サイズ：値を指定] [幅：66px] [高さ：66px] で適用します。

》P83 星　》P193 歯車

応用 打ち消し線や下線を引く

- **52C**の[形状に変換 楕円形]効果を[形状:長方形]に変更し、アピアランスパネルで文字の[塗り]の上に移動する 1
- 下線を引く場合、[パスの変形 変形]効果で位置を調整する 2 3
- [変形]効果で移動コピーすると、二重打ち消し線になる 4

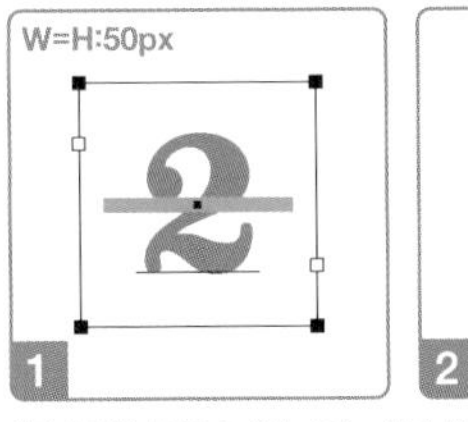

[長方形]効果を[サイズ:値を指定][幅:40px][高さ:3px] 1 、[変形]効果を[移動][垂直方向:17px]で適用します 2 。

P21 正方形

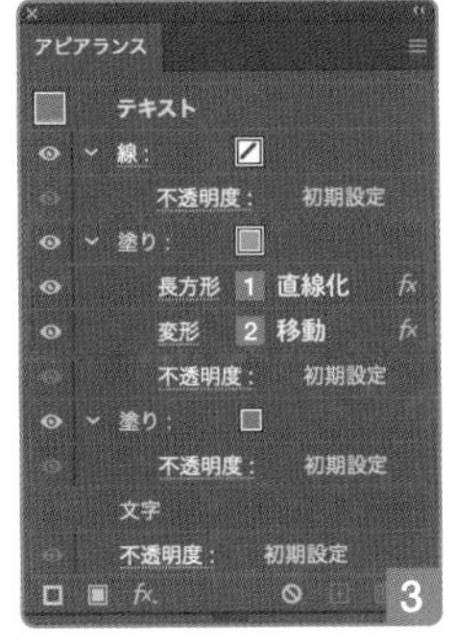

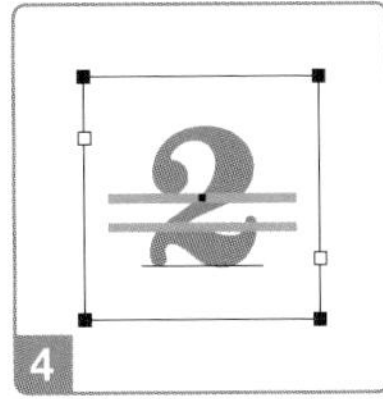

[長方形]効果を[サイズ:値を指定][幅:40px][高さ:2px]、[変形]効果を[移動][垂直方向:6px][コピー:1]で適用します。

応用 丸数字の背景をストライプにする

- **52C**に[塗り]を追加して、[形状に変換 長方形]効果で直線(細長い長方形)に変換する。[パスの変形 変形]効果で垂直方向に移動コピーして45°回転したあと、[不透明度:0%]に変更し、テキスト全体を[グループの抜き:オン]に変更する 1 2 3 4 5
- ポイント文字にも同じアピアランスを適用できる 6 7

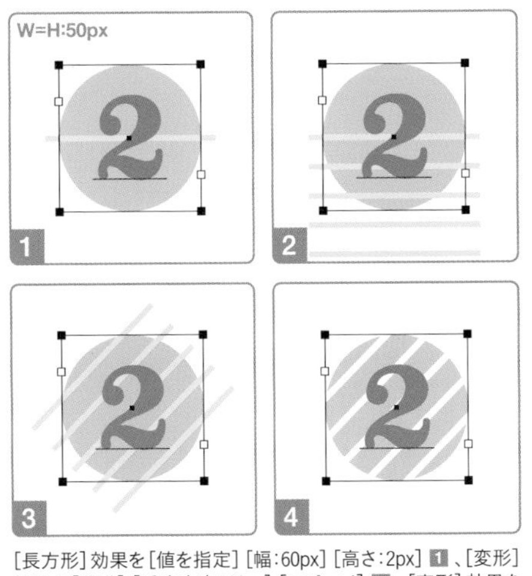

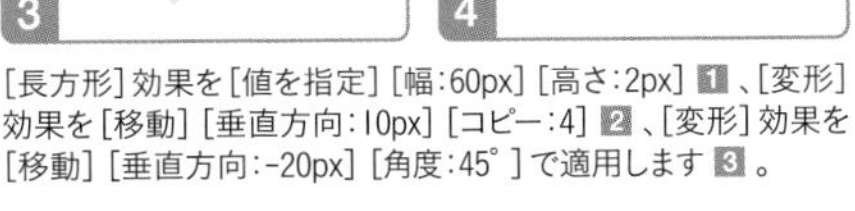

[長方形]効果を[値を指定][幅:60px][高さ:2px] 1 、[変形]効果を[移動][垂直方向:10px][コピー:4] 2 、[変形]効果を[移動][垂直方向:-20px][角度:45°]で適用します 3 。

P131 ストライプバー

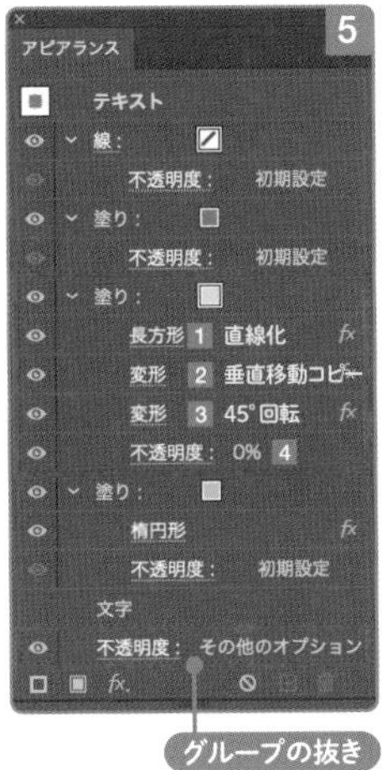

同じアピアランスの適用は、アピアランスパネルのサムネールのドラッグや、グラフィックスタイル化が便利です。

53 テキストに背景をつける

エリア内文字は、色やかたちなどの見た目を、テキスト全体とテキストエリア（パス）に分けて設定できます。これを活用すると、背景色つきテキストや、二重枠のラベルなどを簡単につくることができます。

★
53 A テキストエリアに色を設定する

ライブコーナー

STEP 1 長方形をエリア内文字に変換し、文字を入力して位置を調整します 1 2 3 4
STEP 2 ［グループ選択ツール］でテキストエリア（長方形）を選択し、色を設定します 5 6 7
STEP 3 ［ダイレクト選択ツール］に切り替え、コントロールパネルで［コーナーの半径］を変更します 8 9

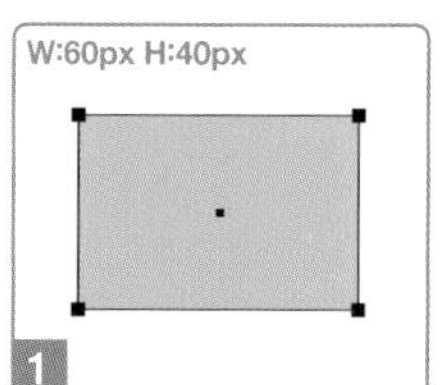

［テキストの配置：中央揃え］に変更し、［左インデント］と［右インデント］を正の値に変更して、長方形との間にマージンをつくります。

文字ツール

長方形のセグメントを［文字ツール］でクリックし、文字を入力します。長方形のエリア内文字は、［文字ツール］でドラッグしてもつくれます。サイズが決まっている場合、長方形をテキストエリアに変換すると、効率がよいです。

エリア内文字の文字の位置は、コントロールパネルの［テキストの配置］、段落パネルの［左インデント］と［右インデント］、文字パネルの［ベースラインシフト］で調整できます。

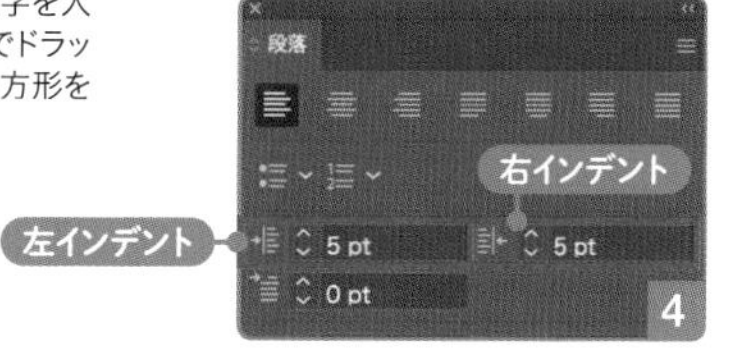

グループ選択ツール

ダイレクト選択ツール

ベースラインが非表示になっていれば、テキストエリアを選択できています。

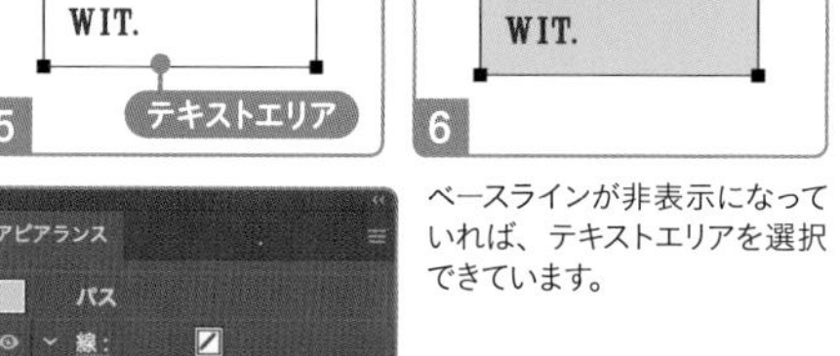

テキストエリアに色を設定したあと、テキスト全体に［効果］メニューを適用すると、テキストエリアの設定が無効になります。その場合は、テキスト全体に［塗り］や［線］を追加する方法を使います。

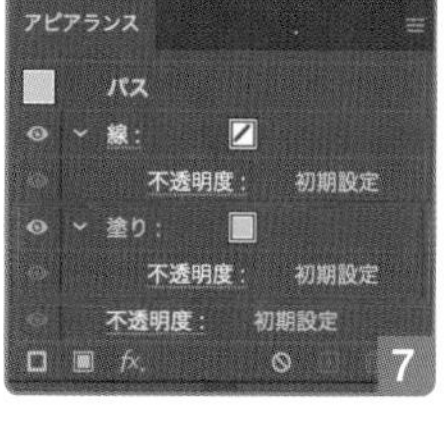

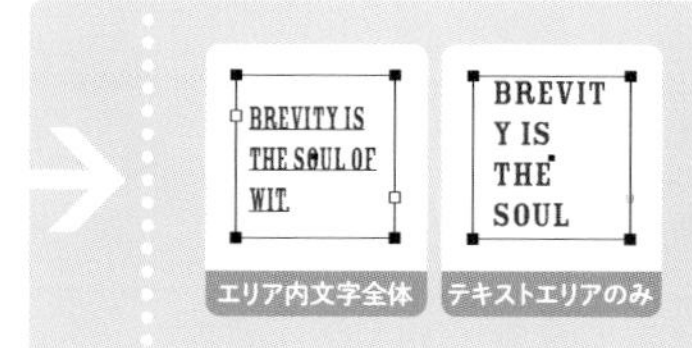

［選択ツール］でエリア内文字全体を選択し、サイズを変更すると、文字のサイズや縦横比も変わります。［グループ選択ツール］でテキストエリアのみを選択した場合、文字には影響しません。

≫ P72 角丸長方形

★★★

53 B テキストエリアを二重枠にする

アピアランス

STEP 1 [グループ選択ツール] で**53A**のエリア内文字のテキストエリア (長方形) を選択して、[角の種類:面取り] [塗り:なし] に変更し、[線] に色を設定します 1

STEP 2 [線] を追加して [パス パスのオフセット] 効果で外側の太枠をつくります 2 3 4

STEP 3 ひとまわり大きい長方形を用意して [塗り] に色を設定し、[SVGフィルター AI_アルファ_4] 効果、[ラスタライズ] 効果、[スケッチ スタンプ] 効果を適用します 5 6 7 8

STEP 4 [編集] メニュー→ [カット] を選択したあと、エリア内文字を選択します 9

STEP 5 透明パネルで [マスク作成] をクリックしたあと、不透明マスクサムネールをクリックし、[編集] メニュー→ [ペースト] を選択します 10 11

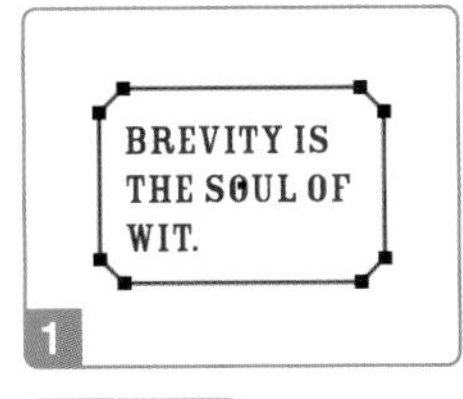

[グループ選択ツール] で選択したあと、[ダイレクト選択ツール]に切り替えると一括変更できます。

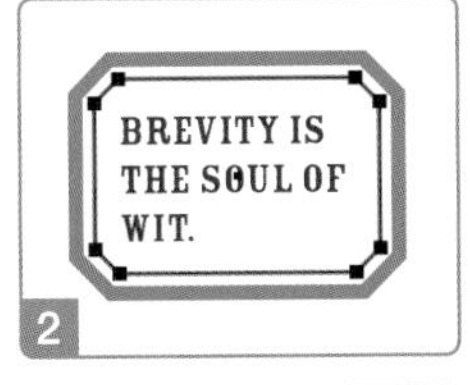

オフセット：4 px
角の形状：マイター
角の比率：4
3

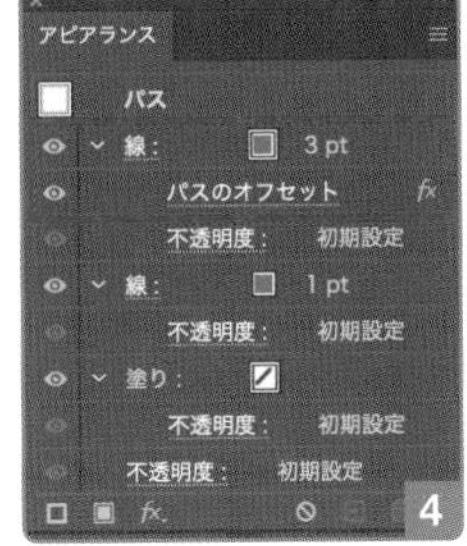

[塗り] は [K:85%] に設定しました。

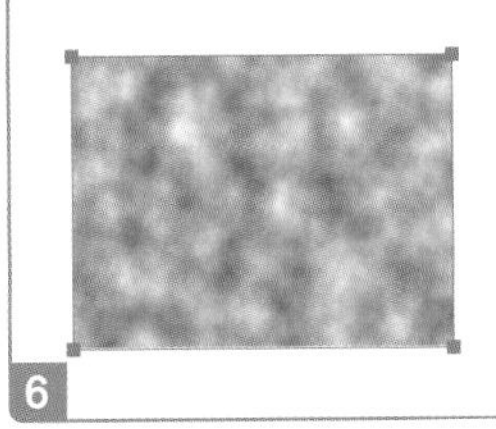

[AI_アルファ_4] 効果は、[塗り] の色によって結果が変わり、それが [スタンプ] 効果にも影響します。[塗り] の色で、最終的なノイズの出かたを調整できます。

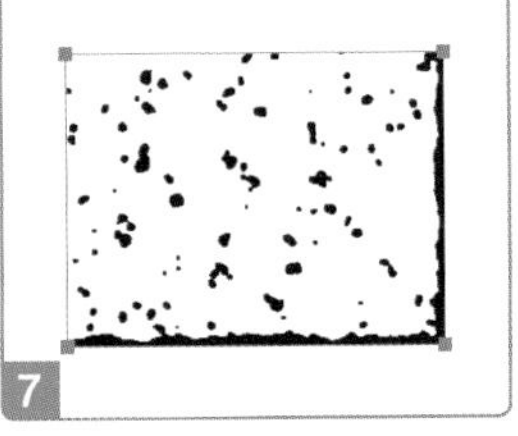

[ラスタライズ] 効果は [解像度：高解像度 (300ppi)] [背景:ホワイト]、[スタンプ] 効果は [明るさ・暗さのバランス：15] [滑らかさ:1] で適用しました。

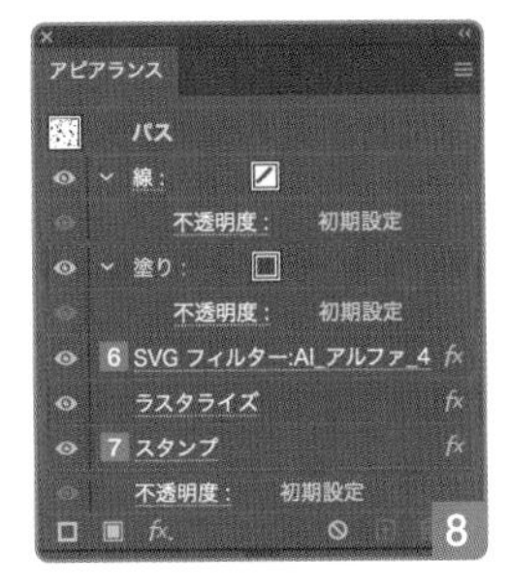

P45 ドーナツ円
P75 斜角長方形
P184 タグ
P269 スタンプ

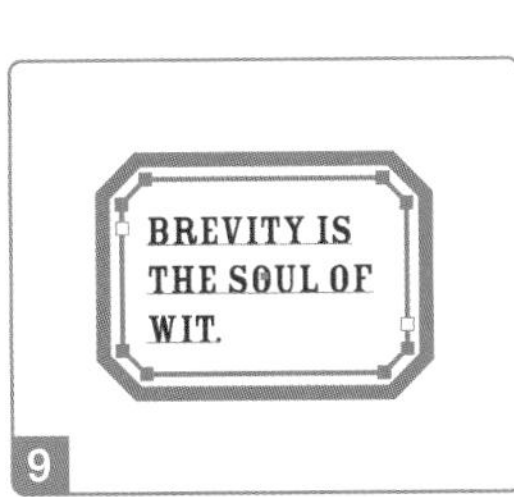

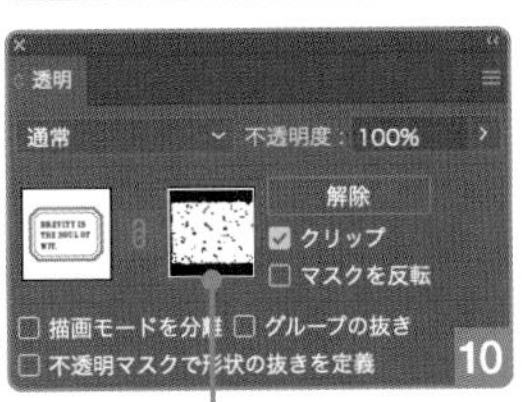

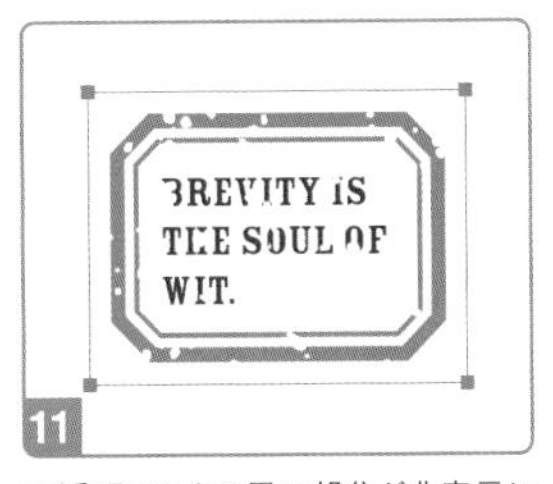

不透明マスクの黒い部分が非表示になり、ラベルにランダムなかすれが入ります。かすれを入れない場合、**STEP2**で操作は終了です。

54 文字に外フチやシャドウをつける

外フチもシャドウも、構造は同じです。エッジがくっきりしていれば外フチ、ぼんやりしていればシャドウになります。外フチにぼかしをかけて、ドロップシャドウをつけることもできます。同じ方法で、文字以外にも外フチやシャドウをつけられます。

★

54 A [線]を[塗り]の下に移動する

アピアランス

STEP 1 テキストを選択し、アピアランスパネルで[塗り]と[線]を追加して、色を設定します 1 2

STEP 2 [線]を[塗り]の下へ移動します 3 4

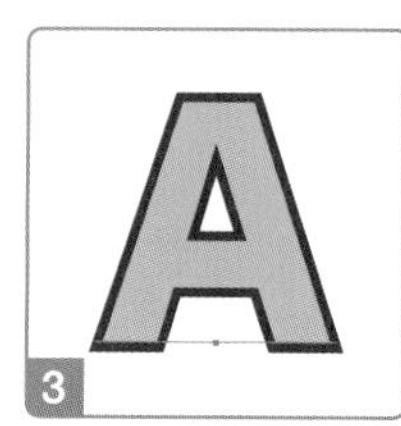

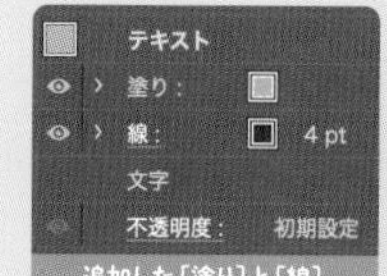

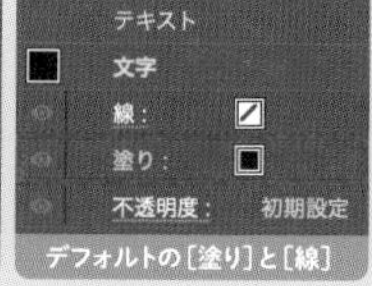

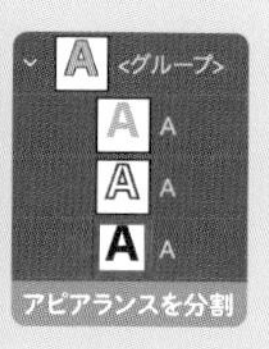

デフォルトの[塗り：黒]は最下層に残り、アピアランスを分割するとそれもパスに変換されます。[文字]をダブルクリックして[塗り:なし]に変更すると、テキスト自体の設定を無効にできます。

★★

54 B [パスのオフセット]効果で[塗り]を太らせる

アピアランス

STEP 1 テキストを選択し、[塗り]を2つ追加して異なる色を設定します 1

STEP 2 下の[塗り]に[パス パスのオフセット]効果を正の値で適用します 2 3 4

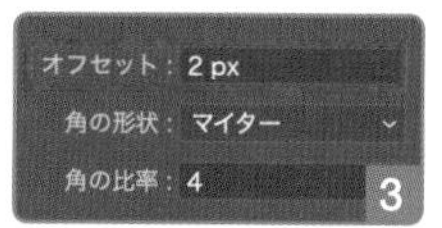

[角の形状：ラウンド]で適用すると、文字に丸みをつける方法としても使えます。ただ、同時に文字が太るので、細いウエイトのものを利用するか、事前に[パスのオフセット]効果を負の値で適用して、輪郭を削っておくとよいでしょう。

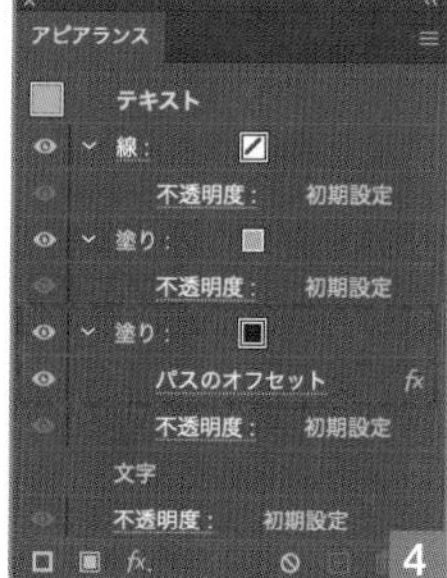

» P174 矢印の雪花

★★
54 C 太らせた［塗り］にぼかしをかける

アピアランス

STEP 1 54Bのテキストを選択します 1
STEP 2 下の［塗り］に［ ぼかし ぼかし(ガウス)］効果を適用します 2 3

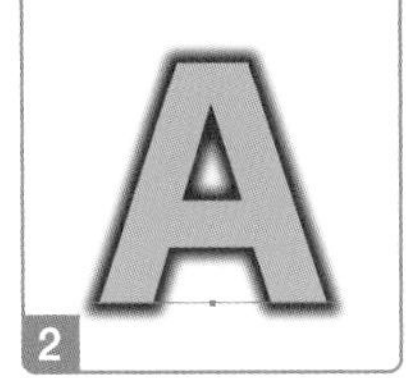

［変形］効果で下の［塗り］の位置をずらすと、ドロップシャドウになります。

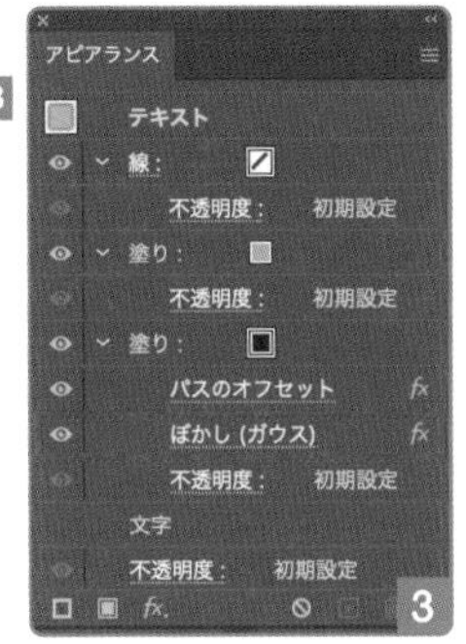

★
54 D ［ドロップシャドウ］効果を適用する

アピアランス

STEP 1 テキストを選択します
STEP 2 ［ スタイライズ ドロップシャドウ］効果を適用します 1 2 3

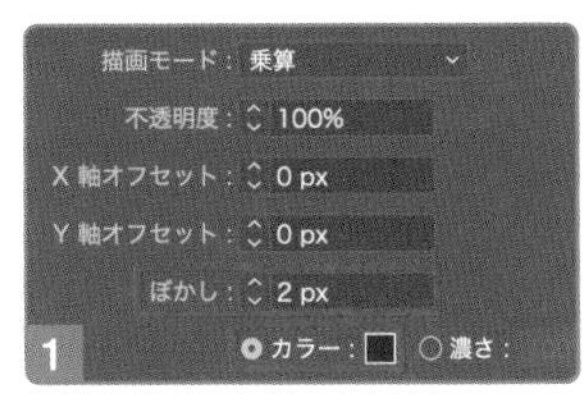

［X軸オフセット］などで距離を設定できますが、**54C**との比較のため、［0］に変更しています。

［ドロップシャドウ］効果は、オブジェクトの形状にぼかしをかけてつくられるため、やわらかい仕上がりになります。

★★★
54 E 文字の穴を塗りつぶす

アピアランス

STEP 1 54Bのテキストを選択し、下の［塗り］に［ パスファインダー 合流］効果を適用します 1
STEP 2 ［ パスファインダー 追加］効果を適用します 2 3

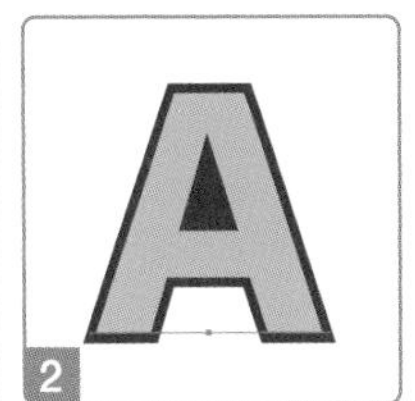

［合流］効果で文字の穴の部分に透明なパスが生成され、［追加］効果で合体されるため、穴が埋まります。

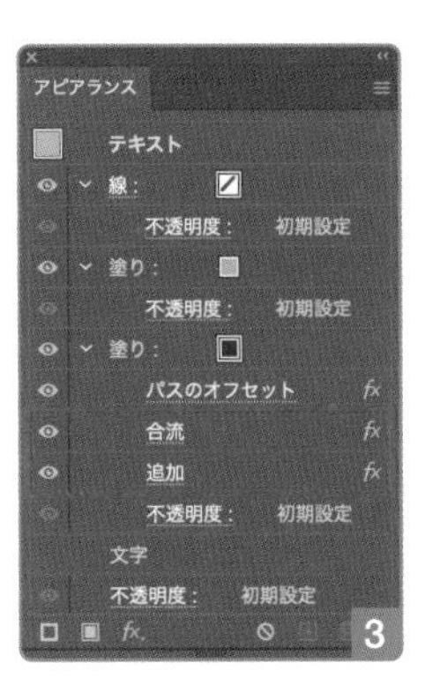

文字の間隔を詰めると、文字間も塗りつぶされます。

P195 歯車

55 湾曲したテキストをつくる

アーチ状に曲がったテキストは、ロゴや表紙のタイトルなどによく使われます。ワープ機能で曲げる方法と、パスに沿って文字を流し込む方法があります。また、ワープ機能は、効果を適用する方法と、エンベロープを作成する方法の2通りが使え、後者はメッシュでかたちを細かく変えられます。

★

55 A ［円弧］効果でテキストを曲げる

アピアランス

STEP 1 テキストを選択します 1

STEP 2 ［ ワープ 円弧］効果を、［水平方向］と［垂直方向］を［0%］に変更し、［カーブ］で曲がり具合を調整して適用します 2 3 4

P47 扇面

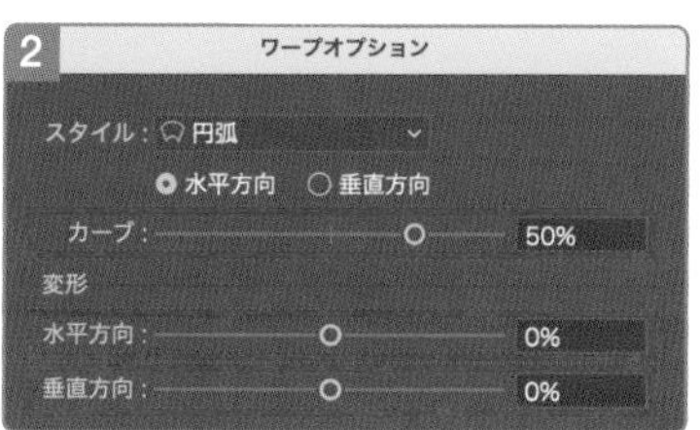

［カーブ］の比率を下げると、傾斜がなだらかになります。

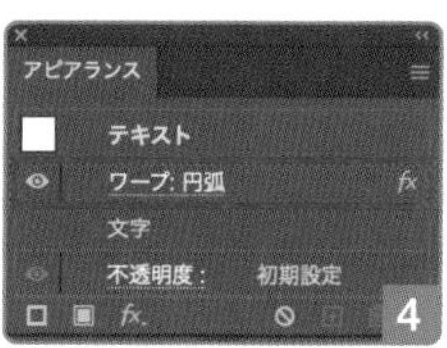

★★★

55 B 半円に沿って文字を流し込む

パス上文字

STEP 1 半円をパス上文字に変換し、文字を入力します 1

STEP 2 ［選択ツール］などでブラケットの位置を調整します 2 3

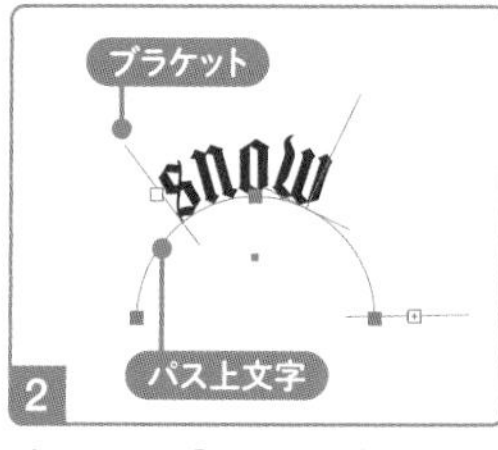

フォントサイズ:20pt

snow white

3

文字ツール

［文字ツール］でオープンパスをクリックすると、パス上文字に変換できます。クローズパスの場合は[option (Alt)] キーを押しながらクリックするか、［パス上文字ツール］を使います。

P34 半円

ブラケットは、［選択ツール］［ダイレクト選択ツール］［グループ選択ツール］のどれでも操作できます。

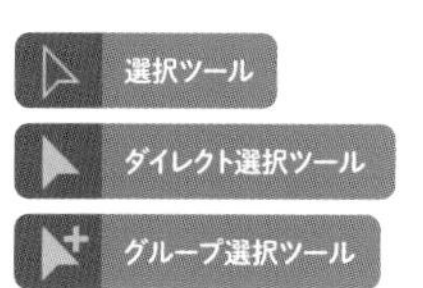

エリア内文字同様、［グループ選択ツール］でパスのみを選択すると、文字に影響せずにサイズを変更できます。

★★★

55 C テキストをエンベロープに変換する

エンベロープ

STEP 1 テキストを選択し、[オブジェクト] メニュー→ [エンベロープ] → [ワープで作成] を選択します 1

STEP 2 ダイアログで [スタイル：円弧]、[変形] の [水平方向] [垂直方向] を [0%] に変更し、[カーブ] で曲がり具合を調整します 2 3 4 5

エンベロープに変換すると、テキストの形状を決めるメッシュが作成されます。このメッシュは、[ダイレクト選択ツール] で変形できます。

エンベロープの設定は、コントロールパネルでも変更できます。

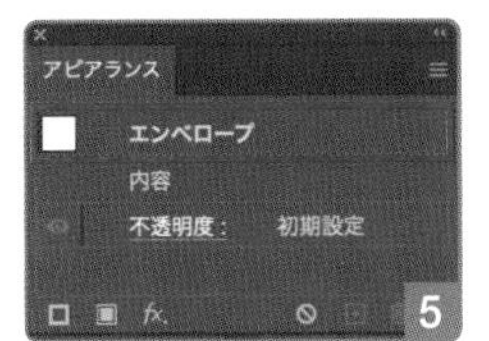

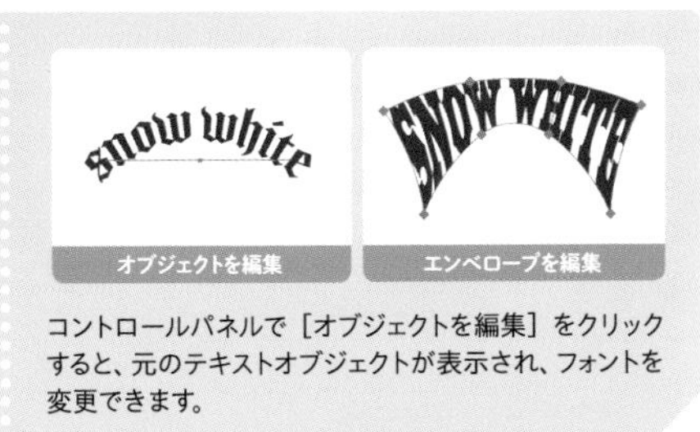

コントロールパネルで [オブジェクトを編集] をクリックすると、元のテキストオブジェクトが表示され、フォントを変更できます。

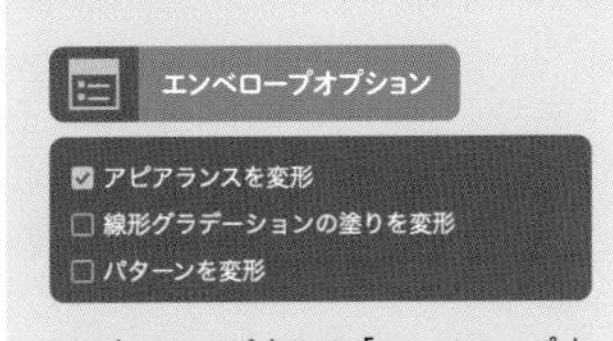

コントロールパネルの [エンベロープオプション] で、アピアランスやグラデーションなどへの影響を調整できます。

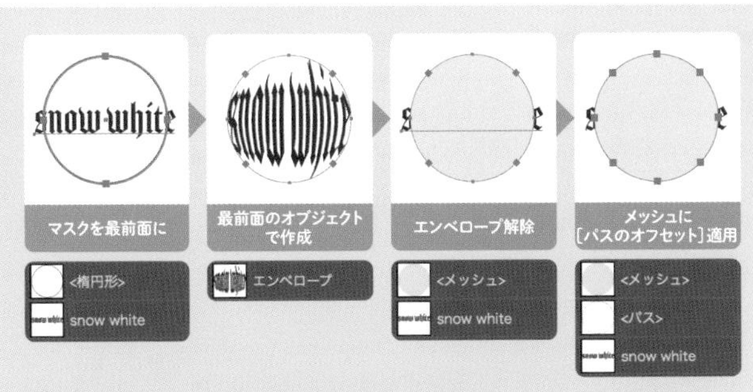

[オブジェクト] メニュー→ [エンベロープ] → [最前面のオブジェクトで作成] でエンベロープを作成すると、テキストをオブジェクトの形状に変形できます。型にしたオブジェクトは [解除] でメッシュとして取り出せます。これをパスに変換するには、[オブジェクト] メニュー→ [パス] → [パスのオフセット] を [オフセット：0] で適用します。この方法は、グラデーションメッシュをパスに変換するときにも使えます。

56 吹き出しをつくる

タイトルの背景にしたり、注釈を入れたり、会話形式で解説したりと、吹き出しは意外と便利なアイテムです。シンプルなものからコミック風まで、いろいろなタイプを用意できるとよいでしょう。

★

56 A エリア内文字と三角形を隙間なく並べる

整列

STEP 1 90°回転した正三角形と、エリア内文字を選択したあと、エリア内文字をキーオブジェクトに指定します 1

STEP 2 整列パネルで[間隔値:0]に変更したあと、[水平方向等間隔に分布]と[垂直方向中央に整列]をクリックします 2 3 4

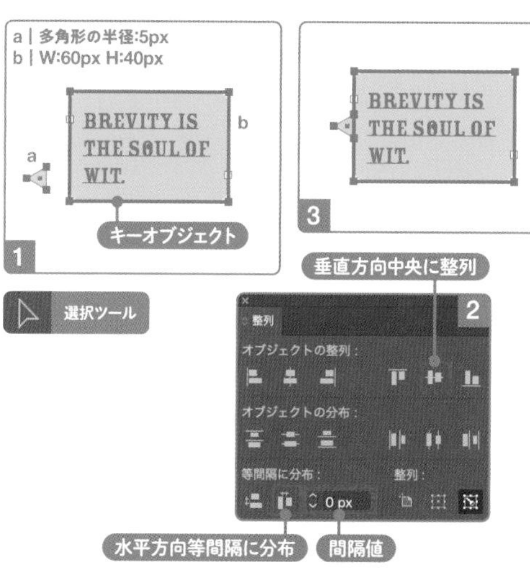

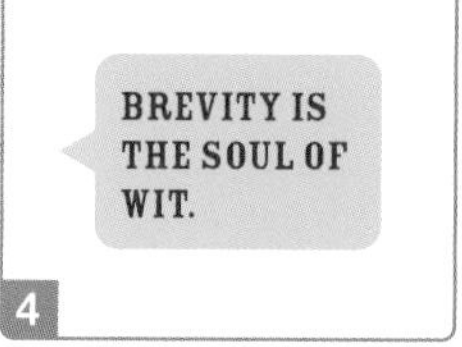

正三角形が吹き出しのしっぽになります。エリア内文字の背景は、テキストに追加した2つの[塗り]のうち、下の[塗り]に[角丸長方形]効果を適用してつけています。[形状に変換]効果を使うと、円や楕円、長方形への変換が容易で、吹き出しのバリエーションをつくりやすくなります。

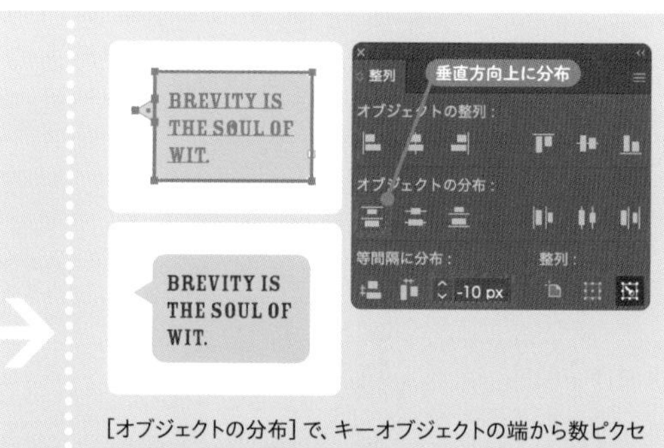

[オブジェクトの分布]で、キーオブジェクトの端から数ピクセル内側、などの位置揃えも可能です。たとえば、[間隔値]を負の値に設定して[垂直方向上に分布]をクリックすると、正三角形はキーオブジェクト(エリア内文字)の上端から[間隔値]ぶん下へ移動します。なお、適用前のオブジェクトの位置は結果に影響します。この場合、正三角形がキーオブジェクトの上端より上、下端より下にないことが条件となります。

正三角形の角度を変えると、しっぽの向きを変えられます。

★★★
56 B ［塗り］を［ワープ］効果で三角形化する

アピアランス

STEP 1　56Aのエリア内文字を選択して［塗り］を追加し、背景と同じ色に設定します 1

STEP 2　この［塗り］を［ パスの変形 変形］効果でエリア内文字の辺を軸として反転したあと、［ 形状に変換 長方形］効果と［ ワープ 円弧］効果で三角形化します 2 3 4 5

STEP 3　［変形］効果でサイズを調整します 6 7

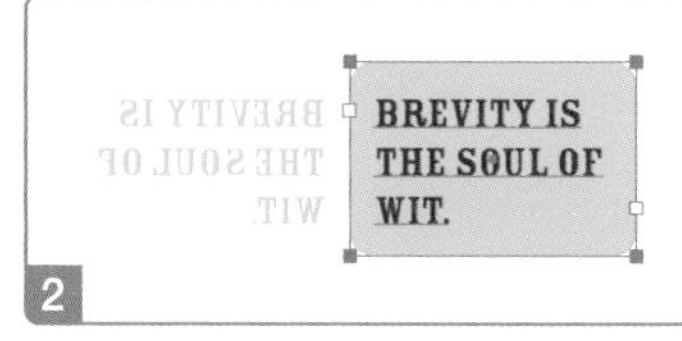

［変形］効果を［水平方向に反転：オン］［基準点：左辺中央］で適用します。

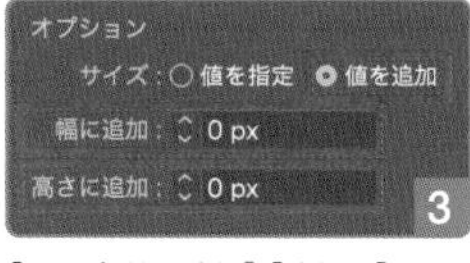

［サイズ：値を追加］［追加：0］で、パスと同じサイズの長方形になります。

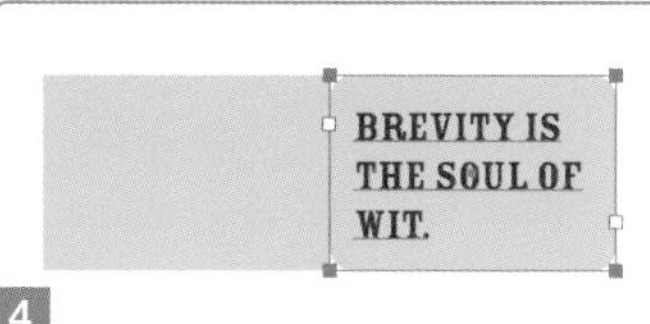

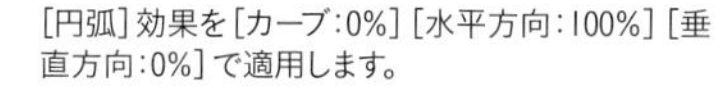

［円弧］効果を［カーブ：0%］［水平方向：100%］［垂直方向：0%］で適用します。

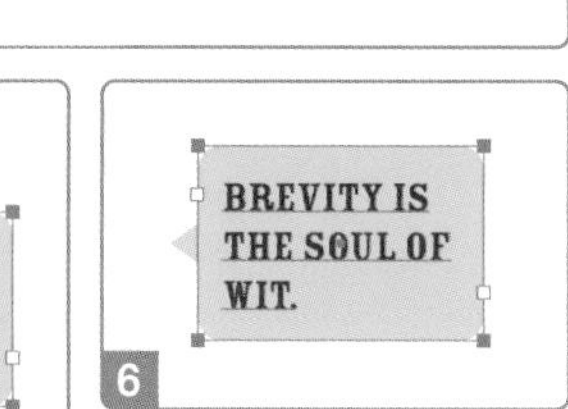

［変形］効果を［拡大・縮小：10%］［基準点：右辺中央］で適用します。

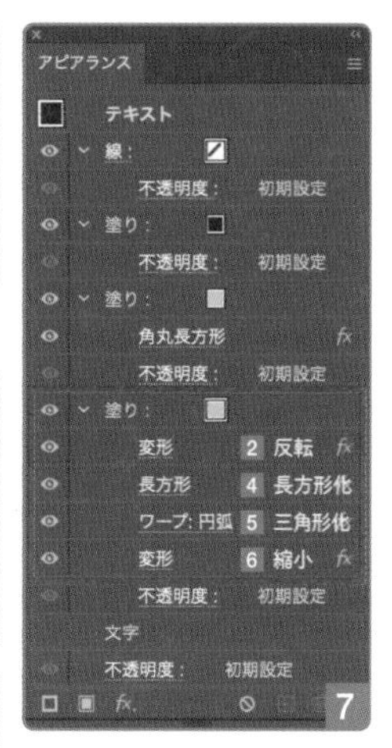

P100 矢印

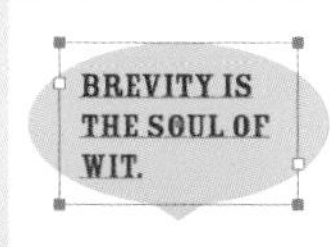

［変形］効果の反転軸を変更すると、しっぽの向きを変えられます。［長方形］効果を［形状：楕円形］に変更すれば、楕円にすることも可能です。吹き出し本体を楕円や丸端長方形にもできます。

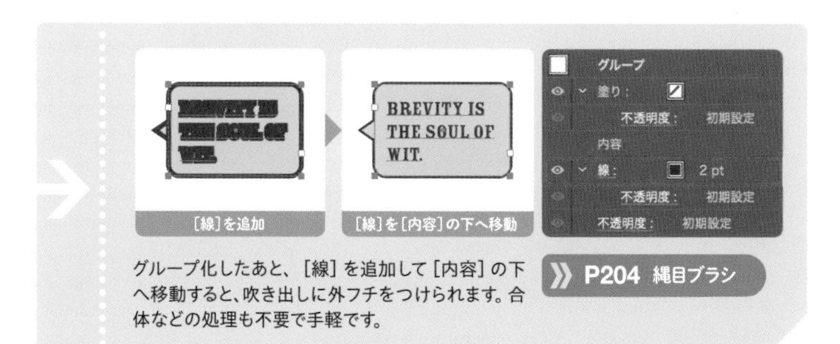

グループ化したあと、［線］を追加して［内容］の下へ移動すると、吹き出しに外フチをつけられます。合体などの処理も不要で手軽です。

P204 縄目ブラシ

★

56 C [追加] 効果で円としっぽを合体する

アピアランス

STEP 1 円と吹き出しのしっぽを組み合わせて、グループ化します 1

STEP 2 [パスファインダー 追加] 効果を適用します

STEP 3 アピアランスパネルで [塗り] と [線] を追加して、色を設定します 2 3 4 5

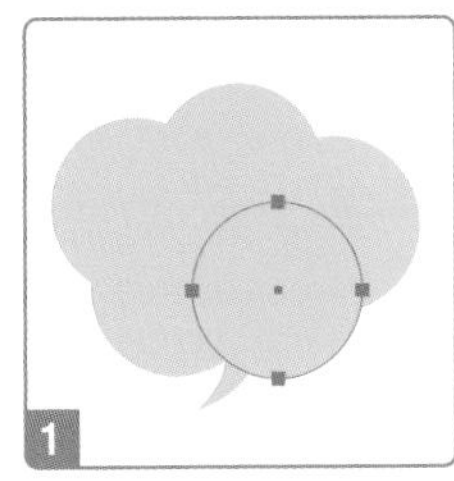

円を移動したり、サイズを変更すると、吹き出しのかたちが変わります。しっぽを外すと、雲のイラストとしても使えます。

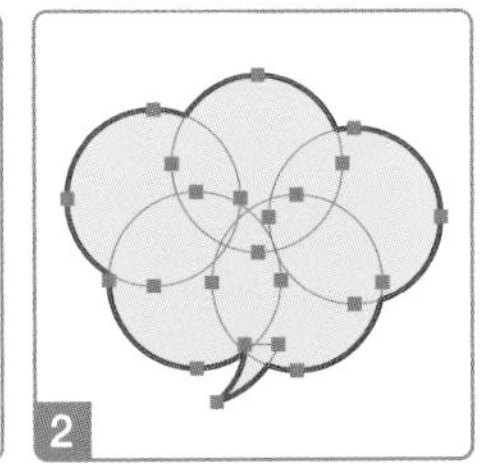

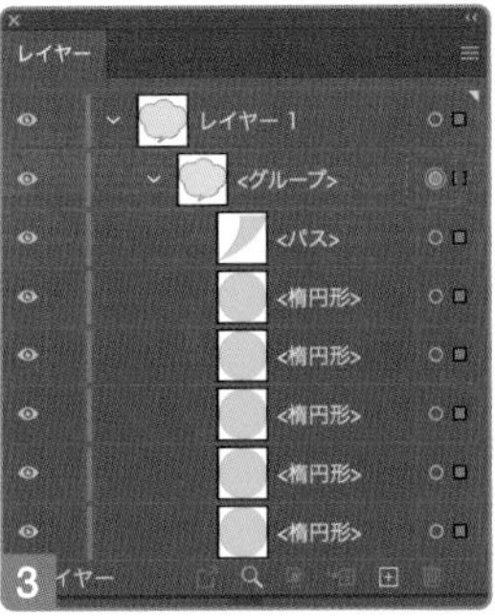

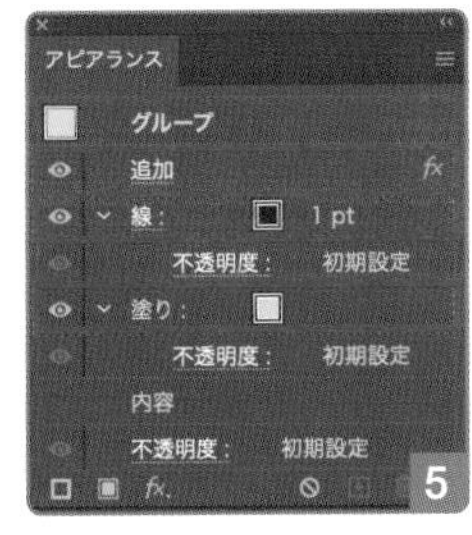

[線]を[塗り]の下へ移動すると、[追加]効果を省略できます。アピアランス分割の予定がある場合は、[追加]効果を適用しておくと、合体の手間が省けます。

べた塗りのままでよければ、グループ化するだけで使えます。輪郭線が必要な場合、グループの [線] を [塗り] の下へ移動するとつけられますが、[追加] 効果や複合シェイプで合体しておくと、その後の加工の選択肢を増やせます。

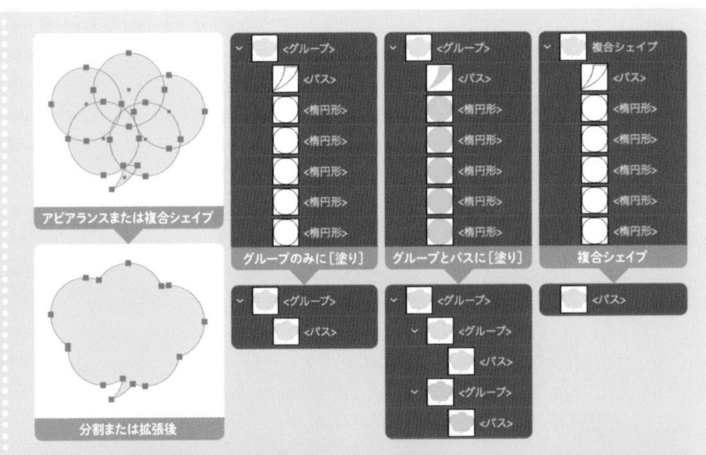

グループとそれを構成するパスの両方に色が設定されていると、アピアランス分割後に、同じパスが2つ重なった状態になります。グループのみに [塗り] を設定すると、ひとつのパスになります。また、[塗り] と [線] の両方に色が設定されていると、それも別々のパスになります。[線] が不要、または再設定できる場合、[線：なし] で分割するとすっきりした構造になります。なお、複数のパスを非破壊的に合体する方法として、複合シェイプもあります。こちらは拡張すると、グループ構造なしのパスになります。

★★★

56 D ［クラウンツール］で突起をつくる

クラウン

STEP 1 ［クラウンツール］をダブルクリックし、ダイアログで［グローバルブラシのサイズ］を調整します 1

STEP 2 楕円形や長方形の内側から外側へ向かってドラッグします 2 3 4 5 6 7 8

STEP 3 ［ダイレクト選択ツール］で細部を調整し、線パネルで［比率］を調整します 9 10 11 12

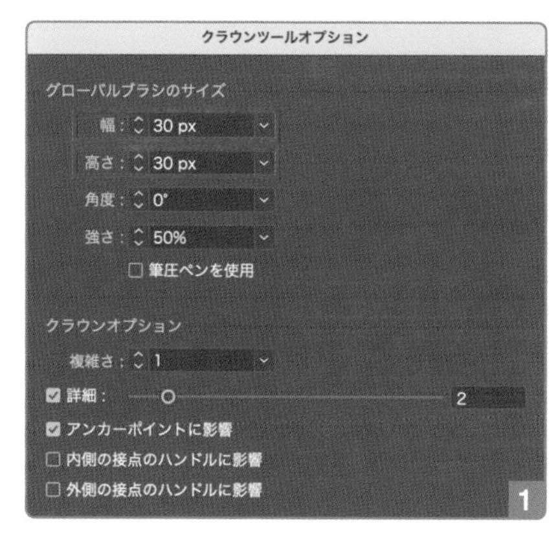

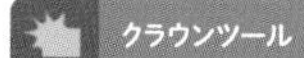

［グローバルブラシのサイズ］は、P197の［リンクルツール］と共通です。パスに対してブラシのサイズが大きすぎると、一度の操作でパス全体が変形します。適宜調整しながら作業します。

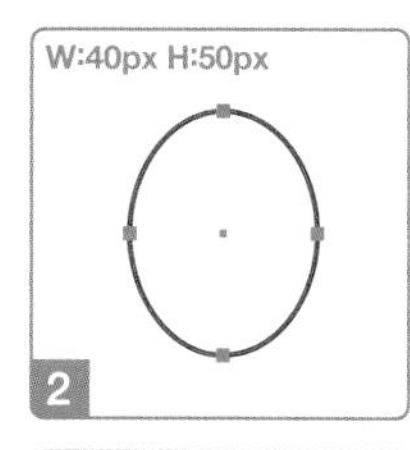

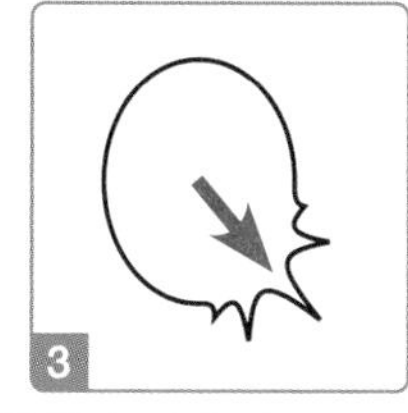

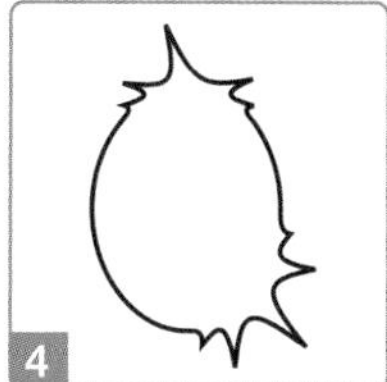

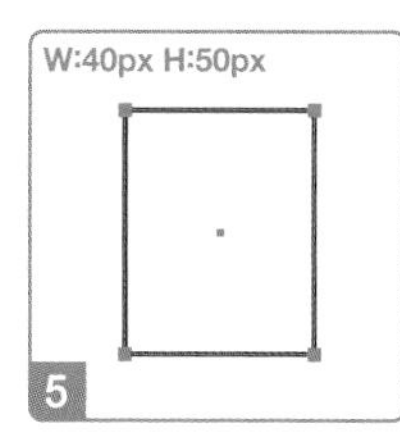

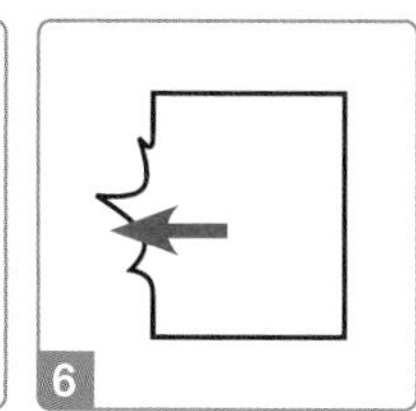

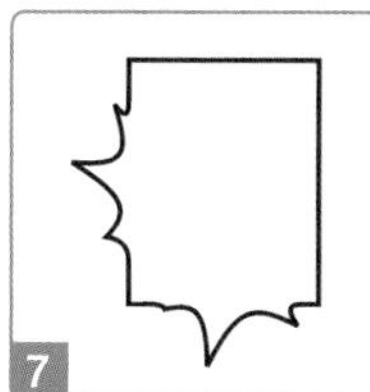

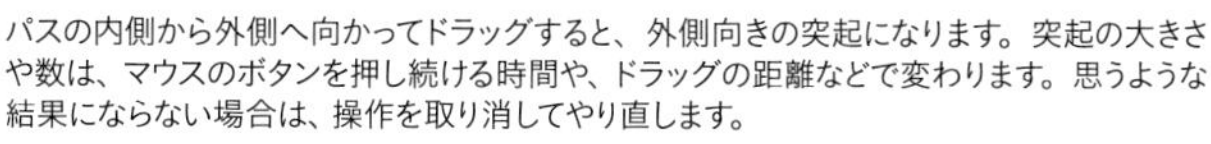
パスの内側から外側へ向かってドラッグすると、外側向きの突起になります。突起の大きさや数は、マウスのボタンを押し続ける時間や、ドラッグの距離などで変わります。思うような結果にならない場合は、操作を取り消してやり直します。

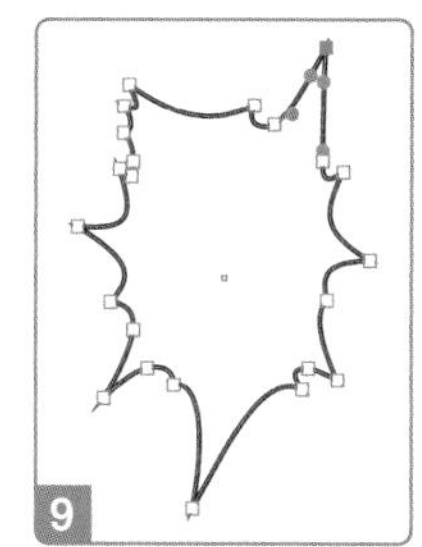

角がつぶれる場合、［比率］を上げると、鋭角になります。

» P197 テープ

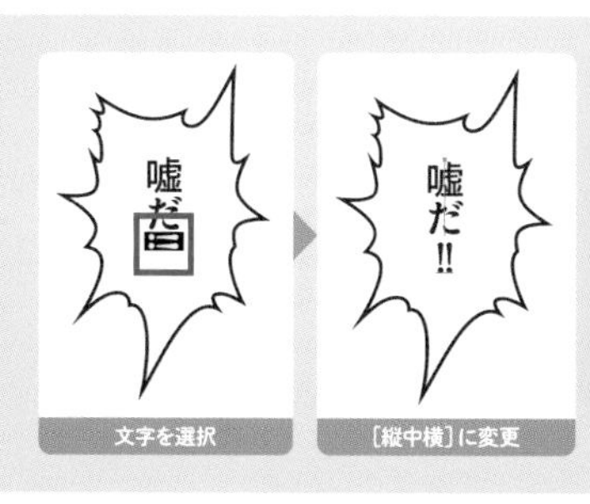

テキストを選択して［書式］メニュー→［組み方向］→［縦組み］を選択するか、［文字（縦）ツール］を使うと、縦組みにできます。

縦組み文字の半角英数は、デフォルトは横に寝た状態で表示されます。文字パネルのメニューから［縦組み中の欧文回転］を選択すると、90°回転して向きが揃います。2桁の数字や「!!」のように横に2つ並べる場合は、［文字ツール］で文字を選択し、文字パネルのメニューから［縦中横］を選択すると、選択した文字がセットで回転します。

57 原稿用紙に文字を詰める

これまでの操作で、[変形] 効果を使えば、原稿用紙が簡単につくれることは想像がつくでしょう。だた、そのマス目に文字をきれいに詰めるには、少し工夫が必要です。文字詰め機能をあえて使わないのがポイントです。

★★★

57 A [変形] 効果で正方形を移動コピーする

アピアランス

STEP 1 正方形の [線] を破線に変更し、[パスの変形 変形] 効果の垂直方向移動コピーで行をつくり、[変形] 効果の水平方向移動コピーで行を追加します 1 2 3 4

STEP 2 原稿用紙と同じ高さのエリア内文字を作成して文字を入力し、[フォントサイズ] や [行送り] などで位置を調整します 5 6 7 8 9 10 11 12 13 14

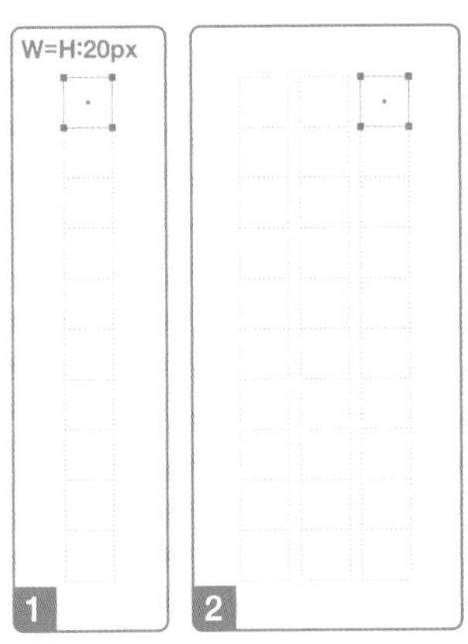

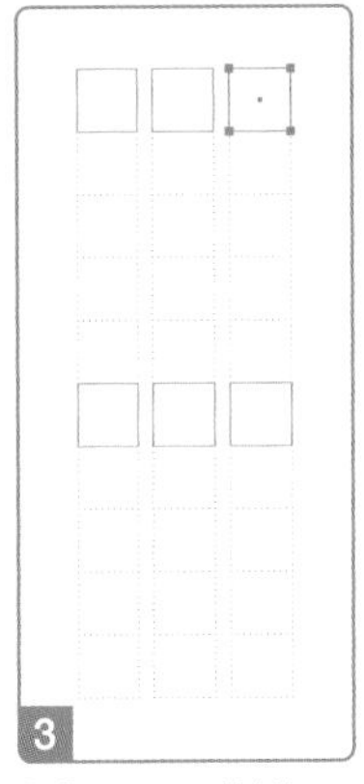

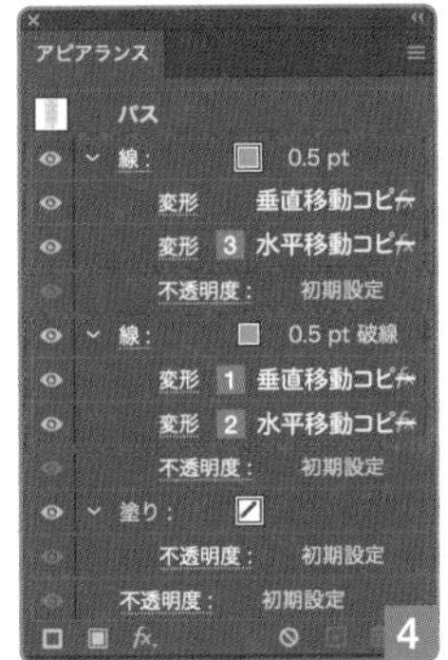

最初の [変形] 効果を [移動] [垂直方向：20px] [コピー：9]、次の [変形] 効果を [移動] [水平方向：25px] [コピー：2] で適用します。

[線] を複製して [破線：オフ] にし、最初の [変形] 効果を [移動] [垂直方向：100px] [コピー：1] に変更します。

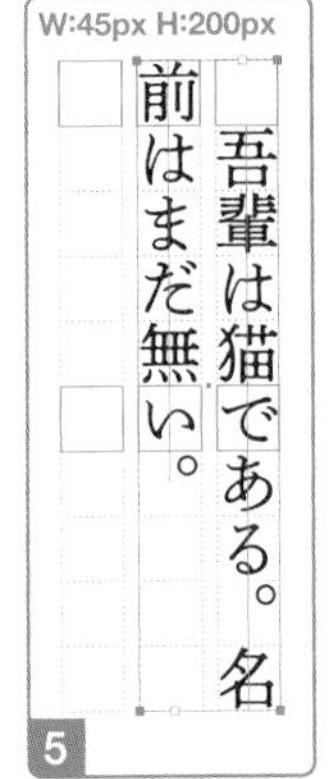

フォントサイズ　行送り

6　20 pt　25 pt　100%　100%　0　0

[フォントサイズ] を正方形の辺と同じ値 (20pt)、[行送り] を行の移動距離と同じ値 (25pt) に変更すると、文字がマス目におさまります。

アキを挿入 (左/上)　アキを挿入 (右/下)

7　八分　八分　-2 pt　0°

ベースラインシフト

8　禁則処理：なし　文字組み：なし

フォントサイズ:16pt

吾輩は猫である。名前は
まだ無い。

9

吾輩は猫である。名
前はまだ無い。

10

[フォントサイズ] を小さくすると、マス目とのずれが発生します。[アキを挿入] や [トラッキング] で文字の位置、[ベースラインシフト] で行のずれを調整します。[禁則処理] と [文字組み] は [なし] に変更します。

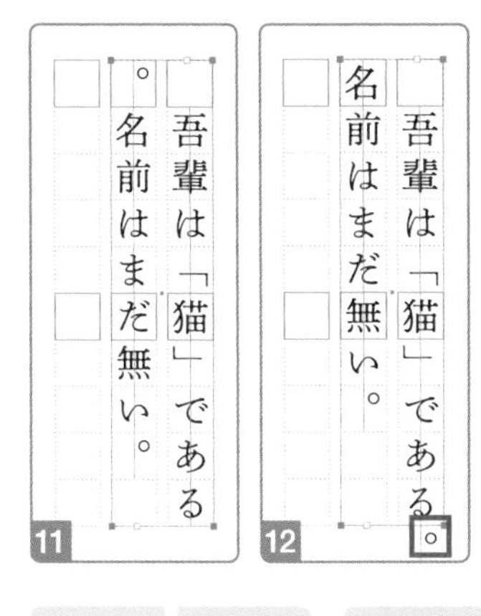

「。」や「、」をテキストエリアの外に下げる処理を、「ぶら下がり」と呼びます。これは[禁則処理:なし]では機能しないため、[禁則処理:弱い禁則]などに変更したあと、[ぶら下がり:強制]に変更します。

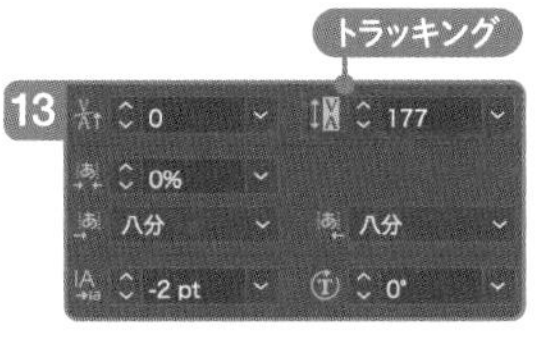

半角英数で位置がずれる場合は、[トラッキング]で調整します。

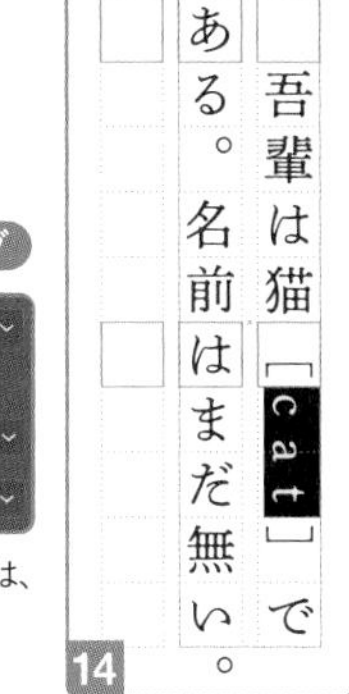

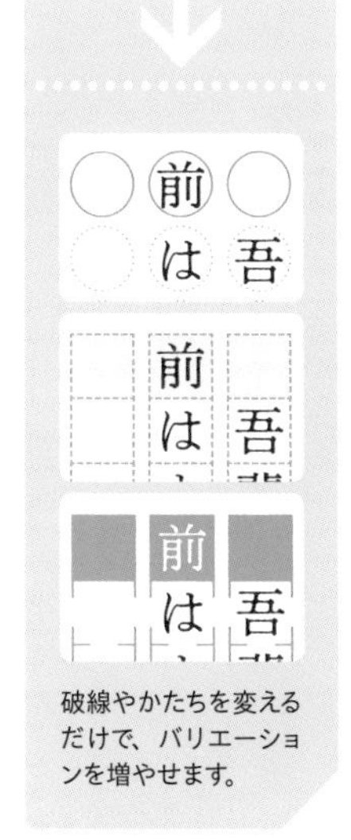

破線やかたちを変えるだけで、バリエーションを増やせます。

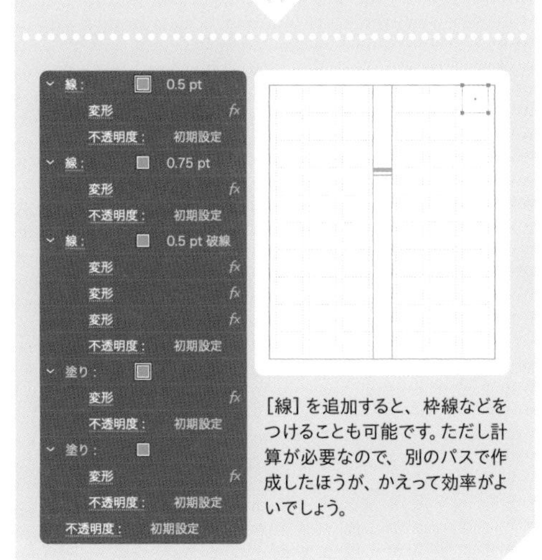

[線]を追加すると、枠線などをつけることも可能です。ただし計算が必要なので、別のパスで作成したほうが、かえって効率がよいでしょう。

★

57 B [変形]効果で横罫と縦罫を分けてつくる

アピアランス

STEP 1 水平線を[パスの変形 変形]効果の垂直方向移動コピーで1行つくり、水平方向の移動コピーで行を追加します 1

STEP 2 垂直線を[変形]効果で水平方向に移動コピーします 2

横罫 1 は、最初の[変形]効果を[移動][垂直方向:20px][コピー:10]、次の[変形]効果を[移動][水平方向:25px][コピー:3]で適用します。

縦罫 2 は、最初の[変形]効果を[移動][水平方向:-20px][コピー:1]、次の[変形]効果を[移動][水平方向:-25px][コピー:3]で適用します。横と縦を別々のパスでつくると、アピアランスを分割したときに、同じ位置にパスが重ならないというメリットがあります。

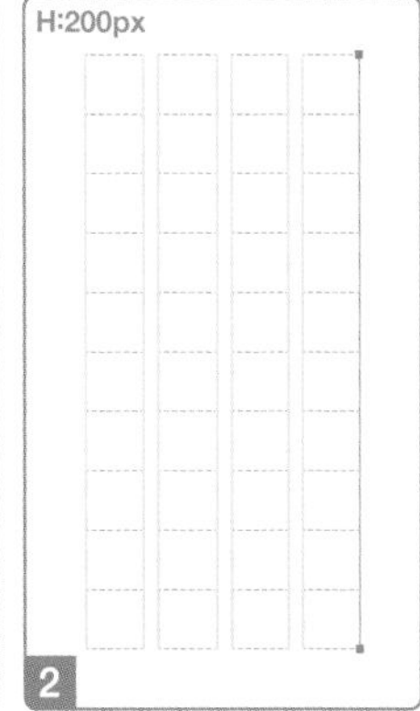

58 版ずれ効果をつくる

Photoshopのチャンネルのような、版ごとに画像を取り出せる機能はありませんが、[塗り] を重ねて [変形] 効果でずらすと、版ずれ風に仕上げることができます。[カラーバランス調整] を利用すれば、写真の4色分解も可能です。

★★

58 A [塗り] を重ねて [変形] 効果で位置をずらす

アピアランス

STEP 1 オブジェクトを選択し、アピアランスパネルで [塗り] を追加して合計4つにし、それぞれにCMYKの原色をひとつだけ使用して色を設定します 1

STEP 2 上3つの [塗り] を [描画モード:乗算] に変更します 2

STEP 3 3つの塗りに [パスの変形 変形] 効果を適用して、位置をずらします 3 4

STEP 4 すべての [塗り] に [ラスタライズ] 効果を適用したあと、[ピクセレート カラーハーフトーン] 効果を、それぞれ異なる角度で適用します 5 6 7

フォントサイズ:60pt

COLOR

1

COLOR

2

COLOR

3

[最大半径] はすべての[塗り]で同じ値に設定します。[ハーフトーンスクリーンの角度] は、[チャンネル1]から[チャンネル4] までの角度を揃えます。また、[塗り] ごとにこの角度を変えて設定します。ここでは、シアンを[108]、マゼンタを[162]、イエローを[90]、ブラックを[45] に設定しました。

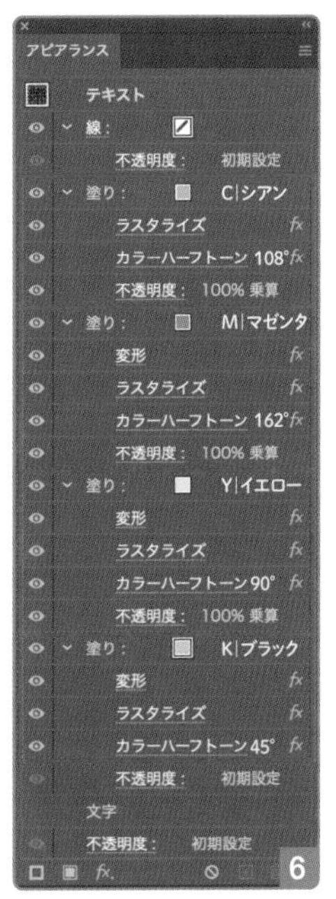

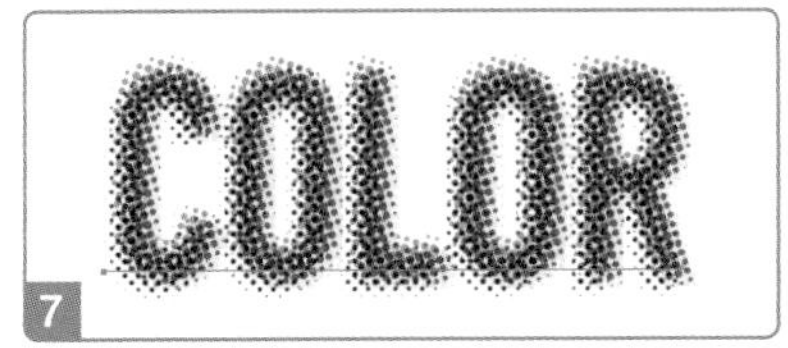

[ラスタライズ] 効果は、結果に影響します。ここでは[解像度:高解像度(300ppi)] [背景:ホワイト] で適用しました。[解像度] を下げると、網点のサイズが大きくなります。

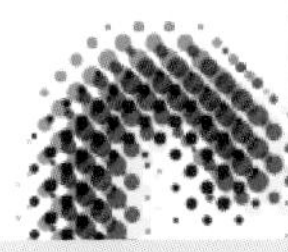

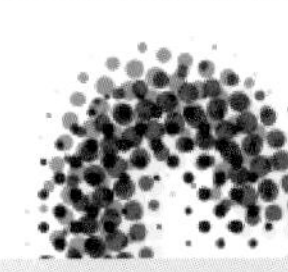

[ハーフトーンスクリーンの角度]を、すべての[塗り]で同じ角度に揃えると、網点が同じ位置に生成されます。[塗り]ごとに異なる角度に設定すると、網点の生成位置がずれます。印刷では後者の方法で網点化するため、こちらで作成したほうが、より印刷物らしい雰囲気になります。

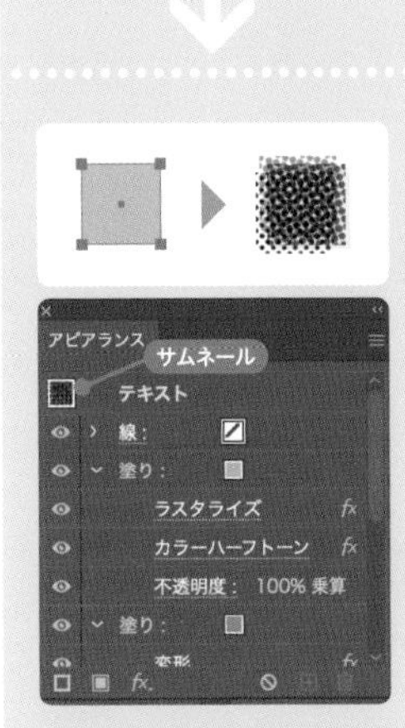

同じアピアランスを他のオブジェクトにも適用できます。アピアランスパネルのサムネールをオブジェクトへドラッグすると、同じ設定が適用されます。

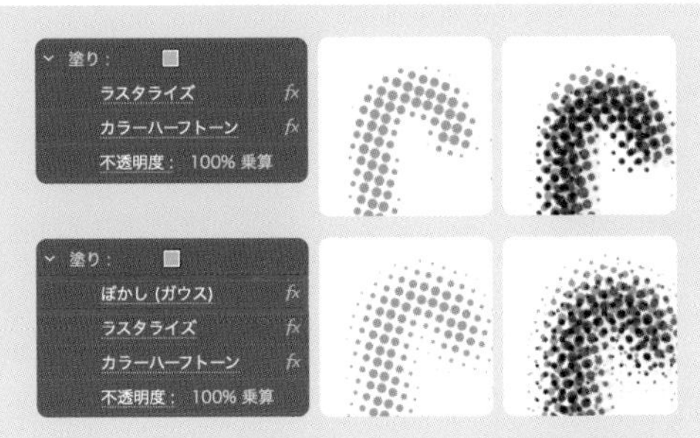

[カラーハーフトーン] 効果の前にぼかしを追加すると、グラデーション状の網点に変換されます。同じオブジェクトでも、[ぼかし(ガウス)] 効果の [半径]、[ラスタライズ] 効果の [解像度]、[カラーハーフトーン] 効果の [最大半径]、さらに [塗り] の色で、無限にバリエーションをつくることができます。

» P147 水玉模様

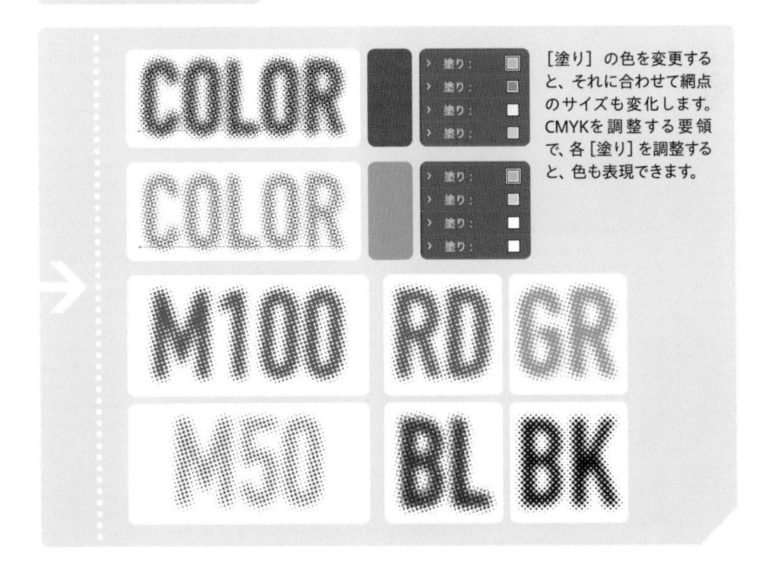

[塗り] の色を変更すると、それに合わせて網点のサイズも変化します。CMYKを調整する要領で、各 [塗り] を調整すると、色も表現できます。

★★★

58 B 画像をCMYKに分解して［乗算］で重ねる

カラー調整

STEP 1 画像を配置し、埋め込み画像に変換します 1

STEP 2 この画像を3つ複製し、そのうちひとつを選択して、［編集］メニュー→［カラーを編集］→［カラーバランス調整］を選択します

STEP 3 ダイアログで［シアン］以外を［-100%］に変更します 2 3

STEP 4 この操作を、保持する原色を変えながら、他の画像に対してもおこないます 4 5 6

STEP 5 すべての画像をずらして重ね、［描画モード：乗算］に変更します 7 8

コントロールパネルで［埋め込み］をクリックすると変換できます。

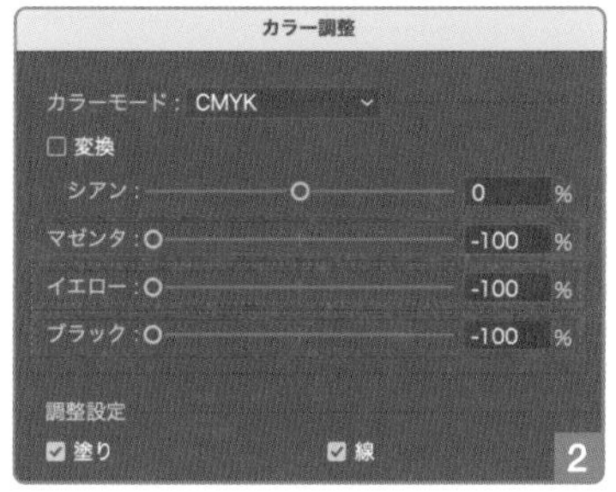

［シアン］以外を［-100%］に変更すると、シアン版だけが残ります。

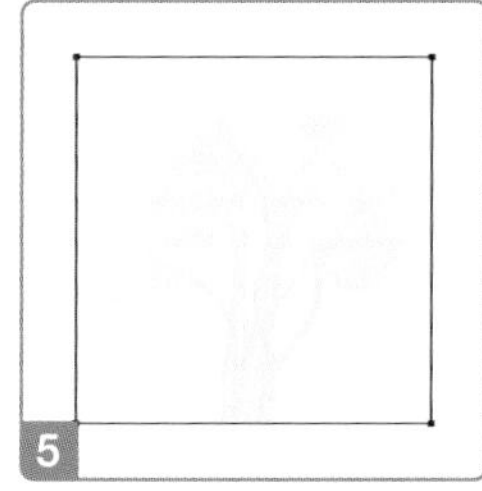

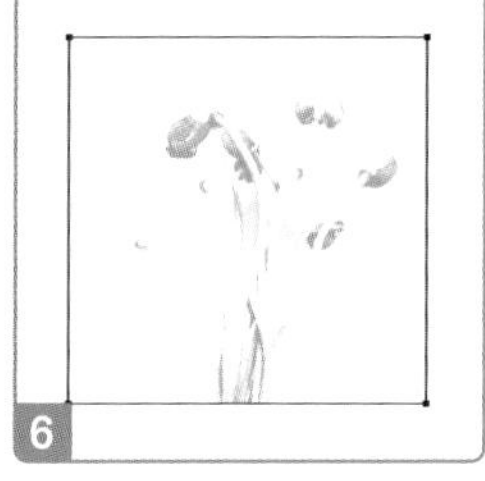

同様にして、［マゼンタ］以外を［-100%］に変更してマゼンタ版 4 、［イエロー］以外を［-100%］に変更してイエロー版 5 、［ブラック］以外を［-100%］に変更してブラック版 6 をつくります。

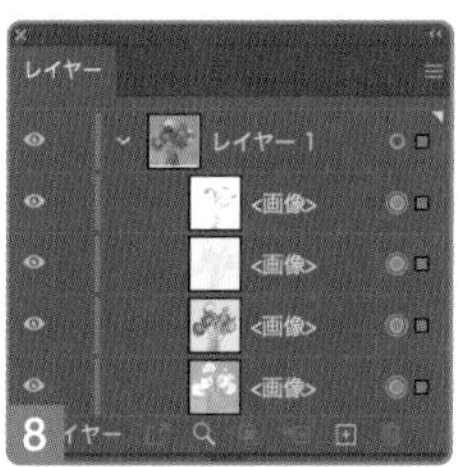

これら4枚の画像を［描画モード：乗算］でずらして重ねると、版ずれ画像になります。同じ位置に重ねると、元の画像に戻ります。

画像を2枚だけ重ねると、2色刷り風になります。［カラーハーフトーン］効果を適用すると、印刷物風に仕上がります。

59 かすれた文字をつくる

かすれた文字をつくるには、ブラシを使う方法や、[ラフ] 効果などのセグメント変形系の効果を使う方法、Photoshop効果を使う方法などが考えられます。テキスト属性は残せるので、内容を変更して使い回せます。同様の操作は、パスや画像に対してても可能です。

★★

59 A [線] を追加してざらざらブラシを適用する

ブラシ

STEP 1 ブラシパネルで [ブラシライブラリメニュー] をクリックし、[アート] → [アート_ペイントブラシ] や [アート_木炭・鉛筆] を選択します 1

STEP 2 テキストを選択し、アピアランスパネルで [線] を追加します 2

STEP 3 [塗り] と [線] に同じ色を設定し、ブラシライブラリパネルからブラシを選択します 3 4 5

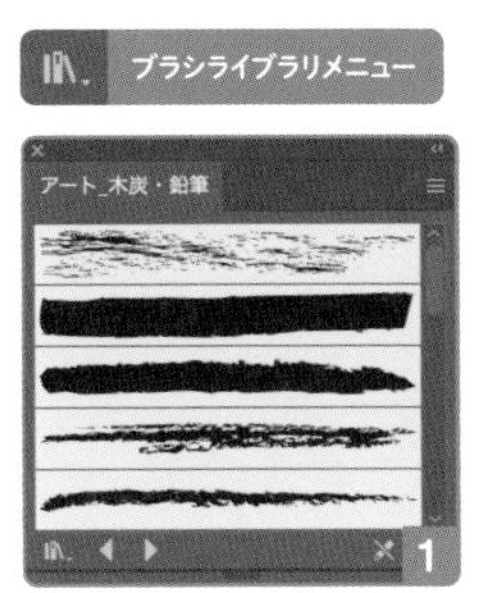

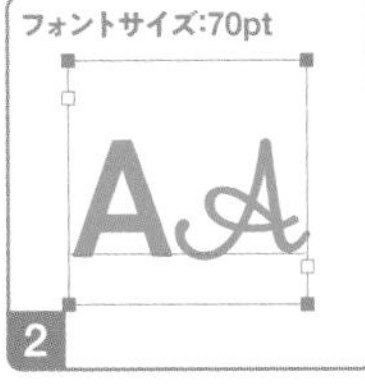

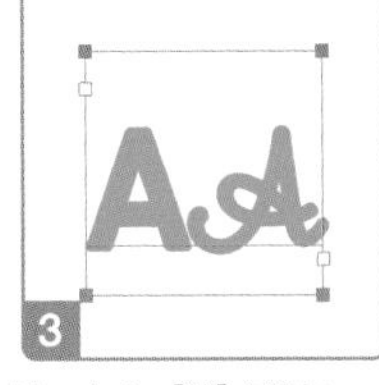

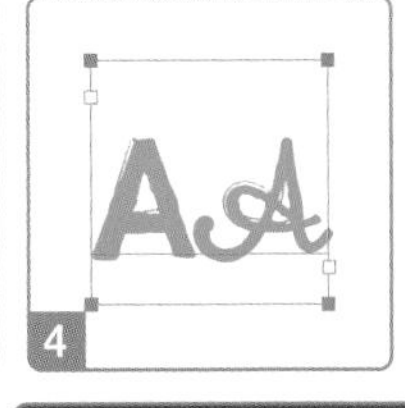

そのままではブラシを適用できないため、[線] を追加します。

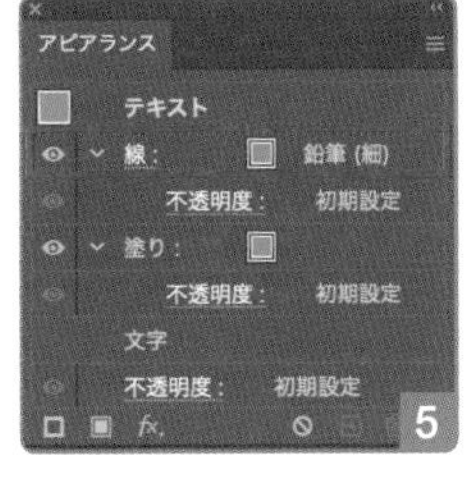

和
線： 木炭 (粗い)
変形
不透明度： 初期設定
線： 木炭
不透明度： 初期設定

アートブラシを円に適用すると、筆で描いたような丸も簡単につくれます。和風ロゴに便利です。

★

59 B [ラフ] 効果で文字の輪郭にゆらぎを加える

アピアランス

STEP 1 テキストを選択します

STEP 2 [パスの変形 ラフ] 効果を適用します 1 2 3

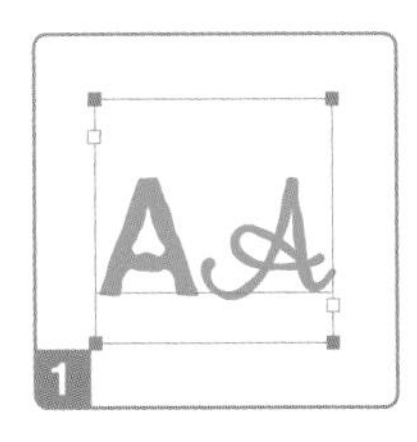

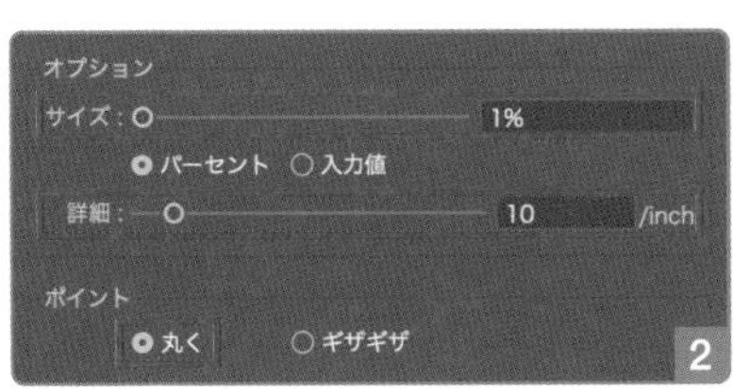

★★

59 C 色が保持されるPhotoshop効果を適用する

アピアランス

STEP 1 テキストを選択し、[ラスタライズ] 効果を適用します

STEP 2 [ブラシストローク はね] 効果を適用します 1 2

[ラスタライズ] 効果は [解像度:高解像度 (300ppi)] [背景:ホワイト]、[はね] 効果は [スプレー半径:7] [やわらかさ:5] で適用します。

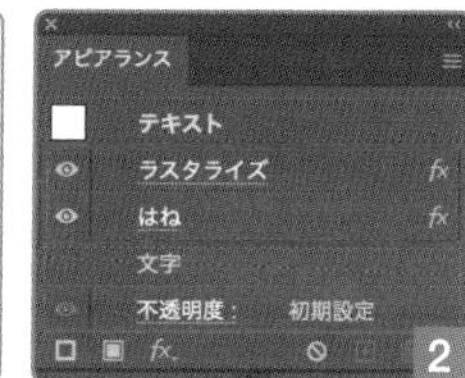

★★★

59 D 結果が白黒化するPhotoshop効果を適用する

アピアランス

STEP 1 テキストに [ラスタライズ] 効果と [スケッチ ぎざぎざのエッジ] 効果、[スケッチ チョーク・木炭画] 効果を適用したあと、[オブジェクト] メニュー→ [ラスタライズ] でラスタライズします 1 2 3 4

STEP 2 コントロールパネルで [画像トレース] をクリックしたあと、[画像トレースパネル] をクリックし、画像トレースパネルで [プリセット:白黒のロゴ] [ホワイトを無視:オン] に変更します 5

STEP 3 コントロールパネルで [拡張] をクリックし、[塗り] の色を変更します 6 7

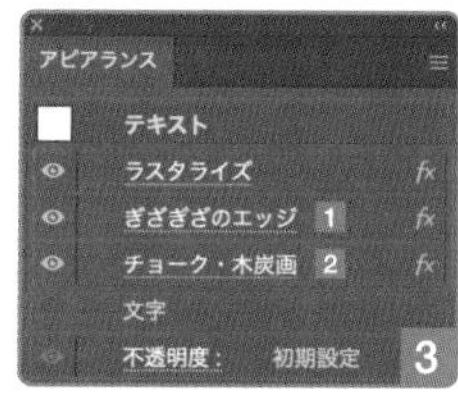

[ラスタライズ] 効果は [解像度:高解像度 (300ppi)] [背景:ホワイト]、[ぎざぎざのエッジ] 効果は [画像のバランス:30] [滑らかさ:4] [コントラスト:24]、[チョーク・木炭画] 効果は [木炭画の適用度:10] [チョーク画の適用度:9] [筆圧:3] で適用します。

ラスタライズして埋め込み画像に変換します。

画像トレースパネル

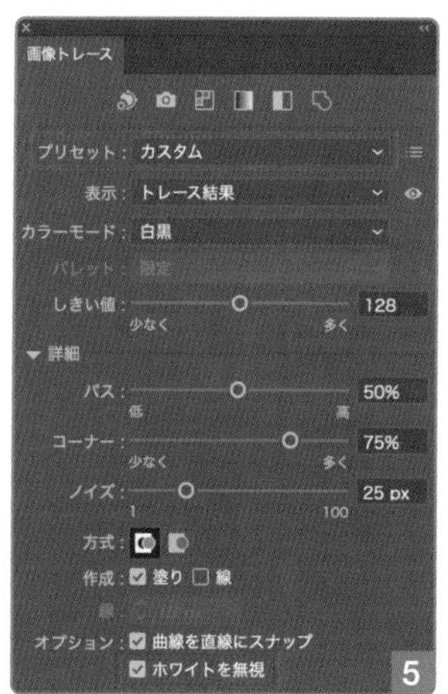

詳細オプション

アンカーポイントの数が多すぎる場合、[オブジェクト] メニュー→ [パス] → [単純化] で間引けます。バーで [詳細オプション] をクリックすると、ダイアログが開きます。バーの外側をクリックすると変更が適用されるため、キャンセルする場合は [編集] メニュー→ [単純化を取り消し] を選択します。

色をつける方法として、[塗り] を設定した長方形を [描画モード:比較(明)] で重ねたり、長方形の不透明マスクに設定する方法もあります。

[ラフ] 効果

[ラフ]＋[ジグザグ] 効果

[落書き]＋[ラフ] 効果

[はね] 効果

[ストローク（スプレー）]
効果

[海の波紋] 効果

[ぎざぎざのエッジ] 効果

[ぎざぎざのエッジ]＋
[はね] 効果

[ぎざぎざのエッジ]＋
[ストローク（暗）] 効果

[ぼかし（ガウス）]＋
[ぎざぎざのエッジ] 効果

[はね] 効果

[ぎざぎざのエッジ]＋
[こする] 効果

[ぎざぎざのエッジ]＋
[木炭画] 効果

[ぎざぎざのエッジ]＋
[チョーク・木炭画] 効果

[はね] 効果

[ぎざぎざのエッジ]＋
[ぎざぎざのエッジ] 効果

[ぎざぎざのエッジ]＋
[スタンプ] 効果

[ぎざぎざのエッジ]＋
[コピー] 効果

[ぎざぎざのエッジ]＋
[塗料] 効果

[ぎざぎざのエッジ]＋
[コピー]＋[水晶] 効果

[鉛筆（細）] ブラシ

[鉛筆（太）] ブラシ

[鉛筆（斜め）] ブラシ

[鉛筆] ブラシ

[木炭（先細）] ブラシ

[木炭（太）] ブラシ

[木炭（粗い）] ブラシ

[木炭-細] ブラシ

[木炭（鉛筆）] ブラシ

[木炭-羽] ブラシ

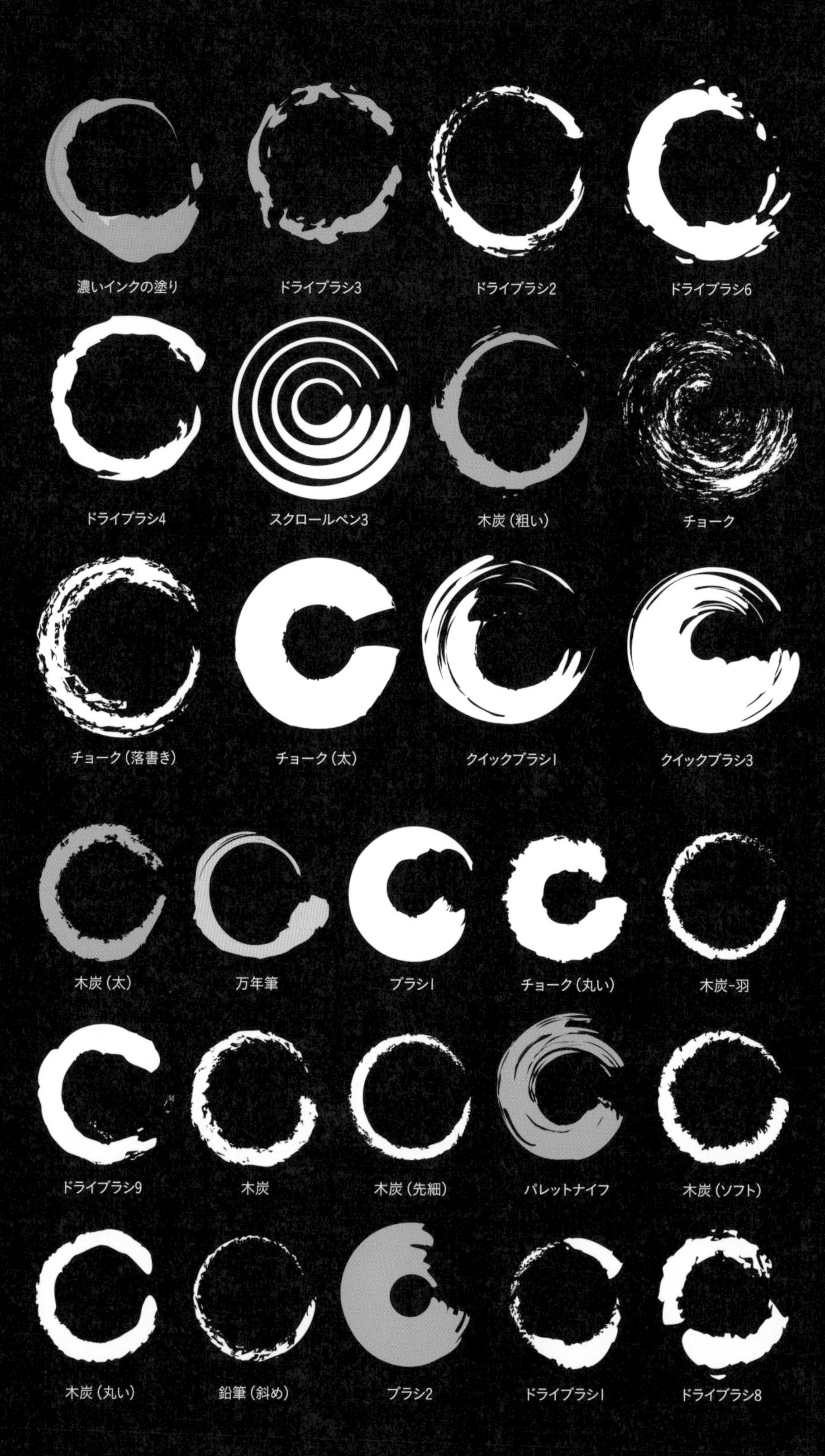
濃いインクの塗り
ドライブラシ3
ドライブラシ2
ドライブラシ6
ドライブラシ4
スクロールペン3
木炭（粗い）
チョーク
チョーク（落書き）
チョーク（太）
クイックブラシ1
クイックブラシ3
木炭（太）
万年筆
ブラシ1
チョーク（丸い）
木炭-羽
ドライブラシ9
木炭
木炭（先細）
パレットナイフ
木炭（ソフト）
木炭（丸い）
鉛筆（斜め）
ブラシ2
ドライブラシ1
ドライブラシ8

60 スタンプをつくる

スタンプは、**59**（P265）のかすれ文字の応用でつくれます。Photoshop効果で作成したテクスチャを不透明マスクに設定すると、印面全体のムラも表現できます。非破壊的に透過部分をつくるには、[グループの抜き]も便利です。

★★★

60 A ［ラフ］効果と不透明マスクを使う

アピアランス／不透明マスク

STEP 1 テキストに［塗り］を2つ追加し、上の［塗り］に［ パスの変形 ラフ］効果、下の［塗り］に［ 形状に変換 角丸長方形］効果と［ラフ］効果を適用します 1

STEP 2 ひとまわり大きい［塗り：黒］の長方形に［ スケッチ ちりめんじわ］効果を適用し、これをテキストの不透明マスクにペーストします 2 3 4 5

STEP 3 透明パネルで上の塗りを［不透明度：0%］、テキスト全体を［グループの抜き：オン］に変更します 6 7 8

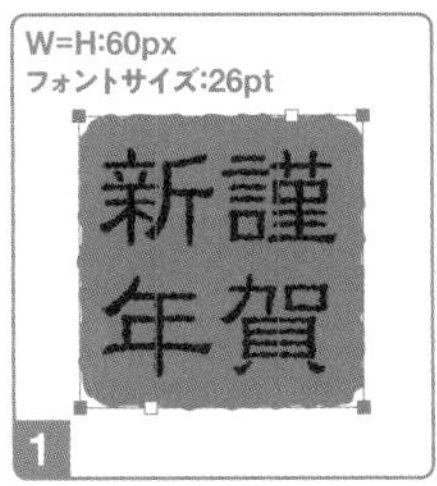

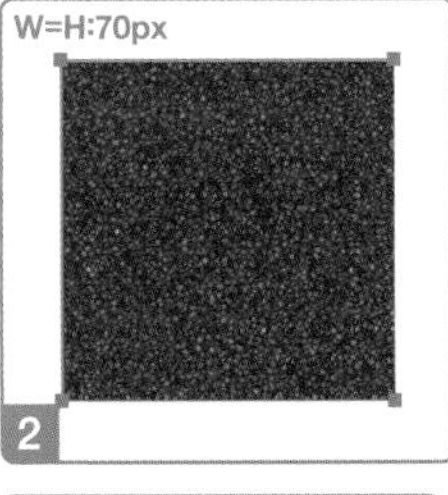

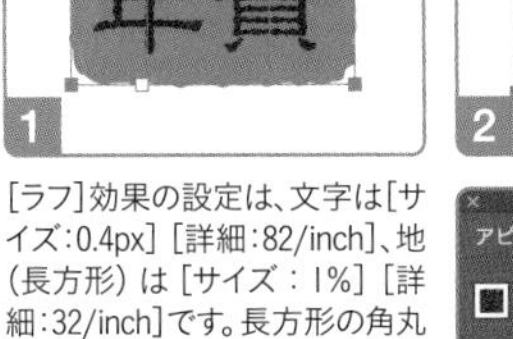

［ラフ］効果の設定は、文字は［サイズ:0.4px］［詳細:82/inch］、地（長方形）は［サイズ：1%］［詳細:32/inch］です。長方形の角丸の半径は7pxです。この設定は**60B**と**60C**も共通です。

［ちりめんじわ］効果は、［塗り：白］とそれ以外で結果が変わります。この効果を［密度：6］［描画レベル：34］［背景レベル：19］で適用します。

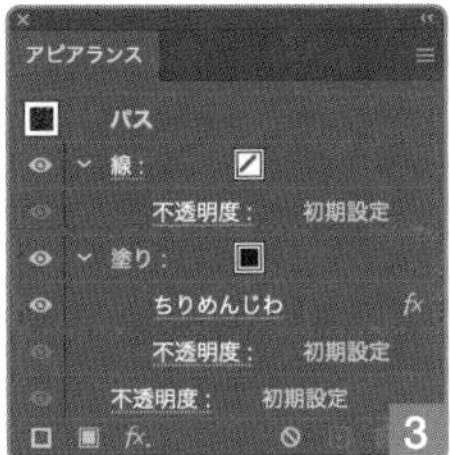

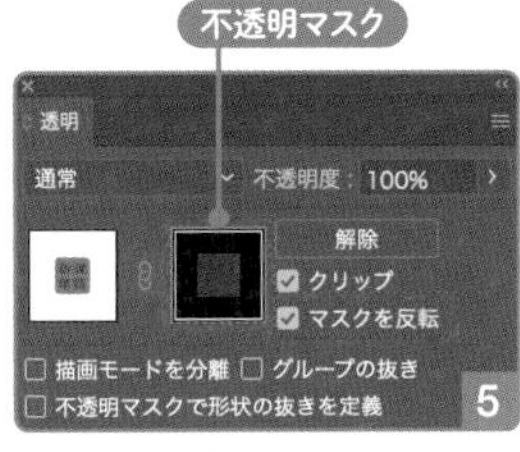

［マスクを反転］で不透明マスクの黒い部分が表示されるよう変更します。

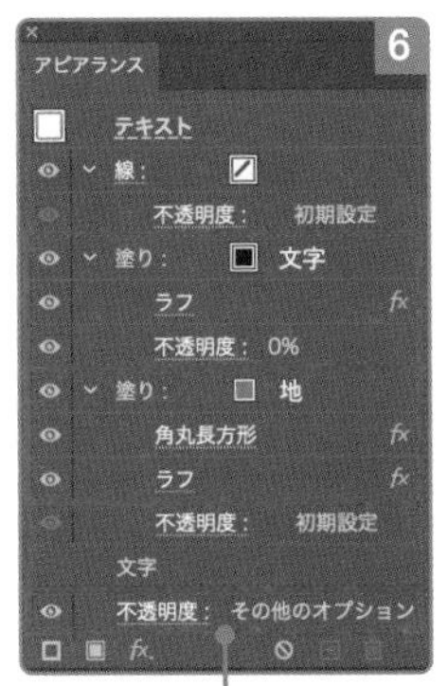

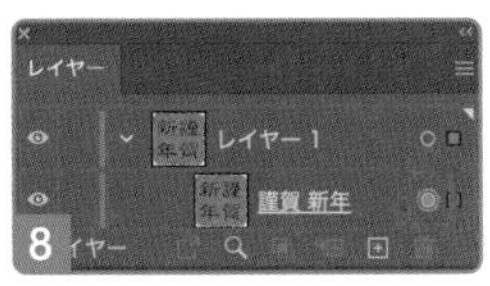

文字の透過を［グループの抜き］、地のムラを不透明マスクで表現します。

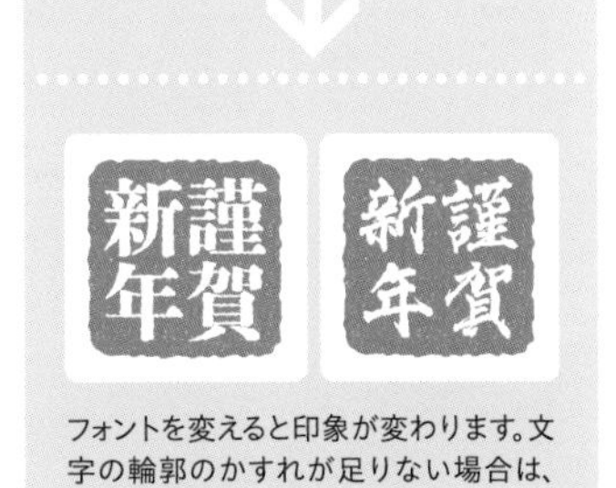

フォントを変えると印象が変わります。文字の輪郭のかすれが足りない場合は、［ラフ］効果で調整します。

★★

60 B　文字と地を分けてつくる

アピアランス／不透明マスク

STEP 1　テキストに［ パスの変形　ラフ］効果を適用します 1

STEP 2　長方形に［ スタイライズ　角を丸くする］効果と［ラフ］効果を適用します 2

STEP 3　テキストと長方形をグループ化したあと、［ パスファインダー　中マド］ 効果を適用し、**60A**の**STEP2**の操作をおこないます 3 4 5 6

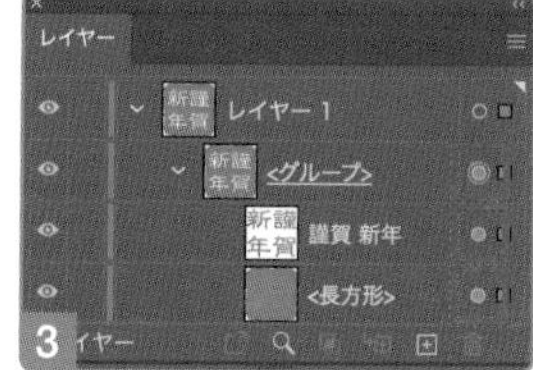

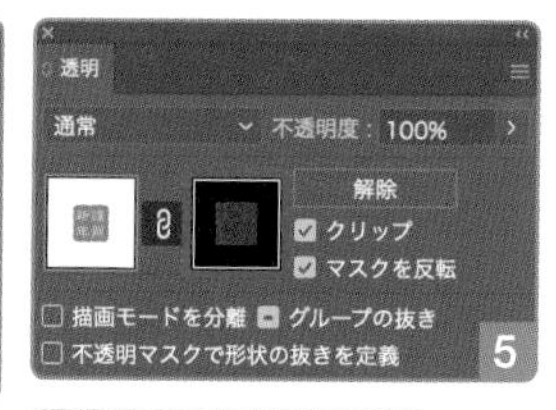

地（長方形）と文字（テキスト）を分けて作成します。［中マド］ 効果を適用すると、前面のテキストの色が地の色になります。

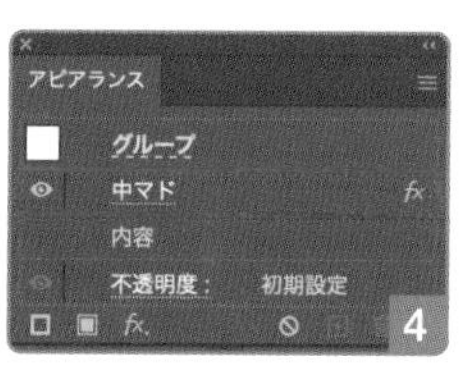

文字の透過を［中マド］効果、地のムラを不透明マスクで表現します。

★★★

60 C　Photoshop効果でかすれを加える

アピアランス

STEP 1　テキストに［塗り］を2つ追加し、下の［塗り］に［ 形状に変換　角丸長方形］効果を適用します

STEP 2　両方の［塗り］に［ パスの変形　ラフ］効果を適用し、グループ化します 1 2

STEP 3　グループに［ラスタライズ］効果と［ スケッチ　ぎざぎざのエッジ］効果を適用します 3 4 5

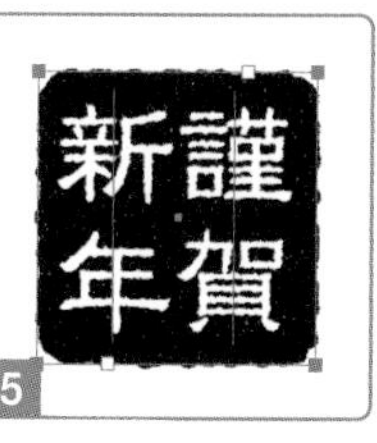

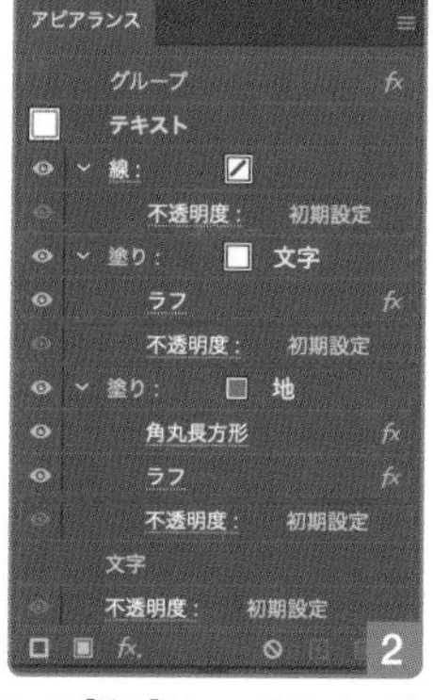

2つの［塗り］は、コントラストの強い配色にします。

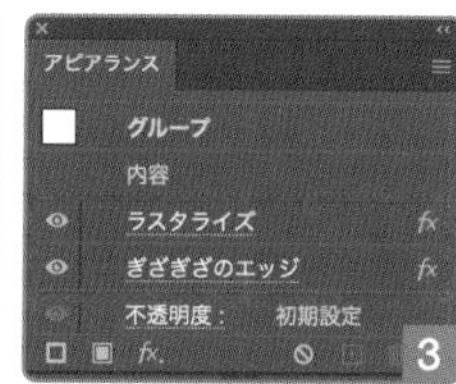

［ラスタライズ］効果は［解像度：高解像度（300ppi）］［背景：ホワイト］、［ぎざぎざのエッジ］効果は［画像のバランス：28］［滑らかさ：15］［コントラスト：21］で適用します。

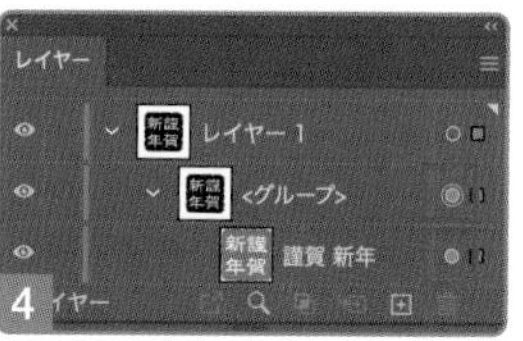

仕上がりは黒1色になります。色をつける方法は、**59D**（P266）を参照してください。

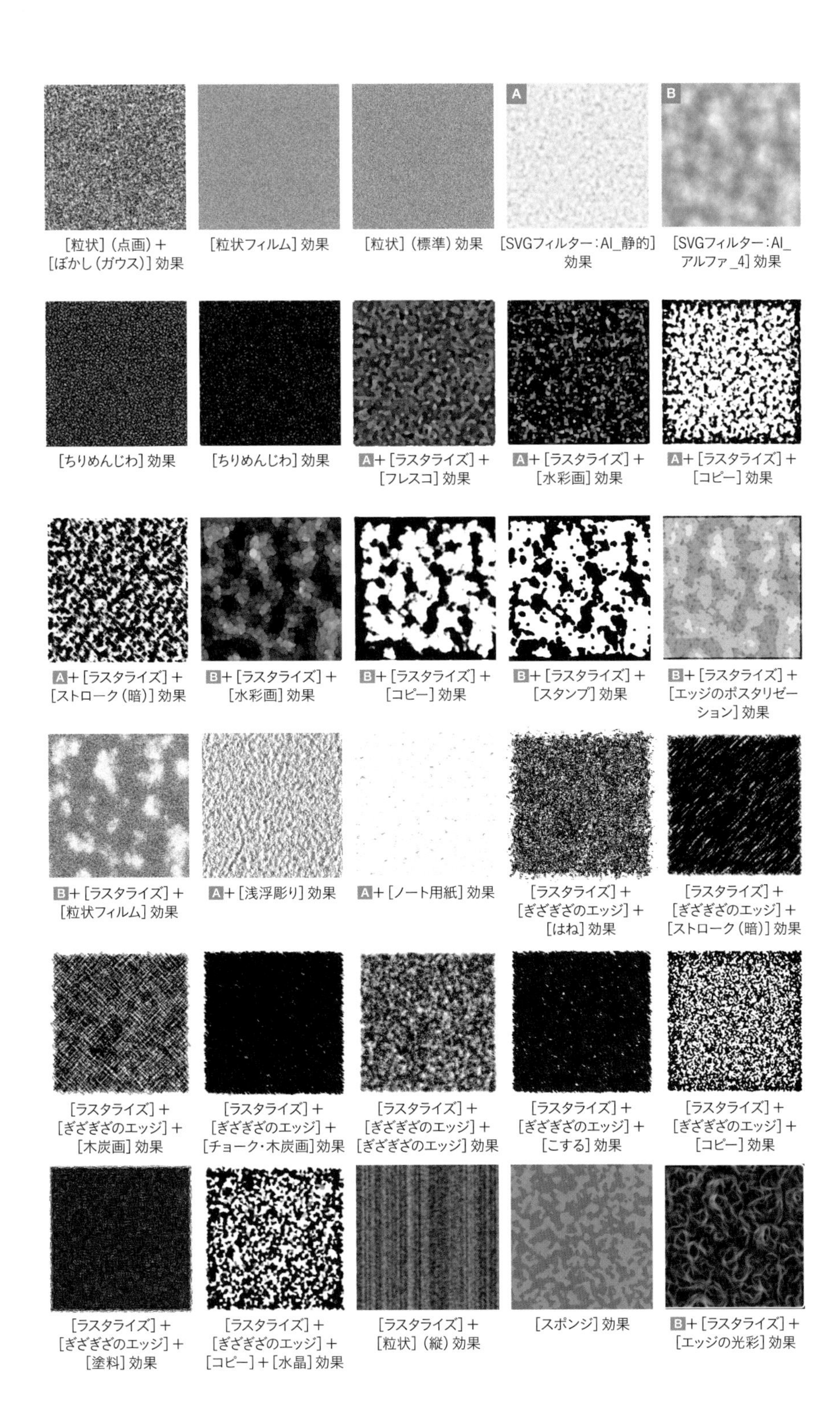

[粒状]（点画）＋[ぼかし（ガウス）]効果

[粒状フィルム]効果

[粒状]（標準）効果

[SVGフィルター：AI_静的]効果

[SVGフィルター：AI_アルファ_4]効果

[ちりめんじわ]効果

[ちりめんじわ]効果

[A]＋[ラスタライズ]＋[フレスコ]効果

[A]＋[ラスタライズ]＋[水彩画]効果

[A]＋[ラスタライズ]＋[コピー]効果

[A]＋[ラスタライズ]＋[ストローク（暗）]効果

[B]＋[ラスタライズ]＋[水彩画]効果

[B]＋[ラスタライズ]＋[コピー]効果

[B]＋[ラスタライズ]＋[スタンプ]効果

[B]＋[ラスタライズ]＋[エッジのポスタリゼーション]効果

[B]＋[ラスタライズ]＋[粒状フィルム]効果

[A]＋[浅浮彫り]効果

[A]＋[ノート用紙]効果

[ラスタライズ]＋[ぎざぎざのエッジ]＋[はね]効果

[ラスタライズ]＋[ぎざぎざのエッジ]＋[ストローク（暗）]効果

[ラスタライズ]＋[ぎざぎざのエッジ]＋[木炭画]効果

[ラスタライズ]＋[ぎざぎざのエッジ]＋[チョーク・木炭画]効果

[ラスタライズ]＋[ぎざぎざのエッジ]＋[ぎざぎざのエッジ]効果

[ラスタライズ]＋[ぎざぎざのエッジ]＋[こする]効果

[ラスタライズ]＋[ぎざぎざのエッジ]＋[コピー]効果

[ラスタライズ]＋[ぎざぎざのエッジ]＋[塗料]効果

[ラスタライズ]＋[ぎざぎざのエッジ]＋[コピー]＋[水晶]効果

[ラスタライズ]＋[粒状]（縦）効果

[スポンジ]効果

[B]＋[ラスタライズ]＋[エッジの光彩]効果

STAFF

[装丁･デザイン]　井上のきあ
[　編　集　]　後藤憲司

⤓ DOWNLOAD

購入者限定特典は、こちらからダウンロードしてください。
https://books.mdn.co.jp/down/3222303040/

本特典のダウンロードは予告なく変更・終了する場合がございます。あらかじめご了承ください。

つくる デザイン Illustrator

2023年1月21日　初版第1刷発行

[　著　者　]　井上のきあ
[　発 行 人　]　山口康夫
[　発　行　]　株式会社エムディエヌコーポレーション
〒101-0051 東京都千代田区神田神保町一丁目105番地
https://books.MdN.co.jp/
[　発　売　]　株式会社インプレス
〒101-0051 東京都千代田区神田神保町一丁目105番地
[印刷・製本]　広済堂ネクスト

Printed in Japan

カスタマーセンター

造本には万全を期しておりますが、万一、落丁・乱丁などがございましたら、送料小社負担にてお取り替えいたします。お手数ですが、カスタマーセンターまでご返送ください。

落丁･乱丁本などのご返送先

〒101-0051 東京都千代田区神田神保町一丁目105番地
株式会社エムディエヌコーポレーション カスタマーセンター
TEL：03-4334-2915

書店･販売店のご注文受付

株式会社インプレス 受注センター
TEL：048-449-8040／FAX：048-449-8041

内容に関するお問い合わせ先

株式会社エムディエヌコーポレーション カスタマーセンター メール窓口
info@MdN.co.jp

本書の内容に関するご質問は、Eメールのみの受付となります。メールの件名は「つくるデザインIllustrator　質問係」、本文にはお使いのマシン環境（OS、バージョン、搭載メモリなど）をお書き添えください。電話やFAX、郵便でのご質問にはお答えできません。ご質問の内容によりましては、しばらくお時間をいただく場合がございます。また、本書の範囲を超えるご質問に関しましてはお答えいたしかねますので、あらかじめご了承ください。

ISBN978-4-295-20446-6　C3055